완자

기출 PICK

중학 수학

1·2

789제

PICK 1 실전 개념

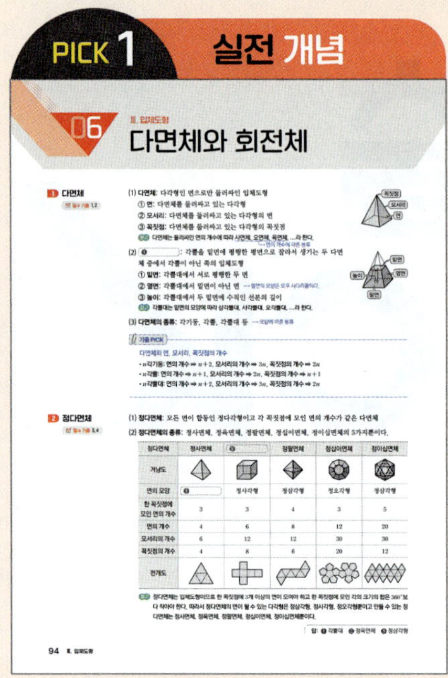

- 기출 문제 분석을 통해 정리한 실전 개념을 학습에 용이하도록 구성
- 중요한 개념을 확인할 수 있도록 ☐ 채우기 구성
- 빈출 유형에서 사용되는 주요 비법은 **기출 PICK**에 수록

PICK 2 난이도별 필수 기출

- 학교의 최신 기출 문제를 모두 분석하여 주제별, 난이도별로 구성
- 학교 시험의 고빈출, 고난도 문제를 제시하여 문제 해결력 향상
- 내신에서 서술형 유형으로 자주 출제되는 문제를 | 서술형 |으로 수록

PICK 3 최고수준 도전 기출

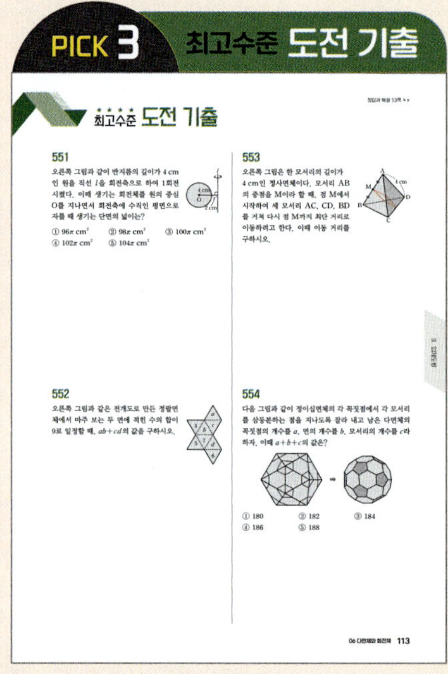

- 내신에서 변별력을 높이기 위해 출제되는 최고난도 문제 수록

차례 contents

완자 기출PICK 중학 수학 1-1 구성

01 기본 도형

1 점, 선, 면
☑ 필수 기출 1

(1) 점, 선, 면
① 점이 움직인 자리는  이 되고, 선이 움직인 자리는 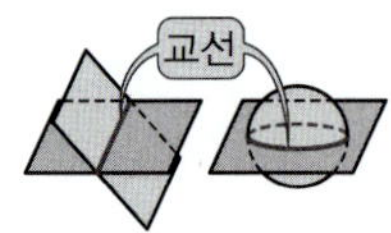 이 된다.
② 점, 선, 면은 도형을 구성하는 기본 요소이다.
참고 • 선은 무수히 많은 점으로 이루어져 있고, 면은 무수히 많은 선으로 이루어져 있다.
　　　• 선에는 직선과 곡선이 있고, 면에는 평면과 곡면이 있다.

(2) 도형의 종류
① **평면도형**: 삼각형, 원과 같이 한 평면 위에 있는 도형
② **입체도형**: 직육면체, 원기둥과 같이 한 평면 위에 있지 않은 도형
참고 평면도형과 입체도형은 모두 점, 선, 면으로 이루어져 있다.

(3) 교점과 교선
① **교점**: 선과 선 또는 선과 면이 만나서 생기는 점
② **교선**: 면과 면이 만나서 생기는 선

2 직선, 반직선, 선분
☑ 필수 기출 2

(1) 직선이 하나로 정해지는 경우
한 점을 지나는 직선은 무수히 많지만 서로 다른 두 점을 지나는 직선은 오직 하나뿐이다.

(2) 직선, 반직선, 선분
① 두 점 A, B를 지나는 직선 AB를 기호로 $\overleftrightarrow{AB}$와 같이 나타낸다.
② 직선 AB 위의 점 A에서 시작하여 점 B의 방향으로 한없이 뻗어 나가는 직선 AB의 부분을 ❸ AB라 하고, 기호로 $\overrightarrow{AB}$와 같이 나타낸다.
③ 직선 AB 위의 두 점 A, B를 포함하여 점 A에서 점 B까지의 부분을 선분 AB라 하고, 기호로 $\overline{AB}$와 같이 나타낸다.
주의 ① $\overleftrightarrow{AB}$와 $\overleftrightarrow{BA}$는 서로 같은 직선이다. ➡ $\overleftrightarrow{AB}=\overleftrightarrow{BA}$
　　　② $\overrightarrow{AB}$와 $\overrightarrow{BA}$는 서로 다른 반직선이다. ➡ $\overrightarrow{AB}\neq\overrightarrow{BA}$
　　　③ $\overline{AB}$와 $\overline{BA}$는 서로 같은 선분이다. ➡ $\overline{AB}=\overline{BA}$

3 두 점 사이의 거리
☑ 필수 기출 3

(1) 두 점 사이의 거리
서로 다른 두 점 A, B를 잇는 무수히 많은 선 중에서 길이가 가장 짧은 것은 선분 AB이다.
이때 선분 AB의 길이를 두 점 A, B 사이의 거리라 한다.

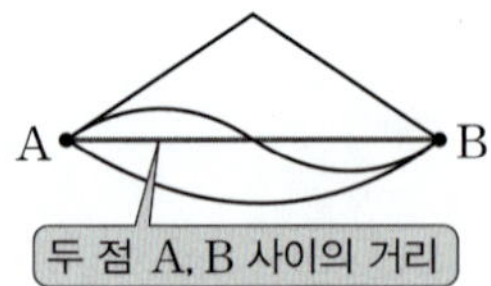

(2) 선분의 중점
선분 AB 위의 한 점 M에 대하여 $\overline{AM}=\overline{MB}$일 때, 점 M을 선분 AB의 중점이라 한다.
$$\Rightarrow \overline{AM}=\overline{MB}=\frac{1}{2}\overline{AB}$$

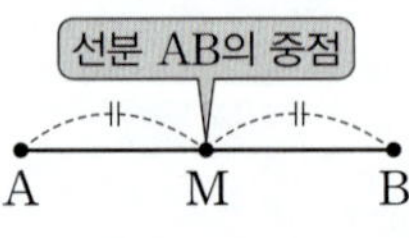

답: ❶ 선　❷ 면　❸ 반직선

4 각

☑ 필수 기출 4

(1) **각 AOB**: 한 점 O에서 시작하는 두 반직선 OA, OB로 이루어진 도형을 각 AOB라 하고 기호로 $\angle$AOB 또는 $\angle$BOA와 같이 나타낸다.

(2) **$\angle$AOB의 크기**: 꼭짓점 O를 중심으로 변 OB가 변 OA까지 회전한 양

(3) **각의 분류**

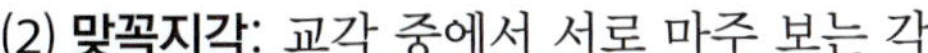

(평각)$=180°$ (직각)$=90°$ $0°<$(예각)$<90°$ $90°<$(둔각)$<180°$

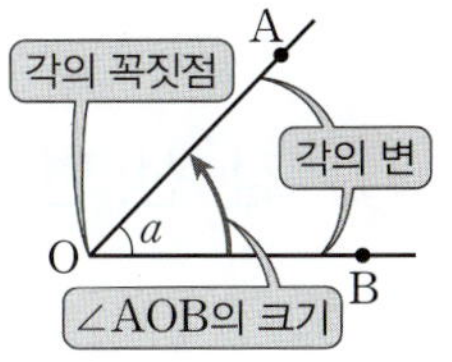

📎 **기출 PICK**

평각에 대한 각의 크기의 비가 주어졌을 때, 각의 크기 구하기

오른쪽 그림에서 $\angle x + \angle y + \angle z = 180°$이고 $\angle x : \angle y : \angle z = a : b : c$이면

➡ $\angle x = 180° \times \dfrac{a}{a+b+c}$, $\angle y = 180° \times \dfrac{b}{a+b+c}$, $\angle z = 180° \times \dfrac{c}{a+b+c}$

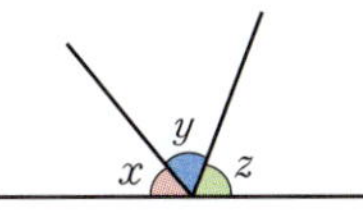

5 맞꼭지각

☑ 필수 기출 5

(1) **교각**: 두 직선이 한 점에서 만날 때 생기는 네 개의 각

➡ $\angle a$, $\angle b$, $\angle c$, $\angle d$

(2) **맞꼭지각**: 교각 중에서 서로 마주 보는 각

➡ $\angle a$와 $\angle c$, $\angle b$와 $\angle d$

참고 두 직선이 한 점에서 만날 때 생기는 맞꼭지각은 2쌍이다.

(3) **맞꼭지각의 성질**: 맞꼭지각의 크기는 서로 같다.

➡ $\angle a = \angle c$, $\angle b = \angle d$

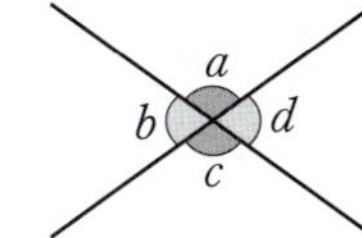

6 수직과 수선

☑ 필수 기출 6

(1) **직교**

두 직선 AB와 CD의 교각이 직각일 때, 이 두 직선은 직교한다고 하거나 서로 ❹⎯⎯⎯⎯⎯이라 하고 기호로 $\overleftrightarrow{AB} \perp \overleftrightarrow{CD}$와 같이 나타낸다.

참고 두 직선이 서로 수직일 때, 한 직선을 다른 직선의 수선이라 한다.

➡ $\overleftrightarrow{AB} \perp \overleftrightarrow{CD}$일 때, $\overleftrightarrow{AB}$는 $\overleftrightarrow{CD}$의 수선이고, $\overleftrightarrow{CD}$는 $\overleftrightarrow{AB}$의 수선이다.

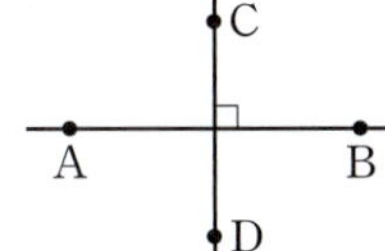

(2) **수직이등분선**

선분 AB의 중점 M을 지나면서 선분 AB에 수직인 직선 l을 선분 AB의 수직이등분선이라 한다.

➡ $l \perp \overline{AB}$, $\overline{AM} = \overline{MB} = \dfrac{1}{2}\overline{AB}$

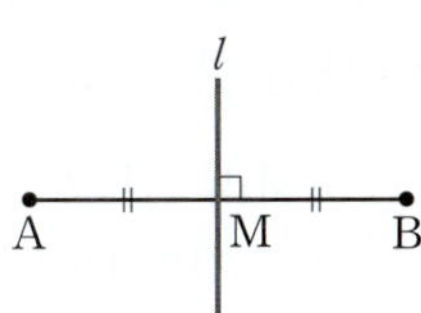

(3) **수선의 발**

① **수선의 발**: 직선 l 위에 있지 않은 점 P에서 직선 l에 수선을 그었을 때 생기는 교점 H를 점 P에서 직선 l에 내린 수선의 발이라 한다.

② **점과 직선 사이의 거리**: 직선 l 위에 있지 않은 점 P에서 직선 l에 내린 수선의 발 H에 대하여 선분 ❺⎯⎯⎯⎯⎯의 길이를 점 P와 직선 l 사이의 거리라 한다.

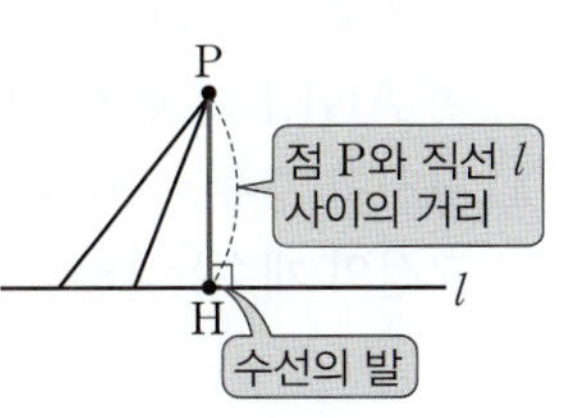

답: ❹ 수직 ❺ PH

1 점, 선, 면

⭐빈출
001 하

오른쪽 그림과 같은 오각뿔에서 교점의 개수를 a, 교선의 개수를 b라 할 때, $a+b$의 값은?

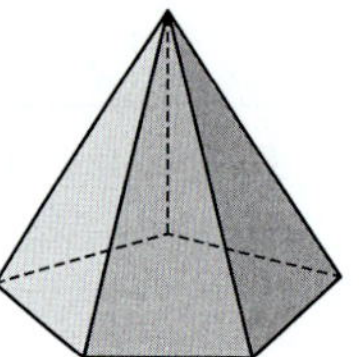

① 13 　　② 14
③ 15 　　④ 16
⑤ 17

002 중

다음 보기 중 옳은 것을 모두 고른 것은?

> **보기**
> ㄱ. 선이 움직인 자리는 면이 된다.
> ㄴ. 면과 면이 만나서 생기는 교선은 직선이다.
> ㄷ. 교점은 선과 선이 만나는 경우에만 생긴다.
> ㄹ. 직육면체에서 교점의 개수는 교선의 개수와 같다.

① ㄱ 　　② ㄱ, ㄷ 　　③ ㄱ, ㄹ
④ ㄴ, ㄹ 　　⑤ ㄴ, ㄷ, ㄹ

003 중

다음 중 오른쪽 그림과 같은 육각기둥에 대한 설명으로 옳지 <u>않은</u> 것은?

① 모서리 AB와 모서리 BH의 교점은 꼭짓점 B이다.
② 모서리 DJ와 면 ABCDEF의 교점은 꼭짓점 D이다.
③ 면 AGLF와 면 GHIJKL의 교선은 모서리 GL이다.
④ 교점의 개수는 10이다.
⑤ 교선의 개수는 18이다.

2 직선, 반직선, 선분

004 하

오른쪽 그림과 같이 직선 l 위에 네 점 A, B, C, D가 있을 때, 다음 중 $\overrightarrow{AB}$와 같은 것은?

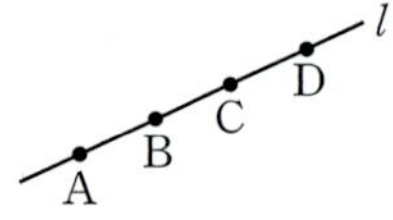

① $\overleftrightarrow{AB}$ 　　② $\overleftrightarrow{AC}$ 　　③ $\overrightarrow{AD}$
④ $\overrightarrow{BA}$ 　　⑤ $\overrightarrow{BC}$

005 하

다음 중 오른쪽 그림에서 찾을 수 <u>없는</u> 것은?

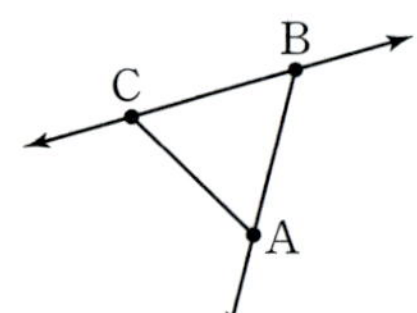

① $\overleftrightarrow{AC}$ 　　② $\overrightarrow{AB}$
③ $\overrightarrow{BC}$ 　　④ $\overrightarrow{CB}$
⑤ $\overline{CB}$

⭐빈출
006 중

아래 그림과 같이 직선 l 위에 5개의 점 A, B, C, D, E가 있을 때, 다음 중 옳지 <u>않은</u> 것은?

① $\overrightarrow{AB}=\overrightarrow{BC}$ 　　② $\overrightarrow{AC}=\overrightarrow{DE}$ 　　③ $\overrightarrow{AB}=\overrightarrow{AD}$
④ $\overrightarrow{BC}=\overrightarrow{CB}$ 　　⑤ $\overline{CE}=\overline{EC}$

007 중

오른쪽 그림과 같이 세 점 A, B, C가 한 직선 위에 있을 때, 다음 보기 중 서로 같은 것끼리 짝 지은 것을 모두 고른 것은?

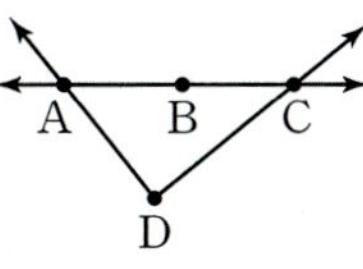

┌ 보기 ├────────────────────
ㄱ. $\overrightarrow{AB}$와 $\overleftarrow{CA}$　　　　ㄴ. $\overrightarrow{AC}$와 $\overrightarrow{BC}$
ㄷ. $\overline{CD}$와 $\overline{DC}$　　　　ㄹ. $\overrightarrow{DA}$와 $\overrightarrow{DC}$
└────────────────────────────

① ㄱ, ㄷ　　　　② ㄱ, ㄹ　　　　③ ㄴ, ㄷ
④ ㄴ, ㄹ　　　　⑤ ㄷ, ㄹ

★빈출
008 중

오른쪽 그림과 같이 어느 세 점도 한 직선 위에 있지 않은 네 점 A, B, C, D 중 두 점을 지나는 서로 다른 직선의 개수를 a, 반직선의 개수를 b라 할 때, $b-a$의 값은?

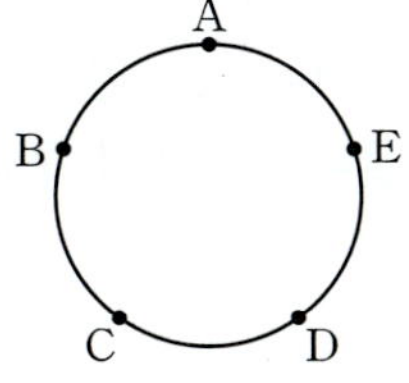

① 4　　　　② 6　　　　③ 8
④ 10　　　　⑤ 12

009 중

오른쪽 그림과 같이 원 위에 5개의 점 A, B, C, D, E가 있을 때, 이 중 두 점을 지나는 서로 다른 직선의 개수를 구하시오.

010 중

오른쪽 그림과 같이 두 직선 l, m 위에 5개의 점 A, B, C, D, E가 있다. 이 중 두 점을 지나는 서로 다른 반직선의 개수는?

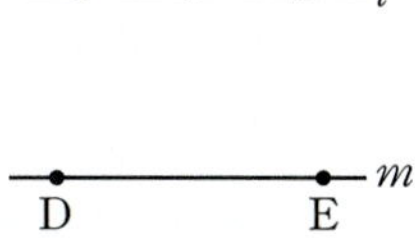

① 12　　　　② 14　　　　③ 16
④ 18　　　　⑤ 20

011 중

다음 그림과 같이 직선 l 위에 네 점 A, B, C, D가 있다. 이 중 두 점을 이어서 만들 수 있는 서로 다른 직선의 개수를 x, 반직선의 개수를 y, 선분의 개수를 z라 할 때, $x+y-z$의 값을 구하시오.

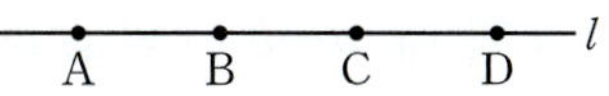

012 중

아래 그림과 같이 직선 l 위에 5개의 점 A, B, C, D, E가 있을 때, 다음 중 $\overrightarrow{CD}$를 포함하는 것의 개수를 구하시오.

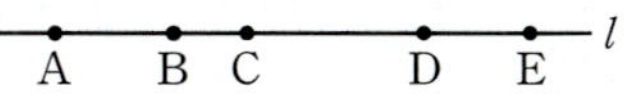

┌──────────────────────────────────
$\overleftrightarrow{AC}$,　$\overrightarrow{BC}$,　$\overrightarrow{BE}$,　$\overrightarrow{CB}$,　$\overrightarrow{CE}$,　$\overrightarrow{DE}$,　$\overrightarrow{ED}$
└──────────────────────────────────

013 상

오른쪽 그림과 같이 네 점 A, B, C, D가 있다. 이 중 두 점을 이어서 직선, 반직선, 선분을 만들 때, 다음 중 한 점에서 만나지 <u>않는</u> 것은?

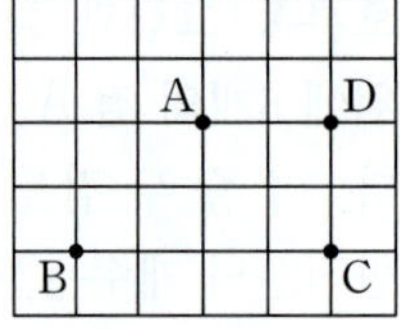

① $\overleftrightarrow{AB}$와 $\overleftrightarrow{CD}$　　② $\overleftrightarrow{BA}$와 $\overrightarrow{CD}$　　③ $\overleftrightarrow{AB}$와 $\overrightarrow{DC}$

④ $\overline{AC}$와 $\overline{BD}$　　⑤ $\overline{AD}$와 $\overrightarrow{BD}$

014 상

| 서술형 |

오른쪽 그림과 같이 반원 위에 5개의 점 A, B, C, D, E가 있다. 이 중 두 점을 이어서 만들 수 있는 서로 다른 직선의 개수를 a, 반직선의 개수를 b, 선분의 개수를 c라 할 때, $a+b+c$의 값을 구하시오.

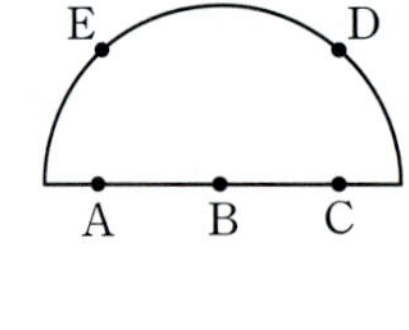

015 상

오른쪽 그림과 같이 가로, 세로 간격이 모두 일정하게 나열된 9개의 점이 있다. 이 중 두 점을 이어 만들 수 있는 서로 다른 선분의 개수를 x, 직선의 개수를 y라 할 때, $x-y$의 값은?

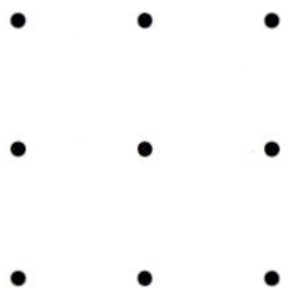

① 12　　② 14　　③ 16

④ 18　　⑤ 20

---

016 하

다음 그림에서 두 점 M, N은 각각 $\overline{AB}$, $\overline{BC}$의 중점이고 $\overline{MN}=4$ cm일 때, $\overline{AC}$의 길이를 구하시오.

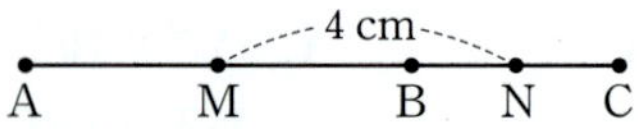

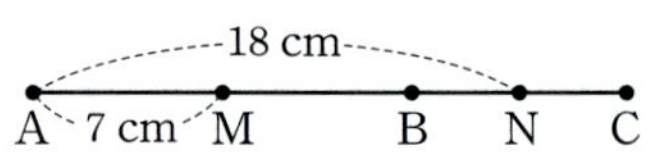

빈출 017 하

다음 그림에서 두 점 M, N은 각각 $\overline{AB}$, $\overline{BC}$의 중점이다. $\overline{AM}=7$ cm, $\overline{AN}=18$ cm일 때, $\overline{AC}$의 길이는?

① 20 cm　　② 22 cm　　③ 24 cm

④ 26 cm　　⑤ 28 cm

018 하

오른쪽 그림과 같은 정삼각형 ABC에서 점 M은 변 BC의 중점이다. $\overline{BM}=4$ cm일 때, 정삼각형 ABC의 둘레의 길이를 구하시오.

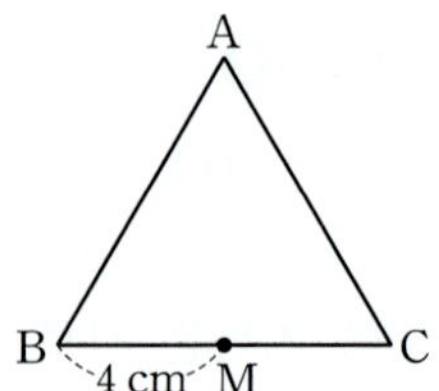

0019 중

오른쪽 그림에서 점 M은 $\overline{BC}$의 중점이고 $2\overline{AB}=\overline{BC}$일 때, 다음 보기 중 옳은 것을 모두 고른 것은?

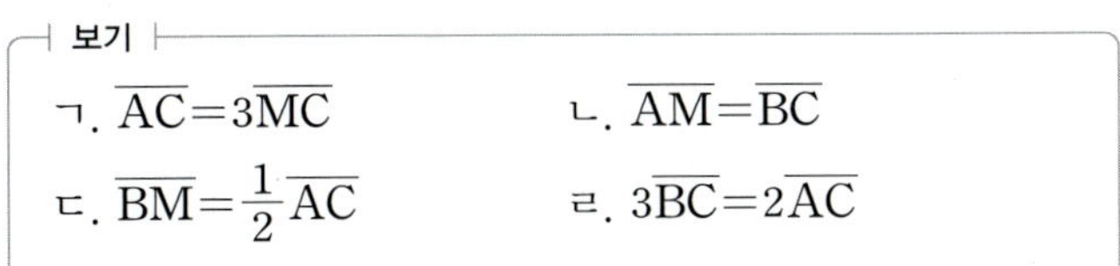

| 보기 |

ㄱ. $\overline{AC}=3\overline{MC}$　　　　ㄴ. $\overline{AM}=\overline{BC}$

ㄷ. $\overline{BM}=\dfrac{1}{2}\overline{AC}$　　　ㄹ. $3\overline{BC}=2\overline{AC}$

① ㄱ, ㄴ　　　② ㄱ, ㄷ　　　③ ㄴ, ㄷ
④ ㄱ, ㄴ, ㄹ　　　⑤ ㄴ, ㄷ, ㄹ

0020 중

아래 그림에서 점 M은 $\overline{AB}$의 중점이고, 두 점 C, D는 각각 $\overline{AM}$, $\overline{MB}$의 중점일 때, 다음 중 옳지 <u>않은</u> 것은?

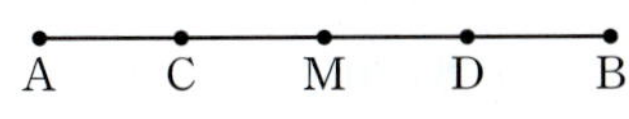

① $\overline{AB}=2\overline{AM}$　　　② $\overline{AC}=\dfrac{1}{4}\overline{AB}$
③ $\overline{BC}=3\overline{MD}$　　　④ $\overline{AM}=\overline{CD}$
⑤ $\overline{AD}=\dfrac{2}{3}\overline{AB}$

0021 중

다음 그림에서 두 점 M, N은 $\overline{AB}$를 삼등분하는 점이고, 두 점 P, Q는 각각 $\overline{AM}$, $\overline{NB}$의 중점이다. $\overline{AB}=18\text{ cm}$일 때, $\overline{PQ}$의 길이는?

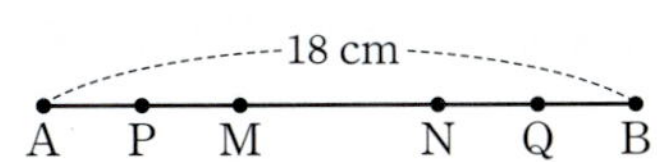

① 9 cm　　　② 10 cm　　　③ 11 cm
④ 12 cm　　　⑤ 13 cm

0022 중

다음 그림에서 $\overline{AB}=3\overline{BC}$이고 두 점 M, N은 각각 $\overline{AB}$, $\overline{BC}$의 중점이다. $\overline{MN}=8\text{ cm}$일 때, $\overline{AN}$의 길이를 구하시오.

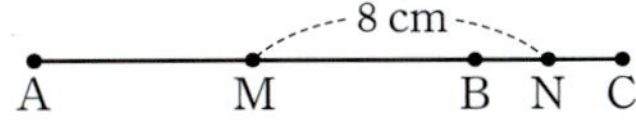

0023 중

| 서술형 |

다음 그림에서 점 M은 $\overline{AB}$의 중점이고 $\overline{MN}=\dfrac{3}{5}\overline{MB}$이다. $\overline{AN}=16\text{ cm}$일 때, $\overline{AB}$의 길이를 구하시오.

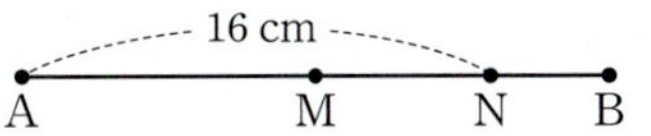

0024 중

다음 그림에서 $\overline{AB}=30\text{ cm}$이고 $\overline{AM}=\overline{MC}$, $\overline{CN}:\overline{NB}=2:1$, $\overline{AC}:\overline{CB}=2:3$일 때, $\overline{MN}$의 길이를 구하시오.

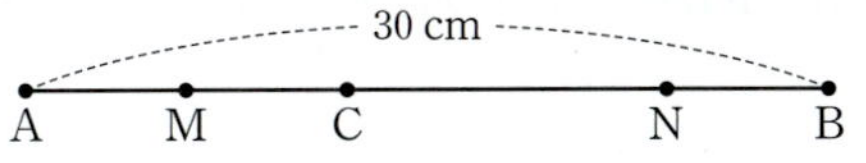

025 ⓒ

한 직선 위에 있는 네 점 A, B, C, D가 다음 조건을 모두 만족시킬 때, $\overline{AD}$의 길이는?

┌ 조건 ┐
(가) 점 B는 $\overline{AC}$를 삼등분하는 점 중에서 점 A에 가까운 점이다.
(나) 점 C는 $\overline{BD}$의 중점이다.
(다) $\overline{AB}$의 길이는 8 cm이다.

① 32 cm ② 34 cm ③ 36 cm
④ 38 cm ⑤ 40 cm

026 ⓒ

⭐빈출

| 서술형 |

다음 그림에서 세 점 L, M, N은 각각 $\overline{AB}$, $\overline{BC}$, $\overline{LM}$의 중점이다. $\overline{AB}=24$ cm, $\overline{BC}=36$ cm일 때, $\overline{BN}$의 길이를 구하시오.

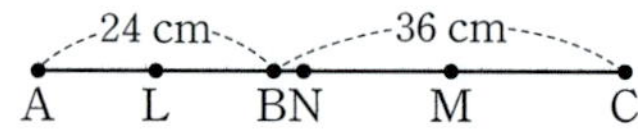

027 ⓒ

다음 그림에서 두 점 M, N은 각각 $\overline{BC}$, $\overline{CD}$의 중점이다. $\overline{AB}=6$ cm, $\overline{MN}=\dfrac{3}{7}\overline{AD}$일 때, $\overline{MN}$의 길이를 구하시오.

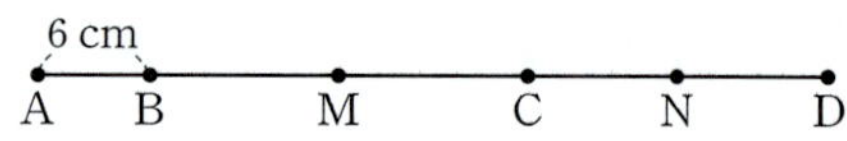

028 ⓒ

다음 그림에서 세 점 M, N, L이 각각 $\overline{AB}$, $\overline{MB}$, $\overline{AN}$의 중점일 때, $\overline{AB}=k\overline{LM}$이 성립한다. 상수 k의 값을 구하시오.

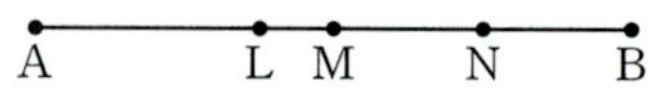

029 ⓒ

다음 그림에서 $\overline{AP}:\overline{PB}=1:5$, $\overline{AQ}:\overline{QB}=5:2$이고 $\overline{PQ}=23$ cm일 때, $\overline{AP}$의 길이는?

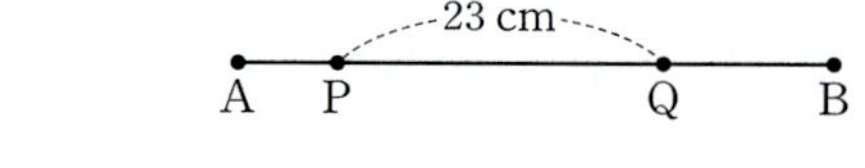

① 4 cm ② 5 cm ③ 6 cm
④ 7 cm ⑤ 8 cm

030 ⓒ

네 점 A, B, C, D가 이 순서대로 한 직선 위에 있고 다음 조건을 모두 만족시킬 때, $\overline{AD}$의 길이를 구하시오.

┌ 조건 ┐
(가) $\overline{AB}=\dfrac{1}{2}\overline{BC}$
(나) $\overline{BC}:\overline{BD}=2:5$
(다) $\overline{AB}$, $\overline{BC}$의 중점을 각각 M, N이라 하면 $\overline{MN}=9$ cm 이다.

4 각

031 하

다음 보기 중 오른쪽 그림에서 둔각
인 것을 모두 고른 것은?

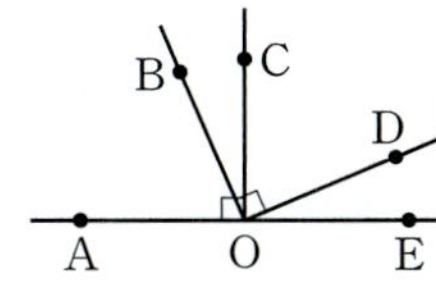

┌ 보기 ┐
ㄱ. $\angle AOB$ ㄴ. $\angle AOD$ ㄷ. $\angle BOD$
ㄹ. $\angle BOE$ ㅁ. $\angle COE$ ㅂ. $\angle DOE$

① ㄱ, ㅁ   ② ㄱ, ㅂ   ③ ㄴ, ㄷ
④ ㄴ, ㄹ   ⑤ ㄷ, ㅁ

032 하

오른쪽 그림에서 x의 값은?

① 19   ② 21
③ 23   ④ 25
⑤ 27

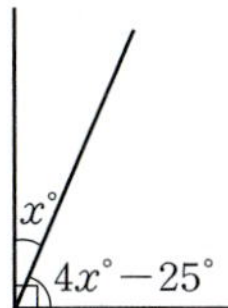

033 하

다음 그림에서 $\angle COD=48°$, $\angle EOB=34°$일 때,
$\angle a+\angle b$의 크기를 구하시오.

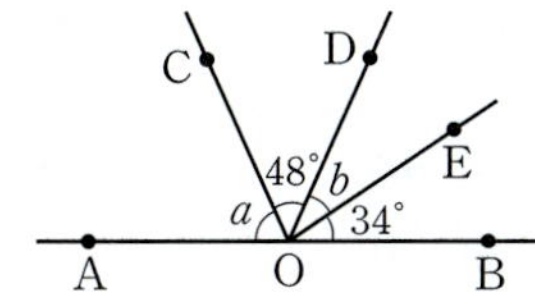

034 하

오른쪽 그림에서 $\angle a+\angle b$의 크기
는?

① 120°   ② 130°
③ 140°   ④ 150°
⑤ 160°

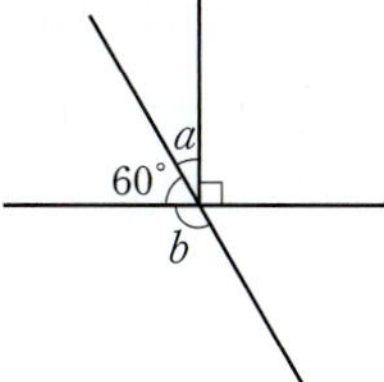

035 하

오른쪽 그림에서 x의 값을 구하시
오.

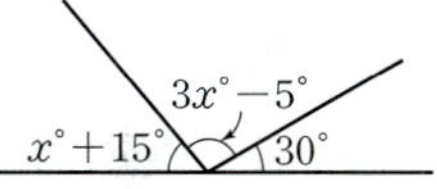

036 중

오른쪽 그림에서 $3\angle x-2\angle y$의
크기는?

① 132°   ② 134°
③ 136°   ④ 138°
⑤ 140°

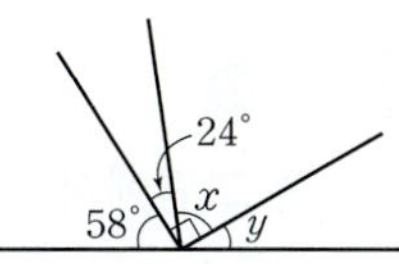

037 중

다음 그림과 같이 태양 전지판이 태양 광선과 직각을 이룰 때 전기 생산 효율이 가장 높다고 한다. 태양 전지판을 전기 생산 효율이 가장 높도록 설치할 때, ∠POQ의 크기를 구하시오.

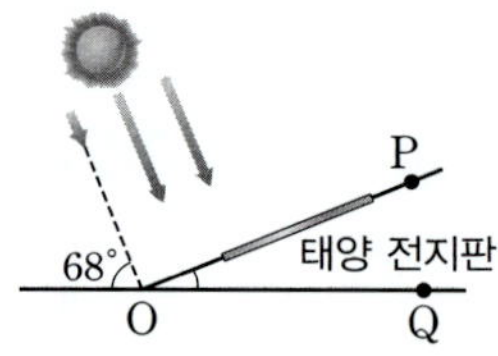

038 중

다음 시각 중 시계의 시침과 분침이 이루는 작은 쪽의 각의 크기가 예각인 것은?

① 4시   ② 6시   ③ 8시
④ 10시   ⑤ 12시

빈출
039 중

오른쪽 그림에서
∠AOC : ∠BOD=3 : 2일 때,
∠AOC의 크기는?

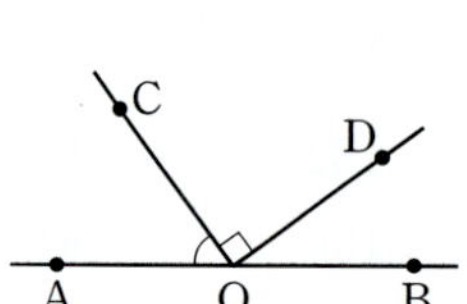

① 32°   ② 36°   ③ 40°
④ 48°   ⑤ 54°

040 중

오른쪽 그림에서
∠a : ∠b : ∠c=4 : 5 : 6일 때, 다음 중 옳지 <u>않은</u> 것은?

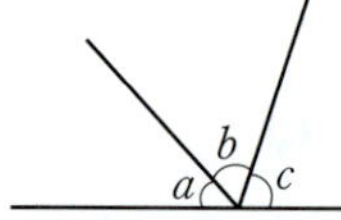

① ∠a+∠b+∠c=180°
② ∠a=48°
③ ∠b=60°
④ ∠c=74°
⑤ ∠c는 예각이다.

빈출
041 중

오른쪽 그림에서
∠AOB=∠BOC,
∠COD=∠DOE일 때, ∠BOD의 크기는?

① 88°   ② 89°   ③ 90°
④ 91°   ⑤ 92°

042 중

오른쪽 그림에서
∠AOC=4∠BOC,
∠DOE=3∠COD일 때,
∠BOD의 크기는?

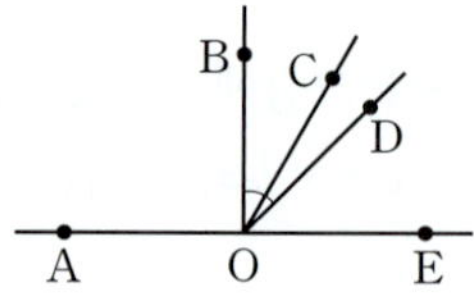

① 40°   ② 42°   ③ 45°
④ 48°   ⑤ 50°

043 중
빈출

오른쪽 그림에서
$\angle AOC = \angle BOD = 90°$이고
$\angle AOB + \angle COD = 62°$일 때,
$\angle BOC$의 크기를 구하시오.

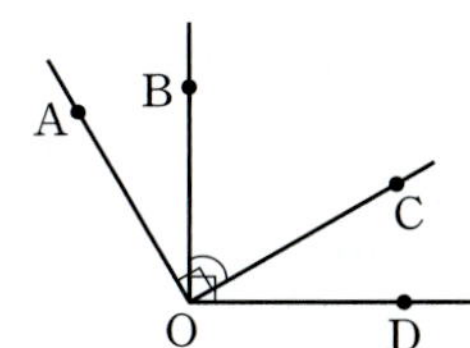

044 중

| 서술형 |

오른쪽 그림에서 $\angle AOB = 90°$이
고 $\angle BOC = \dfrac{1}{6}\angle AOB$,
$\angle COE = 3\angle COD$일 때,
$\angle BOD$의 크기를 구하시오.

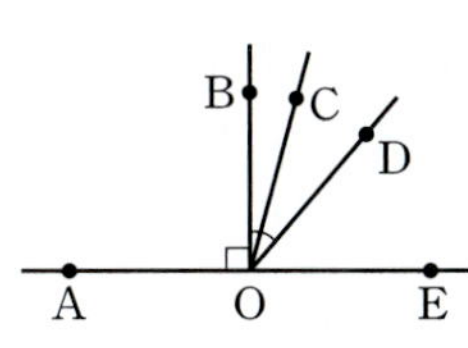

045 상

오른쪽 그림은 직사각형 모양의
종이 ABCD를 $\overline{AE}$를 접는 선으
로 하여 접은 것이다.
$\angle AEB' : \angle B'EC = 3 : 2$일 때,
$\angle B'EC$의 크기를 구하시오.

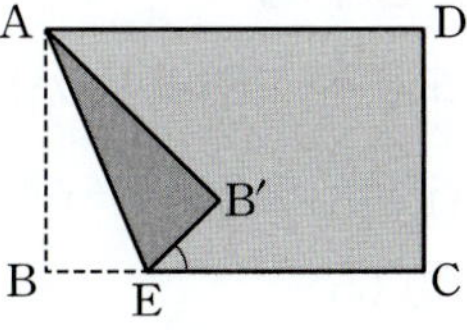

046 상

오른쪽 그림에서
　　$\angle a : \angle b = 4 : 5$,
　　$\angle a : \angle c = 2 : 3$
일 때, $\angle c$의 크기는?

① 70°　　　② 72°　　　③ 76°
④ 78°　　　⑤ 80°

047 상
빈출

오른쪽 그림과 같이 시계가 6시 40분
을 가리킬 때, 시침과 분침이 이루는
각 중 작은 쪽의 각의 크기는? (단,
시침과 분침의 두께는 생각하지 않는
다.)

① 38.5°　　　② 40°　　　③ 41.5°
④ 43°　　　⑤ 43.5°

048 상

오른쪽 그림과 같이 시계가 8시와 9시
사이에 시침과 분침이 서로 반대 방향
을 가리키며 평각을 이루는 시각은?
(단, 시침과 분침의 두께는 생각하지
않는다.)

① 8시 $\dfrac{118}{11}$분　　　② 8시 $\dfrac{120}{11}$분

③ 8시 $\dfrac{129}{11}$분　　　④ 8시 $\dfrac{131}{11}$분

⑤ 8시 $\dfrac{140}{11}$분

049 하

오른쪽 그림에서 x의 값은?

① 22   ② 25
③ 27   ④ 30
⑤ 33

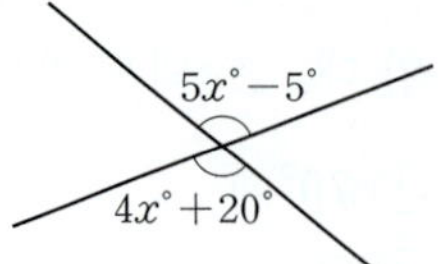

050 빈출 하

오른쪽 그림에서 $x-y$의 값은?

① 128   ② 130
③ 132   ④ 135
⑤ 138

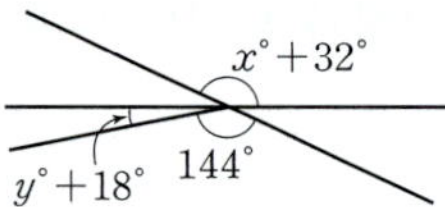

051 하

오른쪽 그림에서 $\angle a + \angle b + \angle c$
의 크기를 구하시오.

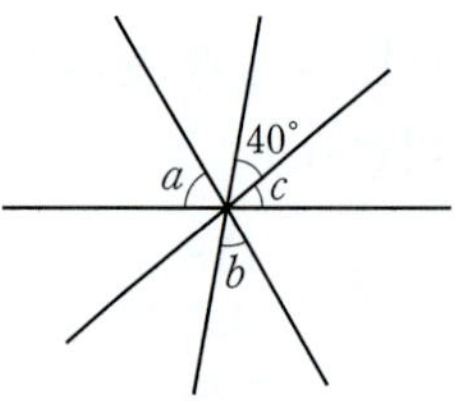

052 빈출 하

오른쪽 그림에서 x의 값은?

① 30   ② 35
③ 40   ④ 45
⑤ 50

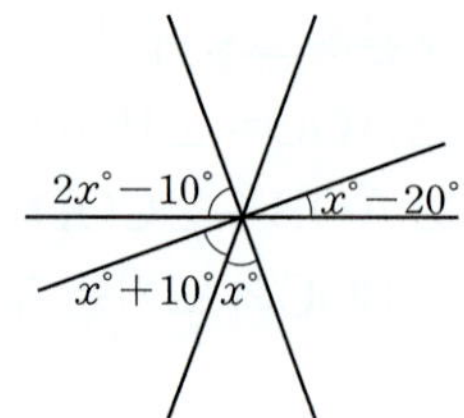

053 중

오른쪽 그림과 같이 한 평면 위에 세
직선이 있을 때 생기는 맞꼭지각은
모두 몇 쌍인가?

① 4쌍   ② 5쌍
③ 6쌍   ④ 7쌍
⑤ 8쌍

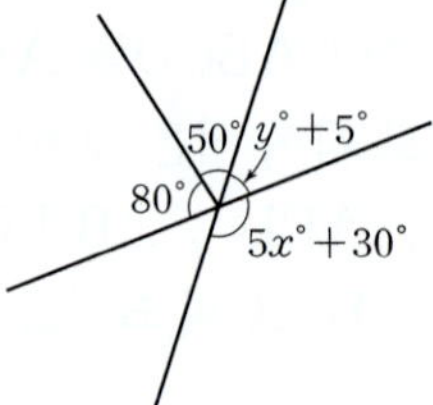

054 중

오른쪽 그림에서 $x+y$의 값은?

① 55   ② 60
③ 65   ④ 70
⑤ 75

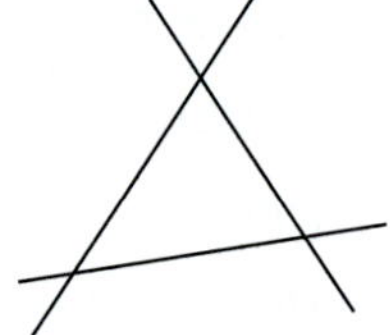

055 _중

오른쪽 그림에서 $\angle x - \angle y$의 크기를 구하시오.

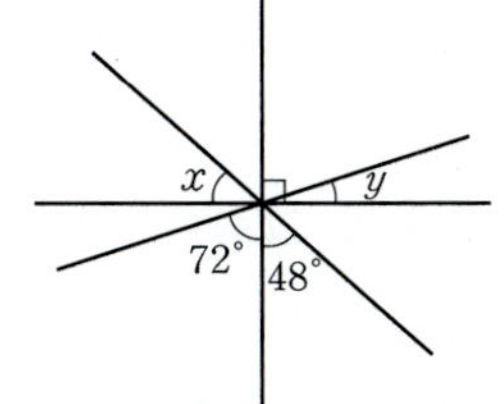

056 _중

오른쪽 그림에서 $x+y$의 값을 구하시오.

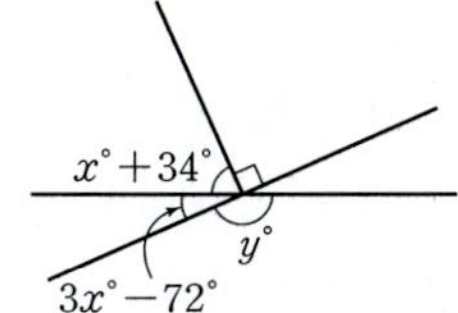

057 _중

다음 그림에서 $\angle a + \angle b + \angle c + \angle d + \angle e + \angle f + \angle g$의 크기는?

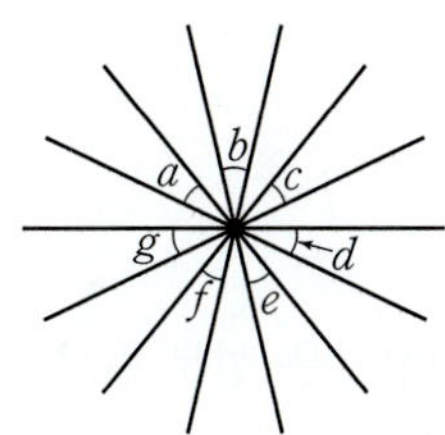

① $180°$ ② $200°$ ③ $240°$
④ $300°$ ⑤ $360°$

★빈출 058 _중

오른쪽 그림과 같이 네 직선이 한 점에서 만날 때 생기는 맞꼭지각은 모두 몇 쌍인가?

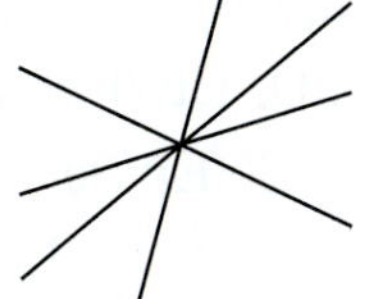

① 10쌍   ② 11쌍
③ 12쌍   ④ 13쌍
⑤ 14쌍

059 _중

| 서술형 |

오른쪽 그림과 같이 세 직선 AB, CD, EF가 한 점 O에서 만나고 $\angle AOC = 63°$이다.
$\angle AOF : \angle FOD = 5 : 4$일 때, $\angle AOE$의 크기를 구하시오.

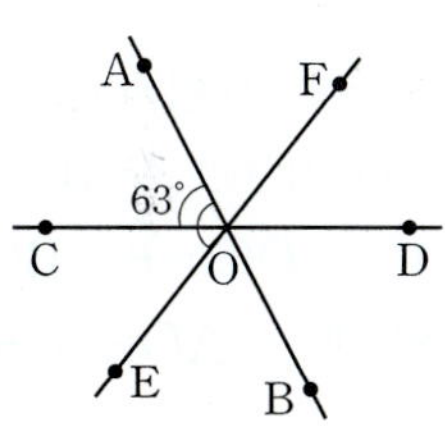

060 _중

서로 다른 5개의 직선이 한 점에서 만날 때 생기는 맞꼭지각은 모두 몇 쌍인가?

① 18쌍   ② 20쌍   ③ 22쌍
④ 24쌍   ⑤ 26쌍

061 중

오른쪽 그림과 같이 세 직선 AB, CD, EF가 한 점 O에서 만나고 $\angle BOE=90°$, $\angle BOD=\angle GOF$, $\angle AOC : \angle DOF=1:2$일 때, $\angle AOG$의 크기는?

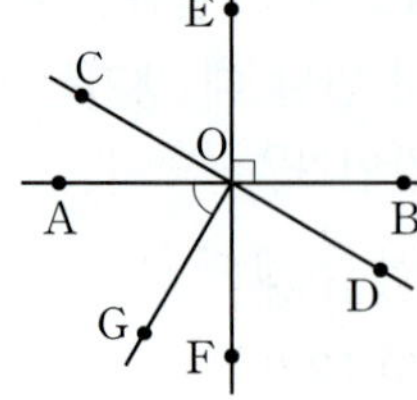

① 50° ② 56°
③ 60° ④ 66°
⑤ 72°

064 하

오른쪽 그림에서 점 M이 $\overline{AB}$의 중점이고 $\overline{PH}\perp\overline{AB}$일 때, 점 P와 직선 l 사이의 거리를 나타내는 것은?

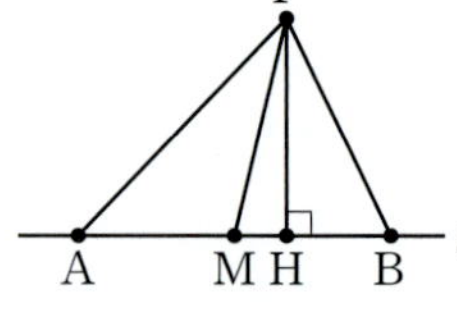

① $\overline{AM}$ ② $\overline{PA}$ ③ $\overline{PB}$
④ $\overline{PH}$ ⑤ $\overline{PM}$

062 상

오른쪽 그림과 같이 세 직선 AB, CD, EF가 한 점 O에서 만나고 $4\angle AOC=6\angle BOE=3\angle DOF$일 때, $\angle AOE$의 크기는?

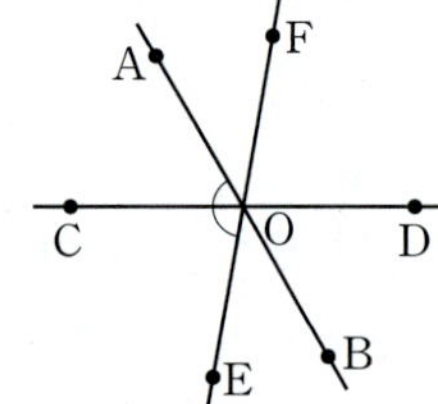

① 136° ② 140°
③ 144° ④ 148°
⑤ 152°

065 하

오른쪽 좌표평면 위의 네 점 A, B, C, D에 대하여 x축과의 거리가 가장 먼 점과 y축과의 거리가 가장 가까운 점을 차례로 나열한 것은?

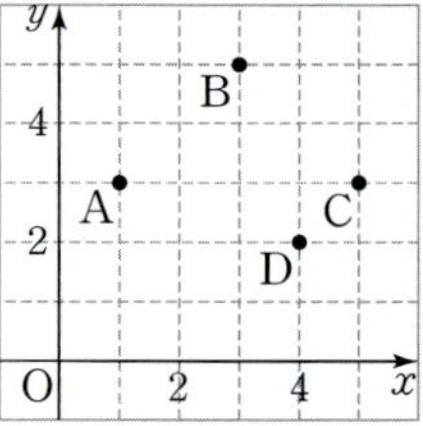

① 점 A, 점 B
② 점 B, 점 A
③ 점 B, 점 C
④ 점 D, 점 A
⑤ 점 D, 점 C

063 상

오른쪽 그림과 같이 두 직선 AB, DE가 한 점 O에서 만나고 $\angle AOC=90°$, $45° \leq \angle AOE \leq 65°$이다. $\angle COD$의 크기가 가장 클 때와 가장 작을 때의 합을 구하시오.

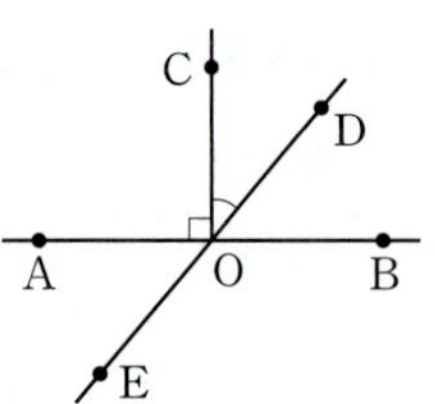

066 중

오른쪽 그림에서 직선 l은 선분 AB의 수직이등분선이다. $\overline{AB}=10$ cm, $\overline{BP}=6$ cm, $\overline{BQ}=8$ cm일 때, 점 B에서 직선 l까지의 거리를 구하시오.

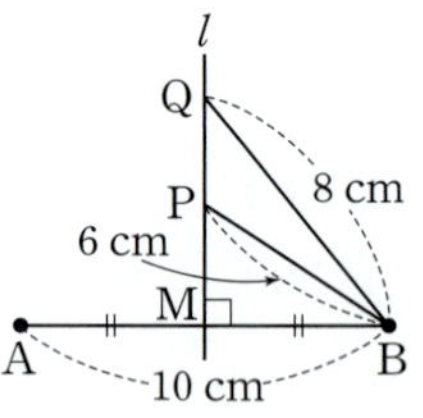

067 중

오른쪽 그림에서 직선 CD는 선분 AB의 수직이등분선일 때, 다음 중 옳지 <u>않은</u> 것은?

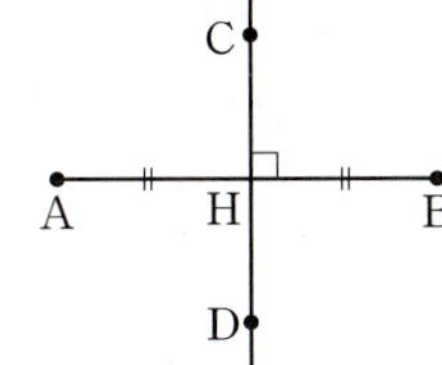

① $\overline{AB} \perp \overleftrightarrow{CD}$

② $\angle CHA = 90°$

③ $\overline{CH} = \dfrac{1}{2}\overline{CD}$

④ 점 C와 $\overline{AB}$ 사이의 거리는 $\overline{CH}$의 길이이다.

⑤ 점 A에서 $\overleftrightarrow{CD}$에 내린 수선의 발은 점 H이다.

068 중

다음 중 오른쪽 그림과 같은 직사각형 ABCD에 대한 설명으로 옳은 것을 모두 고르면?

(정답 2개)

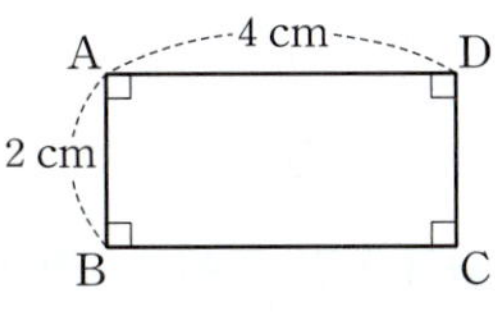

① $\overline{AB}$와 $\overline{DC}$는 수직으로 만난다.

② $\overline{AD}$의 수선은 $\overline{BC}$이다.

③ $\overline{BC}$와 $\overline{DC}$는 직교한다.

④ 점 A와 $\overline{BC}$ 사이의 거리는 4 cm이다.

⑤ 점 C에서 $\overline{AD}$에 내린 수선의 발은 점 D이다.

069 중

오른쪽 그림과 같은 사다리꼴 ABCD에 대하여 다음 보기 중 옳은 것을 모두 고른 것은?

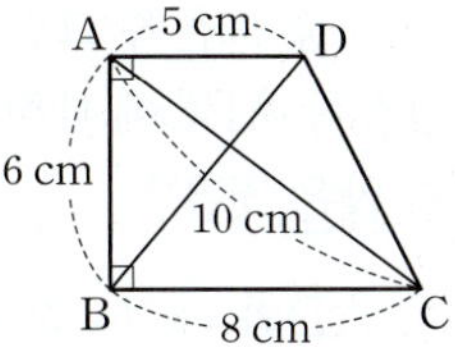

| 보기 |

ㄱ. $\overline{AB}$와 수직으로 만나는 선분은 $\overline{AD}$, $\overline{BC}$이다.

ㄴ. $\overleftrightarrow{BC}$와 $\overleftrightarrow{DC}$는 직교한다.

ㄷ. 점 C에서 $\overleftrightarrow{AB}$에 내린 수선의 발은 점 B이다.

ㄹ. 점 A와 $\overline{BC}$ 사이의 거리는 10 cm이다.

① ㄱ, ㄷ   ② ㄴ, ㄷ   ③ ㄴ, ㄹ

④ ㄱ, ㄷ, ㄹ   ⑤ ㄴ, ㄷ, ㄹ

070 중

| 서술형 |

오른쪽 그림과 같이 두 직선 AB, CD가 한 점 O에서 만난다. 점 O는 점 E에서 직선 AB에 내린 수선의 발이면서 점 F에서 직선 CD에 내린 수선의 발이다. $\angle DOE = 50°$일 때, $\angle AOF$의 크기를 구하시오.

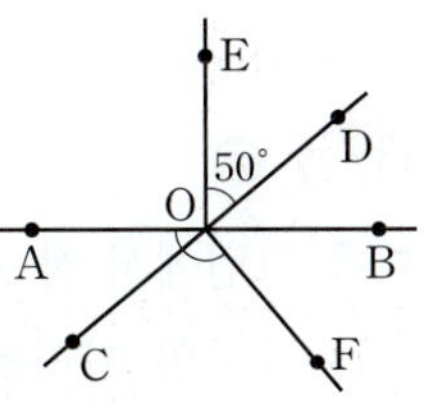

071 중

다음 중 오른쪽 그림과 같은 직각 삼각형 ABC에 대한 설명으로 옳지 <u>않은</u> 것은?

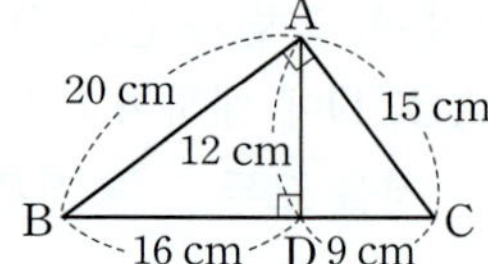

① $\overline{AD}$와 $\overline{BC}$는 직교한다.
② 점 B에서 $\overline{AC}$에 내린 수선의 발은 점 A이다.
③ 점 A와 $\overline{BC}$ 사이의 거리는 12 cm이다.
④ 점 B와 $\overline{AD}$ 사이의 거리는 20 cm이다.
⑤ 점 C와 $\overline{AB}$ 사이의 거리는 15 cm이다.

072 중 | 서술형 |

다음 그림과 같은 평행사변형 ABCD에서 점 A와 직선 BC 사이의 거리를 x cm, 점 B와 직선 CD 사이의 거리를 y cm라 할 때, $x+y$의 값을 구하시오.

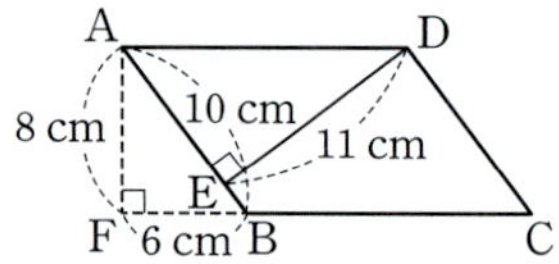

073 중

다음 그림에서 점 A와 $\overline{BC}$ 사이의 거리를 x cm, 점 C와 $\overline{AB}$ 사이의 거리를 y cm, 점 D와 $\overleftrightarrow{AB}$ 사이의 거리를 z cm라 할 때, $x+y+z$의 값은?

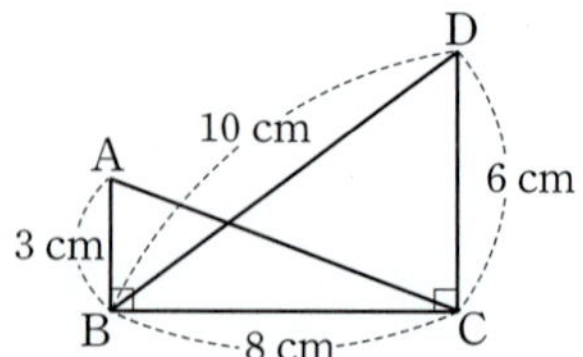

① 18　　② 19　　③ 20
④ 21　　⑤ 22

074 상

다음 그림과 같은 두 삼각형 ABC와 DEF의 넓이가 같을 때, 점 D와 직선 EF 사이의 거리는?

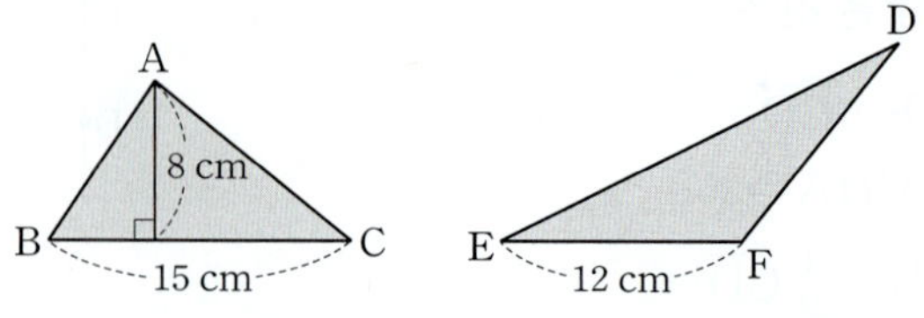

① 8 cm　　② 9 cm　　③ 10 cm
④ 11 cm　　⑤ 12 cm

075 상

좌표평면 위에 두 점 P(4, -2), Q(-3, 4)가 있다. 점 P에서 x축과 y축에 내린 수선의 발을 각각 A, B라 하고, 점 Q에서 x축과 y축에 내린 수선의 발을 각각 C, D라 할 때, 사각형 ABCD의 넓이를 구하시오.

최고수준 ★★★★ 도전 기출

076

오른쪽 그림에서
$\angle x : \angle y = \angle z : \angle w = 1 : 2$,
$\angle y : \angle w = 3 : 7$일 때,
$\angle x - \angle y - \angle z + \angle w$의 크기
를 구하시오.

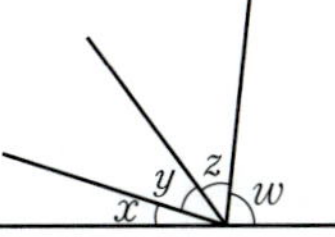

077

오른쪽 그림과 같이 $\overleftrightarrow{AB}$, $\overleftrightarrow{CD}$, $\overleftrightarrow{EF}$
의 교점을 O라 하자.
$\angle AOC = \dfrac{1}{5} \angle AOG$,
$\angle GOD = 6 \angle FOD$일 때,
$\angle BOE$의 크기를 구하시오.

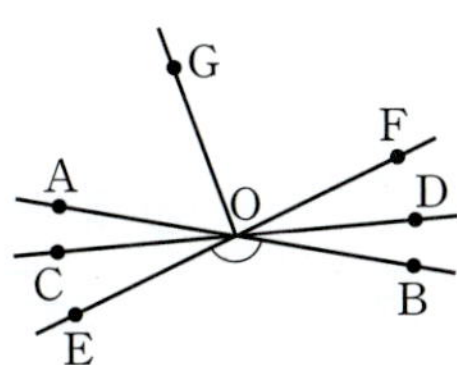

078

아래 그림과 같이 한 선분 위에 같은 간격으로 떨어져 있는 7개의 점이 있다. 두 점 A, B를 제외한 5개의 점에 C, D, E, F, G를 다음 조건을 모두 만족시키도록 대응시키려고 한다. $\overline{AB} = 8$ cm일 때, $\overline{CG}$의 길이를 구하시오.

조건
㈎ 두 점 B, C는 $\overline{AD}$의 삼등분점이다.
㈏ $\overline{BC} : \overline{BG} = 2 : 1$
㈐ $\overline{AF} = 3\overline{CE}$

079

다음 중 오른쪽 그림과 같이 시계가 7시와 8시 사이에 시침과 분침이 완전히 포개어질 때의 시각은? (단, 시침과 분침의 두께는 생각하지 않는다.)

① 7시 35분에서 7시 36분 사이
② 7시 36분에서 7시 37분 사이
③ 7시 37분에서 7시 38분 사이
④ 7시 38분에서 7시 39분 사이
⑤ 7시 39분에서 7시 40분 사이

02 위치 관계

1 점과 직선, 점과 평면의 위치 관계
☑ 필수 기출 1

(1) **점과 직선의 위치 관계**
① 점 A가 직선 l 위에 있다.　② 점 B가 직선 l 위에 있지 않다.

(2) **점과 평면의 위치 관계**
① 점 A가 평면 P 위에 있다.　② 점 B가 평면 P 위에 있지 않다.

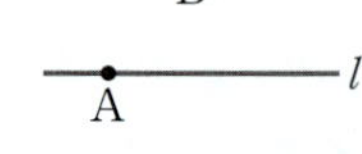
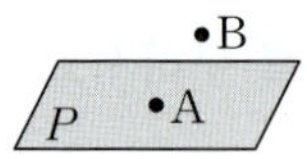

2 평면에서 두 직선의 위치 관계
☑ 필수 기출 1

(1) **두 직선의 평행**: 한 평면 위에 있는 두 직선 l, m이 서로 만나지 않을 때, 두 직선 l, m은 서로 ❶ ⬚⬚⬚⬚⬚⬚⬚ 하다고 하고, 기호로 $l /\!/ m$과 같이 나타낸다.

(2) **평면에서 두 직선의 위치 관계**
① 한 점에서 만난다.　② 일치한다.　③ 평행하다.

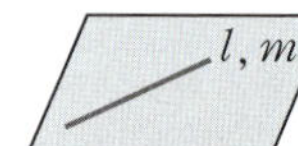

> **참고** 평면이 하나로 정해질 조건
> ① 한 직선 위에 있지 않은 서로 다른 세 점이 주어질 때
> ② 한 직선과 그 직선 위에 있지 않은 한 점이 주어질 때
> ③ 한 점에서 만나는 두 직선이 주어질 때
> ④ 평행한 두 직선이 주어질 때

3 공간에서 두 직선의 위치 관계
☑ 필수 기출 2,3

(1) **꼬인 위치**: 공간에서 두 직선이 서로 만나지도 않고 평행하지도 않을 때, 두 직선을 ❷ ⬚⬚⬚⬚⬚ 에 있다고 한다.

(2) **공간에서 두 직선의 위치 관계**
① 한 점에서 만난다.　② 일치한다.　③ 평행하다.　④ 꼬인 위치에 있다.

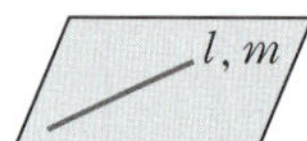
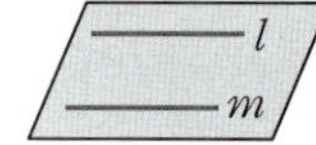
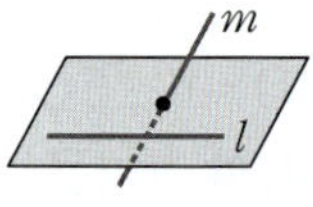

> **참고** · ①, ②는 두 직선이 만나는 경우이고, ③, ④는 두 직선이 만나지 않는 경우이다.
> · 꼬인 위치에 있는 두 직선은 한 평면 위에 있지 않다.

4 공간에서 직선과 평면의 위치 관계
☑ 필수 기출 2,3

(1) **공간에서 직선과 평면의 위치 관계**
① 한 점에서 만난다.　② 포함된다.　③ 평행하다.

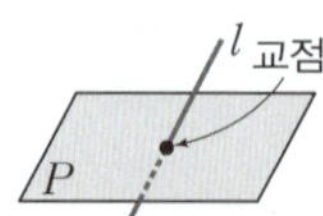

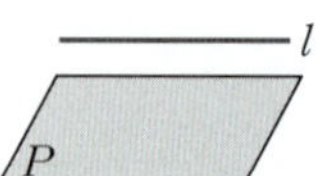

(2) **직선과 평면의 수직**: 직선 l이 평면 P와 한 점 H에서 만나고 점 H를 지나는 평면 P 위의 모든 직선과 수직일 때, 직선 l과 평면 P는 직교한다고 하거나 서로 수직이라 하고, 기호로 $l \perp P$와 같이 나타낸다. 이때 직선 l을 평면 P의 수선, 점 H를 ❸ ⬚⬚⬚⬚⬚⬚ 이라 한다.

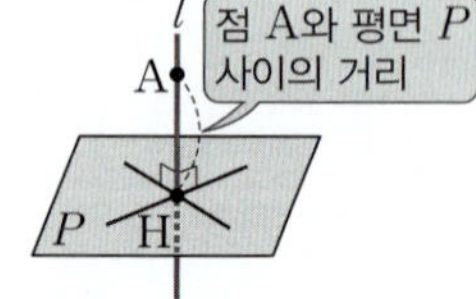

> **참고** 직선 l 위의 점 A와 평면 P 사이의 거리 ➡ $\overline{AH}$의 길이

답: ❶ 평행　**❷** 꼬인 위치　**❸** 수선의 발

5 **공간에서 두 평면의 위치 관계**

☑ 필수 기출 2, 3

(1) **공간에서 두 평면의 위치 관계**

① 한 직선에서 만난다.　　② 일치한다.　　③ 평행하다.

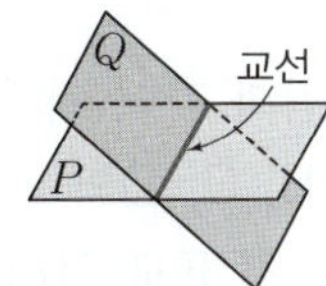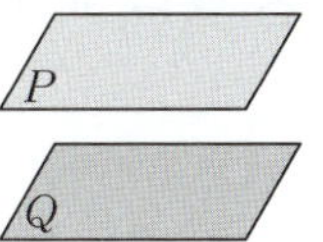

(2) **두 평면의 수직**: 평면 P가 평면 Q에 수직인 직선 l을 포함할 때, 평면 P와 평면 Q는 직교한다고 하거나 서로 ④[　　　　]이라 하고, 기호로 $P \perp Q$ 와 같이 나타낸다.

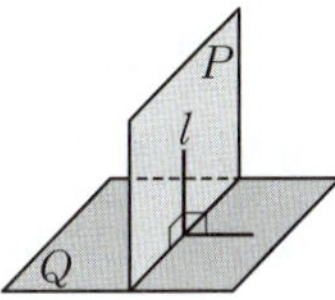

6 **동위각과 엇각**

☑ 필수 기출 4

한 평면 위의 서로 다른 두 직선 l, m이 다른 한 직선 n과 만날 때

(1) **동위각**: 같은 위치에 있는 두 각

➡ $\angle a$와 $\angle e$, $\angle b$와 $\angle f$, $\angle c$와 $\angle g$, $\angle d$와 $\angle h$

(2) ⑤[　　　　]: 엇갈린 위치에 있는 두 각

➡ $\angle b$와 $\angle h$, $\angle c$와 $\angle e$

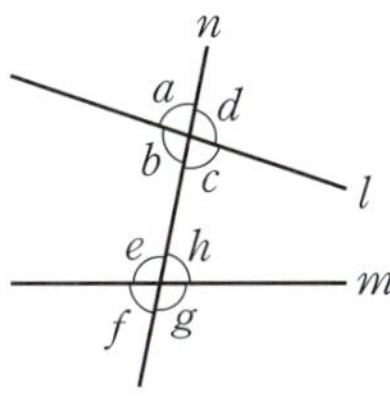

7 **평행선의 성질**

☑ 필수 기출 5~7

서로 평행한 두 직선 l, m이 다른 한 직선과 만날 때

(1) 동위각의 크기는 서로 같다.

➡ $l /\!/ m$이면 $\angle a = \angle b$

(2) 엇각의 크기는 서로 같다.

➡ $l /\!/ m$이면 $\angle c = \angle d$

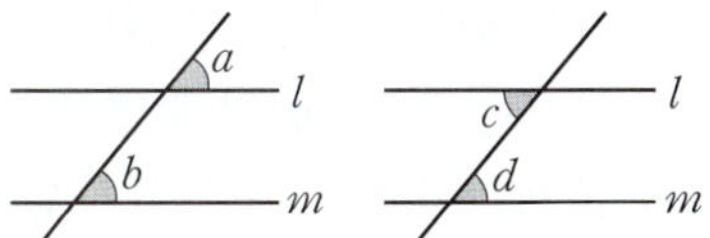

참고 맞꼭지각의 크기는 항상 같지만 동위각과 엇각의 크기는 두 직선이 평행할 때만 같다.

📎 **기출 PICK**

평행선 사이에 꺾인 직선이 있는 경우

꺾인 점을 각각 지나고 주어진 평행선에 평행한 직선을 그은 후 평행선의 성질을 이용한다.

(1) 보조선을 1개 긋는 경우

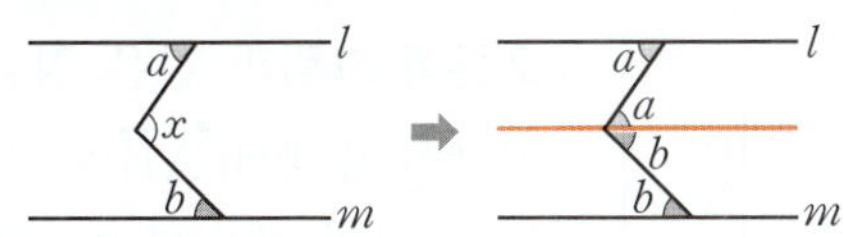

$l /\!/ m$이면 $\angle x = \angle a + \angle b$

(2) 보조선을 2개 긋는 경우

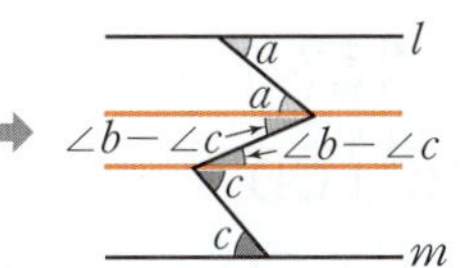

$l /\!/ m$이면 $\angle x = \angle a + (\angle b - \angle c)$

8 **두 직선이 평행하기 위한 조건**

☑ 필수 기출 5~7

서로 다른 두 직선이 다른 한 직선과 만날 때

(1) 동위각의 크기가 서로 같으면 두 직선은 평행하다.

(2) 엇각의 크기가 서로 같으면 두 직선은 평행하다.

답: ④ 수직　⑤ 엇각

1 평면 및 공간에서의 위치 관계 (1)

080 하

다음 중 한 평면 위에 있는 두 직선의 위치 관계가 될 수 <u>없는</u> 것은?

① 일치한다.   ② 평행하다.
③ 수직으로 만난다.   ④ 꼬인 위치에 있다.
⑤ 한 점에서 만난다.

081 하

다음 중 오른쪽 그림에 대한 설명으로 옳지 <u>않은</u> 것은?

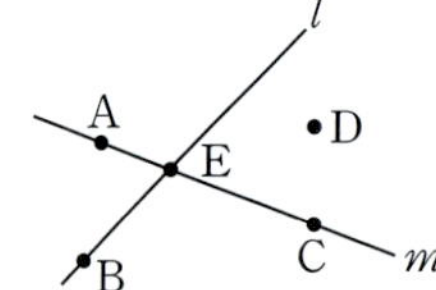

① 직선 l은 점 A를 지나지 않는다.
② 직선 m은 점 E를 지난다.
③ 점 C는 직선 m 위에 있다.
④ 점 E는 직선 l 위에 있지 않다.
⑤ 점 D는 두 직선 l, m 위에 있지 않다.

082 하

다음 중 오른쪽 그림에 대한 설명으로 옳지 <u>않은</u> 것은?

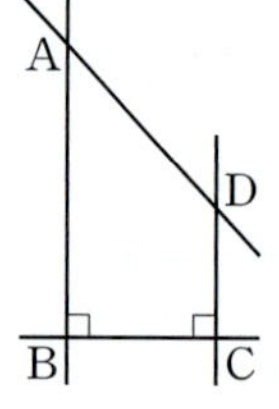

① $\overleftrightarrow{BC} \perp \overleftrightarrow{CD}$
② $\overleftrightarrow{AD}$와 $\overleftrightarrow{CD}$는 한 점에서 만난다.
③ $\overleftrightarrow{AB}$와 $\overleftrightarrow{CD}$는 평행하다.
④ $\overleftrightarrow{AB}$와 $\overleftrightarrow{BC}$는 직교한다.
⑤ $\overleftrightarrow{BC}$에 수직인 두 직선은 한 점에서 만난다.

083 하

오른쪽 그림과 같이 직선 l 위에 있는 네 점 A, B, C, D와 직선 l 위에 있지 않은 한 점 E로 정해지는 서로 다른 평면의 개수를 구하시오.

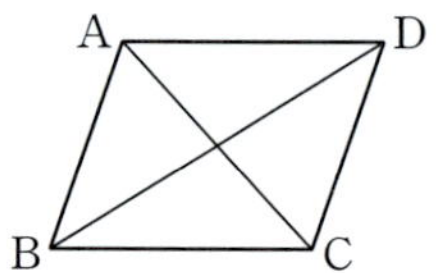

084 하

다음 중 오른쪽 그림과 같은 평행사변형에 대한 설명으로 옳지 <u>않은</u> 것은?

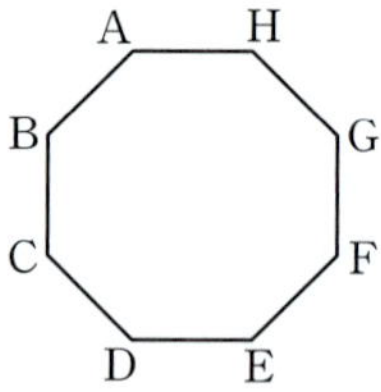

① $\overleftrightarrow{AB}$와 $\overleftrightarrow{BC}$는 한 점에서 만난다.
② $\overleftrightarrow{AB}$와 $\overleftrightarrow{CD}$는 만나지 않는다.
③ $\overleftrightarrow{AC}$와 $\overleftrightarrow{BD}$는 한 점에서 만난다.
④ $\overleftrightarrow{AC}$와 $\overleftrightarrow{CD}$는 만나지 않는다.
⑤ $\overleftrightarrow{AD}$와 $\overleftrightarrow{BC}$는 평행하다.

★빈출
085 중

오른쪽 그림과 같은 정팔각형의 변의 연장선 중에서 $\overleftrightarrow{AB}$와 한 점에서 만나는 직선의 개수를 a, 평행한 직선의 개수를 b라 할 때, $a-b$의 값을 구하시오.

086 중

오른쪽 그림과 같이 평평한 테니스 코트와 그 위에 그려진 선을 각각 평면 P, 직선 l로 나타내고 코트 위에 놓여진 세 공의 위치를 세 점 A, B, C, 공중에 떠 있는 두 공의 위치를 두 점 D, E로 나타낼 때, 다음 보기 중 옳은 것을 모두 고른 것은?

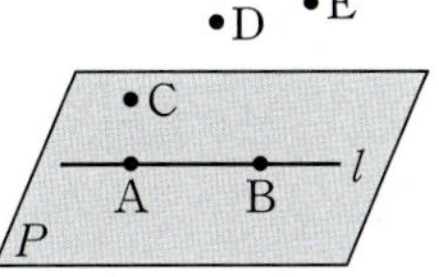

| 보기 |

ㄱ. 5개의 점 중 평면 P 위에 있는 점은 2개이다.
ㄴ. 점 D는 평면 P 위에 있지 않다.
ㄷ. 점 C는 평면 P 위에 있지만 직선 l 위에 있지 않다.

① ㄴ   ② ㄷ   ③ ㄱ, ㄴ
④ ㄱ, ㄷ   ⑤ ㄴ, ㄷ

087 중

오른쪽 그림과 같은 마름모에서 다음 중 위치 관계가 나머지 넷과 다른 하나는? (단, 점 O는 $\overline{AC}$와 $\overline{BD}$의 교점이다.)

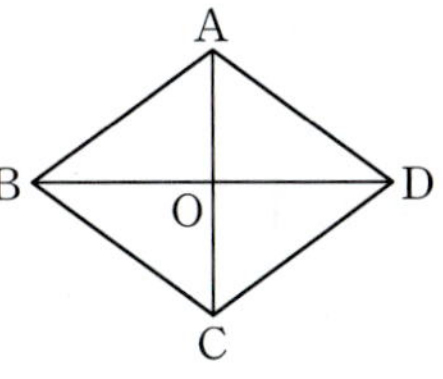

① $\overleftrightarrow{AB}$와 $\overleftrightarrow{AC}$ ② $\overleftrightarrow{AB}$와 $\overleftrightarrow{OD}$
③ $\overleftrightarrow{AD}$와 $\overleftrightarrow{BC}$ ④ $\overleftrightarrow{AD}$와 $\overleftrightarrow{CO}$
⑤ $\overleftrightarrow{BD}$와 $\overleftrightarrow{CD}$

088 중

| 서술형 |

오른쪽 그림과 같은 사각뿔에서 모서리 DE 위에 있지 않은 꼭짓점의 개수를 a, 면 ACD 위에 있는 꼭짓점의 개수를 b라 할 때, $a+b$의 값을 구하시오.

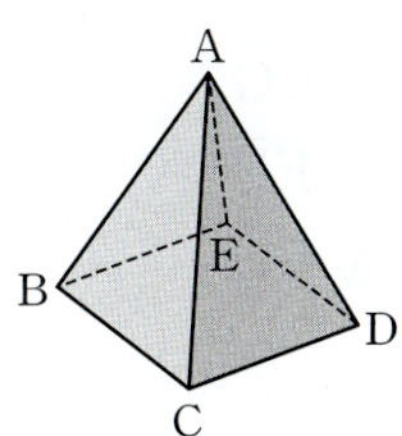

089 중

다음 중 평면이 하나로 정해질 조건이 <u>아닌</u> 것은?

① 한 점에서 만나는 두 직선
② 한 직선과 그 직선 위에 있지 않은 한 점
③ 한 직선 위에 있지 않은 서로 다른 세 점
④ 평행한 두 직선
⑤ 꼬인 위치에 있는 두 직선

090 중

다음 보기 중 한 평면 위에 있는 서로 다른 세 직선 l, m, n에 대한 설명으로 옳은 것을 모두 고른 것은?

| 보기 |

ㄱ. $l \,/\!/\, m$, $l \,/\!/\, n$이면 $m \,/\!/\, n$이다.
ㄴ. $l \,/\!/\, m$, $l \,/\!/\, n$이면 $m \perp n$이다.
ㄷ. $l \perp m$, $l \perp n$이면 $m \,/\!/\, n$이다.
ㄹ. $l \,/\!/\, m$, $l \perp n$이면 $m \,/\!/\, n$이다.

① ㄱ   ② ㄷ   ③ ㄱ, ㄴ
④ ㄱ, ㄷ   ⑤ ㄴ, ㄹ

091 중

오른쪽 그림과 같이 평면 P 위에 세 점 A, B, C가 있고, 평면 P 위에 있지 않은 한 점 D가 있다. 네 점 A, B, C, D 중 세 점으로 정해지는 서로 다른 평면의 개수를 구하시오.

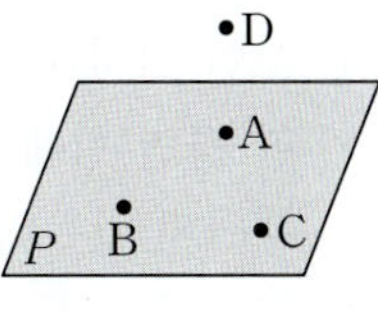

(단, 어느 세 점도 한 직선 위에 있지 않다.)

092 하

다음 보기 중 옳은 것을 모두 고른 것은?

> **보기**
> ㄱ. 서로 다른 두 점을 지나는 직선은 1개이다.
> ㄴ. 꼬인 위치에 있는 두 직선은 한 평면 위에 있지 않다.
> ㄷ. 서로 만나지 않는 두 직선은 항상 평행하다.
> ㄹ. 서로 다른 두 직선이 만나면 교점은 2개이다.

① ㄱ, ㄴ　　② ㄱ, ㄷ　　③ ㄴ, ㄷ
④ ㄴ, ㄹ　　⑤ ㄷ, ㄹ

093 하

다음 중 직선과 평면의 위치 관계가 될 수 <u>없는</u> 것은?

① 직선이 평면에 포함된다.
② 꼬인 위치에 있다.
③ 한 점에서 만난다.
④ 평행하다.
⑤ 수직이다.

094 하

다음 중 옳지 <u>않은</u> 것은?

① 꼬인 위치에 있는 두 직선은 서로 만나지 않는다.
② 한 평면 위에 있으면서 서로 만나지 않는 두 직선은 존재하지 않는다.
③ 공간에서 두 직선이 만나지도 않고 평행하지도 않은 경우가 있다.
④ 서로 만나지 않는 두 평면은 평행하다.
⑤ 한 평면과 수직인 서로 다른 두 직선은 평행하다.

095 하

다음 중 오른쪽 그림과 같은 삼각기둥에서 $\overline{AB}$와 꼬인 위치에 있는 모서리는?

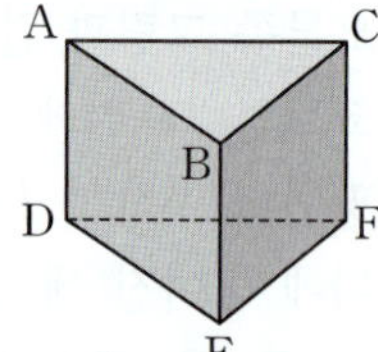

① $\overline{AC}$　　② $\overline{BC}$
③ $\overline{BE}$　　④ $\overline{DE}$
⑤ $\overline{EF}$

096 하

다음 중 오른쪽 그림과 같이 밑면이 사다리꼴인 사각기둥에서 모서리 CD와 만나지도 않고 평행하지도 않은 모서리는?

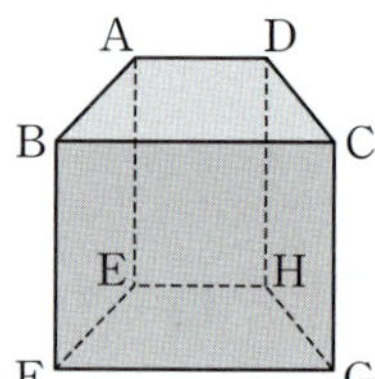

① $\overline{AD}$　　② $\overline{BC}$
③ $\overline{CG}$　　④ $\overline{FG}$
⑤ $\overline{GH}$

 빈출
097 하

다음 중 오른쪽 그림과 같은 정육면체에서 $\overline{AB}$와 꼬인 위치에 있는 모서리가 <u>아닌</u> 것은?

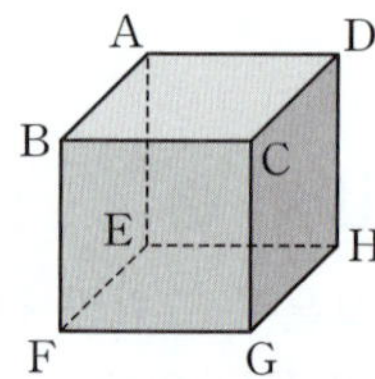

① $\overline{CG}$　　② $\overline{DH}$
③ $\overline{EH}$　　④ $\overline{FG}$
⑤ $\overline{GH}$

098 _하

오른쪽 그림과 같이 밑면이 직각삼각형인 삼각기둥에 대하여 다음 보기 중 점 B와 면 ADFC 사이의 거리와 길이가 같은 모서리를 모두 고른 것은?

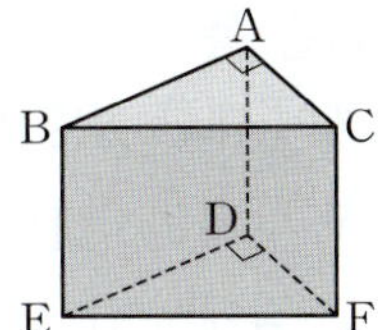

| 보기 |

ㄱ. $\overline{AB}$　　　　　　ㄴ. $\overline{BC}$
ㄷ. $\overline{DE}$　　　　　　ㄹ. $\overline{EF}$

① ㄱ, ㄴ　　　② ㄱ, ㄷ　　　③ ㄴ, ㄷ
④ ㄴ, ㄹ　　　⑤ ㄷ, ㄹ

099 _하

오른쪽 그림과 같은 정육면체에서 면 ABCD와 만나지 않는 면의 개수를 a, 수직인 면의 개수를 b라 할 때, $b-a$의 값을 구하시오.

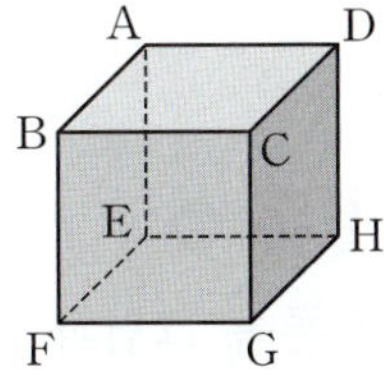

100 _하

다음 중 오른쪽 그림과 같은 직육면체에서 모서리 BC에 대한 설명으로 옳은 것은?

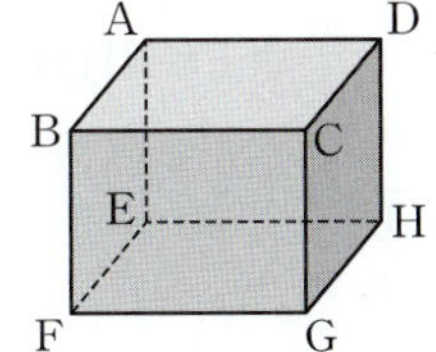

① 면 ABFE와 평행하다.
② 면 AEHD에 포함된다.
③ 면 BFGC와 평행하다.
④ 면 CGHD와 수직이다.
⑤ 면 EFGH에 포함된다.

101 _중

다음 중 오른쪽 그림과 같은 밑면이 정사각형인 사각뿔에서 모서리 BC와의 위치 관계가 나머지 넷과 다른 하나는?

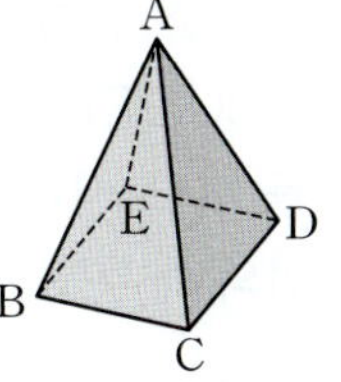

① $\overline{AB}$　　　　② $\overline{AC}$
③ $\overline{BE}$　　　　④ $\overline{CD}$
⑤ $\overline{DE}$

102 _중

오른쪽 그림과 같이 밑면이 정오각형인 오각기둥에서 각 모서리를 연장한 직선에 대하여 다음 중 $\overleftrightarrow{CD}$와의 위치 관계가 나머지 넷과 다른 하나는?

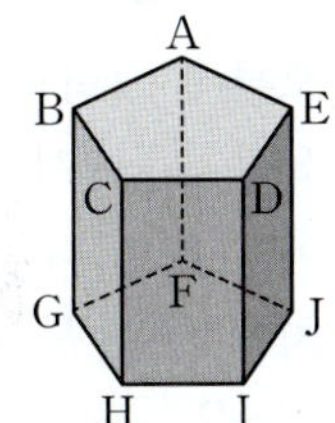

① $\overleftrightarrow{AB}$　　　　② $\overleftrightarrow{BC}$
③ $\overleftrightarrow{CH}$　　　　④ $\overleftrightarrow{DI}$
⑤ $\overleftrightarrow{FJ}$

103 _중

| 서술형 |

오른쪽 그림과 같이 밑면이 정오각형인 오각기둥에서 각 모서리를 연장한 직선에 대하여 직선 AB와 꼬인 위치에 있는 직선의 개수를 a, 직선 BG와 평행한 직선의 개수를 b라 할 때, $a+b$의 값을 구하시오.

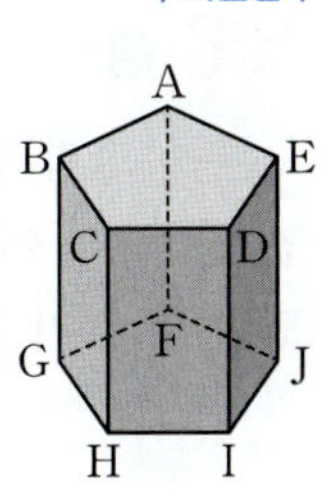

104 중

오른쪽 그림과 같은 육각기둥에서 면 ABCDEF에 포함되는 모서리의 개수를 a, 모서리 BH와 한 점에서 만나는 면의 개수를 b라 할 때, $a-b$의 값은?

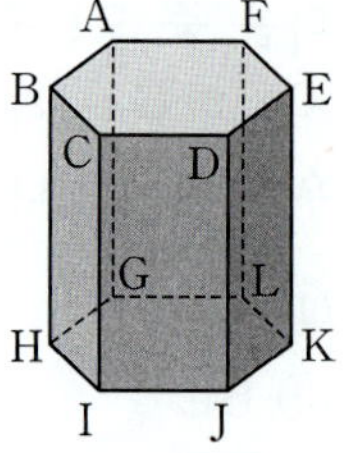

① 1 ② 2
③ 3 ④ 4
⑤ 5

105 중

오른쪽 그림과 같이 밑면이 정육각형인 육각기둥에서 각 모서리를 연장한 직선에 대하여 다음 중 직선 AB와 꼬인 위치에 있는 동시에 직선 IJ와 평행한 직선은?

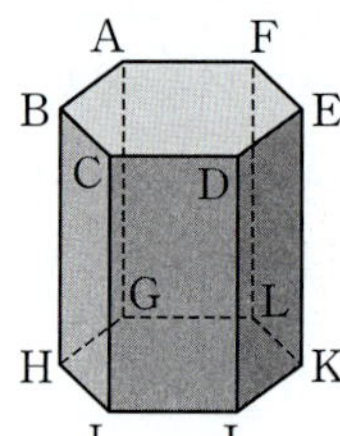

① $\overleftrightarrow{AF}$ ② $\overleftrightarrow{DE}$
③ $\overleftrightarrow{GH}$ ④ $\overleftrightarrow{GL}$
⑤ $\overleftrightarrow{LK}$

106 중

오른쪽 그림과 같이 밑면이 정팔각형인 팔각기둥에서 서로 평행한 두 면은 모두 몇 쌍인지 구하시오.

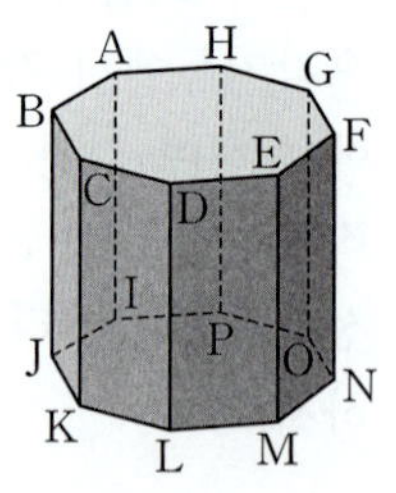

107 중

다음 중 오른쪽 그림과 같은 직육면체에 대한 설명으로 옳지 <u>않은</u> 것은?

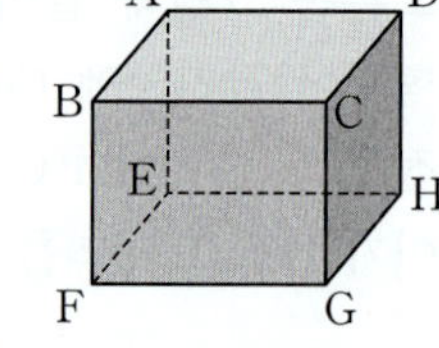

① 모서리 AB와 모서리 BC는 한 점에서 만난다.
② 모서리 AB와 모서리 CG는 꼬인 위치에 있다.
③ 모서리 BF와 모서리 DH는 만나지 않는다.
④ 모서리 CD와 모서리 EH는 수직으로 만난다.
⑤ 모서리 CD와 모서리 EF는 평행하다.

108 중

오른쪽 그림과 같이 밑면이 정오각형인 오각기둥에 대하여 다음 보기 중 옳은 것을 모두 고른 것은?

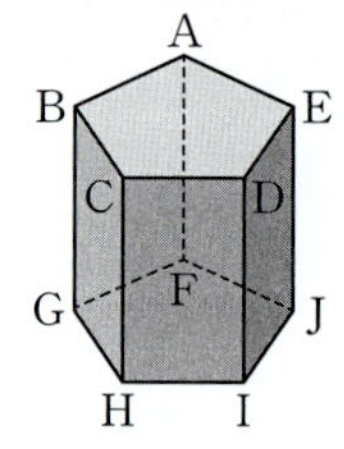

보기
ㄱ. 면 ABCDE와 평행한 면은 1개이다.
ㄴ. 면 AFJE와 면 DIJE의 교선은 모서리 EJ이다.
ㄷ. 면 BGHC와 면 ABGF는 평행하다.
ㄹ. 면 FGHIJ와 수직인 면은 5개이다.

① ㄱ, ㄴ ② ㄱ, ㄷ ③ ㄴ, ㄹ
④ ㄱ, ㄴ, ㄹ ⑤ ㄴ, ㄷ, ㄹ

109 ^중

오른쪽 그림에서 $l \perp P$이고, 점 H는 직선 l 위의 점 A에서 평면 P에 내린 수선의 발이다. 점 A와 평면 P 사이의 거리가 4 cm일 때, 다음 중 옳지 <u>않은</u> 것은? (단, 두 직선 m, n은 평면 P 위에 있다.)

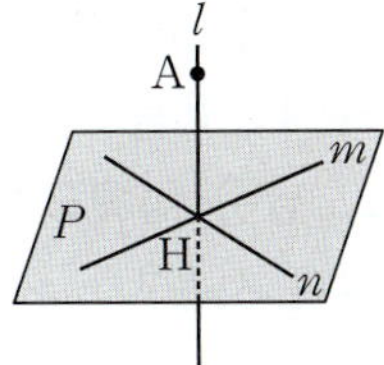

① $\overline{AH} \perp m$ ② $l \perp m$ ③ $l \perp n$
④ $m \perp n$ ⑤ $\overline{AH} = 4$ cm

110 ^중

| 서술형 |

오른쪽 그림과 같은 사각기둥에서 점 B와 면 AEHD 사이의 거리를 a cm, 점 C와 면 ABFE 사이의 거리를 b cm, 점 D와 면 EFGH 사이의 거리를 c cm라 하자. 이때 $a+b+c$의 값을 구하시오.

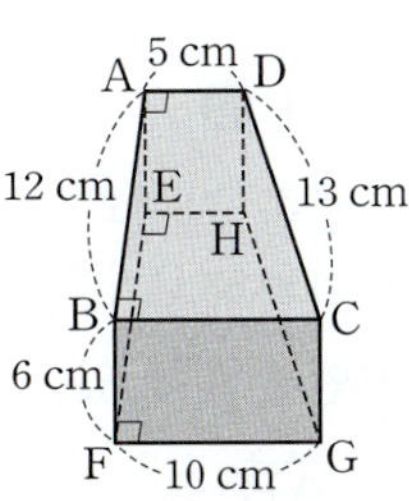

111 ^중

다음 중 오른쪽 그림과 같은 사각기둥에 대한 설명으로 옳은 것은?

① 면 ABFE와 면 BFGC는 평행하다.
② 모서리 AB와 면 ABCD는 평행하다.
③ 모서리 CG와 면 EFGH는 수직이다.
④ 모서리 BC와 모서리 EF는 평행하다.
⑤ 모서리 AD와 모서리 EH는 꼬인 위치에 있다.

3 공간에서의 위치 관계의 응용

112 ^중

| 서술형 |

오른쪽 그림과 같은 정육면체의 모서리 및 세 선분 BD, BG, DG에 대하여 $\overline{AE}$, $\overline{BD}$와 동시에 꼬인 위치에 있는 선분을 모두 구하시오.

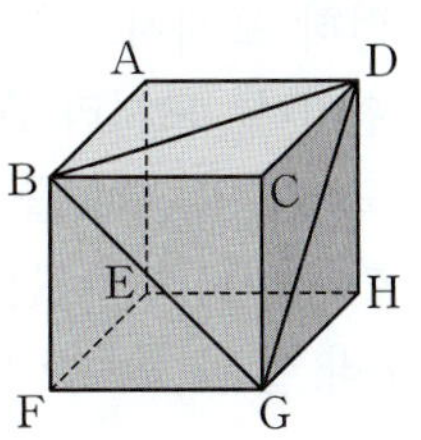

113 ^중

다음 중 오른쪽 그림과 같은 직육면체에 대한 설명으로 옳은 것은?

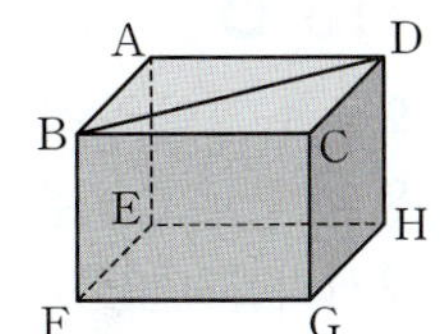

① $\overline{AB}$와 $\overline{GH}$는 꼬인 위치에 있다.
② $\overline{BD}$와 꼬인 위치에 있는 모서리는 5개이다.
③ $\overline{BD}$와 면 BFGC는 평행하다.
④ 면 ABCD와 면 EFGH는 수직이다.
⑤ $\overline{CG}$와 면 ABCD는 수직이다.

114 ^중

오른쪽 그림은 정육면체의 한 면과 옆면이 모두 정삼각형인 사각뿔의 밑면이 서로 완전히 포개지도록 붙여 놓은 입체도형이다. 이 입체도형에서 모서리 BF와 꼬인 위치에 있는 모서리의 개수는?

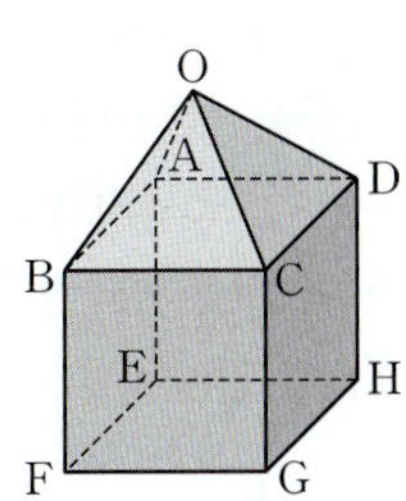

① 6 ② 7 ③ 8
④ 9 ⑤ 10

115 중

오른쪽 그림은 옆면이 모두 정삼각형인 사각뿔 2개의 밑면이 서로 완전히 포개지도록 붙여 놓은 입체도형이다. 모서리 AB와 만나지 않는 모서리의 개수를 a, 모서리 BC와 한 점에서 만나는 모서리의 개수를 b라 할 때, $b-a$의 값을 구하시오.

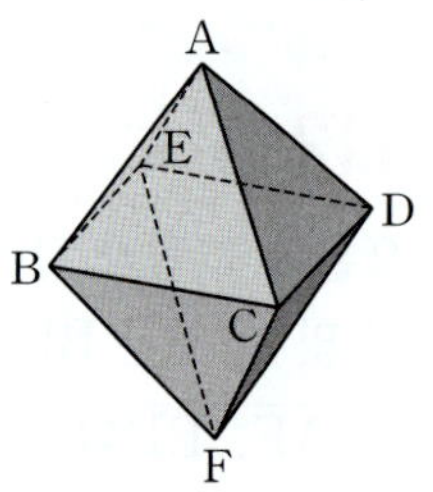

116 중

오른쪽 그림은 직육면체에서 삼각뿔을 잘라 내고 남은 입체도형이다. 각 모서리를 연장한 직선에 대하여 면 GHIJ와 평행한 직선의 개수를 a, 직선 CD와 꼬인 위치에 있는 직선의 개수를 b라 하자. 이때 $a+b$의 값을 구하시오.

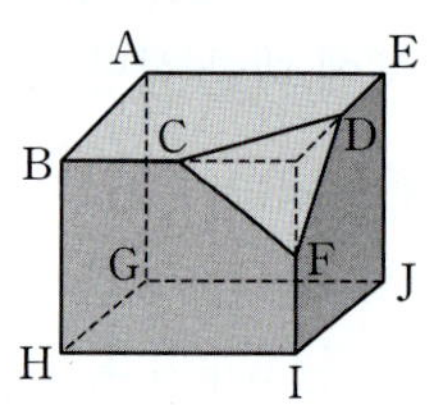

117 중

오른쪽 그림은 직육면체에서 삼각기둥을 잘라 내고 남은 입체도형이다. 각 모서리를 연장한 직선에 대하여 다음 중 면 BFGC와 수직인 직선은?

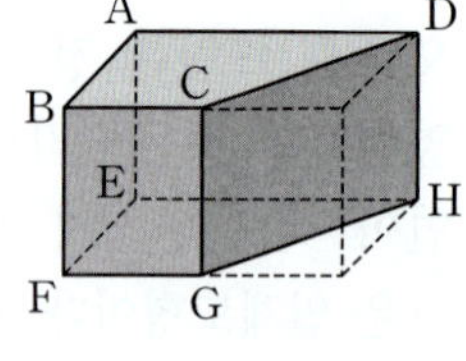

① $\overleftrightarrow{AE}$ ② $\overleftrightarrow{CD}$ ③ $\overleftrightarrow{DH}$
④ $\overleftrightarrow{EF}$ ⑤ $\overleftrightarrow{EH}$

118 중

오른쪽 그림은 직육면체를 세 꼭짓점 A, B, E를 지나는 평면으로 잘라 내고 남은 입체도형이다. 다음 중 옳지 <u>않은</u> 것은?

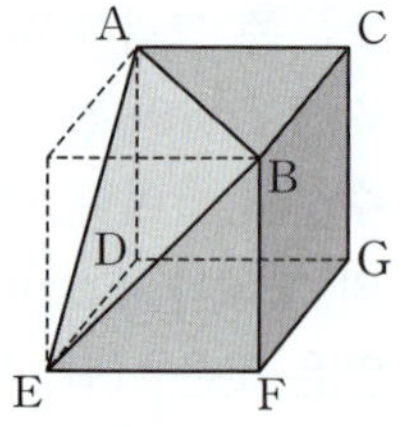

① 모서리 BE와 면 ADGC는 평행하다.
② 모서리 BF는 면 ABC와 수직이다.
③ 면 ABC는 면 DEFG와 평행하다.
④ 면 BFGC는 모서리 AD와 꼬인 위치에 있다.
⑤ 모서리 BE와 꼬인 위치에 있는 모서리는 5개이다.

119 중

오른쪽 그림과 같은 전개도로 만든 삼각뿔에서 다음 중 모서리 EF와 꼬인 위치에 있는 모서리는?

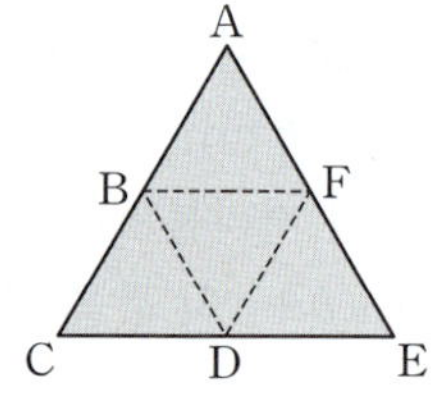

① $\overline{AB}$ ② $\overline{AF}$
③ $\overline{BD}$ ④ $\overline{CD}$
⑤ $\overline{DF}$

120 중

오른쪽 그림과 같은 전개도로 만든 정육면체에서 다음 중 모서리 CD와 꼬인 위치에 있는 모서리는?

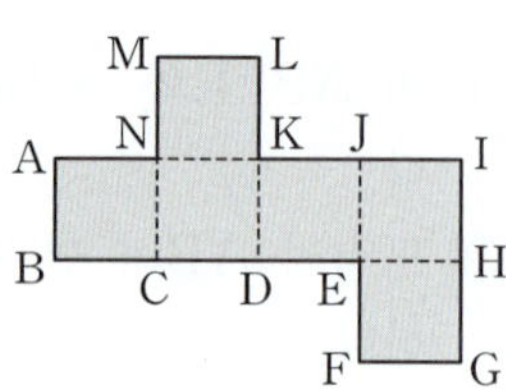

① $\overline{AL}$ ② $\overline{BE}$
③ $\overline{GF}$ ④ $\overline{LK}$
⑤ $\overline{NK}$

121 (상)

다음 중 공간에서 서로 다른 세 직선 l, m, n의 위치 관계에 대한 설명으로 옳은 것은?

① $l \mathbin{/\mkern-5mu/} m$, $l \mathbin{/\mkern-5mu/} n$이면 $m \mathbin{/\mkern-5mu/} n$이다.
② $l \mathbin{/\mkern-5mu/} m$, $l \perp n$이면 $m \mathbin{/\mkern-5mu/} n$이다.
③ $l \mathbin{/\mkern-5mu/} m$, $l \perp n$이면 $m \perp n$이다.
④ $l \perp m$, $l \perp n$이면 $m \mathbin{/\mkern-5mu/} n$이다.
⑤ $l \perp m$, $l \perp n$이면 $m \perp n$이다.

122 (상)

오른쪽 그림은 정육면체를 네 점 B, C, F, G를 지나는 평면으로 잘라 내고 남은 입체도형이다. 각 모서리를 연장한 직선에 대하여 다음 중 옳지 <u>않은</u> 것은?

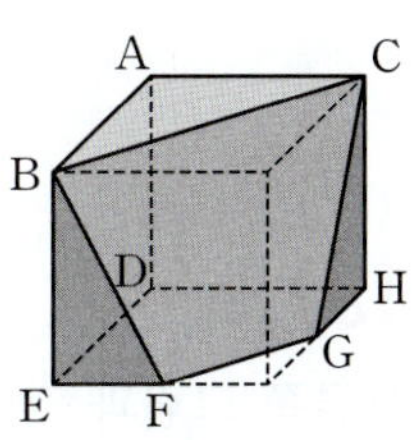

① 직선 AC와 평행한 직선은 2개이다.
② 직선 BC와 한 점에서 만나는 직선은 6개이다.
③ 직선 CH와 수직으로 만나는 직선은 4개이다.
④ 직선 BF와 꼬인 위치에 있는 직선은 6개이다.
⑤ 직선 FG와 꼬인 위치에 있는 직선은 8개이다.

123 (상)

오른쪽 그림과 같은 전개도로 만든 삼각기둥에서 다음 중 모서리 HE에 대한 설명으로 옳지 <u>않은</u> 것은?

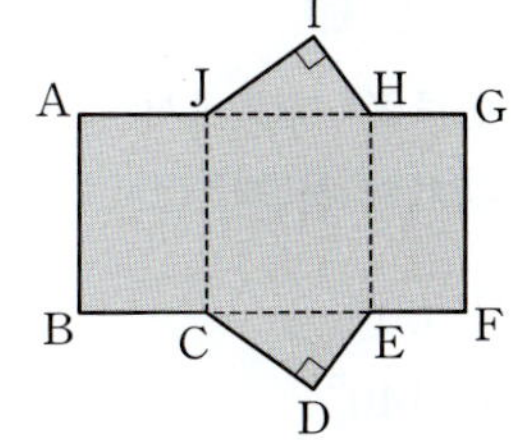

① 면 CDE와 수직이다.
② 면 ABCJ와 평행하다.
③ 모서리 AB와 평행하다.
④ 모서리 BC와 수직으로 만난다.
⑤ 모서리 IJ와 꼬인 위치에 있다.

124 (상)

오른쪽 그림과 같은 전개도로 만든 정육면체 모양의 주사위에서 평행한 두 면에 적힌 수의 합이 7일 때, $a-b+c$의 값을 구하시오.

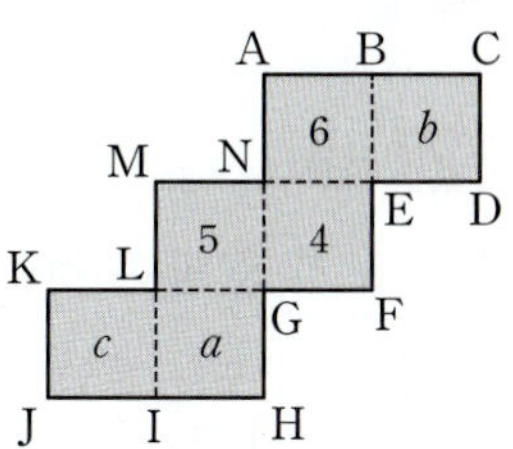

125 (상)

다음 보기 중 공간에서 항상 평행한 것의 개수를 구하시오.

> **보기**
>
> ㄱ. 한 평면에 평행한 서로 다른 두 평면
> ㄴ. 한 평면에 수직인 서로 다른 두 평면
> ㄷ. 한 직선에 평행한 서로 다른 두 평면
> ㄹ. 한 직선에 수직인 서로 다른 두 평면
> ㅁ. 꼬인 위치에 있는 두 직선을 각각 포함하는 서로 다른 두 평면

126 (상)
(빈출)

다음 중 공간에서 서로 다른 두 직선 l, m과 서로 다른 세 평면 P, Q, R의 위치 관계에 대한 설명으로 옳은 것은?

① $P \perp Q$, $P \perp R$이면 $Q \mathbin{/\mkern-5mu/} R$이다.
② $P \perp Q$, $P \mathbin{/\mkern-5mu/} R$이면 $Q \perp R$이다.
③ $l \mathbin{/\mkern-5mu/} P$, $m \mathbin{/\mkern-5mu/} P$이면 $l \mathbin{/\mkern-5mu/} m$이다.
④ $l \mathbin{/\mkern-5mu/} P$, $m \perp P$이면 $l \mathbin{/\mkern-5mu/} m$이다.
⑤ $l \mathbin{/\mkern-5mu/} P$, $m \perp P$이면 $l \perp m$이다.

127 하

다음 보기 중 옳은 것을 모두 고르시오.

┤ 보기 ├

ㄱ. 평각의 크기는 90°이다.

ㄴ. 동위각의 크기는 항상 같다.

ㄷ. 맞꼭지각의 크기는 항상 같다.

ㄹ. 엇각의 크기는 항상 같다.

128 하

오른쪽 그림과 같이 세 직선이 만날 때, 다음 중 옳지 <u>않은</u> 것은?

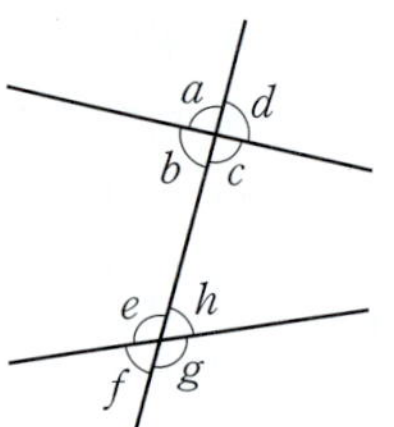

① $\angle a$와 $\angle c$는 맞꼭지각이다.

② $\angle a$와 $\angle e$는 동위각이다.

③ $\angle b$와 $\angle h$는 엇각이다.

④ $\angle c$와 $\angle e$는 동위각이다.

⑤ $\angle e$와 $\angle g$는 맞꼭지각이다.

129 중

오른쪽 그림과 같이 세 직선 l, m, n이 만날 때, $\angle a$의 동위각과 엇각은?

	동위각	엇각
①	$\angle b$와 $\angle e$	$\angle f$
②	$\angle b$와 $\angle e$	$\angle g$
③	$\angle b$와 $\angle g$	$\angle f$
④	$\angle c$와 $\angle f$	$\angle g$
⑤	$\angle d$와 $\angle g$	$\angle f$

130 중

오른쪽 그림과 같이 세 직선이 만날 때, 다음 중 옳지 <u>않은</u> 것은?

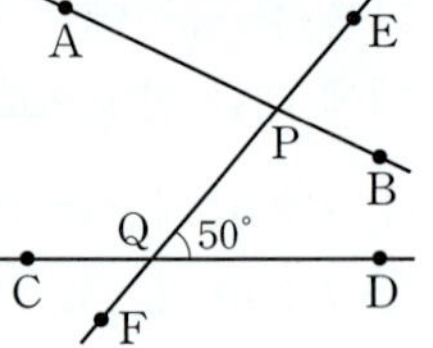

① $\angle$BPQ의 엇각의 크기는 130° 이다.

② $\angle$APQ의 엇각의 크기는 130°이다.

③ $\angle$EPB의 동위각의 크기는 50°이다.

④ $\angle$BPQ의 동위각의 크기는 130°이다.

⑤ $\angle$EPA의 동위각의 크기는 130°이다.

131 중

| 서술형 |

오른쪽 그림과 같이 세 직선이 만날 때, $\angle a$의 동위각과 $\angle b$의 엇각의 크기의 합을 구하시오.

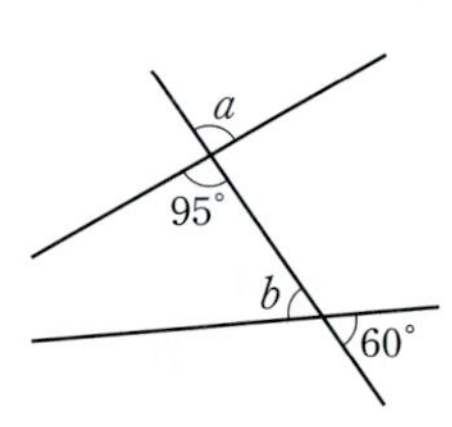

132 중

오른쪽 그림에서 $\angle x$의 모든 엇각의 크기의 합은?

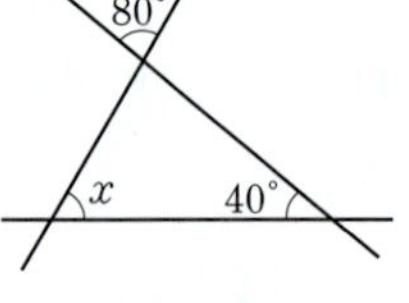

① 80° 　② 120°

③ 140° 　④ 220°

⑤ 240°

133 중

오른쪽 그림과 같이 네 직선이 만날 때, 다음 중 옳은 것은?

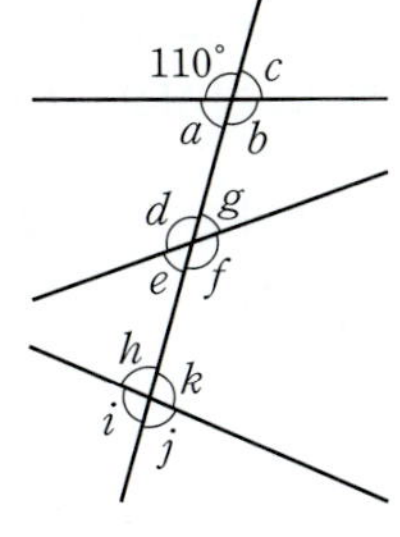

① $\angle a$의 모든 동위각의 크기는 70°이다.

② $\angle b$의 엇각의 크기는 110°이다.

③ $\angle f$의 엇각의 크기는 110°이다.

④ $\angle g$의 엇각의 크기는 70°이다.

⑤ $\angle j$의 모든 동위각의 크기는 70°이다.

134 상

오른쪽 그림에서 엇각은 모두 몇 쌍인지 구하시오.

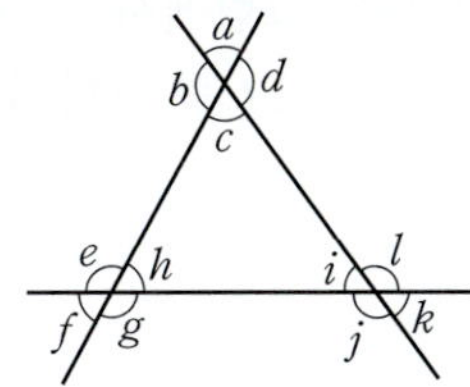

135 상

오른쪽 그림과 같이 네 직선이 만날 때, 다음 보기 중 옳은 것을 모두 고른 것은?

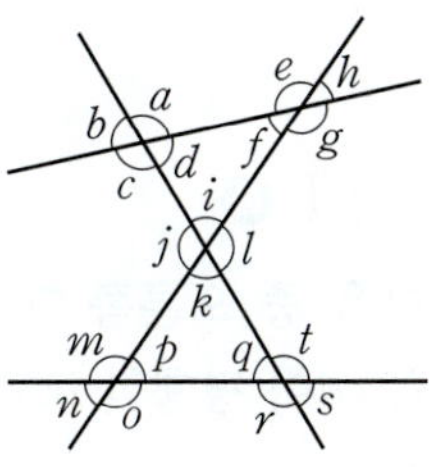

보기
ㄱ. $\angle a$의 동위각은 $\angle h$, $\angle p$, $\angle t$이다.
ㄴ. $\angle d$와 $\angle q$의 크기는 같다.
ㄷ. $\angle f$는 $\angle p$의 엇각이다.
ㄹ. $\angle g$의 엇각은 $\angle i$, $\angle m$이다.

① ㄱ, ㄷ 　　② ㄱ, ㄹ 　　③ ㄴ, ㄷ

④ ㄴ, ㄹ 　　⑤ ㄷ, ㄹ

---

5 평행선의 성질

136 하

오른쪽 그림에서 $l \parallel m$일 때, $\angle b - \angle a$의 크기를 구하시오.

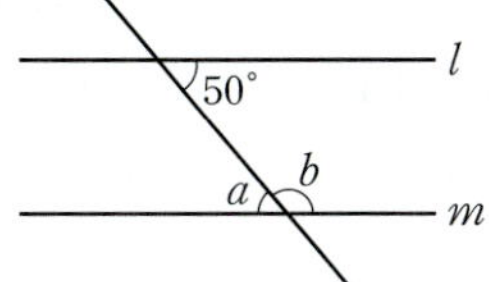

137 하

오른쪽 그림에서 $l \parallel m$일 때, 다음 중 각의 크기가 나머지 넷과 다른 하나는?

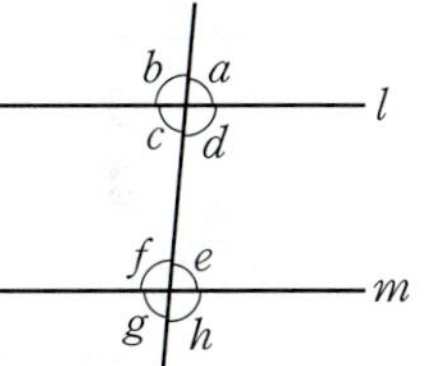

① $\angle b$ 　　　② $\angle d$

③ $\angle f$ 　　　④ $\angle e$

⑤ $\angle h$

빈출
138 중

오른쪽 그림에서 $l \parallel m$일 때, x의 값을 구하시오.

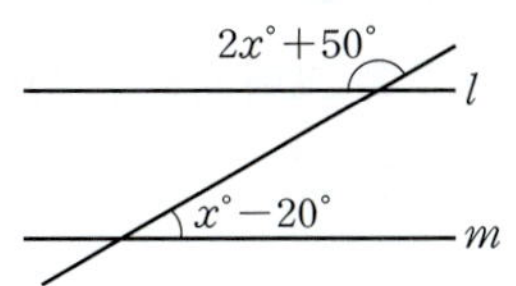

오른쪽 그림에서 $l /\!/ m$일 때, $\angle x - \angle y$의 크기는?

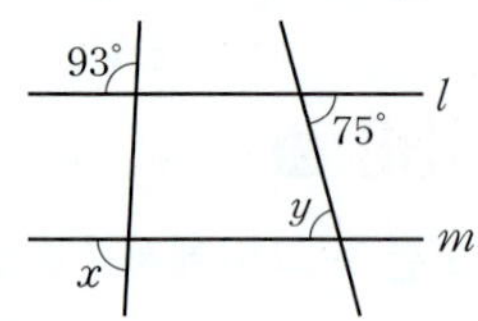

① $12°$ ② $14°$
③ $16°$ ④ $18°$
⑤ $20°$

다음 중 두 직선 l, m이 서로 평행하지 <u>않은</u> 것은?

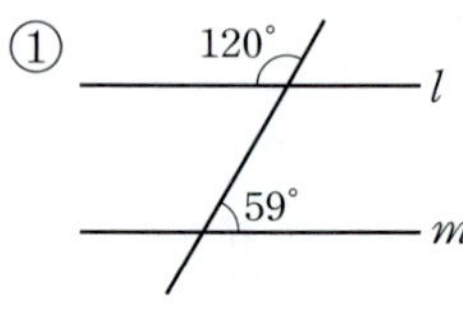 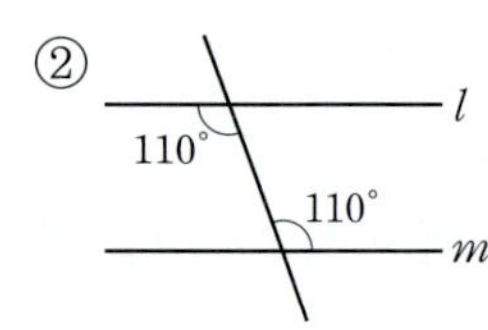

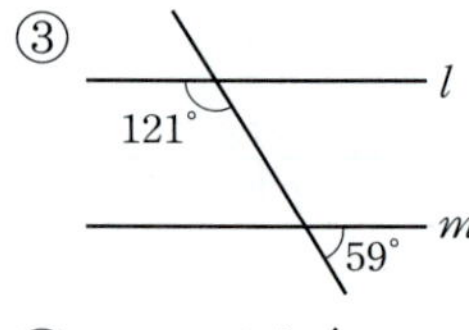 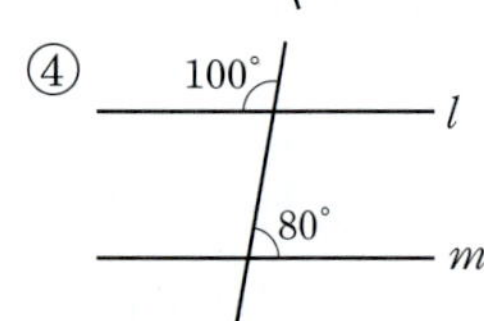

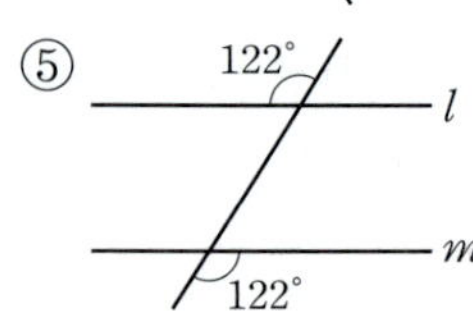

141 중

오른쪽 그림에서 $l /\!/ m$일 때, x의 값은?

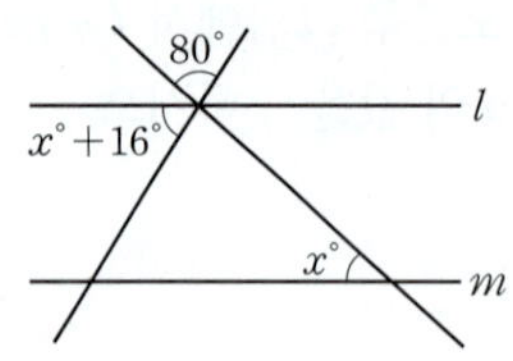

① 42 ② 43
③ 44 ④ 45
⑤ 46

142 중

다음 중 오른쪽 그림에서 평행한 두 직선을 고른 것은?

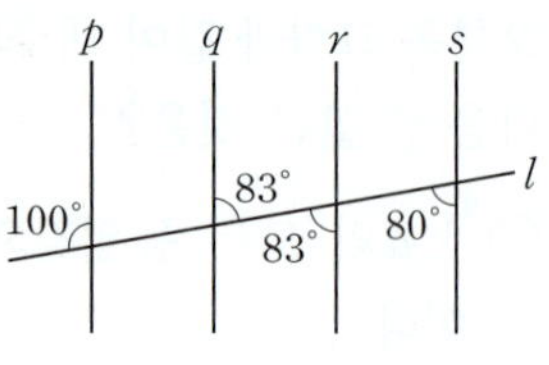

① p와 q ② p와 r
③ p와 s ④ q와 s
⑤ r와 s

143 중

오른쪽 그림에서 $l /\!/ m$일 때, $\angle x$의 크기를 구하시오.

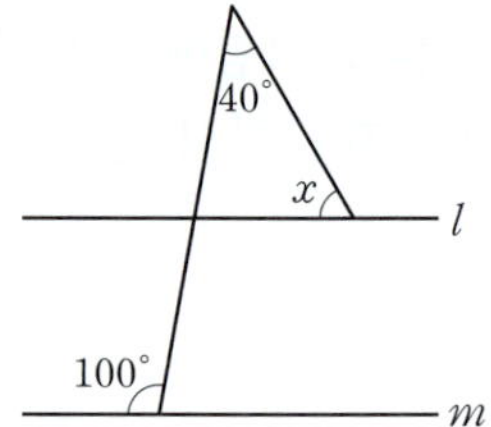

144 중

다음 중 오른쪽 그림에서 두 직선 l, m이 평행할 조건은?

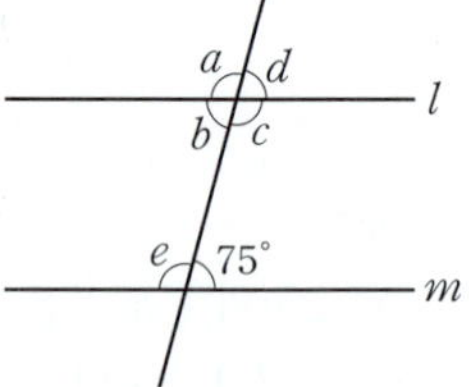

① $\angle b = \angle d$
② $\angle b = 75°$
③ $\angle c = 115°$
④ $\angle e = 105°$
⑤ $\angle a + \angle b = 180°$

145 중

다음 중 오른쪽 그림에 대한 설명
으로 옳지 <u>않은</u> 것은?

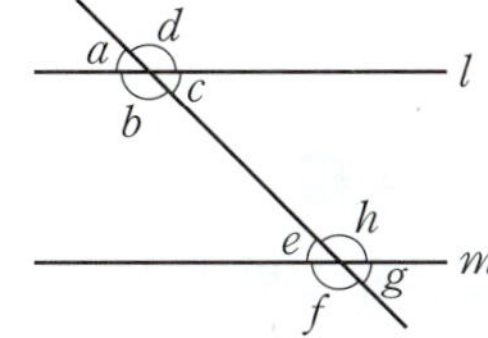

① $l /\!/ m$이면 $\angle a = \angle e$이다.
② $\angle b = \angle h$이면 $l /\!/ m$이다.
③ $\angle c = \angle g$이면 $l /\!/ m$이다.
④ $\angle f = \angle h$이면 $l /\!/ m$이다.
⑤ $l /\!/ m$이면 $\angle c + \angle f = 180°$

★빈출
146 중

오른쪽 그림에서 $l /\!/ m$일 때,
$\angle x$의 크기는?

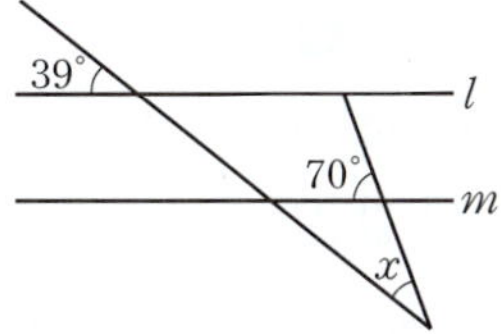

① $31°$ ② $33°$
③ $35°$ ④ $37°$
⑤ $39°$

147 중

오른쪽 그림에서 평행한 직선은
모두 몇 쌍인지 구하시오.

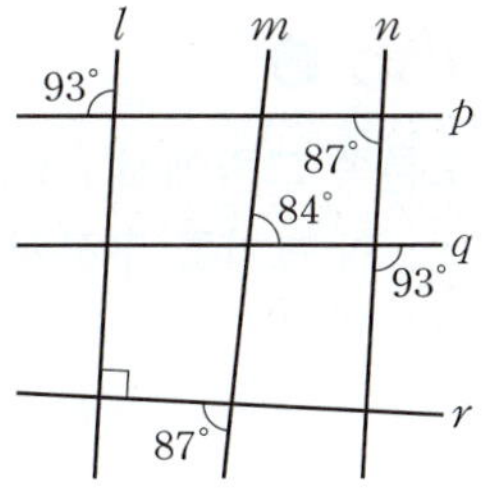

148 중

오른쪽 그림에서 $l /\!/ m$일 때,
$\angle x + \angle y$의 크기를 구하시오.

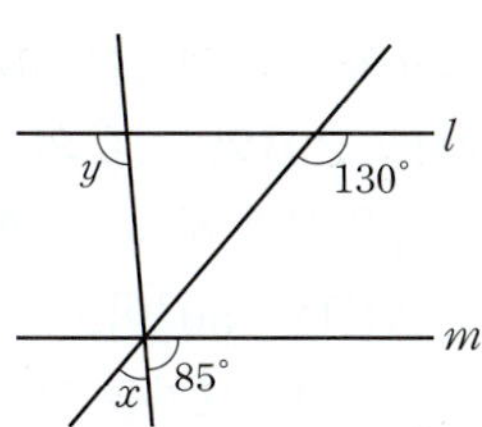

149 중

오른쪽 그림과 같이 직사각형 모양
의 종이테이프 2개를 겹쳐 놓았을
때, $\angle x$, $\angle y$의 크기는?

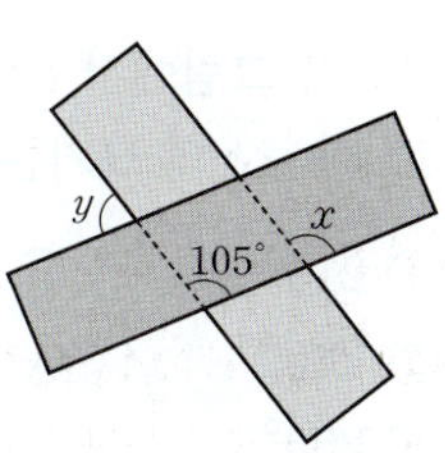

① $\angle x = 75°$, $\angle y = 75°$
② $\angle x = 75°$, $\angle y = 105°$
③ $\angle x = 90°$, $\angle y = 90°$
④ $\angle x = 105°$, $\angle y = 75°$
⑤ $\angle x = 105°$, $\angle y = 105°$

150 중

오른쪽 그림에서 $l /\!/ m$일 때,
$\angle a + \angle b + \angle c$의 크기를 구하
시오.

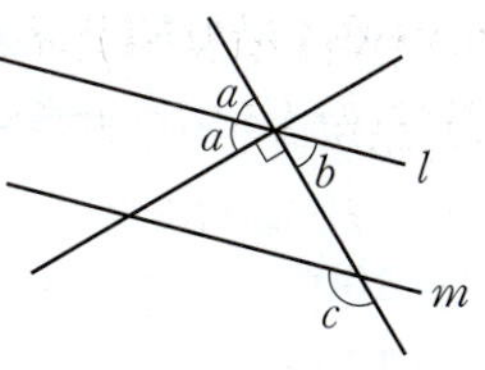

151 중

오른쪽 그림과 같은 삼각형 ABC에서 ∠B와 ∠C의 이등분선의 교점을 P라 하자. ∠ADE=80°, ∠AED=50°이고 $\overline{BC}\,/\!/\,\overline{DE}$일 때, ∠$x$의 크기를 구하시오.

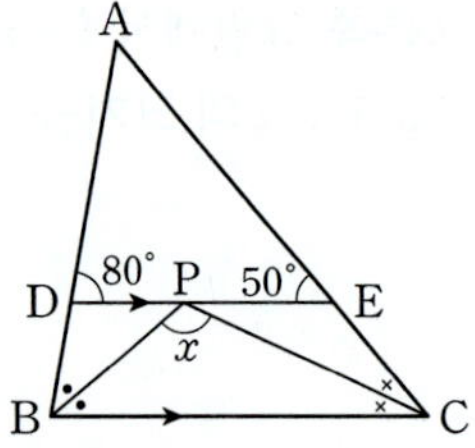

154 중
빈출

오른쪽 그림에서 $l\,/\!/\,m$일 때, ∠x의 크기는?

① 48° ② 49°
③ 50° ④ 51°
⑤ 52°

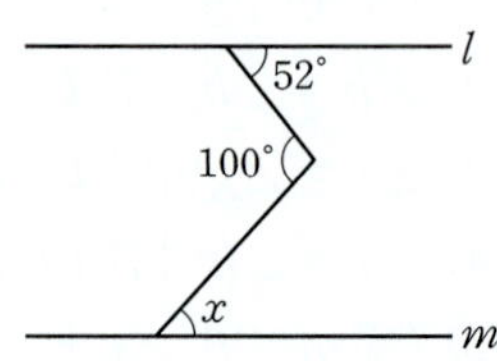

152 상

오른쪽 그림에서 $l\,/\!/\,m$일 때, ∠x+∠y의 크기는?

① 210° ② 220°
③ 230° ④ 240°
⑤ 250°

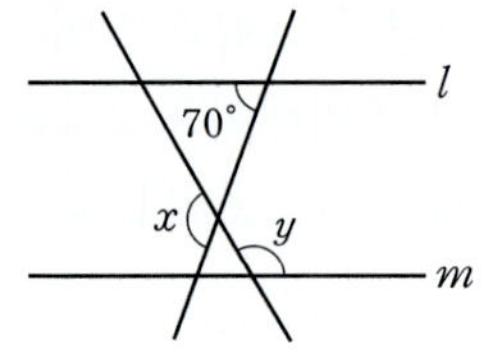

155 중

오른쪽 그림에서 $l\,/\!/\,m$일 때, x의 값은?

① 30 ② 35
③ 40 ④ 45
⑤ 50

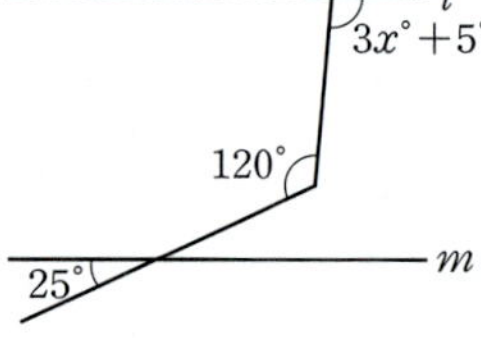

153 상

다음 그림에서 $l\,/\!/\,m$일 때, ∠x+∠y+∠z의 크기는?

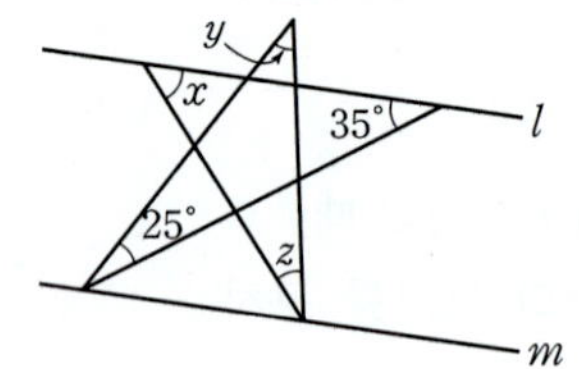

① 100° ② 110° ③ 115°
④ 120° ⑤ 130°

156 중

| 서술형 |

오른쪽 그림에서 $l\,/\!/\,m$일 때, ∠x의 크기를 구하시오.

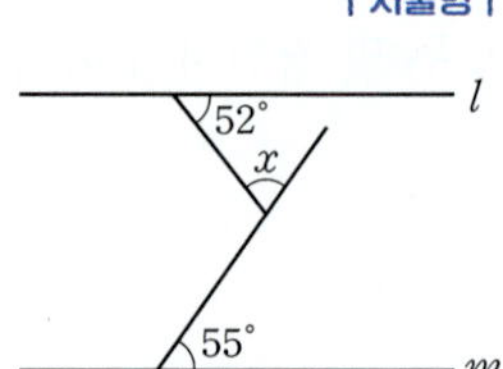

157 (중)

오른쪽 그림에서 $l /\!/ m$일 때, $\angle x$의 크기는?

① $10°$ ② $15°$
③ $20°$ ④ $25°$
⑤ $30°$

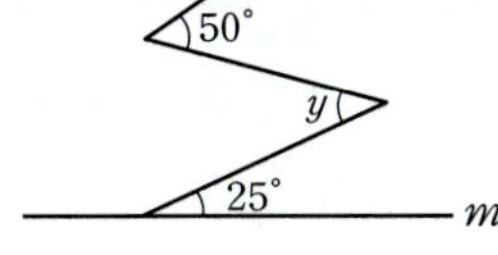

158 (중)

오른쪽 그림에서 $l /\!/ m$일 때, $\angle x + \angle y$의 크기는?

① $65°$ ② $70°$
③ $75°$ ④ $80°$
⑤ $85°$

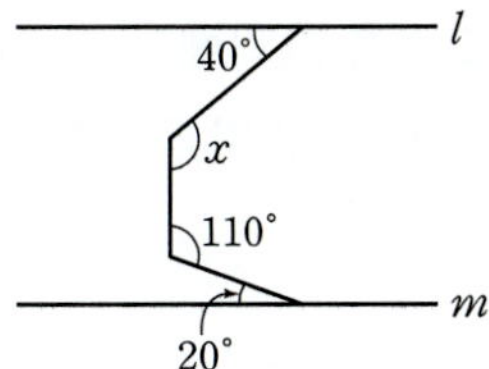

159 (중)

오른쪽 그림에서 $l /\!/ m$일 때, $\angle x$의 크기를 구하시오.

160 (중)

오른쪽 그림에서 $l /\!/ m$일 때, $\angle x$의 크기를 구하시오.

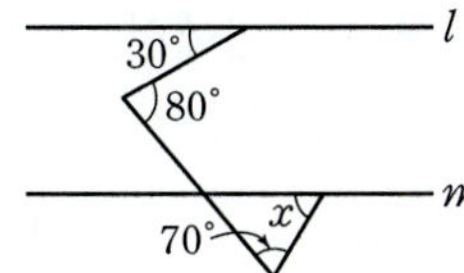

161 (중)

오른쪽 그림에서 $l /\!/ m$이고 삼각형 ABC가 정삼각형일 때, x의 값은?

① 14 ② 16
③ 18 ④ 20
⑤ 22

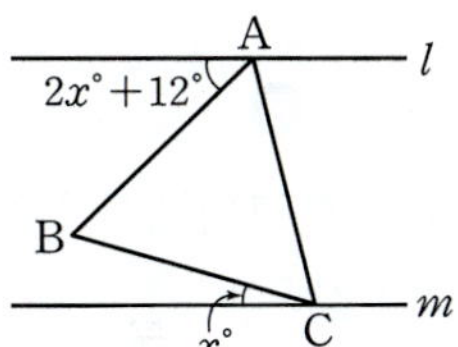
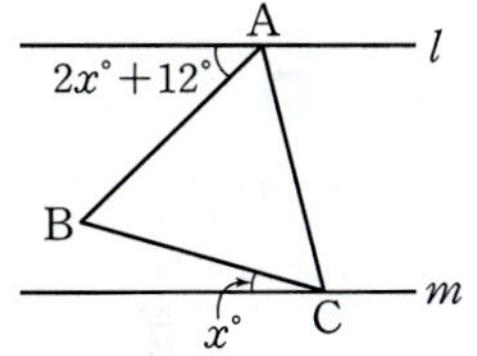

162 (중)

오른쪽 그림에서 $l /\!/ m$일 때, x의 값은?

① 11 ② 13
③ 15 ④ 17
⑤ 19

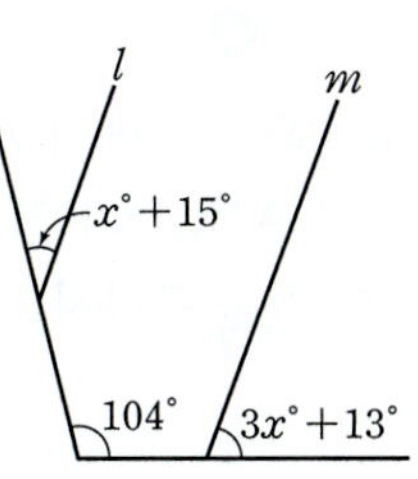

163 중

오른쪽 그림에서 $l /\!/ m$일 때, $\angle x$의 크기는?

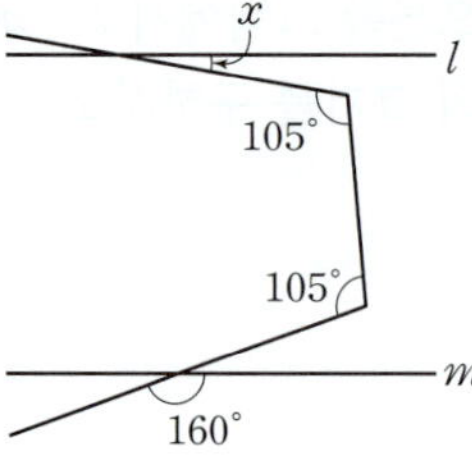

① $10°$ ② $15°$

③ $20°$ ④ $25°$

⑤ $30°$

166 상

오른쪽 그림에서 $l /\!/ m$일 때, x의 값은?

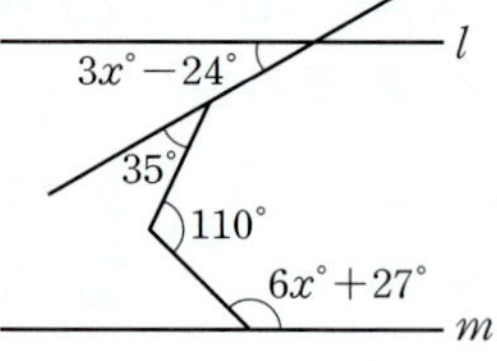

① 17 ② 18

③ 19 ④ 20

⑤ 21

164 중

오른쪽 그림에서 $l /\!/ m$일 때, x의 값은?

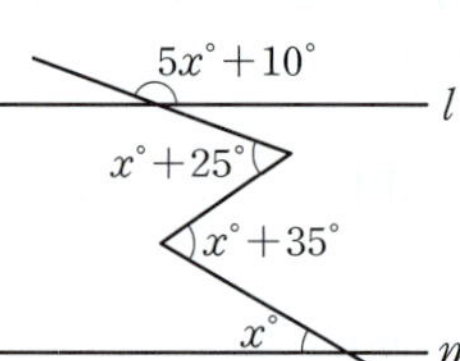

① 28 ② 30

③ 32 ④ 34

⑤ 36

167 상

윤성이가 오른쪽 그림과 같이 A 지점에서 출발하여 네 지점 B, C, D, E에서 방향을 바꾸어 F 지점에 도착하였다. $\overrightarrow{BA} /\!/ \overrightarrow{EF}$일 때, $\angle x$의 크기를 구하시오.

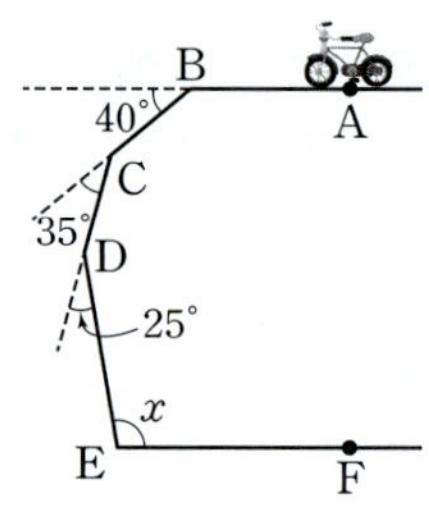

165 중

오른쪽 그림에서 $l /\!/ m$이고 사각형 ABCD가 정사각형일 때, x의 값을 구하시오.

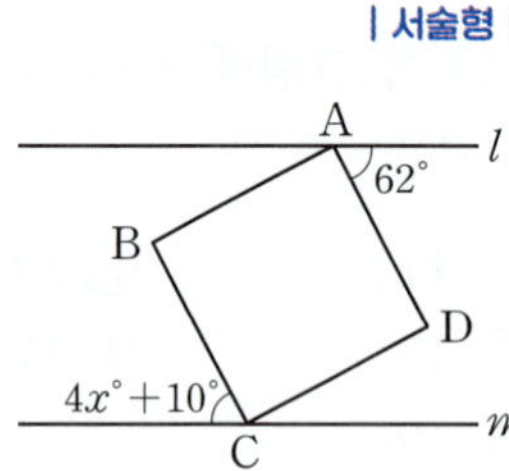

168 상

오른쪽 그림에서 $l /\!/ m$일 때, $\angle x + \angle y$의 크기를 구하시오.

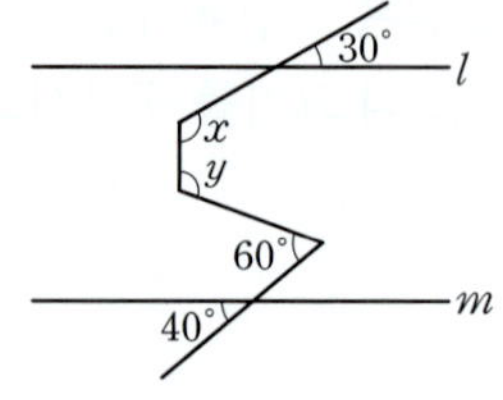

169 상

오른쪽 그림에서 $l /\!\!/ m$이고
$\angle PQS = 3\angle SQR$일 때, $\angle x$의
크기를 구하시오.

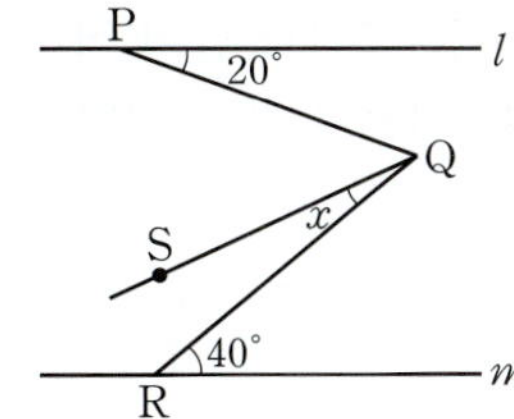

7 평행선에서의 활용

빈출
172 하

오른쪽 그림과 같이 직사각형 모
양의 종이를 접었을 때, $\angle x$의 크
기는?

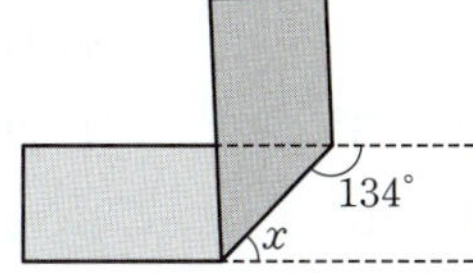

① 40°　　　② 42°

③ 44°　　　④ 46°

⑤ 48°

빈출
170 상

오른쪽 그림에서 $l /\!\!/ m$일 때,
$\angle a + \angle b + \angle c + \angle d$의 크기를
구하시오.

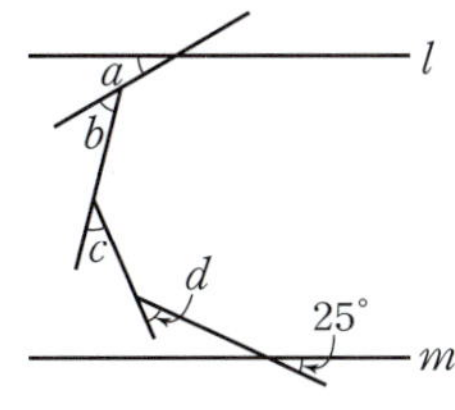

173 중

오른쪽 그림과 같이 직사각형
모양의 종이를 $\overline{QR}$를 접는 선
으로 하여 접었을 때, $\angle x$의 크
기는?

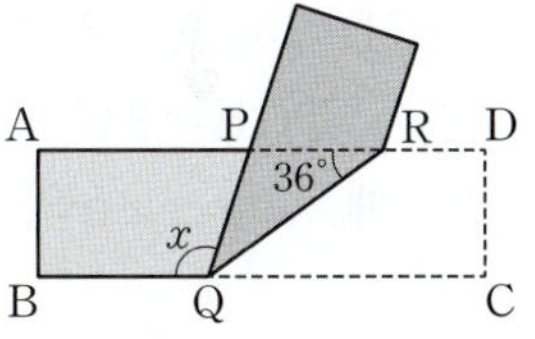

① 106°　　　② 108°

③ 110°　　　④ 112°

⑤ 114°

171 상

오른쪽 그림에서 $\overleftrightarrow{AB} /\!\!/ \overleftrightarrow{CD}$이고
　　$\angle PQR = 90°$,
　　$\angle BPQ : \angle QRD = 1 : 5$
일 때, $\angle APQ$의 크기는?

① 125°　　　② 135°

③ 145°　　　④ 155°

⑤ 165°

174 중

오른쪽 그림에서 $\overleftrightarrow{AD} /\!\!/ \overleftrightarrow{BE}$이고
　　$\angle ABC : \angle CBE = 2 : 1$,
　　$\angle BAC : \angle CAD = 2 : 1$
일 때, $\angle ACB$의 크기를 구하시
오.

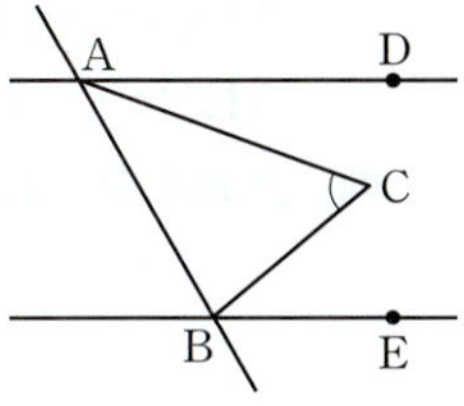

175 중

오른쪽 그림과 같이 직사각형 모양
의 종이를 접었을 때, $\angle x - \angle y$
의 크기는?

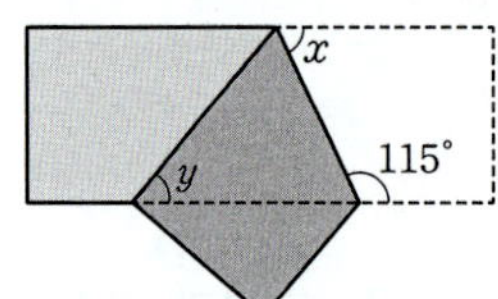

① 5°   ② 10°
③ 15°   ④ 20°
⑤ 25°

176 중

오른쪽 그림과 같이 직사각형
ABCD에서 $\overline{EC}$를 접는 선으로
하여 $\angle DCE = 34°$가 되도록 접
었을 때, $\angle y - \angle x$의 크기를 구
하시오.

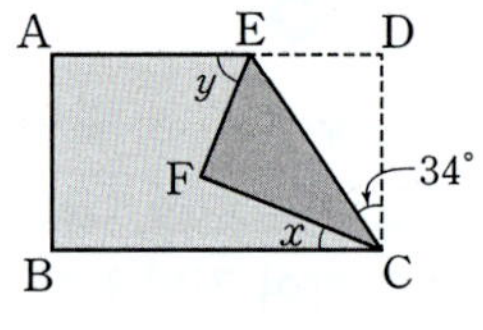

177 상

오른쪽 그림에서 $\overleftrightarrow{AB} /\!/ \overleftrightarrow{CD}$이고
　　$\angle ABC = \angle CBD$,
　　$\angle ADB = \angle ADC$
일 때, $\angle x$의 크기를 구하시오.

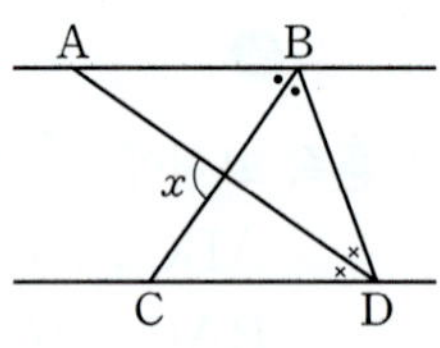

178 상

다음 그림과 같이 직사각형 모양의 종이를 $\overline{BE}$, $\overline{FD}$를 접
는 선으로 하여 접었을 때, $\angle x + \angle y$의 크기는?

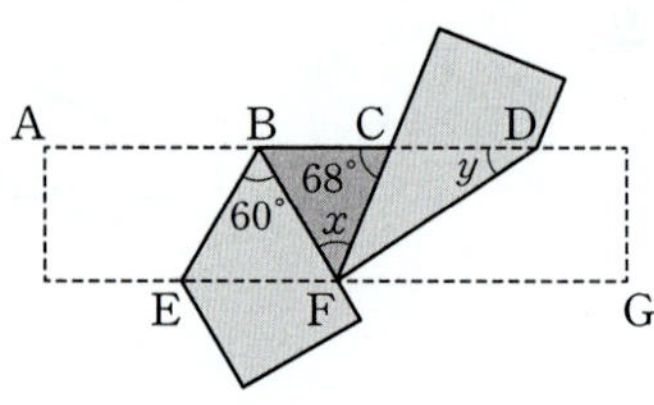

① 57°   ② 64°   ③ 75°
④ 86°   ⑤ 98°

179 상

오른쪽 그림에서 $\overleftrightarrow{AE} /\!/ \overleftrightarrow{CF}$이고
　　$\angle BAD = \angle BAE$,
　　$\angle BCD = \angle BCF$
일 때, $\angle ABC$의 크기를 구하시
오.

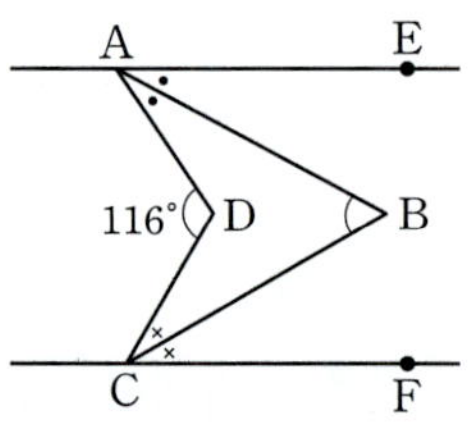

★★★★ 최고수준 도전 기출

180

오른쪽 그림은 직육면체의 한 모퉁이를 직육면체 모양으로 잘라내고 남은 입체도형이다. 각 면을 연장한 평면과 각 모서리를 연장한 직선에 대하여 평면 BLMIHC와 평행한 직선의 개수를 a, 평면 CHGD와 수직인 평면의 개수를 b라 하자. 이때 $a+b$의 값은?

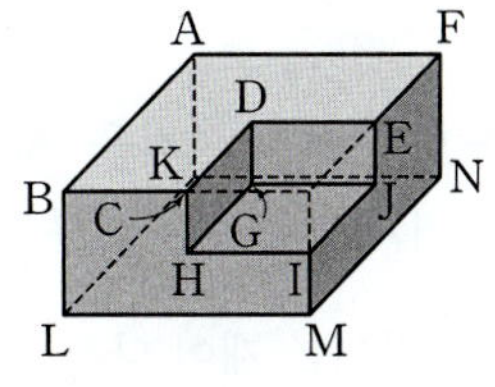

① 10   ② 12   ③ 14
④ 16   ⑤ 18

181

오른쪽 그림과 같은 전개도로 만든 정육면체에서 $\overline{CE}$와 $\overline{JH}$의 위치 관계는?

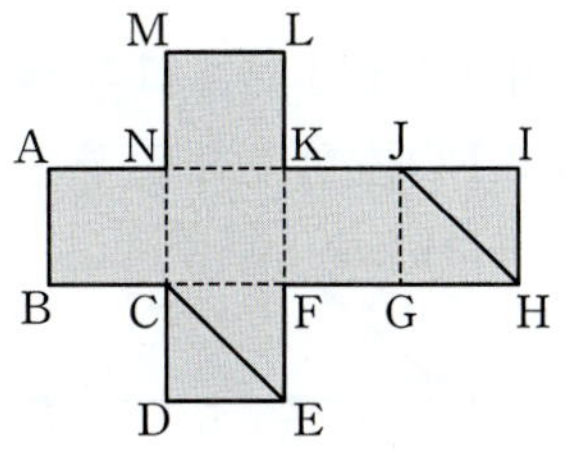

① 일치한다.
② 한 점에서 만난다.
③ 평행하다.
④ 수직이다.
⑤ 꼬인 위치에 있다.

182

오른쪽 그림에서 $\overleftrightarrow{AB} \parallel \overleftrightarrow{CD}$이고, $\angle AEF=2\angle BAE$, $5\angle CEF=4\angle ECD$이다. $\angle BAE+\angle CEF=50°$일 때, $\angle CEF$의 크기는?

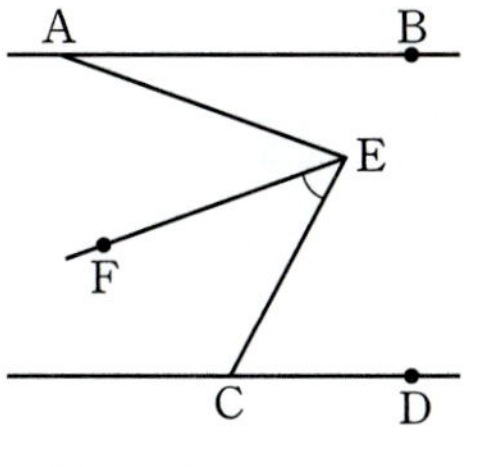

① 25°   ② 30°   ③ 35°
④ 40°   ⑤ 45°

183

오른쪽 그림과 같이 평행사변형 모양의 종이를 접었을 때, $\angle x$, $\angle y$의 크기는?

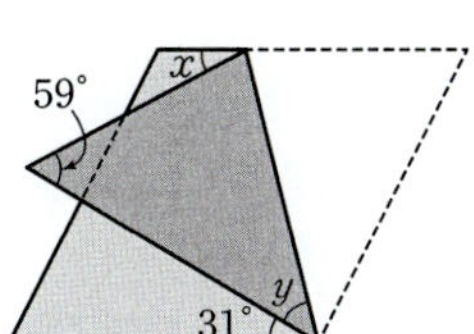

① $\angle x=28°$, $\angle y=45°$
② $\angle x=28°$, $\angle y=59°$
③ $\angle x=28°$, $\angle y=62°$
④ $\angle x=31°$, $\angle y=45°$
⑤ $\angle x=31°$, $\angle y=59°$

Ⅰ. 기본 도형

작도와 합동

---

1 작도
☑ 필수 기출 1

눈금 없는 자와 컴퍼스만을 사용하여 도형을 그리는 것을 ❶ [   ] 라 한다.
(1) **눈금 없는 자**: 두 점을 이어 선분을 그리거나 주어진 선분을 연장할 때 사용

(2) **컴퍼스**: 원을 그리거나 주어진 선분의 길이를 재어 다른 곳으로 옮길 때 사용
참고 작도에서 사용하는 자는 눈금 없는 자이므로 선분의 길이를 잴 때는 컴퍼스를 사용한다.

---

2 길이가 같은 선분의 작도
☑ 필수 기출 1

$\overline{AB}$와 길이가 같은 $\overline{CD}$는 다음과 같이 작도한다.
❶ 눈금 없는 자를 사용하여 직선을 그리고, 그 직선 위에 점 C를 잡는다.
❷ 컴퍼스를 사용하여 $\overline{AB}$의 길이를 잰다.
❸ 점 C를 중심으로 하고 반지름의 길이가 $\overline{AB}$인 원을 그려 ❶의 직선과의 교점을 D라 하면 $\overline{AB}$와 길이가 같은 $\overline{CD}$가 작도된다.

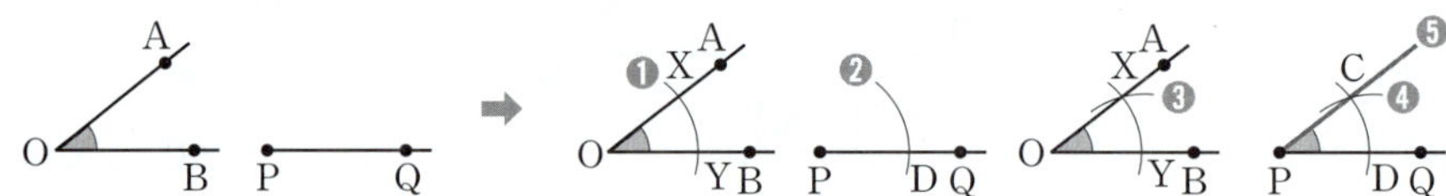

---

3 크기가 같은 각의 작도
☑ 필수 기출 1

$\angle AOB$와 크기가 같고 $\overrightarrow{PQ}$를 한 변으로 하는 $\angle CPQ$는 다음과 같이 작도한다.
❶ 점 O를 중심으로 하는 적당한 원을 그려 $\overrightarrow{OA}$, $\overrightarrow{OB}$와의 교점을 각각 X, Y라 한다.
❷ 점 P를 중심으로 하고 반지름의 길이가 $\overline{OX}$인 원을 그려 $\overrightarrow{PQ}$와의 교점을 D라 한다.
❸ 컴퍼스를 사용하여 $\overline{XY}$의 길이를 잰다.
❹ 점 D를 중심으로 하고 반지름의 길이가 $\overline{XY}$인 원을 그려 ❷의 원과의 교점을 C라 한다.
❺ $\overrightarrow{PC}$를 그리면 $\angle AOB$와 크기가 같고 $\overrightarrow{PQ}$를 한 변으로 하는 $\angle CPQ$가 작도된다.

---

4 평행선의 작도
☑ 필수 기출 1

직선 l 위에 있지 않은 한 점 P를 지나고 직선 l에 평행한 직선은 다음과 같이 작도한다.
❶ 점 P를 지나는 적당한 직선을 그려 직선 l과의 교점을 Q라 한다.
❷ 점 Q를 중심으로 하는 적당한 원을 그려 $\overrightarrow{PQ}$, 직선 l과의 교점을 각각 A, B라 한다.
❸ 점 P를 중심으로 하고 반지름의 길이가 $\overline{QA}$인 원을 그려 $\overrightarrow{PQ}$와의 교점을 C라 한다.
❹ 컴퍼스를 이용하여 $\overline{AB}$의 길이를 잰다.
❺ 점 C를 중심으로 하고 반지름의 길이가 $\overline{AB}$인 원을 그려 ❸의 원과의 교점을 D라 한다.
❻ $\overleftrightarrow{PD}$를 그리면 점 P를 지나고 직선 l에 평행한 직선 PD가 작도된다.

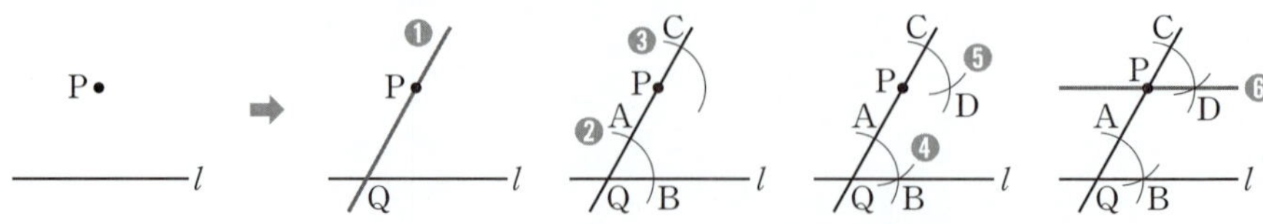

답: ❶ 작도

5 삼각형

✅ 필수 기출 2

(1) 삼각형 ABC를 기호로 △ABC와 같이 나타낸다.

① **대변**: 한 각과 마주 보는 변

② [**2**]: 한 변과 마주 보는 각

(2) **삼각형의 세 변의 길이 사이의 관계**

삼각형의 두 변의 길이의 합은 나머지 한 변의 길이보다 크다.

➡ $a+b>c$, $b+c>a$, $c+a>b$

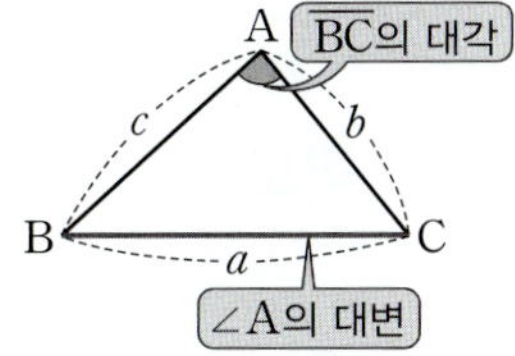

6 삼각형의 작도

✅ 필수 기출 2

다음의 각 경우에 삼각형을 하나로 작도할 수 있고, 삼각형의 크기와 모양이 하나로 정해진다.

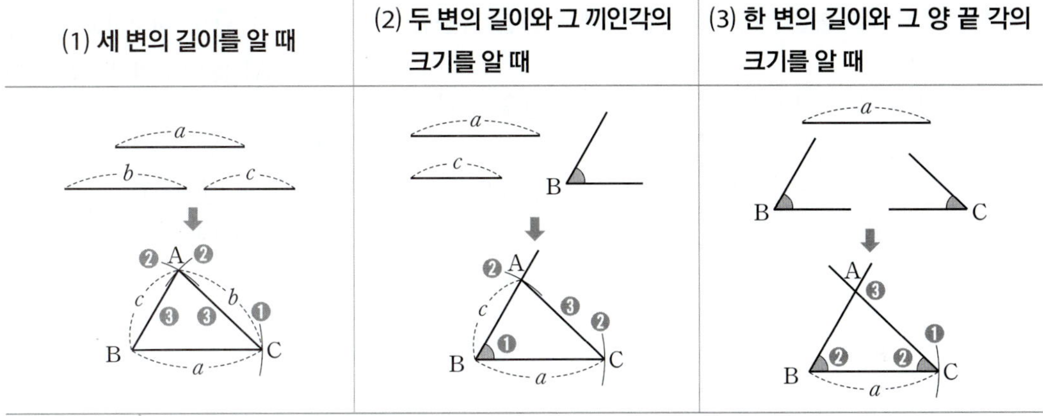

(1) 세 변의 길이를 알 때	(2) 두 변의 길이와 그 끼인각의 크기를 알 때	(3) 한 변의 길이와 그 양 끝 각의 크기를 알 때

参고 삼각형이 만들어지지 않거나 하나로 정해지지 않는 경우

① 가장 긴 변의 길이가 나머지 두 변의 길이의 합보다 크거나 같을 때 → 삼각형이 만들어지지 않는다.

② 두 변의 길이와 그 끼인각이 아닌 다른 한 각의 크기가 주어질 때 → 삼각형이 만들어지지 않거나 2개가 만들어진다.

③ 세 각의 크기가 주어질 때 → 무수히 많은 삼각형이 만들어진다.

7 도형의 합동

✅ 필수 기출 3

(1) **합동**: △ABC와 △DEF가 서로 합동일 때, 기호로

△ABC≡△DEF와 같이 나타낸다.

└→ 두 도형이 합동임을 기호로 나타낼 때는 두 도형의 대응점의 순서를 맞추어 쓴다.

(2) **합동인 도형의 성질**

서로 합동인 두 도형은 대응변의 길이와 대응각의 크기가 각각 같다. 즉, △ABC≡△DEF일 때 다음이 성립한다.

$\overline{AB}=\overline{DE}$, $\overline{BC}=\overline{EF}$, $\overline{AC}=\overline{DF}$

$\angle A=\angle D$, $\angle B=\angle E$, $\angle C=\angle F$

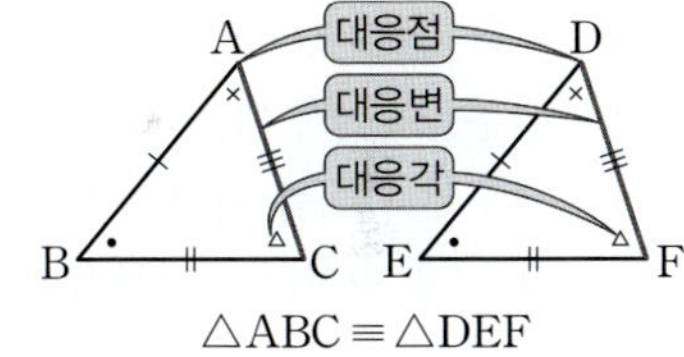

8 삼각형의 합동 조건

✅ 필수 기출 4~6

두 삼각형 ABC와 DEF는 다음의 각 경우에 서로 합동이다.

(1) 대응하는 세 변의 길이가 각각 같을 때 (**3** 합동)

➡ $\overline{AB}=\overline{DE}$, $\overline{BC}=\overline{EF}$, $\overline{AC}=\overline{DF}$

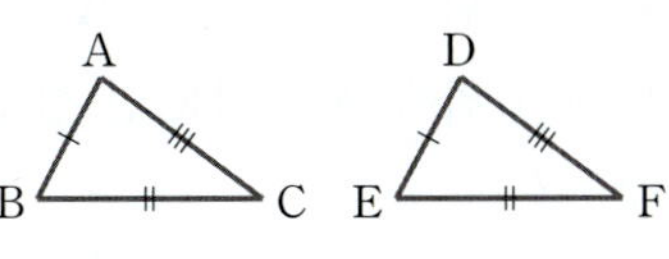

(2) 대응하는 두 변의 길이가 각각 같고, 그 끼인각의 크기가 같을 때 (SAS 합동)

➡ $\overline{AB}=\overline{DE}$, $\overline{BC}=\overline{EF}$, $\angle B=\angle E$

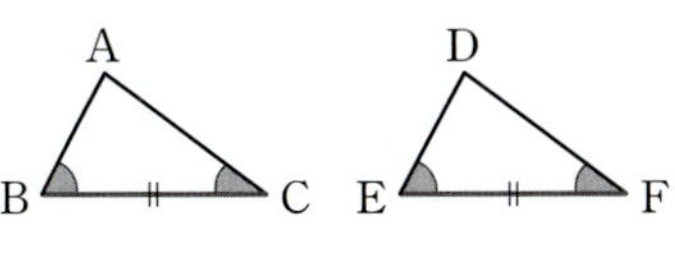

(3) 대응하는 한 변의 길이가 같고, 그 양 끝 각의 크기가 각각 같을 때 (ASA 합동)

➡ $\overline{BC}=\overline{EF}$, $\angle B=\angle E$, $\angle C=\angle F$

답: **2** 대각 **3** SSS

1 작도

184 하

다음 중 작도에 대한 설명으로 옳은 것은?

① 선분을 연장할 때는 컴퍼스를 사용한다.
② 두 선분의 길이를 비교할 때는 컴퍼스를 사용한다.
③ 선분의 길이를 다른 직선 위로 옮길 때는 자를 사용한다.
④ 눈금 있는 자와 컴퍼스만을 사용하여 도형을 그리는 것을 작도라 한다.
⑤ 주어진 점으로부터 일정한 거리에 있는 점들을 그릴 때는 자를 사용한다.

185 하

다음 보기 중 작도할 때의 눈금 없는 자의 용도로 옳은 것을 모두 고르시오.

| 보기 |

ㄱ. 원을 그린다.
ㄴ. 선분을 연장한다.
ㄷ. 선분의 길이를 재어 옮긴다.
ㄹ. 두 점을 연결하는 선분을 그린다.

186 하

다음 그림과 같이 선분 AB를 점 B의 방향으로 연장한 반직선 위에 $\overline{AB}=\overline{BC}$인 점 C를 작도할 때 사용하는 도구는?

① 컴퍼스　　② 각도기　　③ 삼각자
④ 눈금 있는 자　　⑤ 눈금 없는 자

187 하

다음 중 선분 AB를 점 B의 방향으로 연장하여 $\overline{AC}=2\overline{AB}$가 되도록 선분 AC를 작도하는 순서를 바르게 나열한 것은?

⊙ 컴퍼스를 사용하여 $\overline{AB}$의 길이를 잰다.
ⓒ 점 B를 중심으로 하고 반지름의 길이가 $\overline{AB}$인 원을 그려 $\overline{AB}$의 연장선과의 교점을 C라 한다.
ⓒ $\overline{AB}$를 점 B의 방향으로 연장한다.

① ㉠ → ㉡ → ㉢　　　② ㉠ → ㉢ → ㉡
③ ㉡ → ㉠ → ㉢　　　④ ㉢ → ㉠ → ㉡
⑤ ㉢ → ㉡ → ㉠

빈출
188 중

아래 그림은 ∠XOY와 크기가 같은 각을 $\overrightarrow{PQ}$를 한 변으로 하여 작도한 것이다. 다음 중 작도 순서를 바르게 나열한 것은?

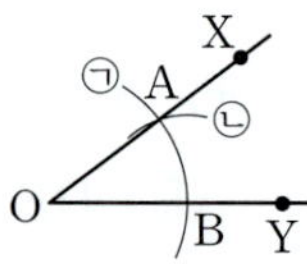
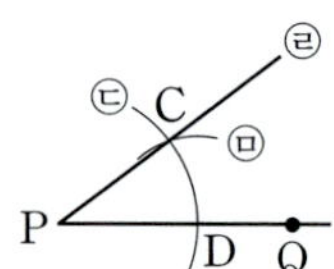

① ㉠ → ㉡ → ㉢ → ㉣ → ㉤
② ㉠ → ㉢ → ㉡ → ㉣ → ㉤
③ ㉠ → ㉢ → ㉡ → ㉤ → ㉣
④ ㉢ → ㉠ → ㉡ → ㉤ → ㉣
⑤ ㉢ → ㉡ → ㉠ → ㉤ → ㉣

189 중

아래는 선분 AB를 한 변으로 하는 정삼각형을 작도하는
과정이다. 다음 중 (가)~(마)에 알맞지 <u>않은</u> 것은?

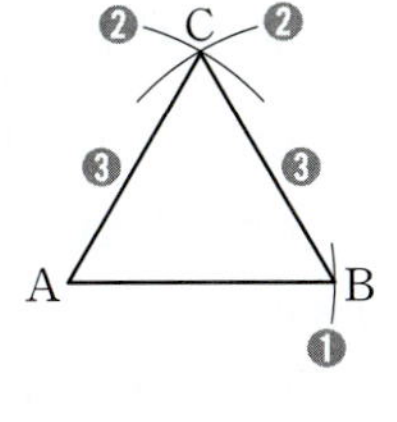

❶ ⬚(가)⬚ 를 사용하여 $\overline{AB}$의 길이를
 잰다.
❷ ⬚(나)⬚ 를 사용하여 두 점 A, B를
 중심으로 하고 반지름의 길이가
 ⬚(다)⬚ 인 원을 각각 그려 두 원의
 교점을 C라 한다.
❸ 눈금 없는 자를 사용하여 $\overline{AC}$, $\overline{BC}$를 그리면
 $\overline{AB}=\overline{AC}=$ ⬚(라)⬚ 이므로 삼각형 ABC는 $\overline{AB}$를 한
 변으로 하는 ⬚(마)⬚ 이다.

① (가) 눈금 없는 자 ② (나) 컴퍼스
③ (다) $\overline{AB}$ ④ (라) $\overline{BC}$
⑤ (마) 정삼각형

★빈출 190 중

아래 그림은 ∠XOY와 크기가 같은 각을 $\overrightarrow{PQ}$를 한 변으
로 하여 작도한 것이다. 다음 중 옳지 <u>않은</u> 것은?

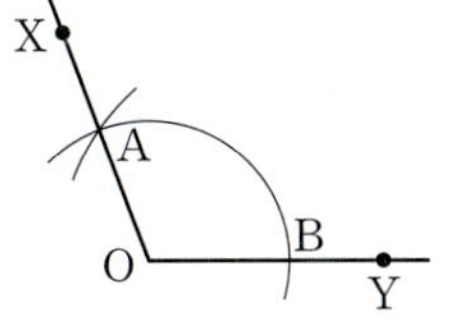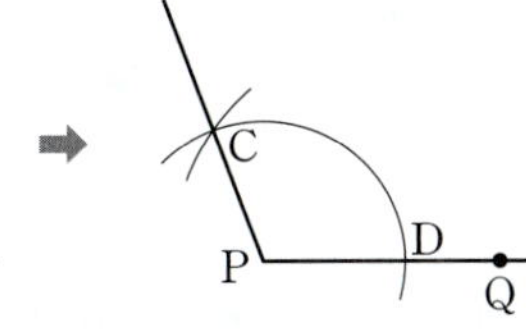

① $\overline{OA}=\overline{OB}$ ② $\overline{AB}=\overline{CD}$
③ $\overline{OA}=\overline{AB}$ ④ $\overline{OB}=\overline{PD}$
⑤ ∠XOY=∠CPD

191 중

오른쪽 그림은 직선 l 위에 있지 않은
한 점 P를 지나고 직선 l에 평행한 직
선 m을 작도한 것이다. 다음 중 옳지
<u>않은</u> 것은?

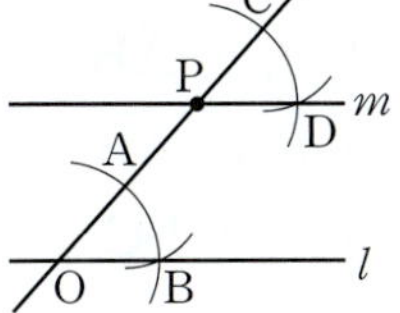

① $\overline{OA}=\overline{PD}$ ② $\overline{OA}=\overline{AP}$
③ $\overline{AB}=\overline{CD}$ ④ $\overrightarrow{OB}/\!/\overrightarrow{PD}$
⑤ ∠AOB=∠CPD

192 중

오른쪽 그림은 ∠XOY의 이등분선
을 작도한 것이다. 다음 중 옳지 않은
것을 모두 고르면? (정답 2개)

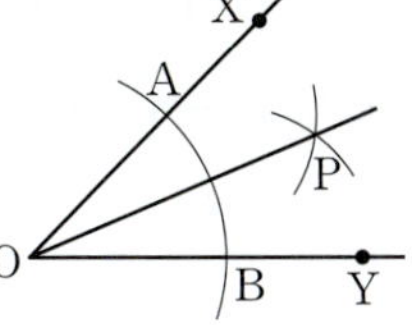

① $\overline{OA}=\overline{OB}$
② $\overline{OX}=\overline{OP}$
③ $\overline{AB}=\overline{AP}$
④ $\overline{PA}=\overline{PB}$
⑤ ∠AOB=2∠BOP

★빈출 193 중

오른쪽 그림은 직선 l 위에 있지 않
은 한 점 P를 지나고 직선 l에 평행
한 직선을 작도한 것이다. 다음 중
옳은 것은?

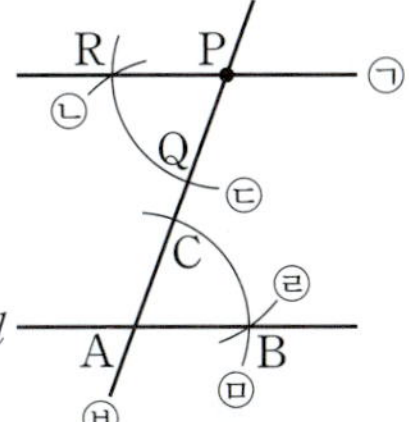

① $\overline{AC}=\overline{QR}$
② $\overline{AB}=\overline{PR}$
③ $\overline{BC}=\overline{PQ}$
④ ∠CAB=∠PQR
⑤ 작도 순서는 ㉢ → ㉣ → ㉤ → ㉢ → ㉡ → ㉠이다.

194 중

오른쪽 그림은 직선 l 위에 있지 않
은 한 점 P를 지나고 직선 l에 평행
한 직선 m을 작도한 것이다. 다음
중 이때 사용된 성질은?

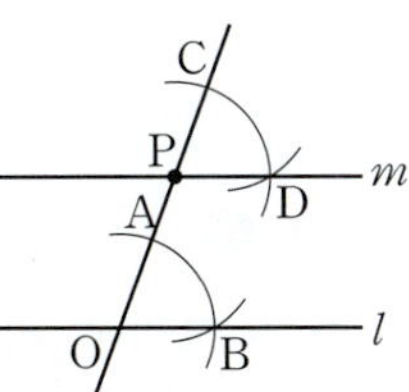

① 맞꼭지각의 크기는 서로 같다.
② 동위각의 크기가 같으면 두 직선은 평행하다.
③ 엇각의 크기가 같으면 두 직선은 평행하다.
④ 한 직선에 평행한 서로 다른 두 직선은 평행하다.
⑤ 한 직선에 수직인 서로 다른 두 직선은 평행하다.

195 상

아래 그림은 ∠XOY의 크기가 2배가 되는 각을 작도한 것이다. 다음 보기 중 옳은 것을 모두 고른 것은?

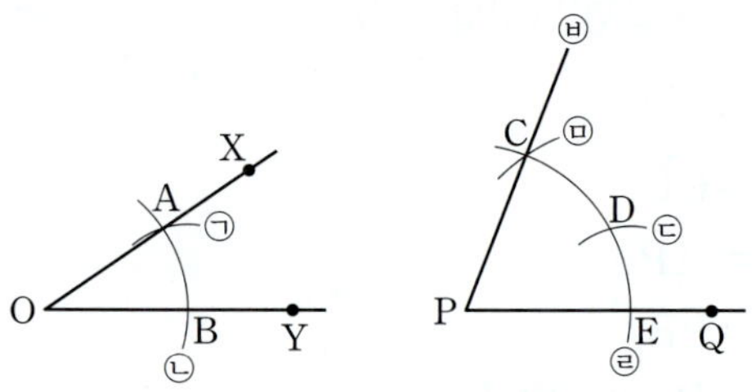

보기

ㄱ. 작도 순서는 ㉡ → ㉣ → ㉠ → ㉢ → ㉤ → ㉥이다.

ㄴ. $\overline{OA}=\overline{CE}$

ㄷ. $\overline{PC}=2\overline{OB}$

ㄹ. $\overline{AB}=\overline{CD}$

① ㄱ, ㄴ   ② ㄱ, ㄷ   ③ ㄱ, ㄹ

④ ㄴ, ㄷ   ⑤ ㄷ, ㄹ

196 상

오른쪽 그림은 크기가 90°인 ∠XOY의 삼등분선을 작도한 것이다. 다음 중 옳지 <u>않은</u> 것은?

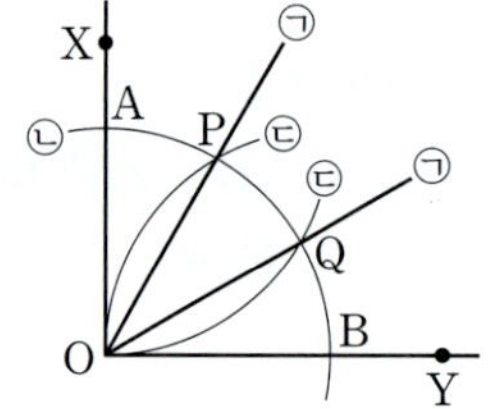

① $\overline{OP}=\overline{OQ}$

② $\overline{AP}=\overline{BQ}$

③ △POB는 정삼각형이다.

④ ∠POQ=30°

⑤ 작도 순서는 ㉡ → ㉠ → ㉢이다.

197 상

오른쪽 그림은 직선 l 위에 있지 않은 한 점 P를 지나고 직선 l과 평행한 직선 m을 작도한 것이다. 다음 중 옳지 <u>않은</u> 것은?

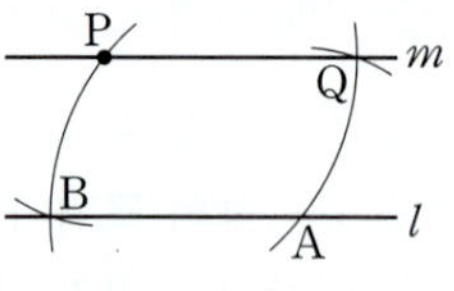

① ∠PAB=∠QPA   ② $\overline{AB}=\overline{PQ}$

③ $\overline{AP}=\overline{BQ}$ ④ $\overline{AP}=\overline{PQ}$

⑤ $\overline{PB}=\overline{QA}$

삼각형의 작도

빈출
198 중

다음 중 삼각형의 세 변의 길이가 될 수 <u>없는</u> 것은?

① 5 cm, 7 cm, 10 cm

② 6 cm, 8 cm, 10 cm

③ 8 cm, 9 cm, 17 cm

④ 12 cm, 12 cm, 12 cm

⑤ 20 cm, 26 cm, 45 cm

199 중

다음은 세 변의 길이 a, b, c가 주어졌을 때, △ABC를 작도하는 과정이다. (가), (나), (다)에 알맞은 것을 차례로 나열하면?

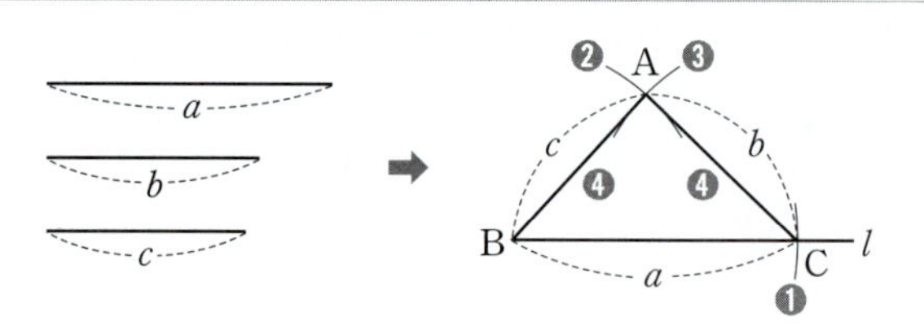

❶ 점 B를 지나는 직선 l 위에 길이가 a가 되도록 점 C를 잡는다.

❷ 점 B를 중심으로 하고 반지름의 길이가 ⬚ (가) 인 원을 그린다.

❸ 점 C를 중심으로 하고 반지름의 길이가 ⬚ (나) 인 원을 그린다.

❹ ❷, ❸에서 그린 두 원의 교점을 A라 하고 ⬚ (다) , $\overline{AC}$를 이으면 △ABC가 된다.

① a, b, $\overline{AB}$ ② a, b, $\overline{BC}$

③ b, c, $\overline{AB}$ ④ c, b, $\overline{AB}$

⑤ c, b, $\overline{BC}$

200 중

다음 보기 중 △ABC가 하나로 정해지는 것을 모두 고른 것은?

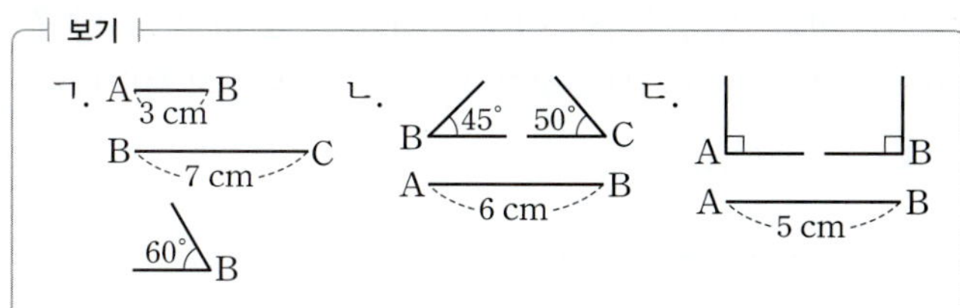

① ㄱ   ② ㄴ   ③ ㄷ
④ ㄱ, ㄴ   ⑤ ㄴ, ㄷ

★빈출
201 중

다음 중 △ABC가 하나로 정해지는 것을 모두 고르면?

(정답 2개)

① $\overline{AB}=5$ cm, $\overline{BC}=12$ cm, $\overline{CA}=5$ cm
② $\overline{AB}=4$ cm, $\angle B=50°$, $\overline{BC}=8$ cm
③ $\angle A=30°$, $\angle B=60°$, $\angle C=90°$
④ $\angle A=40°$, $\overline{BC}=5$ cm, $\angle C=50°$
⑤ $\angle A=30°$, $\overline{AB}=6$ cm, $\overline{BC}=4$ cm

202 중

△ABC에서 $\overline{AB}$, $\overline{BC}$의 길이가 주어졌을 때, 다음 보기 중 △ABC가 하나로 정해지기 위해 필요한 나머지 한 조건이 될 수 있는 것을 모두 고른 것은?

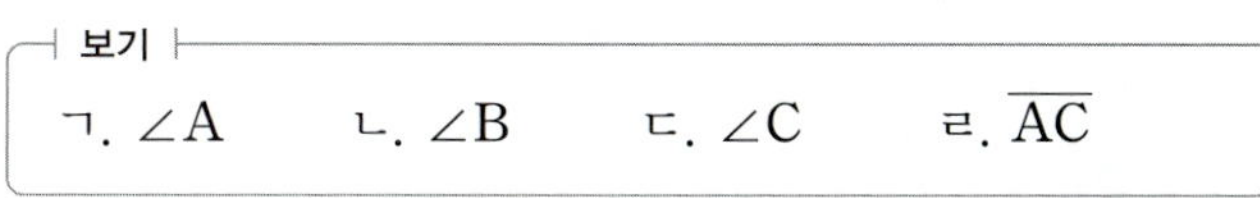

① ㄱ   ② ㄴ   ③ ㄷ
④ ㄴ, ㄹ   ⑤ ㄷ, ㄹ

★빈출
203 중

오른쪽 그림과 같은 △ABC에서 $\angle A=70°$, $\angle B=40°$일 때, 다음 보기 중 △ABC가 하나로 정해지기 위해 필요한 나머지 한 조건이 될 수 있는 것을 모두 고른 것은?

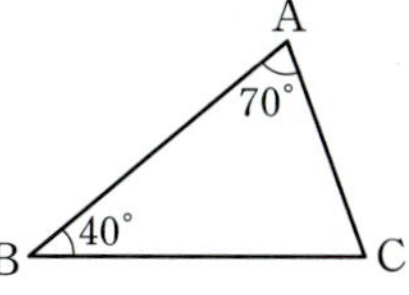

보기
ㄱ. $\overline{AB}=8$ cm   ㄴ. $\overline{AC}=7$ cm
ㄷ. $\overline{BC}=5$ cm   ㄹ. $\angle C=70°$

① ㄱ, ㄴ   ② ㄱ, ㄹ   ③ ㄷ, ㄹ
④ ㄱ, ㄴ, ㄷ   ⑤ ㄴ, ㄷ, ㄹ

204 중

△ABC에서 $\angle C$의 크기가 주어졌을 때, 다음 중 △ABC가 하나로 정해지기 위해 필요한 두 조건이 될 수 없는 것은?

① $\overline{AC}$, $\overline{BC}$ ② $\angle A$, $\overline{BC}$ ③ $\angle A$, $\angle B$
④ $\angle B$, $\overline{AB}$ ⑤ $\angle B$, $\overline{AC}$

205 중

오른쪽 그림과 같이 $\overline{BC}$의 길이와 $\angle B$, $\angle C$의 크기가 주어졌을 때, 다음 중 △ABC의 작도 순서로 옳지 않은 것은?

① $\angle B \rightarrow \overline{BC} \rightarrow \angle C$ ② $\angle C \rightarrow \overline{BC} \rightarrow \angle B$
③ $\angle B \rightarrow \angle C \rightarrow \overline{BC}$ ④ $\overline{BC} \rightarrow \angle B \rightarrow \angle C$
⑤ $\overline{BC} \rightarrow \angle C \rightarrow \angle B$

206 중

삼각형의 세 변의 길이가 각각 4, 7, x일 때, x의 값이 될 수 있는 자연수의 개수를 구하시오.

207 중

오른쪽 그림과 같이 $\overline{AB}$, $\overline{AC}$의 길이와 $\angle A$의 크기가 주어졌을 때, 다음 중 $\triangle ABC$의 작도 순서로 옳지 <u>않은</u> 것은?

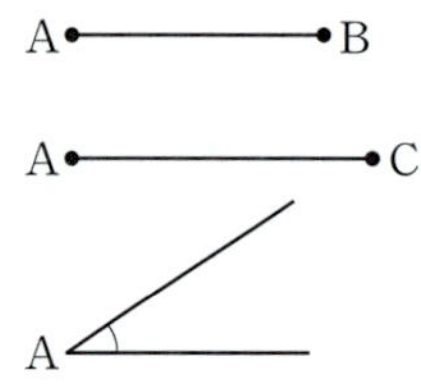

① $\overline{AB} \rightarrow \angle A \rightarrow \overline{AC} \rightarrow \overline{BC}$
② $\overline{AC} \rightarrow \angle A \rightarrow \overline{AB} \rightarrow \overline{BC}$
③ $\angle A \rightarrow \overline{AC} \rightarrow \overline{AB} \rightarrow \overline{BC}$
④ $\overline{AB} \rightarrow \overline{AC} \rightarrow \angle A \rightarrow \overline{BC}$
⑤ $\angle A \rightarrow \overline{AB} \rightarrow \overline{AC} \rightarrow \overline{BC}$

208 중

$\triangle ABC$에서 $\overline{BC}=5$ cm이고 다음 조건이 주어질 때, $\triangle ABC$가 하나로 정해지지 <u>않는</u> 것은?

① $\angle B=50°$, $\angle C=65°$
② $\overline{AC}=6$ cm, $\angle C=50°$
③ $\overline{AB}=4$ cm, $\overline{AC}=6$ cm
④ $\overline{AB}=5$ cm, $\angle B=45°$
⑤ $\overline{AC}=4$ cm, $\angle B=40°$

209 중

아래 그림과 같이 두 선분과 두 각이 있다. 다음 보기 중 길이가 a, b인 선분을 두 변으로 하고 그 끼인각이 $\angle A$인 삼각형과 길이가 a인 선분을 한 변으로 하고 그 양 끝 각이 $\angle A$, $\angle B$인 삼각형을 작도한 것과 같은 삼각형을 차례로 고른 것은?

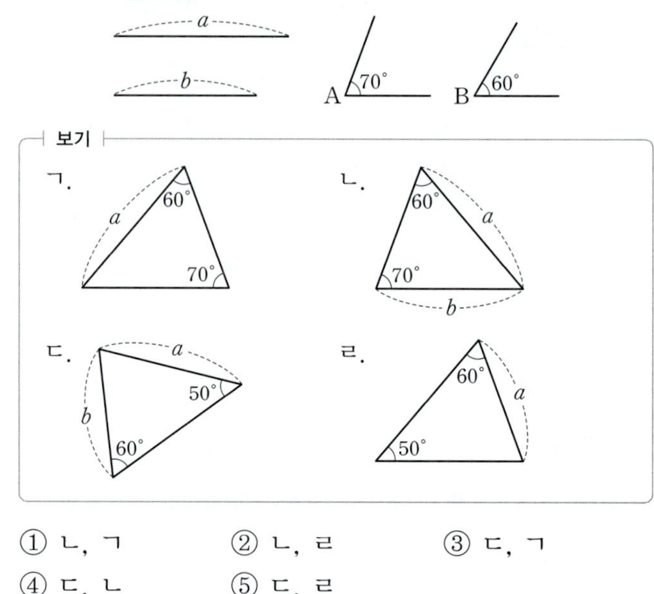

① ㄴ, ㄱ
② ㄴ, ㄹ
③ ㄷ, ㄱ
④ ㄷ, ㄴ
⑤ ㄷ, ㄹ

210 상

세 변의 길이가 4 cm, 5 cm, 7 cm일 때 만들 수 있는 삼각형의 개수를 a, 한 변의 길이가 8 cm이고 두 각의 크기가 45°, 80°일 때 만들 수 있는 삼각형의 개수를 b라 하자. 이때 $a+b$의 값을 구하시오.

211 상

길이가 각각 4, 5, 6, 8, 10인 5개의 선분 중에서 3개를 골라 만들 수 있는 서로 다른 삼각형의 개수를 구하시오.

3 도형의 합동

212 하

아래 그림에서 △ABC≡△DEF일 때, 다음 중 옳지 <u>않은</u> 것은?

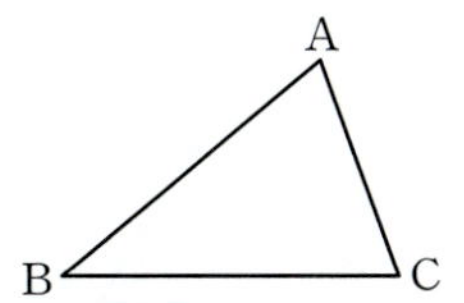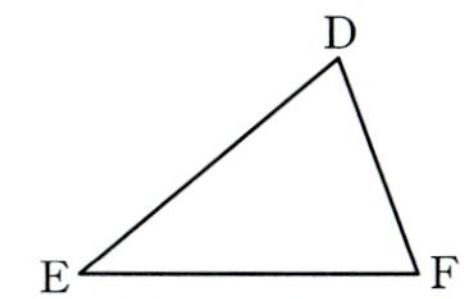

① ∠C=∠F
② $\overline{AB}=\overline{EF}$
③ 점 A의 대응점은 점 D이다.
④ △ABC와 △DEF의 넓이는 같다.
⑤ △ABC와 △DEF는 완전히 포개어진다.

★빈출 213 하

다음 그림에서 △ABC≡△DEF일 때, $\overline{DE}$의 길이와 ∠B의 크기는?

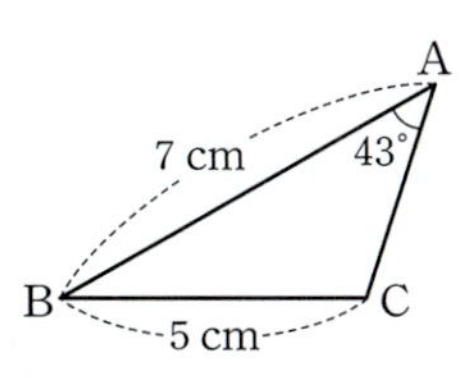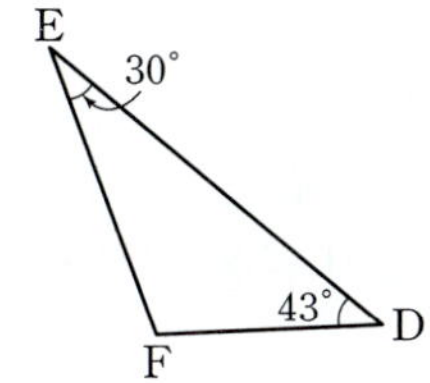

① $\overline{DE}=5$ cm, ∠B=30°
② $\overline{DE}=5$ cm, ∠B=43°
③ $\overline{DE}=6$ cm, ∠B=30°
④ $\overline{DE}=7$ cm, ∠B=30°
⑤ $\overline{DE}=7$ cm, ∠B=43°

★빈출 214 중

다음 그림에서 두 삼각형 ABC, DEF가 합동일 때, ∠F의 크기를 구하시오.

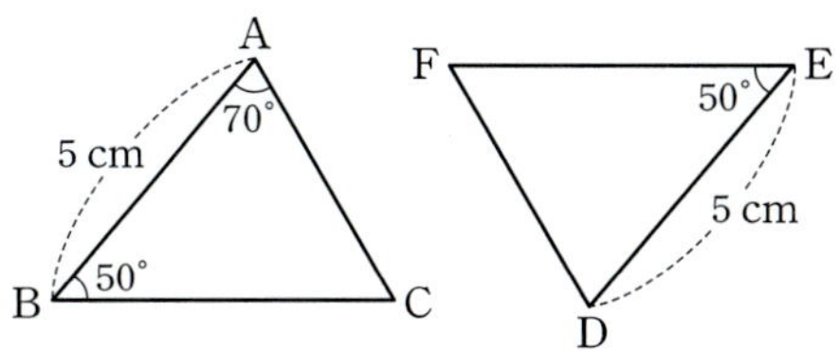

215 중

다음 중 합동에 대한 설명으로 옳지 <u>않은</u> 것은?

① 반지름의 길이가 같은 두 원은 서로 합동이다.
② 세 각의 크기가 같은 두 삼각형은 서로 합동이다.
③ 합동인 두 도형의 넓이는 항상 같다.
④ 합동인 두 도형의 대응변의 길이는 서로 같다.
⑤ △ABC≡△DEF일 때, ∠A의 대응각은 ∠D이다.

216 중

| 서술형 |

다음 그림에서 두 사각형 ABCD, EFGH가 서로 합동일 때, $x+y$의 값을 구하시오.

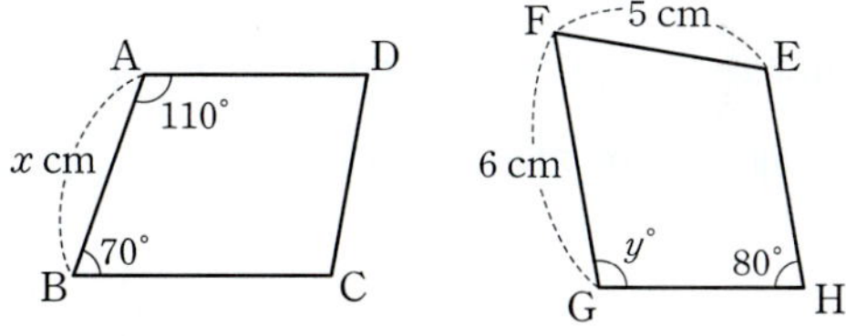

★빈출 217 중

다음 중 두 도형이 서로 합동이라고 할 수 <u>없는</u> 것을 모두 고르면? (정답 2개)

① 둘레의 길이가 같은 두 원
② 둘레의 길이가 같은 두 정삼각형
③ 넓이가 같은 두 직사각형
④ 한 변의 길이가 같은 두 정오각형
⑤ 한 변의 길이가 같은 두 마름모

218 ^중

아래 그림에서 두 사각형 ABCD, GHEF가 서로 합동일 때, 다음 중 옳지 <u>않은</u> 것은?

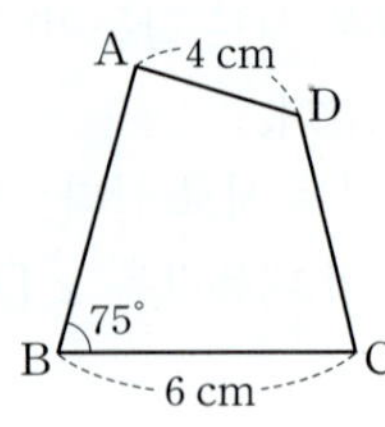
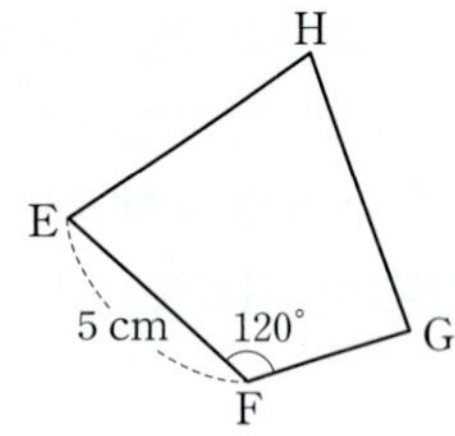

① $\overline{CD}=5$ cm   ② $\overline{FG}=4$ cm

③ $\overline{GH}=6$ cm   ④ $\angle D=120°$

⑤ $\angle H=75°$

219 ^{빈출} ^중

| 서술형 |

다음 그림에서 $\triangle ABC \equiv \triangle DEF$이고 $\triangle ABC$의 넓이가 16 cm²일 때, $\overline{DE}$의 길이를 구하시오.

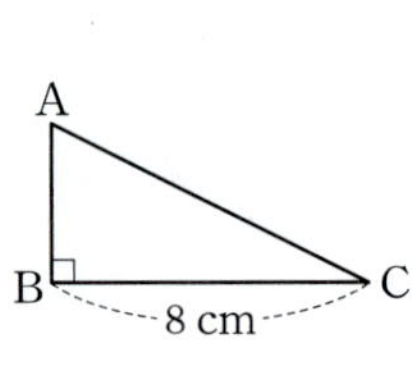
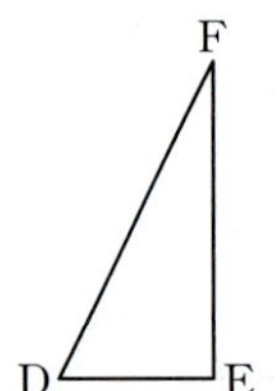

220 ^상

다음 조건을 모두 만족시키는 두 삼각형 ABC, DEF에 대하여 $\angle D$의 크기를 구하시오.

┌ 조건 ├
(가) $\triangle ABC \equiv \triangle DEF$

(나) $\overline{AB}=\overline{BC}$

(다) $\angle B = \dfrac{1}{7}\angle D$

---

221 ^하

아래 그림에서 $\overline{BC}=\overline{EF}$, $\angle B=\angle E$일 때, 다음 중 $\triangle ABC \equiv \triangle DEF$가 SAS 합동이 되기 위해 필요한 나머지 한 조건은?

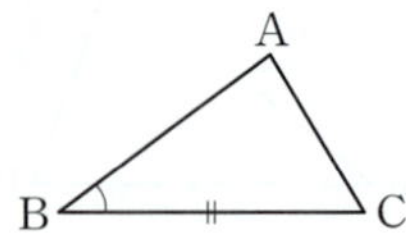
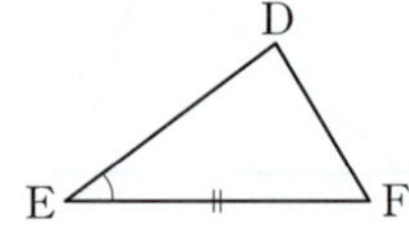

① $\overline{AB}=\overline{DE}$ ② $\overline{AB}=\overline{EF}$ ③ $\overline{AC}=\overline{DF}$

④ $\angle A=\angle D$ ⑤ $\angle C=\angle F$

222 ^{빈출} ^하

아래 그림과 같은 두 삼각형 ABC와 DEF가 합동일 때, 다음 중 옳지 <u>않은</u> 것은?

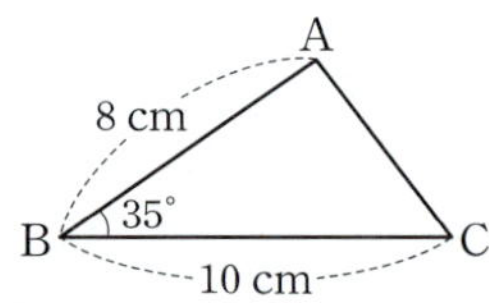
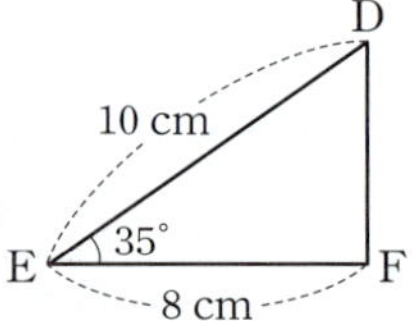

① $\angle A$의 대응각은 $\angle F$이다.

② $\overline{AC}$의 대응변은 $\overline{FD}$이다.

③ $\angle D=35°$

④ 두 삼각형에서 두 대응변의 길이가 각각 같고, 그 끼인 각의 크기가 같으므로 두 삼각형은 SAS 합동이다.

⑤ 두 삼각형의 넓이는 같다.

223 ^하

다음 중 아래 그림과 같은 삼각형 중에서 SSS 합동인 것을 바르게 나타낸 것은?

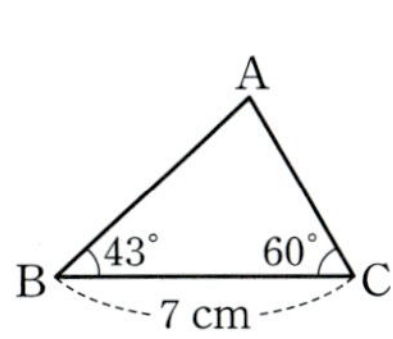
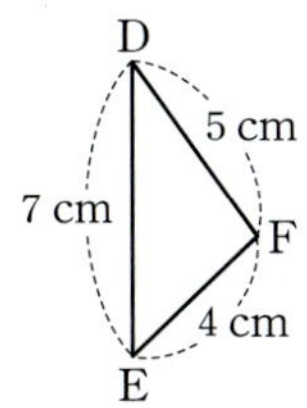
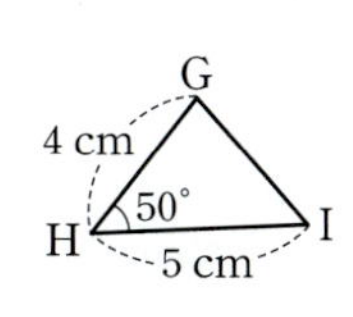

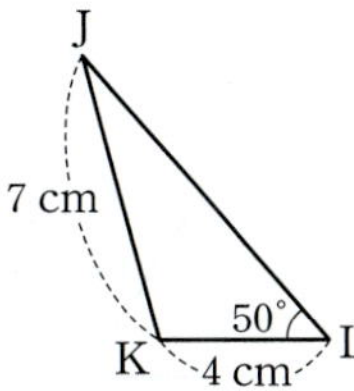
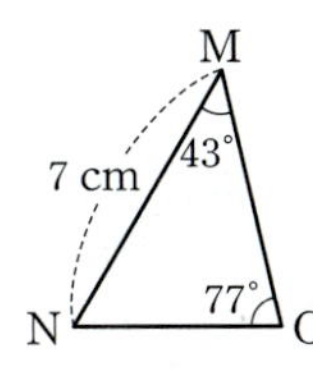
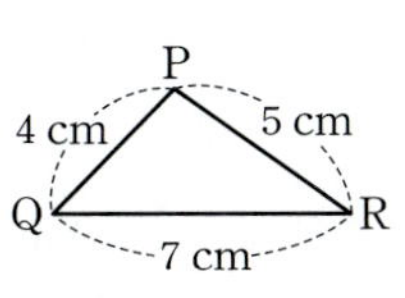

① △ABC≡△DEF
② △ABC≡△OMN
③ △DEF≡△HGI
④ △DEF≡△RQP
⑤ △GHI≡△KLJ

★ 빈출
224 ^중

다음 중 오른쪽 그림과 같은 삼각형과 합동인 것은?

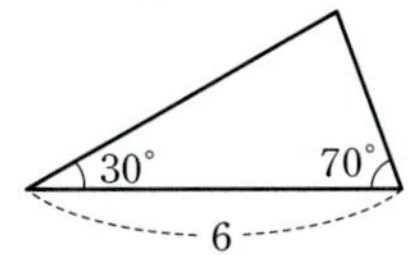

① 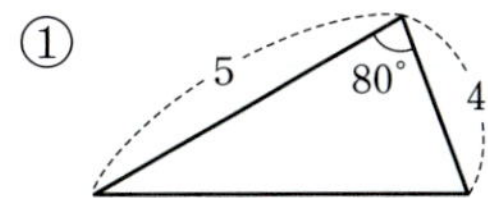
② 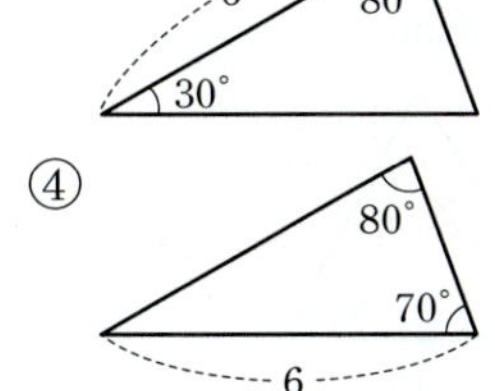
③ 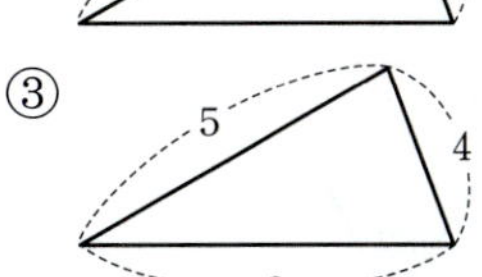
④ 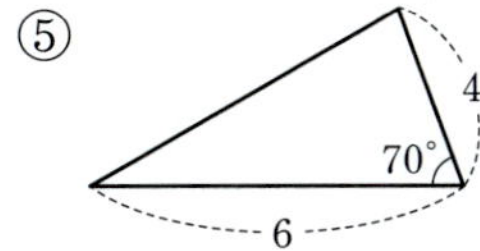
⑤

225 ^중

다음 중 오른쪽 그림과 같은 삼각형 ABC와 합동인 삼각형과 합동 조건으로 알맞은 것은?

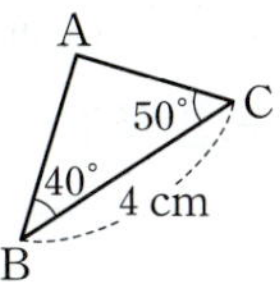

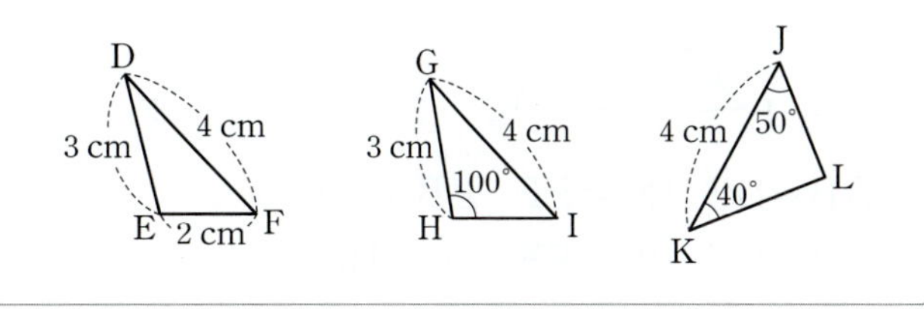

① △EDF, SSS 합동
② △HGI, SAS 합동
③ △HGI, ASA 합동
④ △LKJ, SAS 합동
⑤ △LKJ, ASA 합동

226 ^중

다음은 아래 그림과 같이 ∠XOY와 크기가 같고 $\overrightarrow{PQ}$를 한 변으로 하는 각을 작도하였을 때, △AOB≡△DPC임을 설명하는 과정이다. ㈎, ㈏, ㈐에 알맞은 것을 차례로 나열하면?

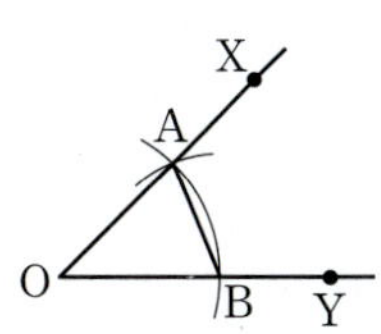
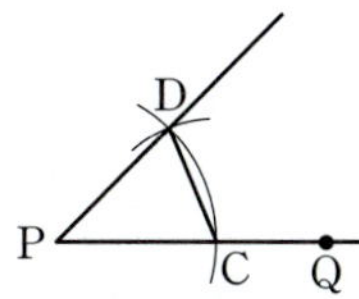

△AOB와 △DPC에서
$\overline{OA}=$ ㈎ , $\overline{OB}=\overline{PC}$, $\overline{AB}=$ ㈏
∴ △AOB≡△DPC (㈐ 합동)

① $\overline{PD}$, $\overline{DC}$, SSS
② $\overline{PD}$, $\overline{DC}$, SAS
③ $\overline{PD}$, $\overline{PC}$, SAS
④ $\overline{PQ}$, $\overline{DC}$, SSS
⑤ $\overline{PQ}$, $\overline{PC}$, SAS

227 중

다음 중 아래 그림에서 △ABC≡△DEF가 되기 위해 필요한 조건이 <u>아닌</u> 것은?

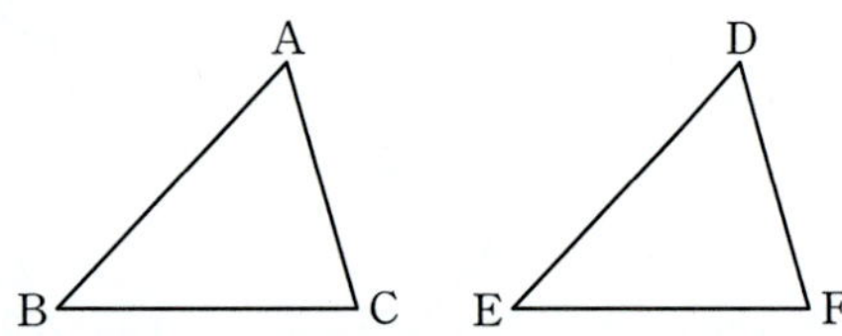

① $\overline{AB}=\overline{DE}$, $\overline{BC}=\overline{EF}$, ∠B=∠E
② $\overline{AB}=\overline{DE}$, $\overline{BC}=\overline{EF}$, $\overline{AC}=\overline{DF}$
③ $\overline{AB}=\overline{DE}$, ∠A=∠D, ∠B=∠E
④ ∠A=∠D, ∠B=∠E, ∠C=∠F
⑤ $\overline{BC}=\overline{EF}$, ∠A=∠D, ∠B=∠E

228 중

△ABC와 △DEF에서 $\overline{AB}=\overline{DE}$, $\overline{AC}=\overline{DF}$일 때, 다음 보기 중 △ABC≡△DEF가 되기 위해 필요한 나머지 한 조건을 모두 고른 것은?

보기
ㄱ. ∠A=∠D   ㄴ. ∠B=∠E
ㄷ. ∠C=∠F   ㄹ. $\overline{BC}=\overline{EF}$

① ㄱ, ㄴ   ② ㄱ, ㄹ   ③ ㄴ, ㄷ
④ ㄴ, ㄹ   ⑤ ㄷ, ㄹ

229 중

| 서술형 |

다음 그림에서 ∠B=∠F, ∠C=∠E일 때, △ABC와 △DFE가 ASA 합동이 되기 위해 필요한 나머지 한 조건을 모두 구하시오.

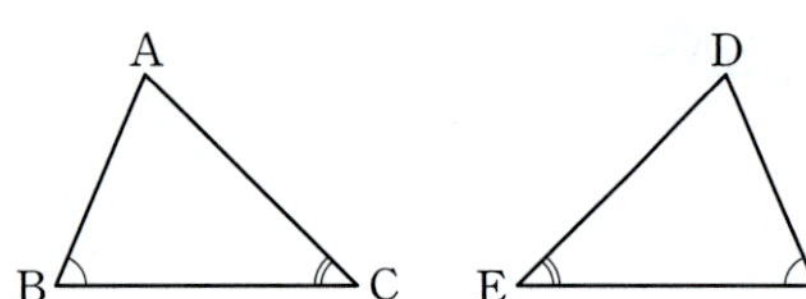

230 중

다음 중 오른쪽 그림과 같은 △ABC와 합동인 삼각형의 개수는?

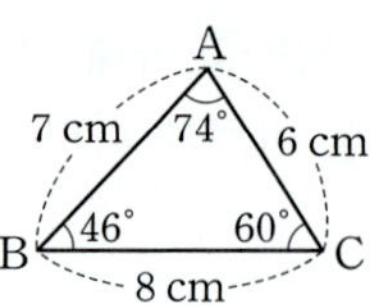

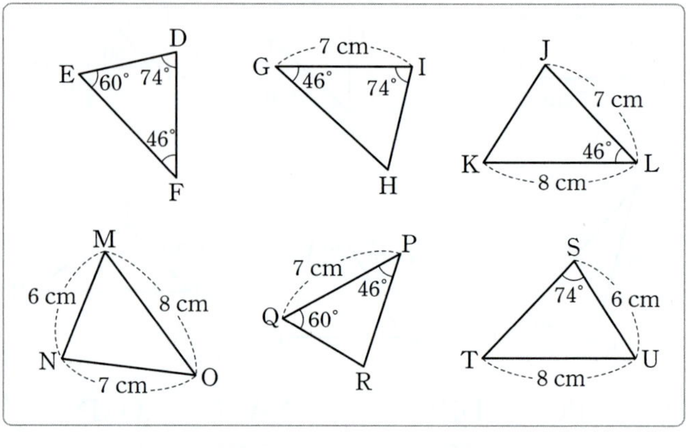

① 1   ② 2   ③ 3
④ 4   ⑤ 5

231 중

다음 삼각형 중 나머지 넷과 합동이 <u>아닌</u> 것은?

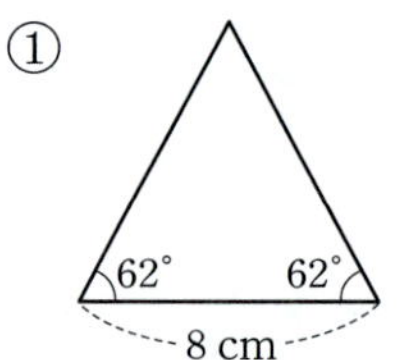

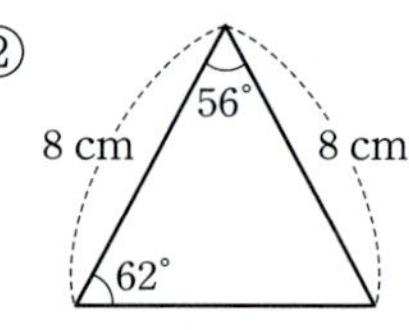

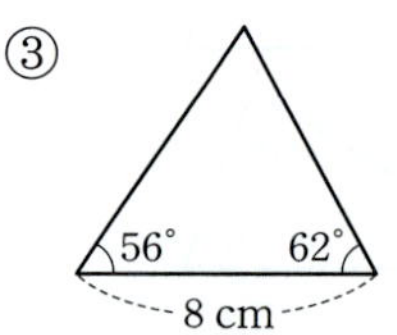

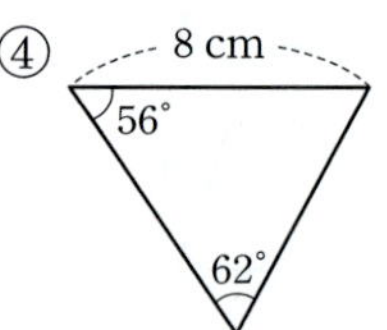

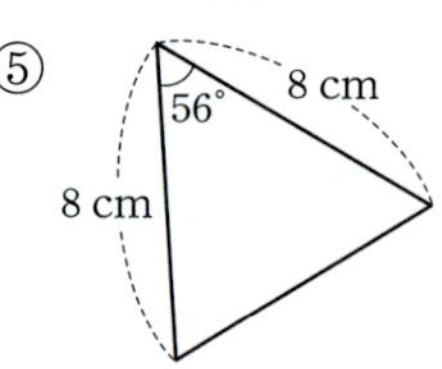

232 중

다음 보기 중 오른쪽 그림과 같은 △ABC와 합동인 삼각형과 합동 조건으로 알맞지 <u>않은</u> 것을 모두 고르면? (정답 2개)

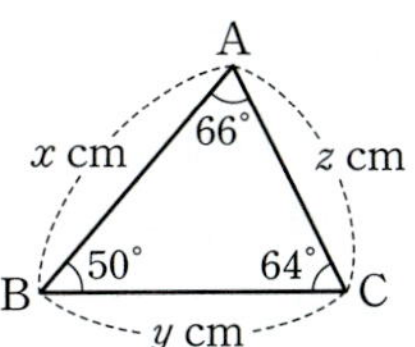

보기

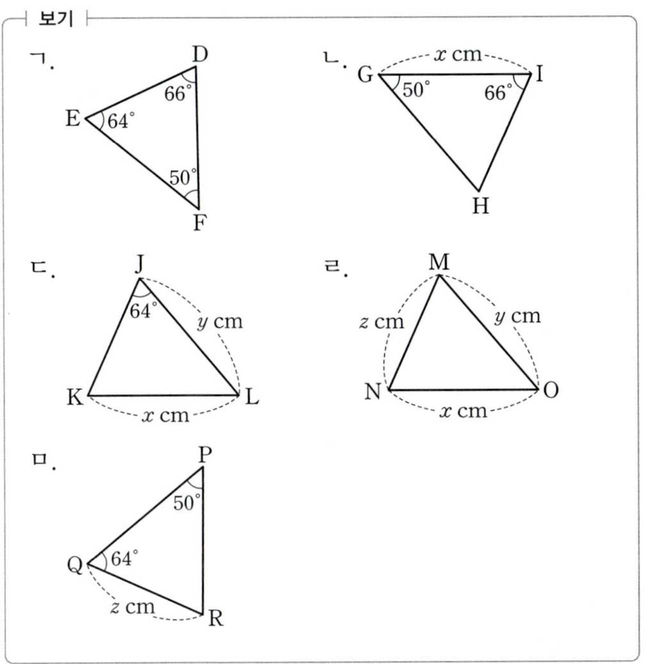

① ㄱ, ASA 합동
② ㄴ, ASA 합동
③ ㄷ, SAS 합동
④ ㄹ, SSS 합동
⑤ ㅁ, ASA 합동

★빈출 233 중

아래 그림에서 $\overline{BC}=\overline{EF}$일 때, 두 가지 조건을 추가하여 △ABC≡△DEF가 되도록 하려고 한다. 다음 중 이때 필요한 조건이 <u>아닌</u> 것은?

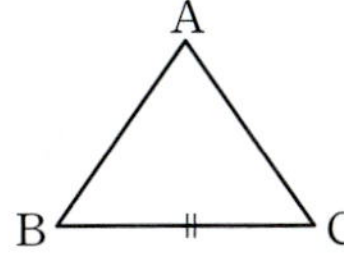
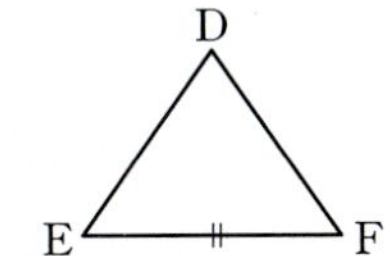

① $\angle A=\angle D$, $\angle B=\angle E$
② $\overline{AB}=\overline{DE}$, $\angle B=\angle E$
③ $\overline{AB}=\overline{DE}$, $\overline{AC}=\overline{DF}$
④ $\overline{AC}=\overline{DF}$, $\angle A=\angle D$
⑤ $\overline{AC}=\overline{DF}$, $\angle C=\angle F$

---

234 하

다음은 오른쪽 그림에서 점 O가 $\overline{AB}$, $\overline{CD}$의 중점일 때, △ACO≡△BDO임을 설명하는 과정이다. (가), (나), (다)에 알맞은 것을 차례로 나열하면?

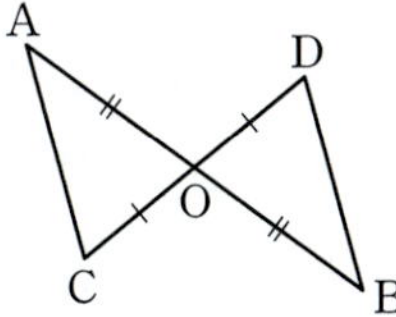

> △ACO와 △BDO에서
> $\overline{AO}=$ (가) , $\overline{CO}=\overline{DO}$, $\angle AOC=$ (나) (맞꼭지각)
> ∴ △ACO≡△BDO ((다) 합동)

① $\overline{BO}$, $\angle BOD$, SSS
② $\overline{BO}$, $\angle BOD$, SAS
③ $\overline{BD}$, $\angle BOD$, SSS
④ $\overline{BD}$, $\angle BOD$, SAS
⑤ $\overline{BD}$, $\angle ODB$, SAS

★빈출 235 하

다음 그림에서 연못의 가장자리에 서 있는 두 나무의 위치를 각각 A, B라 할 때, 두 나무 A, B 사이의 거리를 구하시오.

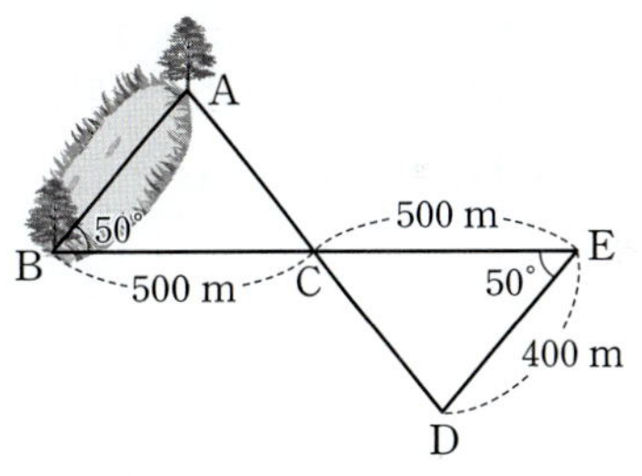

236 중

오른쪽 그림과 같은 사각형 모양의 광장이 있다. 광장의 각 꼭짓점을 A, B, C, D라 할 때, $\overline{AB} /\!/ \overline{DC}$, $\overline{AD} /\!/ \overline{BC}$이다. 점 C와 점 D 사이의 거리를 구하고 이때 이용된 삼각형의 합동 조건을 말하시오.

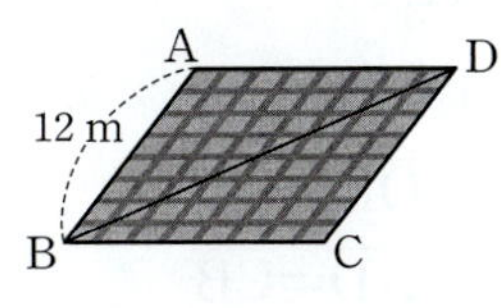

오른쪽 그림에서 $l /\!/ m$이고 두 점 A, B는 직선 l 위에 있고 두 점 C, D는 직선 m 위에 있다. 점 O가 $\overline{AC}$의 중점일 때, 다음 중 합동인 두 삼각형을 나타낸 것과 합동 조건으로 알맞은 것은?

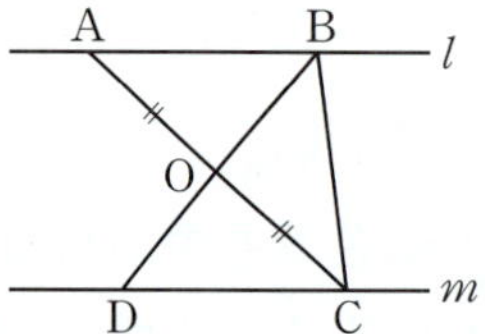

① $\triangle OAB \equiv \triangle OCD$, SAS 합동
② $\triangle OAB \equiv \triangle OCD$, ASA 합동
③ $\triangle OBC \equiv \triangle ODC$, SAS 합동
④ $\triangle OBC \equiv \triangle ODC$, ASA 합동
⑤ $\triangle BCD \equiv \triangle CBA$, SAS 합동

오른쪽 그림에서 $\overline{AB}=\overline{CD}$, $\overline{AD}=\overline{BC}$일 때, 다음 중 옳지 <u>않은</u> 것은?

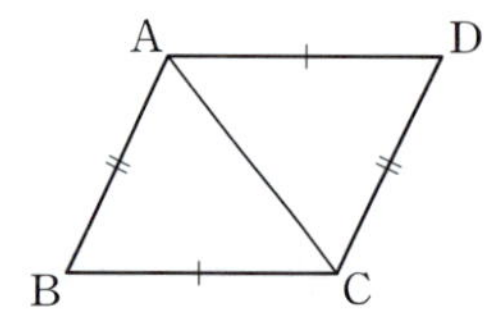

① $\angle BAD = \angle BCD$
② $\angle ABC = \angle CDA$
③ $\triangle ABC \equiv \triangle CDA$
④ $\triangle ABC$와 $\triangle CDA$는 SAS 합동이다.
⑤ $\triangle ABC$와 $\triangle CDA$의 넓이는 같다.

오른쪽 그림에서 $\overline{OA}=\overline{OC}$, $\overline{AB}=\overline{CD}$일 때, 다음 중 옳지 <u>않은</u> 것은?

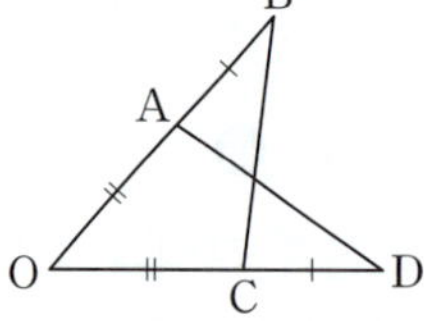

① $\overline{OA}=\overline{AB}$
② $\overline{OB}=\overline{OD}$
③ $\overline{AD}=\overline{CB}$
④ $\angle B = \angle D$
⑤ $\triangle OAD \equiv \triangle OCB$

오른쪽 그림과 같은 직사각형 ABCD에서 점 M은 $\overline{AD}$의 중점일 때, 다음 보기 중 옳은 것을 모두 고른 것은?

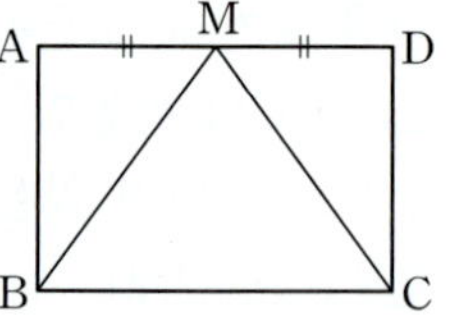

보기

ㄱ. $\overline{BM}=\overline{CM}$ ㄴ. $\overline{AB}=\overline{AM}$
ㄷ. $\angle MAB=\angle BMC$ ㄹ. $\angle ABM=\angle DCM$

① ㄱ, ㄴ ② ㄱ, ㄹ ③ ㄴ, ㄷ
④ ㄴ, ㄹ ⑤ ㄷ, ㄹ

아래는 오른쪽 그림과 같이 점 P가 $\overline{AB}$의 수직이등분선 l 위의 한 점일 때, $\overline{PA}=\overline{PB}$임을 설명하는 과정이다. 다음 중 (가)~(마)에 알맞지 <u>않은</u> 것은?

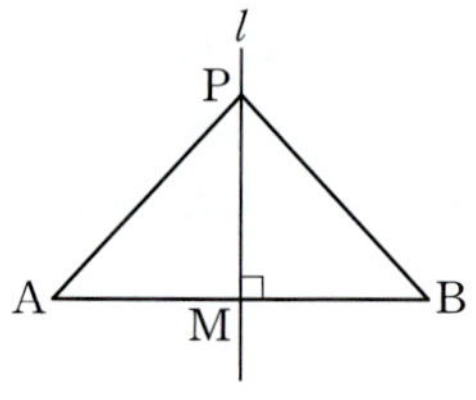

$\triangle PAM$과 $\triangle PBM$에서 점 M은 [(가)]의 중점이므로
$\overline{AM}=$ [(나)]
$\overline{AB}\perp l$이므로
$\angle PMA=$ [(다)] $=90°$, [(라)]은 공통
따라서 $\triangle PAM \equiv \triangle PBM$ ([(마)] 합동)이므로
$\overline{PA}=\overline{PB}$

① (가) $\overline{AB}$ ② (나) $\overline{BM}$ ③ (다) $\angle PMB$
④ (라) $\overline{PM}$ ⑤ (마) ASA

242 중

아래는 오른쪽 그림과 같이 $\angle XOY$
의 이등분선 위의 한 점 P에서 $\overrightarrow{OX}$,
$\overrightarrow{OY}$에 내린 수선의 발을 각각 A, B
라 할 때, $\overline{AP}=\overline{BP}$임을 설명하는
과정이다. 다음 중 (가)~(마)에 알맞지 <u>않은</u> 것은?

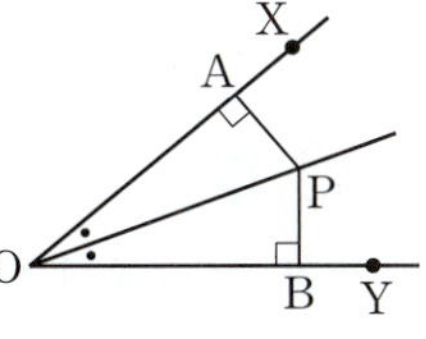

> $\triangle AOP$와 $\triangle BOP$에서
>
> ⎡ (가) ⎤는 공통, $\angle AOP=$ ⎡ (나) ⎤,
>
> $\angle APO=90°-$ ⎡ (다) ⎤ $=90°-\angle BOP=$ ⎡ (라) ⎤
>
> 따라서 $\triangle AOP \equiv \triangle BOP$ (⎡ (마) ⎤ 합동)이므로
>
> $\overline{AP}=\overline{BP}$

① (가) $\overline{OP}$　　② (나) $\angle BOP$　　③ (다) $\angle AOP$
④ (라) $\angle PBO$　　⑤ (마) ASA

243 중

다음은 오른쪽 그림에서 점 E가 $\overline{AC}$
의 중점이고 $\overline{AB}\,/\!/\,\overline{EF}$, $\overline{DE}\,/\!/\,\overline{BC}$
일 때, $\triangle ADE \equiv \triangle EFC$임을 설명
하는 과정이다. (가), (나), (다)에 알맞은
것을 차례로 나열하면?

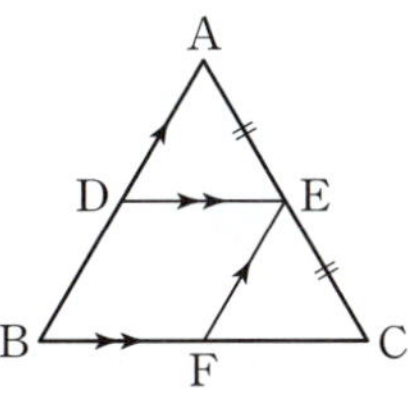

> $\triangle ADE$와 $\triangle EFC$에서
>
> $\overline{AE}=$ ⎡ (가) ⎤
>
> $\overline{AB}\,/\!/\,\overline{EF}$이므로 $\angle EAD=$ ⎡ (나) ⎤ (동위각)
>
> $\overline{DE}\,/\!/\,\overline{BC}$이므로 ⎡ (다) ⎤ $=\angle ECF$ (동위각)
>
> $\therefore \triangle ADE \equiv \triangle EFC$ (ASA 합동)

① $\overline{EC}$, $\angle CEF$, $\angle ADE$
② $\overline{EC}$, $\angle CEF$, $\angle AED$
③ $\overline{EC}$, $\angle ECF$, $\angle AED$
④ $\overline{EF}$, $\angle CEF$, $\angle ADE$
⑤ $\overline{EF}$, $\angle ECF$, $\angle AED$

244 중

오른쪽 그림에서 $\overline{AC}\,/\!/\,\overline{DF}$,
$\overline{AC}=\overline{DF}$, $\overline{BF}=\overline{CE}$일 때,
다음 중 옳지 <u>않은</u> 것은?

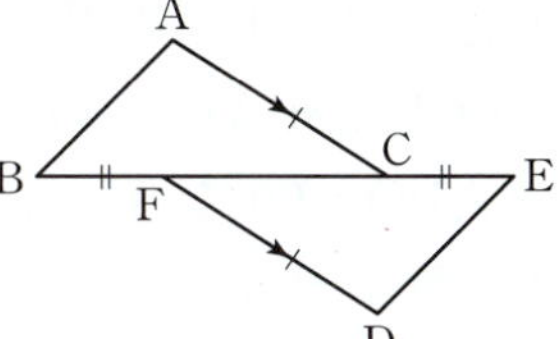

① $\angle ACB=\angle DFE$
② $\angle ABC=\angle DFE$
③ $\overline{BC}=\overline{EF}$
④ $\overline{AB}=\overline{DE}$
⑤ $\overline{AB}\,/\!/\,\overline{DE}$

245 중

| 서술형 |

오른쪽 그림과 같이 원 O와 직선
l의 두 교점을 각각 A, B라 하
고 선분 AB의 중점을 M이라 할
때, $\angle OMB$의 크기를 구하시오.

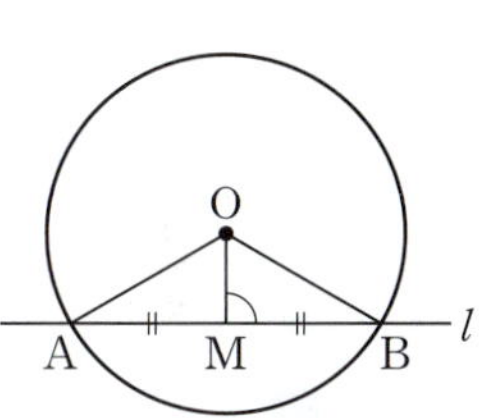

246 상

오른쪽 그림과 같은 $\triangle ABC$에
서 $\overline{BC}$의 중점을 M, 두 점 B,
C에서 $\overline{AM}$ 또는 그 연장선에
내린 수선의 발을 각각 D, E라
할 때, 다음 중 합동인 두 삼각
형을 나타낸 것과 합동 조건으로 알맞은 것은?

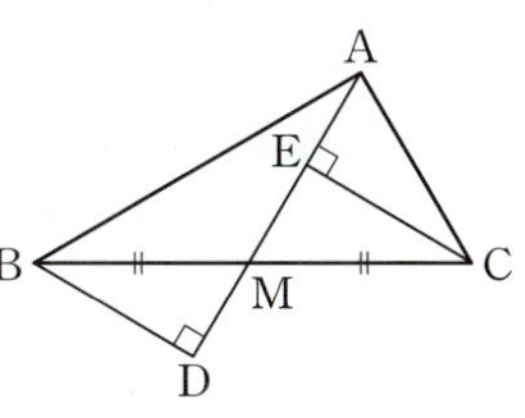

① $\triangle ACE \equiv \triangle MBD$, SAS 합동
② $\triangle ACE \equiv \triangle MCE$, SAS 합동
③ $\triangle ACE \equiv \triangle MCE$, ASA 합동
④ $\triangle BMD \equiv \triangle CME$, SAS 합동
⑤ $\triangle BMD \equiv \triangle CME$, ASA 합동

247 상

오른쪽 그림과 같은 직사각형 ABCD에서 $\overline{AP}=\overline{PQ}$, $\angle APQ=90°$일 때, 합동인 두 삼각형을 찾아 기호 ≡를 사용하여 나타내고 합동 조건을 말하시오.

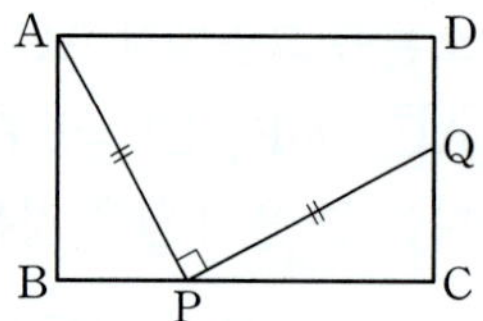

248 상

오른쪽 그림과 같은 사각형 ABCD에서 점 O는 두 대각선 AC, BD의 교점이고 $\overline{AO}=\overline{DO}$, $\overline{BO}=\overline{CO}$일 때, 다음 중 옳지 <u>않은</u> 것은?

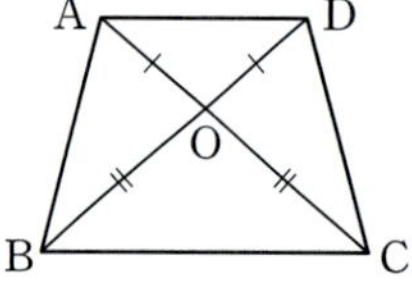

① $\triangle ABC \equiv \triangle DCB$

② $\triangle ABD \equiv \triangle DCA$

③ $\triangle AOD \equiv \triangle COB$

④ $\triangle ABO \equiv \triangle DCO$

⑤ 합동인 삼각형은 모두 3쌍이다.

---

6 삼각형의 합동의 활용

249 빈출 중

오른쪽 그림에서 두 사각형 ABCD, ECFG가 정사각형일 때, $\overline{DF}$의 길이를 구하시오.

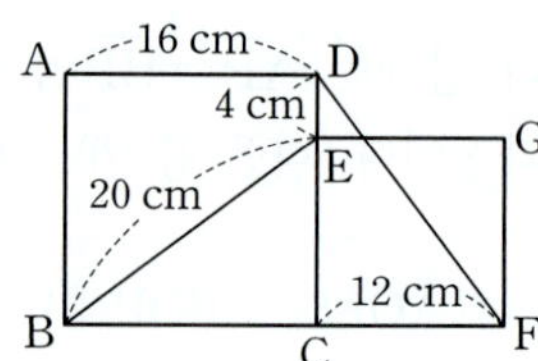

250 중

오른쪽 그림과 같이 $\overline{AB}=\overline{AC}$인 이등변삼각형 ABC에서 $\overline{AD}=\overline{AE}$이고 $\angle A=45°$, $\angle ABE=35°$일 때, $\angle x$의 크기를 구하시오.

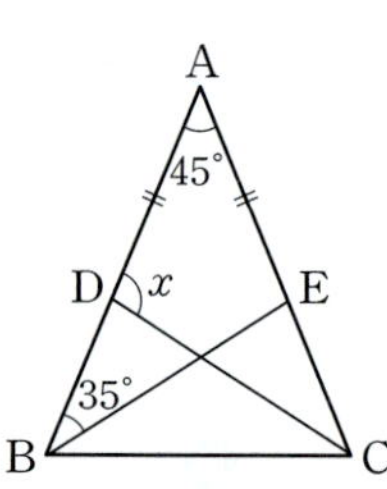

251 빈출 상

오른쪽 그림에서 $\triangle ABC$는 정삼각형이고 $\overline{AD}=\overline{BE}=\overline{CF}$일 때, 다음 중 옳지 <u>않은</u> 것은?

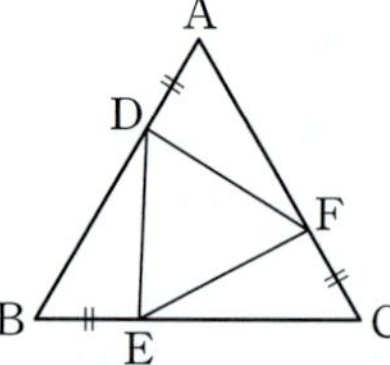

① $\angle EFD=60°$

② $\angle DEB=90°$

③ $\overline{AF}=\overline{EC}$

④ $\triangle DEF$는 정삼각형이다.

⑤ $\triangle ADF$와 $\triangle BED$는 SAS 합동이다.

252 상

아래 그림과 같이 △ABC의 두 변 AB, AC를 각각 한 변으로 하는 두 정사각형 ADEB, ACFG를 만들었을 때, 다음 중 △ABG와 합동인 삼각형과 합동 조건으로 알맞은 것은?

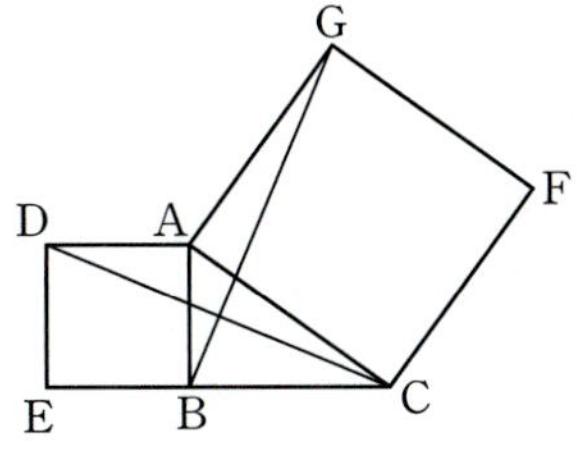

① △ABC, SSS 합동 ② △ABC, SAS 합동
③ △ADC, SSS 합동 ④ △ADC, SAS 합동
⑤ △ADC, ASA 합동

253 상

오른쪽 그림과 같이 △ABC의 두 변 AB, AC를 각각 한 변으로 하는 두 정삼각형 ADB, ACE를 만들었을 때, 다음 중 옳은 것은?

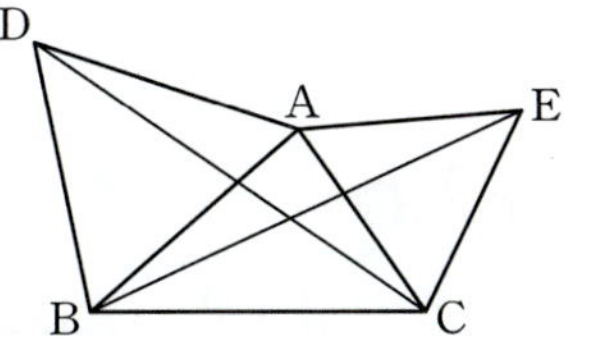

① $\overline{BD}=\overline{CE}$　② $\overline{AD}=\overline{BC}$
③ ∠ACB=∠ACE　④ ∠DAC=∠BCE
⑤ △ADC≡△ABE

254 상

오른쪽 그림에서 △ABC는 정삼각형이고 $\overline{BD}=\overline{CE}$일 때, ∠PBD+∠PDB의 크기를 구하시오.

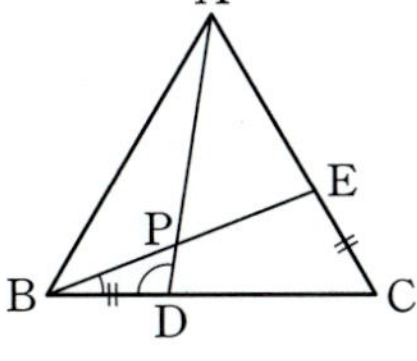

255 상

오른쪽 그림에서 △ABC는 $\overline{AB}=\overline{AC}$인 이등변삼각형이고 $\overline{BD}\perp\overline{AC}$, $\overline{CE}\perp\overline{AB}$일 때, 다음 중 옳지 <u>않은</u> 것은?

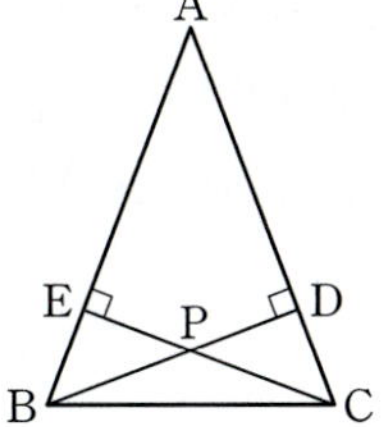

① △ABD≡△ACE
② △EBC≡△DCB
③ $\overline{BP}=\overline{CD}$
④ $\overline{AE}=\overline{AD}$
⑤ $\overline{BD}=\overline{CE}$

256 상

오른쪽 그림과 같은 직사각형 ABCD에서 $\overline{PA}=\overline{PD}$, ∠ABP=24°일 때, ∠BPC의 크기를 구하시오.

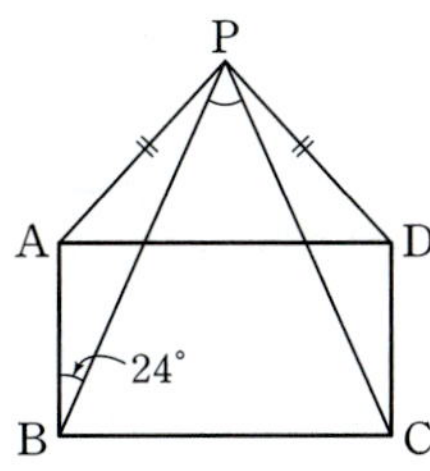

257 상

| 서술형 |

오른쪽 그림에서 △ABC와 △ECD는 정삼각형이고 점 C는 $\overline{BD}$ 위의 점일 때, ∠APB의 크기를 구하시오.

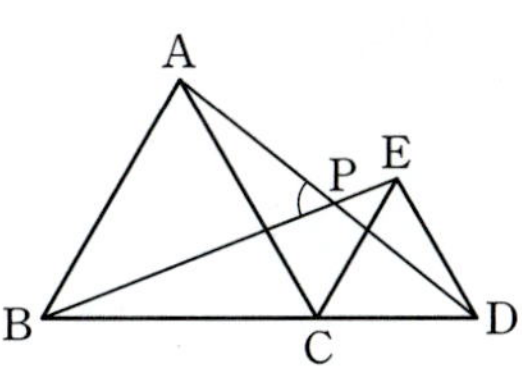

258 (상)

오른쪽 그림에서 사각형 ABCD는 정사각형이고 삼각형 EBC는 정삼각형일 때, $\angle AED$의 크기를 구하시오.

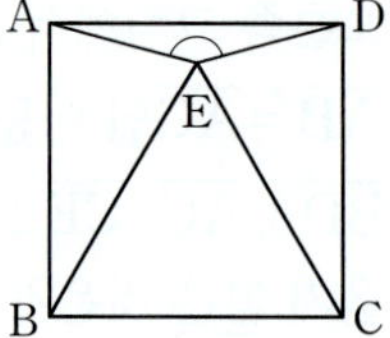

259 (상)

다음 그림과 같이 정사각형 ABCD의 대각선 BD 위에 점 E를 잡고 $\overline{AE}$의 연장선과 $\overline{BC}$의 연장선의 교점을 F라 하자. $\angle EFC=25°$일 때, $\angle x$의 크기를 구하시오.

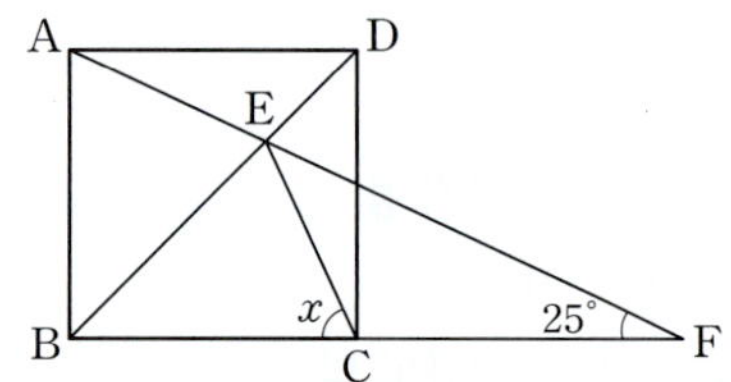

260 (상)

오른쪽 그림에서 △ABC와 △BED가 정삼각형일 때, $\angle x$의 크기를 구하시오.

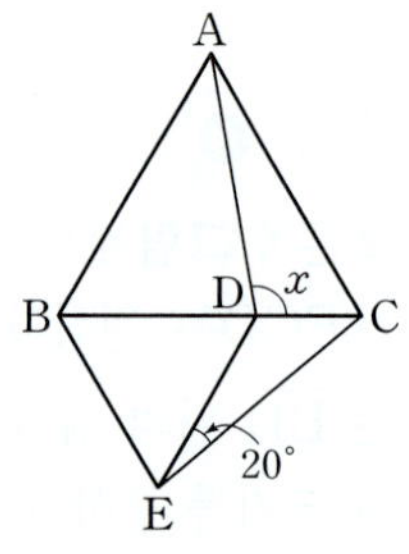

261 (상)

오른쪽 그림에서 사각형 ABCD는 정사각형이고 $\overline{BE}=\overline{CF}$일 때, 다음 중 옳지 <u>않은</u> 것은?

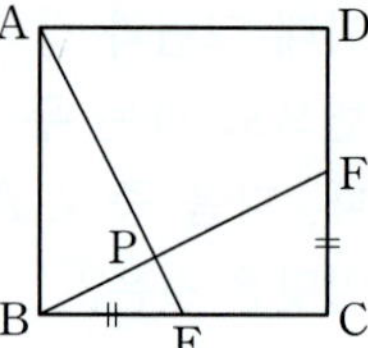

① $\overline{AE}=\overline{BF}$

② $\angle ABP=\angle PBE$

③ $\angle EPF=90°$

④ △ABE≡△BCF

⑤ $\angle PAD+\angle PFD=180°$

262 (상)

오른쪽 그림에서 △ABC와 △ADE가 합동인 정삼각형일 때, 다음 중 옳지 <u>않은</u> 것은?

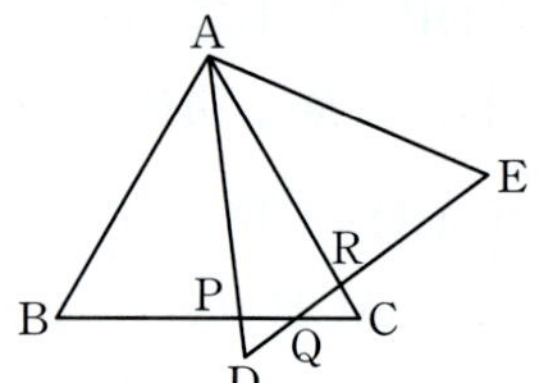

① $\overline{PD}=\overline{RC}$

② $\overline{PQ}=\overline{QC}$

③ $\angle APB=\angle ARE$

④ $\angle PDQ=\angle RCQ$

⑤ △PQD≡△RQC

★★★★ 최고수준 도전 기출

263

세 변의 길이가 자연수이고 둘레의 길이가 21 cm인 이등변삼각형의 개수를 구하시오.

265

오른쪽 그림과 같은 직사각형 ABCD에서

$$\overline{AB} : \overline{BC} = 5 : 8,$$
$$\overline{BE} : \overline{EC} = 3 : 5,$$
$$\overline{CF} : \overline{FD} = 3 : 2$$

일 때, ∠EAF의 크기를 구하시오.

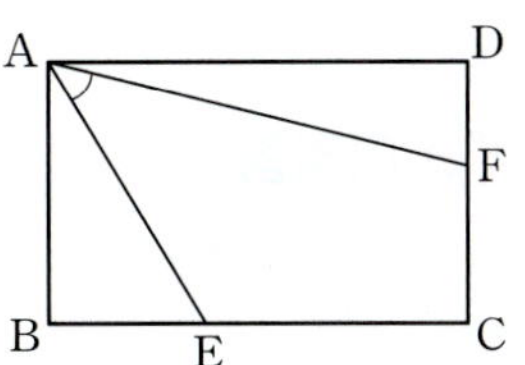

264

다음 그림과 같이 ∠A=90°인 직각이등변삼각형 ABC의 두 꼭짓점 B, C에서 꼭짓점 A를 지나는 직선 l에 내린 수선의 발을 각각 D, E라 하자. $\overline{BD}=6$ cm, $\overline{CE}=4$ cm일 때, $\overline{DE}$의 길이를 구하시오.

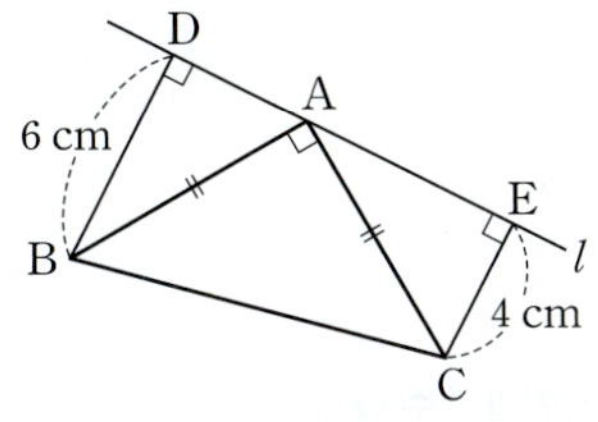

266

다음 그림과 같이 한 변의 길이가 각각 8 cm, 6 cm인 두 정사각형 ABCD, OEFG가 있다. 정사각형 ABCD의 두 대각선의 교점에 정사각형 OEFG의 한 꼭짓점 O가 놓일 때, 사각형 OPCQ의 넓이는?

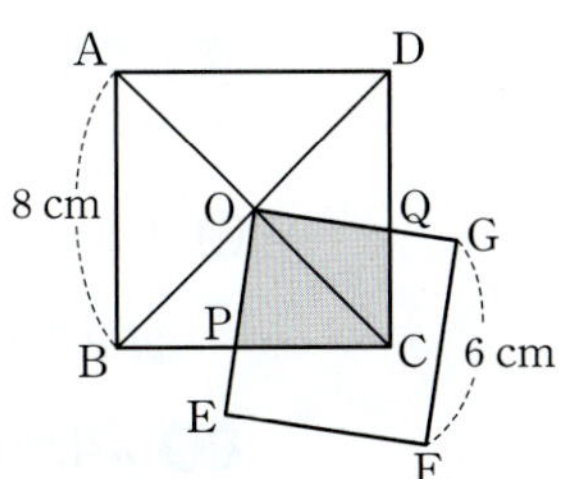

① 12 cm² ② 14 cm² ③ 16 cm²
④ 18 cm² ⑤ 20 cm²

04 다각형

1 다각형

✓ 필수 기출 1

(1) **다각형**: 3개 이상의 선분으로 둘러싸인 평면도형

① **변**: 다각형을 이루는 각 선분

② **꼭짓점**: 다각형의 변과 변이 만나는 점

③ **내각**: 다각형에서 이웃한 두 변으로 이루어진 내부의 각

④ **외각**: 다각형의 이웃한 두 변에서 한 변과 다른 변의 연장선으로 이루어진 각

참고 • n개의 선분으로 둘러싸인 다각형을 n각형이라 한다.

• 다각형의 한 꼭짓점에서 내각의 크기와 외각의 크기의 합은 $180°$이다.

• 다각형에서 한 내각에 대한 외각은 2개이지만 맞꼭지각으로 그 크기가 같으므로 하나만 생각한다.

(2) ❶ : 변의 길이가 모두 같고 내각의 크기가 모두 같은 다각형

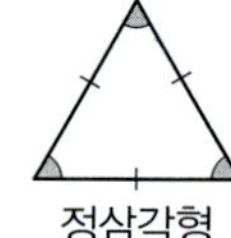 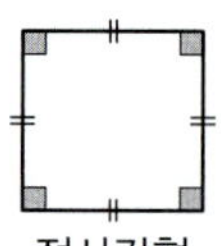 

정삼각형   정사각형   정오각형   …

참고 • 변의 길이가 모두 같아도 각의 크기가 다르면 정다각형이 아니다. 예 마름모

• 내각의 크기가 모두 같아도 변의 길이가 다르면 정다각형이 아니다. 예 직사각형

2 다각형의 대각선의 개수

✓ 필수 기출 1

(1) **대각선**: 다각형에서 서로 이웃하지 않는 두 꼭짓점을 이은 선분

(2) **대각선의 개수**

① n각형의 한 꼭짓점에서 그을 수 있는 대각선의 개수 ➡ $n-3$

② n각형의 대각선의 개수 ➡ $\dfrac{n(n-3)}{2}$

꼭짓점의 개수 ┐ ┌ 한 꼭짓점에서 그을 수 있는 대각선의 개수

└ 한 대각선을 중복하여 센 횟수

예 ① 오각형의 한 꼭짓점에서 그을 수 있는 대각선의 개수 ➡ $5-3=2$

② 오각형의 대각선의 개수 ➡ $\dfrac{5\times(5-3)}{2}=5$

참고 n각형의 한 꼭짓점에서 대각선을 모두 그었을 때 생기는 삼각형의 개수 ➡ $n-2$

3 삼각형의 내각과 외각

✓ 필수 기출 2

(1) 삼각형의 세 내각의 크기의 합은 $180°$이다.

➡ $\triangle ABC$에서 $\angle A + \angle B + \angle C =$ ❷

(2) 삼각형의 한 외각의 크기는 그와 이웃하지 않는 두 내각의 크기의 합과 같다.

➡ $\triangle ABC$에서 $\angle ACD = \angle A + \angle B$

∠C의 외각 ┘ └ ∠C를 제외한 두 내각의 크기의 합

예 오른쪽 그림과 같은 $\triangle ABC$에서 $\angle ACD$는 $\angle C$의 외각이므로

$\angle ACD = \angle A + \angle B = 70° + 40° = 110°$

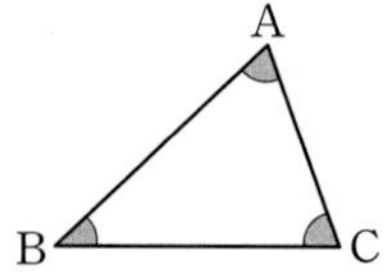

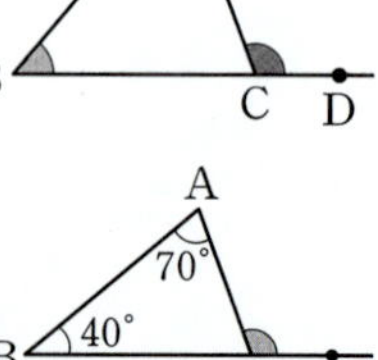

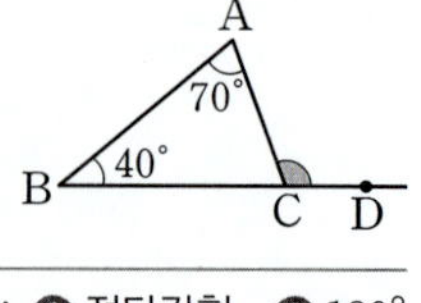

답: ❶ 정다각형 ❷ $180°$

삼각형의 세 내각의 크기의 비가 주어졌을 때, 각의 크기 구하기

삼각형 ABC에서 세 내각의 크기의 비가 $\angle A : \angle B : \angle C = a : b : c$이면

➡ $\angle A = 180° \times \dfrac{a}{a+b+c}$, $\angle B = 180° \times \dfrac{b}{a+b+c}$, $\angle C = 180° \times \dfrac{c}{a+b+c}$

---

4 다각형의 내각의 크기의 합과 외각의 크기의 합

☑ 필수 기출 3, 4

(1) n각형의 내각의 크기의 합: $180° \times (n-2)$

└→ 한 꼭짓점에서 대각선을 모두 그었을 때 생기는 삼각형의 개수

다각형	사각형	오각형	육각형	…	n각형
한 꼭짓점에서 대각선을 모두 그었을 때 생기는 삼각형의 개수	2	3	4	…	$n-2$
내각의 크기의 합	$180° \times 2 = 360°$	$180° \times 3 = 540°$	$180° \times 4 = 720°$	…	$180° \times (n-2)$

(2) n각형의 외각의 크기의 합: 항상 ❸ [   ]이다.

참고 n각형의 한 꼭짓점에서 내각의 크기와 외각의 크기의 합은 $180°$로 일정하고 꼭짓점은 n개이므로

(내각의 크기의 합) + (외각의 크기의 합) = $180° \times n$

∴ (외각의 크기의 합) = $180° \times n - 180° \times (n-2) = 360°$

---

5 정다각형의 한 내각의 크기와 한 외각의 크기

☑ 필수 기출 3, 4

(1) 정n각형의 한 내각의 크기: $\dfrac{180° \times (n-2)}{n}$ →내각의 크기의 합 / →꼭짓점의 개수

(2) 정n각형의 한 외각의 크기: $\dfrac{360°}{n}$

참고 정n각형의 모든 외각의 크기는 같고 외각의 개수는 꼭짓점의 개수와 같은 n이다.

정다각형	정삼각형	정사각형	정오각형	정육각형
한 내각의 크기	$\dfrac{180°}{3} = 60°$	$\dfrac{360°}{4} = 90°$	$\dfrac{180° \times (5-2)}{5} = 108°$	$\dfrac{180° \times (6-2)}{6} = 120°$
한 외각의 크기	$\dfrac{360°}{3} = 120°$	$\dfrac{360°}{4} = 90°$	$\dfrac{360°}{5} = 72°$	$\dfrac{360°}{6} = 60°$

답: ❸ 360°

1 다각형

267 하

다음 중 다각형인 것은?

① 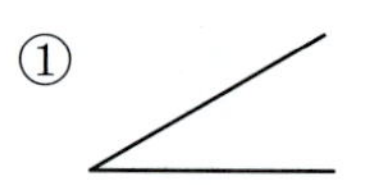
② 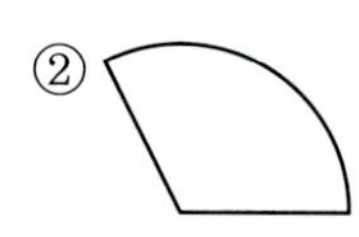
③ 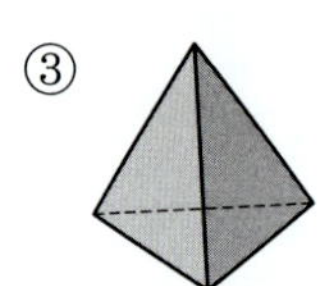
④ 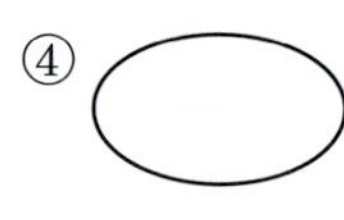
⑤ 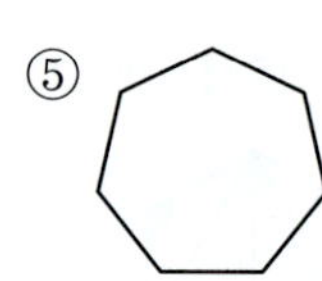

268 하

다음 중 다각형이 <u>아닌</u> 것은?

① 정삼각형   ② 마름모   ③ 구
④ 팔각형   ⑤ 직사각형

★빈출
269 하

다음 중 다각형에 대한 설명으로 옳지 <u>않은</u> 것은?

① 최소한의 변으로 이루어진 다각형은 삼각형이다.
② 다각형에서 변의 개수와 꼭짓점의 개수는 항상 같다.
③ 네 변의 길이가 모두 같은 사각형은 정사각형이다.
④ 다섯 개의 선분으로 둘러싸인 다각형은 오각형이다.
⑤ 다각형에서 서로 이웃하지 않는 두 꼭짓점을 이은 선
  분을 대각선이라 한다.

270 하

다음 조건을 모두 만족시키는 다각형은?

┤ 조건 ├
(가) 6개의 선분으로 둘러싸여 있다.
(나) 모든 변의 길이가 같고 모든 내각의 크기가 같다.

① 정오각형   ② 정육각형   ③ 정칠각형
④ 정팔각형   ⑤ 정구각형

271 하

한 꼭짓점에서 그을 수 있는 대각선이 7개인 다각형은?

① 칠각형   ② 팔각형   ③ 구각형
④ 십각형   ⑤ 십일각형

272 중

다음 조건을 모두 만족시키는 다각형은?

┤ 조건 ├
(가) 모든 변의 길이가 같고 모든 내각의 크기가 같다.
(나) 꼭짓점의 개수와 변의 개수의 합이 24이다.

① 정육각형   ② 정구각형   ③ 정십이각형
④ 정십오각형   ⑤ 정이십각형

 273 ⑧

| 서술형 |

십육각형의 한 꼭짓점에서 대각선을 모두 그었을 때 생기는 삼각형의 개수를 a, 십육각형의 대각선의 개수를 b라 하자. 이때 $a+b$의 값을 구하시오.

274 ⑧

삼각형이 아닌 어떤 다각형의 한 꼭짓점에서 그을 수 있는 대각선의 개수를 a라 하고 이때 생기는 삼각형의 개수를 b라 할 때, $b-a$의 값을 구하시오.

275 ⑧

다음 중 다각형과 그 다각형의 대각선의 개수를 바르게 짝 지은 것은?

① 칠각형 – 15   ② 팔각형 – 24
③ 십각형 – 40   ④ 십일각형 – 44
⑤ 십이각형 – 55

276 ⑧

다음 중 정다각형에 대한 설명으로 옳지 <u>않은</u> 것은?

① 정다각형은 무수히 많다.
② 내각의 크기가 모두 같다.
③ 변의 길이가 모두 같다.
④ 외각의 크기가 모두 같다.
⑤ 한 꼭짓점에서 그은 대각선의 길이가 모두 같다.

277 ⑧

십오각형의 한 꼭짓점에서 대각선을 모두 그었을 때 생기는 삼각형의 개수를 x라 하자. 한 꼭짓점에서 대각선을 모두 그었을 때 생기는 삼각형의 개수가 $x+3$인 다각형은?

① 십육각형   ② 십칠각형   ③ 십팔각형
④ 십구각형   ⑤ 이십각형

278 ⑧

어떤 다각형의 내부의 한 점에서 각 꼭짓점에 선분을 그었을 때 생기는 삼각형의 개수가 13이다. 이 다각형의 대각선의 개수를 구하시오.

279 중

어떤 다각형의 한 꼭짓점에서 한 개의 대각선을 그었더니 삼각형과 칠각형으로 나누어졌다. 이 다각형의 대각선의 개수를 구하시오.

280 중

한 꼭짓점에서 그을 수 있는 대각선의 개수가 칠각형의 대각선의 개수와 같은 다각형의 변의 개수를 구하시오.

281 빈출 중

다음 조건을 모두 만족시키는 다각형은?

조건

㈎ 대각선의 개수가 77이다.
㈏ 변의 길이가 모두 같고 내각의 크기가 모두 같다.

① 정십각형　　② 정십일각형　　③ 정십이각형
④ 정십삼각형　　⑤ 정십사각형

282 빈출 중

대각선의 개수가 27인 다각형의 한 꼭짓점에서 그을 수 있는 대각선의 개수를 구하시오.

283 상

어느 대형 상점가에 오른쪽 그림과 같이 6개의 건물이 있다. 이웃하는 건물 사이에는 실내 통로를 만들고 이웃하지 않은 건물 사이에는 외부에 보행로를 각각 하나씩 만들려고 한

다. 만들어야 하는 실내 통로와 보행로의 개수의 합을 구하시오.

284 빈출 상　　　　　　　| 서술형 |

오른쪽 그림과 같이 원탁에 10명의 학생이 앉아 있다. 자신의 왼쪽과 오른쪽에 앉은 두 학생을 제외한 모든 학생들과 서로 한 번씩 악수를 할 때, 악수를 모두 몇 번 하게 되는지 구하시오.

2 삼각형의 내각과 외각의 크기

285 하

오른쪽 그림과 같은 △ABC에서 ∠A의 외각의 크기와 ∠B의 외각의 크기의 합은?

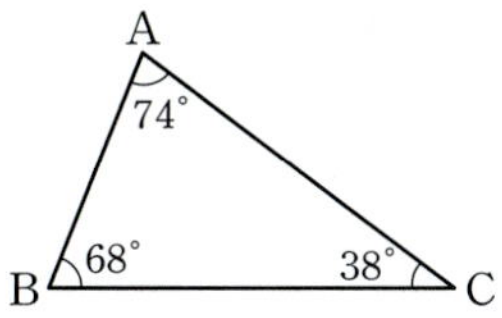

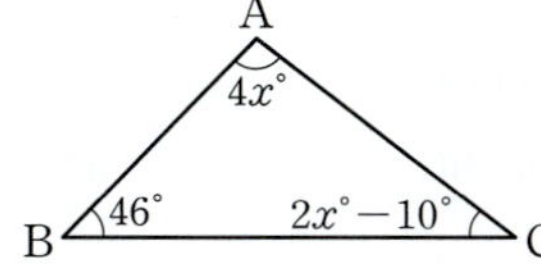

① 106°　　② 142°

③ 218°　　④ 248°

⑤ 254°

286 하

오른쪽 그림과 같은 △ABC에서 x의 값을 구하시오.

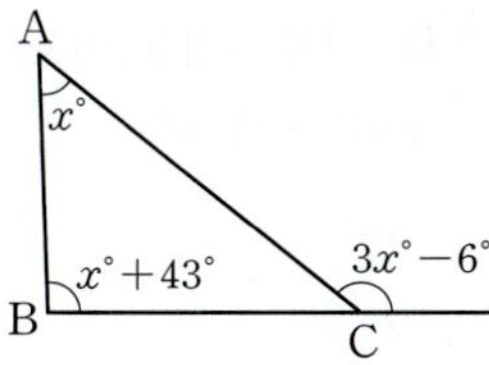

287 하

오른쪽 그림과 같은 △ABC에서 ∠B의 크기는?

① 91°　　② 92°

③ 93°　　④ 94°

⑤ 95°

288 하

오른쪽 그림과 같은 삼각형에서 ∠x의 크기는?

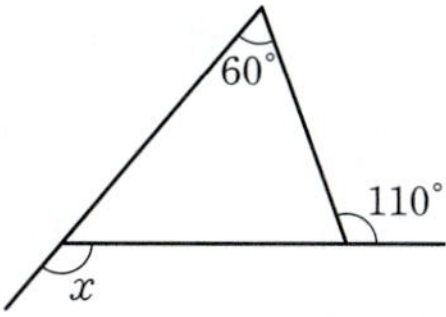

① 110°　　② 120°

③ 130°　　④ 140°

⑤ 150°

289 중 ★빈출

오른쪽 그림과 같이 $\overline{AD}$와 $\overline{BC}$의 교점을 E라 할 때, ∠x의 크기는?

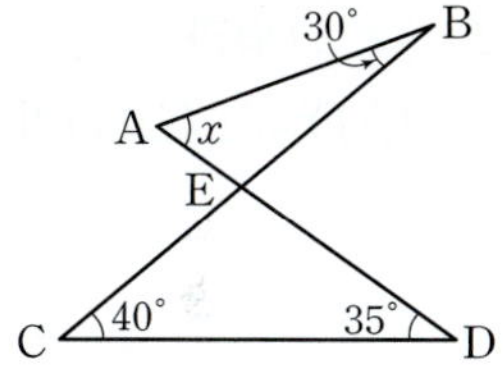

① 30°　　② 35°

③ 40°　　④ 45°

⑤ 50°

290 중

오른쪽 그림과 같은 △ABC에서 ∠x의 크기는?

① 110°　　② 112°

③ 114°　　④ 116°

⑤ 118°

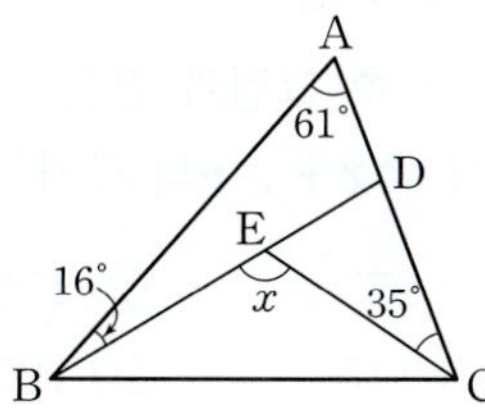

291 중

오른쪽 그림에서 $\angle x$의 크기는?

① 70° ② 72°
③ 74° ④ 76°
⑤ 78°

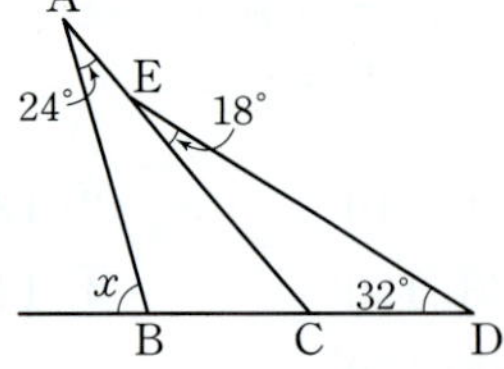

292 중

오른쪽 그림과 같은 $\triangle ABC$에서 $\angle BAD = \angle CAD$일 때, $\angle x$의 크기는?

① 110° ② 115°
③ 120° ④ 125°
⑤ 130°

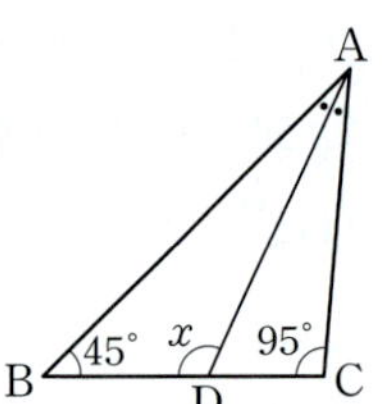

293 중

오른쪽 그림과 같은 $\triangle ABC$에서 $\angle x + \angle y$의 크기는?

① 95° ② 105°
③ 115° ④ 125°
⑤ 135°

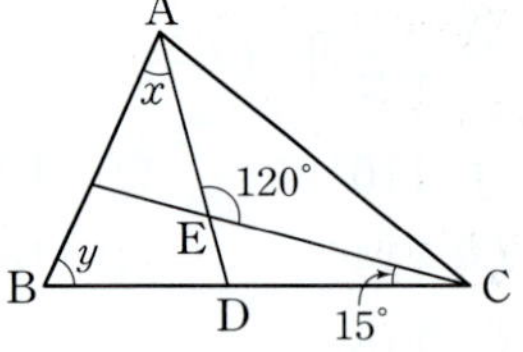

294 중

세 내각의 크기의 비가 $3:5:7$인 삼각형이 있다. 이 삼각형의 내각 중 가장 작은 내각의 크기는?

① 24° ② 36° ③ 48°
④ 60° ⑤ 72°

295 중

오른쪽 그림과 같은 $\triangle ABC$에서 $\angle B$의 크기는 $\angle A$의 크기보다 $10°$만큼 작고 $\angle A$의 크기는 $\angle C$의 크기의 2배일 때, $\angle B$의 크기는?

① 60° ② 62° ③ 64°
④ 66° ⑤ 68°

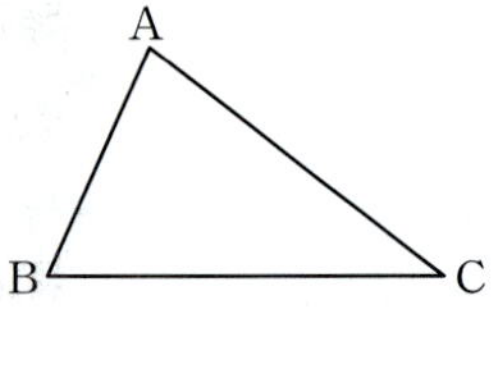

빈출
296 중

오른쪽 그림과 같은 $\triangle ABC$에서 $\overline{AD} = \overline{BD} = \overline{BC}$이고 $\angle C = 66°$일 때, $\angle x$의 크기는?

① 27° ② 30°
③ 33° ④ 36°
⑤ 40°

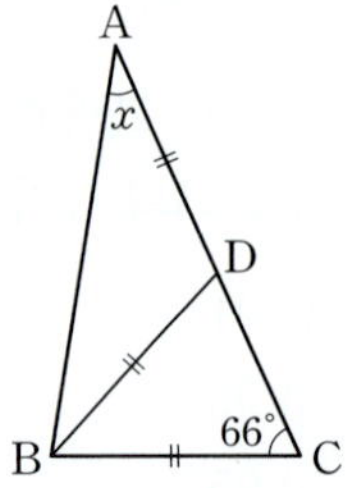

297 중

오른쪽 그림과 같은 △ABC에서
$\overline{AB}=\overline{AC}$, $\overline{BC}=\overline{BD}$이고
∠A=50°일 때, ∠x의 크기를 구
하시오.

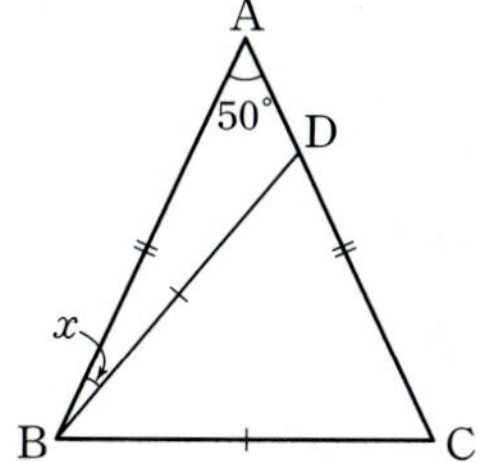

300 빈출 중

오른쪽 그림에서 ∠x의 크기는?

① 100° ② 110°
③ 120° ③ 130°
④ 140°

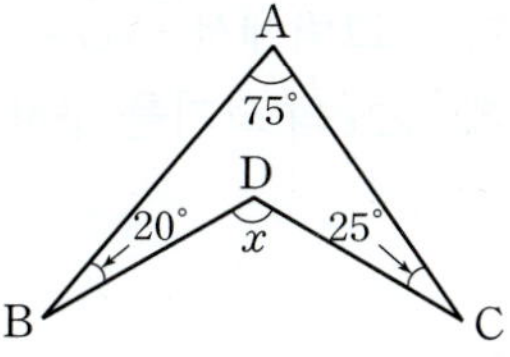

298 중

| 서술형 |

오른쪽 그림과 같은 △ABC에서 ∠B
의 이등분선과 ∠C의 이등분선의 교
점을 D라 할 때, ∠x의 크기를 구하
시오.

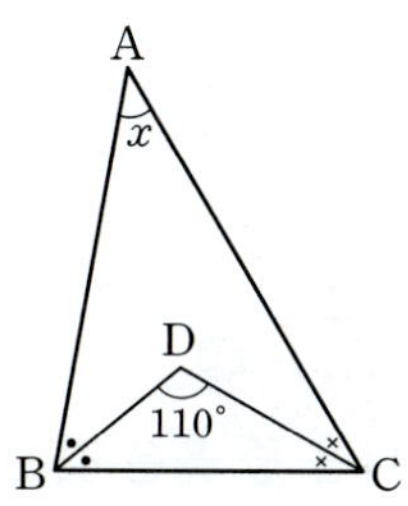

301 빈출 상

오른쪽 그림과 같이 △ABC에서
∠B의 외각의 이등분선과 ∠C의
이등분선의 교점을 D라 하자.
∠A=62°일 때, ∠D의 크기를 구
하시오.

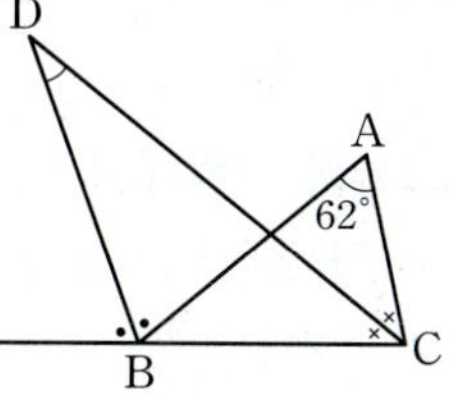

299 중

오른쪽 그림에서 ∠x의 크기는?

① 50° ② 55°
③ 60° ④ 65°
⑤ 70°

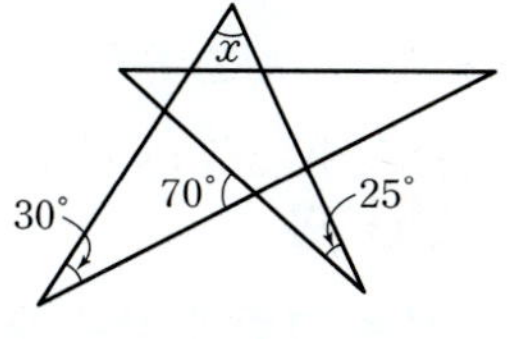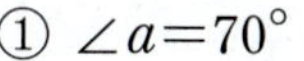

302 상

오른쪽 그림에 대하여 다음 중
옳지 않은 것은?

① ∠a=70°
② ∠b=110°
③ ∠c=90°
④ ∠d=120°
⑤ ∠e=40°

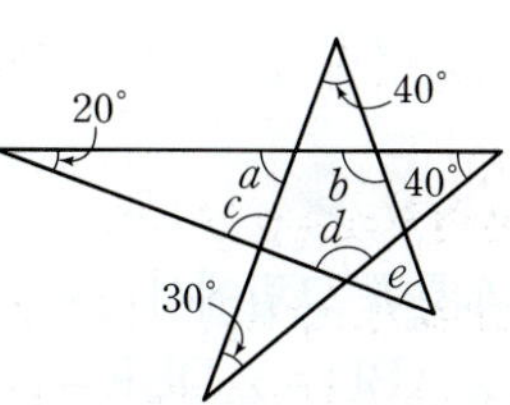

⭐빈출 303 상

다음 그림에서 $\overline{AB}=\overline{AC}=\overline{CE}=\overline{DE}$이고 $\angle B=25°$일 때, $\angle x$의 크기를 구하시오.

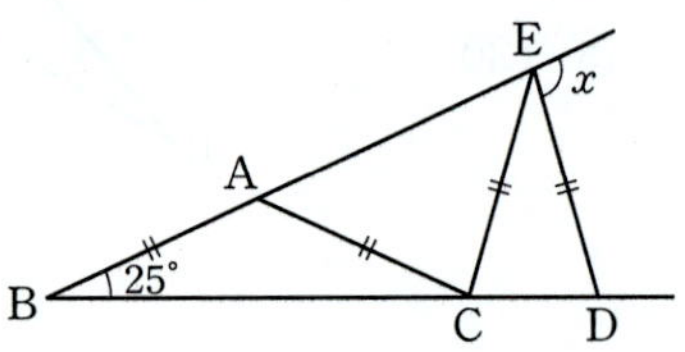

⭐빈출 304 상

오른쪽 그림에서
$\angle a+\angle b+\angle c+\angle d+\angle e+\angle f$
의 크기는?

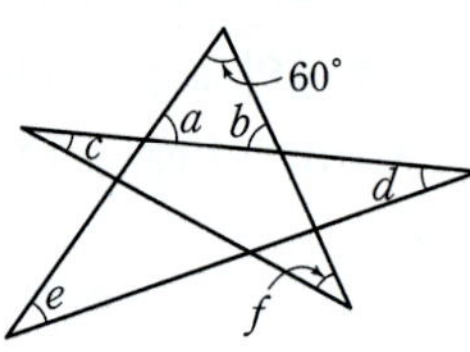

① $240°$ 　　② $260°$
③ $280°$ 　　④ $300°$
⑤ $320°$

305 상

오른쪽 그림에서
$\angle ABD=\angle DBE=\angle EBC$,
$\angle ACD=\angle DCE=\angle ECF$
이고 $\angle D=52°$일 때,
$\angle x+\angle y$의 크기를 구하시오.

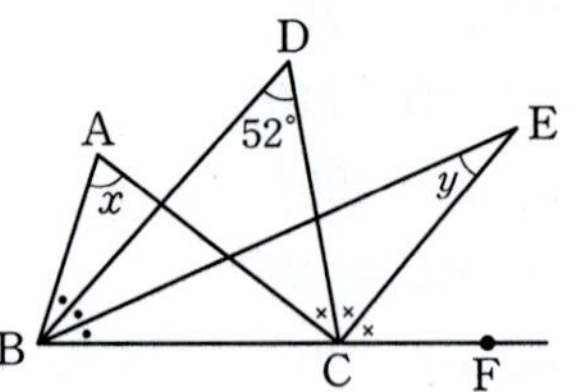

306 하

다음 중 $\angle x$의 크기가 가장 큰 것은?

① 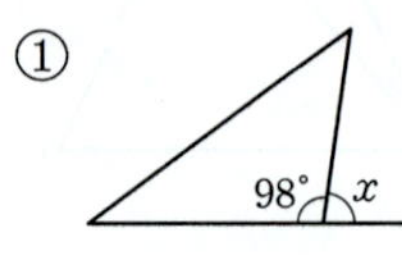
② 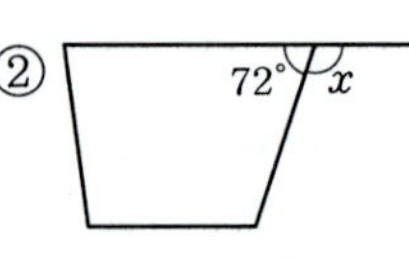
③ 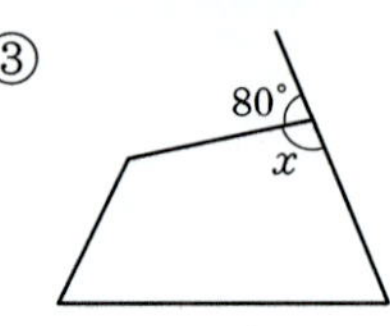
④ 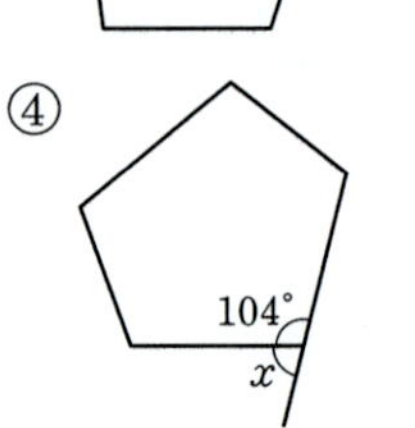
⑤ 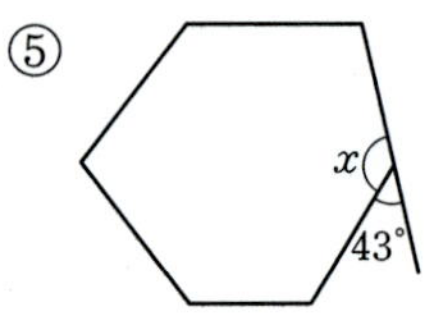

307 하

다음 중 옳은 것은?

① 다각형의 한 꼭짓점에서 내각의 크기와 외각의 크기의 합은 $360°$이다.
② 내각의 크기가 모두 같은 다각형은 정다각형이다.
③ n각형의 한 외각의 크기는 $\dfrac{360°}{n}$이다.
④ n각형의 대각선의 개수는 $\dfrac{n(n-3)}{2}$이다.
⑤ 다각형에서 한 내각에 대한 외각은 1개이다.

308 하

오른쪽 그림과 같은 오각형 ABCDE에서 x의 값을 구하시오.

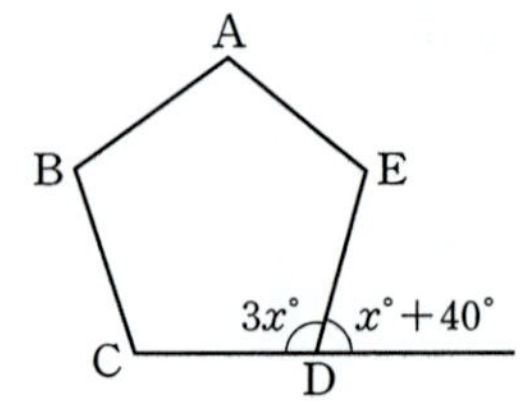

309 하

오른쪽 그림에서 $\angle x$의 크기는?

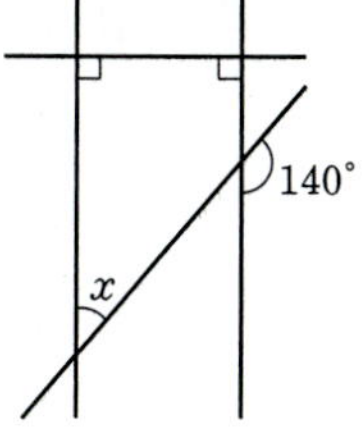

① 40° ② 45°

③ 50° ④ 60°

⑤ 65°

★빈출
310 하

오른쪽 그림에서 $\angle x$의 크기를 구하시오.

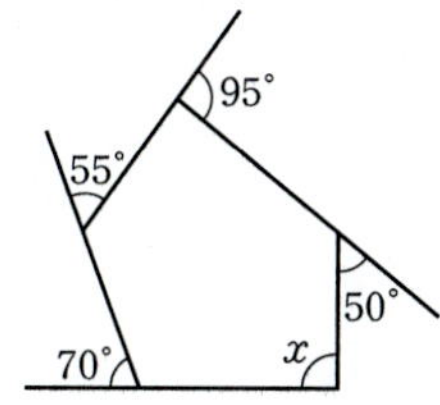

311 중

오른쪽 그림에서 $\angle x$의 크기를 구하시오.

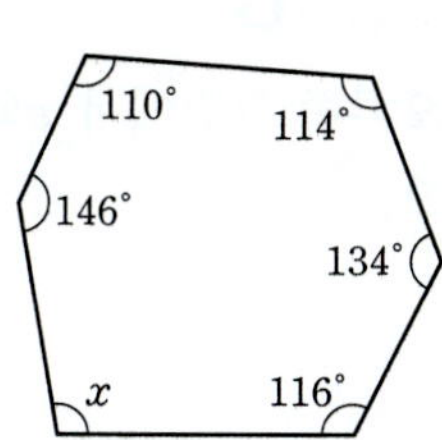

312 중

| 서술형 |

오른쪽 그림과 같은 육각형 ABCDEF에서 가장 큰 외각의 크기와 가장 작은 외각의 크기의 합을 구하시오.

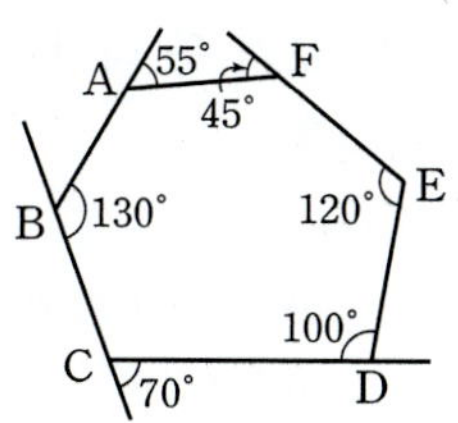

313 중

다음 중 아래 표에 들어갈 값을 바르게 짝 지은 것은?

	정팔각형	정십각형	정십오각형
내각의 크기의 합	㉠	㉡	㉢
한 내각의 크기	㉣	144°	㉤

① ㉠ 900° ② ㉡ 1520° ③ ㉢ 2160°

④ ㉣ 125° ⑤ ㉤ 156°

★빈출
314 중

다음 중 정십이각형에 대한 설명으로 옳은 것은?

① 내각의 크기의 합은 1620°이다.

② 한 내각의 크기는 150°이다.

③ 외각의 크기의 합은 180°이다.

④ 한 외각의 크기는 36°이다.

⑤ 한 꼭짓점에서 그을 수 있는 대각선의 개수는 12이다.

315 중

다음 보기 중 다각형에 대한 설명으로 옳은 것을 모두 고른 것은?

┌ 보기 ┐

ㄱ. 한 내각의 크기와 한 외각의 크기가 서로 같은 정다각형은 없다.

ㄴ. 정삼각형의 한 외각의 크기는 정육각형의 한 내각의 크기와 같다.

ㄷ. 정구각형의 한 내각의 크기는 정팔각형의 한 내각의 크기보다 크다.

ㄹ. 정다각형의 꼭짓점의 개수가 많을수록 한 외각의 크기는 커진다.

① ㄱ, ㄴ ② ㄱ, ㄷ ③ ㄴ, ㄷ
④ ㄴ, ㄹ ⑤ ㄷ, ㄹ

316 중

오른쪽 그림에서 x의 값은?

① 30 ② 35
③ 40 ④ 45
⑤ 50

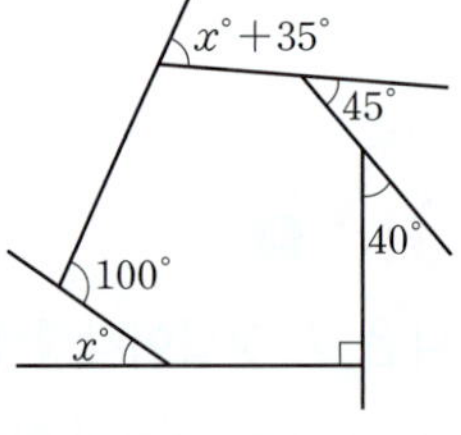

317 중

오른쪽 그림에서 x의 값을 구하시오.

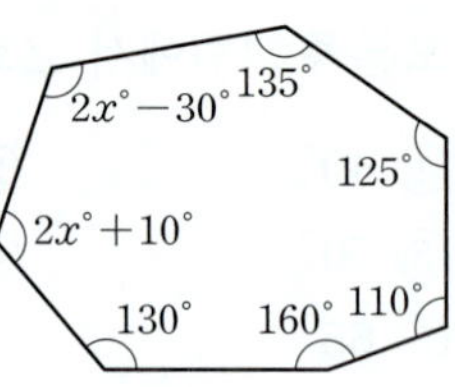

318 중

오른쪽 그림에서 $\angle y - \angle x$의 크기는?

① $35°$ ② $45°$
③ $55°$ ④ $65°$
⑤ $75°$

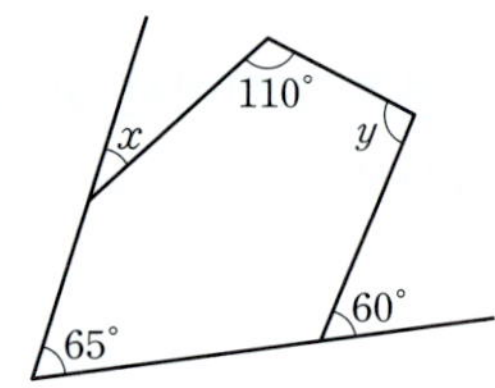

319 중

오른쪽 그림에서 x의 값을 구하시오.

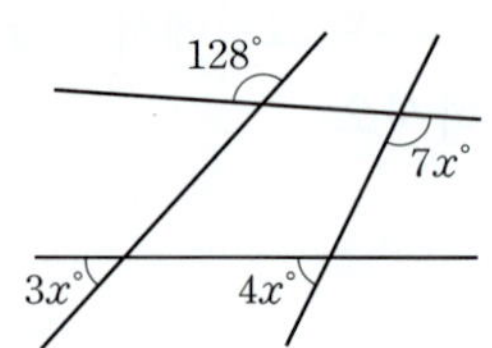

320 중

다음 중 내각의 크기의 합이 1620°인 다각형은?

① 팔각형　　② 구각형　　③ 십각형
④ 십일각형　　⑤ 십이각형

321 중

육각형의 내각의 크기의 합을 구하기 위해 오른쪽 그림과 같이 육각형을 삼각형 6개로 나누었다. 다음 보기 중 옳은 것을 모두 고른 것은?

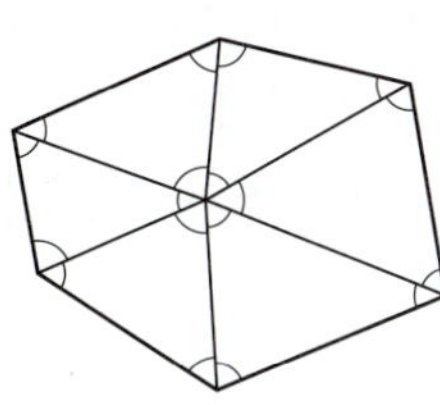

┌ 보기 ┐

ㄱ. 한 삼각형의 내각의 크기의 합은 180°이다.
ㄴ. 표시된 각 중 육각형의 내각에 포함되지 않는 각은 12개이다.
ㄷ. 표시된 각 중 육각형의 내각에 포함되지 않는 각의 크기의 합은 360°이다.
ㄹ. 육각형의 내각의 크기의 합은 $180° \times 6$이다.

① ㄱ, ㄴ　　② ㄱ, ㄷ　　③ ㄷ, ㄹ
④ ㄱ, ㄴ, ㄷ　　⑤ ㄱ, ㄷ, ㄹ

322 중

다음 중 다각형의 꼭짓점의 개수를 알 수 <u>없는</u> 것은?

① 변의 개수가 6인 다각형
② 대각선의 개수가 20인 다각형
③ 내각의 크기의 합이 900°인 다각형
④ 외각의 크기의 합이 360°인 다각형
⑤ 한 꼭짓점에서 그을 수 있는 대각선의 개수가 5인 다각형

323 중

오른쪽 그림과 같이 지은이가 점 P에서 출발하여 칠각형 모양의 연못의 가장자리를 따라 한 바퀴 돌아 점 P로 되돌아왔다. 이때 지은이가 각 꼭짓점에서 회전한 각의 크기의 합을 구하시오.

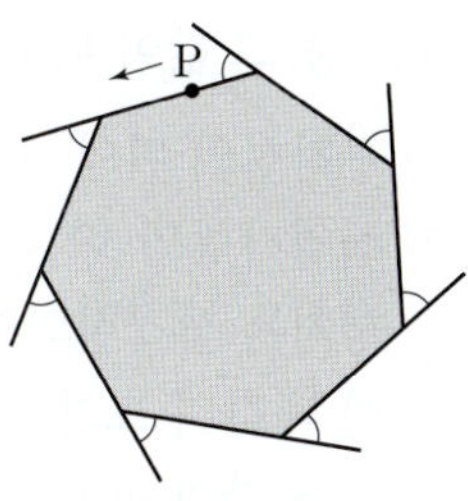

324 중

오른쪽 그림은 정다각형 모양의 색종이의 일부분을 찢은 것이다. 이 색종이의 원래 모양으로 알맞은 것은?

① 정칠각형　　② 정팔각형
③ 정구각형　　④ 정십각형
⑤ 정십이각형

325 중

| 서술형 |

한 외각의 크기가 36°인 정다각형의 대각선의 개수를 구하시오.

326 ⟨중⟩

다음 중 그 값이 나머지 넷과 <u>다른</u> 하나는?

① 구각형의 변의 개수
② 십일각형의 한 꼭짓점에서 대각선을 모두 그었을 때 생기는 삼각형의 개수
③ 한 내각의 크기가 $160°$인 정다각형의 꼭짓점의 개수
④ 한 외각의 크기가 $40°$인 정다각형의 변의 개수
⑤ 육각형의 대각선의 개수

327 ⟨중⟩

내각의 크기의 합이 $1080°$인 정다각형의 한 외각의 크기는?

① $90°$ ② $60°$ ③ $45°$
④ $36°$ ⑤ $30°$

★ 빈출
328 ⟨중⟩

다음 조건을 모두 만족시키는 다각형은?

> ┤ 조건 ├
> ㈎ 변의 길이가 모두 같고 내각의 크기가 모두 같다.
> ㈏ 한 내각의 크기와 한 외각의 크기의 비는 9 : 1이다.

① 정십이각형 ② 정십사각형 ③ 정십육각형
④ 정십팔각형 ⑤ 정이십각형

329 ⟨중⟩

다음 조건을 모두 만족시키는 다각형에 대한 설명으로 옳지 <u>않은</u> 것은?

> ┤ 조건 ├
> ㈎ 변의 길이는 모두 같다.
> ㈏ 외각의 크기는 모두 같다.
> ㈐ 내각과 외각의 크기의 총합이 $1620°$이다.

① 한 외각의 크기는 $40°$이다.
② 외각의 크기의 합은 $360°$이다.
③ 대각선의 개수는 20이다.
④ 꼭짓점의 개수가 9이다.
⑤ 한 꼭짓점에서 한 개의 대각선을 그어 오각형과 육각형으로 나눌 수 있다.

330 ⟨상⟩

한 꼭짓점에서 그을 수 있는 대각선의 개수가 a이고 이때 생기는 삼각형의 개수가 b인 다각형이 있다. $a+b=21$일 때, 이 다각형의 내각의 크기의 합은?

① $1440°$ ② $1620°$ ③ $1800°$
④ $1980°$ ⑤ $2160°$

331 ⟨상⟩

정다각형의 한 외각의 크기를 $x°$라 할 때, x가 자연수가 되는 정다각형의 개수는?

① 20 ② 22 ③ 24
④ 26 ⑤ 28

4 다각형의 내각과 외각의 크기의 활용

332 중

| 서술형 |

오른쪽 그림에서 ∠x의 크기를
구하시오.

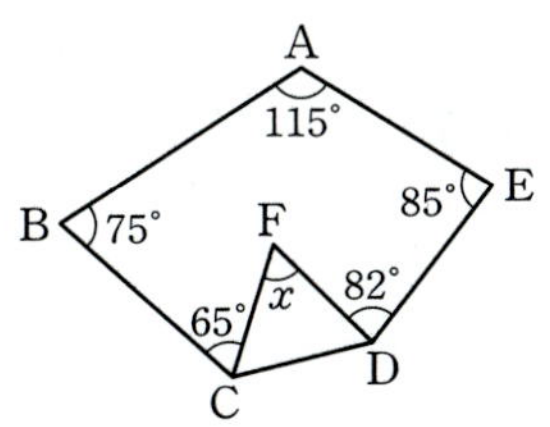

333 중

오른쪽 그림에서 ∠x+∠y의 크
기는?

① 200° ② 205°
③ 210° ④ 215°
⑤ 220°

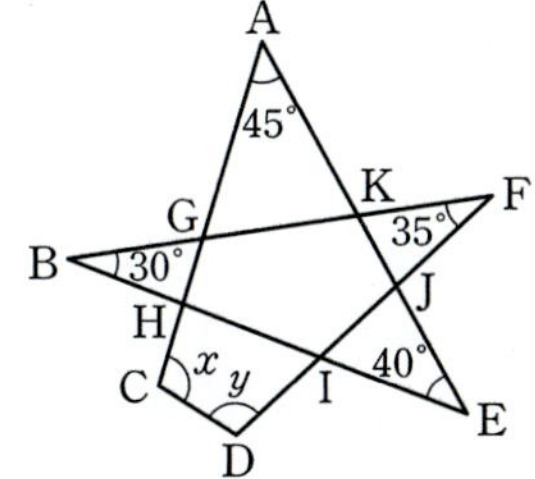

334 중
빈출

오른쪽 그림은 한 변의 길이가 같
은 정육각형과 정팔각형을 붙여
놓은 것이다. 이때 ∠x의 크기는?

① 90° ② 95°
③ 105° ④ 110°
⑤ 120°

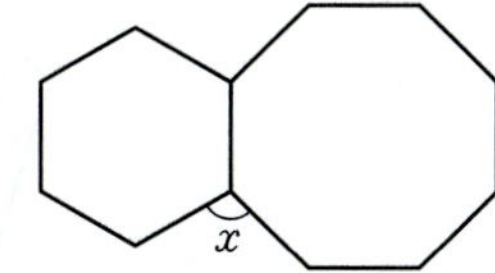

335 중
빈출

오른쪽 그림과 같이 정오각
형 ABCDE의 두 변 AE와
CD의 연장선의 교점을 F라
할 때, ∠x의 크기는?

① 36° ② 38°
③ 40° ④ 42°
⑤ 44°

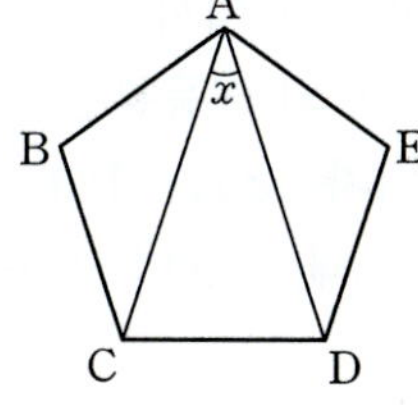

336 중
빈출

오른쪽 그림과 같은 정오각형에서
∠x의 크기는?

① 32° ② 33°
③ 34° ④ 35°
⑤ 36°

337 중

오른쪽 그림과 같이 정사각형
ABCD의 내부의 한 점 E에 대하
여 삼각형 AED가 정삼각형일 때,
∠x의 크기를 구하시오.

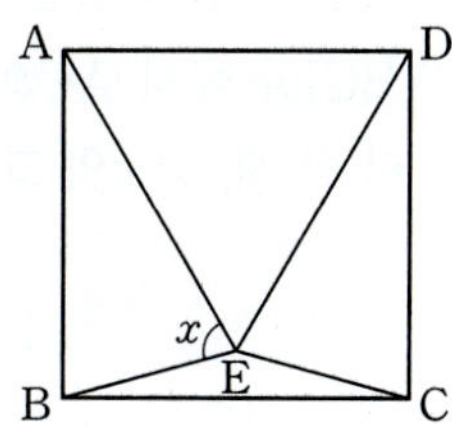

338 중

오른쪽 그림에서 $\angle y - \angle x$의 크기를 구하시오.

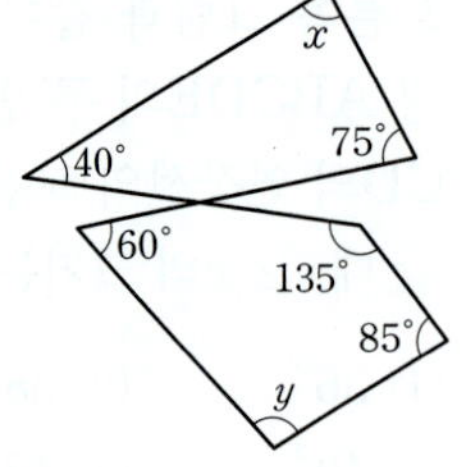

341 중

오른쪽 그림에서 $\angle x$의 크기는?

① 55°   ② 60°

③ 65°   ④ 70°

⑤ 75°

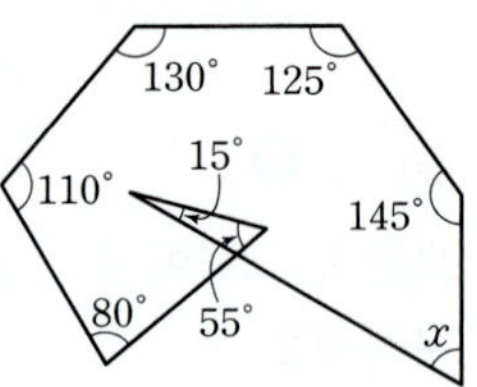

339 중

오른쪽 그림과 같이 사각형 ABCD에서 $\angle$B의 이등분선과 $\angle$C의 이등분선의 교점을 E라 하자. $\angle$A$=124°$, $\angle$D$=110°$ 일 때, $\angle x$의 크기를 구하시오.

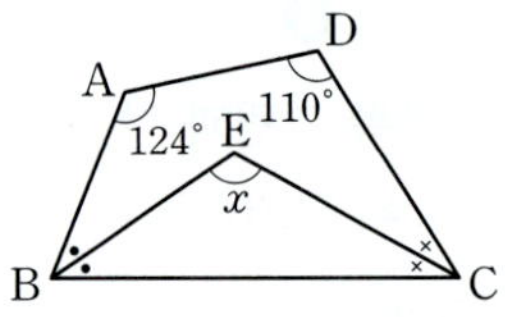

342 중

오른쪽 그림과 같은 정육각형 ABCDEF에서 $\overline{AC}$와 $\overline{BF}$의 교점을 G라 할 때, $\angle x + \angle y$의 크기를 구하시오.

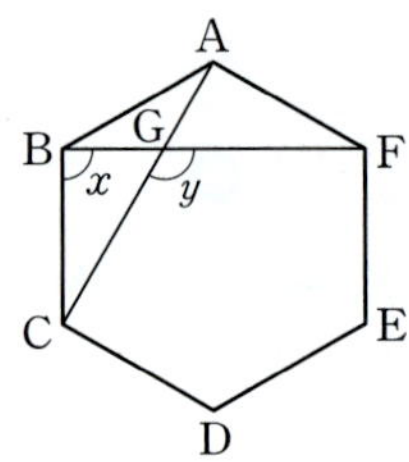

340 중

오른쪽 그림과 같은 정오각형 ABCDE에서 $\overline{AC}$와 $\overline{BE}$의 교점을 F라 할 때, $\angle x$의 크기를 구하시오.

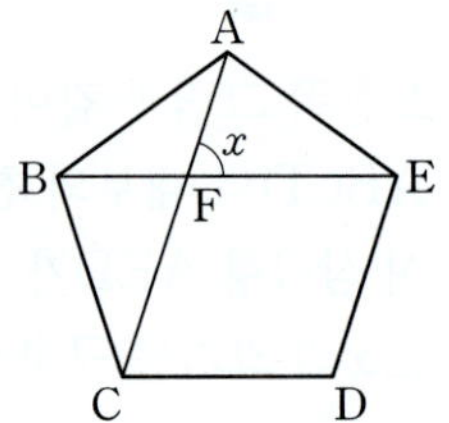

343 중

다음 그림에서 $\angle a + \angle b + \angle c + \angle d + \angle e + \angle f + \angle g$의 크기는?

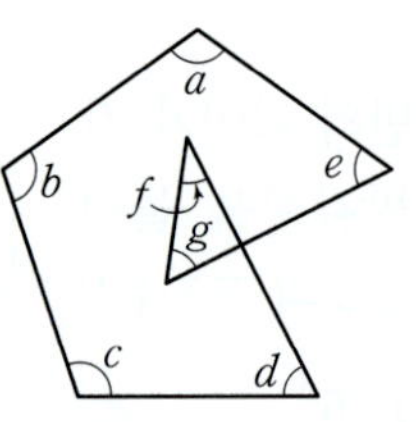

① 480°   ② 500°   ③ 520°

④ 540°   ⑤ 560°

344 중

오른쪽 그림은 한 변의 길이가 같은 정삼각형, 정오각형, 정육각형을 한 점 P에서 만나도록 붙여 놓은 것이다. 이때 $\angle x$의 크기를 구하시오.

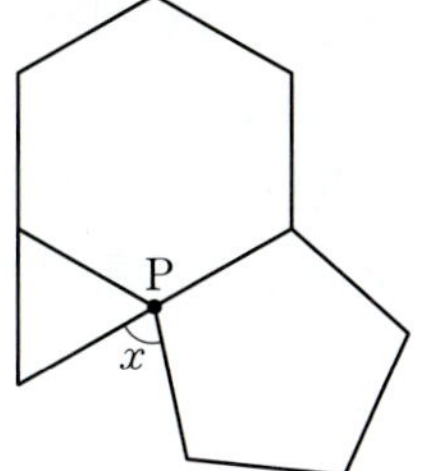

345 상

다음 그림에서
$$\angle a + \angle b + \angle c + \angle d + \angle e + \angle f + \angle g + \angle h$$
의 크기를 구하시오.

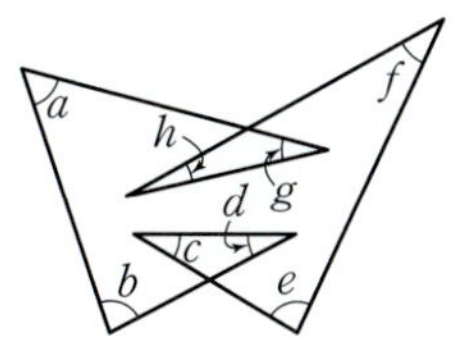

⭐빈출 346 상

오른쪽 그림에서 $\overrightarrow{PA} /\!/ \overrightarrow{QC}$이고 오각형 ABCDE는 정오각형이다. 이때 $\angle x$의 크기를 구하시오.

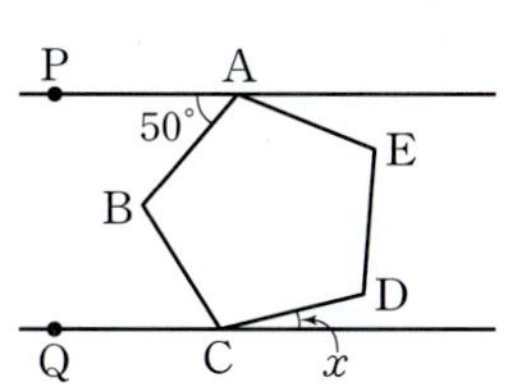

347 상

다음 그림에서 $\angle a + \angle b + \angle c + \angle d + \angle e$의 크기는?

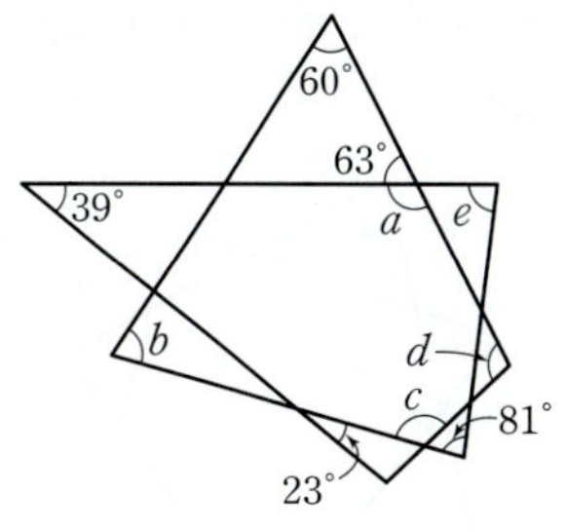

① $360°$ ② $423°$ ③ $450°$
④ $500°$ ⑤ $540°$

348 상

오른쪽 그림과 같이 한 변의 길이가 같은 정사각형 ABCD와 정삼각형 ADE에서 $\overline{AD}$와 $\overline{EC}$의 교점을 F라 할 때, $\angle x$의 크기는?

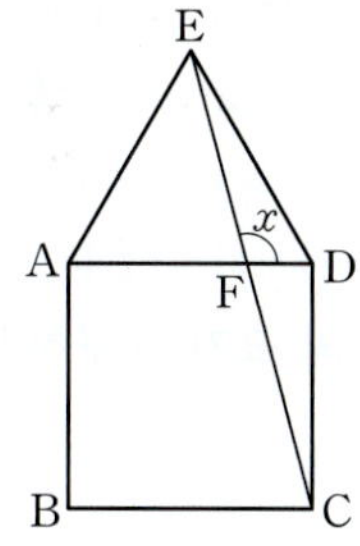

① $95°$ ② $100°$
③ $105°$ ④ $110°$
⑤ $120°$

349 상

오른쪽 그림과 같은 정육각형 ABCDEF에서 $\overline{BP} = \overline{CQ}$일 때, $\angle x$의 크기는?

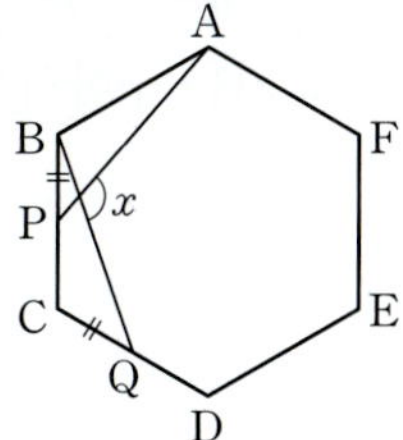

① $100°$ ② $110°$
③ $120°$ ④ $130°$
⑤ $140°$

350 상

다음 그림에서
$$\angle a + \angle b + \angle c + \angle d + \angle e + \angle f + \angle g$$
의 크기를 구하시오.

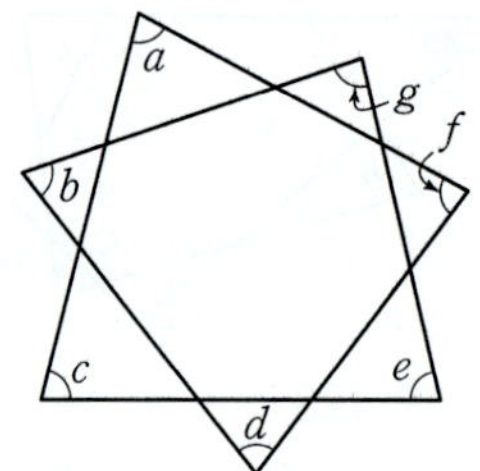

351 상
빈출

오른쪽 그림에서
$$\angle a + \angle b + \angle c + \angle d$$
$$+ \angle e + \angle f + \angle g + \angle h$$
$$+ \angle i + \angle j$$
의 크기를 구하시오.

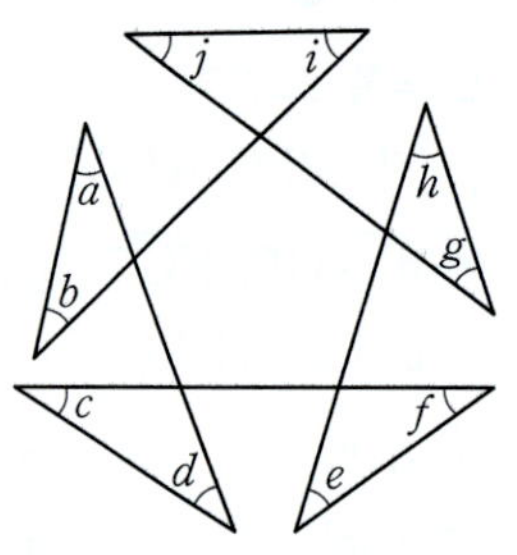

352 상

다음 그림에서
$$\angle a + \angle b + \angle c + \angle d + \angle e + \angle f$$
의 크기를 구하시오.

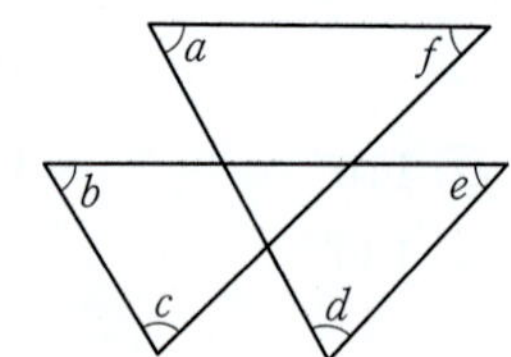

353 상

오른쪽 그림에서
$\angle ABC : \angle CBF = 3 : 2$,
$\angle EDC : \angle CDF = 3 : 2$일 때,
$\angle x$의 크기를 구하시오.

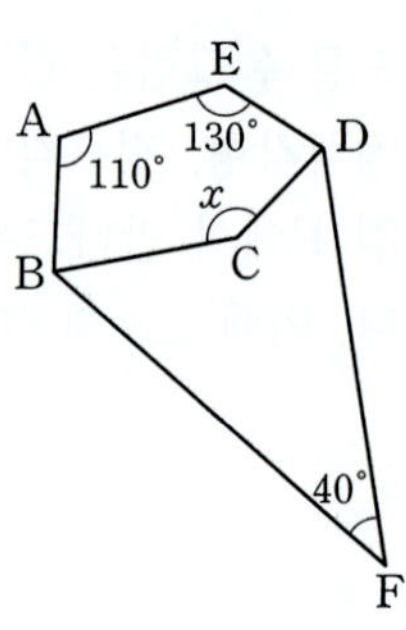

354 상

오른쪽 그림에서
$$\angle a + \angle b + \angle c + \angle d + \angle e$$
$$+ \angle f + \angle g + \angle h + \angle i + \angle j$$
의 크기를 구하시오.

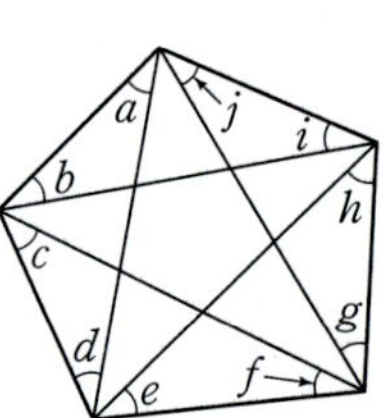

★★★★ 최고수준 도전 기출

355

오른쪽 그림과 같이 정육각형의 내부에 정삼각형과 정사각형을 각각 그렸을 때, $\angle x$의 크기를 구하시오.

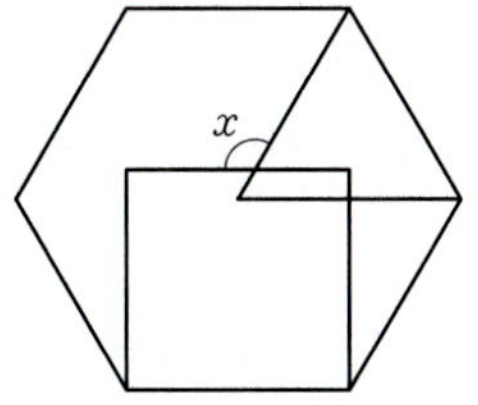

356

오른쪽 그림에서
$\angle A = 50°$, $\angle CBP = \angle DBP$,
$\angle BCP = \angle ECP$일 때, $\angle x$의 크기를 구하시오.

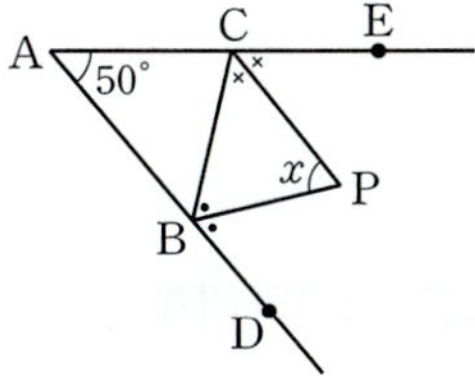

357

오른쪽 그림은 한 변의 길이가 같은 정오각형과 정n각형의 한 변을 붙여 놓은 것이다. 정오각형의 한 변의 연장선과 정n각형의 한 변의 연장선이 만날 때 생기는 한 각의 크기가 136°일 때, n의 값을 구하시오.

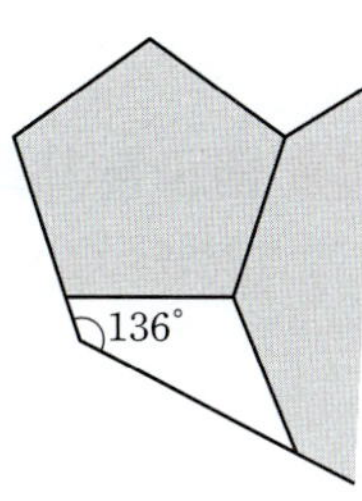

358

오른쪽 그림과 같이 세 내각의 크기가 24°, 66°, 90°이고 모두 합동인 직각삼각형을 서로 겹치지 않게 내각의 크기가 66°, 90°인 꼭짓점이 일치하도록 계속 그리려고 한다. 내각의 크기가 24°인 삼각형의 꼭짓점을 차례로 연결하여 다각형을 만들 때, 만들어지는 다각형의 대각선의 개수를 구하시오.

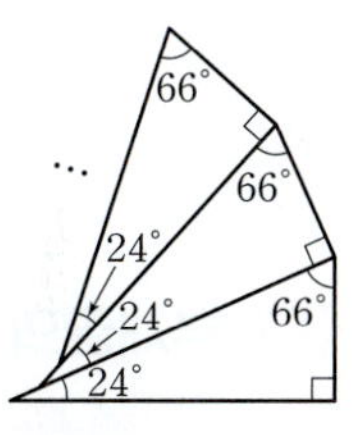

05 원과 부채꼴

1 원과 부채꼴

☑ 필수 기출 1

(1) [❶] : 평면 위의 한 점 O에서 일정한 거리에 있는 모든 점으로 이루어진 도형

(2) **호**: 원 위의 두 점을 잡으면 원은 두 부분으로 나누어지는데 이 두 부분을 각각 호라 한다. 양 끝 점이 A, B인 호를 호 AB라 하고 기호로 [❷]와 같이 나타낸다.
> (참고) $\overarc{AB}$는 보통 길이가 짧은 쪽의 호를 나타내고 길이가 긴 쪽의 호를 나타낼 때는 그 호 위의 한 점 P를 잡아 $\overarc{APB}$와 같이 나타낸다.

(3) **할선**: 원 위의 두 점을 지나는 직선

(4) **현**: 원 위의 두 점을 이은 선분을 현이라 하고 양 끝 점이 C, D인 현을 현 CD라 한다.
> (참고) 원의 지름은 그 원에서 길이가 가장 긴 현이다.

(5) **부채꼴**: 원 O에서 호 AB와 두 반지름 OA, OB로 이루어진 도형을 부채꼴 AOB라 한다.

(6) **중심각**: 부채꼴 AOB에서 두 반지름 OA, OB가 이루는 각, 즉 ∠AOB를 호 AB에 대한 중심각 또는 부채꼴 AOB의 중심각이라 한다.
> └ $\overarc{AB}$를 ∠AOB에 대한 호라 한다.

(7) **활꼴**: 원 O에서 현 CD와 호 CD로 이루어진 도형
> (참고) 반원은 부채꼴이면서 동시에 활꼴이다.

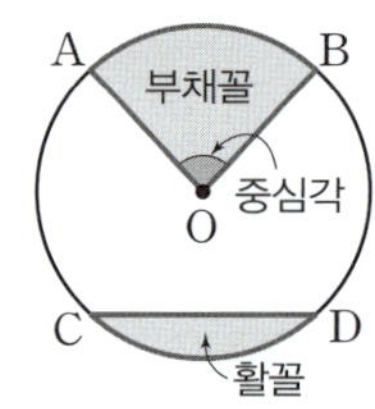

2 부채꼴의 성질

☑ 필수 기출 1, 2

(1) **중심각의 크기와 호의 길이, 부채꼴의 넓이 사이의 관계**
한 원 또는 합동인 두 원에서
① 중심각의 크기가 같은 두 부채꼴의 호의 길이와 넓이는 각각 같다.
> (참고) 한 원 또는 합동인 두 원에서 호의 길이 또는 넓이가 각각 같은 두 부채꼴의 중심각의 크기는 같다.

② 부채꼴의 호의 길이와 넓이는 각각 중심각의 크기에 정비례한다.

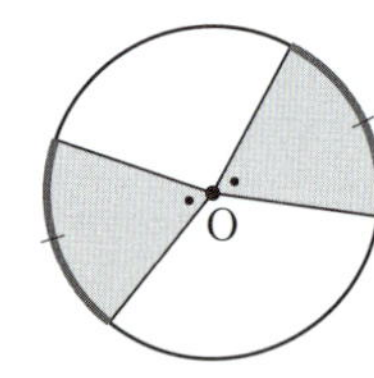

(2) **중심각의 크기와 현의 길이 사이의 관계**
한 원 또는 합동인 두 원에서
① 중심각의 크기가 같은 두 현의 길이는 같다.
② 현의 길이는 중심각의 크기에 정비례하지 않는다.

> (참고) ① 한 원 또는 합동인 두 원에서 길이가 같은 두 현에 대한 중심각의 크기는 같다.
> ② 오른쪽 그림에서 ∠AOC=2∠AOB이지만
> $$\overline{AC} < \overline{AB} + \overline{BC} = 2\overline{AB}$$
> $$\therefore \overline{AC} \neq 2\overline{AB}$$

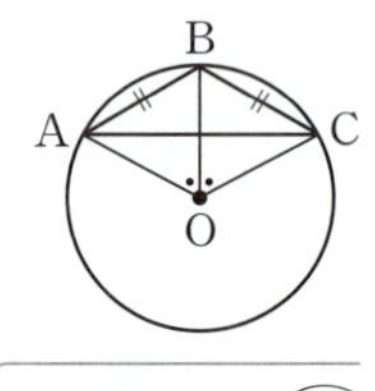

답: ❶ 원 ❷ $\overarc{AB}$

3 원의 둘레의
길이와 넓이

☑ 필수 기출 3,6

(1) 원주율

원의 둘레의 길이를 지름의 길이로 나눈 값을 ❸[＿＿＿＿＿]이라 하고 기호로 π와 같이 나타낸다.
└→ '파이'라 읽는다.

참고 원주율은 원의 크기와 상관없이 항상 일정하며 그 값은 3.141592…와 같이 소수점 아래의 숫자가 한없이 계속되는 소수이다.

(2) 원의 둘레의 길이와 넓이

반지름의 길이가 r인 원의 둘레의 길이를 l, 넓이를 S라 하면

① $l = 2\pi r$

② $S = \pi r^2$

예 반지름의 길이가 4 cm인 원의 둘레의 길이를 l, 넓이를 S라 하면

① $l = 2\pi \times 4 = 8\pi \, (\text{cm})$

② $S = \pi \times 4^2 = 16\pi \, (\text{cm}^2)$

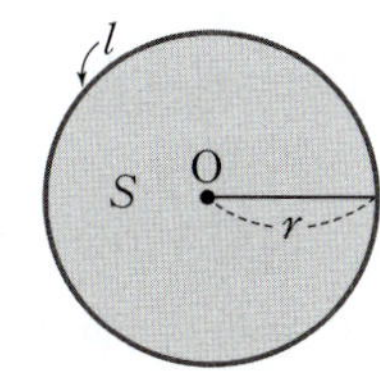

4 부채꼴의 호의
길이와 넓이

☑ 필수 기출 4~6

(1) 부채꼴의 호의 길이와 넓이

반지름의 길이가 r, 중심각의 크기가 $x°$인 부채꼴의 호의 길이를 l, 넓이를 S라 하면

① $l = 2\pi r \times \dfrac{x}{360}$ → (원의 둘레의 길이) $\times \dfrac{x}{360}$

② $S = \pi r^2 \times \dfrac{x}{360}$ → (원의 넓이) $\times \dfrac{x}{360}$

예 반지름의 길이가 4 cm, 중심각의 크기가 45°인 부채꼴의 호의 길이를 l, 넓이를 S라 하면

① $l = 2\pi \times 4 \times \dfrac{45}{360} = \pi \, (\text{cm})$ ② $S = \pi \times 4^2 \times \dfrac{45}{360} = 2\pi \, (\text{cm}^2)$

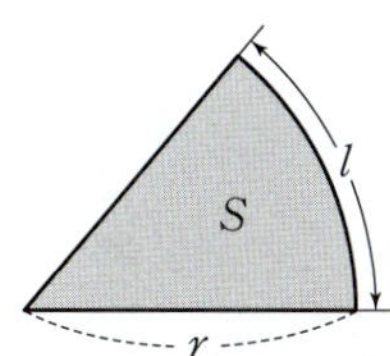

(2) 부채꼴의 호의 길이와 넓이 사이의 관계

반지름의 길이가 r, 호의 길이가 l인 부채꼴의 넓이를 S라 하면

$$S = \dfrac{1}{2} r l$$

예 반지름의 길이가 4 cm, 호의 길이가 2π cm인 부채꼴의 넓이를 S라 하면

$$S = \dfrac{1}{2} \times 4 \times 2\pi = 4\pi \, (\text{cm}^2)$$

✏ **기출 PICK**

주어진 도형에서 색칠한 부분의 넓이를 바로 구할 수 없을 때는 다음과 같이 부채꼴, 삼각형, 사각형 등의 넓이를 이용할 수 있도록 변형하여 구한다.

① 전체의 넓이에서 칠하지 않은 부분의 넓이를 빼서 구한다.

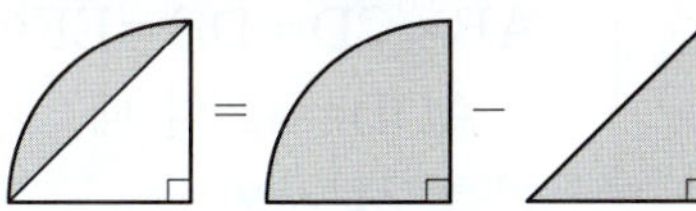

② 보조선을 그은 후 도형의 일부분을 넓이가 같은 부분으로 이동하여 구한다.

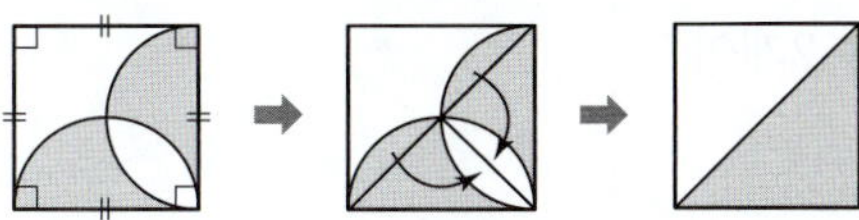

③ 넓이를 구하기 쉬운 몇 개의 도형으로 나누어 구한다.

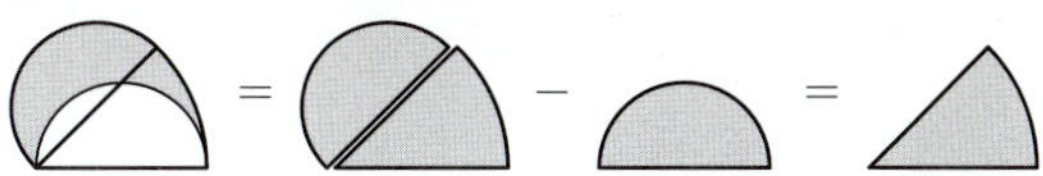

답: ❸ 원주율

1 원과 부채꼴의 성질

359 하

다음 중 옳지 <u>않은</u> 것은?

① 원 위의 두 점을 양 끝 점으로 하는 원의 일부분을 호라 한다.
② 현의 길이는 지름의 길이보다 짧거나 같다.
③ 원과 두 점에서 만나는 직선을 할선이라 한다.
④ 원에서 현과 호로 이루어진 도형을 부채꼴이라 한다.
⑤ 반원은 중심각의 크기가 $180°$인 부채꼴이다.

360 하

한 원에서 부채꼴과 활꼴이 같을 때, 이 부채꼴의 중심각의 크기를 구하시오.

빈출
361 하

다음 중 오른쪽 그림과 같은 원 O에 대한 설명으로 옳지 <u>않은</u> 것은? (단, 세 점 B, O, C는 한 직선 위에 있다.)

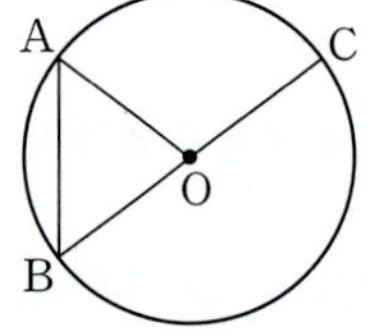

① $\overline{AB}$는 현이다.
② $\overline{BC}$와 $\overparen{BC}$로 이루어진 도형은 부채꼴이다.
③ $\overline{OA}=\overline{OB}=\overline{OC}=\overline{AB}$
④ $\angle AOC$는 $\overparen{AC}$에 대한 중심각이다.
⑤ 원 위의 두 점 A, C를 양 끝 점으로 하는 호는 2개이다.

빈출
362 하

오른쪽 그림과 같은 원 O에서 x의 값은?

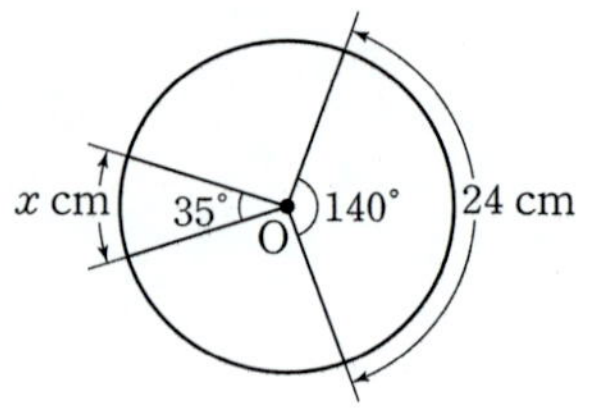

① 6 　　② 7
③ 8 　　④ 9
⑤ 10

363 하

오른쪽 그림과 같은 원 O에서 부채꼴 AOB의 넓이가 $14\,\text{cm}^2$, 부채꼴 COD의 넓이가 $21\,\text{cm}^2$이고 $\angle COD=90°$일 때, x의 값을 구하시오.

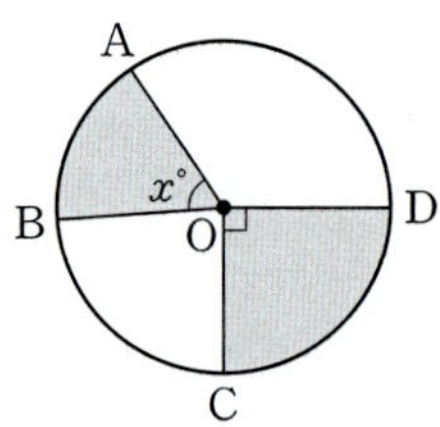

364 하

오른쪽 그림과 같은 원 O에서 $\overline{AB}=\overline{CD}=\overline{DE}=\overline{EF}$이고 $\angle AOB=42°$일 때, $\angle COF$의 크기를 구하시오.

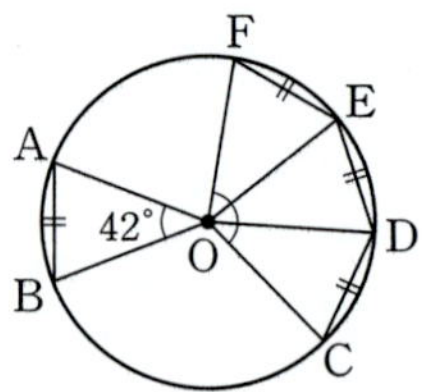

365 하

한 원에 대하여 다음 설명 중 옳지 <u>않은</u> 것은?

① 부채꼴의 넓이는 중심각의 크기에 정비례한다.
② 중심각의 크기가 같은 두 부채꼴의 넓이는 같다.
③ 중심각의 크기가 같은 두 부채꼴의 호의 길이는 같다.
④ 부채꼴의 호의 길이는 중심각의 크기에 정비례한다.
⑤ 현의 길이는 중심각의 크기에 정비례한다.

366 중

다음 중 x의 값이 가장 큰 것은?

① 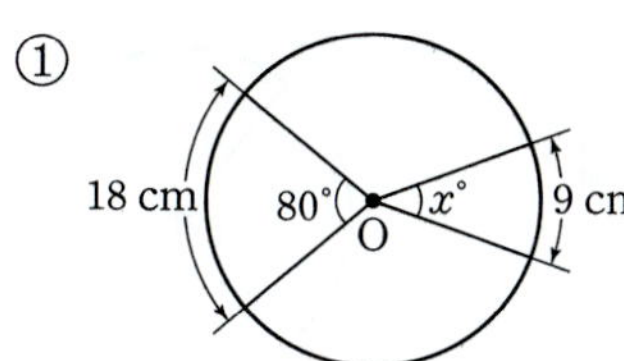
② 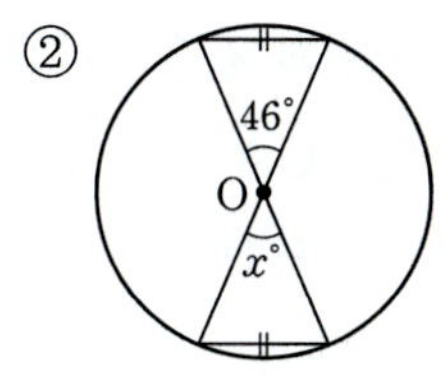
③ 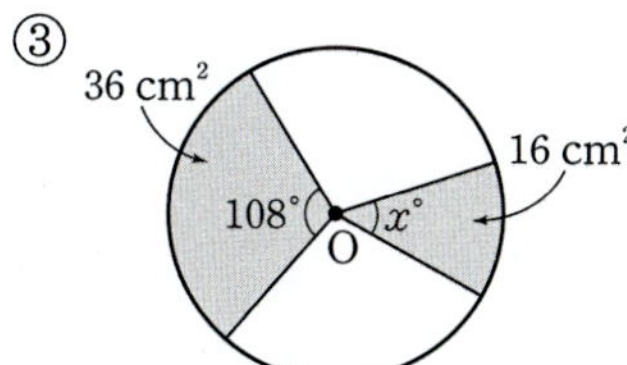
④ 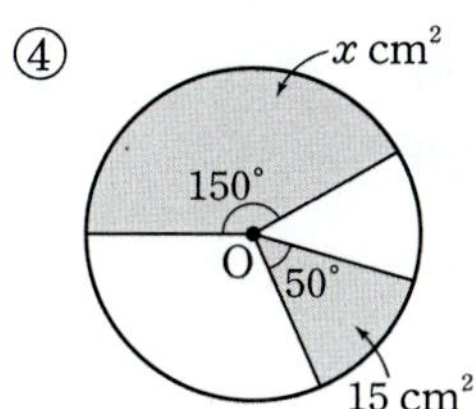
⑤ 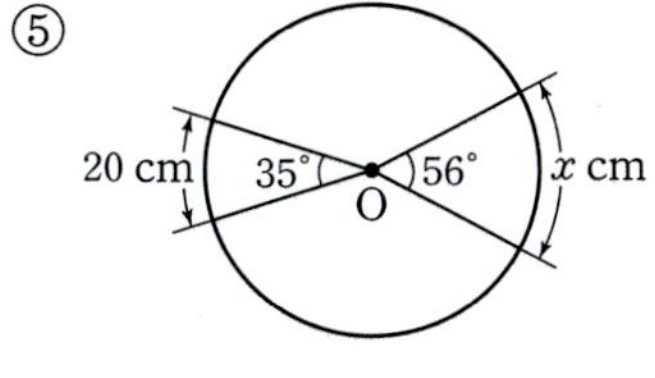

367 중

오른쪽 그림과 같은 원 O에서 x의 값을 구하시오.

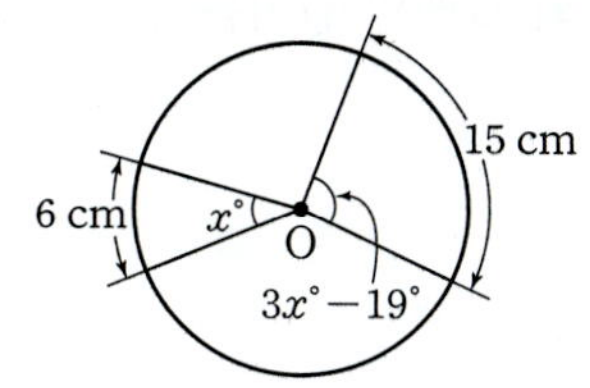

368 중

오른쪽 그림과 같은 원 O에서 부채꼴 AOB의 넓이가 27 cm², 부채꼴 BOC의 넓이가 72 cm²일 때, x의 값은?

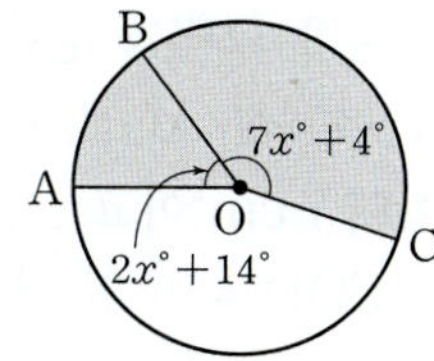

① 17 　　② 18
③ 19 　　④ 20
⑤ 21

369 중

| 서술형 |

원 O에서 중심각의 크기가 60°인 부채꼴의 호의 길이가 4 cm일 때, 원 O의 둘레의 길이를 구하시오.

370 중

오른쪽 그림과 같은 원 O에서 $\widehat{AB} : \widehat{CD} = 7 : 3$이고 부채꼴 AOB의 넓이가 42 cm²일 때, 부채꼴 COD의 넓이는?

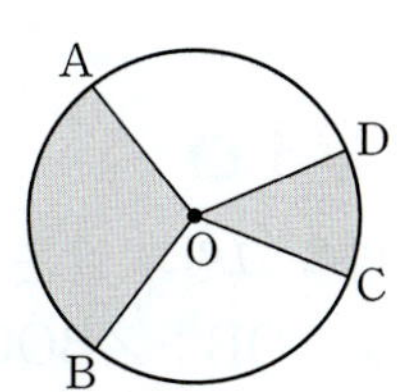

① 15 cm² 　　② 18 cm²
③ 21 cm² 　　④ 24 cm²
⑤ 27 cm²

오른쪽 그림과 같은 반원 O에서
두 부채꼴 AOB, COD의 넓이의
합이 7 cm²이고 ∠AOB=25°,
∠COD=20°일 때, 반원 O의 넓
이를 구하시오.

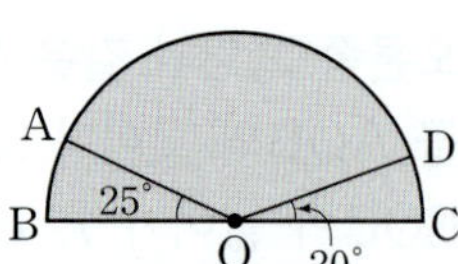

빈출
372

오른쪽 그림과 같은 원 O에서
∠AOB=110°, ∠COD=55°일 때,
다음 보기 중 옳은 것을 모두 고른 것
은?

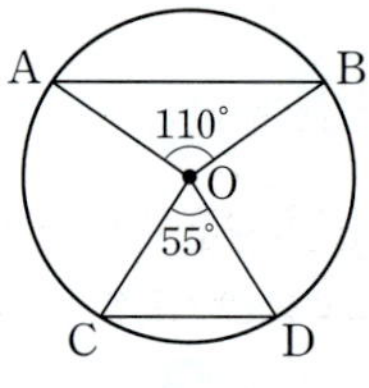

> 보기
>
> ㄱ. $\overset{\frown}{AB}=2\overset{\frown}{CD}$
> ㄴ. $\overline{OA}=\overline{OD}$
> ㄷ. $\overline{AB}=2\overline{CD}$
> ㄹ. (부채꼴 AOB의 넓이)=2×(부채꼴 COD의 넓이)

① ㄱ, ㄴ 　② ㄴ, ㄷ 　③ ㄱ, ㄹ
④ ㄱ, ㄴ, ㄷ 　⑤ ㄱ, ㄴ, ㄹ

373

다음 그림과 같은 원 O에서
∠AOB : ∠BOC : ∠COA=6 : 5 : 4이고 원 O의 넓
이가 225 cm²일 때, 부채꼴 AOC의 넓이를 구하시오.

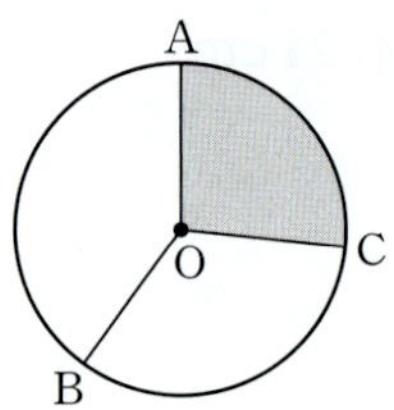

374

오른쪽 그림과 같은 반원 O에서
$3\angle AOC=2\angle BOC$이고
$\overset{\frown}{BC}=15$ cm일 때, $\overset{\frown}{AC}$의 길이를
구하시오.

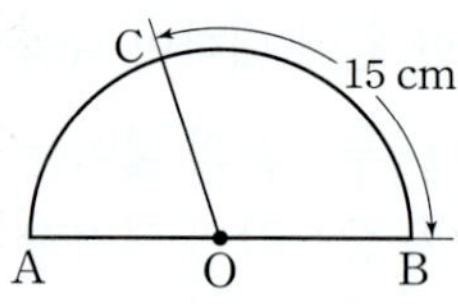

빈출
375

오른쪽 그림과 같은 원 O에서
$\overset{\frown}{AB} : \overset{\frown}{BC} : \overset{\frown}{CA}=2 : 3 : 4$일 때,
∠BOC의 크기는?

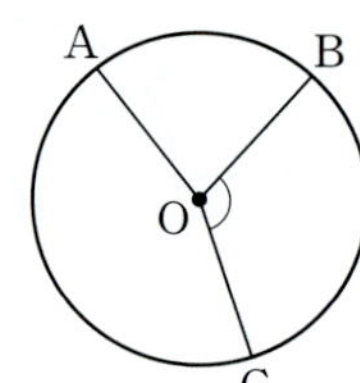

① 114° 　② 117°
③ 120° 　④ 123°
⑤ 126°

376

오른쪽 그림과 같이 반지름의 길이
가 7 cm인 원 O에서 $\overset{\frown}{AB}=\overset{\frown}{BC}$이
고 $\overline{AB}=9$ cm일 때, 사각형 OABC
의 둘레의 길이를 구하시오.

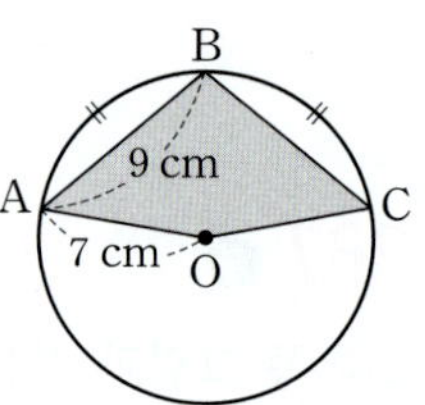

377 중

오른쪽 그림과 같은 반원 O에서
$\overset{\frown}{AC} : \overset{\frown}{BD} = 3 : 4$이고
$\angle COD = 26°$일 때, $\angle AOC$의
크기를 구하시오.

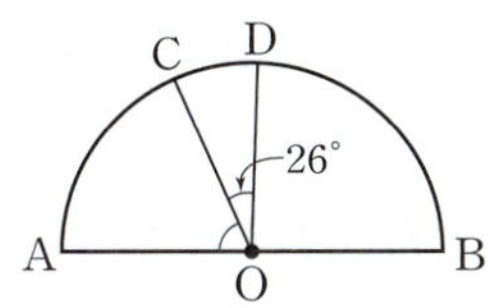

378 중

오른쪽 그림과 같은 원 O에서 $\overline{AB}$
는 지름이고 $\overset{\frown}{BC}$의 길이는 원의 둘
레의 길이의 $\dfrac{1}{10}$이다. 반원 AOB의
넓이가 20π cm²일 때, 부채꼴 AOC
의 넓이는?

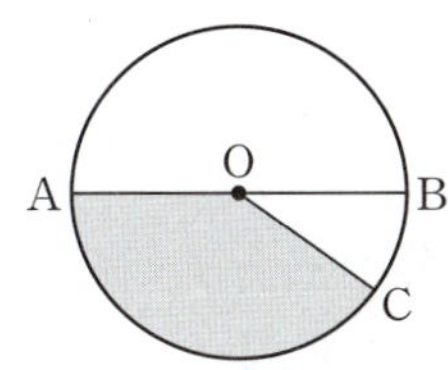

① 14π cm² ② 15π cm² ③ 16π cm²
④ 17π cm² ⑤ 18π cm²

379 중

오른쪽 그림과 같은 원 O에서
$\angle AOB = \angle BOC$,
$\angle DOE = 3\angle AOB$일 때, 다음 중
옳은 것은?

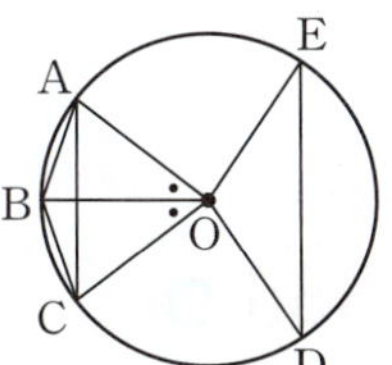

① $\overset{\frown}{AE} = 2\overset{\frown}{AB}$
② $\overset{\frown}{AC} = \dfrac{3}{4}\overset{\frown}{DE}$
③ $\overline{DE} > 3\overline{AB}$
④ $\triangle OAB \equiv \triangle OBC$
⑤ (삼각형 AOC의 넓이)$= 2 \times$(삼각형 AOB의 넓이)

---

2 부채꼴의 성질의 응용

380 중

| 서술형 |

오른쪽 그림과 같이 $\overline{AB}$가 지름인
원 O에서 $\overset{\frown}{AC} : \overset{\frown}{BC} = 5 : 4$일 때,
$\angle OBC$의 크기를 구하시오.

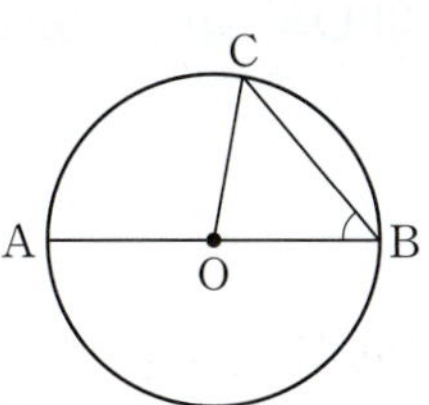

381 중

오른쪽 그림에서 원 O의 넓이는
32 cm²이고 부채꼴 AOB의 넓
이는 8 cm²일 때, $\triangle OPQ$에서
$\angle x + \angle y$의 크기는?

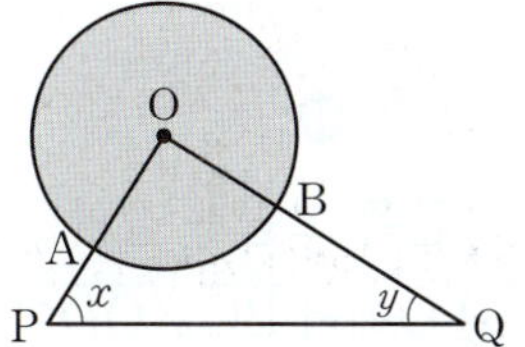

① $80°$ ② $85°$
③ $90°$ ④ $95°$
⑤ $100°$

382 중

오른쪽 그림과 같이 $\overline{CD}$가 지름인 원
O에서 $\overline{AB} /\!/ \overline{CD}$이고
$\angle AOB = 108°$, $\overset{\frown}{AB} = 12$ cm일 때,
$\overset{\frown}{AC}$의 길이를 구하시오.

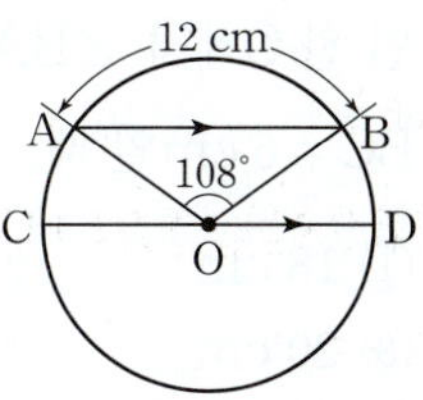

383 ⓒ

다음 그림과 같이 원 O는 △ABC의 세 변과 각각 세 점 D, E, F에서 만난다. ∠BAC=80°, ∠ABC=60°이고 원 O의 넓이가 90 cm²일 때, 부채꼴 EOF의 넓이는?

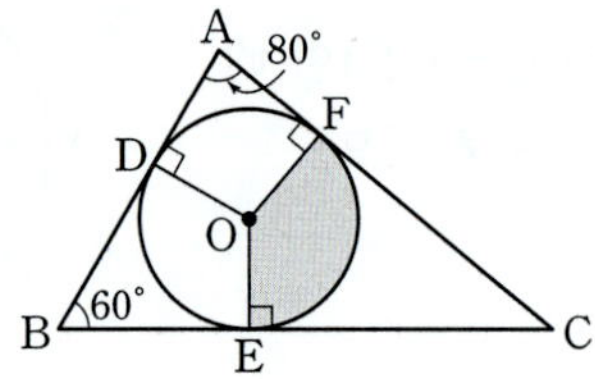

① 35 cm²　　② 36 cm²　　③ 39 cm²
④ 40 cm²　　⑤ 42 cm²

384 ⓒ

오른쪽 그림과 같이 $\overline{AB}$가 지름인 원 O에서 $\overline{BC} /\!/ \overline{OD}$이고 ∠BOC=80°, $\overparen{BC}$=8 cm일 때, $\overparen{AD}$의 길이를 구하시오.

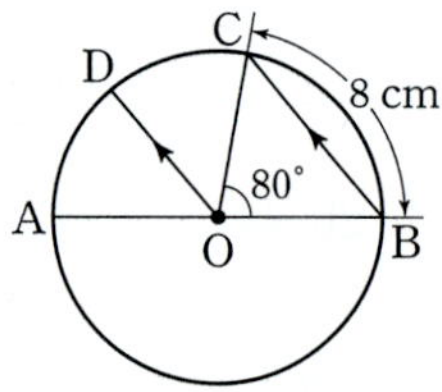

★빈출
385 ⓒ

오른쪽 그림과 같이 $\overline{AB}$가 지름인 원 O에서 ∠BAC=20°, $\overparen{BC}$=6 cm일 때, $\overparen{AC}$의 길이는?

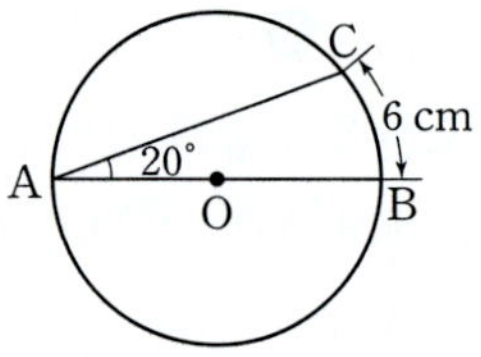

① 18 cm　　② 19 cm
③ 20 cm　　④ 21 cm
⑤ 22 cm

386 ⓒ

오른쪽 그림과 같이 $\overline{AB}$가 지름인 원 O에서 ∠ABC=36°, ∠ABD=50°일 때, $\overparen{AC} : \overparen{BD}$는?

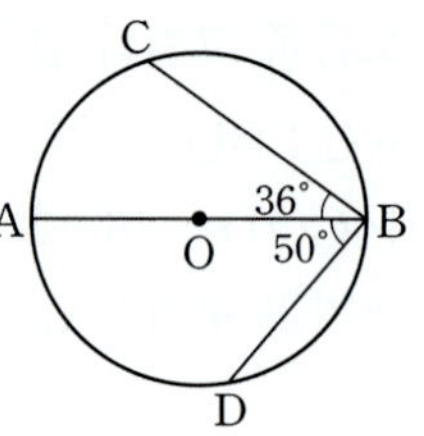

① 1 : 1　　② 2 : 3
③ 4 : 5　　④ 8 : 9
⑤ 9 : 10

★빈출
387 ⓒ

오른쪽 그림과 같은 반원 O에서 $\overline{AC} /\!/ \overline{OD}$이고 ∠BOD=30°, $\overparen{BD}$=3 cm일 때, $\overparen{AC}$의 길이는?

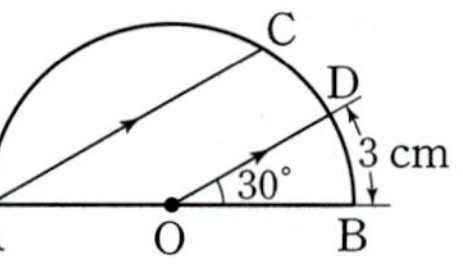

① 9 cm　　② 10 cm　　③ 12 cm
④ 14 cm　　⑤ 15 cm

388 ⓒ

오른쪽 그림과 같은 원 O에서 $\overline{OC} /\!/ \overline{AB}$이고 $\overparen{AB} : \overparen{BC}$=2 : 1일 때, ∠AOB의 크기를 구하시오.

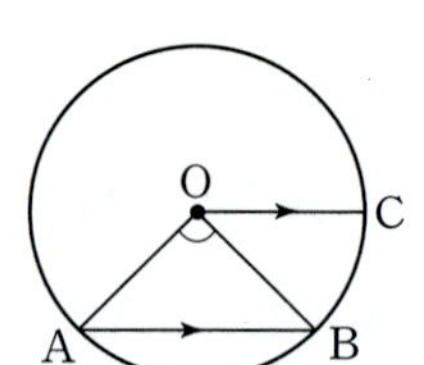

389 ⑧

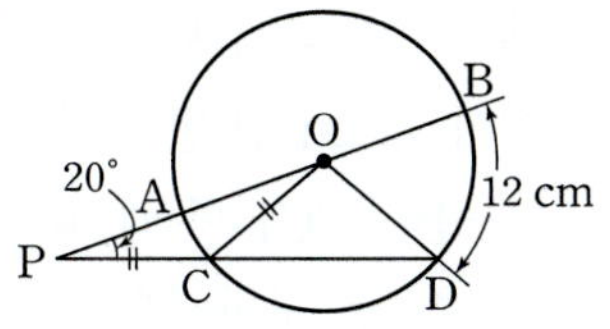

오른쪽 그림과 같이 원 O의 지름 AB의 연장선과 현 CD의 연장선의 교점을 P라 하자. $\overline{CO}=\overline{CP}$, $\angle P=20°$, $\overparen{BD}=12$ cm일 때, $\overparen{AC}$의 길이를 구하시오.

390 ⑧

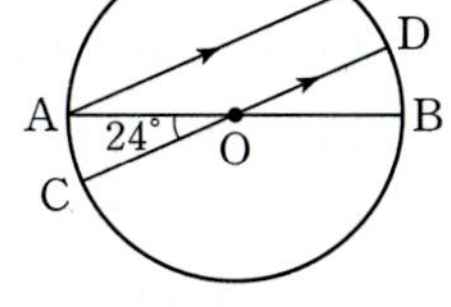

오른쪽 그림과 같이 $\overline{AB}$, $\overline{CD}$가 지름인 원 O에서 $\overline{AE}\,/\!/\,\overline{CD}$이고 $\angle AOC=24°$일 때, $\overparen{AE}:\overparen{ED}:\overparen{DB}$는?

① 5 : 1 : 1   ② 11 : 2 : 2   ③ 11 : 4 : 2
④ 12 : 2 : 1   ⑤ 13 : 2 : 2

391 ⑧

| 서술형 |

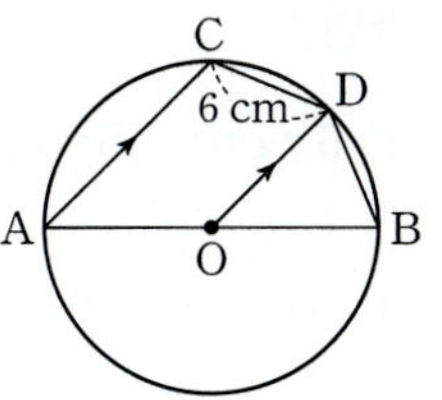

오른쪽 그림과 같이 $\overline{AB}$가 지름인 원 O에서 $\overline{AC}\,/\!/\,\overline{OD}$이고 $\overline{CD}=6$ cm일 때, $\overparen{BD}$의 길이를 구하시오.

392 ⑧

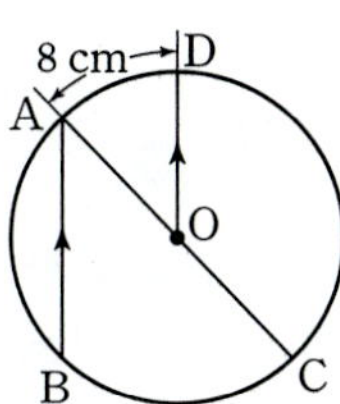

오른쪽 그림과 같이 $\overline{AC}$가 지름인 원 O에서 $\overline{AB}\,/\!/\,\overline{DO}$이고 $\overparen{AD}=8$ cm일 때, $\overparen{BC}$의 길이를 구하시오.

393 ⑧

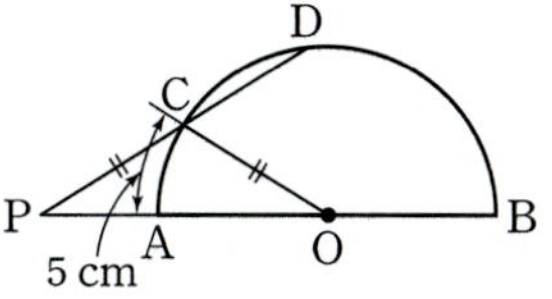

오른쪽 그림과 같이 반원 O의 지름 AB의 연장선과 현 CD의 연장선의 교점을 P라 하자. $\overline{CO}=\overline{CP}$, $\overparen{AC}=5$ cm일 때, $\overparen{BD}$의 길이는?

① 14 cm   ② 15 cm   ③ 16 cm
④ 17 cm   ⑤ 18 cm

394 ⑧

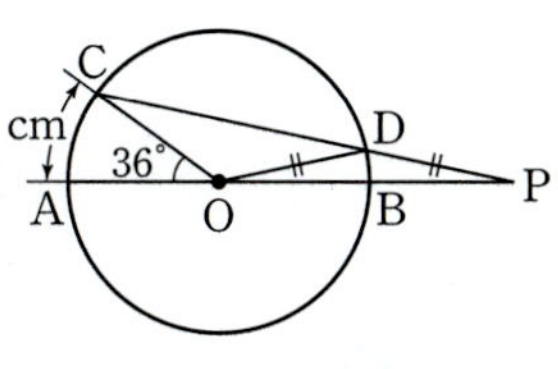

오른쪽 그림과 같이 원 O의 지름 AB의 연장선과 현 CD의 연장선의 교점을 P라 하자. $\overline{DO}=\overline{DP}$, $\angle AOC=36°$, $\overparen{AC}=6$ cm일 때, $\overparen{CD}$의 길이는?

① 18 cm   ② 19 cm   ③ 20 cm
④ 21 cm   ⑤ 22 cm

395 (하)

오른쪽 그림과 같은 원의 둘레의 길이와 넓이를 차례로 구하면?

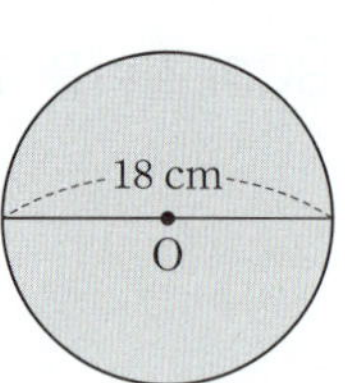

① 9π cm, 36π cm^2
② 9π cm, 81π cm^2
③ 18π cm, 36π cm^2
④ 18π cm, 81π cm^2
⑤ 36π cm, 81π cm^2

396 (하)

넓이가 49π cm^{2}인 원의 둘레의 길이를 구하시오.

빈출
397 (중)

오른쪽 그림과 같은 원에서 어두운 부분의 넓이는?

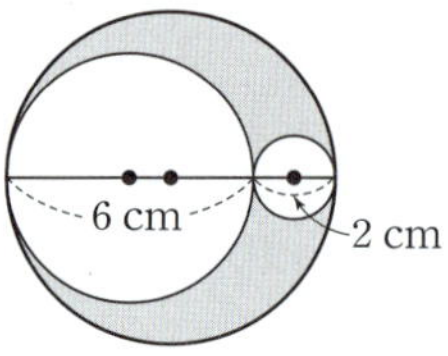

① 6π cm^2 ② 7π cm^2
③ 8π cm^2 ④ 9π cm^2
⑤ 10π cm^2

398 (중)

| 서술형 |

오른쪽 그림과 같이 중심이 O인 두 원에서 $\overline{OA}=\overline{AB}$이고 $\overline{OA}$를 반지름으로 하는 원의 둘레의 길이가 8π cm일 때, 어두운 부분의 넓이를 구하시오.

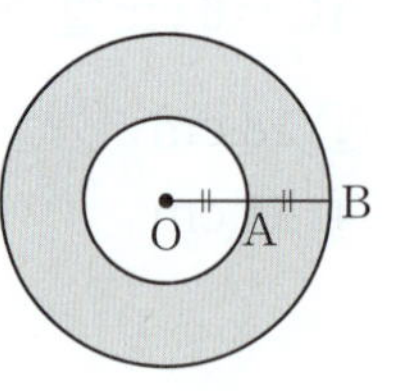

399 (중)

오른쪽 그림과 같이 지름 AD의 길이가 12 cm인 반원에서 $\overline{AB}=\overline{BC}=\overline{CD}$일 때, 어두운 부분의 넓이를 구하시오.

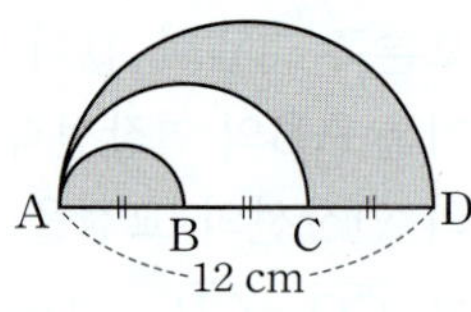

400 (중)

오른쪽 그림과 같이 한 변의 길이가 20 cm인 정사각형에서 어두운 부분의 둘레의 길이는?

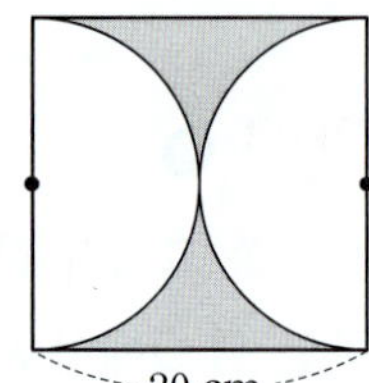

① $(10\pi+20)$ cm
② $(10\pi+40)$ cm
③ $(20\pi+20)$ cm
④ $(20\pi+40)$ cm
⑤ $(40\pi+40)$ cm

빈출
401 (중)

오른쪽 그림과 같은 원에서 어두운 부분의 둘레의 길이와 넓이를 차례로 구하면?

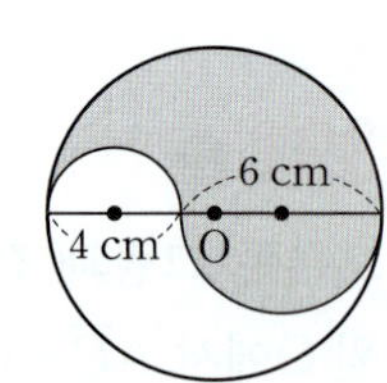

① 6π cm, 15π cm^2
② 10π cm, 15π cm^2
③ 10π cm, 19π cm^2
④ 20π cm, 15π cm^2
⑤ 20π cm, 19π cm^2

402 중

다음 그림과 같이 좌우 양쪽은 반원 모양이고 가운데는 직선 모양인 트랙이 있다. 트랙의 폭이 4 m로 일정할 때, 트랙의 넓이는?

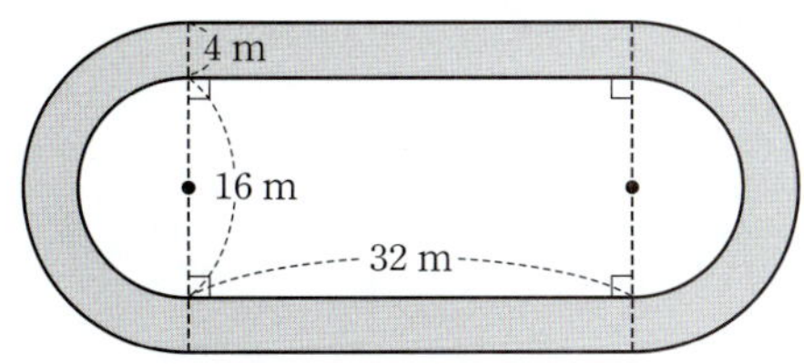

① $(36\pi + 128)\,\text{m}^2$　　② $(36\pi + 256)\,\text{m}^2$

③ $(80\pi + 128)\,\text{m}^2$　　④ $(80\pi + 256)\,\text{m}^2$

⑤ $(144\pi + 128)\,\text{m}^2$

403 중

오른쪽 그림과 같이 지름 AD의 길이가 24 cm인 원에서 $\overline{AB} = \overline{BC} = \overline{CD}$일 때, 어두운 부분의 둘레의 길이는?

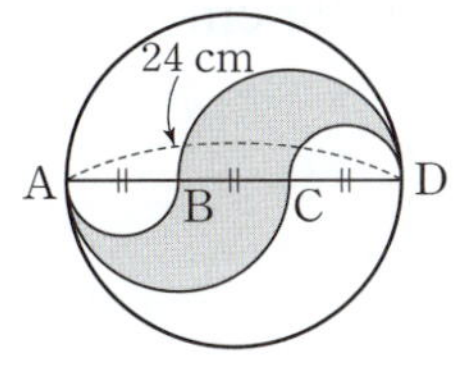

① 18π cm　　② 21π cm　　③ 24π cm

④ 27π cm　　⑤ 30π cm

404 중

오른쪽 그림에서 합동인 3개의 작은 원의 둘레의 길이가 각각 10π cm일 때, 큰 원의 둘레의 길이를 구하시오. (단, 작은 원들의 중심은 모두 큰 원의 지름 위에 있다.)

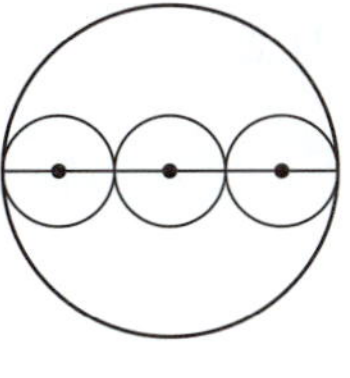

405 상

오른쪽 그림과 같이 세 원 O, O′, O″의 중심이 한 직선 위에 있다. 세 원 O, O′, O″의 넓이를 각각 S_1, S_2, S_3이라 할 때, $S_1 : S_2 : S_3$은?

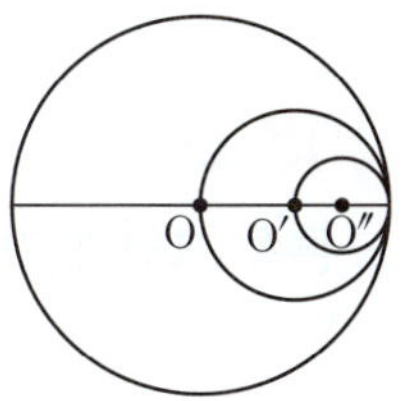

① $3 : 2 : 1$　　② $4 : 2 : 1$

③ $6 : 3 : 1$　　④ $9 : 4 : 1$

⑤ $16 : 4 : 1$

406 상

다음 그림과 같이 지름의 길이가 60 cm인 원 모양의 바퀴가 직선을 따라 시계 방향으로 1200π cm만큼 굴렀을 때, 이 바퀴는 몇 바퀴를 회전하였는지 구하시오.

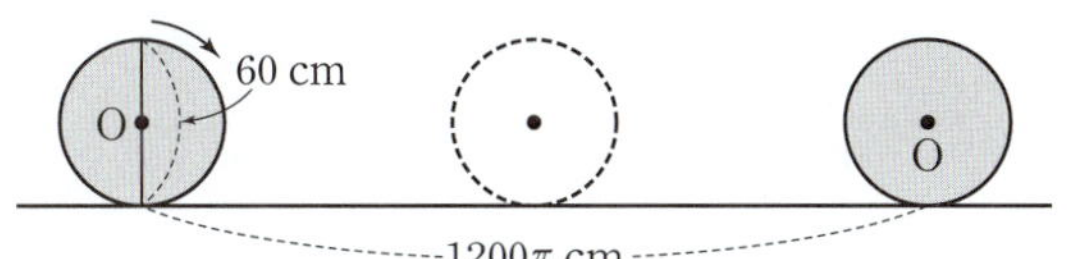

407 상

오른쪽 그림과 같이 반지름의 길이가 각각 4 cm, 9 cm인 두 원 O, O′이 겹쳐 있다. 두 원 O, O′에서 겹쳐 있는 부분을 제외한 부분의 넓이를 각각 $A\,\text{cm}^2$, $B\,\text{cm}^2$라 할 때, $B - A$의 값을 구하시오.

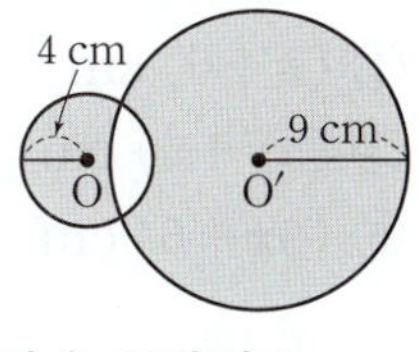

408 하

오른쪽 그림과 같은 부채꼴의 넓이
는?

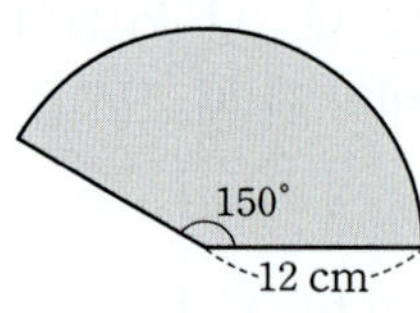

① 10π cm^2 ② 40π cm^2
③ 60π cm^2 ④ 90π cm^2
⑤ 120π cm^2

409 하

반지름의 길이가 7 cm이고 호의 길이가 10π cm인 부채
꼴의 넓이를 구하시오.

★ 빈출
410 중

오른쪽 그림과 같은 부채꼴에서 어두
운 부분의 둘레의 길이는?

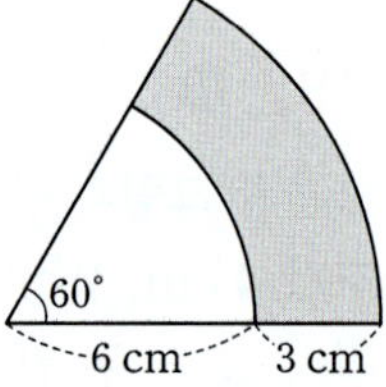

① $(\pi+6)$ cm   ② $(3\pi+6)$ cm
③ $(5\pi+6)$ cm   ④ $(6\pi+6)$ cm
⑤ $(9\pi+6)$ cm

411 중

오른쪽 그림과 같은 부채꼴에서
어두운 부분의 넓이를 구하시오.

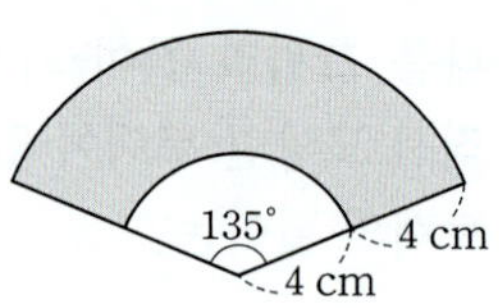

412 중

오른쪽 그림과 같은 원 O에서 어
두운 부분의 넓이는?

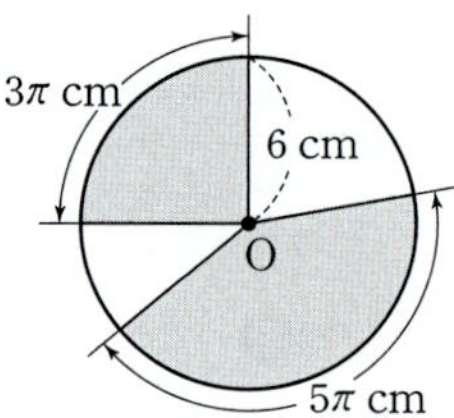

① 24π cm^2 ② 30π cm^2
③ 45π cm^2 ④ 48π cm^2
⑤ 72π cm^2

413 중

오른쪽 그림과 같이 반지름의 길이
가 3 cm이고 호의 길이가 4π cm
인 부채꼴의 중심각의 크기를 구하
시오.

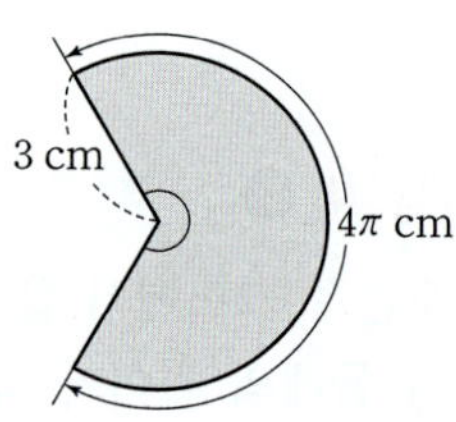

414 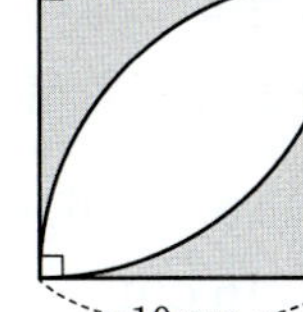

오른쪽 그림과 같이 한 변의 길이가
10 cm인 정사각형에서 어두운 부분의
둘레의 길이는?

① 10π cm

② 20π cm

③ $(10\pi+20)$ cm

④ $(10\pi+40)$ cm

⑤ $(20\pi+40)$ cm

415

오른쪽 그림과 같이 점 O를
중심으로 하고 반지름의 길
이가 각각 3 cm, 6 cm인 두
부채꼴이 있다. 작은 부채꼴
과 큰 부채꼴의 호의 길이는
각각 $\dfrac{8}{3}\pi$ cm, $\dfrac{20}{3}\pi$ cm일
때, 두 부채꼴의 넓이의 합은?

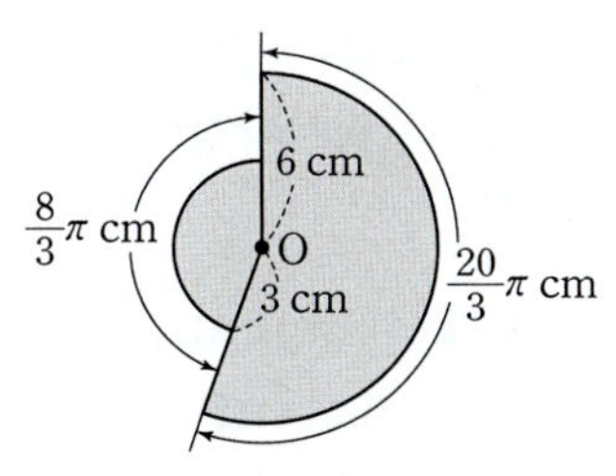

① 20π cm^2　　② 21π cm^2　　③ 24π cm^2

④ 25π cm^2　　⑤ 27π cm^2

⭐빈출 416

오른쪽 그림과 같이 한 변의 길이가
12 cm인 정사각형에서 어두운 부분의
넓이는?

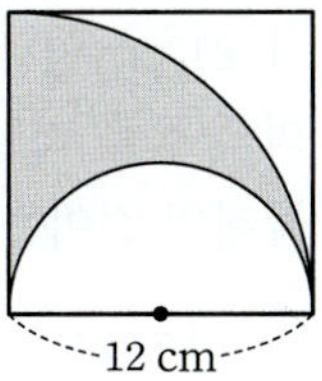

① 16π cm^2　　② 18π cm^2

③ 20π cm^2　　④ 22π cm^2

⑤ 24π cm^2

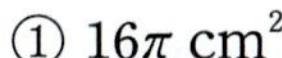

417

호의 길이가 4π cm, 넓이가 18π cm^{2}인 부채꼴의 반지
름의 길이와 중심각의 크기를 차례로 구하면?

① 9 cm, 80°　　　　② 9 cm, 100°

③ 9 cm, 120°　　　　④ 18 cm, 80°

⑤ 18 cm, 100°

⭐빈출 418

오른쪽 그림에서 어두운 부분의 둘
레의 길이는?

① $(3\pi+6)$ cm

② $(3\pi+12)$ cm

③ $(4\pi+6)$ cm

④ $(4\pi+12)$ cm

⑤ $(6\pi+6)$ cm

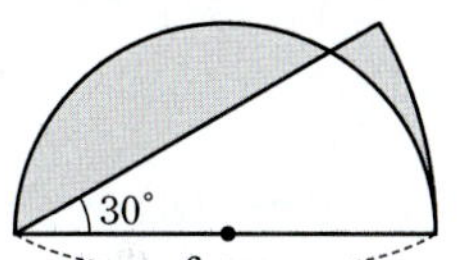

419

| 서술형 |

오른쪽 그림과 같이 $\overline{AB}$가 지름
인 반원 O에서 $\overline{AC}\,/\!/\,\overline{OD}$이고
$\angle BOD=30°$, $\overparen{CD}=2\pi$ cm일
때, 부채꼴 AOC의 넓이를 구하시오.

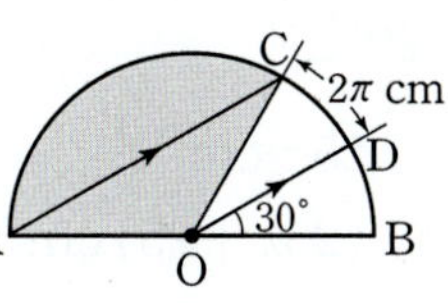

420 중
| 서술형 |

오른쪽 그림과 같이 한 변의 길이가
8 cm인 정팔각형에서 어두운 부분의
넓이를 구하시오.

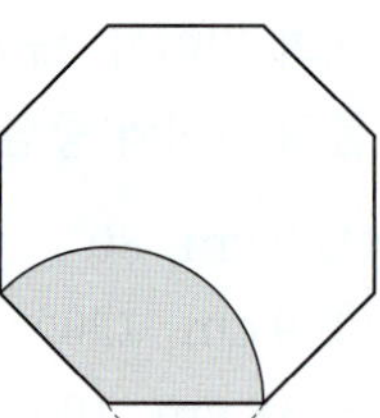

421 중 빈출

오른쪽 그림과 같이 한 변의 길이가
6 cm인 정사각형에서 어두운 부분의 넓
이는?

① $(9\pi-18)\,cm^2$
② $(9\pi-9)\,cm^2$
③ $(18\pi-36)\,cm^2$
④ $(18\pi-18)\,cm^2$
⑤ $(36\pi-36)\,cm^2$

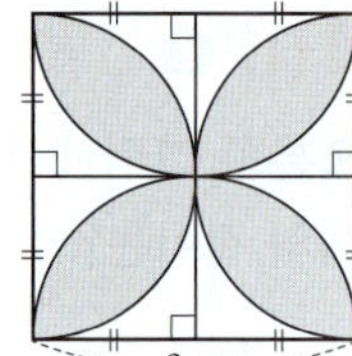

422 중

오른쪽 그림과 같이 한 변의 길이가
20 cm인 정사각형에서 어두운 부분의
넓이는?

① $25\pi\,cm^2$
② $(25\pi+25)\,cm^2$
③ $(25\pi+50)\,cm^2$
④ $50\pi\,cm^2$
⑤ $(25\pi+100)\,cm^2$

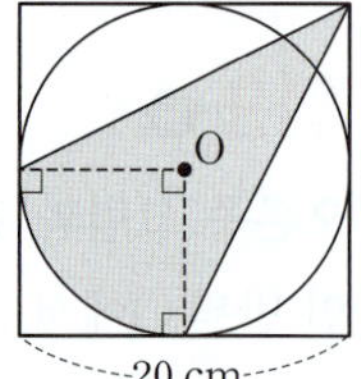

423 중

오른쪽 그림과 같은 부채꼴에서 어
두운 부분의 넓이는?

① $(8\pi-16)\,cm^2$
② $16\,cm^2$
③ $(8\pi-8)\,cm^2$
④ $20\,cm^2$
⑤ $(4\pi+8)\,cm^2$

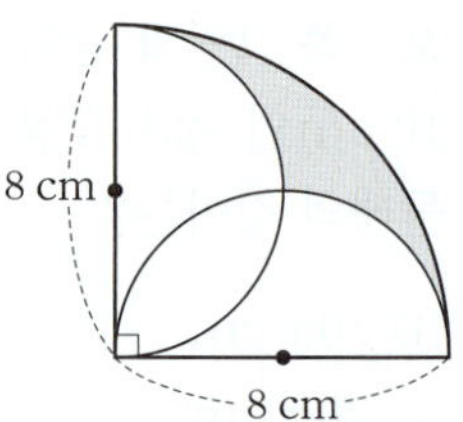

424 상 빈출

오른쪽 그림과 같이 한 변의 길이가
12 cm인 정사각형에서 어두운 부분의
넓이는?

① $(72-12\pi)\,cm^2$
② $(72-6\pi)\,cm^2$
③ $(144-28\pi)\,cm^2$
④ $(144-24\pi)\,cm^2$
⑤ $(144-12\pi)\,cm^2$

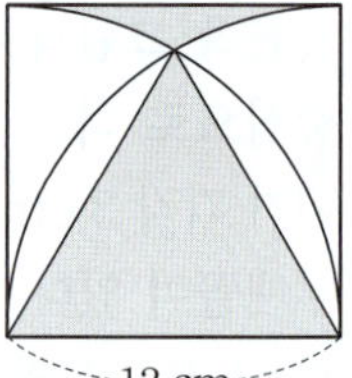

425 상

오른쪽 그림과 같이 반지름의 길이
가 21 cm인 두 원 O, O′이 서로
의 중심을 지날 때, 어두운 부분의
둘레의 길이는?

① $21\pi\,cm$ ② $24\pi\,cm$ ③ $25\pi\,cm$
④ $28\pi\,cm$ ⑤ $30\pi\,cm$

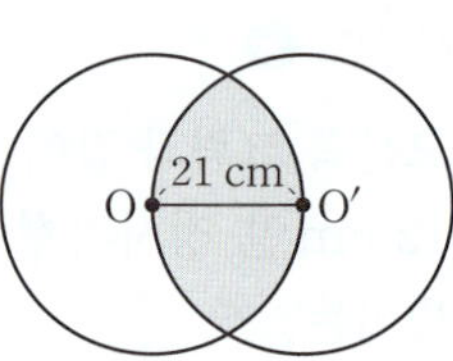

5 부채꼴의 호의 길이와 넓이 (2)

426 〈중〉

오른쪽 그림과 같이 반지름의 길이가
2 cm인 원 안에 정사각형이 있을 때,
어두운 부분의 넓이를 구하시오.

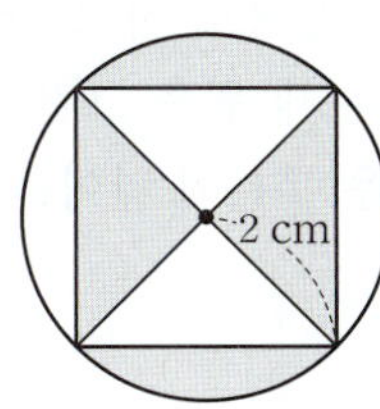

427 〈중〉

오른쪽 그림과 같이 한 변의 길이가
6 cm인 정사각형에서 어두운 부분의 넓이는?

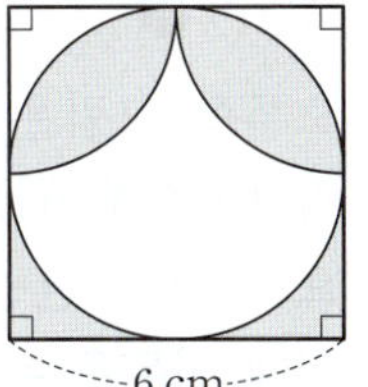

① $\dfrac{9}{4}\pi$ cm²   ② 3π cm²

③ $\dfrac{9}{2}\pi$ cm²   ④ 9π cm²

⑤ 18π cm²

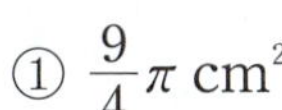
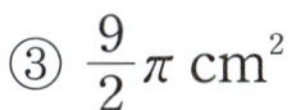

428 〈중〉 〈빈출〉

오른쪽 그림과 같은 부채꼴에서
어두운 부분의 넓이는?

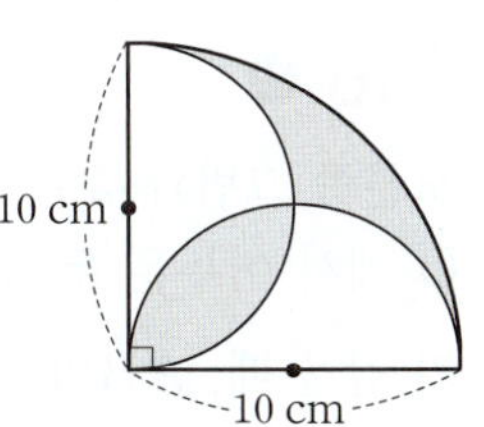

① $\left(\dfrac{25}{2}\pi - 25\right)$ cm²

② $\left(\dfrac{25}{2}\pi - \dfrac{25}{2}\right)$ cm²

③ $(25\pi - 50)$ cm²

④ $(25\pi - 25)$ cm²

⑤ $(50\pi - 25)$ cm²

429 〈중〉

오른쪽 그림과 같이 반지름의 길
이가 9 cm인 두 원 O, O′이 서
로의 중심을 지날 때, 어두운 부분
의 넓이는?

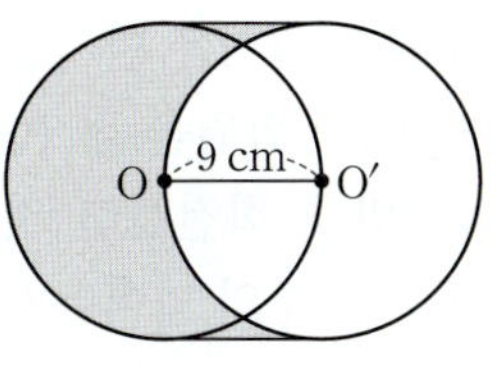

① 9 cm²   ② 27 cm²   ③ 54 cm²

④ 81 cm²   ⑤ 162 cm²

430 〈중〉

오른쪽 그림과 같이 한 변의 길이가
14 cm인 정사각형에서 어두운 부분의
넓이를 구하시오.

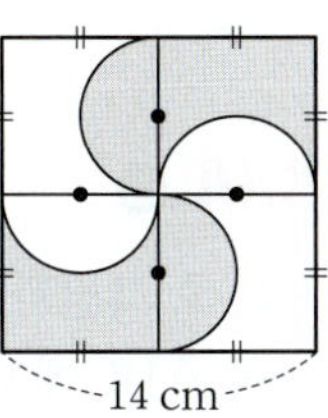

431 〈중〉

오른쪽 그림은 한 변의 길이가
4 cm인 정사각형 ABCD와
부채꼴 DCE를 붙여 놓은 것
이다. 이때 어두운 부분의 넓이
를 구하시오.

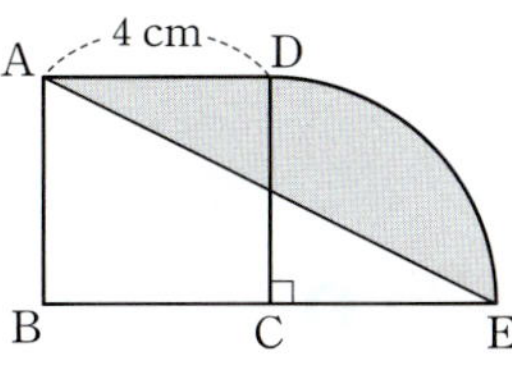

432 〈중〉 〈빈출〉

오른쪽 그림과 같이 $\overline{AB}=4$ cm
인 직사각형 ABCD와 부채꼴
ABE가 있다. 어두운 두 부분의
넓이가 같을 때, $\overline{BC}$의 길이를 구
하시오.

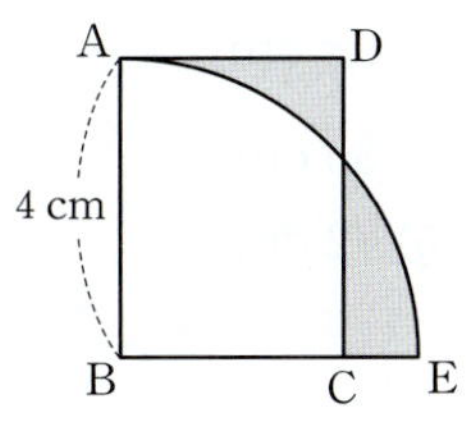

433 중

오른쪽 그림은 반지름의 길이가
8 cm인 반원을 점 A를 중심으로
45°만큼 회전시킨 것이다. 이때 어
두운 부분의 넓이는?

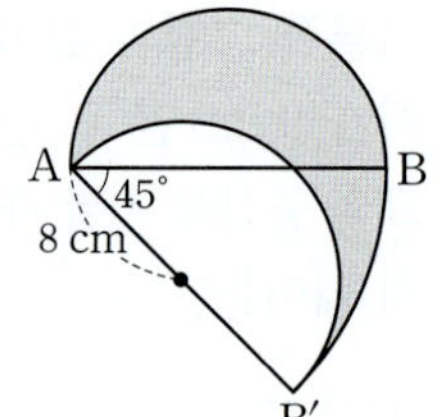

① 24π cm²   ② 26π cm²

③ 28π cm²   ④ 30π cm²

⑤ 32π cm²

434 중

오른쪽 그림과 같은 반원 O와 부
채꼴 ABC에서 어두운 두 부분의
넓이가 같을 때, $\angle$ABC의 크기
를 구하시오.

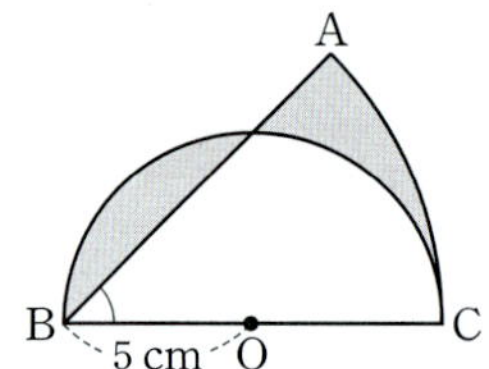

435 중

오른쪽 그림과 같이 한 변의 길이
가 12 cm인 정사각형 안에 중심
이 같은 3개의 원이 있다. 각 원의
반지름의 길이가 2 cm, 4 cm,
6 cm일 때, 어두운 부분의 넓이
는?

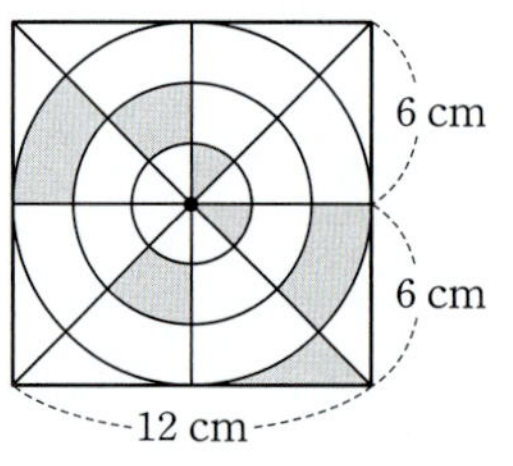

① 9π cm²   ② $\left(\dfrac{9}{2}\pi+18\right)$ cm²

③ 36 cm²   ④ $(9\pi+18)$ cm²

⑤ 72 cm²

436 상

오른쪽 그림은 한 변의 길이가
24 cm인 정삼각형의 각 꼭짓점을
중심으로 하고 반지름의 길이가 같
은 세 원을 그린 것이다. 이때 어두
운 부분의 넓이를 구하시오.

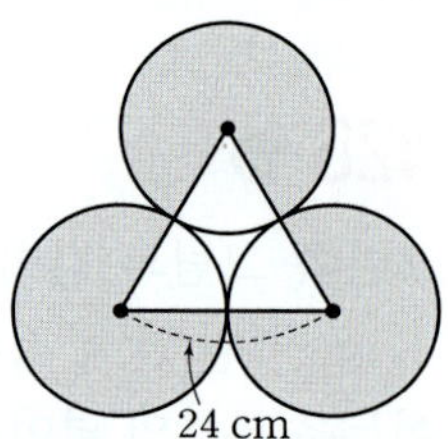

437 상

오른쪽 그림은 $\angle$BAC$=90°$인
직각삼각형 ABC의 각 변을 지름
으로 하는 반원을 그린 것이다.
이때 어두운 부분의 넓이를 구하
시오.

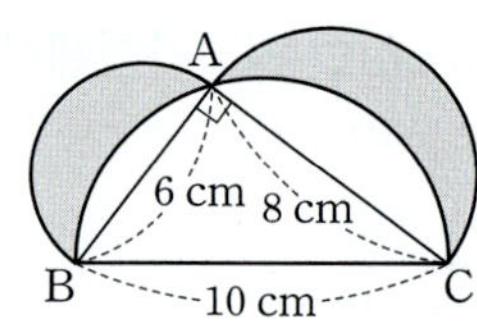

438 상

| 서술형 |

오른쪽 그림과 같은 두 반원 O,
O′에서 어두운 두 부분의 넓이
가 같을 때, $\overarc{AB}$의 길이를 구하
시오.

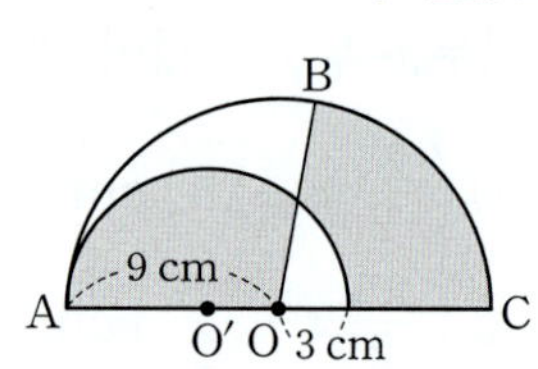

6　부채꼴의 호의 길이와 넓이의 응용

439 중 빈출

오른쪽 그림과 같이 밑면의 반지름의 길이가 8 cm인 원기둥 4개를 끈으로 묶으려고 할 때, 끈의 최소 길이는? (단, 끈의 두께와 매듭의 길이는 생각하지 않는다.)

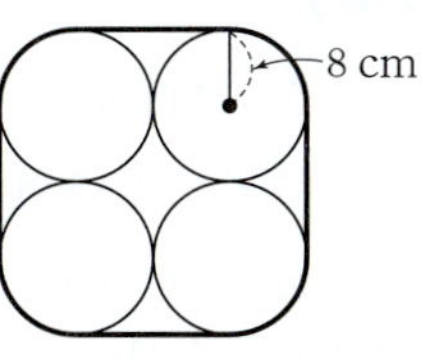

① $(8\pi+32)$ cm
② $(8\pi+64)$ cm
③ $(16\pi+32)$ cm
④ $(16\pi+64)$ cm
⑤ $(32\pi+64)$ cm

440 상

오른쪽 그림과 같이 반지름의 길이가 2 cm인 원이 한 변의 길이가 9 cm인 정삼각형의 변을 따라 한 바퀴 돌았을 때, 원이 지나간 자리의 넓이는?

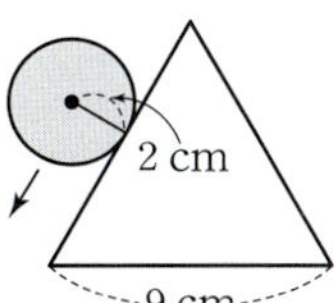

① $(4\pi+36)\,\text{cm}^2$
② $(4\pi+54)\,\text{cm}^2$
③ $(16\pi+36)\,\text{cm}^2$
④ $(16\pi+54)\,\text{cm}^2$
⑤ $(16\pi+108)\,\text{cm}^2$

441 상

오른쪽 그림과 같이 반지름의 길이가 3 cm인 원이 직사각형의 변을 따라 한 바퀴 돌았을 때, 원이 지나간 자리의 넓이는?

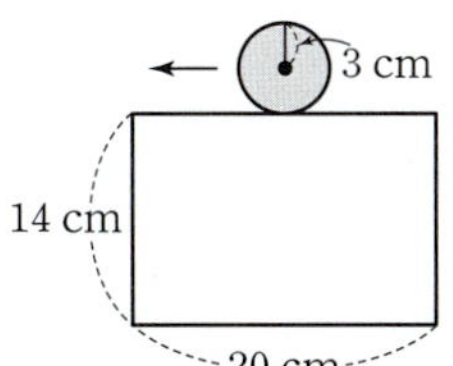

① $(9\pi+204)\,\text{cm}^2$
② $(36\pi+204)\,\text{cm}^2$
③ $(9\pi+408)\,\text{cm}^2$
④ $(36\pi+408)\,\text{cm}^2$
⑤ $(36\pi+688)\,\text{cm}^2$

442 상 빈출

다음 그림과 같이 한 변의 길이가 8 cm인 정삼각형 ABC를 직선 l 위에서 점 A가 점 A′에 오도록 회전시켰을 때, 점 A가 움직인 거리는?

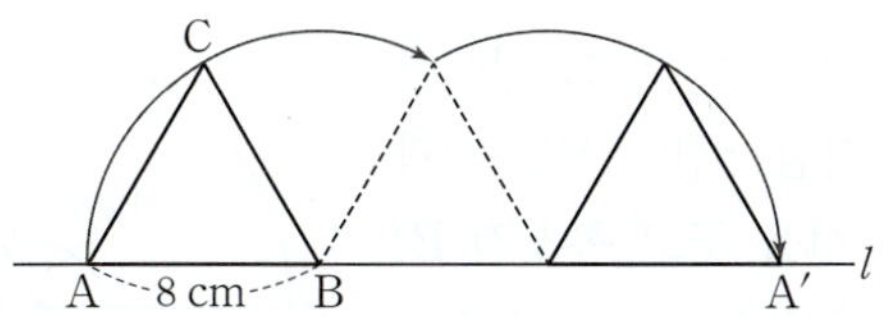

① $\dfrac{28}{3}\pi$ cm
② $\dfrac{32}{3}\pi$ cm
③ 12π cm
④ $\dfrac{40}{3}\pi$ cm
⑤ 16π cm

443 상

오른쪽 그림과 같이 반지름의 길이가 2 cm인 원 O가 반지름의 길이가 5 cm인 원 O′의 둘레를 따라 한 바퀴 돌았을 때, 원 O가 지나간 자리의 넓이를 구하시오.

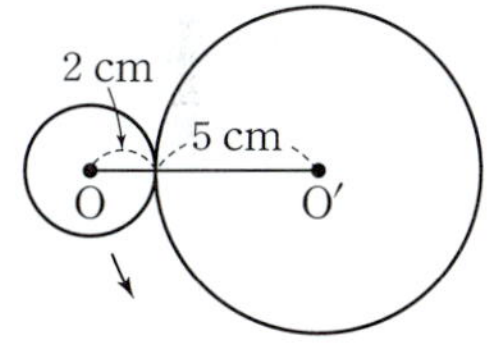

444 상 　| 서술형 |

다음 그림과 같이 밑면의 반지름의 길이가 3 cm인 원기둥 모양의 통 3개를 A, B의 두 방법으로 묶으려고 한다. 끈의 길이가 최소가 되도록 묶을 때, [방법 A]와 [방법 B]의 끈의 길이의 차는 몇 cm인지 구하시오.
(단, 끈의 두께와 매듭의 길이는 생각하지 않는다.)

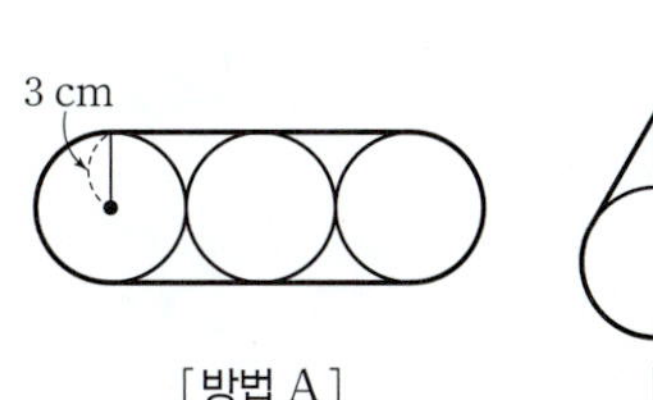

445

오른쪽 그림은 한 변의 길이가
1 cm인 정삼각형 ABC의 각
변의 연장선을 긋고 꼭짓점 B,
C, A, B를 각각 중심으로 하는
네 부채꼴 ABD, DCE, EAF,
FBG를 그린 것이다. 이때 네
부채꼴의 호의 길이의 합은?

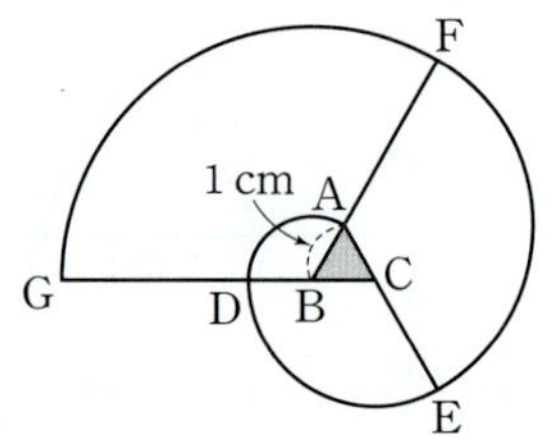

① $\dfrac{20}{3}\pi$ cm ② 7π cm ③ $\dfrac{22}{3}\pi$ cm

④ $\dfrac{23}{3}\pi$ cm ⑤ 8π cm

447

오른쪽 그림과 같이 $\overline{OA}$, $\overline{OB}$를
4등분하는 점 중에서 점 O에 가장
가까운 두 점을 C, D라 하자. 부채
꼴 COD의 넓이가 50 cm²일 때,
어두운 부분의 넓이는?

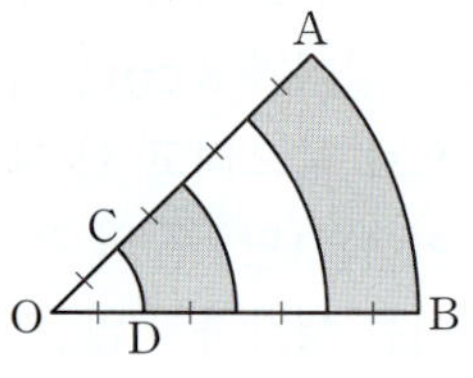

① 300 cm² ② 350 cm² ③ 400 cm²
④ 450 cm² ⑤ 500 cm²

446

오른쪽 그림은 $\overline{AB}=5$ cm,
$\overline{BC}=2$ cm이고
$\angle ACB=90°$인 직각삼각
형 ABC를 점 B를 중심으
로 점 C가 선분 AB의 연장
선 위의 점 D에 오도록 회전시킨 것이다. 이때 어두운 부
분의 넓이를 구하시오.

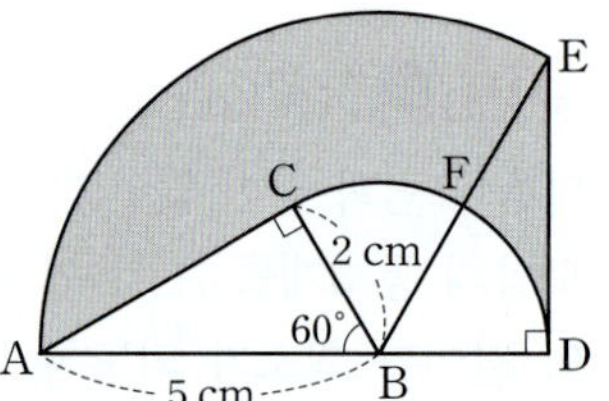

448

오른쪽 그림과 같이 한 변의 길이가
6 cm인 정사각형에서 어두운 부분의 둘
레의 길이를 구하시오.

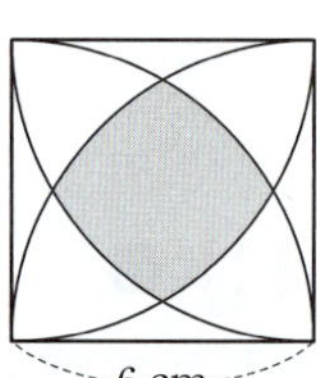

449

오른쪽 그림과 같이 반지름의 길이가 6 cm이고 중심각의 크기가 90°인 부채꼴 AOB가 있다. $\overset{\frown}{AB}$를 삼등분하는 점을 C, D라 하고 두 점 C, D에서 $\overline{AO}$에 내린 수선의 발을 각각 E, F라 할 때, 어두운 부분의 넓이를 구하시오.

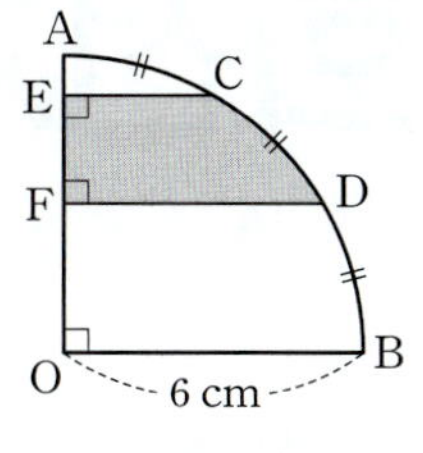

450

다음 그림과 같이 반지름의 길이가 1 cm인 원이 반지름의 길이가 3 cm이고 중심각의 크기가 120°인 부채꼴의 둘레를 따라 한 바퀴 돌았을 때, 원이 지나간 자리의 넓이는?

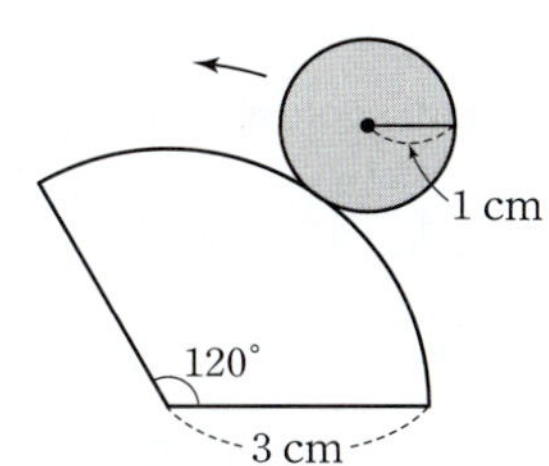

① $(4\pi+12)\,\mathrm{cm}^2$
② $(6\pi+12)\,\mathrm{cm}^2$
③ $(6\pi+18)\,\mathrm{cm}^2$
④ $(8\pi+12)\,\mathrm{cm}^2$
⑤ $(8\pi+18)\,\mathrm{cm}^2$

451

다음 그림과 같이 가로, 세로의 길이가 각각 3 cm, 4 cm이고 대각선의 길이가 5 cm인 직사각형을 직선 l 위에서 점 A가 점 A′에 오도록 회전시켰을 때, 점 A가 움직인 거리를 구하시오.

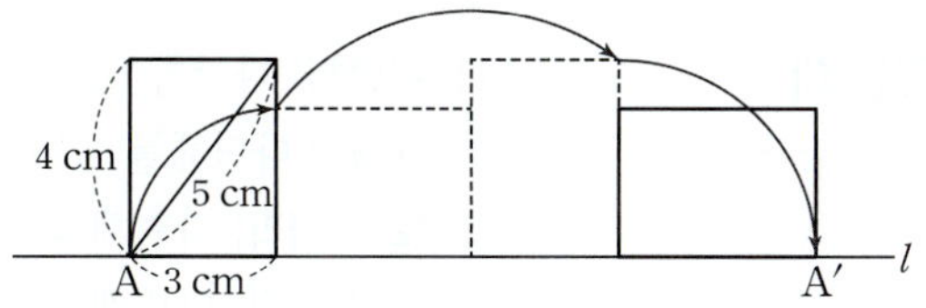

452

다음 그림과 같이 바닥의 가로의 길이가 3 m, 세로의 길이가 2 m인 직사각형 모양의 집의 A 지점에 길이가 4 m인 끈으로 강아지를 묶어 놓았을 때, 강아지가 집 밖에서 최대한 움직일 수 있는 영역의 넓이는? (단, 끈의 매듭의 길이와 강아지의 크기는 생각하지 않는다.)

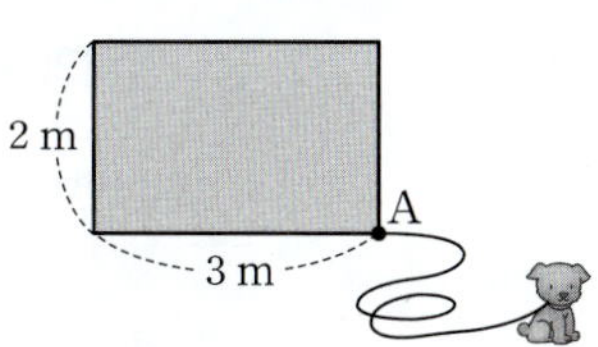

① $13\pi\,\mathrm{m}^2$
② $\dfrac{53}{4}\pi\,\mathrm{m}^2$
③ $\dfrac{27}{2}\pi\,\mathrm{m}^2$
④ $\dfrac{55}{4}\pi\,\mathrm{m}^2$
⑤ $14\pi\,\mathrm{m}^2$

06 다면체와 회전체

1 다면체

☑ 필수 기출 1, 2

(1) **다면체**: 다각형인 면으로만 둘러싸인 입체도형

① **면**: 다면체를 둘러싸고 있는 다각형

② **모서리**: 다면체를 둘러싸고 있는 다각형의 변

③ **꼭짓점**: 다면체를 둘러싸고 있는 다각형의 꼭짓점

참고 다면체는 둘러싸인 면의 개수에 따라 사면체, 오면체, 육면체, …라 한다.
└→ 면의 개수에 따른 분류

(2) ❶ ________ : 각뿔을 밑면에 평행한 평면으로 잘라서 생기는 두 다면체 중에서 각뿔이 아닌 쪽의 입체도형

① **밑면**: 각뿔대에서 서로 평행한 두 면

② **옆면**: 각뿔대에서 밑면이 아닌 면 → 옆면의 모양은 모두 사다리꼴이다.

③ **높이**: 각뿔대에서 두 밑면에 수직인 선분의 길이

참고 각뿔대는 밑면의 모양에 따라 삼각뿔대, 사각뿔대, 오각뿔대, …라 한다.

(3) **다면체의 종류**: 각기둥, 각뿔, 각뿔대 등 → 모양에 따른 분류

🖊 기출 PICK

다면체의 면, 모서리, 꼭짓점의 개수

- n각기둥: 면의 개수 ➡ $n+2$, 모서리의 개수 ➡ $3n$, 꼭짓점의 개수 ➡ $2n$
- n각뿔: 면의 개수 ➡ $n+1$, 모서리의 개수 ➡ $2n$, 꼭짓점의 개수 ➡ $n+1$
- n각뿔대: 면의 개수 ➡ $n+2$, 모서리의 개수 ➡ $3n$, 꼭짓점의 개수 ➡ $2n$

---

2 정다면체

☑ 필수 기출 3, 4

(1) **정다면체**: 모든 면이 합동인 정다각형이고 각 꼭짓점에 모인 면의 개수가 같은 다면체

(2) **정다면체의 종류**: 정사면체, 정육면체, 정팔면체, 정십이면체, 정이십면체의 5가지뿐이다.

정다면체	정사면체	❷ ______	정팔면체	정십이면체	정이십면체
겨냥도					
면의 모양	❸ ______ 	정사각형	정삼각형	정오각형	정삼각형
한 꼭짓점에 모인 면의 개수	3	3	4	3	5
면의 개수	4	6	8	12	20
모서리의 개수	6	12	12	30	30
꼭짓점의 개수	4	8	6	20	12
전개도					

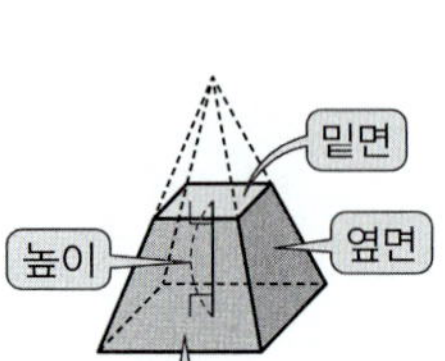

참고 정다면체는 입체도형이므로 한 꼭짓점에 3개 이상의 면이 모여야 하고 한 꼭짓점에 모인 각의 크기의 합은 $360°$보다 작아야 한다. 따라서 정다면체의 면이 될 수 있는 다각형은 정삼각형, 정사각형, 정오각형뿐이고 만들 수 있는 정다면체는 정사면체, 정육면체, 정팔면체, 정십이면체, 정이십면체뿐이다.

답: ❶ 각뿔대 ❷ 정육면체 ❸ 정삼각형

3 회전체

☑ 필수 기출 5

(1) **회전체**: 평면도형을 한 직선 l을 축으로 하여 1회전 시킬 때 생기는 입체도형
① [**4**]: 회전시킬 때 축이 되는 직선 l
② **모선**: 회전하여 옆면을 만드는 선분

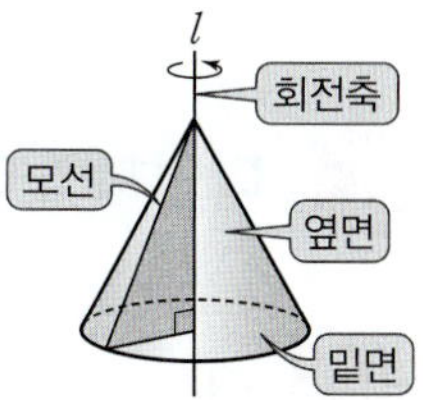

(2) **원뿔대**: 원뿔을 밑면에 평행한 평면으로 잘라서 생기는 두 입체도형 중에서 원뿔이 아닌 쪽의 입체도형
① **밑면**: 원뿔대에서 서로 평행한 두 면
② **옆면**: 원뿔대에서 밑면이 아닌 면
③ **높이**: 원뿔대에서 두 밑면에 수직인 선분의 길이

(3) **회전체의 종류**: 원기둥, 원뿔, 원뿔대, 구 등

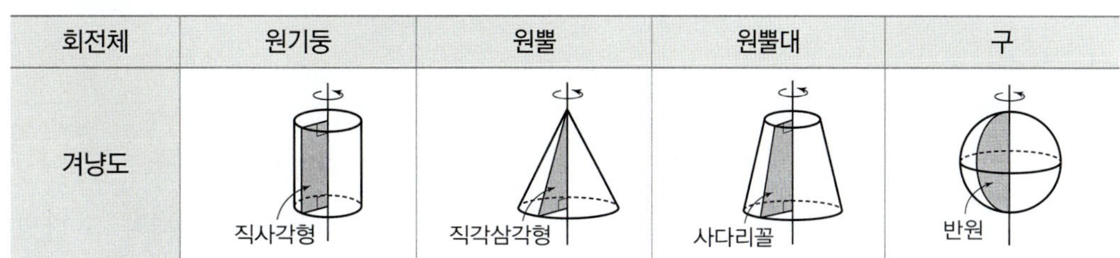

회전체	원기둥	원뿔	원뿔대	구
겨냥도	직사각형	직각삼각형	사다리꼴	반원

참고 구는 회전축이 무수히 많고 구에서는 모선을 생각하지 않는다.

4 회전체의 성질

☑ 필수 기출 6

(1) 회전체를 회전축에 수직인 평면으로 자른 단면의 경계는 항상 [**5**]이다.

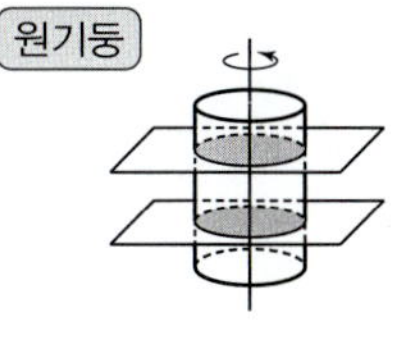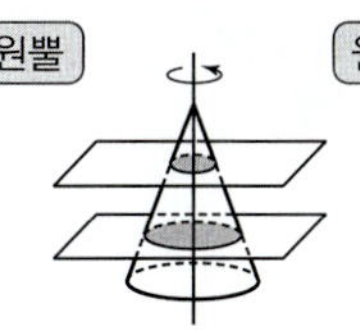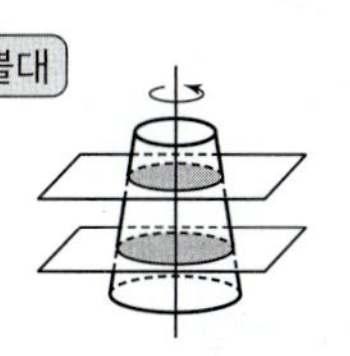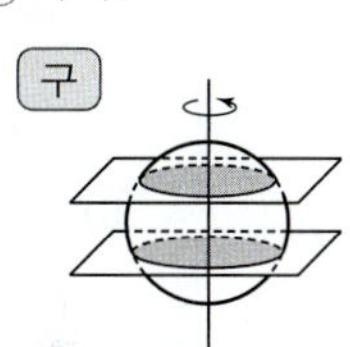

(2) 회전체를 회전축을 포함하는 평면으로 자른 단면은 모두 합동이고, 회전축에 대한 선대칭도형이다.

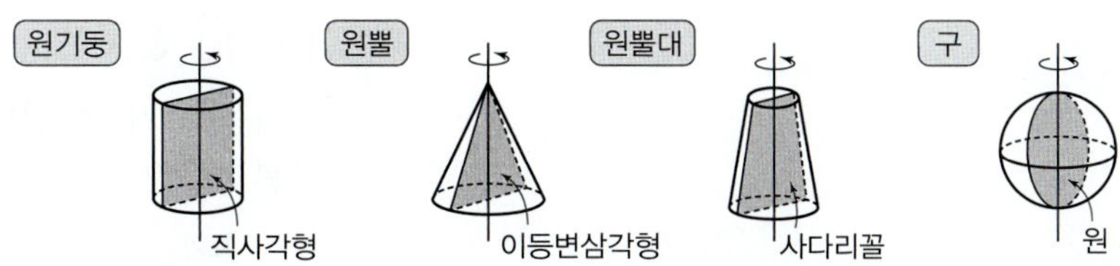

참고 구는 어느 방향으로 잘라도 그 단면이 항상 원이고, 구의 중심을 지나는 평면으로 잘랐을 때 그 단면이 가장 크다.

5 회전체의 전개도

☑ 필수 기출 7

회전체	원기둥	원뿔	원뿔대
전개도	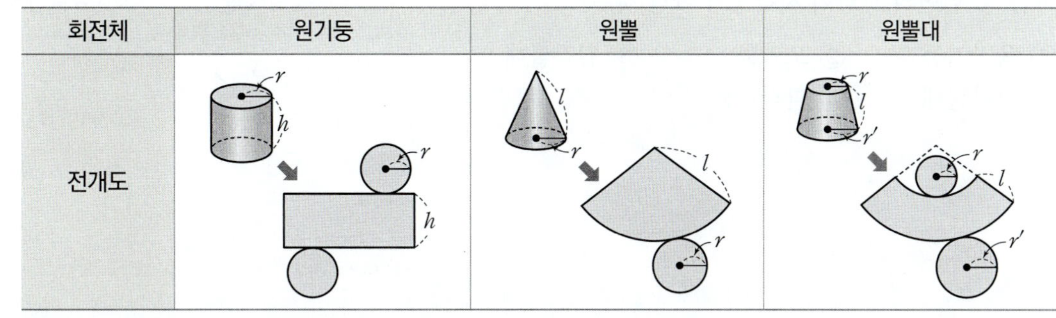		

참고 구의 전개도는 그릴 수 없다.

답: **4** 회전축 **5** 원

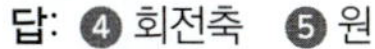

1 다면체의 이해

453 하

오른쪽 그림과 같은 다면체는 몇 면체인
지 말하시오.

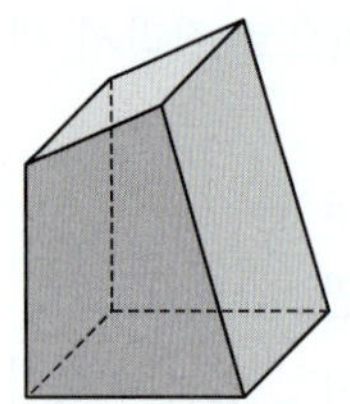

빈출
454 하

다음 중 다각형인 면으로만 둘러싸인 입체도형은?

① 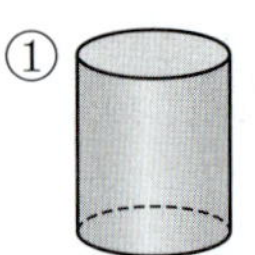 ②  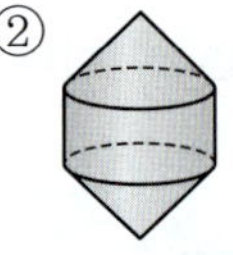 ③  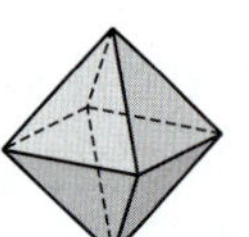

④ 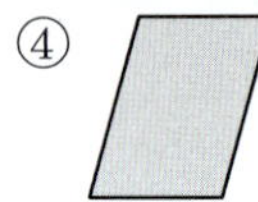 ⑤ 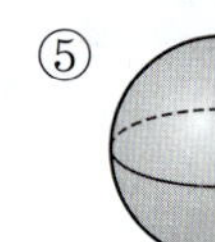

455 하

다음 중 옆면의 모양이 사각형이 <u>아닌</u> 것은?

① 육각기둥 ② 오각뿔 ③ 칠각뿔대
④ 사각뿔대 ⑤ 팔각기둥

456 하

다음 보기 중 다면체의 개수를 구하시오.

┌ 보기 ┐
ㄱ. 반구   ㄴ. 원기둥   ㄷ. 삼각뿔
ㄹ. 사각기둥   ㅁ. 오각뿔대   ㅂ. 사각뿔
ㅅ. 원뿔대   ㅇ. 직육면체   ㅈ. 원뿔

457 하

다음 중 다면체와 그 다면체의 옆면의 모양을 바르게 짝
지은 것은?

① 삼각기둥 – 삼각형   ② 사각뿔 – 삼각형
③ 오각뿔대 – 직사각형 ④ 육각뿔 – 육각형
⑤ 오각기둥 – 오각형

빈출
458 하

다음 보기 중 옆면의 모양이 삼각형인 다면체를 모두 고
른 것은?

┌ 보기 ┐
ㄱ. 원뿔   ㄴ. 십각기둥   ㄷ. 삼각뿔대
ㄹ. 오각뿔   ㅁ. 구   ㅂ. 십이각뿔
ㅅ. 칠각뿔   ㅇ. 삼각기둥   ㅈ. 삼각형

① ㄱ, ㄹ, ㅅ   ② ㄱ, ㅁ, ㅂ   ③ ㄴ, ㄷ, ㅇ
④ ㄷ, ㅇ, ㅈ   ⑤ ㄹ, ㅂ, ㅅ

459 중

| 서술형 |

다음 다면체의 면의 개수의 합을 구하시오.

| 십일각뿔   오각기둥   팔각뿔대 |

460 중

육각뿔대의 꼭짓점의 개수는?

① 6   ② 8   ③ 12
④ 18   ⑤ 20

461 중

다음 중 십면체인 것은?

① 칠각뿔   ② 구각기둥   ③ 십각뿔대
④ 칠각기둥   ⑤ 구각뿔

462 중

다음 중 오른쪽 그림과 같은 다면체와 면의 개수가 같은 것은?

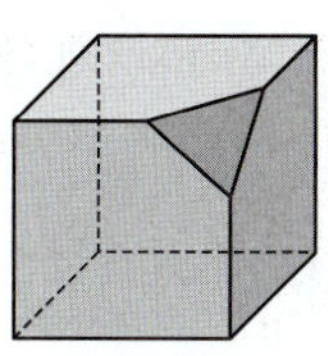

① 사각뿔대   ② 오각뿔대
③ 오각뿔   ④ 육각기둥
⑤ 칠각뿔

463 중

다음 중 오른쪽 그림과 같은 다면체에 대한 설명으로 옳지 <u>않은</u> 것은?

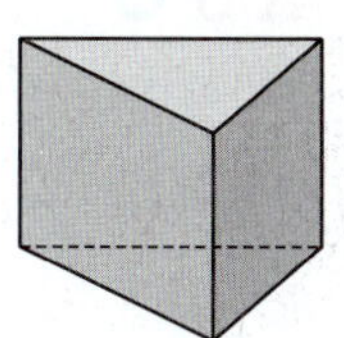

① 오면체이다.
② 삼각기둥이다.
③ 면의 개수는 5이다.
④ 모서리의 개수는 9이다.
⑤ 꼭짓점의 개수는 9이다.

464 중

다음 중 다면체와 그 다면체의 모서리의 개수를 짝 지은 것으로 옳지 <u>않은</u> 것은?

① 사각뿔 – 8   ② 사각기둥 – 12
③ 오각뿔대 – 15   ④ 팔각뿔 – 16
⑤ 십이각기둥 – 24

465 중

다음 다면체 중 꼭짓점의 개수가 두 번째로 많은 것은?

① 십각뿔　　② 육각뿔대　　③ 팔각뿔
④ 오각기둥　　⑤ 사각뿔대

빈출 466 중

| 서술형 |

구각뿔대의 면의 개수를 a, 꼭짓점의 개수를 b, 모서리의 개수를 c라 할 때, $a+b-c$의 값을 구하시오.

467 중

오른쪽 그림과 같은 전개도로 만든 입체도형의 모서리의 개수는?

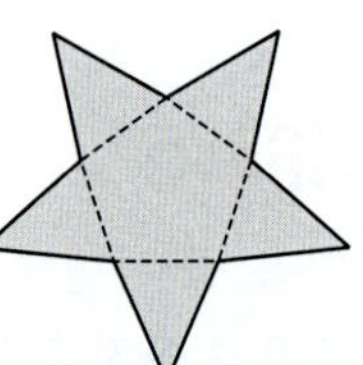

① 6　　　　② 7
③ 10　　　④ 12
⑤ 15

468 중

다음 중 그 값이 나머지 넷과 <u>다른</u> 것은?

① 오각뿔의 꼭짓점의 개수
② 오각기둥의 밑면의 변의 개수
③ 삼각뿔의 모서리의 개수
④ 육각뿔대의 옆면의 개수
⑤ 삼각뿔대의 꼭짓점의 개수

469 중

다음 중 아래 입체도형에 대한 설명으로 옳지 <u>않은</u> 것은?

> 사각뿔대, 원뿔대, 구, 구각기둥
> 십각뿔, 삼각뿔, 원기둥, 팔각뿔대

① 다면체인 것은 모두 5개이다.
② 평행한 면이 있는 다면체는 모두 4개이다.
③ 옆면의 모양이 삼각형인 다면체는 모두 2개이다.
④ 옆면의 모양이 사각형인 다면체는 모두 3개이다.
⑤ 모든 면의 모양이 삼각형인 다면체는 1개이다.

470 중

다음 보기 중 각뿔에 대한 설명으로 옳은 것을 모두 고른 것은?

| 보기 |

ㄱ. 밑면의 개수는 1이다.
ㄴ. n각뿔의 꼭짓점의 개수는 $2n$이다.
ㄷ. 밑면은 다각형이고 옆면은 모두 삼각형이다.
ㄹ. 면의 개수가 가장 적은 각뿔은 사각뿔이다.

① ㄱ, ㄴ　　　② ㄱ, ㄷ　　　③ ㄱ, ㄹ
④ ㄴ, ㄷ　　　⑤ ㄷ, ㄹ

471 중

다음 중 각뿔대에 대한 설명으로 옳지 <u>않은</u> 것은?

① n각뿔대의 모서리의 개수는 $3n$이다.
② n각뿔대의 옆면의 개수는 n이다.
③ n각뿔대의 밑면의 모양은 n각형이다.
④ 옆면의 모양은 사다리꼴이다.
⑤ 두 밑면은 평행하고 서로 합동이다.

472 중

다음 중 옳은 것은?

① 삼각기둥은 사면체이다.
② 오각뿔의 모든 면의 모양은 오각형이다.
③ 각뿔은 면의 개수와 꼭짓점의 개수가 같다.
④ 원기둥은 각뿔대보다 밑면이 1개 더 많다.
⑤ 삼각뿔대의 옆면의 모양은 이등변삼각형이다.

473 중

| 서술형 |

칠각뿔을 밑면에 평행한 면으로 자를 때 생기는 두 입체도형의 꼭짓점의 개수의 차를 구하시오.

---

2 조건이 주어진 다면체

474 중

다음 중 밑면의 개수가 1이고 옆면의 모양이 삼각형인 십삼면체는?

① 십일각뿔 ② 십일각뿔대 ③ 십이각뿔
④ 십이각뿔대 ⑤ 십삼각뿔

475 중

꼭짓점의 개수가 12인 각뿔대는 몇 면체인지 구하시오.

476 중

다음 조건을 모두 만족시키는 다면체는?

┤ 조건 ├
(가) 구면체이다.
(나) 두 밑면이 서로 평행하고 합동이다.
(다) 옆면의 모양은 직사각형이다.

① 오각뿔대 ② 육각기둥 ③ 육각뿔
④ 칠각기둥 ⑤ 팔각뿔

477 중

다음 중 육각기둥과 모서리의 개수가 같은 각뿔의 밑면의 모양은?

① 오각형 ② 육각형 ③ 칠각형
④ 팔각형 ⑤ 구각형

다음 조건을 모두 만족시키는 다면체를 구하시오.

| 조건 |

㈎ 꼭짓점의 개수는 12이다.

㈏ 두 밑면은 서로 평행하다.

㈐ 옆면의 모양은 사다리꼴이다.

479 중

모서리의 개수와 면의 개수의 합이 31인 각뿔의 꼭짓점의 개수는?

① 8 　　　② 9 　　　③ 10

④ 11 　　　⑤ 12

480 중

다음 중 면의 개수를 x, 꼭짓점의 개수를 y, 모서리의 개수를 z라 할 때, $x+y+z=50$을 만족시키는 각기둥은?

① 육각기둥 　　② 칠각기둥 　　③ 팔각기둥

④ 구각기둥 　　⑤ 십각기둥

481 상

밑면의 대각선의 개수가 14인 각뿔의 꼭짓점의 개수를 a, 면의 개수를 b라 할 때, $a+b$의 값을 구하시오.

482 상 | 서술형 |

십이면체인 각기둥, 각뿔, 각뿔대의 모서리의 개수의 합을 구하시오.

483 상

다음 조건을 모두 만족시키는 다면체의 면의 개수를 a, 꼭짓점의 개수를 b라 할 때, $a+b$의 값을 구하시오.

| 조건 |

㈎ 두 밑면은 서로 평행하다.

㈏ 옆면의 모양은 직사각형이다.

㈐ 면의 개수와 모서리의 개수의 합은 46이다.

484 (상)

다음 중 꼭짓점의 개수가 $6n$, 모서리의 개수가 $9n$, 면의 개수가 $4n$인 각기둥은?

① 삼각기둥 　② 사각기둥 　③ 오각기둥
④ 육각기둥 　⑤ 칠각기둥

485 (상)

밑면은 내각의 크기의 합이 $900°$인 다각형 1개이고 옆면의 모양은 삼각형인 입체도형의 모서리의 개수는?

① 10 　② 12 　③ 14
④ 16 　⑤ 19

486 (상)

m각뿔대와 n각뿔의 꼭짓점의 개수의 합이 14일 때, $m+n$의 값 중 가장 큰 값을 구하시오.

---

3 정다면체의 이해

487 (중) ★빈출

다음은 정다면체가 5가지뿐인 이유를 설명한 것이다. 이때 $a+b$의 값을 구하시오.

> 정다면체는 입체도형이므로 한 꼭짓점에 모인 면의 개수가 a 이상이어야 하고 한 꼭짓점에 모인 각의 크기의 합이 $b°$보다 작아야 한다.

488 (중)

다음 보기 중 정다면체에 대한 설명으로 옳은 것을 모두 고른 것은?

보기
ㄱ. 각 면이 서로 합동인 정다각형으로 이루어져 있다.
ㄴ. 정팔면체의 한 꼭짓점에 모인 면의 개수는 4이다.
ㄷ. 면의 모양은 정삼각형, 정오각형, 정육각형뿐이다.
ㄹ. 면의 개수가 가장 많은 정다면체는 정이십면체이다.

① ㄱ, ㄴ 　② ㄱ, ㄷ 　③ ㄴ, ㄹ
④ ㄱ, ㄴ, ㄷ 　⑤ ㄱ, ㄴ, ㄹ

489 (중)

다음 중 한 꼭짓점에 모인 면의 개수가 같은 정다면체끼리 짝 지은 것은?

① 정사면체 – 정육면체
② 정사면체 – 정팔면체
③ 정육면체 – 정이십면체
④ 정팔면체 – 정십이면체
⑤ 정팔면체 – 정이십면체

490 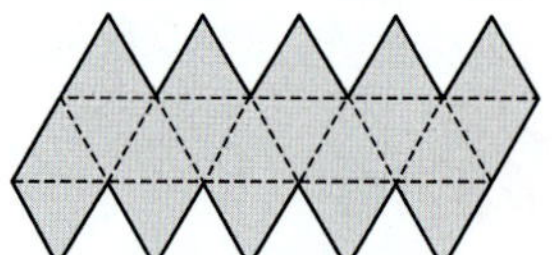

오른쪽 그림과 같은 전개도로
만든 정다면체에서 모서리의
개수를 구하시오.

491

면의 모양이 정삼각형인 정다면체의 종류는 a가지, 한 꼭
짓점에 모인 면 개수가 3인 정다면체의 종류는 b가지이
다. 이때 $a+b$의 값을 구하시오.

492

면의 모양이 정사각형인 정다면체의 꼭짓점의 개수를 a,
면의 개수를 b라 할 때, $a+b$의 값을 구하시오.

493 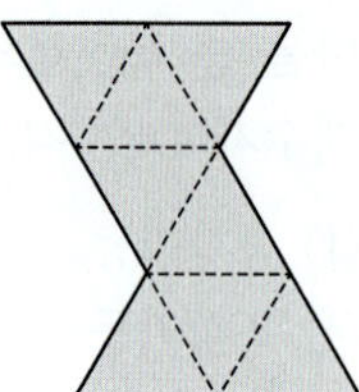

다음 중 오른쪽 그림과 같은 전개도로
만든 정다면체에 대한 설명으로 옳지
않은 것은?

① 정팔면체이다.
② 꼭짓점의 개수는 6이다.
③ 모서리의 개수는 12이다.
④ 한 꼭짓점에 모인 면의 개수는 4이다.
⑤ 한 꼭짓점에 모인 모서리의 개수는 5이다.

494

다음 조건을 모두 만족시키는 정다면체는?

┌─ 조건 ┤
⑺ 한 꼭짓점에 모인 면의 개수는 3이다.
⑻ 모서리의 개수는 12이다.
└─

① 정사면체　　② 정육면체　　③ 정팔면체
④ 정십이면체　⑤ 정이십면체

495

오른쪽 그림과 같은 전개도로 만
든 정사면체에서 다음 중 $\overline{AB}$와
겹치는 모서리는?

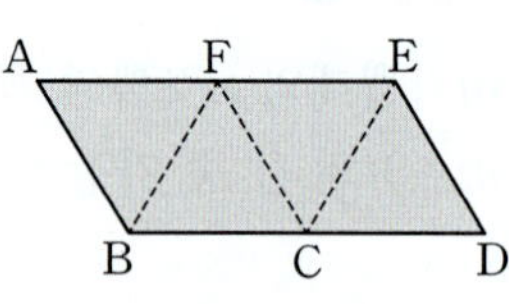

① $\overline{AF}$　　　② $\overline{BC}$　　　③ $\overline{CD}$
④ $\overline{ED}$　　　⑤ $\overline{FE}$

496 중

다음 중 그 값이 가장 큰 것은?

① 정사면체의 꼭짓점의 개수
② 정육면체의 면의 개수
③ 정팔면체의 면의 개수
④ 정십이면체의 모서리의 개수
⑤ 정이십면체의 꼭짓점의 개수

497 중

다음 중 정육면체의 전개도가 될 수 없는 것은?

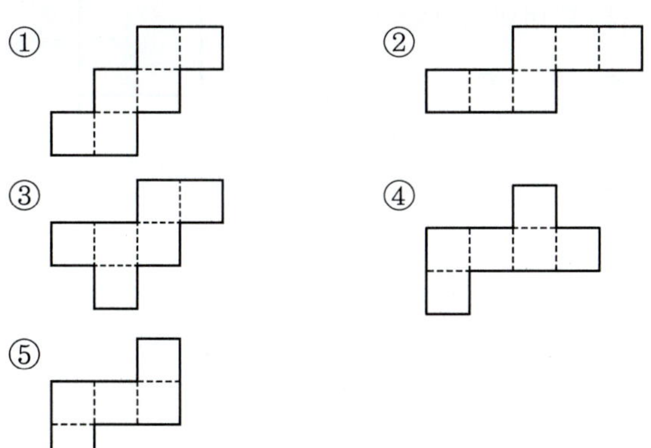

498 중

다음 중 옳지 않은 것은?

① 정사면체와 정이십면체의 면의 모양은 같다.
② 한 꼭짓점에 모인 면의 개수가 5인 정다면체는 정이십면체뿐이다.
③ 정사면체의 면의 개수와 모서리의 개수는 같다.
④ 정육면체의 면의 개수와 정팔면체의 꼭짓점의 개수는 같다.
⑤ 정십이면체의 면의 개수와 정이십면체의 꼭짓점의 개수는 같다.

499 중

다음 중 오른쪽 그림과 같은 전개도로 만든 정다면체에 대한 설명으로 옳지 <u>않은</u> 것은?

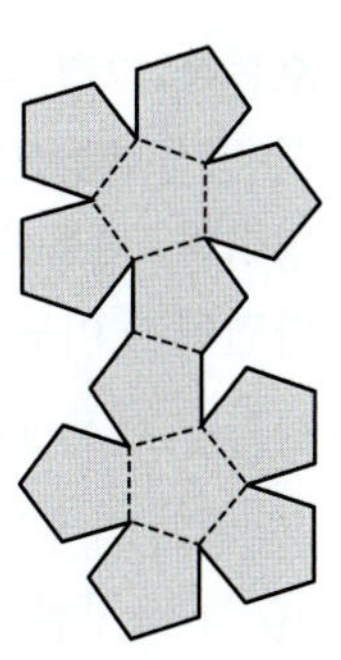

① 면의 모양은 정오각형이다.
② 꼭짓점의 개수는 12이다.
③ 모서리의 개수는 30이다.
④ 한 꼭짓점에 모인 면의 개수는 3이다.
⑤ 정다면체 중에서 꼭짓점의 개수가 가장 많다.

★빈출 500 중

다음 중 오른쪽 그림과 같은 전개도로 만든 정다면체에 대한 설명으로 옳지 <u>않은</u> 것은?

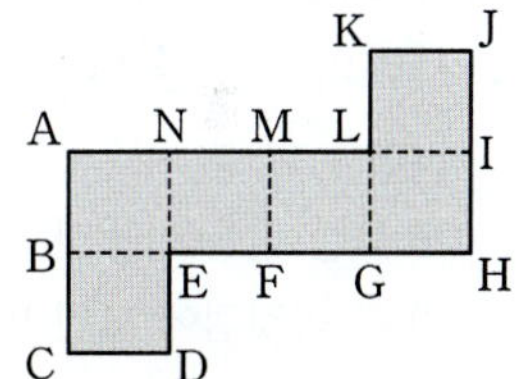

① 꼭짓점의 개수가 8이다.
② 평행한 면은 모두 3쌍이다.
③ $\overline{KJ}$와 겹치는 모서리는 $\overline{AN}$이다.
④ 점 B와 겹치는 꼭짓점은 점 H이다.
⑤ 면 ABEN과 면 LGFM은 평행하다.

501 중

| 서술형 |

모서리의 개수가 가장 적은 정다면체의 면의 개수를 a, 꼭짓점의 개수가 두 번째로 적은 정다면체의 모서리의 개수를 b라 할 때, $a+b$의 값을 구하시오.

502 중

오른쪽 그림은 각 면이 모두 합동인 정삼각형으로 이루어진 입체도형이다. 다음 중 이 입체도형이 정다면체가 아닌 이유로 옳은 것은?

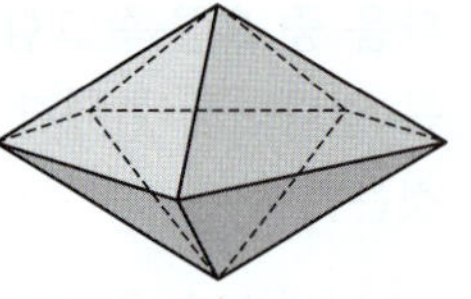

① 각 면이 모두 합동인 정다각형이 아니다.
② 면의 개수와 꼭짓점의 개수가 다르다.
③ 한 꼭짓점에 모인 각의 크기의 합이 $360°$보다 크다.
④ 한 꼭짓점에 모인 모서리의 개수가 4보다 크다.
⑤ 한 꼭짓점에 모인 면의 개수가 4 또는 5로 같지 않다.

503 중

다음 조건을 모두 만족시키는 다면체의 면의 개수를 a, 모서리의 개수를 b라 할 때, $b-a$의 값은?

> **조건**
> (가) 모든 면은 합동인 정다각형이다.
> (나) 각 꼭짓점에 모인 면의 개수는 4이다.

① 2   ② 4   ③ 6
④ 10   ⑤ 18

504 상

오른쪽 그림과 같은 전개도로 정팔면체를 만들 때, 다음 중 $\overline{BC}$와 꼬인 위치에 있는 모서리가 아닌 것은?

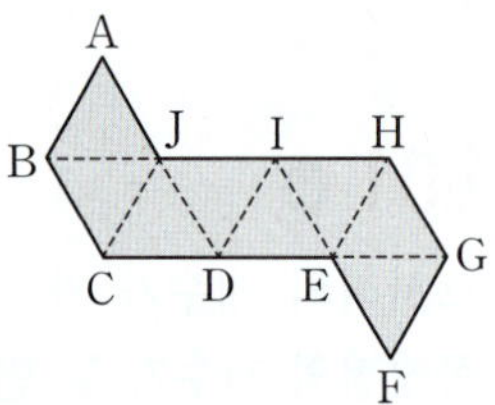

① $\overline{AJ}$ ② $\overline{DE}$
③ $\overline{DI}$ ④ $\overline{DJ}$
⑤ $\overline{EI}$

505 중

정육면체의 각 면의 대각선의 교점을 연결하여 만든 정다면체를 구하시오.

506 중

오른쪽 그림과 같은 정육면체를 세 꼭짓점 B, D, H를 지나는 평면으로 자를 때 생기는 단면의 모양은?

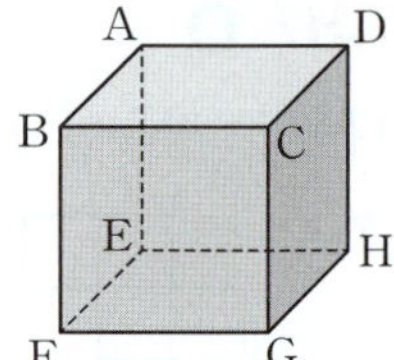

① 정삼각형   ② 직각삼각형
③ 직사각형   ④ 마름모
⑤ 정사각형

507 중

어떤 정다면체의 각 면의 한가운데 점을 연결하여 만든 정다면체가 처음 정다면체와 같은 종류일 때, 이 정다면체는?

① 정사면체   ② 정육면체   ③ 정팔면체
④ 정십이면체   ⑤ 정이십면체

508 중

| 서술형 |

정팔면체의 각 면의 한가운데 점을 연결하여 만든 다면체의 모서리의 개수를 구하시오.

509 ㉗

다음 중 정이십면체의 각 면의 한가운데 점을 꼭짓점으로
하여 만든 다면체에 대한 설명으로 옳지 <u>않은</u> 것은?

① 꼭짓점의 개수는 20이다.
② 십각기둥과 면의 개수가 같다.
③ 정이십면체와 모서리의 개수가 같다.
④ 한 꼭짓점에 모인 면의 개수는 3이다.
⑤ 모든 면이 합동인 정삼각형으로 이루어져 있다.

510 ㉗

오른쪽 그림과 같은 정사면체에서
두 점 E, F는 각각 모서리 AB, AD
의 중점이다. 세 점 C, E, F를 지나
는 평면으로 정사면체를 자를 때 생
기는 단면의 모양은?

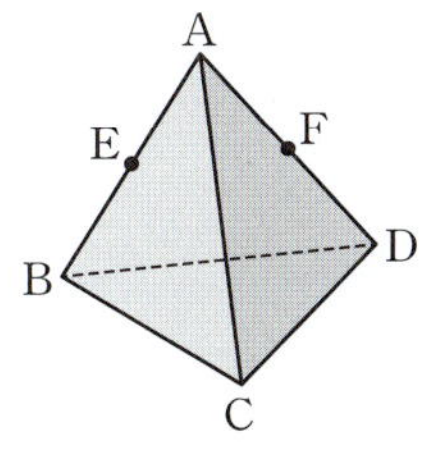

① 이등변삼각형　② 정삼각형
③ 직사각형　　　④ 평행사변형
⑤ 정사각형

★빈출
511 ㉗

다음 중 정육면체를 한 평면으로 자를 때 생기는 단면의
모양이 될 수 <u>없는</u> 것은?

① 이등변삼각형　② 직각삼각형　　③ 사다리꼴
④ 오각형　　　　⑤ 육각형

512 ㉗

오른쪽 그림과 같은 정육면체에서 점
M은 모서리 AD의 중점이다. 세 점
B, M, H를 지나는 평면으로 정육면
체를 자를 때 생기는 단면의 모양은?

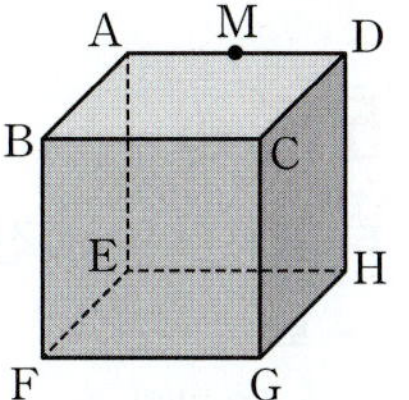

① 이등변삼각형　② 직사각형
③ 마름모　　　　④ 오각형
⑤ 육각형

513 ㉘

오른쪽 그림과 같은 정사면체의 각 모
서리의 중점을 연결하여 만든 다면체의
모서리의 개수를 구하시오.

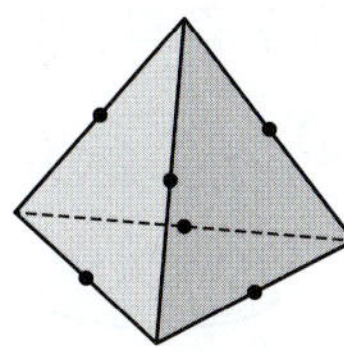

514 ㉘

오른쪽 그림과 같은 전개도로 만
든 정육면체를 세 점 A, B, C를
지나는 평면으로 자를 때 생기는
단면에서 ∠ACB의 크기를 구하
시오.

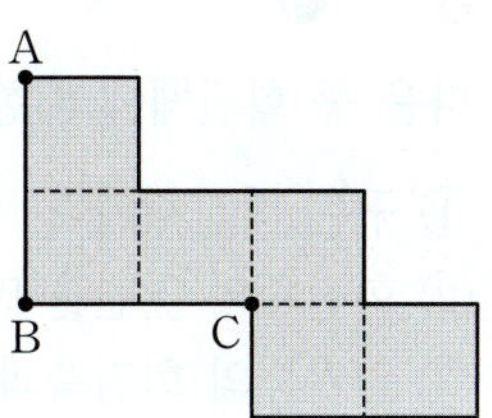

515 하

다음 보기 중 회전체를 모두 고른 것은?

| 보기 |
ㄱ. 오각뿔　　　ㄴ. 원뿔　　　ㄷ. 구
ㄹ. 원기둥　　　ㅁ. 오각뿔대　　ㅂ. 원뿔대

① ㄱ, ㄴ, ㄹ, ㅁ　　　② ㄱ, ㄴ, ㅁ, ㅂ
③ ㄴ, ㄷ, ㄹ, ㅂ　　　④ ㄴ, ㄹ, ㅁ, ㅂ
⑤ ㄷ, ㄹ, ㅁ, ㅂ

★빈출 516 하

다음 중 회전축을 갖는 입체도형이 <u>아닌</u> 것은?

① 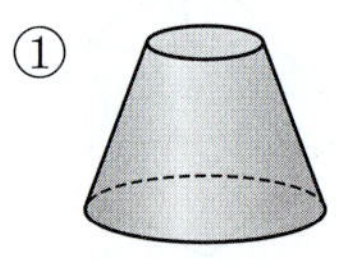　② 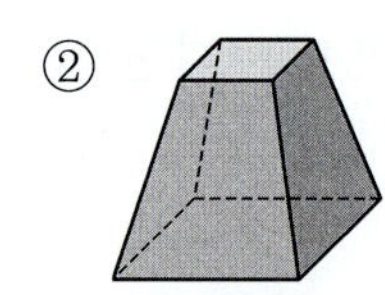　③ 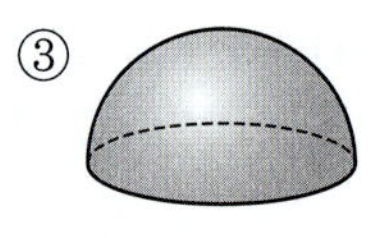

④ 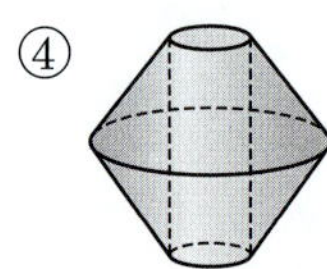　⑤ 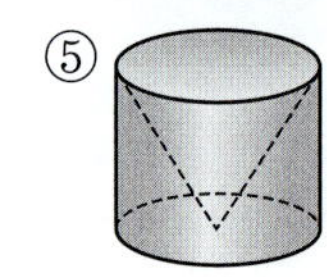

★빈출 517 중

다음 중 회전체에 대한 설명으로 옳지 <u>않은</u> 것은?

① 구는 회전체이다.
② 회전체의 옆면을 만드는 선분을 모선이라 한다.
③ 원기둥의 회전축과 모선은 항상 평행하다.
④ 원뿔대의 두 밑면은 서로 평행하고 합동인 원이다.
⑤ 평면도형을 1회전 시킬 때 축이 되는 직선을 회전축이
　라 한다.

★빈출 518 중

다음 중 평면도형을 회전시켜 만든 입체도형으로 옳지 <u>않은</u> 것은?

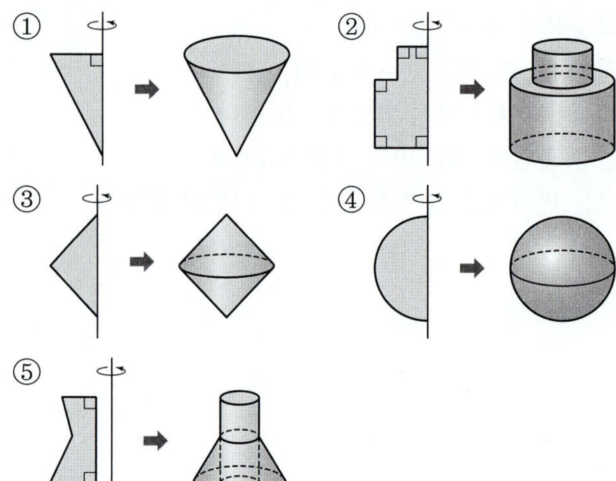

519 중

다음 중 보기의 입체도형에 대한 설명으로 옳은 것은?

| 보기 |
ㄱ. 정사면체　　ㄴ. 원뿔　　　ㄷ. 오각뿔대
ㄹ. 정육면체　　ㅁ. 원뿔대　　ㅂ. 구
ㅅ. 오각뿔　　　ㅇ. 원기둥　　ㅈ. 삼각기둥

① 원 모양의 면이 있는 입체도형은 ㄴ, ㅁ, ㅂ, ㅇ이다.
② 꼭짓점의 개수가 6인 입체도형은 ㄱ, ㅅ, ㅈ이다.
③ 회전축이 있는 입체도형은 ㄴ, ㅁ, ㅅ, ㅇ이다.
④ 정삼각형인 면으로만 이루어진 입체도형은 ㄱ, ㄹ이다.
⑤ 서로 평행한 면이 있는 입체도형은 ㄷ, ㄹ, ㅁ, ㅇ, ㅈ
　이다.

520 중

다음 중 오른쪽 그림과 같은 평면도형을 직선 l 을 회전축으로 하여 1회전 시킬 때 생기는 입체도형은?

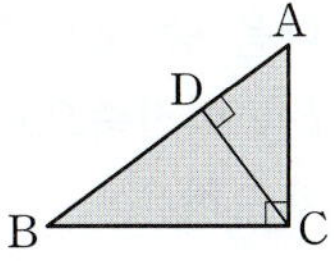

① 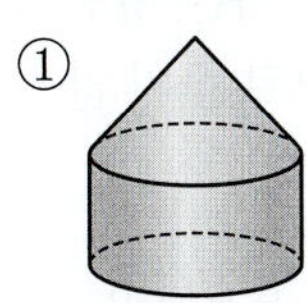

② 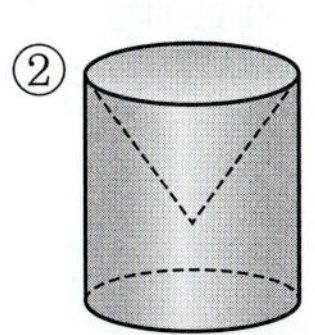

③ 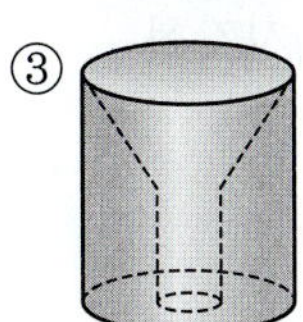

④ 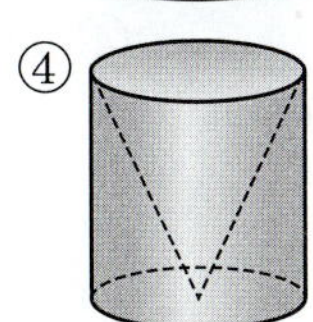

⑤ 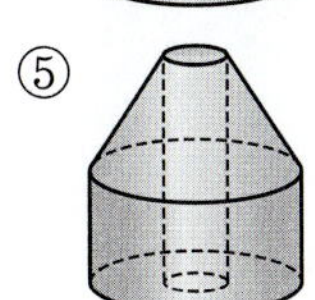

521 중

오른쪽 그림과 같은 회전체는 다음 중 어느 평면도형을 직선 l 을 회전축으로 하여 1회전 시킨 것인가?

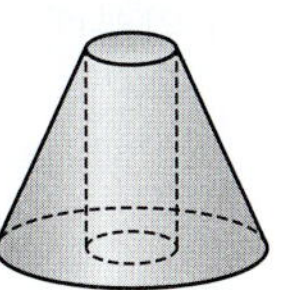

① 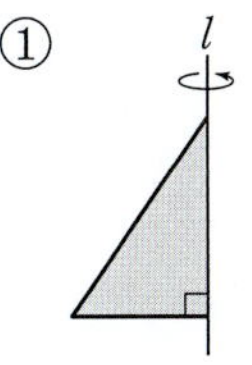

② 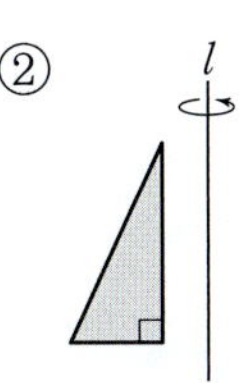

③ 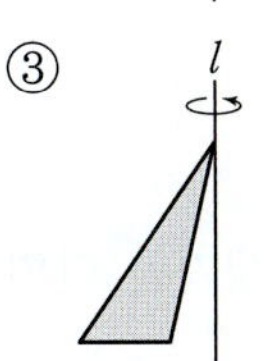

④ 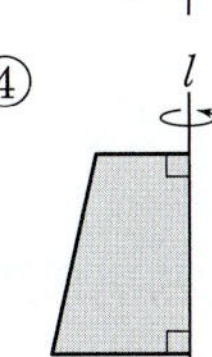

⑤ 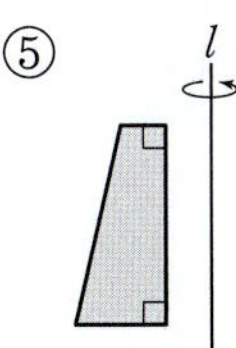

522 빈출 중

오른쪽 그림과 같은 직각삼각형 ABC 를 1회전 시켜 원뿔을 만들려고 할 때, 다음 보기 중 회전축이 될 수 <u>없는</u> 것을 모두 고른 것은?

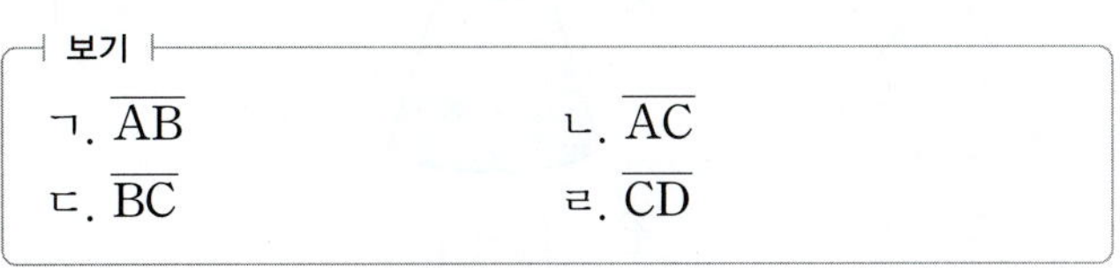

보기	
ㄱ. $\overline{AB}$	ㄴ. $\overline{AC}$
ㄷ. $\overline{BC}$	ㄹ. $\overline{CD}$

① ㄱ   ② ㄹ   ③ ㄱ, ㄹ
④ ㄴ, ㄷ   ⑤ ㄷ, ㄹ

523 중

오른쪽 그림과 같은 사다리꼴 ABCD를 1회전 시켜 원뿔대를 만들려고 할 때, 다음 중 회전축이 될 수 있는 것은?

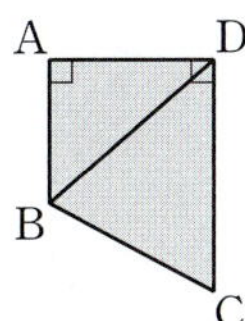

① $\overline{AB}$ ② $\overline{AD}$
③ $\overline{BC}$ ④ $\overline{DB}$
⑤ $\overline{DC}$

524 상

다음 중 오른쪽 그림과 같은 오각형 ABCDE 의 어느 한 변을 회전축으로 하여 1회전 시킬 때 생기는 입체도형이 <u>아닌</u> 것은?

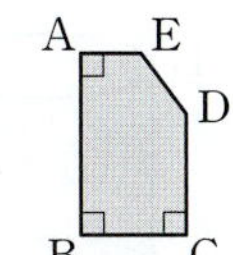

① 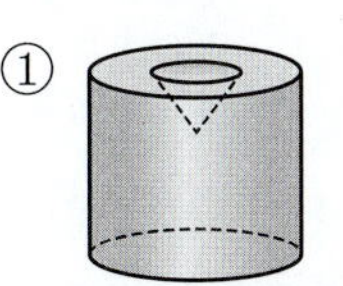

② 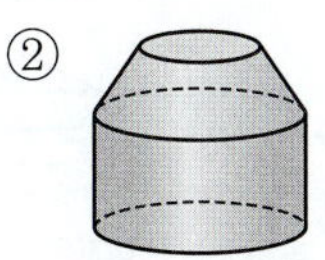

③ 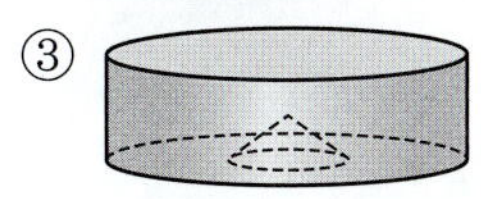

④ 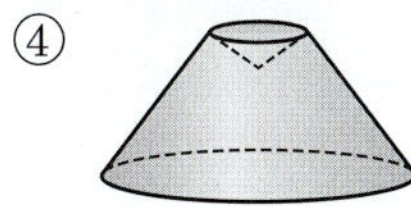

⑤ 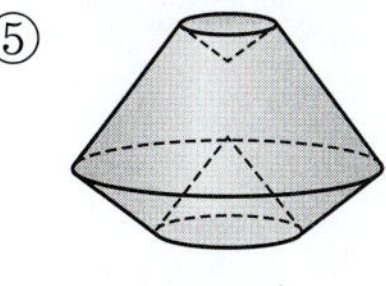

525 <상>

다음 중 오른쪽 그림과 같은 평면도형을 직선 l을 회전축으로 하여 1회전 시킬 때 생기는 입체도형은?

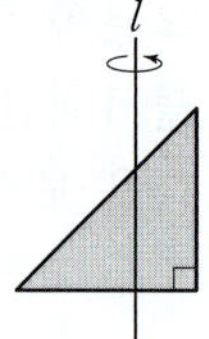

① 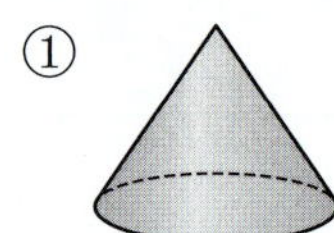 ② 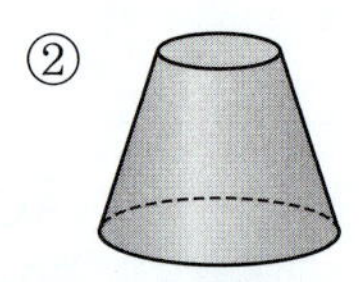

③ 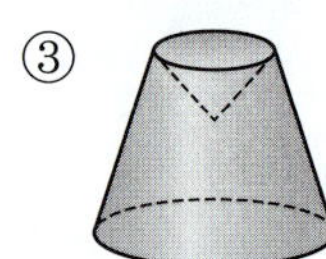 ④ 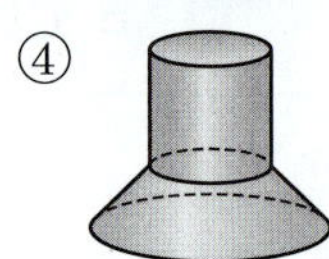

⑤

526 <상>

다음 중 오른쪽 그림과 같은 직사각형 ABCD를 대각선 AC를 회전축으로 하여 1회전 시킬 때 생기는 입체도형은?

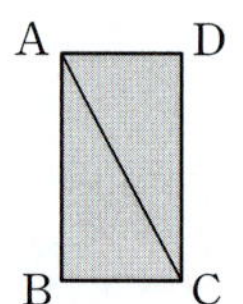

① 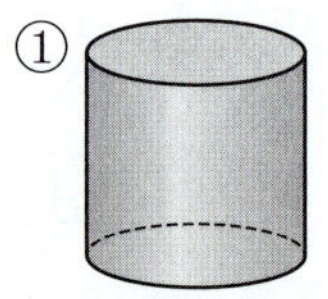 ② 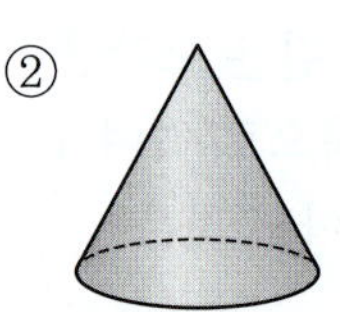 ③ 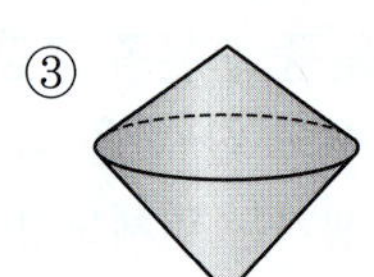

④ 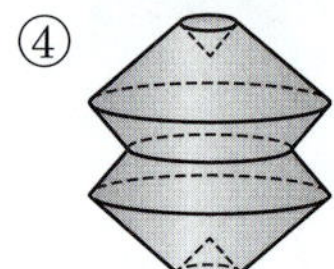 ⑤ 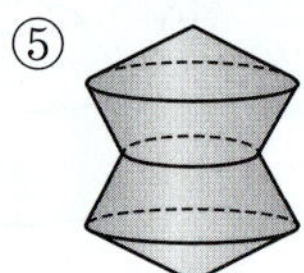

527 <하>

다음 중 회전체와 그 회전체를 회전축을 포함하는 평면으로 자를 때 생기는 단면의 모양을 짝 지은 것으로 옳지 <u>않은</u> 것은?

① 구 – 원 ② 원뿔 – 이등변삼각형
③ 반구 – 반원 ④ 원기둥 – 직사각형
⑤ 원뿔대 – 평행사변형

빈출
528 <하>

다음 중 어떤 평면으로 잘라도 그 단면이 항상 원인 회전체는?

① 반구 ② 구 ③ 원뿔
④ 원뿔대 ⑤ 원기둥

529 <하>

다음 중 회전축에 수직인 평면으로 자를 때 생기는 단면이 항상 합동인 것은?

① 원기둥 ② 원뿔 ③ 원뿔대
④ 반구 ⑤ 구

530 ⑨

다음 보기 중 회전체에 대한 설명으로 옳은 것을 모두 고른 것은?

보기

ㄱ. 원뿔을 회전축에 수직인 평면으로 자를 때 생기는 단면은 원이다.

ㄴ. 회전체를 회전축에 수직인 평면으로 자를 때 생기는 단면은 모두 합동이다.

ㄷ. 회전체를 회전축에 수직인 평면으로 자를 때 생기는 단면은 항상 원이다.

ㄹ. 회전체를 회전축을 포함하는 평면으로 자를 때 생기는 단면은 회전축에 대하여 선대칭도형이다.

① ㄱ, ㄴ ② ㄱ, ㄷ ③ ㄴ, ㄹ
④ ㄱ, ㄴ, ㄹ ⑤ ㄱ, ㄷ, ㄹ

531 ⑨

오른쪽 그림과 같은 평면도형을 직선 l을 회전축으로 하여 1회전 시킬 때 생기는 회전체를 회전축을 포함하는 평면으로 잘랐다. 다음 중 이때 생기는 단면의 모양은?

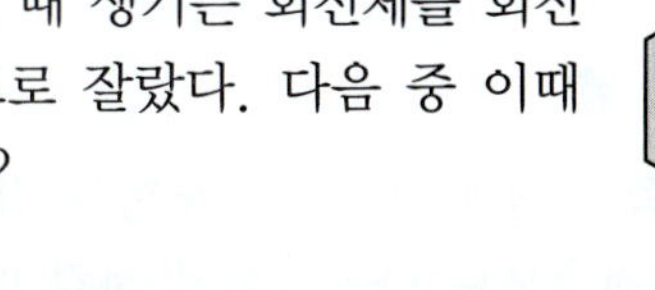

① 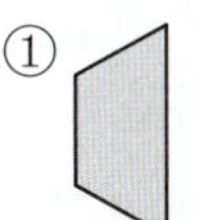 ② 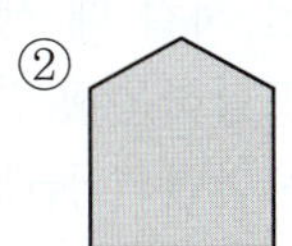 ③ 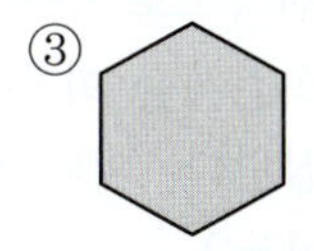

④ 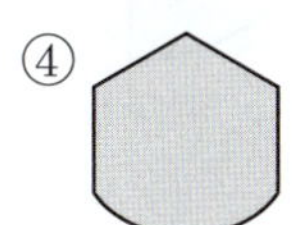 ⑤ 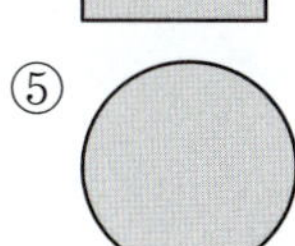

532 ⑨

다음 보기 중 구에 대한 설명으로 옳은 것을 모두 고른 것은?

보기

ㄱ. 전개도를 그릴 수 있다.

ㄴ. 회전축은 무수히 많다.

ㄷ. 어떤 평면으로 잘라도 그 단면은 항상 원이다.

ㄹ. 어떤 평면으로 잘라도 그 단면은 항상 합동이다.

① ㄱ, ㄴ ② ㄱ, ㄷ ③ ㄴ, ㄷ
④ ㄴ, ㄹ ⑤ ㄷ, ㄹ

533 ⑨

오른쪽 그림과 같은 원뿔을 회전축을 포함하는 평면으로 자를 때 생기는 단면의 넓이는?

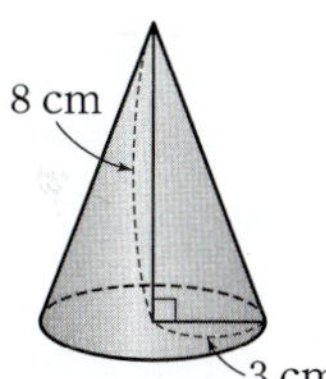

① 12 cm^2 ② 15 cm^2
③ 18 cm^2 ④ 21 cm^2
⑤ 24 cm^2

534 ⑨

| 서술형 |

어떤 회전체를 회전축에 수직인 평면으로 자른 단면과 회전축을 포함하는 평면으로 자른 단면이 각각 다음 그림과 같다. 이 회전체의 밑면의 반지름의 길이를 a cm, 높이를 b cm라 할 때, $a+b$의 값을 구하시오.

(단, 회전축은 $\overline{AB}$와 평행하다.)

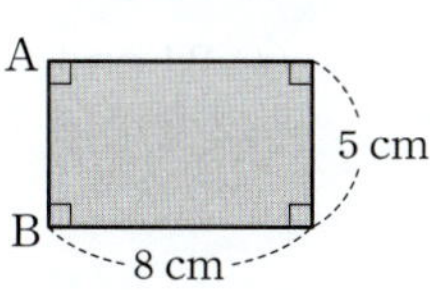

535 중

지름의 길이가 14 cm인 구를 한 평면으로 자를 때 생기는 단면 중 가장 큰 단면의 넓이를 구하시오.

536 중

다음 중 오른쪽 그림과 같은 원뿔대를 평면 ①, ②, ③, ④, ⑤로 자를 때 생기는 단면의 모양으로 옳지 <u>않은</u> 것은?

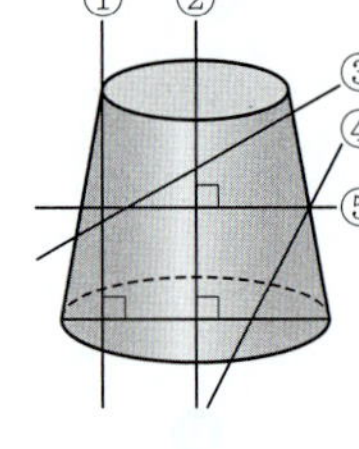

①
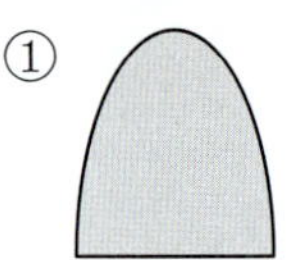

②
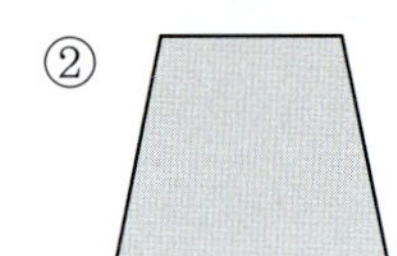

③
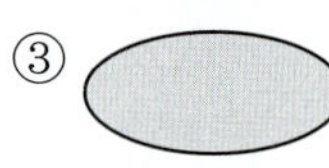

④
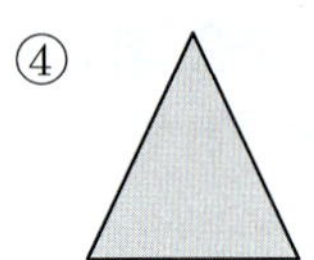

⑤
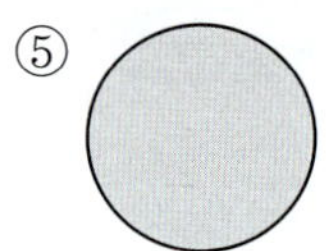

537 중

오른쪽 그림과 같은 회전체를 회전축을 포함하는 평면으로 자를 때 생기는 단면의 넓이는?

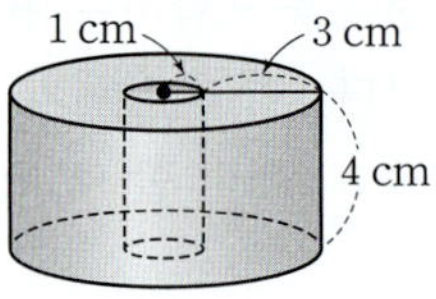

① 12 cm^2 ② 16 cm^2
③ 18 cm^2 ④ 24 cm^2
⑤ 32 cm^2

538 중

다음 중 원뿔을 한 평면으로 자를 때 생기는 단면의 모양이 될 수 <u>없는</u> 것은?

①
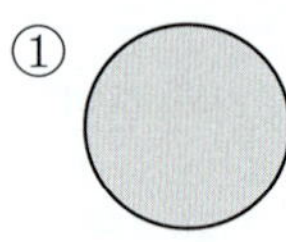

②
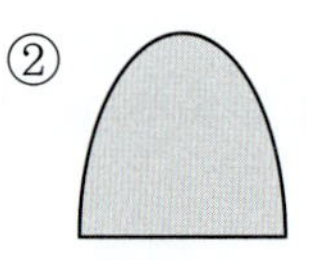

③
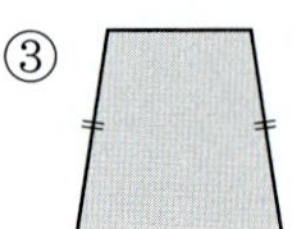

④
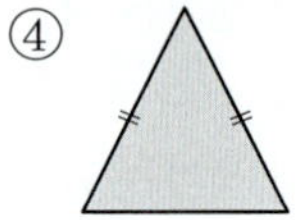

⑤
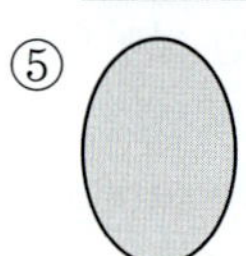

539 상

오른쪽 그림과 같은 평면도형을 직선 l을 회전축으로 하여 1회전 시킬 때 생기는 회전체를 회전축에 수직인 평면으로 잘랐다. 이때 생기는 단면 중 가장 작은 단면의 넓이를 구하시오.

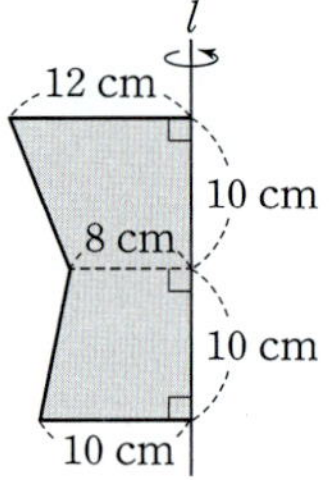

540 상

오른쪽 그림과 같은 평면도형을 직선 l을 회전축으로 하여 1회전 시킬 때 생기는 회전체를 회전축을 포함하는 평면으로 잘랐다. 이때 생기는 단면의 둘레의 길이는?

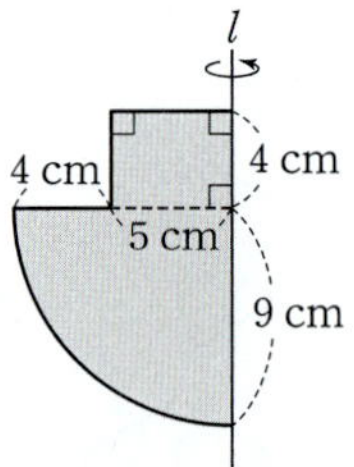

① $\left(\dfrac{9}{2}\pi+13\right)$ cm

② $\left(\dfrac{9}{2}\pi+26\right)$ cm

③ $(9\pi+13)$ cm

④ $(9\pi+26)$ cm

⑤ $(9\pi+39)$ cm

541 ⓢ

다음 입체도형 중 한 평면으로 자를 때 생기는 단면의 모양이 삼각형이 될 수 <u>없는</u> 것은?

① 삼각뿔   ② 원뿔   ③ 사각뿔대
④ 원기둥   ⑤ 육각기둥

★빈출
542 ⓢ

| 서술형 |

오른쪽 그림과 같은 직각삼각형을 직선 l을 회전축으로 하여 1회전 시킬 때 생기는 회전체를 회전축에 수직인 평면으로 잘랐다. 이때 생기는 단면 중 가장 큰 단면의 둘레의 길이를 구하시오.

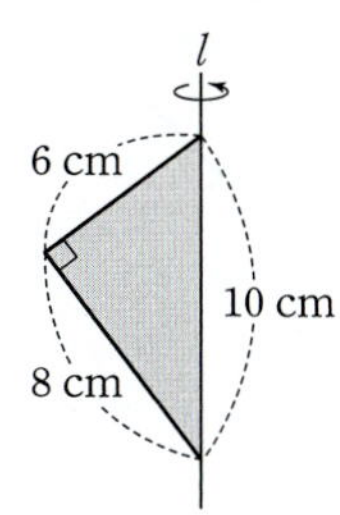

543 ⓢ

오른쪽 그림의 직각삼각형 ABC를 직선 AB를 회전축으로 하여 1회전 시킬 때 생기는 회전체와 직선 BC를 회전축으로 하여 1회전 시킬 때 생기는 회전체를 각각 회전축을 포함하는 평면으로 잘랐다. 이때 생기는 두 단면의 넓이의 비는?

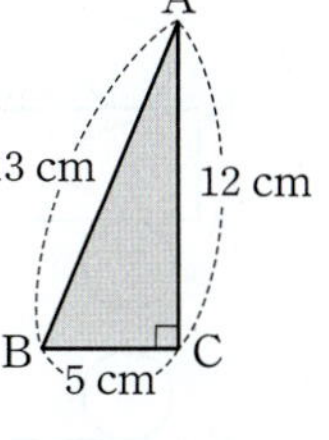

① $1:1$ ② $5:12$ ③ $5:13$
④ $12:5$ ⑤ $13:5$

---

7 회전체의 전개도

544 ⓗ

오른쪽 그림과 같은 평면도형을 직선 l을 회전축으로 하여 1회전 시킬 때 생기는 입체도형의 전개도는?

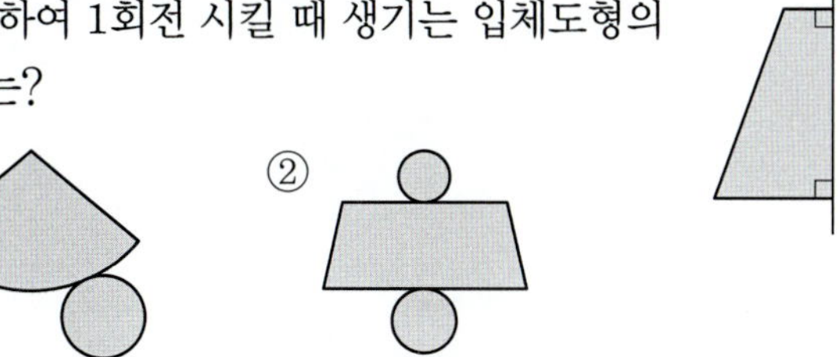

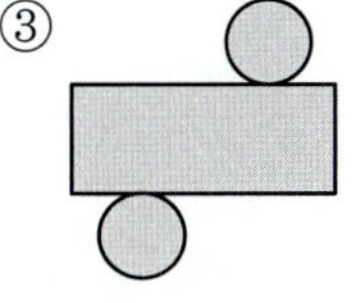

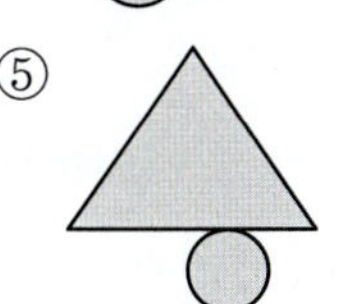

① ② ③ ④ ⑤

545 ⓒ

다음 그림과 같은 직사각형을 직선 l을 회전축으로 하여 1회전 시킬 때 생기는 회전체의 전개도에서 a, b, c의 값은?

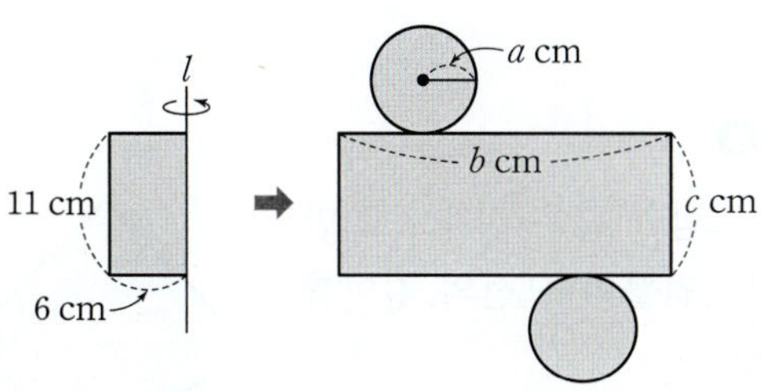

① $a=3$, $b=6\pi$, $c=11$ ② $a=3$, $b=6\pi$, $c=22$
③ $a=6$, $b=12\pi$, $c=11$ ④ $a=6$, $b=12\pi$, $c=22$
⑤ $a=12$, $b=24\pi$, $c=11$

★빈출 546 중

오른쪽 그림과 같은 전개도로 만들어
지는 입체도형의 밑면인 원의 반지름
의 길이를 구하시오.

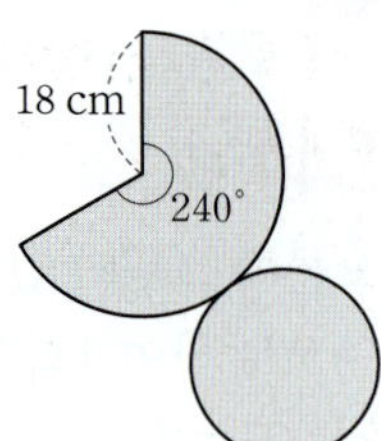

547 중

| 서술형 |

오른쪽 그림과 같은 전개도로 만들
어지는 원뿔대의 두 밑면 중 큰 원
의 넓이를 구하시오.

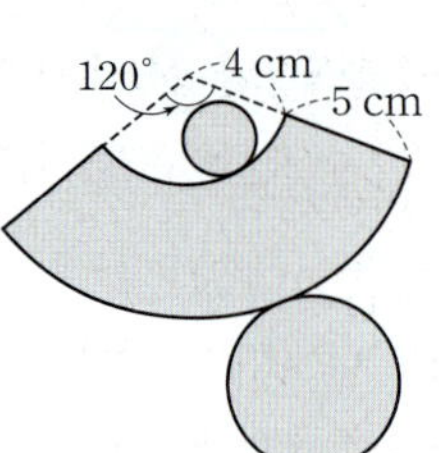

548 중

오른쪽 그림과 같은 전개도로 만
들어지는 원뿔의 모선의 길이를
구하시오.

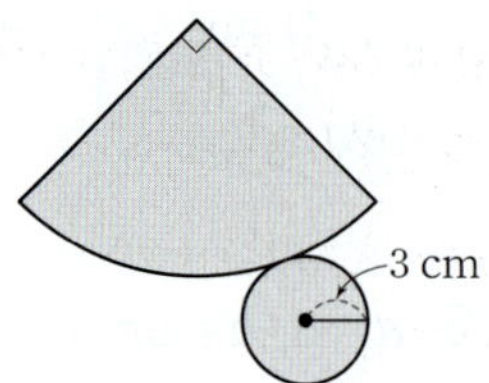

549 상

오른쪽 그림과 같이 원뿔의 밑면의 둘레
위의 한 점 A에서 끈으로 이 원뿔의 옆면
을 한 바퀴 팽팽하게 감았다. 다음 중 실
의 길이가 가장 짧게 되는 경로를 전개도
위에 바르게 나타낸 것은?

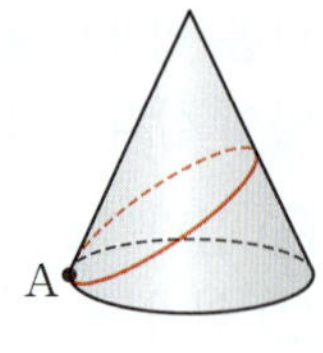

① 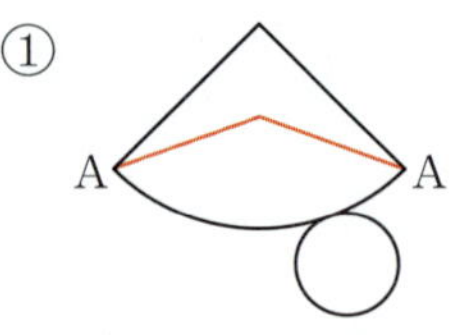　② 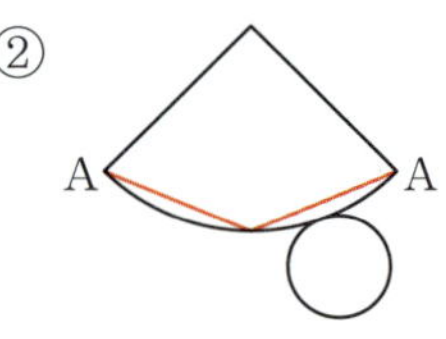

③ 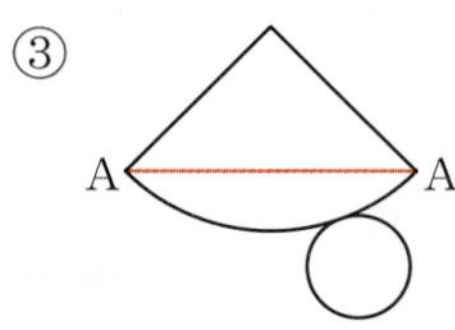　④ 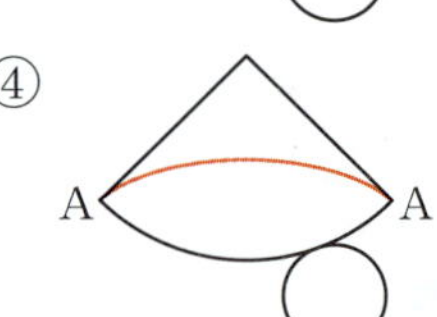

⑤ 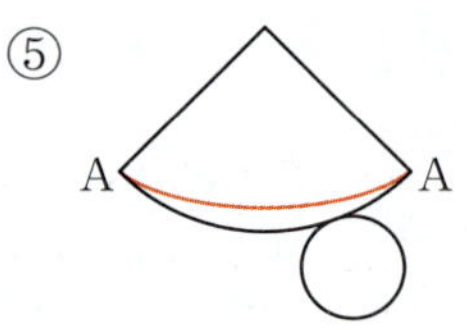

★빈출 550 상

오른쪽 그림과 같이 원기둥의 겉면을 따라
점 A에서 점 B까지 실로 연결할 때, 다음
중 실의 길이가 가장 짧게 되는 경로를 전개
도 위에 바르게 나타낸 것은?

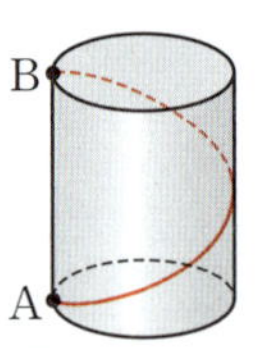

(단, $\overline{\text{AB}}$는 원기둥의 모선이다.)

① 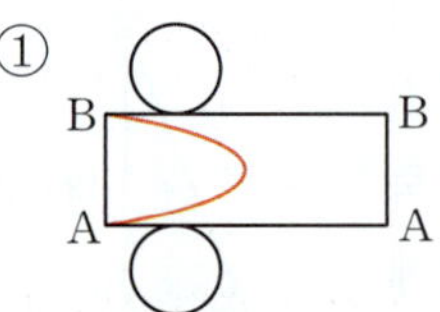　② 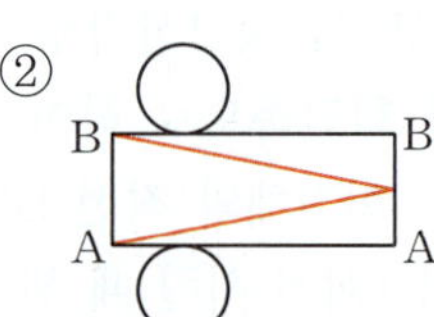

③ 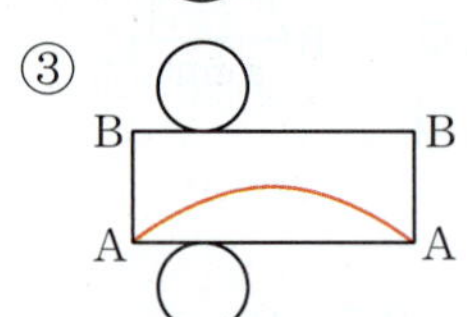　④ 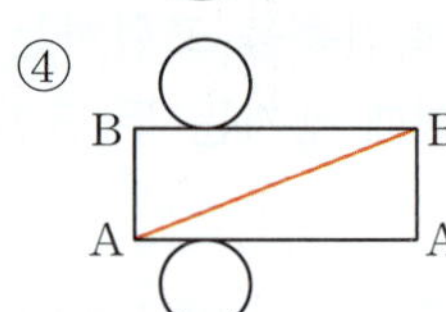

⑤ 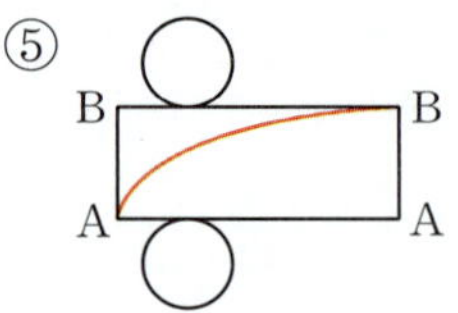

최고수준 도전 기출

551

오른쪽 그림과 같이 반지름의 길이가 4 cm 인 원을 직선 l을 회전축으로 하여 1회전 시켰다. 이때 생기는 회전체를 원의 중심 O를 지나면서 회전축에 수직인 평면으로 자를 때 생기는 단면의 넓이는?

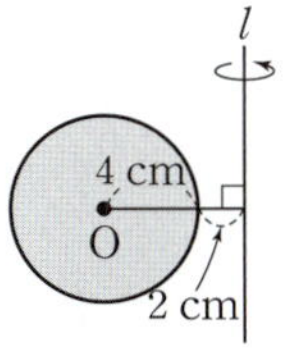

① 96π cm^2 ② 98π cm^2 ③ 100π cm^2
④ 102π cm^2 ⑤ 104π cm^2

552

오른쪽 그림과 같은 전개도로 만든 정팔면 체에서 마주 보는 두 면에 적힌 수의 합이 9로 일정할 때, $ab+cd$의 값을 구하시오.

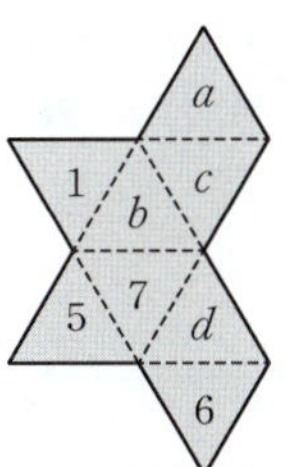

553

오른쪽 그림은 한 모서리의 길이가 4 cm인 정사면체이다. 모서리 AB 의 중점을 M이라 할 때, 점 M에서 시작하여 세 모서리 AC, CD, BD 를 거쳐 다시 점 M까지 최단 거리로 이동하려고 한다. 이때 이동 거리를 구하시오.

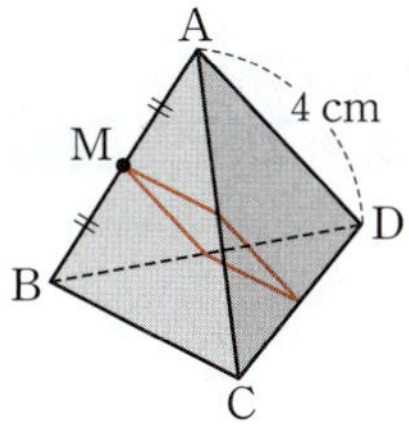

554

다음 그림과 같이 정이십면체의 각 꼭짓점에서 각 모서리 를 삼등분하는 점을 지나도록 잘라 내고 남은 다면체의 꼭짓점의 개수를 a, 면의 개수를 b, 모서리의 개수를 c라 하자. 이때 $a+b+c$의 값은?

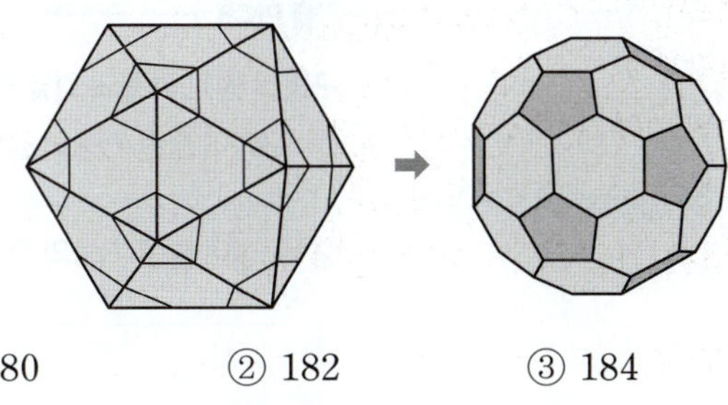

① 180 ② 182 ③ 184
④ 186 ⑤ 188

07 입체도형의 겉넓이와 부피

1 기둥의 겉넓이

☑ 필수 기출 1

(1) 각기둥의 겉넓이

(각기둥의 겉넓이)

$=$(밑넓이)$\times 2+$(옆넓이)

└→ 한 밑면의 넓이   └→ 옆면 전체의 넓이

$=$(밑넓이)$\times 2+$(밑면의 둘레의 길이)$\times$(높이)

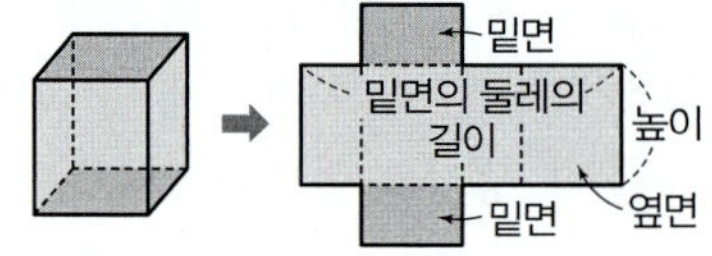

(2) 원기둥의 겉넓이

원기둥의 밑면인 원의 반지름의 길이를 r, 높이를 h라 하면

(원기둥의 겉넓이)$=$(밑넓이)$\times 2+($ ❶ $)$

$\qquad\qquad\qquad = 2\pi r^2 + 2\pi rh$

참고 원기둥의 전개도에서 옆면인 직사각형에 대하여

(직사각형의 가로의 길이)$=$(밑면인 원의 둘레의 길이)

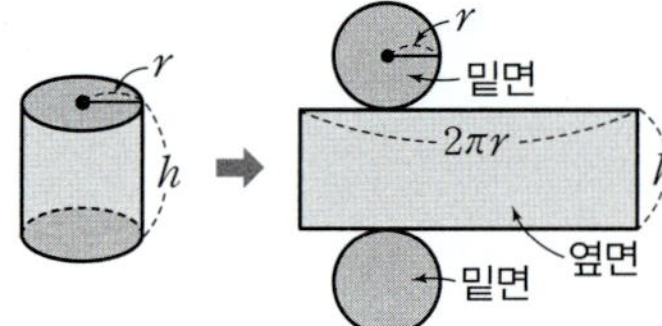

2 기둥의 부피

☑ 필수 기출 2, 7, 8

(1) 각기둥의 부피

각기둥의 밑넓이를 S, 높이를 h라 하면

(각기둥의 부피)$=$(밑넓이)$\times$(높이)$=Sh$

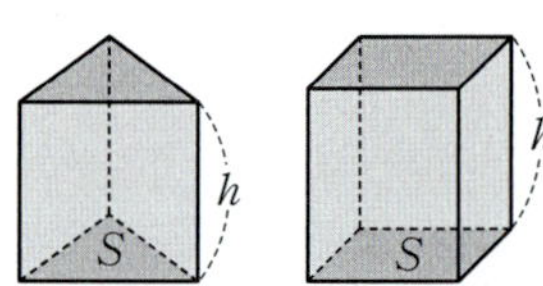

(2) 원기둥의 부피

원기둥의 밑면인 원의 반지름의 길이를 r, 높이를 h라 하면

(원기둥의 부피)$=$(밑넓이)$\times$(높이)$=$ ❷

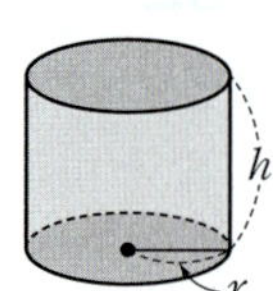

📎 **기출 PICK**

구멍이 뚫린 기둥의 겉넓이와 부피

① (구멍이 뚫린 기둥의 겉넓이)$=\{$(큰 기둥의 밑넓이)$-$(작은 기둥의 밑넓이)$\}\times 2$
$\qquad\qquad\qquad\qquad\qquad +$(큰 기둥의 옆넓이)$+$(작은 기둥의 옆넓이)

② (구멍이 뚫린 기둥의 부피)$=$(큰 기둥의 부피)$-$(작은 기둥의 부피)

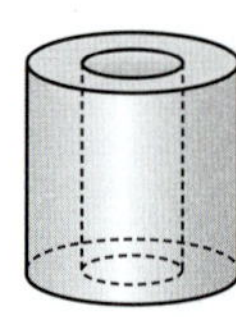

3 뿔의 겉넓이

☑ 필수 기출 3

(1) 각뿔의 겉넓이

(각뿔의 겉넓이)$=$(밑넓이)$+$(옆넓이)

참고 n각뿔의 전개도는 n각형 모양의 밑면 1개와 삼각형 모양의 옆면
n개로 이루어져 있다.

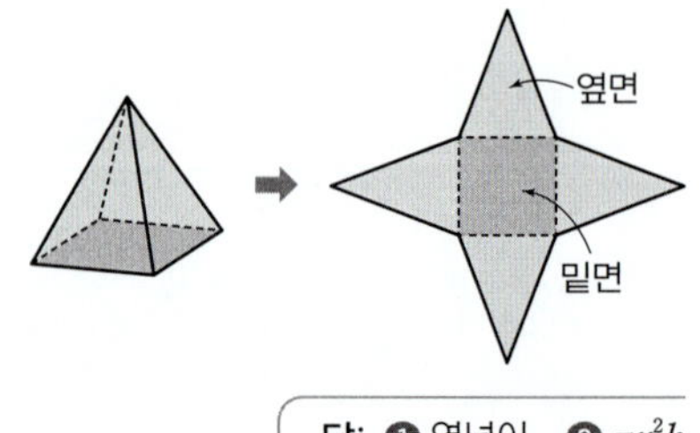

답: ❶ 옆넓이   ❷ $\pi r^2 h$

(2) 원뿔의 겉넓이

원뿔의 밑면인 원의 반지름의 길이를 r, 모선의 길이를 l이
라 하면

$$(\text{원뿔의 겉넓이}) = (\text{밑넓이}) + (\text{옆넓이})$$
$$= \pi r^2 + \frac{1}{2} \times l \times 2\pi r$$
$$= \pi r^2 + \pi r l$$

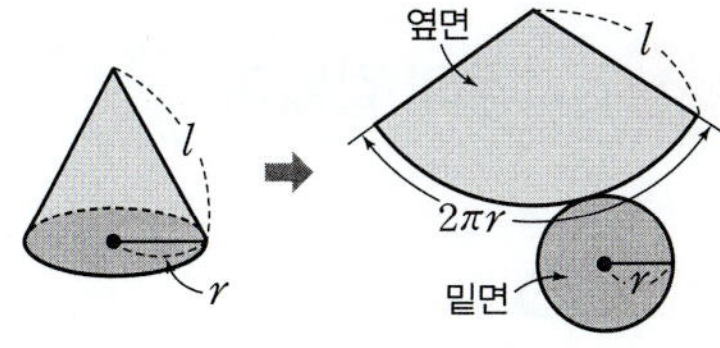

참고 • 원뿔의 전개도에서 옆면인 부채꼴에 대하여

　　　(부채꼴의 반지름의 길이) = (원뿔의 모선의 길이), (부채꼴의 호의 길이) = (밑면인 원의 둘레의 길이)

　　• (뿔대의 겉넓이) = (두 밑면의 넓이의 합) + (옆넓이)

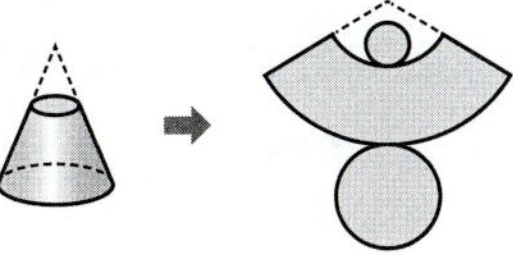

---

4 뿔의 부피

☑ 필수 기출 4, 7, 8

(1) 각뿔의 부피

각뿔의 밑넓이를 S, 높이를 h라 하면

$$(\text{각뿔의 부피}) = \boxed{❸} \times (\text{밑넓이}) \times (\text{높이}) = \frac{1}{3}Sh$$

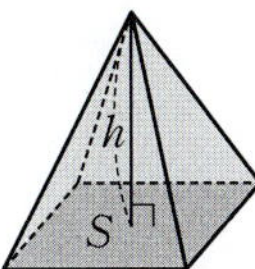

(2) 원뿔의 부피

원뿔의 밑면인 원의 반지름의 길이를 r, 높이를 h라 하면

$$(\text{원뿔의 부피}) = \frac{1}{3} \times (\text{밑넓이}) \times (\text{높이}) = \frac{1}{3}\pi r^2 h$$

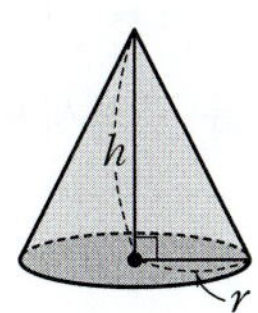

참고 (뿔대의 부피) = (큰 뿔의 부피) − (작은 뿔의 부피)

① 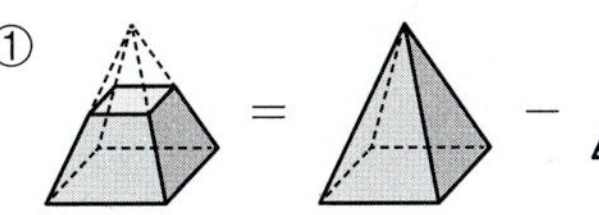
② 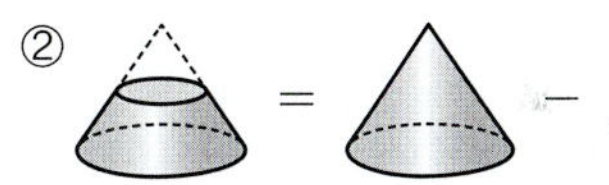

---

5 구의 겉넓이와 부피

☑ 필수 기출 5~8

(1) 구의 겉넓이

반지름의 길이가 r인 구의 겉넓이를 S라 하면
$$S = 4\pi r^2$$

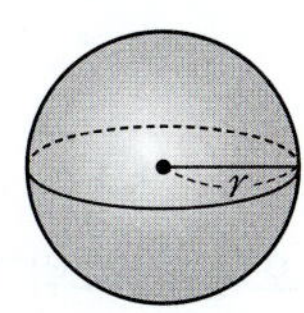

(2) 구의 부피

반지름의 길이가 r인 구의 부피를 V라 하면
$$V = \frac{4}{3}\pi r^3$$

참고 오른쪽 그림과 같이 원기둥에 꼭 맞게 들어 있는 구, 원뿔에 대하여 구의 반지름의 길이를 r라
하면 원기둥과 원뿔의 높이는 $2r$이므로

$$(\text{원뿔의 부피}) = \frac{1}{3} \times \pi r^2 \times 2r = \frac{2}{3}\pi r^3$$

$$(\text{구의 부피}) = \frac{4}{3}\pi r^3$$

$$(\text{원기둥의 부피}) = \pi r^2 \times 2r = 2\pi r^3$$

$$\therefore (\text{원뿔의 부피}) : (\text{구의 부피}) : (\text{원기둥의 부피}) = \frac{2}{3}\pi r^3 : \frac{4}{3}\pi r^3 : 2\pi r^3$$
$$= 1 : 2 : 3$$

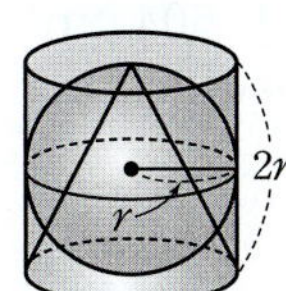

답: ❸ $\frac{1}{3}$

1 기둥의 겉넓이

555 하

오른쪽 그림과 같은 입체도형의 겉넓이는?

① 264 cm² ② 270 cm²
③ 276 cm² ④ 282 cm²
⑤ 288 cm²

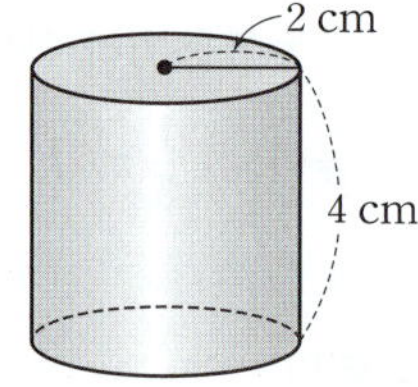

★ 빈출
556 하

오른쪽 그림과 같은 원기둥의 겉넓이를 구하시오.

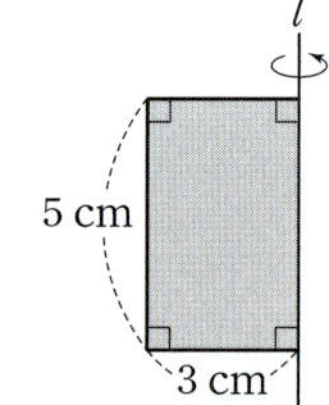

557 중

오른쪽 그림과 같은 사다리꼴을 밑면으로 하고 높이가 6 cm인 사각기둥의 겉넓이는?

① 504 cm² ② 508 cm²
③ 512 cm² ④ 516 cm²
⑤ 520 cm²

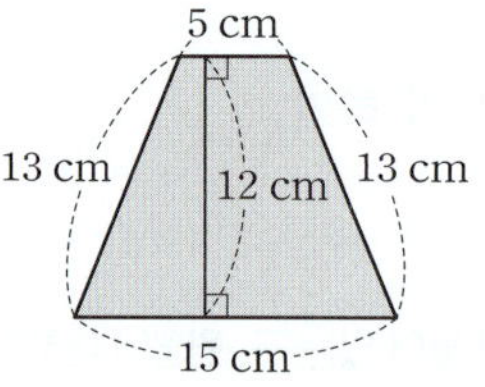

★ 빈출
558 중

오른쪽 그림과 같은 전개도로 만든 사각기둥의 겉넓이를 구하시오.

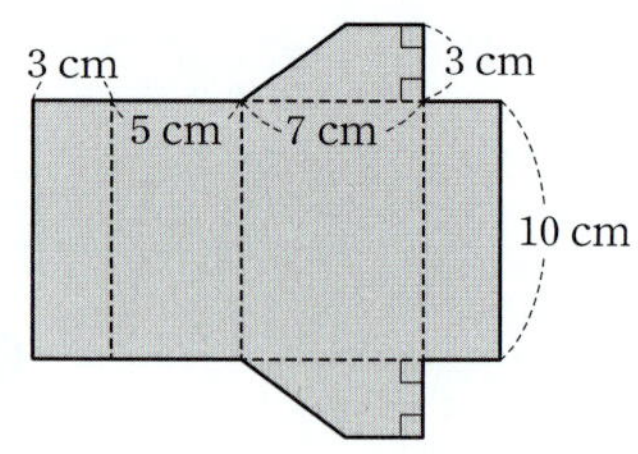

559 중

오른쪽 그림과 같은 직사각형을 직선 l을 회전축으로 하여 1회전 시킬 때 생기는 회전체의 겉넓이는?

① 48π cm² ② 50π cm²
③ 52π cm² ④ 54π cm²
⑤ 56π cm²

★ 빈출
560 중

오른쪽 그림과 같이 밑면의 반지름의 길이가 5 cm인 원기둥의 겉넓이가 200π cm²일 때, 이 원기둥의 높이를 구하시오.

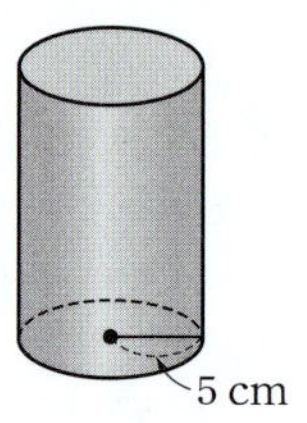

561 중

한 변의 길이가 6 cm인 정사각형을 밑면으로 하는 직육면체의 겉넓이가 168 cm²일 때, 이 직육면체의 높이를 구하시오.

562 중

오른쪽 그림과 같은 전개도로 만든 원기둥의 겉넓이는?

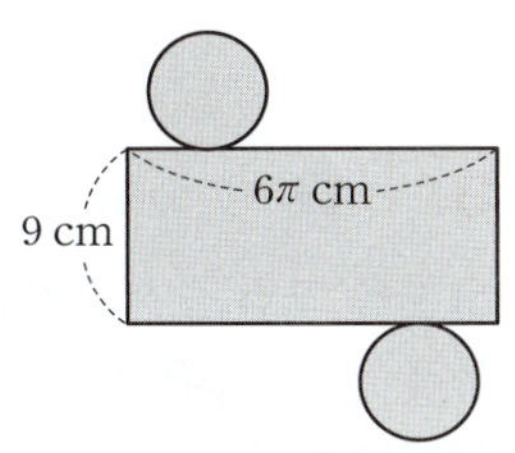

① 64π cm²　② 66π cm²
③ 68π cm²　④ 70π cm²
⑤ 72π cm²

563 중

| 서술형 |

오른쪽 그림과 같은 직사각형 ABCD를 두 변 AB, BC를 각각 회전축으로 하여 1회전 시킬 때 생기는 회전체의 겉넓이의 차를 구하시오.

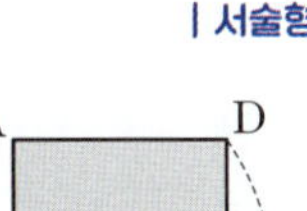
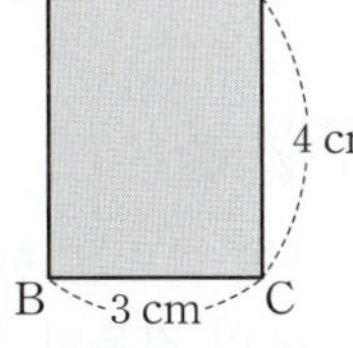

★빈출
564 중

오른쪽 그림과 같은 원기둥 모양의 롤러의 옆면에 페인트를 묻혀 연속하여 세 바퀴 굴릴 때, 페인트가 칠해지는 부분의 넓이는?

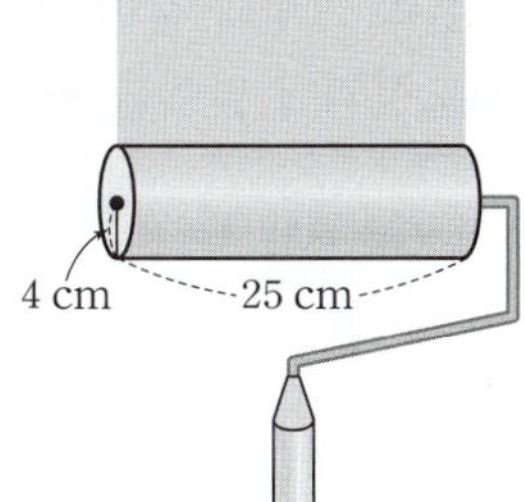

① 600π cm²
② 608π cm²
③ 616π cm²
④ 624π cm²
⑤ 632π cm²

565 중

오른쪽 그림과 같이 반지름의 길이가 9 cm, 높이가 8 cm인 원기둥 모양의 케이크를 삼등분하여 잘랐을 때, 자른 케이크 한 조각의 겉넓이는?

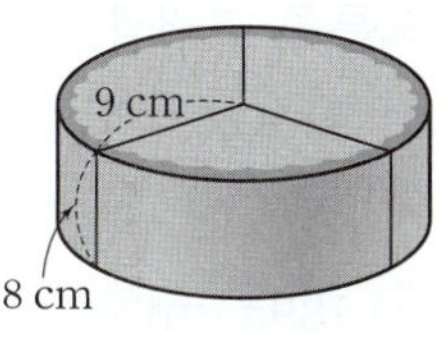

① 75π cm²　　② 102π cm²
③ $(75\pi+144)$ cm²　　④ $(102\pi+72)$ cm²
⑤ $(102\pi+144)$ cm²

566 중

오른쪽 그림은 밑면이 반원인 기둥과 사각기둥을 붙여 놓은 입체도형이다. 이 입체도형의 겉넓이는?

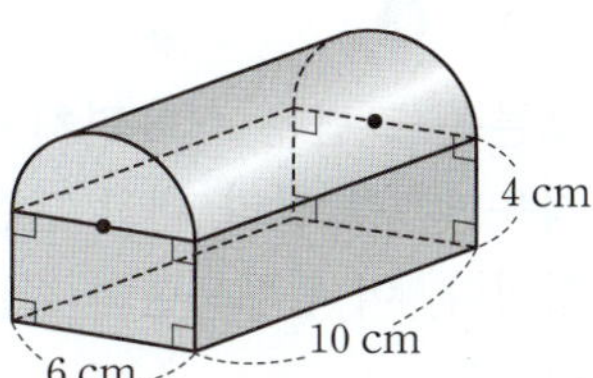

① $(30\pi+140)$ cm²
② $(36\pi+140)$ cm²
③ $(36\pi+188)$ cm²
④ $(39\pi+140)$ cm²
⑤ $(39\pi+188)$ cm²

567 중

오른쪽 그림과 같이 구멍이 뚫린 입체도형의 겉넓이를 구하시오.

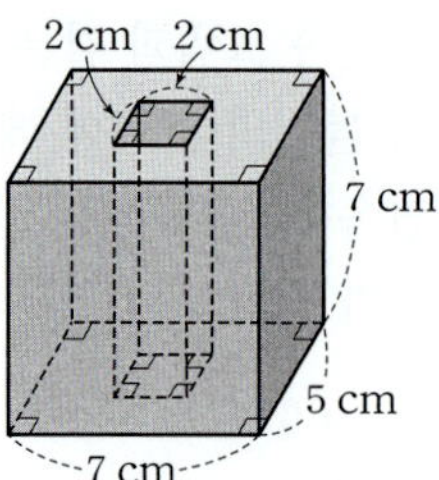

568 중

오른쪽 그림과 같이 가운데가 뚫린 원기둥 모양의 입체도형의 겉넓이는?

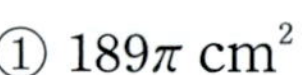

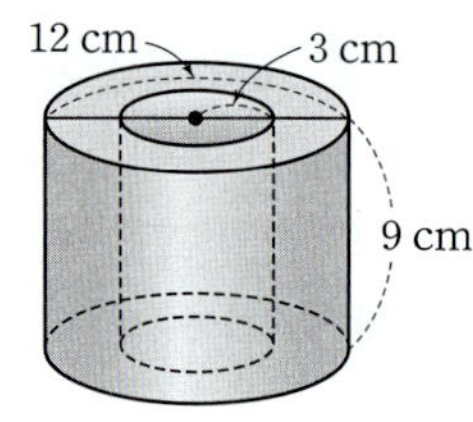

① 189π cm^2 ② 198π cm^2
③ 216π cm^2 ④ 225π cm^2
⑤ 234π cm^2

569 중

오른쪽 그림은 직육면체에서 작은 직육면체를 잘라 내고 남은 입체도형이다. 이 입체도형의 겉넓이를 구하시오.

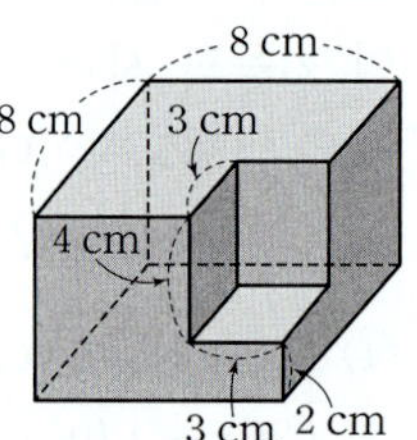

570 상

오른쪽 그림과 같은 직사각형을 직선 l을 회전축으로 하여 240°만큼 회전시킬 때 생기는 회전체의 겉넓이는?

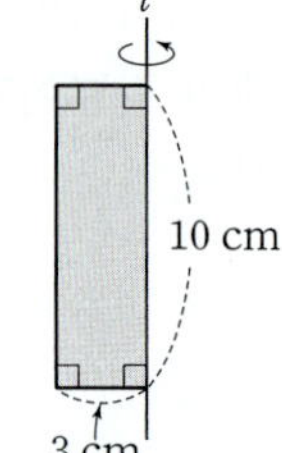

① $(46\pi+60)$ cm^2
② $(46\pi+90)$ cm^2
③ $(52\pi+60)$ cm^2
④ $(52\pi+90)$ cm^2
⑤ $(60\pi+60)$ cm^2

571 상

오른쪽 그림은 사각기둥 위에 원기둥을 올려 놓은 입체도형이다. 이 입체도형의 겉넓이는?

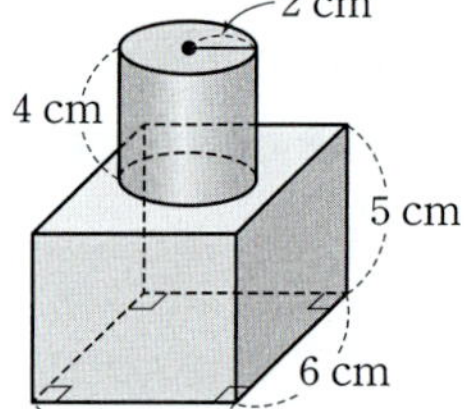

① 192 cm^2
② $(16\pi+156)$ cm^2
③ $(16\pi+192)$ cm^2
④ $(20\pi+156)$ cm^2
⑤ $(20\pi+192)$ cm^2

572 상

오른쪽 그림은 한 모서리의 길이가 3 cm인 정육면체 5개를 붙여 만든 입체도형이다. 이 입체도형의 겉넓이를 구하시오.

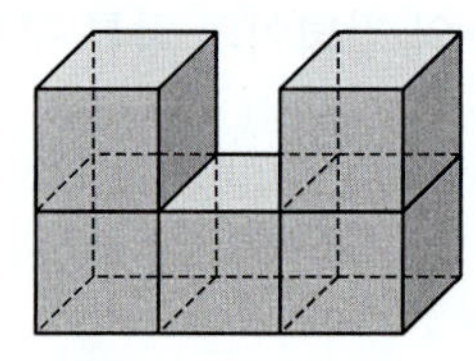

2 기둥의 부피

573 하

오른쪽 그림과 같은 원기둥의 부피를 구하시오.

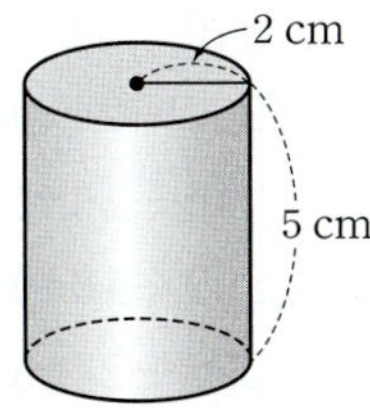

⭐빈출 574 하

오른쪽 그림과 같은 사각기둥의 부피는?

① 324 cm³　　② 330 cm³
③ 336 cm³　　④ 342 cm³
⑤ 348 cm³

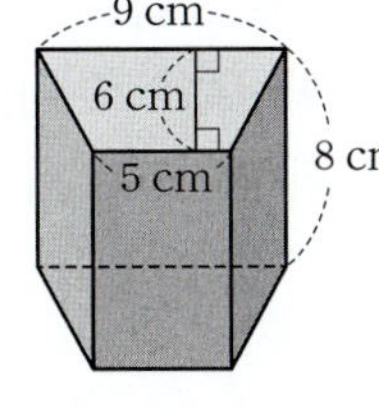

575 중

오른쪽 그림과 같은 전개도로 만든 삼각기둥의 부피는?

① 84 cm³
② 105 cm³
③ 126 cm³
④ 147 cm³
⑤ 168 cm³

576 중

오른쪽 그림과 같이 밑면이 부채꼴인 기둥의 부피는?

① 10π cm³　　② 15π cm³
③ 20π cm³　　④ 25π cm³
⑤ 30π cm³

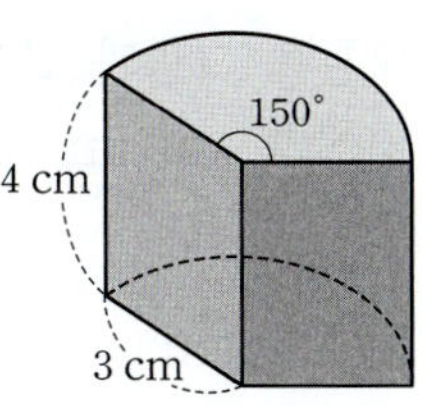

⭐빈출 577 중

| 서술형 |

오른쪽 그림과 같은 전개도로 만든 원기둥의 부피를 구하시오.

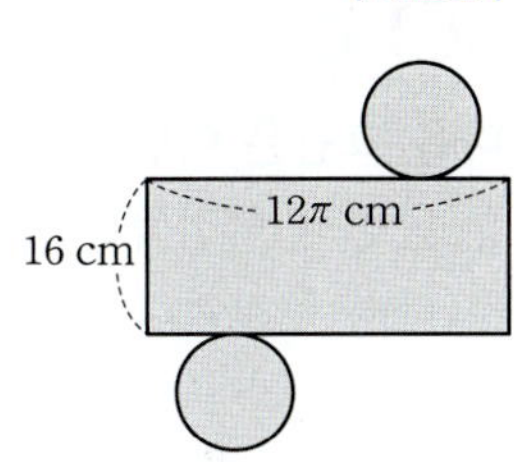

578 중

오른쪽 그림과 같은 오각형을 밑면으로 하고 부피가 378 cm³인 오각기둥의 높이를 구하시오.

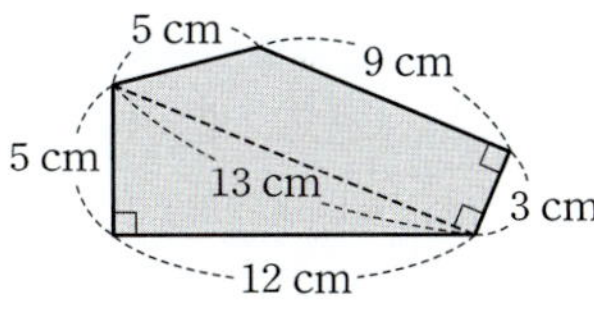

579 중

부피가 294π cm³인 원기둥의 높이가 6 cm일 때, 이 원기둥의 밑면의 반지름의 길이를 구하시오.

580 ^중

오른쪽 그림과 같은 삼각기둥의 겉
넓이가 440 cm²일 때, 이 삼각기둥
의 부피는?

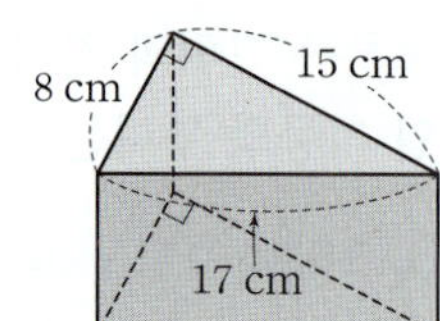

① 360 cm^3 ② 480 cm^3

③ 600 cm^3 ④ 720 cm^3

⑤ 960 cm^3

★빈출 581 ^중

다음 그림은 어떤 회전체를 회전축에 수직인 평면으로 자
른 단면과 회전축을 포함하는 평면으로 자른 단면을 차례
로 나타낸 것이다. 이 회전체의 부피는?

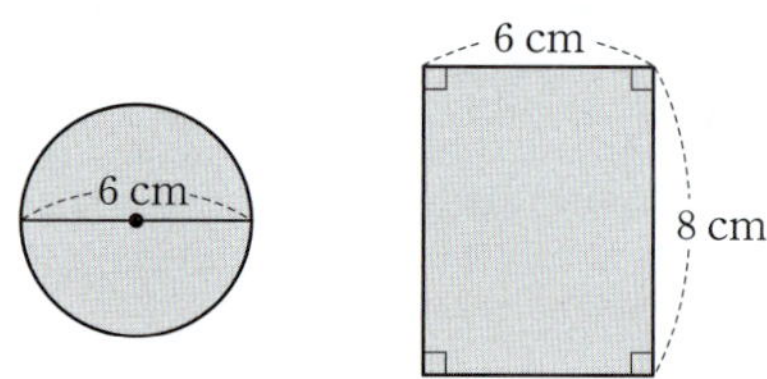

① $48\pi \text{ cm}^3$ ② $60\pi \text{ cm}^3$ ③ $72\pi \text{ cm}^3$

④ $84\pi \text{ cm}^3$ ⑤ $96\pi \text{ cm}^3$

★빈출 582 ^중

오른쪽 그림은 큰 원기둥 위에 작
은 원기둥을 올려 놓은 입체도형
이다. 이 입체도형의 부피는?

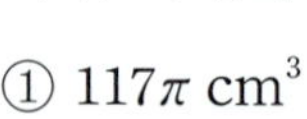

① $117\pi \text{ cm}^3$

② $125\pi \text{ cm}^3$

③ $129\pi \text{ cm}^3$

④ $133\pi \text{ cm}^3$

⑤ $141\pi \text{ cm}^3$

583 ^중

오른쪽 그림과 같이 구멍이 뚫린
입체도형의 부피는?

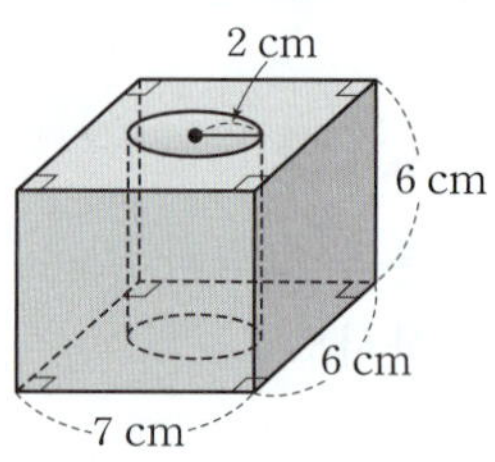

① $(240-32\pi) \text{ cm}^3$

② $(252-24\pi) \text{ cm}^3$

③ $(240+16\pi) \text{ cm}^3$

④ $(252+16\pi) \text{ cm}^3$

⑤ $(252+24\pi) \text{ cm}^3$

★빈출 584 ^중

오른쪽 그림과 같은 직사각형을 직선 l
을 회전축으로 하여 1회전 시킬 때 생기
는 회전체의 부피를 구하시오.

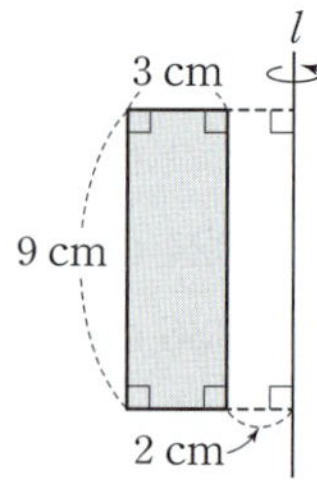

585 ^중

오른쪽 그림과 같이 직육면체에서
삼각기둥을 잘라 내고 남은 입체
도형의 부피가 450 cm³일 때, 이
입체도형의 높이는?

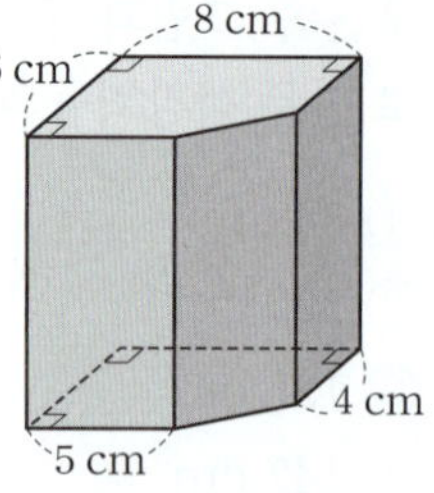

① 8 cm ② 9 cm

③ 10 cm ④ 11 cm

⑤ 12 cm

586 중

| 서술형 |

다음 그림과 같은 원기둥 A의 부피와 원기둥 B의 부피가 서로 같을 때, 원기둥 A의 겉넓이를 구하시오.

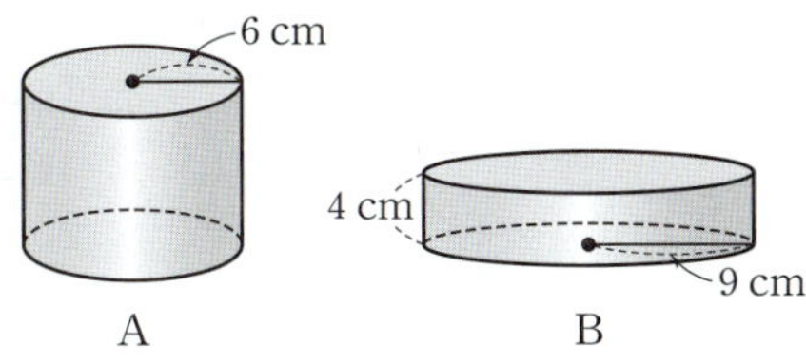

587 상

오른쪽 그림과 같은 입체도형의 부피를 구하시오.

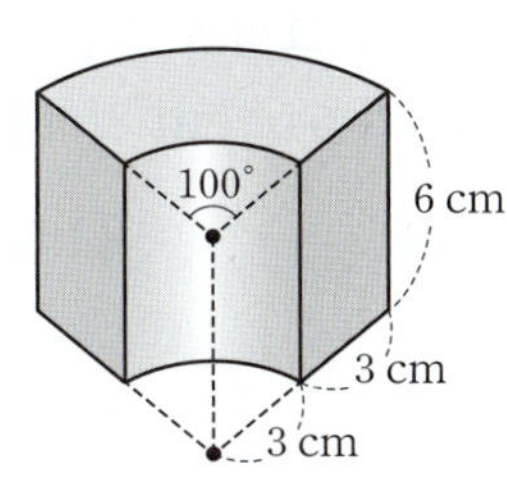

588 상

오른쪽 그림은 밑면의 반지름의 길이가 2 cm인 원기둥을 비스듬히 잘라 내고 남은 입체도형이다. 이 입체도형의 부피를 구하시오.

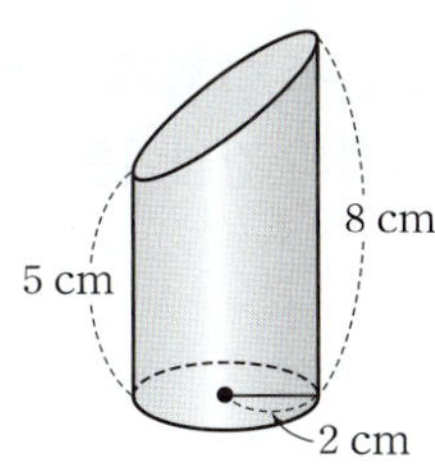

---

3 뿔의 겉넓이

빈출
589 하

모선의 길이가 10 cm, 밑면의 반지름의 길이가 5 cm인 원뿔의 겉넓이는?

① 60π cm²   ② 65π cm²   ③ 70π cm²

④ 75π cm²   ⑤ 80π cm²

590 하

오른쪽 그림과 같은 전개도로 만든 사각뿔의 겉넓이를 구하시오.

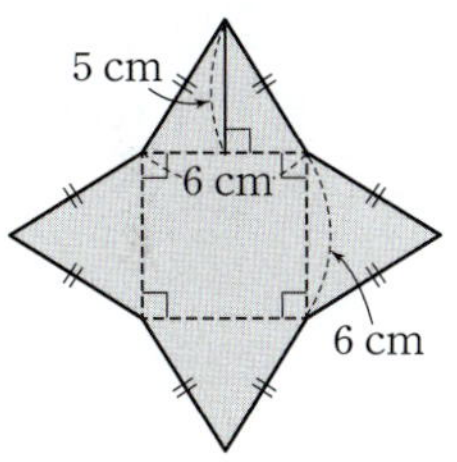

591 중

오른쪽 그림과 같은 전개도로 만든 원뿔의 옆넓이가 15π cm²일 때, 이 원뿔의 밑면의 반지름의 길이는?

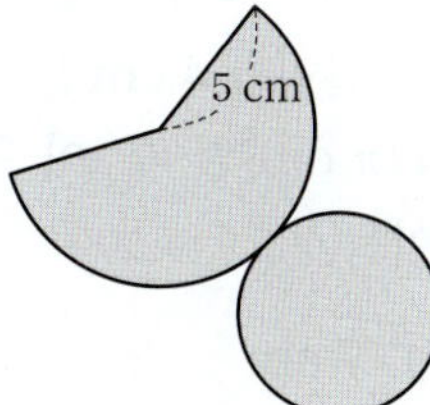

① 1 cm   ② $\dfrac{3}{2}$ cm

③ 2 cm   ④ $\dfrac{5}{2}$ cm

⑤ 3 cm

592 중

오른쪽 그림과 같이 두 밑면이 모두
정사각형이고 옆면이 모두 합동인
사각뿔대의 겉넓이를 구하시오.

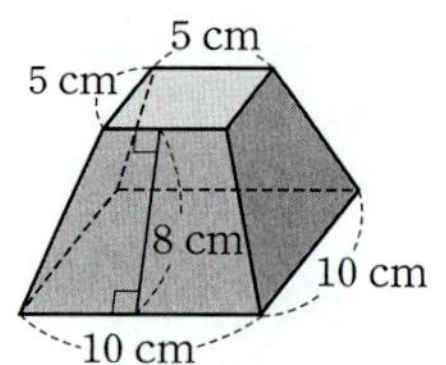

593 중

오른쪽 그림과 같이 밑면이 정사각
형이고 옆면이 모두 합동인 사각뿔
의 겉넓이가 64 cm^{2}일 때, x의 값
을 구하시오.

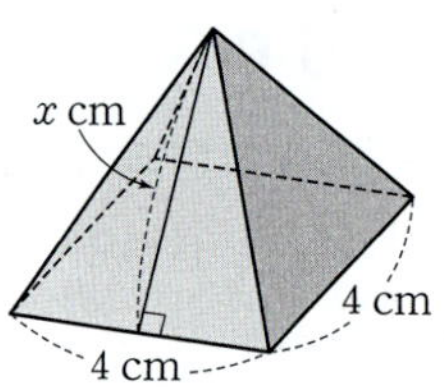

594 중

오른쪽 그림과 같이 밑면의 반지름
의 길이가 4 cm인 원뿔의 겉넓이가
44π cm^{2}일 때, 이 원뿔의 모선의 길
이는?

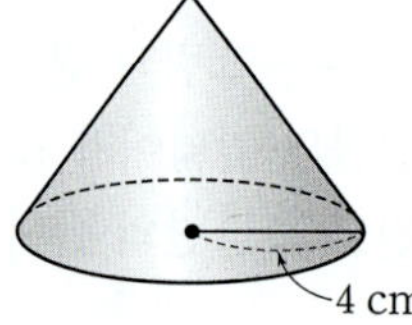

① 7 cm   ② 8 cm   ③ 9 cm
④ 10 cm   ⑤ 11 cm

595 중

오른쪽 그림과 같은 사다리꼴을 직선 l을
회전축으로 하여 1회전 시킬 때 생기는
회전체의 겉넓이를 구하시오.

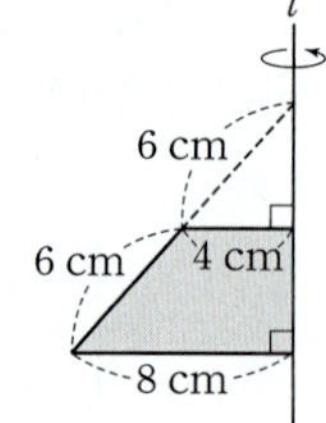

596 중

오른쪽 그림과 같은 원뿔대의 옆
넓이가 64π cm^{2}일 때, x의 값은?

① 4   ② 5
③ 6   ④ 7
⑤ 8

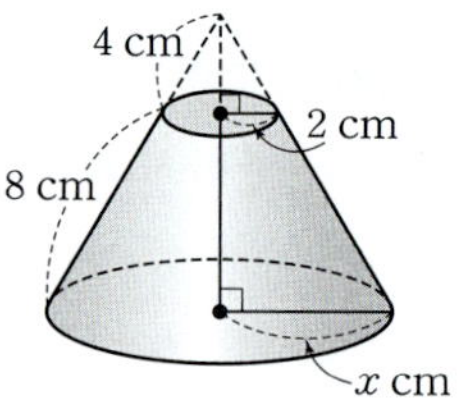

597 중

오른쪽 그림과 같은 전개도로 만든
원뿔의 겉넓이를 구하시오.

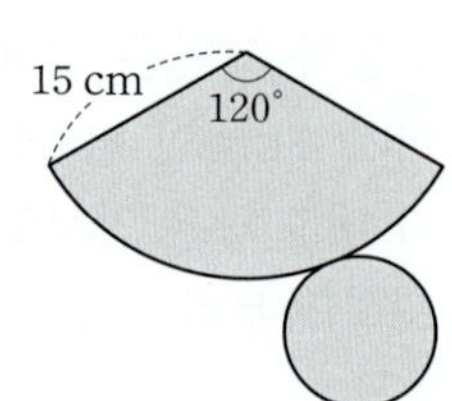

598 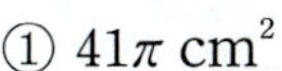

오른쪽 그림과 같이 모선의 길이가
8 cm인 원뿔의 옆넓이가 32π cm²일
때, 이 원뿔의 겉넓이는?

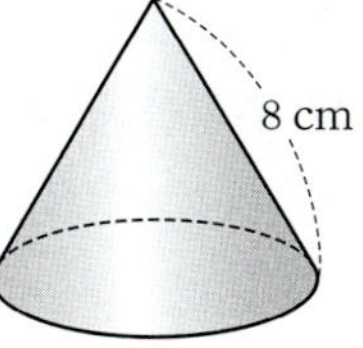

① 41π cm² ② 48π cm²
③ 52π cm² ④ 57π cm²
⑤ 68π cm²

599

| 서술형 |

밑면의 반지름의 길이가 9 cm이고 겉넓이가 351π cm²
인 원뿔의 전개도에서 부채꼴의 중심각의 크기를 구하시
오.

600

오른쪽 그림과 같은 삼각형을 직선 l을
회전축으로 하여 1회전 시킬 때 생기는
회전체의 겉넓이는?

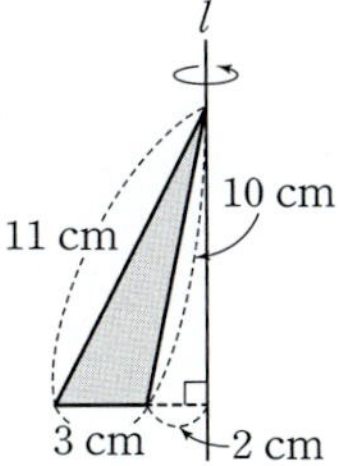

① 64π cm² ② 76π cm²
③ 80π cm² ④ 96π cm²
⑤ 100π cm²

601

오른쪽 그림은 원뿔대와 원기
둥을 붙여 놓은 입체도형이다.
이 입체도형의 겉넓이는?

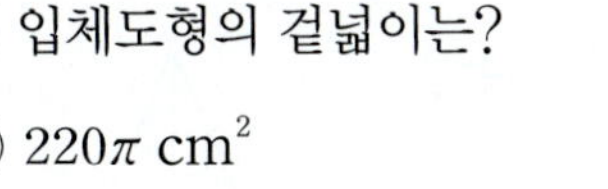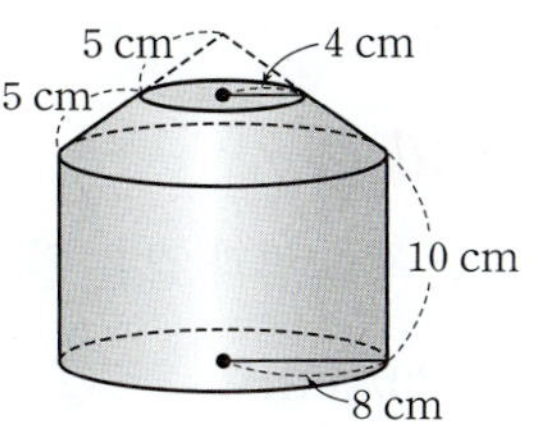

① 220π cm²
② 240π cm²
③ 260π cm²
④ 300π cm²
⑤ 320π cm²

602

모선의 길이가 밑면의 반지름의 길이의 3배인 원뿔이 있
다. 이 원뿔의 겉넓이가 36π cm²일 때, 이 원뿔의 옆넓이
는?

① 12π cm² ② 16π cm² ③ 21π cm²
④ 24π cm² ⑤ 27π cm²

603

| 서술형 |

오른쪽 그림과 같은 전개도로 만
든 원뿔대의 겉넓이를 구하시오.

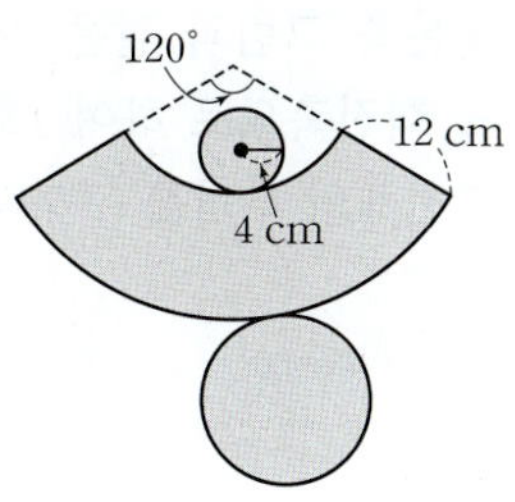

4 뿔의 부피

604 하

오른쪽 그림과 같은 원뿔의 부피는?

① 20π cm^3　　② 21π cm^3

③ 22π cm^3　　④ 23π cm^3

⑤ 24π cm^3

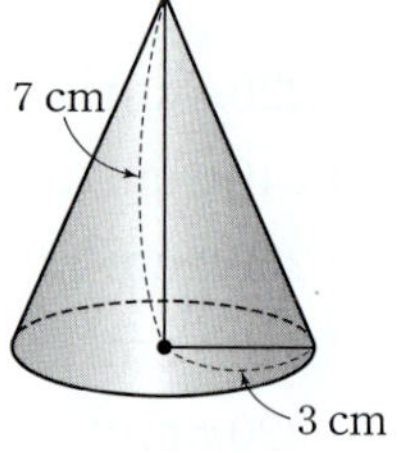

빈출 605 하

오른쪽 그림과 같은 사각뿔의 부피는?

① 72 cm^3　　② 96 cm^3

③ 144 cm^3　　④ 192 cm^3

⑤ 288 cm^3

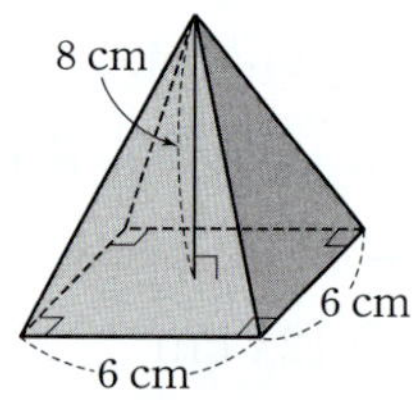

빈출 606 하

오른쪽 그림과 같은 직각삼각형을 직선 l 을 회전축으로 하여 1회전 시킬 때 생기는 회전체의 부피를 구하시오.

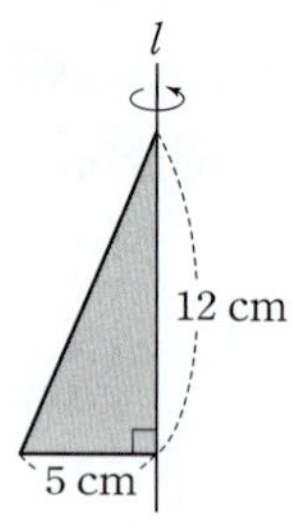

607 중

오른쪽 그림과 같은 사각뿔대 의 부피를 구하시오.

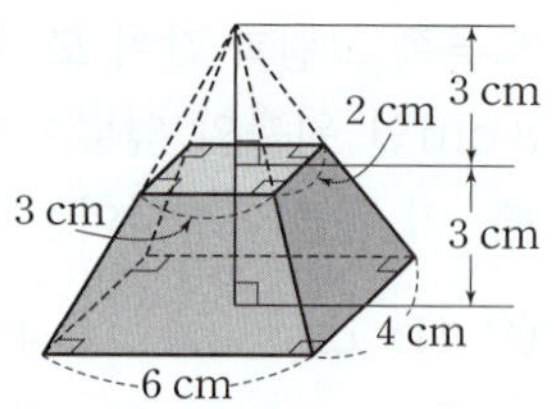

608 중

오른쪽 그림과 같은 원뿔대의 부피는?

① 308π cm^3　　② 312π cm^3

③ 316π cm^3　　④ 320π cm^3

⑤ 324π cm^3

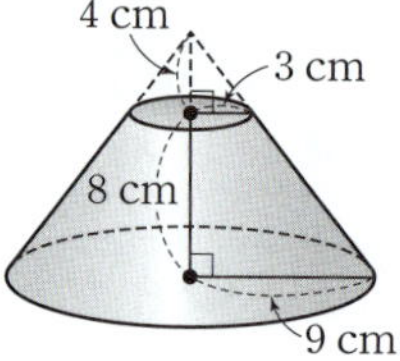

609 중

오른쪽 그림과 같은 삼각뿔의 부피가 70 cm^{3}일 때, 이 삼각뿔의 높이는?

① 8 cm　　② 9 cm

③ 10 cm　　④ 11 cm

⑤ 12 cm

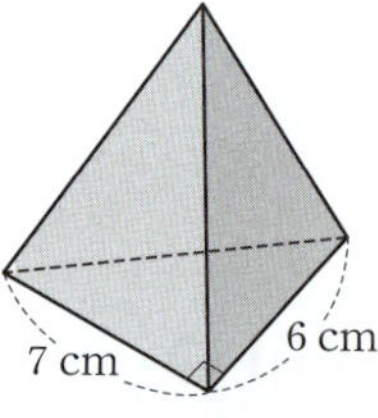

610 중

밑면의 반지름의 길이가 4 cm인 원뿔의 부피가 48π cm^3 일 때, 이 원뿔의 높이를 구하시오.

611 ⓒ 빈출

오른쪽 그림은 원기둥과 원뿔을 붙여 놓은 입체도형이다. 이 입체도형의 부피를 구하시오.

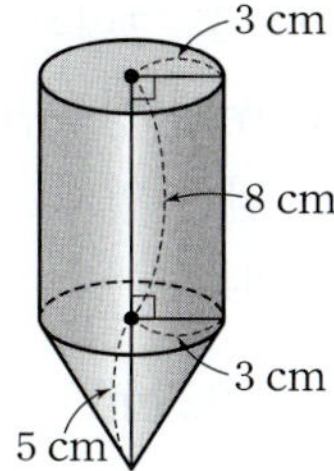

612 ⓒ

밑면의 둘레의 길이가 16π cm이고 높이가 12 cm인 원뿔의 부피는?

① 128π cm^3 ② 192π cm^3 ③ 256π cm^3

④ 384π cm^3 ⑤ 512π cm^3

613 ⓒ

다음 그림과 같은 삼각기둥의 부피와 사각뿔의 부피가 서로 같을 때, h의 값을 구하시오.

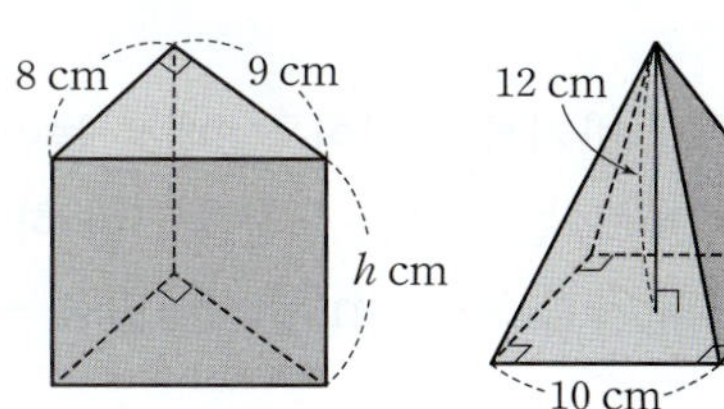

614 ⓒ

다음 그림과 같은 세 입체도형 A, B, C 중에서 부피가 가장 큰 것을 구하시오.

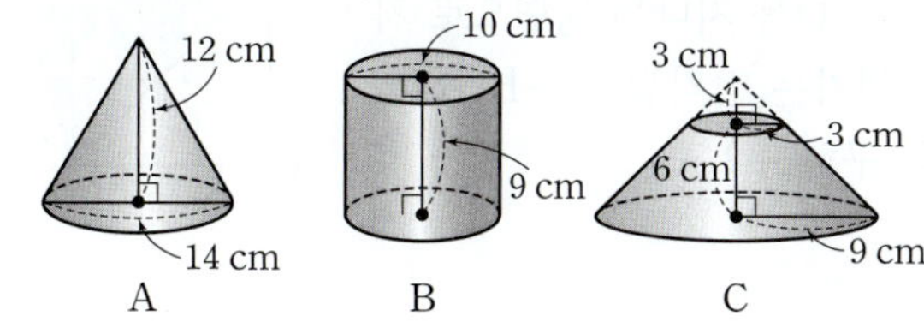

615 ⓒ 빈출

오른쪽 그림에서 위쪽 사각뿔과 아래쪽 사각뿔대의 부피의 비는?

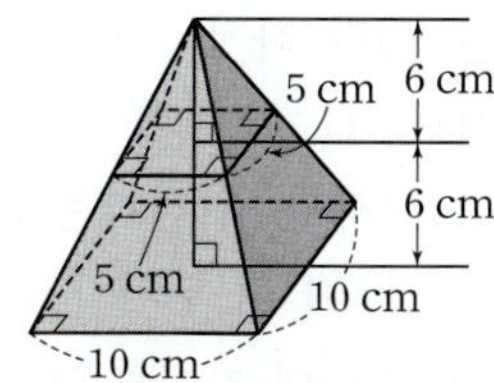

① 1 : 2   ② 1 : 4

③ 1 : 7   ④ 2 : 3

⑤ 2 : 5

616 ⓒ

| 서술형 |

오른쪽 그림과 같은 부채꼴을 옆면으로 하는 원뿔의 부피가 12π cm^{3}일 때, 이 원뿔의 높이를 구하시오.

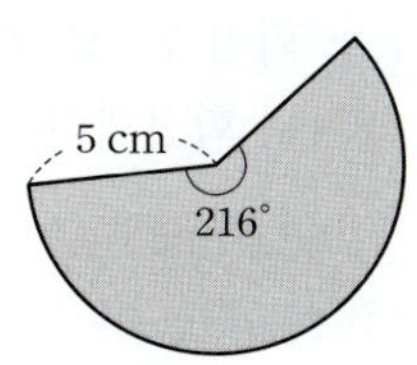

617 중

오른쪽 그림과 같이 한 모서리의 길이가 6 cm인 정육면체를 세 꼭짓점 B, G, D를 지나는 평면으로 자를 때 생기는 삼각뿔 C−BGD의 부피를 구하시오.

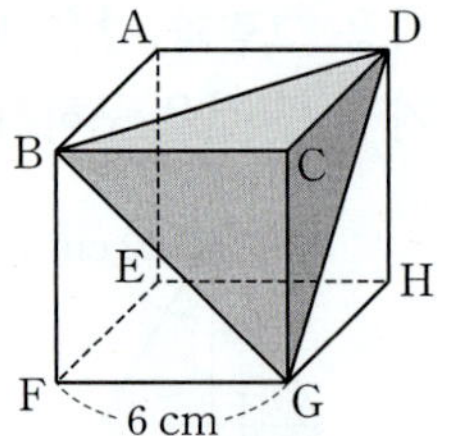

620 중

오른쪽 그림은 한 모서리의 길이가 8 cm인 정육면체의 일부분을 잘라 내고 남은 입체도형이다. 이 입체도형의 부피는?

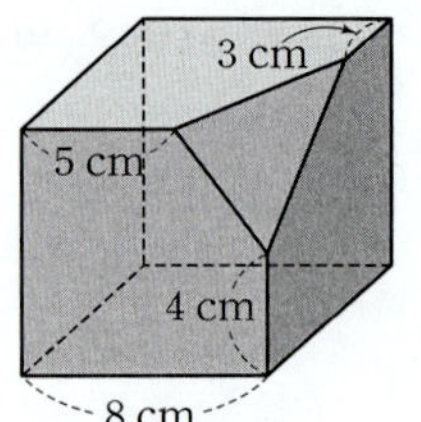

① 492 cm³   ② 496 cm³
③ 498 cm³   ④ 500 cm³
⑤ 502 cm³

618 중

오른쪽 그림과 같은 직육면체에서 $\overline{\text{CD}}$, $\overline{\text{CG}}$의 중점을 각각 P, Q라 하자. 이 직육면체를 세 점 B, Q, P를 지나는 평면으로 자를 때 생기는 삼각뿔 C−BQP의 부피가 30 cm³일 때, $\overline{\text{AD}}$의 길이를 구하시오.

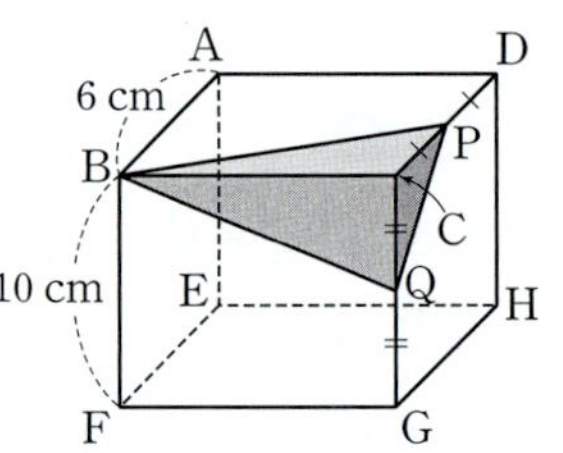

621 중

오른쪽 그림과 같은 사다리꼴 ABCD를 $\overline{\text{AB}}$를 회전축으로 하여 1회전 시킬 때 생기는 회전체의 부피를 구하시오.

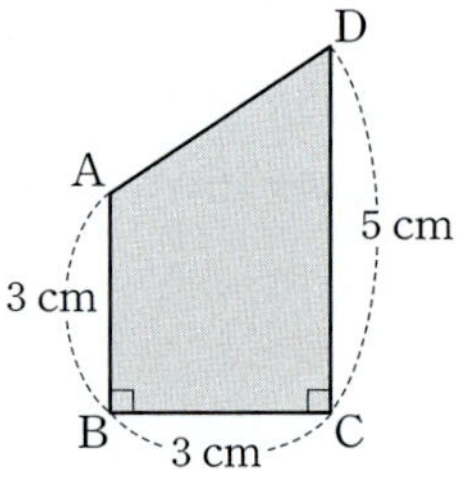

619 중

오른쪽 그림과 같은 평면도형을 직선 l을 회전축으로 하여 1회전 시킬 때 생기는 회전체의 부피는?

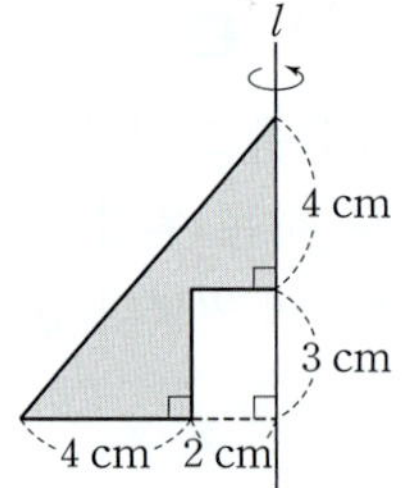

① 72π cm³   ② 74π cm³
③ 76π cm³   ④ 78π cm³
⑤ 80π cm³

622 상

어떤 원뿔의 밑면의 반지름의 길이를 2배로 늘여 만든 원뿔을 A, 높이를 2배로 늘여 만든 원뿔을 B라 하자. 두 원뿔 A, B의 부피의 차가 36π cm³일 때, 처음 원뿔의 부피를 구하시오.

623 상

오른쪽 그림과 같은 평행사변형을
직선 l을 회전축으로 하여 1회전 시
킬 때 생기는 회전체의 부피는?

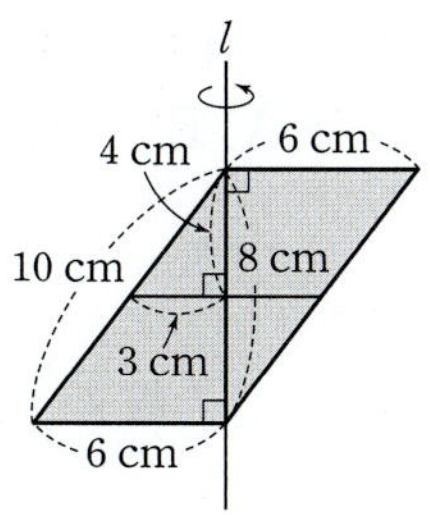

① 126π cm³　　② 132π cm³

③ 162π cm³　　④ 168π cm³

⑤ 186π cm³

624 상

오른쪽 그림과 같이 한 모서
리의 길이가 6 cm인 정육면
체에서 면 ABCD의 두 대각
선의 교점을 O라 하자. 4개의
점 P, Q, R, S가 각각 $\overline{EF}$,
$\overline{FG}$, $\overline{GH}$, $\overline{EH}$의 중점일 때,
사각뿔 O−PQRS의 부피를 구하시오.

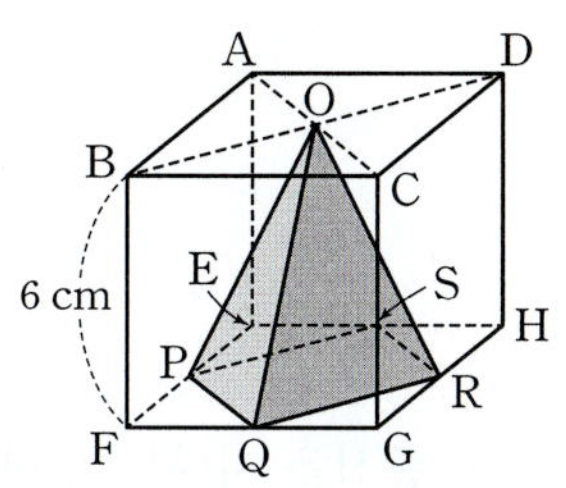

625 상

오른쪽 그림과 같이 한 모서리의 길이
가 4 cm인 정육면체에서 각 면의 대각
선을 모서리로 하는 삼각뿔의 부피는?

① $\dfrac{32}{3}$ cm³　　② 16 cm³

③ $\dfrac{64}{3}$ cm³　　④ 32 cm³

⑤ $\dfrac{128}{3}$ cm³

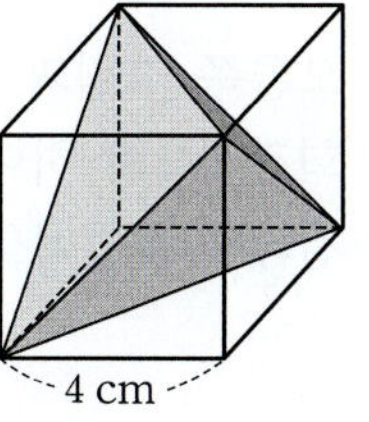

626 상

오른쪽 그림과 같이 한 변의 길이가
6 cm인 정사각형 ABCD에서 $\overline{AB}$,
$\overline{BC}$의 중점을 각각 E, F라 하자.
$\overline{ED}$, $\overline{EF}$, $\overline{DF}$를 접는 선으로 하여 접
었을 때 만들어지는 입체도형의 부피
는?

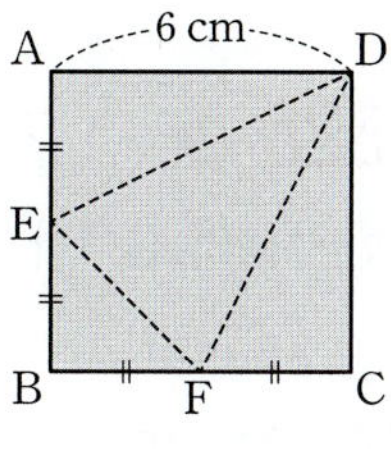

① 9 cm³　　② 18 cm³　　③ 27 cm³

④ 36 cm³　　⑤ 54 cm³

627 상

| 서술형 |

오른쪽 그림과 같은 직각삼각형
ABC를 $\overline{AB}$를 회전축으로 하여
1회전 시킬 때 생기는 회전체의
부피를 구하시오.

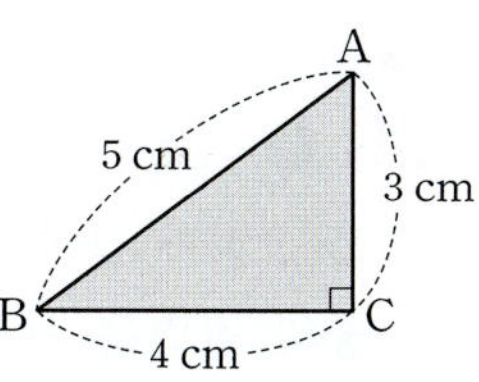

628 하

반지름의 길이가 4 cm인 구의 겉넓이는?

① 8π cm^2　　② 16π cm^2　　③ 32π cm^2
④ 48π cm^2　　⑤ 64π cm^2

629 중

오른쪽 그림과 같은 반구의 겉넓이
를 구하시오.

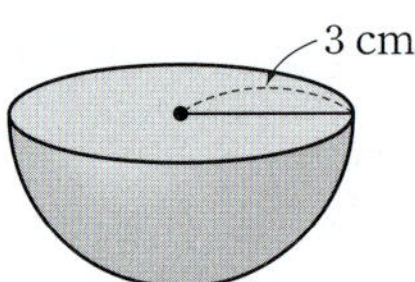

630 중

빈출

오른쪽 그림과 같이 구 모양의
야구공의 겉면은 서로 합동인
두 조각의 가죽으로 이루어져
있다. 야구공의 지름의 길이가
5 cm일 때, 가죽 한 조각의 넓이는?
(단, 가죽 두 조각의 겹치는 부분은 없다.)

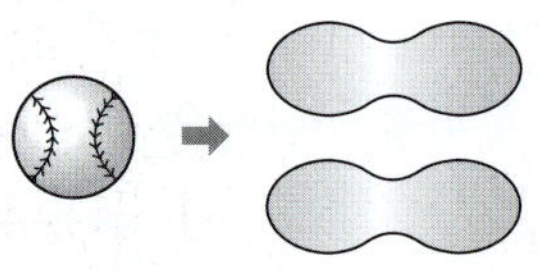

① $\dfrac{25}{6}\pi$ cm^2　　② $\dfrac{25}{4}\pi$ cm^2　　③ $\dfrac{25}{3}\pi$ cm^2

④ $\dfrac{25}{2}\pi$ cm^2　　⑤ 25π cm^2

631 중

다음 그림과 같이 반지름의 길이가 각각 2 cm, 6 cm인
두 구 A, B의 겉넓이의 비는?

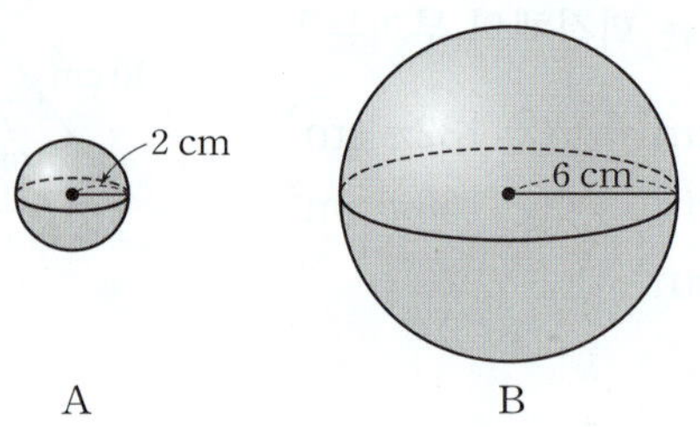

① $1:3$　　　② $1:9$　　　③ $2:3$
④ $2:5$　　　⑤ $4:9$

632 중

| 서술형 |

구의 중심을 지나는 평면으로 자른 단면의 둘레의 길이가
22π cm인 구의 겉넓이를 구하시오.

633 중

오른쪽 그림과 같은 평면도형을 직선 l을
회전축으로 하여 1회전 시킬 때 생기는 회
전체의 겉넓이를 구하시오.

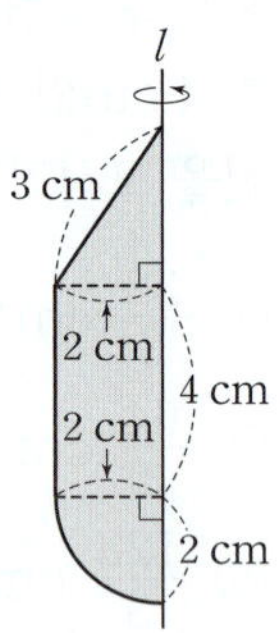

634 중

다음 그림과 같이 반구와 원뿔을 붙여 놓은 입체도형 A 와 반구 B가 있다. 두 입체도형의 겉넓이가 서로 같을 때, x의 값을 구하시오.

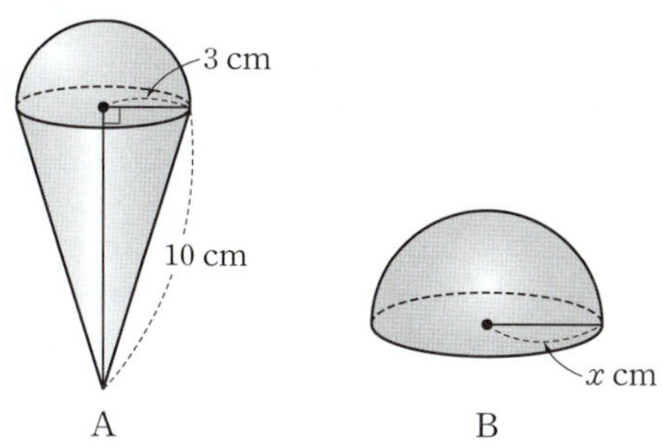

635 중

오른쪽 그림과 같은 평면도형을 직선 l 을 회전축으로 하여 1회전 시킬 때 생기는 회전체의 겉넓이는?

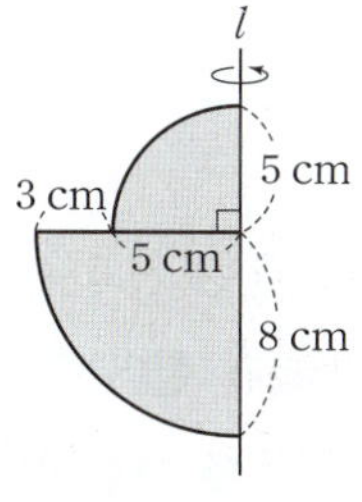

① 153π cm^2 ② 178π cm^2
③ 217π cm^2 ④ 242π cm^2
⑤ 267π cm^2

★빈출 636 중

오른쪽 그림은 반지름의 길이가 2 cm인 구의 $\dfrac{1}{8}$을 잘라 내고 남은 입체도형이다. 이 입체도형의 겉넓이는?

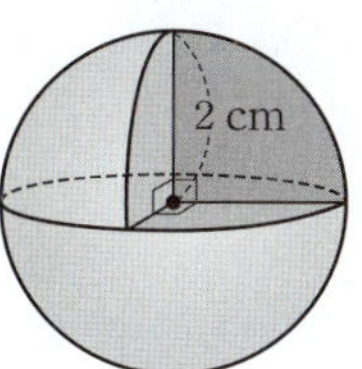

① 15π cm^2 ② 16π cm^2
③ 17π cm^2 ④ 18π cm^2
⑤ 19π cm^2

---

6 구의 부피

637 중

반지름의 길이가 각각 2 cm, 4 cm인 두 구의 부피를 각각 V_1 cm^3, V_2 cm^{3}라 할 때, $\dfrac{V_2}{V_1}$의 값을 구하시오.

★빈출 638 중

오른쪽 그림은 반지름의 길이가 6 cm인 구의 $\dfrac{1}{4}$을 잘라 내고 남은 입체도형이다. 이 입체도형의 부피는?

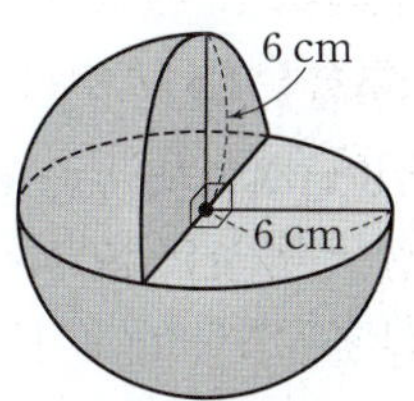

① 144π cm^3 ② 162π cm^3
③ 216π cm^3 ④ 252π cm^3
⑤ 288π cm^3

639 중

부피가 486π cm^{3}인 반구의 반지름의 길이는?

① 6 cm   ② 7 cm   ③ 8 cm
④ 9 cm   ⑤ 10 cm

640 중

오른쪽 그림과 같은 평면도형을 직선 l을 회전축으로 하여 1회전 시킬 때 생기는 회전체의 부피는?

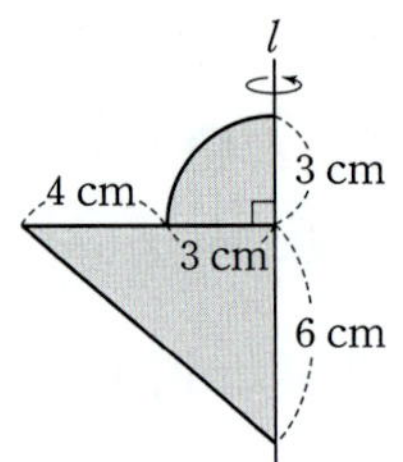

① $114\pi \ cm^3$ ② $116\pi \ cm^3$
③ $118\pi \ cm^3$ ④ $120\pi \ cm^3$
⑤ $122\pi \ cm^3$

641 중

| 서술형 |

겉넓이가 $36\pi \ cm^2$인 구의 부피를 구하시오.

642 중

다음 그림에서 구의 부피가 원뿔의 부피의 2배일 때, x의 값을 구하시오.

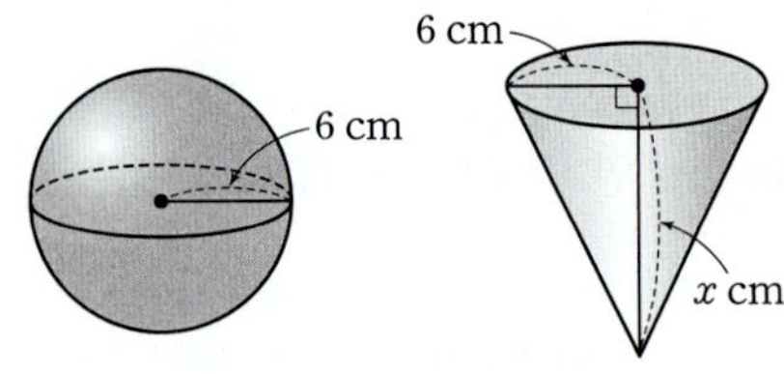

643 중

오른쪽 그림과 같은 평면도형을 직선 l을 회전축으로 하여 1회전 시킬 때 생기는 회전체의 부피는?

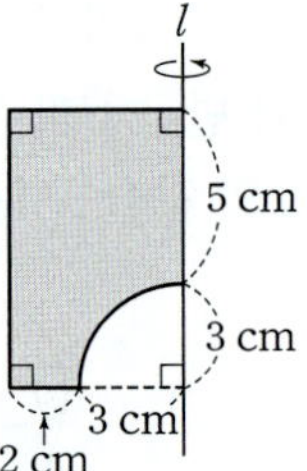

① $164\pi \ cm^3$ ② $182\pi \ cm^3$
③ $200\pi \ cm^3$ ④ $218\pi \ cm^3$
⑤ $236\pi \ cm^3$

644 중

오른쪽 그림과 같은 평면도형을 직선 l을 회전축으로 하여 1회전 시킬 때 생기는 회전체의 부피를 구하시오.

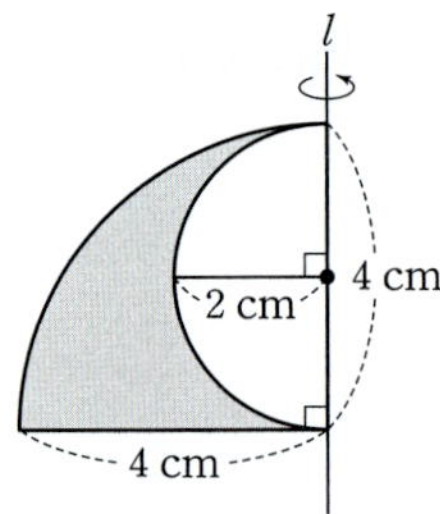

7 입체도형의 부피의 활용

645 중

오른쪽 그림과 같은 원뿔 모양의 그릇에 1분에 3π cm^{3}씩 물을 넣을 때, 빈 그릇을 가득 채우려면 몇 분 동안 물을 넣어야 하는지 구하시오. (단, 그릇의 두께는 생각하지 않는다.)

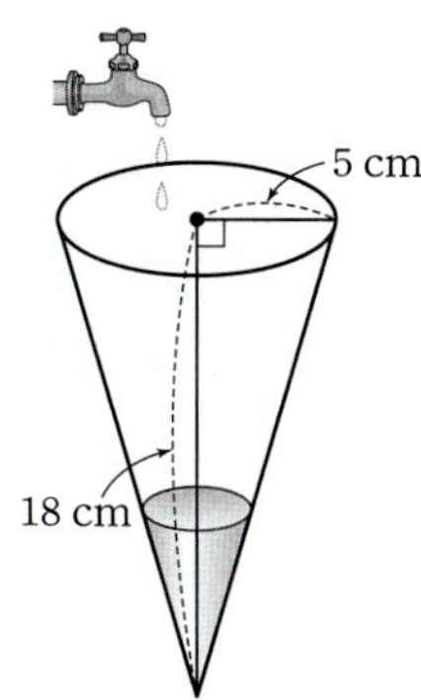

★빈출
646 중

오른쪽 그림과 같이 직육면체 모양의 그릇에 물을 가득 채운 후 그릇을 기울여 물을 흘려보냈다. 이때 남아 있는 물의 부피는? (단, 그릇의 두께는 생각하지 않는다.)

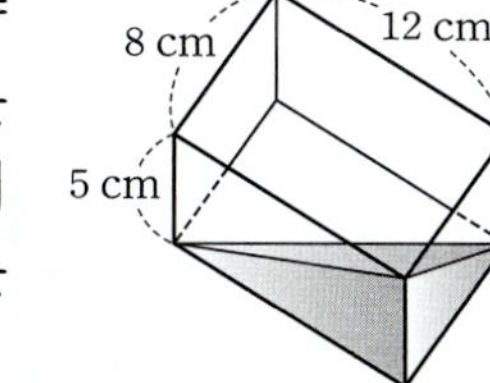

① 80 cm^3 ② 84 cm^3 ③ 88 cm^3
④ 92 cm^3 ⑤ 96 cm^3

★빈출
647 중

다음 그림과 같이 반지름의 길이가 9 cm인 구 모양의 쇠구슬 1개를 녹여서 반지름의 길이가 3 cm인 구 모양의 쇠구슬 여러 개를 만들려고 한다. 이때 만들 수 있는 쇠구슬은 최대 몇 개인가?

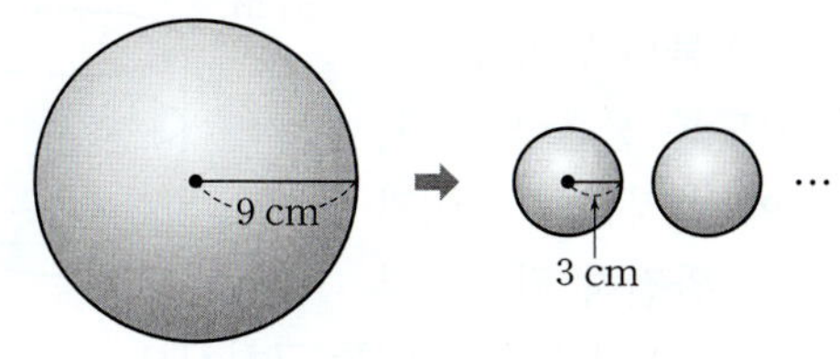

① 3개 ② 6개 ③ 9개
④ 12개 ⑤ 27개

648 중

다음 그림과 같이 밑면이 합동인 정사각형이고 높이가 24 cm로 같은 사각뿔 모양의 그릇 A와 사각기둥 모양의 그릇 B가 있다. 그릇 A에 물을 가득 채운 후 그릇 B에 모두 부었을 때, 그릇 B에 담긴 물의 높이를 구하시오. (단, 그릇의 두께는 생각하지 않는다.)

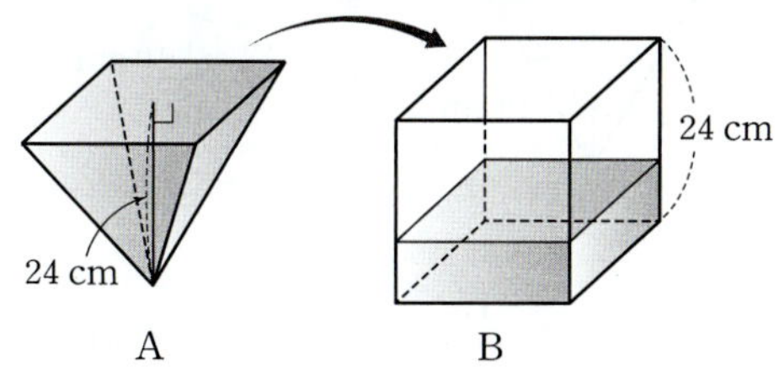

649 중

오른쪽 그림과 같이 반지름의 길이가 r cm인 반구 모양의 그릇에 1분에 4π cm^{3}씩 물을 넣으면 빈 그릇을 가득 채우는 데 36분이 걸린다. 이때 r의 값을 구하시오. (단, 그릇의 두께는 생각하지 않는다.)

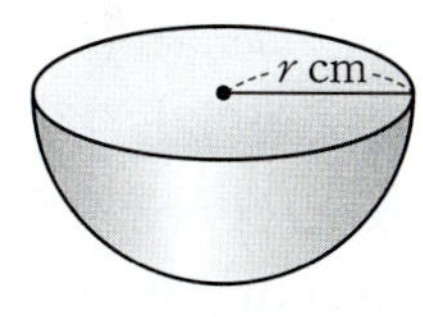

650 중 　　　　| 서술형 |

다음 그림과 같이 원뿔 모양의 그릇 A에 물을 가득 채워 원뿔 모양의 그릇 B에 부으려고 한다. 그릇 B에 물을 넘치지 않게 가득 채우려면 그릇 A로 몇 번 부어야 하는지 구하시오. (단, 그릇의 두께는 생각하지 않는다.)

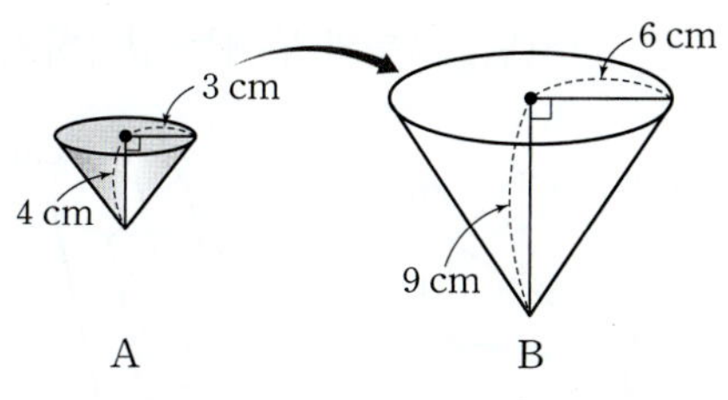

651 중

다음 그림과 같이 원뿔 모양의 그릇 A에 물을 가득 채워 원기둥 모양의 그릇 B에 부었을 때, 그릇 B에 담긴 물의 높이는? (단, 그릇의 두께는 생각하지 않는다.)

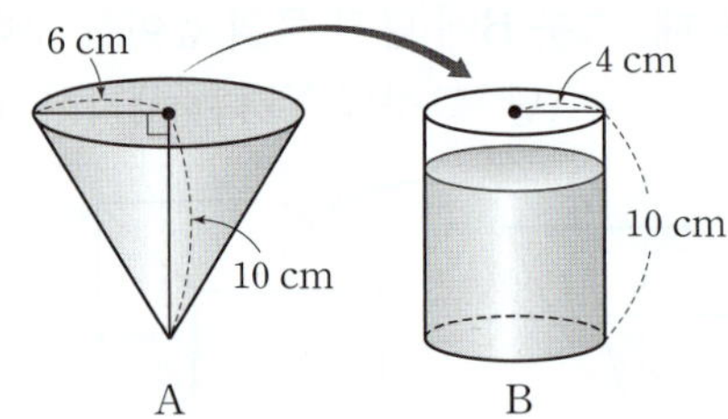

① 7 cm ② $\dfrac{15}{2}$ cm ③ 8 cm

④ $\dfrac{17}{2}$ cm ⑤ 9 cm

652 중

다음 그림과 같이 크기가 같은 정육면체 모양의 물통 세 개에 높이가 각각 a cm, b cm, c cm가 되도록 물을 채웠다. 세 물통에 들어 있는 물의 부피가 각각 64 cm^3, 192 cm^3, 384 cm^3일 때, $a : b : c$는?

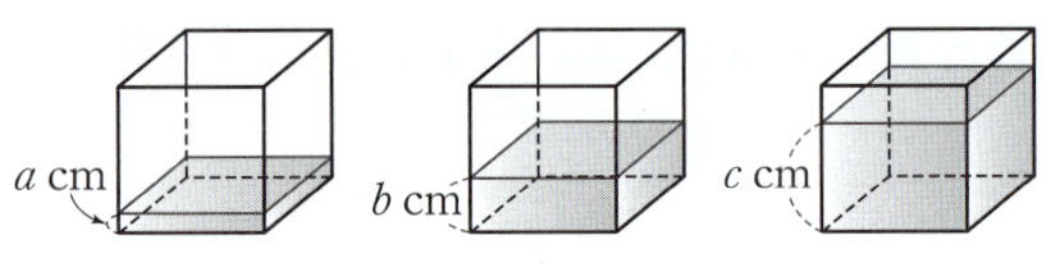

① $1 : 2 : 3$ ② $1 : 2 : 6$ ③ $1 : 3 : 4$
④ $1 : 3 : 6$ ⑤ $1 : 3 : 9$

653 중

다음 그림과 같이 기울어진 두 직육면체 모양의 그릇 A, B에 같은 양의 물이 들어 있다. 이때 x의 값을 구하시오.
(단, 그릇의 두께는 생각하지 않는다.)

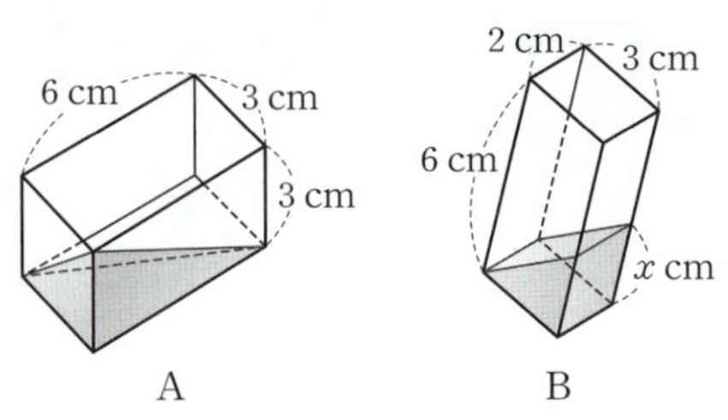

654 상

| 서술형 |

오른쪽 그림과 같은 원뿔 모양의 그릇에 일정한 속력으로 물을 채우고 있다. 높이가 4 cm가 될 때까지 물을 채우는 데 2분이 걸렸을 때, 이 그릇에 물을 가득 채우려면 앞으로 몇 분 동안 물을 더 넣어야 하는지 구하시오. (단, 그릇의 두께는 생각하지 않는다.)

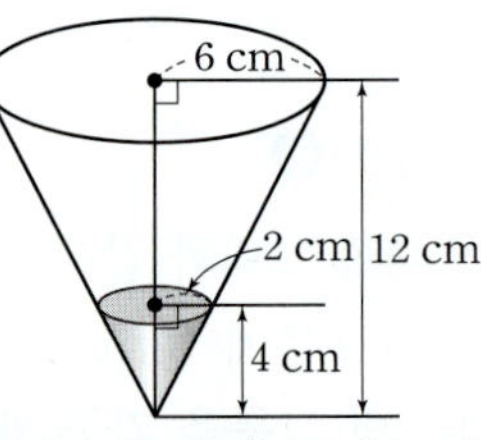

655 상

다음 그림과 같이 칸막이가 설치된 직육면체 모양의 수조에서 나누어진 직육면체 모양의 두 부분에 각각 물이 들어 있다. 이 수조의 칸막이를 제거하였을 때, 물의 높이는?
(단, 수조와 칸막이의 두께는 생각하지 않는다.)

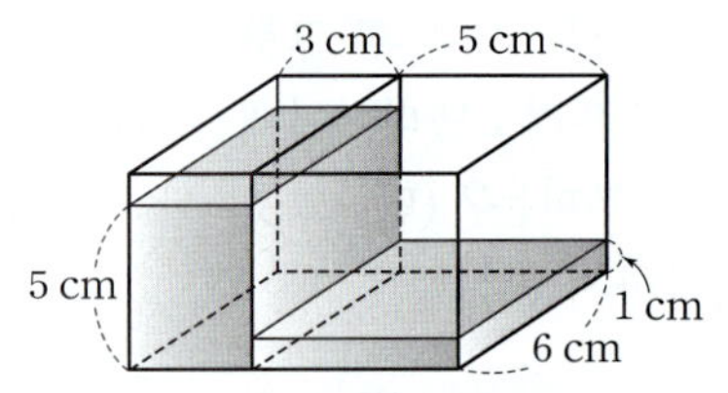

① $\dfrac{3}{2}$ cm ② $\dfrac{7}{4}$ cm ③ 2 cm

④ $\dfrac{9}{4}$ cm ⑤ $\dfrac{5}{2}$ cm

656 상

오른쪽 그림과 같이 밑면의 반지름의 길이가 10 cm인 원기둥 모양의 그릇에 물의 높이가 12 cm가 되도록 물을 넣었다. 이 그릇 안에 반지름의 길이가 5 cm인 구를 완전히 잠기도록 넣었을 때, 더 올라간 물의 높이를 구하시오.
(단, 그릇의 두께는 생각하지 않는다.)

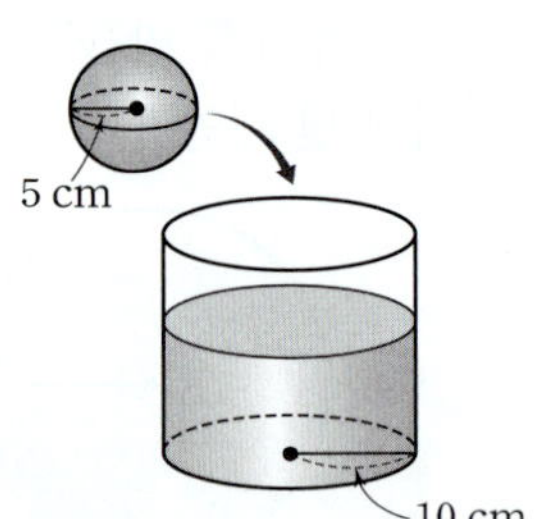

657 ⑤

다음 그림과 같이 원뿔 모양의 그릇 A와 반구 모양의 그릇 B가 있다. 그릇 A의 밑면의 반지름의 길이는 그릇 B의 반지름의 길이의 2배이고 그릇 B에 물을 가득 채워 그릇 A에 6번 부었더니 그릇 A에 물이 넘치지 않게 가득 채워졌다고 한다. 이때 그릇 A의 높이는 그릇 B의 반지름의 길이의 몇 배인가?

(단, 그릇의 두께는 생각하지 않는다.)

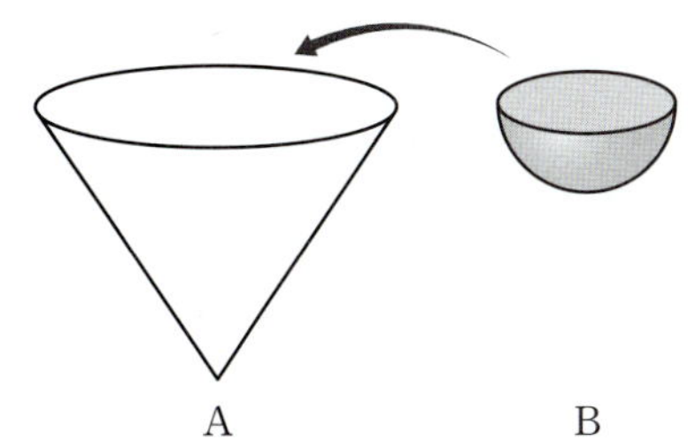

① $\dfrac{3}{2}$배 ② 2배 ③ $\dfrac{5}{2}$배

④ 3배 ⑤ $\dfrac{7}{2}$배

658 ⑤

직육면체 모양의 그릇 A에 물을 가득 채운 후 그릇을 기울여 다음 그림과 같이 물을 일부 남기고 나머지는 직육면체 모양의 그릇 B에 부었다. 이때 그릇 B에 담긴 물의 높이는? (단, 그릇의 두께는 생각하지 않는다.)

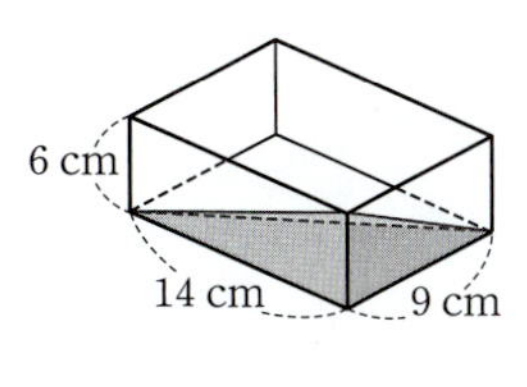
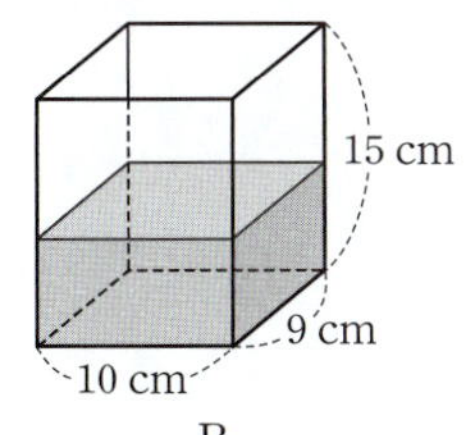

① 4 cm ② 5 cm ③ 6 cm

④ 7 cm ⑤ 8 cm

---

8 입체도형에 꼭 맞게 들어 있는 입체도형

빈출
659 ⑧

오른쪽 그림과 같이 원기둥 안에 구와 원뿔이 꼭 맞게 들어 있을 때, 다음 중 옳은 것은?

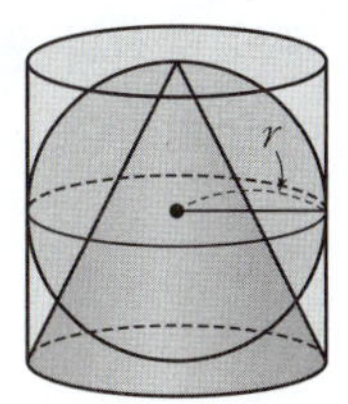

① 원기둥의 겉넓이는 $5\pi r^2$이다.

② 구의 겉넓이는 $\dfrac{4}{3}\pi r^2$이다.

③ 원기둥의 부피는 πr^3이다.

④ 원뿔의 부피는 $\dfrac{1}{3}\pi r^3$이다.

⑤ 원기둥, 구, 원뿔의 부피의 비는 $3:2:1$이다.

660 ⑧

오른쪽 그림과 같이 밑면의 반지름의 길이가 6 cm인 원기둥 안에 반구가 꼭 맞게 들어 있을 때, 이 원기둥에서 반구를 제외한 부분의 부피를 구하시오.

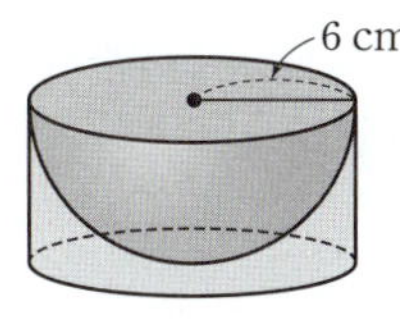

661 ⑧

오른쪽 그림과 같이 한 모서리의 길이가 10 cm인 정육면체 안에 구와 사각뿔이 꼭 맞게 들어 있다. 이때 정육면체, 구, 사각뿔의 부피의 비는?

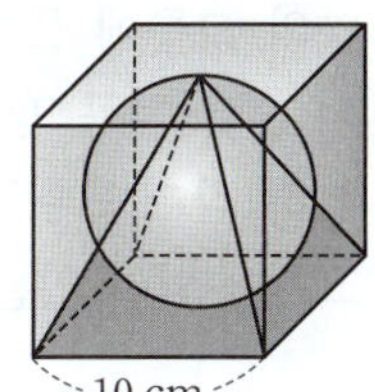

① $3:\pi:2$ ② $3:4\pi:1$

③ $6:\pi:2$ ④ $6:\pi:3$

⑤ $6:3\pi:2$

662 중

| 서술형 |

오른쪽 그림과 같이 구 안에 원뿔이 꼭 맞게 들어 있다. 구의 부피가 36π cm^{3}일 때, 원뿔의 부피를 구하시오. (단, 구의 중심과 원뿔의 밑면인 원의 중심이 일치한다.)

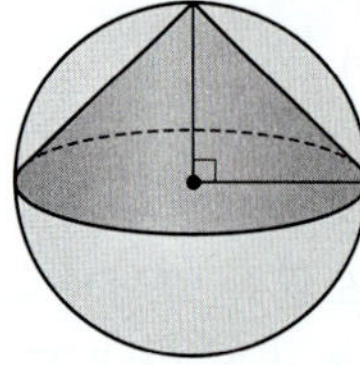

663 상

오른쪽 그림과 같이 부피가 384π cm^{3}인 원기둥 모양의 통 안에 크기가 같은 구 3개가 꼭 맞게 들어 있다. 이 통에서 빈 공간의 부피를 구하시오. (단, 통의 두께는 생각하지 않는다.)

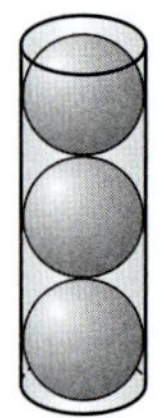

664 상

오른쪽 그림과 같이 밑면의 지름의 길이와 높이가 각각 12 cm인 원기둥 모양의 그릇에 물이 가득 채워져 있다. 이 그릇에 꼭 맞는 구 모양의 공을 완전히 잠기도록 넣었다가 꺼냈을 때, 그릇에 남아 있는 물의 높이를 구하시오.

(단, 그릇의 두께는 생각하지 않는다.)

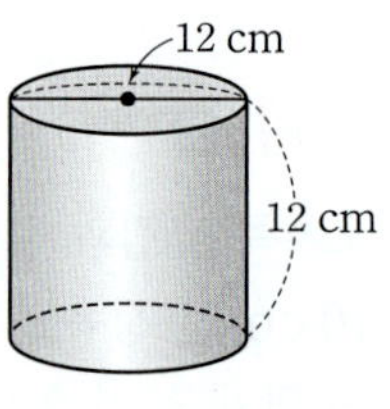

665 상

오른쪽 그림과 같이 한 모서리의 길이가 6 cm인 정육면체의 각 면의 대각선의 교점을 연결하여 만든 입체도형의 부피는?

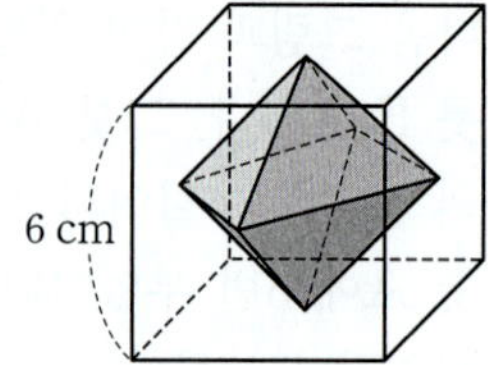

① 32 cm^3 ② 36 cm^3
③ 42 cm^3 ④ 48 cm^3
⑤ 56 cm^3

666 상

오른쪽 그림과 같이 구 안에 정팔면체가 꼭 맞게 들어 있다. 구와 정팔면체의 부피를 각각 V_1, V_2라 할 때, $\dfrac{V_1}{V_2}$의 값은?

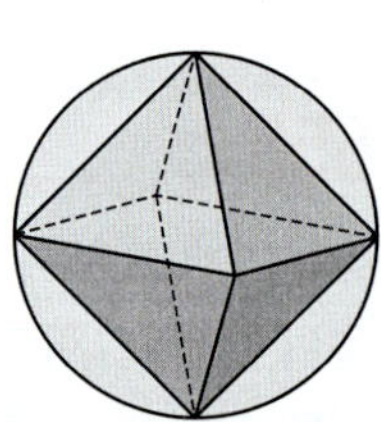

① 2 ② 3 ③ π
④ 4 ⑤ 2π

최고수준 도전 기출

667

다음 그림과 같이 직육면체의 각 꼭짓점에서 각 모서리를 삼등분하는 점을 지나는 평면으로 잘라 내고 남은 입체도형의 부피를 구하시오.

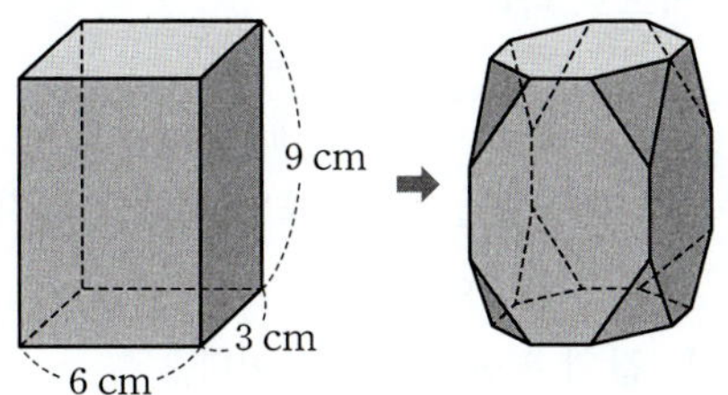

668

오른쪽 그림과 같은 원기둥 모양의 그릇에 $180\pi \ \text{cm}^3$의 물이 들어 있다. 이 그릇에 반지름의 길이가 $2 \ \text{cm}$인 구 모양의 쇠구슬을 담아 물이 넘치게 하려면 최소 몇 개의 쇠구슬이 필요한가?

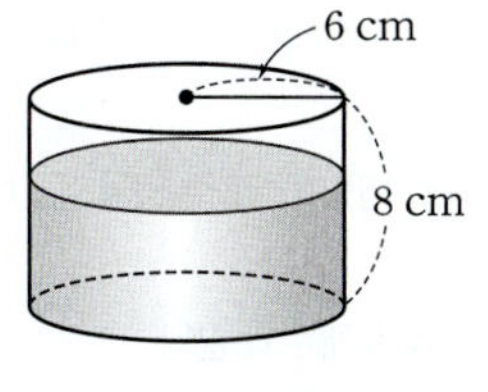

① 8개   ② 9개   ③ 10개
④ 11개   ⑤ 12개

669

다음 그림과 같이 아랫부분이 원기둥 모양인 병에 오렌지 주스가 $10 \ \text{cm}$의 높이로 담겨 있다. 이 병을 거꾸로 하여 수면이 병의 밑면과 평행하게 하였더니 주스가 들어 있지 않은 부분의 높이가 $8 \ \text{cm}$가 되었을 때, 이 병의 부피를 구하시오. (단, 병의 두께는 생각하지 않는다.)

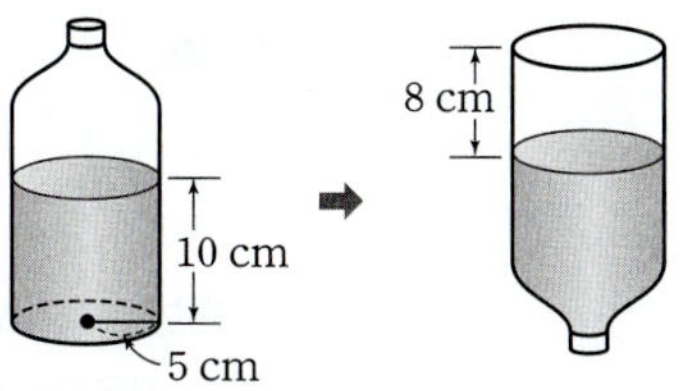

670

오른쪽 그림과 같이 밑면의 반지름의 길이가 $3 \ \text{cm}$인 원뿔을 점 O를 중심으로 4바퀴 굴렸더니 처음의 자리로 되돌아왔다. 이때 이 원뿔의 옆넓이는?

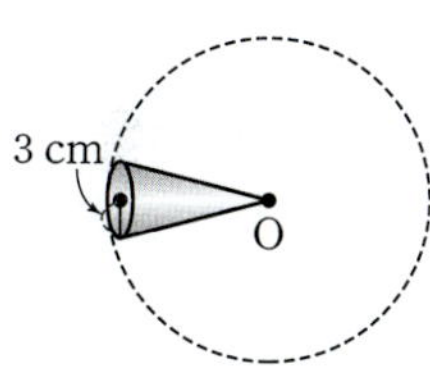

① $24\pi \ \text{cm}^2$ ② $27\pi \ \text{cm}^2$ ③ $30\pi \ \text{cm}^2$
④ $33\pi \ \text{cm}^2$ ⑤ $36\pi \ \text{cm}^2$

08 자료의 정리와 해석

1 대푯값

☑ 필수 기출 1

(1) **변량**: 성적, 키 등과 같은 자료를 수량으로 나타낸 것

(2) **대푯값**: 자료 전체의 중심 경향이나 특징을 대표적으로 나타내는 값

① **평균**: 변량의 총합을 변량의 개수로 나눈 값 ➡ $(평균) = \dfrac{(변량의 \ 총합)}{(변량의 \ 개수)}$

② ❶ : 변량을 작은 값부터 크기순으로 나열했을 때, 자료의 중앙에 위치한 값

➡ 변량의 개수가 $\begin{cases} 홀수이면 \ 한가운데 \ 있는 \ 값이 \ 중앙값이다. \\ 짝수이면 \ 한가운데 \ 있는 \ 두 \ 값의 \ 평균이 \ 중앙값이다. \end{cases}$

③ **최빈값**: 자료에서 가장 많이 나타난 값

참고 • 자료의 변량 중 매우 크거나 매우 작은 극단적인 값이 있는 경우

➡ 평균은 극단적인 값에 영향을 많이 받으므로 대푯값으로 평균보다 중앙값이 적절하다.

• 자료의 변량이 중복되어 나타나거나 수로 주어지지 않은 경우

➡ 대푯값으로 최빈값이 적절하다.

• 최빈값은 자료에 따라 2개 이상일 수도 있다.

2 줄기와 잎 그림

☑ 필수 기출 2

(1) **줄기와 잎 그림**: 자료를 줄기와 잎으로 구분하여 나타낸 그림

(2) **줄기와 잎 그림 나타내기**

❶ 변량을 자릿수를 기준으로 줄기와 잎으로 구분한다.

❷ 세로선을 긋고, 세로선의 왼쪽에 줄기를 작은 수부터 세로로 쓴다.

❸ 세로선의 오른쪽에 각 줄기에 해당하는 잎을 가로로 쓴다. 이때 중복되는 변량의 잎은 중복된 횟수만큼 쓴다.

❹ 줄기 a와 잎 b를 그림의 오른쪽 위에 $a\,|\,b$로 나타내고 그 뜻을 설명한다.

(6|5는 65점)

줄기		잎		
6	5	7		
7	0	4	6	
8	2	2	4	8

참고 • 자료를 줄기와 잎 그림으로 나타내면 각각의 변량을 알 수 있을 뿐만 아니라 자료의 전체적인 분포 상태도 쉽게 알 수 있다.

• 줄기와 잎 그림에서 변량의 전체 개수는 잎의 총개수와 같다.

3 도수분포표

☑ 필수 기출 3

(1) **계급**: 변량을 일정한 간격으로 나눈 구간

① ❷ : 구간의 너비, 즉 계급의 양 끝 값의 차

② **계급값**: 각 계급의 양 끝 값의 중앙의 값 ➡ $(계급값) = \dfrac{(계급의 \ 양 \ 끝 \ 값의 \ 합)}{2}$

(2) ❸ : 각 계급에 속하는 변량의 개수

(3) **도수분포표**: 자료를 몇 개의 계급으로 나누고 각 계급의 도수를 나타낸 표

(4) **도수분포표 나타내기**

❶ 주어진 자료에서 가장 작은 변량과 가장 큰 변량을 찾는다.

❷ ❶에서 찾은 두 변량이 속하는 구간을 일정한 간격으로 나누어 계급을 정한다.

❸ 각 계급에 속하는 변량의 개수를 세어 각 계급의 도수와 그 합을 구한다.

키(cm)	도수(명)
$140^{이상} \sim 150^{미만}$	2
$150 \quad \sim 160$	7
$160 \quad \sim 170$	3
합계	12

답: ❶ 중앙값 ❷ 계급의 크기 ❸ 도수

4 히스토그램

✔ 필수 기출 4

(1) [④   ]: 가로축에 각 계급의 양 끝 값을, 세로축에 도수를 차례로 표시하고, 각 계급의 크기를 가로로, 그 계급의 도수를 세로로 하는 직사각형을 차례로 그려 나타낸 그래프

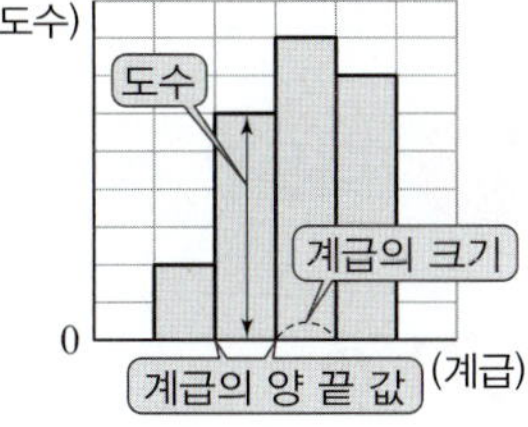

(2) **히스토그램의 특징**
① 자료의 전체적인 분포 상태를 한눈에 알아볼 수 있다.
② (직사각형의 넓이)＝(계급의 크기)×(그 계급의 도수)이므로
  (모든 직사각형의 넓이의 합)＝(계급의 크기)×(도수의 총합)
③ 직사각형의 가로의 길이는 일정하므로 각 직사각형의 넓이는 각 계급의 도수에 정비례한다.

5 도수분포다각형

✔ 필수 기출 5

(1) **도수분포다각형**: 히스토그램에서 각 직사각형의 윗변의 중앙에 점을 찍고, 히스토그램의 양 끝에 도수가 0인 계급이 하나씩 더 있는 것으로 생각하여 그 중앙에 점을 찍은 후 점을 선분으로 연결하여 나타낸 그래프

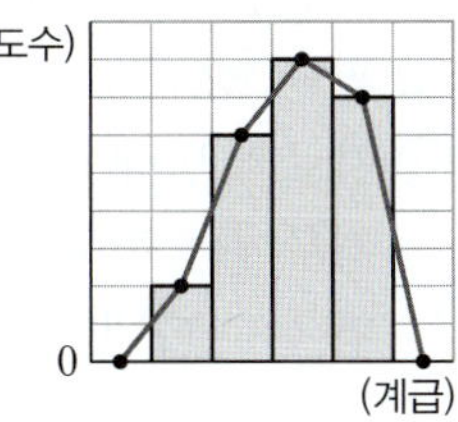

(2) **도수분포다각형의 특징**
① 자료의 전체적인 분포 상태를 한눈에 알아볼 수 있다.
② (도수분포다각형과 가로축으로 둘러싸인 부분의 넓이)
 ＝(히스토그램의 모든 직사각형의 넓이의 합)
 ＝(계급의 크기)×([⑤   ])
③ 두 개 이상의 자료의 분포를 함께 나타낼 수 있어 그 특징을 비교할 때 히스토그램보다 편리하다.

6 상대도수와 그 그래프

✔ 필수 기출 6, 7

(1) [⑥   ]: 도수분포표에서 도수의 총합에 대한 각 계급의 도수의 비율
 ➡ (어떤 계급의 상대도수)＝$\dfrac{(그\ 계급의\ 도수)}{(도수의\ 총합)}$

 (참고) 상대도수는 도수의 총합을 1로 보았을 때, 각 계급의 도수가 전체에서 차지하는 비율을 나타낸 것이다.

(2) **상대도수의 특징**
① 각 계급의 상대도수는 0 이상 1 이하의 수이고 그 총합은 항상 1이다.
② 각 계급의 상대도수는 그 계급의 도수에 정비례한다.
③ 도수의 총합이 다른 두 집단의 분포를 비교할 때 편리하다.

(3) **상대도수의 분포표**: 각 계급의 상대도수를 나타낸 표

(4) **상대도수의 분포를 나타낸 그래프**: 상대도수의 분포표를 히스토그램이나 도수분포다각형 모양으로 나타낸 그래프

(5) **상대도수의 분포를 나타내는 그래프 그리기**
❶ 가로축에 각 계급의 양 끝 값을 차례로 표시한다.
❷ 세로축에 상대도수를 차례로 표시한다.
❸ 히스토그램이나 도수분포다각형 모양으로 그린다.
 (참고) (그래프와 가로축으로 둘러싸인 부분의 넓이)
  ＝(계급의 크기)×(상대도수의 총합)
  ＝(계급의 크기)

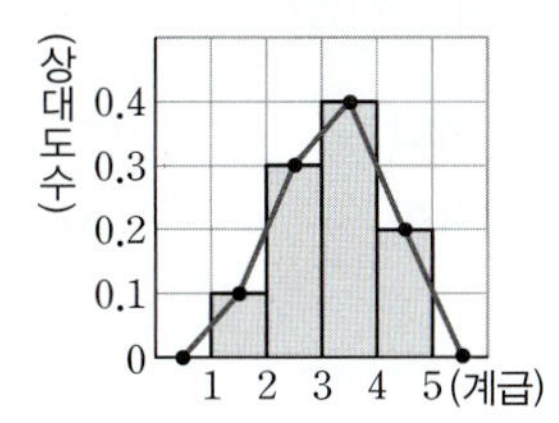

답: ④ 히스토그램   ⑤ 도수의 총합   ⑥ 상대도수

1 대푯값

671 하

다음 중 대푯값에 대한 설명으로 옳지 <u>않은</u> 것은?

① 대푯값은 자료 전체의 중심 경향이나 특징을 대표적으로 나타내는 값이다.
② 중앙값은 주어진 자료의 변량 중에 존재한다.
③ 최빈값은 자료에 따라 2개 이상일 수도 있다.
④ 평균, 중앙값, 최빈값이 모두 같은 경우도 있다.
⑤ 자료의 변량 중에서 매우 크거나 매우 작은 값이 있는 경우에는 평균보다 중앙값이 그 자료의 중심 경향을 더 잘 나타낸다.

빈출
672 하

다음 표는 학생 10명의 통학 시간을 조사하여 나타낸 것이다. 통학 시간의 평균은?

통학 시간(분)	10	20	30	40	합계
학생 수(명)	2	4	3	1	10

① 21분 　　② 22분 　　③ 23분
④ 24분 　　⑤ 25분

673 하

다음 표는 혜란이네 반 학생 20명의 일주일 동안의 편의점 방문 횟수를 조사하여 나타낸 것이다. 이 자료의 최빈값은?

방문 횟수(회)	0	1	2	3	4
학생 수(명)	2	a	7	4	1

① 0회 　　② 1회 　　③ 2회
④ 3회 　　⑤ 4회

674 중

다음 자료는 어느 반 학생 10명의 수면 시간을 조사하여 나타낸 것이다. 이 자료의 중앙값을 a시간, 최빈값을 b시간이라 할 때, $a+b$의 값을 구하시오.

(단위: 시간)

8, 11, 2, 5, 5, 9, 5, 8, 3, 7

675 중

다음 자료 중 대푯값으로 평균을 사용하기에 가장 적절하지 <u>않은</u> 것은?

① 1, 2, 3, 4, 5 　　② 1, 1, 3, 3, 3
③ 2, 3, 5, 4, 3 　　④ 4, 3, 7, 5, 8
⑤ 5, 7, 8, 6, 100

빈출
676 중

오른쪽 표는 시후네 반 학생들이 사용하는 스마트폰 24대의 저장 용량을 조사하여 나타낸 것이다. 이 자료의 중앙값을 a GB, 최빈값을 b GB라 할 때, $a-b$의 값을 구하시오.

저장 용량 (GB)	스마트폰 수 (대)
32	1
64	9
128	5
256	7
512	2

677 

다음 자료 중 중앙값과 최빈값이 서로 같은 것은?

① $-1, -1, -1, 0, 0, 1, 1$
② $-1, 0, 1, 2, 3, 4, 4$
③ $-1, -1, -1, -1, 0, 0, 0$
④ $0, 0, 0, 1, 1, 2, 3, 3$
⑤ $-1, -1, 0, 1, 2, 2$

678

다음 표는 학생 20명의 일주일 동안의 인터넷 강의 시청 시간을 조사하여 나타낸 것이다. 이 자료의 평균이 3.5시간일 때, ab의 값을 구하시오.

시청 시간(시간)	1	2	3	4	5	합계
학생 수(명)	2	a	4	5	b	20

679

다음 자료의 평균을 a, 중앙값을 b, 최빈값을 c라 할 때, a, b, c의 대소 관계는?

$$3, \ 5, \ 7, \ 3, \ 9, \ 2, \ 7, \ 4, \ 5, \ 3$$

① $a<b<c$ ② $a<c<b$ ③ $b<a<c$
④ $c<a<b$ ⑤ $c<b<a$

680

다음 자료는 A, B 두 모둠 학생들이 주말에 TV를 시청한 시간을 조사하여 나타낸 것이다. A 모둠의 자료의 중앙값을 a시간, B 모둠의 자료의 중앙값을 b시간이라 할 때, $b-a$의 값을 구하시오.

(단위: 시간)

[A 모둠]   3,   2,   6,   8,   7,   10,   4,   9,   4
[B 모둠]   4,   8,   11,   9,   2,   12,   3,   8,   5,   6

681

| 서술형 |

다음 자료는 어느 신발 가게에서 하루 동안 판매한 18개의 운동화의 치수를 조사하여 나타낸 것이다. 이 가게에서 가장 많이 준비해야 할 운동화의 치수를 정하려고 할 때, 평균, 중앙값, 최빈값 중에서 가장 적절한 대푯값을 말하고, 그 값을 구하시오.

(단위: mm)

255	245	245	265	260	240
255	260	270	260	270	250
235	275	260	260	240	255

682

다음 자료에서 $5<x<y$일 때, 중앙값과 최빈값의 합은?

(단, x, y는 자연수)

$$3, \ 5, \ 3, \ x, \ 9, \ y, \ 3, \ 4, \ 10$$

① 7   ② 8   ③ 9
④ 10   ⑤ 11

683 중

다음 보기 중 세 자료 A, B, C에 대한 설명으로 옳은 것을 모두 고른 것은?

> [A 자료] 3, 4, 5, 5, 5, 6, 7
> [B 자료] 10, 11, 11, 12, 13, 16, 512
> [C 자료] 8, 8, 8, 8, 10, 10, 11

보기

ㄱ. A 자료의 평균, 중앙값, 최빈값이 모두 같다.
ㄴ. B 자료는 평균이 자료의 중심적인 경향을 가장 잘 나타내어 준다.
ㄷ. C 자료의 최빈값은 2개 이상이다.

① ㄱ 　② ㄷ 　③ ㄱ, ㄷ
④ ㄴ, ㄷ 　⑤ ㄱ, ㄴ, ㄷ

★빈출 684 중

현빈이네 반 학생 30명의 몸무게의 평균은 51 kg이었다. 이 반에 한 학생이 전학 온 후 이 반 학생의 몸무게의 평균이 51.5 kg이 되었다. 이때 전학 온 학생의 몸무게는?

① 65 kg 　② 65.5 kg 　③ 66 kg
④ 66.5 kg 　⑤ 67 kg

685 중

자연수 a, b에 대하여 5개의 변량 1, 5, 10, a, b의 중앙값이 7이고, 4개의 변량 10, 14, a, b의 중앙값이 9일 때, $a+b$의 값을 구하시오. (단, $a<b$)

686 중

오른쪽 막대그래프는 지유네 반 학생 20명이 여름방학 동안 읽은 책의 수를 조사하여 나타낸 것이다. 이 자료의 평균, 중앙값, 최빈값을 각각 a권, b권, c권이라 할 때, $a-b+c$의 값을 구하시오.

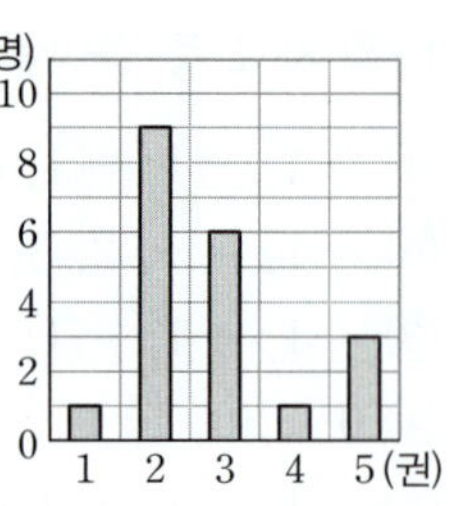

★빈출 687 중

석진이가 75점, 81점, x점, 78점을 받은 네 번의 시험 점수의 평균과 최빈값이 서로 같을 때, x의 값은?

① 75 　② 78 　③ 81
④ 82 　⑤ 85

688 상

다음 자료는 학생 8명의 듣기 평가 점수를 조사하여 나타낸 것이다. 이 자료의 중앙값이 14점, 최빈값이 12점일 때, $a+b+c$의 값을 구하시오.

(단위: 점)

> 12, 18, 20, 10, 18, a, b, c

689 (상)

8개의 변량 5, 6, 8, 8, 8, 8, 9, 12에 한 개의 변량을 추가했을 때, 다음 보기 중 이 자료에 대한 설명으로 옳은 것을 모두 고른 것은?

> ┌ 보기 ├
> ㄱ. 평균은 변하지 않는다.
> ㄴ. 중앙값은 변하지 않는다.
> ㄷ. 최빈값은 변하지 않는다.

① ㄱ   ② ㄷ   ③ ㄱ, ㄷ
④ ㄴ, ㄷ   ⑤ ㄱ, ㄴ, ㄷ

690 (상)

| 서술형 |

다음은 어느 동호회 회원 5명의 나이에 대한 설명이다. 이때 회원 5명의 나이의 중앙값을 구하시오.

> (개) 나이의 최빈값은 22세이다.
> (내) 나이의 평균은 20.8세이다.
> (대) 한 회원의 나이는 20세이다.
> (래) 가장 어린 회원의 나이는 19세이다.

★ 빈출
691 (상)

준형이네 모둠 학생 10명의 수학 성적의 평균을 구하는데 81점인 한 학생의 점수를 잘못 보아 실제보다 평균이 2점 더 낮게 나왔다. 이 학생의 점수를 몇 점으로 잘못 보았는지 구하시오.

---

2 줄기와 잎 그림

692 (하)

다음 중 줄기와 잎 그림에 대한 설명으로 옳지 <u>않은</u> 것은?

① 변량의 전체 개수는 잎의 총개수와 같다.
② 줄기에는 중복되는 수를 한 번만 쓴다.
③ 잎에는 중복되는 수를 모두 쓴다.
④ 줄기와 잎 그림은 변량이 많은 자료를 나타낼 때 적합하다.
⑤ 줄기와 잎 그림으로 나타내면 자료의 정확한 값과 자료의 분포 상태를 쉽게 알 수 있다.

693 (하)

오른쪽 줄기와 잎 그림은 현규네 반 학생들의 영어 성적을 조사하여 나타낸 것이다. 영어 성적이 70점 이상 90점 미만인 학생 수를 구하시오.

영어 성적 (6|5는 65점)

줄기	잎
6	5 7 9
7	0 1 1 5 9
8	2 4 5 5 6 8 8
9	0 2 6 6 8

694 (중)

다음 줄기와 잎 그림은 병권이네 반 학생들의 줄넘기 횟수를 조사하여 나타낸 것이다. 줄넘기 횟수가 30회 이상인 학생은 전체의 몇 %인지 구하시오.

줄넘기 횟수 (1|1은 11회)

줄기	잎
1	1 2 4 5 7 9
2	0 1 2 3 3 4 4 5 5 7 8
3	0 1 1 2 3 4 5
4	2

695

오른쪽 줄기와 잎 그림은 수연이네 모둠 학생들의 한 학기 동안의 봉사 활동 시간을 조사하여 나타낸 것이다. 이 자료의 중앙값을 a시간, 최빈값을 b시간이라 할 때, $b-a$ 의 값을 구하시오.

봉사 활동 시간 (0|1은 1시간)

줄기	잎
0	1 2 8
1	0 3 5 7 7
2	1 1 1 6

696

다음 줄기와 잎 그림은 A, B 두 모둠 학생들의 제기차기 횟수를 조사하여 나타낸 것이다. A 모둠과 B 모둠 학생 중에서 제기차기 횟수가 12회 이상 24회 미만인 학생 수는 어느 모둠이 몇 명 더 많은가?

제기차기 횟수 (0|1은 1회)

잎(A 모둠)	줄기	잎(B 모둠)
8 8 5 3 1 0	0	0 1 1 7
4 3 2	1	0 1 5 9
6	2	2 3

① A 모둠, 1명   ② A 모둠, 2명   ③ A 모둠, 3명
④ B 모둠, 1명   ⑤ B 모둠, 2명

697

다음 줄기와 잎 그림은 기성이네 반 학생들이 체험 활동에서 주워 온 밤의 개수를 조사하여 나타낸 것이다. 주워 온 밤의 개수가 50 이상인 학생이 전체의 10 %일 때, 기성이네 반 전체 학생 수를 구하시오.

밤의 개수 (0|5는 5)

줄기	잎
0	5 6 7
1	0 2 2 4 5 7 7 8 9
⋮	⋮
5	0 2
6	3

698

아래 줄기와 잎 그림은 소연이네 반 학생들의 통학 시간을 조사하여 나타낸 것이다. 다음 중 옳지 <u>않은</u> 것은?

통학 시간 (0|7은 7분)

줄기	잎
0	7 9
1	0 1 2 2 5 5 6
2	0 1 2 2 3 5 5 5 5 8
3	1 3 4 5 7 7
4	2 2 3 4 6

① 잎이 가장 많은 줄기는 2이다.
② 소연이네 반 학생은 30명이다.
③ 통학 시간이 31분 이상인 학생은 11명이다.
④ 통학 시간이 20분 미만인 학생은 7명이다.
⑤ 통학 시간이 가장 짧은 학생과 가장 긴 학생의 통학 시간의 차이는 39분이다.

699

오른쪽 자료는 어느 학교의 방과 후 과학 수업을 신청한 학생들의 과학 성적을 조사하여 나타낸 것이다. 이 자료를 줄기와 잎 그림으로 나타낼 때, 다음 중 옳지 <u>않은</u> 것은?

(단위: 점)

60	96	72	76
80	84	64	92
88	76	68	96
80	60	84	88

① 과학 수업을 신청한 학생은 16명이다.
② 십의 자리의 숫자를 줄기로 나타내면 줄기는 4개이다.
③ 십의 자리의 숫자를 줄기로 나타내면 잎이 가장 많은 줄기는 9이다.
④ 과학 성적이 10번째로 낮은 학생의 성적은 84점이다.
⑤ 과학 성적이 70점 미만인 학생은 전체의 25 %이다.

700 중

오른쪽 줄기와 잎 그림은 도영이네 반 학생들의 하루 평균 인터넷 사용 시간을 조사하여 나타낸 것인데 일부가 얼룩져 보이지 않는다. 줄기가 각각 3, 4인 잎의 개수의 합이 잎의 총개수의 40 %일 때, 도영이네 반 전체 학생 수를 구하시오.

인터넷 사용 시간 (1|0은 10분)

줄기	잎
1	0 5 7
2	0 3 4 6 8
3	
4	
5	2 2 3 5 7 7 9

701 중

다음 줄기와 잎 그림은 혜지네 반 학생들이 농장 체험에서 딴 딸기의 개수를 조사하여 나타낸 것인데 일부가 얼룩져 보이지 않는다. 줄기가 1인 잎의 개수가 줄기가 4인 잎의 개수의 $\frac{3}{5}$일 때, 딸기를 30개 이상 딴 학생은 전체의 몇 %인지 구하시오.

딸기의 개수 (1|3은 13)

줄기	잎
1	3 6 7
2	0 2 2 5 8 9
3	1 1 4 5 5 6 8 9
4	
5	0 1 3

빈출 702 상

오른쪽 줄기와 잎 그림은 선우네 모둠 학생들의 팔 굽혀 펴기 횟수를 조사하여 나타낸 것이다. 선우가 상위 40 % 이내에 속하려면 기록이 최소 몇 회이어야 하는지 구하시오.

팔 굽혀 펴기 횟수 (0|5는 5회)

줄기	잎
0	5 6
1	0 1 2 7
2	1 3 4 6 8
3	2 5 7
4	4

703 상

다음 줄기와 잎 그림은 명환이네 반 남학생과 여학생이 지난 일 년 동안 본 영화의 수를 조사하여 나타낸 것이다. 반 전체에서 영화를 많이 본 상위 20 %의 학생들에게 상품을 준다고 할 때, 상품을 받는 여학생들이 일 년 동안 본 영화의 수의 평균을 구하시오.

영화의 수 (0|4는 4편)

잎(남학생)	줄기	잎(여학생)
8 6 5 4	0	4 7
7 6 5 3 2	1	0 4 7 8 9
9 8 6	2	0 2 5 5 7 9

704 상

아래 줄기와 잎 그림은 A, B 두 반 학생들이 지난 일 년 동안 읽은 책의 수를 조사하여 나타낸 것이다. 다음 중 옳은 것은?

책의 수 (0|4는 4권)

잎(A반)	줄기	잎(B반)
9 7 5 5	0	4 9 9
8 6 5 5 4 2 1	1	0 1 2 5
7 6 6 3 0	2	0 1 2 4
9 5 2 2	3	1 1 4 6 6 7
5 5 4	4	0 1 3 5
2 2	5	0 2 5

① A, B 두 반의 학생 수는 서로 같다.
② 두 반 전체 학생 중 책을 가장 많이 읽은 학생은 책을 52권 읽었다.
③ 10권 이상 20권 미만의 책을 읽은 학생은 B반이 A반보다 더 많다.
④ A, B 두 반에서 30권 이상 40권 미만의 책을 읽은 학생의 비율은 서로 같다.
⑤ 두 반 전체 학생을 책을 많이 읽은 순서대로 나열할 때 9번째 학생은 A반에 있다.

705 하

다음 중 옳지 <u>않은</u> 것은?

① 변량을 일정한 간격으로 나눈 구간을 계급이라 한다.
② 계급의 양 끝 값의 차를 계급의 크기라 한다.
③ 자료를 수량으로 나타낸 것을 도수라 한다.
④ 각 계급의 양 끝 값의 중앙의 값을 계급값이라 한다.
⑤ 주어진 자료를 정리하여 계급과 도수를 나타낸 표를 도수분포표라 한다.

706 하

오른쪽 도수분포표는 어느 시장의 상인 20명의 상업에 종사한 기간을 조사하여 나타낸 것이다. 상업에 종사한 기간이 3번째로 긴 상인이 속하는 계급이 a년 이상 b년 미만일 때, $a+b$의 값을 구하시오.

기간(년)	도수(명)
$0^{이상} \sim 10^{미만}$	4
10 ~20	8
20 ~30	5
30 ~40	2
40 ~50	1
합계	20

707 하

오른쪽 도수분포표는 희수네 반 학생들의 한 달 동안의 편의점 이용 횟수를 조사하여 나타낸 것이다. 다음 중 옳지 <u>않은</u> 것은?

이용 횟수(회)	도수(명)
$0^{이상} \sim 4^{미만}$	4
4 ~ 8	7
8 ~12	9
12 ~16	2
16 ~20	3
합계	

① 도수의 총합은 25명이다.
② 계급의 크기는 4회이다.
③ 계급의 개수는 5이다.
④ 편의점을 이용한 횟수가 9회인 학생이 속하는 계급의 도수는 9명이다.
⑤ 편의점을 가장 많이 이용한 학생의 이용 횟수는 19회이다.

708 중 빈출

오른쪽 도수분포표는 어느 마을에 사는 주민 100명의 나이를 조사하여 나타낸 것이다. 나이가 60세 이상인 주민은 전체의 몇 %인가?

나이(세)	도수(명)
$0^{이상} \sim 20^{미만}$	21
20 ~ 40	30
40 ~ 60	34
60 ~ 80	A
80 ~100	4
합계	100

① 11 % ② 15 %
③ 21 % ④ 30 %
⑤ 34 %

709 중 빈출

오른쪽 도수분포표는 예지네 반 학생들의 키를 조사하여 나타낸 것이다. 다음 중 옳지 <u>않은</u> 것은?

키(cm)	도수(명)
$145^{이상} \sim 150^{미만}$	2
150 ~155	5
155 ~160	9
160 ~165	A
165 ~170	3
합계	25

① A의 값은 6이다.
② 계급의 크기는 5 cm이고, 계급의 개수는 5이다.
③ 도수가 가장 큰 계급은 160 cm 이상 165 cm 미만이다.
④ 키가 155 cm 미만인 학생은 전체의 28 %이다.
⑤ 키가 5번째로 큰 학생이 속하는 계급의 도수는 6명이다.

710 ⑤

아래 도수분포표는 어느 반 학생들의 휴대 전화에 저장된 번호 수를 조사하여 나타낸 것이다. 다음 중 옳지 <u>않은</u> 것은?

(단위: 개)

52	49	11	35
24	72	64	50
12	32	42	59
73	16	29	31
41	18	45	53
33	7	46	30
19	72	37	45

번호 수(개)	도수(명)
$0^{이상} \sim 15^{미만}$	3
15 ~30	A
30 ~45	8
45 ~60	B
60 ~75	4
합계	C

① 계급의 개수는 5이다.
② $A-B+C=25$
③ 도수가 가장 큰 계급의 도수는 9이다.
④ 저장된 번호가 45개 이상인 학생은 12명이다.
⑤ 저장된 번호가 많은 쪽에서 10번째인 학생이 속하는 계급은 45개 이상 60개 미만이다.

711 ⑤

오른쪽 도수분포표는 대식이 네 반 학생들의 지난달의 저축 총액을 조사하여 나타낸 것이다. 저축 총액이 3만 원 미만인 학생이 전체의 40 % 일 때, $B-A$의 값을 구하시오.

저축 총액(만 원)	도수(명)
$1^{이상} \sim 2^{미만}$	5
2 ~3	A
3 ~4	B
4 ~5	4
5 ~6	2
합계	30

712 ⑤

오른쪽 도수분포표는 어느 병원에서 환자 30명의 진료 대기 시간을 조사하여 나타낸 것이다. 진료 대기 시간이 20분 이상 25분 미만인 환자가 전체의 30 %일 때, 15분 이상 20분 미만인 환자는 전체의 몇 %인지 구하시오.

진료 대기 시간(분)	도수(명)
$0^{이상} \sim 5^{미만}$	2
5 ~10	3
10 ~15	7
15 ~20	
20 ~25	
25 ~30	3
합계	30

713 ⑤

| 서술형 |

오른쪽 도수분포표는 어느 반 학생 38명의 한 달 동안의 도서관 이용 횟수를 조사하여 나타낸 것이다. 도서관 이용 횟수가 10회 이상 15회 미만인 학생 수가 15회 이상 20회 미만인 학생 수의 3배일 때, 도서관 이용 횟수가 10번째로 많은 학생이 속하는 계급의 계급값을 구하시오.

이용 횟수(회)	도수(명)
$0^{이상} \sim 5^{미만}$	8
5 ~10	12
10 ~15	
15 ~20	
20 ~25	4
25 ~30	2
합계	38

714 ⑤

다음 도수분포표는 어느 꽃가게에서 한 달 동안 매일 판매한 장미꽃의 수를 조사하여 계급의 크기가 다른 두 표로 나타낸 것이다. 이때 $a+b-c$의 값을 구하시오.

판매량(송이)	도수(일)
$0^{이상} \sim 20^{미만}$	3
20 ~ 40	8
40 ~ 60	9
60 ~ 80	7
80 ~100	a
100 ~120	1
합계	31

판매량(송이)	도수(일)
$0^{이상} \sim 30^{미만}$	5
30 ~ 60	b
60 ~ 90	c
90 ~120	2
합계	31

오른쪽 도수분포표는 어느 제과 업체의 가격별 제품 판매량을 조사하여 나타낸 것이다. 1400원인 제품이 속하는 계급의 판매량이 800원 이상인 제품의 판매량의 $\frac{1}{5}$일 때, 1600원 이상인 제품의 판매량은?

가격(원)	도수(만 개)
$400^{이상} \sim 800^{미만}$	20
800 ～1200	15
1200 ～1600	
1600 ～2000	1
2000 ～2400	
합계	50

① 6만 개   ② 7만 개   ③ 8만 개
④ 9만 개   ⑤ 10만 개

716 (상)

아래 도수분포표는 지호와 다솔이가 속한 1학년 1반 학생 30명의 오래 매달리기 기록을 조사하여 표로 각각 나타낸 것이다. 다음 보기 중 옳은 것을 모두 고른 것은?

[지호]

기록(초)	도수(명)
$0^{이상} \sim 8^{미만}$	2
8 ～16	3
16 ～24	7
24 ～32	8
32 ～40	A
40 ～48	3
합계	30

[다솔]

기록(초)	도수(명)
$0^{이상} \sim 12^{미만}$	3
12 ～24	B
24 ～36	C
36 ～48	5
합계	30

┌ 보기 ┐
ㄱ. 두 도수분포표의 계급의 크기는 같다.
ㄴ. $A=7$, $B=9$, $C=13$이다.
ㄷ. 기록이 32초 이상 36초 미만인 학생은 5명이다.

① ㄴ   ② ㄷ   ③ ㄱ, ㄴ
④ ㄱ, ㄷ   ⑤ ㄴ, ㄷ

717 (상) | 서술형 |

오른쪽 도수분포표는 혜연이 네 반 학생들의 통학 거리를 조사하여 나타낸 것이다. 통학 거리가 3 km 미만인 학생 수와 3 km 이상인 학생 수의 비가 3 : 1일 때, ab의 값을 구하시오.

거리(km)	도수(명)
$0^{이상} \sim 1^{미만}$	12
1 ～2	a
2 ～3	7
3 ～4	6
4 ～5	b
합계	36

718 (상)

아래 도수분포표는 스마트폰을 사용하는 어느 중학교 학생들의 한 달 동안의 데이터 사용량을 조사하여 나타낸 것이다.

데이터 사용량(GB)	도수(명)
$0^{이상} \sim 3^{미만}$	125
3 ～ 6	x
6 ～ 9	$3x$
9 ～12	x
12 ～15	$2x$
15 ～18	30
합계	

데이터를 12 GB 이상 사용한 학생이 전체의 25 %일 때, 다음 보기 중 옳은 것을 모두 고른 것은?

┌ 보기 ┐
ㄱ. 전체 학생은 500명이다.
ㄴ. 데이터를 6 GB 이상 9 GB 미만 사용한 학생 수가 가장 많다.
ㄷ. 데이터를 6 GB 미만 사용한 학생은 전체의 40 %이다.
ㄹ. 절반 이상의 학생이 데이터를 9 GB 이상 사용한다.
ㅁ. 데이터를 15 GB 이상 18 GB 미만 사용한 학생 수가 가장 적다.

① ㄱ, ㄴ   ② ㄱ, ㄷ   ③ ㄴ, ㄹ
④ ㄷ, ㅁ   ⑤ ㄹ, ㅁ

4 히스토그램

719 _하

다음 중 히스토그램에 대한 설명으로 옳지 <u>않은</u> 것은?

① 세로축에는 도수를 표시한다.
② 가로축에는 계급의 양 끝 값을 표시한다.
③ 각 직사각형의 가로의 길이는 계급의 크기와 같다.
④ 각 직사각형의 넓이는 각 계급의 도수에 정비례한다.
⑤ 직사각형의 넓이가 가장 큰 것의 계급의 크기가 가장 크다.

720 _하

오른쪽 히스토그램은 어느 중학교 1학년 학생들의 몸무게를 조사하여 나타낸 것이다. 다음 중 이 자료를 통해 알 수 <u>없는</u> 것은?

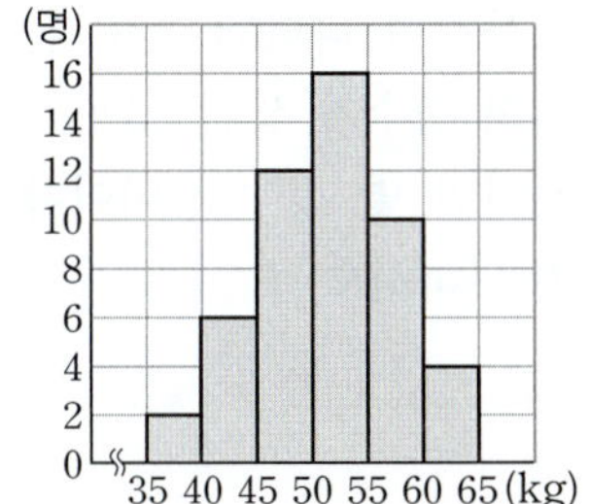

① 계급의 개수
② 계급의 크기
③ 1학년 전체 학생 수
④ 몸무게가 가장 적게 나가는 학생의 몸무게
⑤ 1학년 학생들의 몸무게의 분포 상태

721 _{빈출} _하

오른쪽 히스토그램은 어느 수학 동아리 학생들의 일주일 동안의 수학 공부 시간을 조사하여 나타낸 것이다. 계급의 크기를 a시간, 계급의 개수를 b, 도수가 가장 큰 계급의 도수를 c명이라 할 때, $a+b+c$의 값을 구하시오.

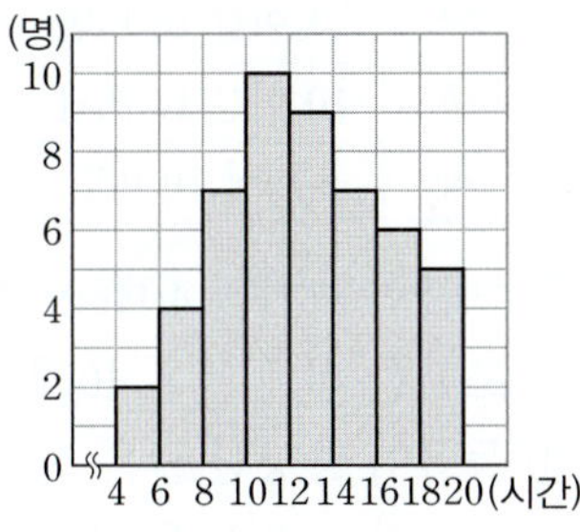

722 _{빈출} _중

오른쪽 히스토그램은 글라이더 날리기 대회에 참가한 학생들의 글라이더가 날아간 거리를 조사하여 나타낸 것이다. 70 m 이상 80 m 미만인 계급의 직사각형의 넓이는 50 m 이상 60 m 미만인 계급의 직사각형의 넓이의 몇 배인가?

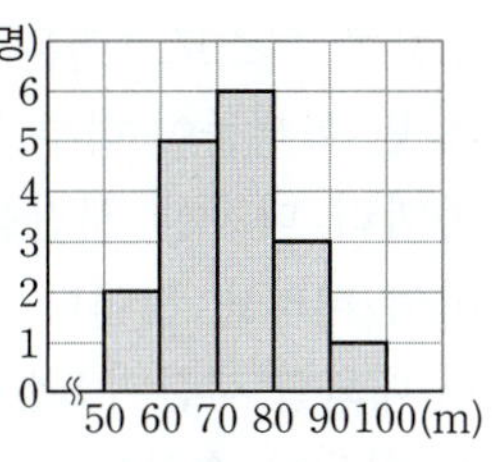

① 2배 ② 3배 ③ 4배
④ 5배 ⑤ 6배

723 _중

오른쪽 히스토그램은 근웅이네 반 학생들의 일주일 동안의 체력 단련 시간을 조사하여 나타낸 것이다. 도수가 가장 작은 계급의 학생은 전체의 몇 %인가?

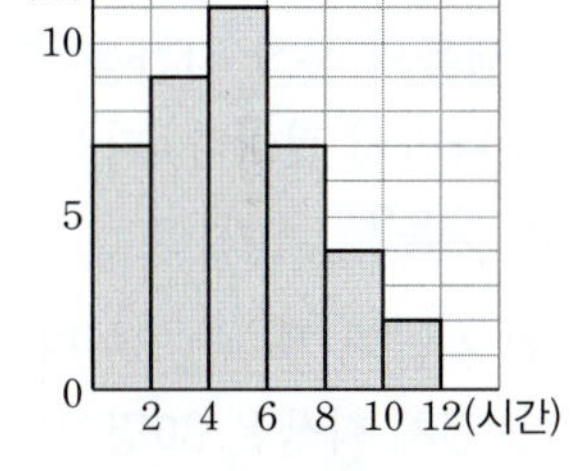

① 4.5 % ② 5 % ③ 5.5 %
④ 6 % ⑤ 6.5 %

724 _중

오른쪽 히스토그램은 어느 라디오 프로그램의 이벤트에 참여한 청취자들의 나이를 조사하여 나타낸 것이다. 나이가 60세 이상인 청취자는 전체의 몇 %인가?

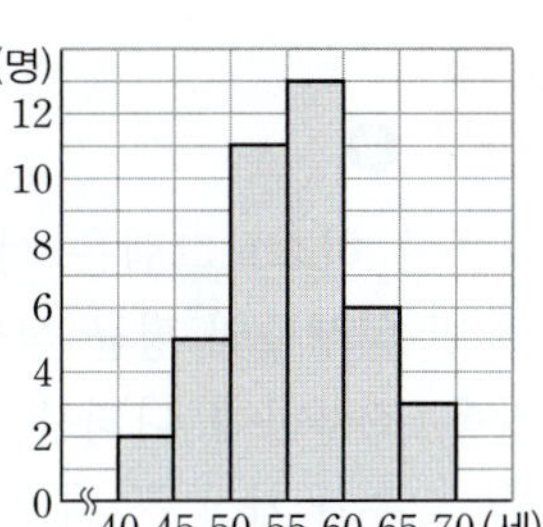

① 18.5 % ② 19 %
③ 20.5 % ④ 21 %
⑤ 22.5 %

오른쪽 히스토그램은 용진이네 반 학생들이 하루 동안 가족끼리 대화한 시간을 조사하여 나타낸 것이다. 가족끼리 대화한 시간이 8번째로 많은 학생이 속하는 계급의 직사각형의 넓이는 가족끼리 대화한 시간이 2번째로 많은 학생이 속하는 계급의 직사각형의 넓이의 몇 배인지 구하시오.

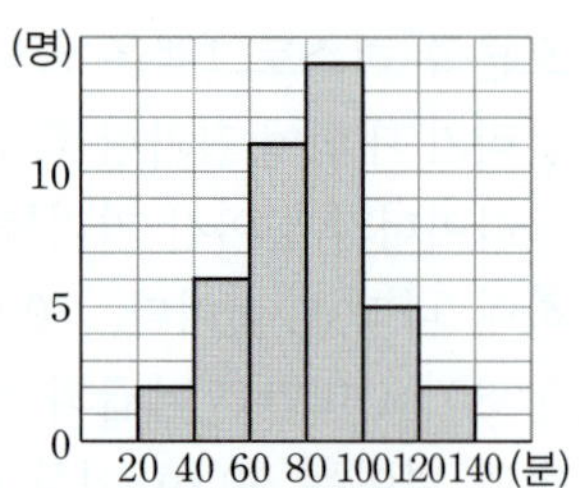

---

726 충

오른쪽 히스토그램은 어느 반 학생들의 통학 시간을 조사하여 나타낸 것이다. 다음 중 옳은 것은?

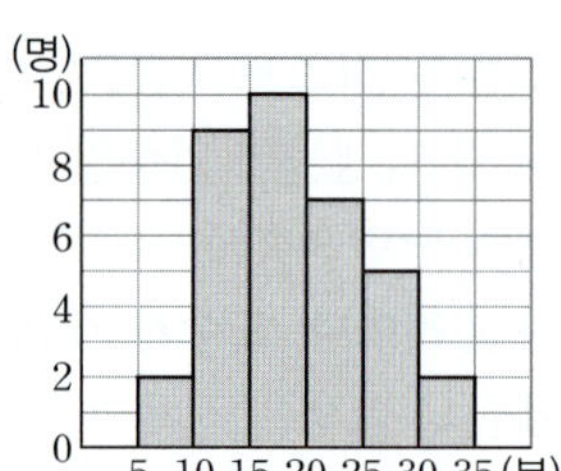

① 계급의 개수는 8이다.
② 전체 학생은 30명이다.
③ 도수가 가장 큰 계급은 10분 이상 15분 미만이다.
④ 통학 시간이 25분 이상인 학생은 전체의 30 %이다.
⑤ 통학 시간이 5번째로 짧은 학생이 속하는 계급의 도수는 9명이다.

---

727 충

오른쪽 히스토그램은 서현이네 반 학생들의 평균 식사 시간을 조사하여 나타낸 것이다. 도수가 가장 큰 계급의 직사각형의 넓이를 A, 모든 직사각형의 넓이의 합을 B라 할 때, $A+B$의 값을 구하시오.

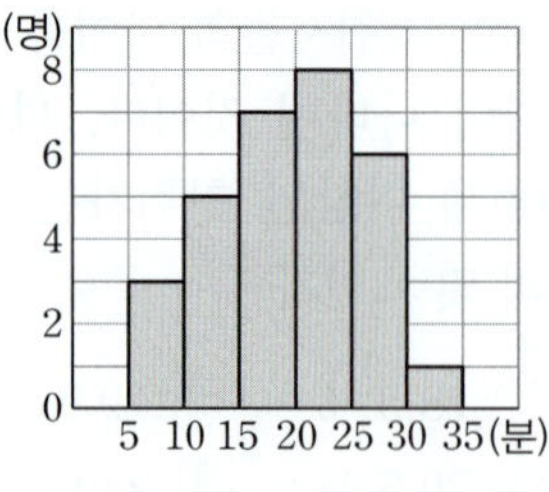

---

728 충

오른쪽 히스토그램은 재민이네 반 학생들의 수학 성적을 조사하여 나타낸 것이다. 수학 성적이 하위 5 % 이내에 속하는 학생들은 방과 후에 보충 학습을 하려고 한다. 방과 후에 보충 학습을 받지 않으려면 적어도 몇 점 이상을 받아야 하는지 구하시오.

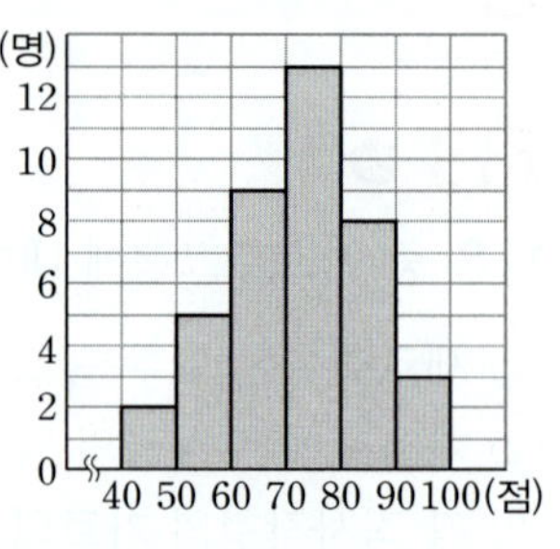

 | 서술형 |

오른쪽 히스토그램은 지훈이네 반 학생들의 영어 시험 점수를 조사하여 나타낸 것이다. 지훈이의 점수가 상위 25 % 이내에 들려면 몇 점 이상이어야 하는지 구하시오.

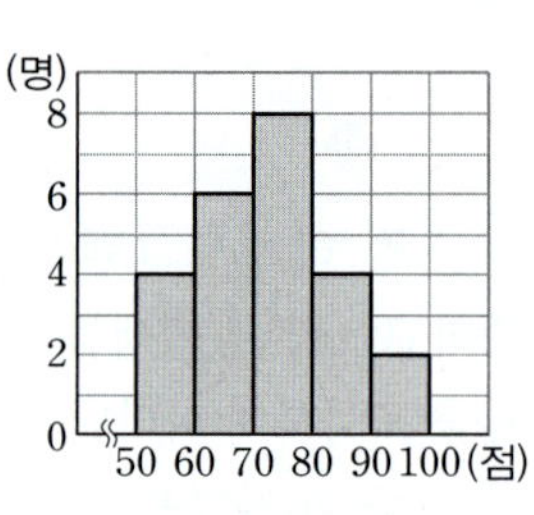

---

730 충

아래는 어느 귤 농장에서 귤의 당도에 따른 상품 등급을 나타낸 표와 이 농장에서 재배한 귤의 당도를 조사하여 나타낸 히스토그램이다. 다음 중 옳지 <u>않은</u> 것은?

등급	당도(Brix)
최상	22 이상 26 미만
상	18 이상 22 미만
중상	14 이상 18 미만
중	10 이상 14 미만
하	6 이상 10 미만

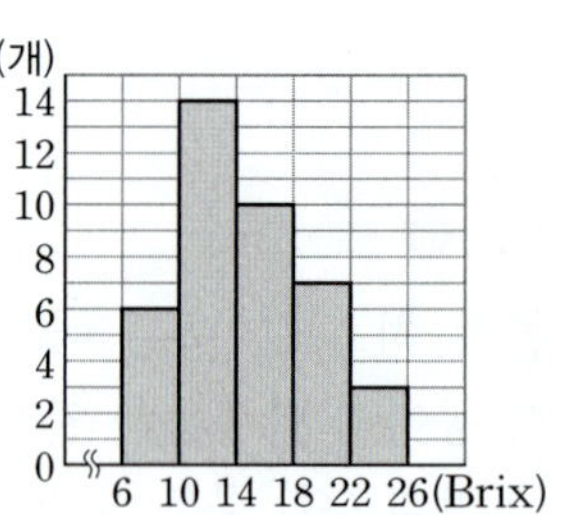

① 계급의 크기는 4 Brix이다.
② 조사한 전체 귤은 40개이다.
③ 등급이 중상인 귤은 전체의 25 %이다.
④ 당도가 가장 낮은 귤의 당도는 6 Brix이다.
⑤ 등급이 최상인 귤의 개수가 가장 적다.

731 (중)

오른쪽 히스토그램은 학생들의 멀리 던지기 기록을 조사하여 나타낸 것인데 일부가 찢어져 보이지 않는다. 멀리 던지기 기록이 50 m 이상인 학생이 전체의 16 %일 때, 멀리 던지기 기록이 40 m 이상 50 m 미만인 학생 수를 구하시오.

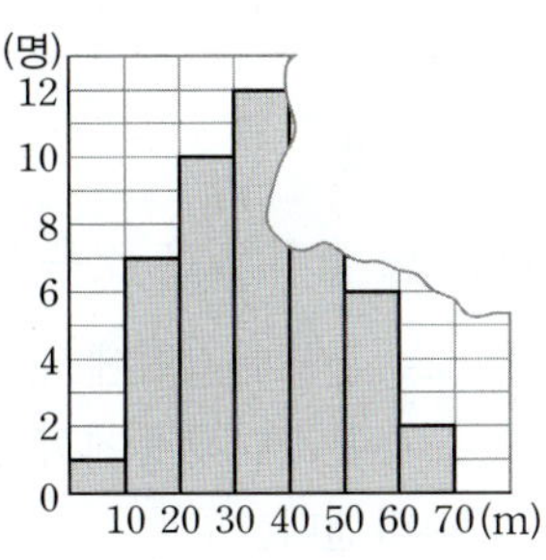

★빈출 732 (중)

오른쪽 히스토그램은 태준이네 반 학생 35명의 키를 조사하여 나타낸 것인데 일부가 찢어져 보이지 않는다. 키가 160 cm 이상 165 cm 미만인 학생이 전체의 20 %일 때, 키가 145 cm 이상 150 cm 미만인 학생 수를 구하시오.

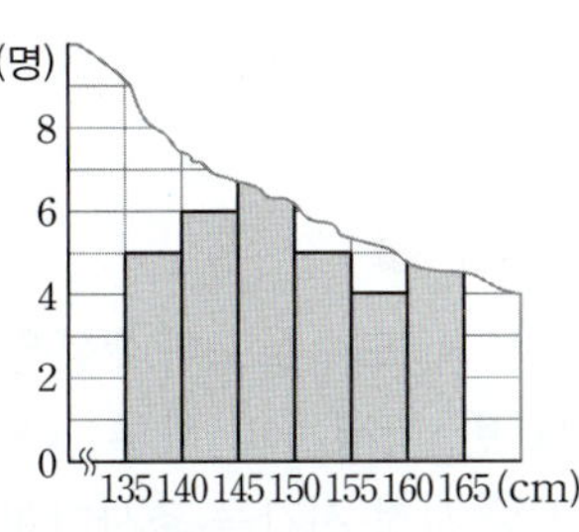

733 (중)

오른쪽 히스토그램은 수연이네 반 학생 30명의 일주일 동안의 TV 시청 시간을 조사하여 나타낸 것인데 일부가 찢어져 보이지 않는다. TV 시청 시간이 8시간 이상 10시간 미만인 학생이 전체의 40 %일 때, TV 시청 시간이 10시간 이상인 학생 수는?

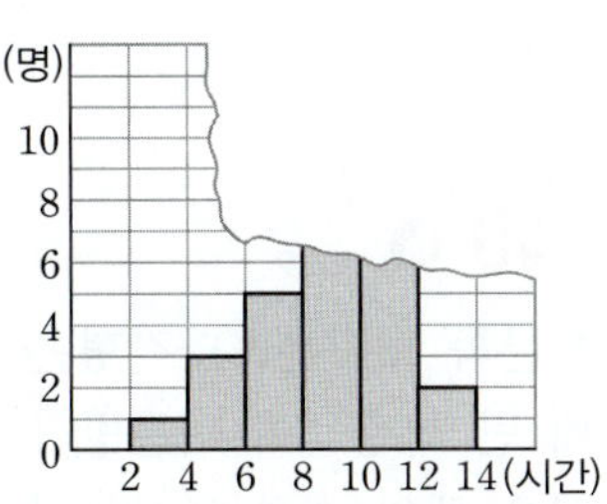

① 7 　　　② 8 　　　③ 9
④ 12 　　　⑤ 13

734 (상)

오른쪽 그래프는 어느 중학교 학생 100명의 오래 매달리기 기록을 조사하여 나타낸 히스토그램의 일부이다. 오래 매달리기 기록이 12초 이상 16초 미만인 학생 수와 20초 이상 24초 미만인 학생 수의 비가 5 : 2일 때, 12초 이상 16초 미만인 계급의 도수를 구하시오. (단, 계급의 개수는 5이다.)

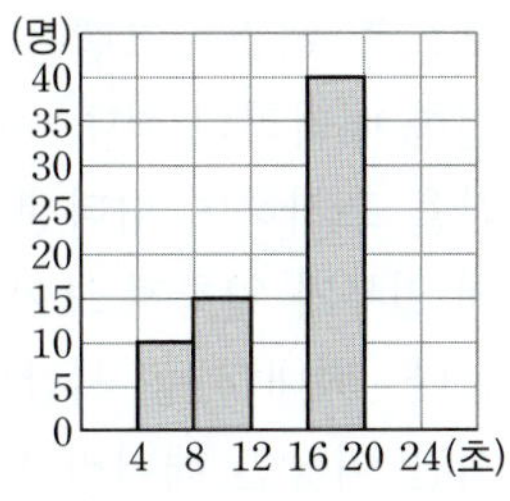

735 (상)

오른쪽 히스토그램은 인호네 반 학생들의 한 달 동안의 도서관 이용 횟수를 조사하여 나타낸 것인데 일부가 찢어져 보이지 않는다. 12회 이상 이용한 학생 수가 전체의 10 %이고, 이용 횟수가 10회 이상 12회 미만인 학생 수가 8회 이상 10회 미만인 학생 수의 $\frac{1}{2}$배일 때, 10회 이상 12회 미만인 학생은 전체의 몇 %인가?

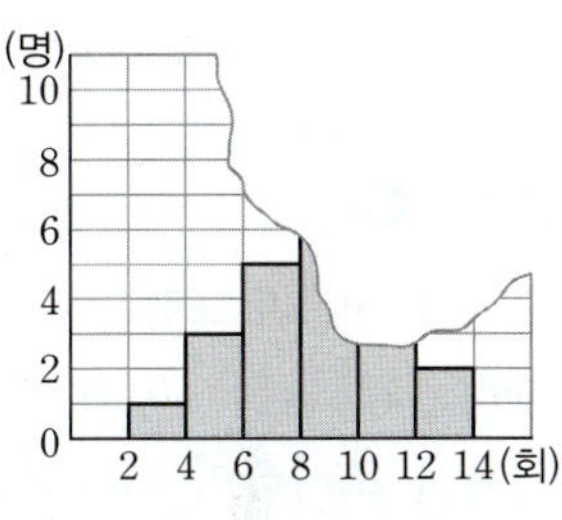

① 15 % 　　　② 20 % 　　　③ 25 %
④ 30 % 　　　⑤ 35 %

736 상

오른쪽 히스토그램은 휴대 전화 배터리의 최대 사용 시간을 조사하여 나타낸 것인데 일부가 얼룩져 보이지 않는다. 최대 사용 시간이 32시간 이상인 배터리가 전체의 80 %이고 32시간 이상 34시간 미만인 계급의 도수가 34시간 이상 36시간 미만인 계급의 도수보다 25개 더 작다고 할 때, 34시간 이상 36시간 미만인 계급의 도수를 구하시오.

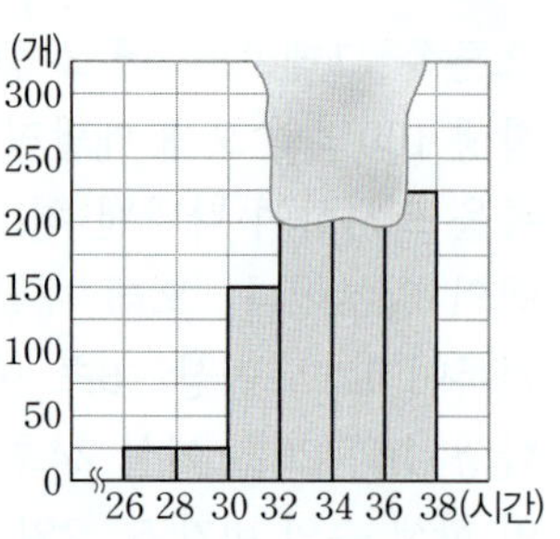

737 상

오른쪽 히스토그램은 수영 동아리 학생들의 50 m 자유형 기록을 조사하여 나타낸 것인데 일부가 찢어져 보이지 않는다. 기록이 34초 이상 38초 미만인 학생이 전체의 10 %일 때, 상위 20 % 이내에 들려면 기록이 몇 초 미만이어야 하는지 구하시오.

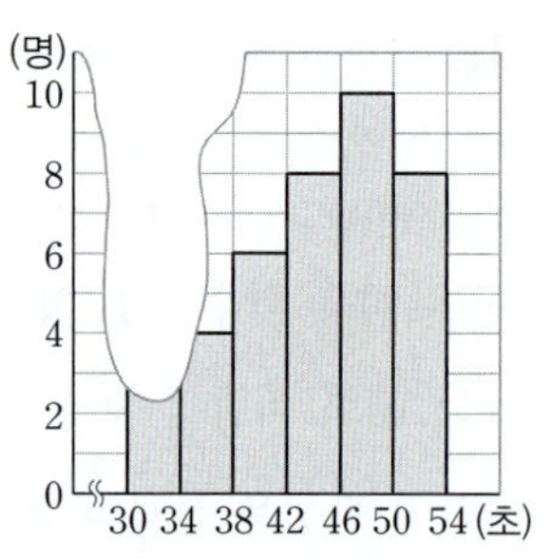

5 도수분포다각형

738 하

다음 중 옳지 <u>않은</u> 것은?

① 도수분포다각형에서 점의 개수는 계급의 개수와 같다.
② 도수분포다각형에서 가로축은 계급, 세로축은 도수를 나타낸다.
③ 도수분포다각형은 히스토그램을 그리지 않고 도수분포표로부터 직접 그릴 수도 있다.
④ 2개 이상의 자료를 비교할 때, 히스토그램보다 도수분포다각형이 더 편리하다.
⑤ 도수분포다각형과 가로축으로 둘러싸인 부분의 넓이는 히스토그램의 직사각형의 넓이의 합과 같다.

739 하 빈출

오른쪽 도수분포다각형은 어느 반 학생들의 하루 동안의 TV 시청 시간을 조사하여 나타낸 것이다. TV 시청 시간이 긴 쪽에서 10번째인 학생이 속하는 계급의 도수는?

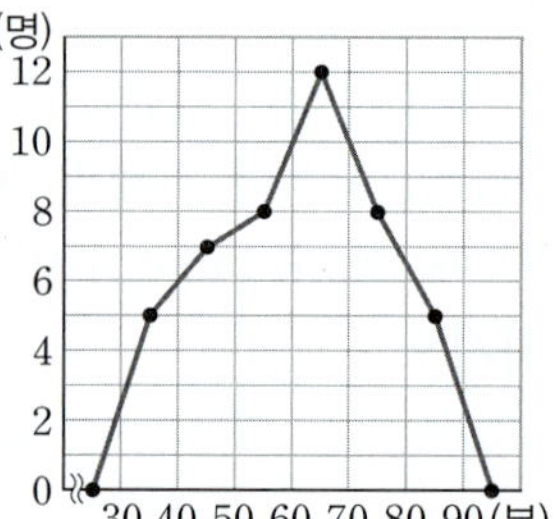

① 5명   ② 7명
③ 8명   ④ 10명
⑤ 12명

740 하

오른쪽 도수분포다각형은 민제네 반 학생들이 여름방학 동안 읽은 책의 수를 조사하여 나타낸 것이다. 다음 중 네 삼각형 A, B, C, D 중에서 넓이가 같은 것끼리 짝 지은 것은?

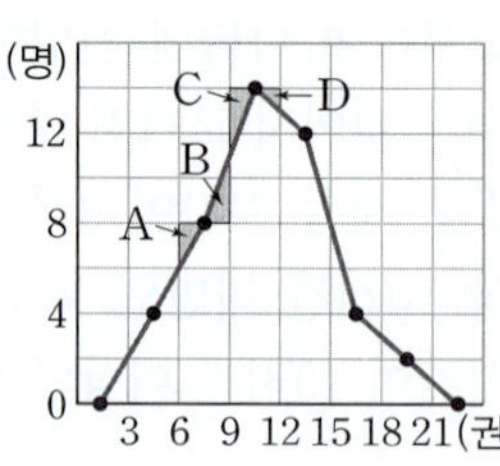

① A와 B   ② A와 C   ③ A와 D
④ B와 C   ⑤ C와 D

741 ^중

오른쪽 도수분포다각형은 어느 반 학생들의 멀리 던지기 기록을 조사하여 나타낸 것이다. 멀리 던지기 기록이 50 m 이상인 학생은 전체의 몇 %인지 구하시오.

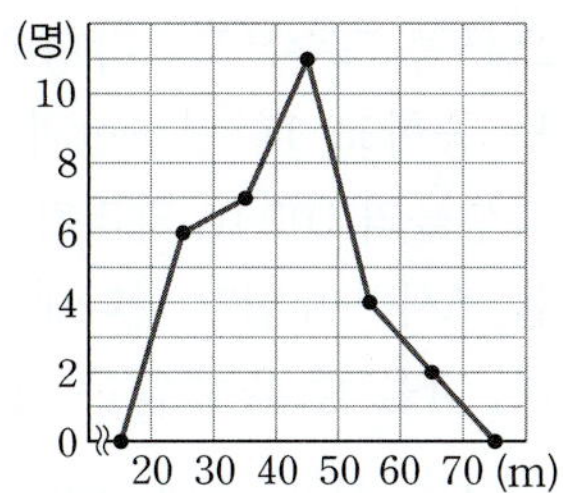

742 ^중

오른쪽 도수분포다각형은 준원이네 반 학생들의 제기차기 기록을 조사하여 나타낸 것이다. 이때 도수분포다각형과 가로축으로 둘러싸인 부분의 넓이를 구하시오.

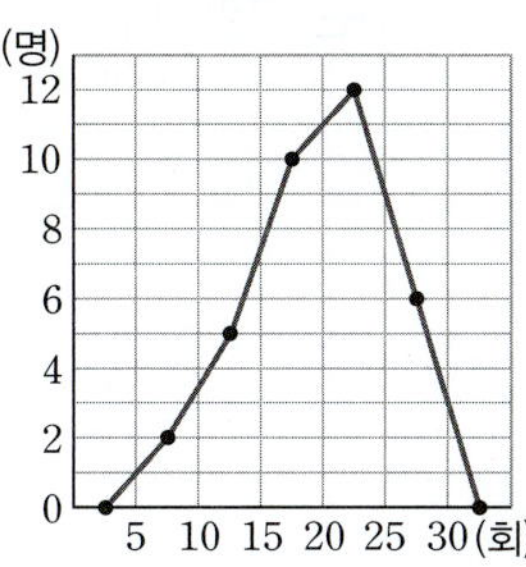

★빈출 743 ^중

오른쪽 도수분포다각형은 어느 동호회 회원들의 일주일 동안의 운동 시간을 조사하여 나타낸 것이다. 다음 중 옳지 <u>않은</u> 것은?

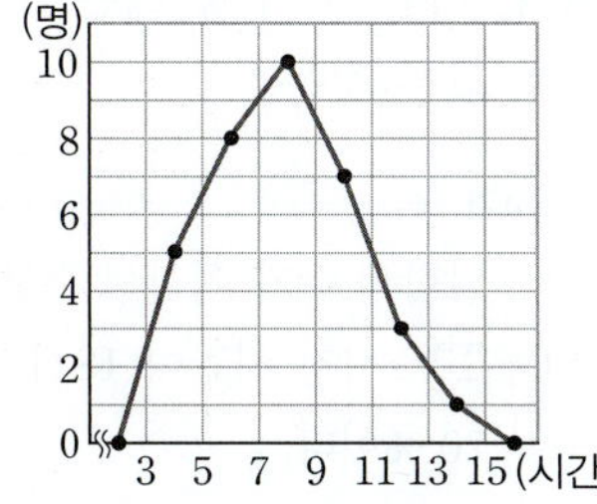

① 전체 회원은 34명이다.
② 계급의 개수는 6이다.
③ 계급의 크기는 2시간이다.
④ 운동 시간이 6번째로 많은 회원이 속하는 계급의 계급값은 10시간이다.
⑤ 도수분포다각형과 가로축으로 둘러싸인 부분의 넓이는 56이다.

744 ^중

오른쪽은 재범이네 반 학생들의 한 달 동안의 도서관 이용 횟수를 조사하여 나타낸 히스토그램과 도수분포다각형이다. 다음 보기 중 옳은 것을 모두 고른 것은?

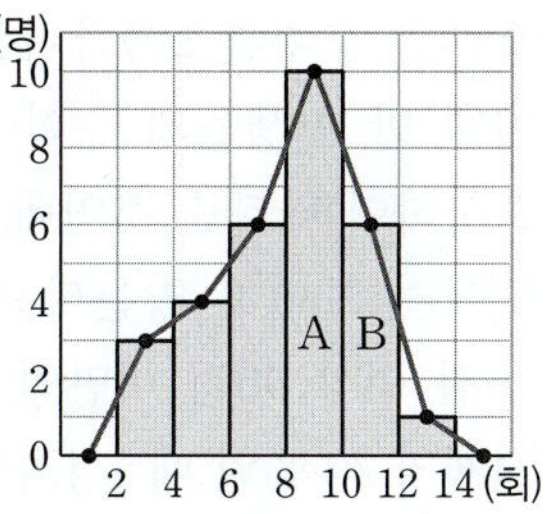

보기

ㄱ. 히스토그램에서 두 직사각형 A, B의 넓이의 비는 5 : 3이다.
ㄴ. 도수분포다각형과 가로축으로 둘러싸인 부분의 넓이는 히스토그램의 모든 직사각형의 넓이의 합과 같다.
ㄷ. 도수분포다각형과 가로축으로 둘러싸인 부분의 넓이는 30이다.

① ㄱ
② ㄱ, ㄴ
③ ㄱ, ㄷ
④ ㄴ, ㄷ
⑤ ㄱ, ㄴ, ㄷ

745 ^중

오른쪽 도수분포다각형은 민수네 반 학생들의 기술·가정 수행평가 점수를 조사하여 나타낸 것이다. 도수분포다각형과 가로축으로 둘러싸인 부분의 넓이가 200일 때, $a+b+c+d+e+f$의 값을 구하시오.

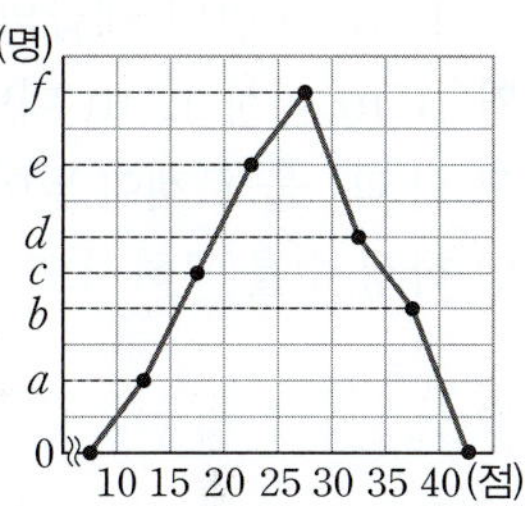

★빈출 746 ^중

오른쪽 도수분포다각형은 어느 영어 동아리 학생들의 영어 성적을 조사하여 나타낸 것이다. 영어 성적이 상위 10 % 이내에 드는 학생에게 영어 경시대회 참가 자격을 준다고 할 때, 경시대회에 참가하려면 영어 성적은 몇 점 이상이어야 하는지 구하시오.

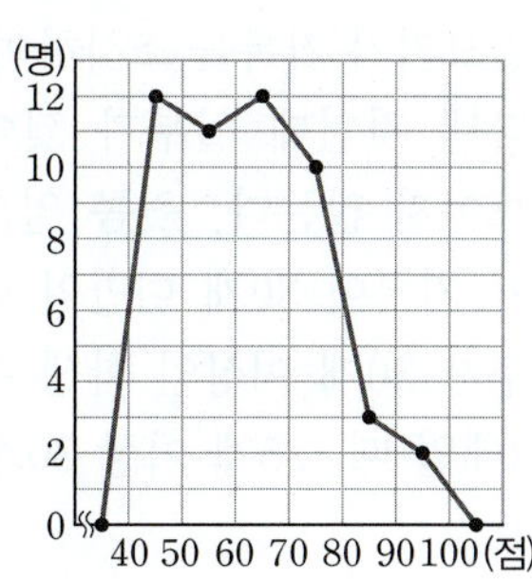

오른쪽 도수분포다각형은 현영이네 반 학생들의 수학 성적을 조사하여 나타낸 것인데 일부가 찢어져 보이지 않는다. 성적이 80점 이상 90점 미만인 학생이 전체의 20 %일 때, 성적이 70점 이상 80점 미만인 학생 수를 구하시오.

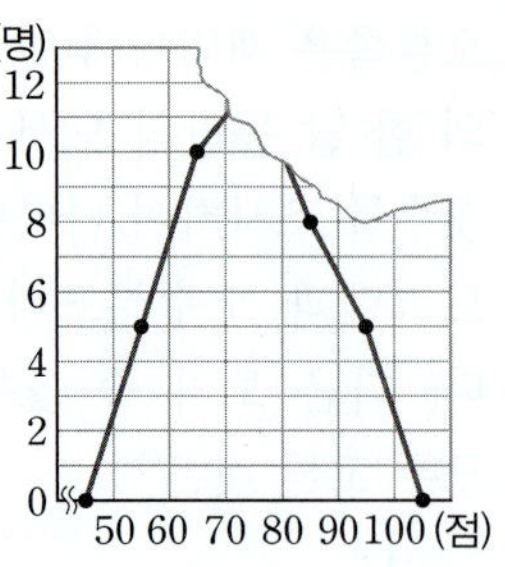

오른쪽 도수분포다각형은 과학의 날 행사에 참가한 학생 200명이 물 로켓을 쏘았을 때 물 로켓이 날아간 거리를 조사하여 나타낸 것인데 일부가 얼룩져 보이지 않는다. 8 m 이상 10 m 미만인 계급의 도수가 10 m 이상 12 m 미만인 계급의 도수보다 5명 더 크다고 할 때, 물 로켓이 날아간 거리가 10 m 이상 12 m 미만인 학생 수를 구하시오.

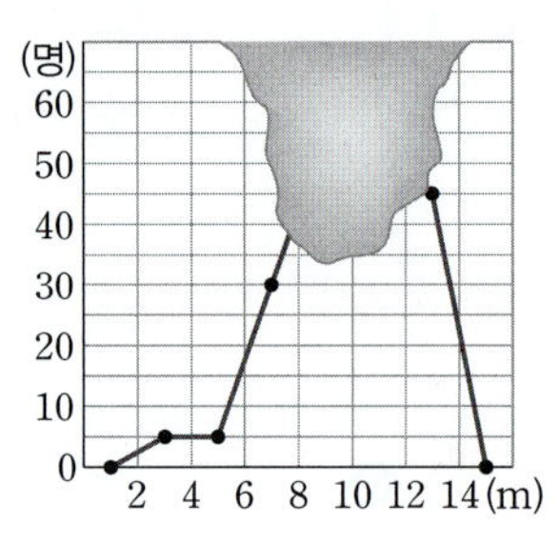

오른쪽 도수분포다각형은 어느 동아리 학생 60명의 윗몸 일으키기 기록을 조사하여 나타낸 것인데 일부가 찢어져 보이지 않는다. 윗몸 일으키기 기록이 30개 미만인 학생 수가 30개 이상인 학생 수의 2배일 때, 25개 이상 30개 미만인 계급의 도수를 구하시오.

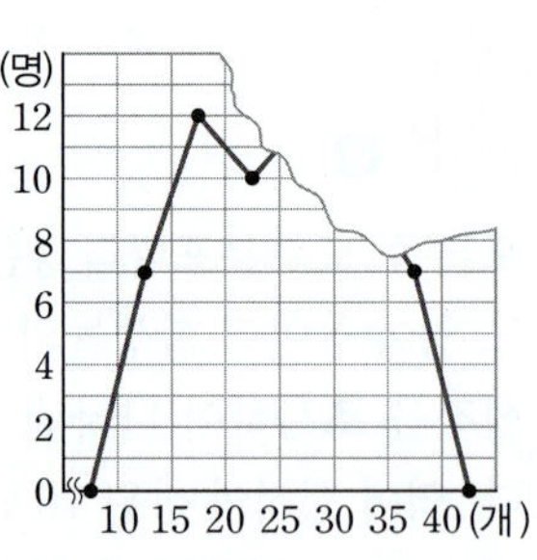

오른쪽 도수분포다각형은 어느 중학교 1학년 1반과 2반 학생들의 100 m 달리기 기록을 조사하여 함께 나타낸 것이다. 다음 중 옳지 <u>않은</u> 것은?

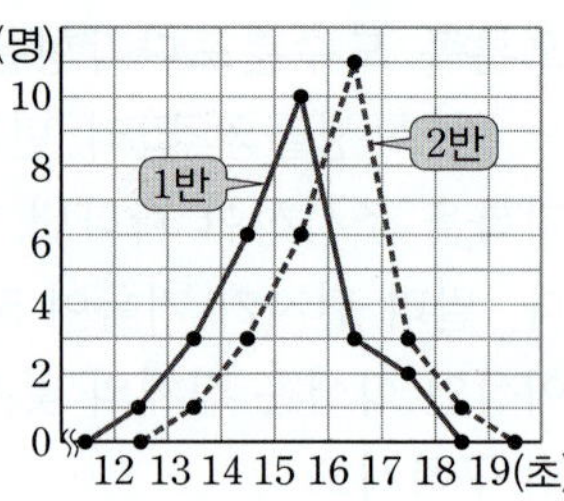

① 1반 학생 수와 2반 학생 수는 서로 같다.
② 기록이 17초 이상인 두 반의 전체 학생은 6명이다.
③ 1반 학생들이 2반 학생들보다 빠른 편이다.
④ 2반의 기록 중 도수가 가장 큰 계급은 16초 이상 17초 미만이다.
⑤ 1반에서 5번째로 빠르게 달린 학생이 속하는 계급의 도수는 3명이다.

오른쪽 도수분포다각형은 어느 반의 여학생과 남학생의 일주일 동안의 TV 시청 시간을 조사하여 함께 나타낸 것이다. 다음 보기 중 옳은 것을 모두 고른 것은?

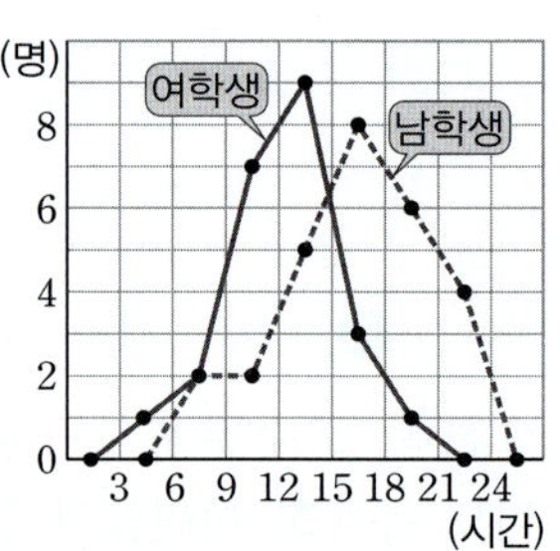

| 보기 |

ㄱ. 남학생 수가 여학생 수보다 많다.
ㄴ. TV 시청 시간이 18시간 이상인 학생은 이 반 전체의 20 %이다.
ㄷ. 각각의 도수분포다각형과 가로축으로 둘러싸인 부분의 넓이는 서로 같다.

① ㄱ　　　　② ㄴ　　　　③ ㄱ, ㄴ
④ ㄱ, ㄷ　　　⑤ ㄴ, ㄷ

752 (상)

| 서술형 |

오른쪽 도수분포다각형은 고운이네 반 학생들의 활쏘기 점수를 조사하여 나타낸 것인데 일부가 찢어져 보이지 않는다. 활쏘기 점수가 8점 이상인 학생이 전체의 30 %일 때, 도수분포다각형과 가로축으로 둘러싸인 부분의 넓이를 구하시오.

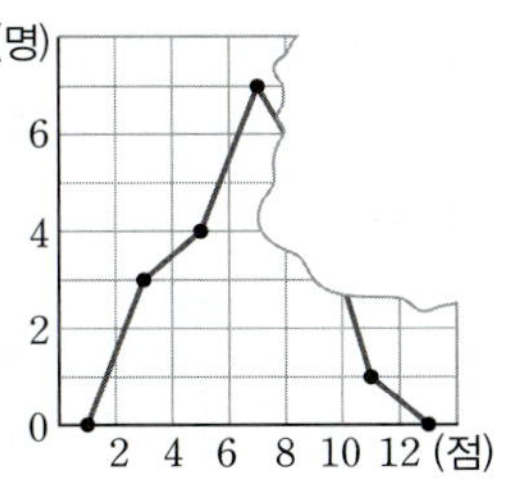

★빈출
753 (상)

오른쪽 도수분포다각형은 어느 중학교 1학년 1반과 2반 학생들의 논술 평가 점수를 조사하여 함께 나타낸 것이다. 1반의 대현이와 2반의 채영이는 논술 평가에서 같은 점수를 받았다. 대현이가 1반에서 상위 10 % 이내에 들 때, 채영이는 2반에서 적어도 상위 몇 % 이내에 드는지 구하시오.

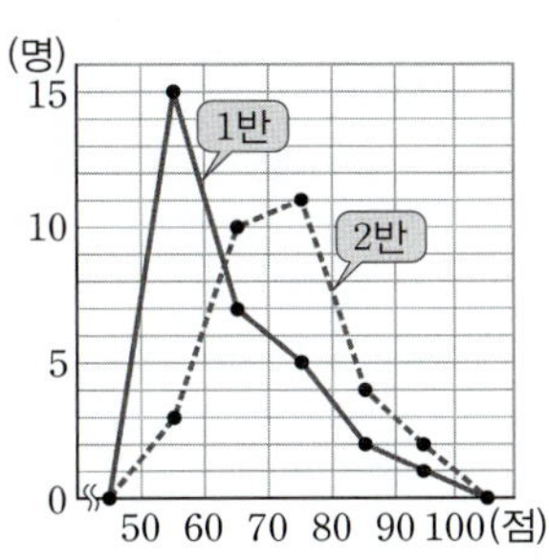

---

754 (상)

오른쪽 도수분포다각형은 태희네 반 학생들의 1학기 동안의 영화 관람 횟수를 조사하여 나타낸 것인데 일부가 찢어져 보이지 않는다. 다음 조건을 모두 만족시킬 때, 영화 관람 횟수가 6회 이상 8회 미만인 학생 수를 구하시오.

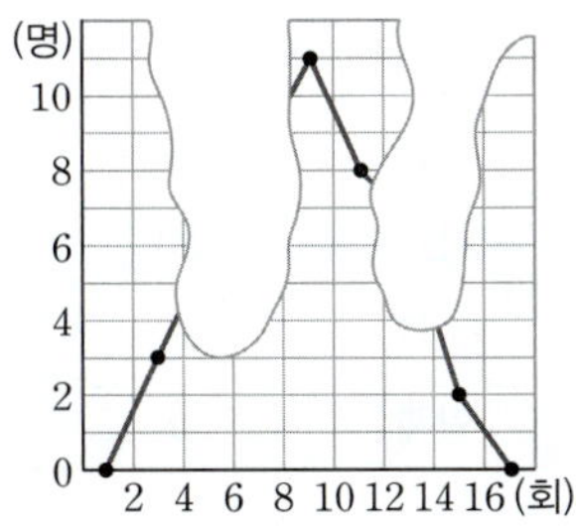

┌ 조건 ┐
㈎ 영화 관람 횟수가 4회 이상 6회 미만인 학생 수는 2회 이상 4회 미만인 학생 수의 2배이다.
㈏ 영화 관람 횟수가 6회 이상인 학생 수는 6회 미만인 학생 수의 4배이다.
㈐ 영화 관람 횟수가 12회 이상인 학생은 전체의 20 %이다.

---

6 상대도수와 상대도수의 분포표

755 (하)

어느 지역 400가구의 시간당 전력 소비량을 조사하였더니 110 kWh 이상 120 kWh 미만인 계급의 상대도수가 0.3이었다. 이때 시간당 전력 소비량이 110 kWh 이상 120 kWh 미만인 가구 수를 구하시오.

---

756 (하)

다음 중 상대도수에 대한 설명으로 옳지 <u>않은</u> 것은?

① 상대도수의 총합은 1이다.
② 상대도수는 0 이상이고 1 이하인 수이다.
③ 각 계급의 상대도수는 그 계급의 도수에 정비례한다.
④ 상대도수는 전체 도수에 대한 각 계급의 도수의 비율이다.
⑤ 상대도수를 각 계급의 도수로 나눈 값은 도수의 총합과 같다.

★빈출
757 (중)

어떤 도수분포표에서 도수가 40인 계급의 상대도수는 0.25이다. 이 도수분포표에서 상대도수가 0.4인 계급의 도수는?

① 60　　　② 64　　　③ 72
④ 76　　　⑤ 80

758 ⊜

오른쪽 도수분포다각형은 어느 반 학생들이 하루 동안 받은 SNS 메시지의 개수를 조사하여 나타낸 것이다. 도수가 가장 큰 계급의 상대도수를 구하시오.

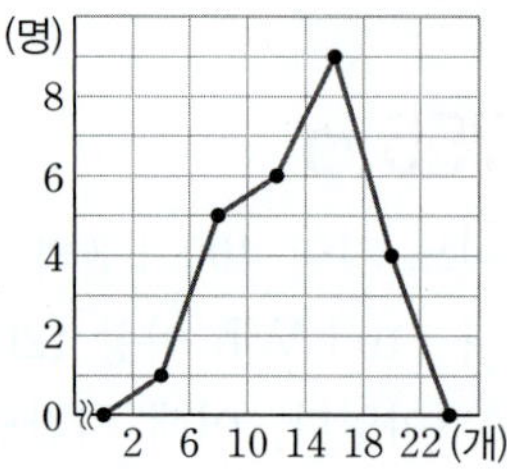

759 ⊜

오른쪽 히스토그램은 어느 반 학생들의 몸무게를 조사하여 나타낸 것이다. 몸무게가 무거운 쪽에서 6번째인 학생이 속하는 계급의 상대도수는?

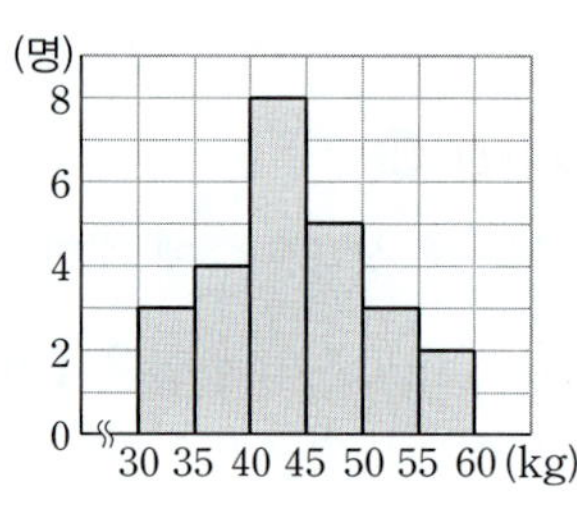

① 0.08   ② 0.12   ③ 0.16
④ 0.2   ⑤ 0.32

760 ⊜

다음 상대도수의 분포표는 어느 모임 회원들의 하루 동안의 라디오 청취 시간을 조사하여 나타낸 것이다. 청취 시간이 80분 이상 100분 미만인 회원의 수를 구하시오.

시간(분)	도수(명)	상대도수
$40^{이상} \sim 60^{미만}$	9	
60 ~ 80	27	
80 ~100		
100 ~120		0.16
120 ~140	6	0.08
합계	75	

761 ⊜

다음 상대도수의 분포표는 어느 중학교 남학생들의 발의 길이를 조사하여 나타낸 것이다. 이때 $A+B+C+D$의 값은?

길이(mm)	도수(명)	상대도수
$220^{이상} \sim 230^{미만}$	6	0.15
230 ~240	A	C
240 ~250	10	0.25
250 ~260	12	0.3
260 ~270	4	0.1
합계	B	D

① 49   ② 49.2   ③ 49.4
④ 49.6   ⑤ 49.8

762 ⊜

아래 상대도수의 분포표는 어느 중학교 1학년과 2학년 학생들의 혈액형을 조사하여 나타낸 것이다. 다음 중 옳지 <u>않은</u> 것은?

혈액형	도수(명)		상대도수	
	1학년	2학년	1학년	2학년
O	24	31	0.3	0.31
A	28	37	0.35	0.37
B	20	b	c	0.22
AB	8	10	d	0.1
합계	a	100		

① $a=80$
② $b=22$
③ $c=0.25$
④ $d=0.1$
⑤ 1학년이 2학년보다 상대적으로 더 많은 혈액형은 AB형이다.

★빈출 763 중

| 서술형 |

오른쪽 도수분포표는 어느 학교 학생들이 지난 일주일 동안 받은 전자 우편의 수를 조사하여 나타낸 것이다.

$A : B = 5 : 4$일 때, 전자 우편의 수가 60통 이상 100통 미만인 계급의 상대도수의 합을 구하시오.

전자 우편의 수(통)	도수(명)
0이상 ∼ 20미만	24
20 ∼ 40	A
40 ∼ 60	67
60 ∼ 80	46
80 ∼100	B
합계	200

764 중

| 서술형 |

아래 상대도수의 분포표는 어느 동아리 학생들이 하루 동안 물을 마시는 횟수를 조사하여 나타낸 것이다. 다음 물음에 답하시오.

횟수(회)	도수(명)	상대도수
0이상 ∼ 4미만	5	0.1
4 ∼ 8	A	0.24
8 ∼12	18	B
12 ∼16	11	
16 ∼20		0.08
합계		C

(1) A, B, C의 값을 각각 구하시오.

(2) 물을 마시는 횟수가 12회 이상인 학생이 전체의 몇 % 인지 구하시오.

765 중

어느 중학교의 남학생과 여학생은 각각 300명, 250명이다. 이 학생들의 키를 조사하여 도수분포표로 나타내었더니 키가 140 cm 이상 150 cm 미만인 남학생 수와 여학생 수가 같았을 때, 이 계급의 남학생과 여학생의 상대도수의 비는?

① 1 : 1   ② 4 : 5   ③ 5 : 4

④ 5 : 6   ⑤ 6 : 5

★빈출 766 중

도수의 총합의 비가 3 : 2인 어느 두 모둠의 도수분포표에서 어떤 계급의 도수의 비가 3 : 5일 때, 이 계급의 상대도수의 비는?

① 2 : 5   ② 3 : 5   ③ 4 : 5

④ 5 : 2   ⑤ 5 : 3

767 중

오른쪽 상대도수의 분포표는 과학 실험 동아리 학생들의 과학 시험 점수를 조사하여 나타낸 것이다. 점수가 70점 미만인 학생이 전체의 26 %이고, 90점 이상인 학생이 7명일 때, 점수가 60점 이상 70점 미만인 학생 수를 구하시오.

점수(점)	상대도수
50이상 ∼ 60미만	0.1
60 ∼ 70	
70 ∼ 80	0.24
80 ∼ 90	
90 ∼100	0.14
합계	

768 ⓒ

아래 상대도수의 분포표는 어느 제품 구매자들의 나이를 조사하여 나타낸 것이다. 다음 중 옳은 것은?

나이(세)	도수(명)	상대도수
10이상~20미만	4	
20　～30		0.25
30　～40	12	0.3
40　～50		
50　～60	4	
60　～70		0.05
합계		1

① 계급의 크기는 20세이다.
② 도수의 총합은 50명이다.
③ 50세 이상인 구매자는 구매자 전체의 10 %이다.
④ 도수가 가장 작은 계급은 60세 이상 70세 미만이다.
⑤ 나이가 가장 적은 구매자의 나이는 10세이다.

769 ⓒ

다음은 어느 반의 세 학생이 수학 수행평가 점수에 대하여 나눈 대화이다. 이 반 학생 중에서 수학 수행평가 점수가 7점 이상 9점 미만인 학생 수는?

성철: 우리 반에는 수학 수행평가 점수가 9점 이상인 학생이 3명 있어.
유리: 7점 이상 9점 미만인 계급의 상대도수는 0.55야.
도윤: 전체 학생에 대한 7점 미만인 학생의 비율은 0.3이야.

① 8　　　　② 9　　　　③ 10
④ 11　　　　⑤ 12

770 ⓒ

아래 도수분포표는 지아네 중학교 남학생과 여학생의 주말 동안의 운동 시간을 조사하여 함께 나타낸 것이다. 다음 중 옳은 것은?

시간(분)	도수(명)	
	남학생	여학생
0이상~ 30미만	8	4
30　～ 60	10	10
60　～ 90	12	8
90　～120	15	12
120　～150	5	6
합계	50	40

① 남학생과 여학생의 상대도수의 총합은 다르다.
② 운동 시간이 90분 이상인 학생의 비율은 남학생이 여학생보다 더 높다.
③ 남학생과 여학생의 상대도수가 같은 계급은 90분 이상 120분 미만이다.
④ 남학생 중 상대도수가 0.16인 계급은 30분 이상 60분 미만이다.
⑤ 여학생 중 운동 시간이 30분 미만인 학생은 여학생 전체의 15 %이다.

771 ⓢ

다음 상대도수의 분포표는 산이네 반 학생들의 영어 성적을 조사하여 나타낸 것인데 일부가 찢어져 보이지 않는다. 성적이 70점 이상인 학생이 전체의 65 %일 때, 성적이 60점 이상 70점 미만인 학생 수를 구하시오.

성적(점)	도수(명)	상대도수
50이상~ 60미만	8	0.2
60　～ 70		
70　～ 80		

772 상

다음은 민정이네 학교 학생 300명의 미술 수행평가 점수를 조사하여 나타낸 상대도수의 분포표의 일부이다. 이때 점수가 40점 이상 45점 미만인 남학생 수를 구하시오.

점수(점)	상대도수		
	남학생	여학생	전체 학생
40이상~45미만	0.2	0.05	0.12

---

773 상

| 서술형 |

오른쪽 상대도수의 분포표는 규리네 중학교 1학년 1반과 1학년 전체 학생들의 50 m 달리기 기록을 조사하여 함께 나타낸 것이다. 기록이 7초 이상 8초 미만인 학생이 1반에서 12명, 1학년 전체에서 153명일 때, 1반에서 3번째로 빠른 학생은 1학년 전체에서 적어도 몇 번째로 빠른지 구하시오.

기록(초)	상대도수	
	1반	전체
5이상~6미만	0.1	0.18
6 ~7	0.3	0.24
7 ~8	0.4	0.51
8 ~9	0.2	0.07
합계	1	1

---

7 상대도수의 분포를 나타내는 그래프

774 하

오른쪽 그래프는 어느 웹툰 서비스를 이용하는 회원들의 나이에 대한 상대도수의 분포를 나타낸 것이다. 나이가 40세 이상인 회원은 전체의 몇 %인가?

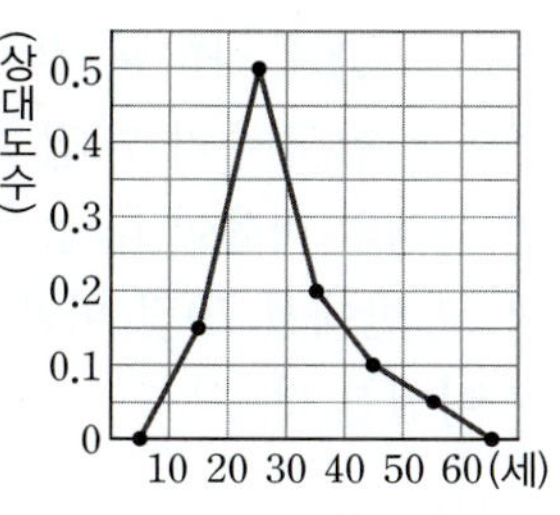

① 5 % ② 10 % ③ 15 %

④ 20 % ⑤ 25 %

---

775 하

오른쪽 그래프는 어느 중학교 1학년 학생 200명의 수학 시험 점수에 대한 상대도수의 분포를 나타낸 것이다. 수학 시험 점수가 70점 이상 80점 미만인 학생 수를 a, 90점 이상 100점 미만인 학생 수를 b라 할 때, $a-b$의 값을 구하시오.

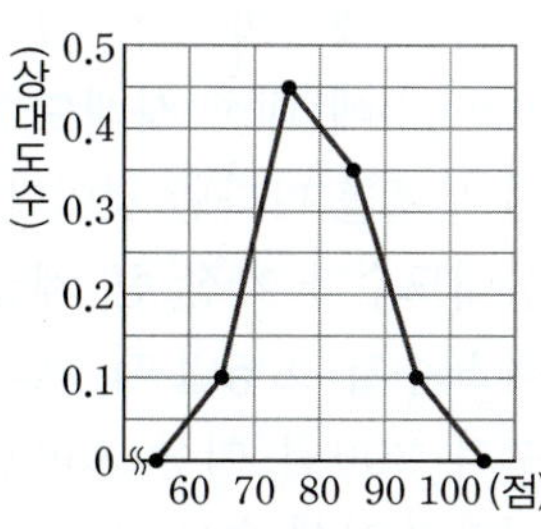

---

776 중

오른쪽 그래프는 어느 중학교 학생 60명의 도덕 시험 점수에 대한 상대도수의 분포를 나타낸 것이다. 도덕 시험 점수가 80점 이상인 학생 수를 구하시오.

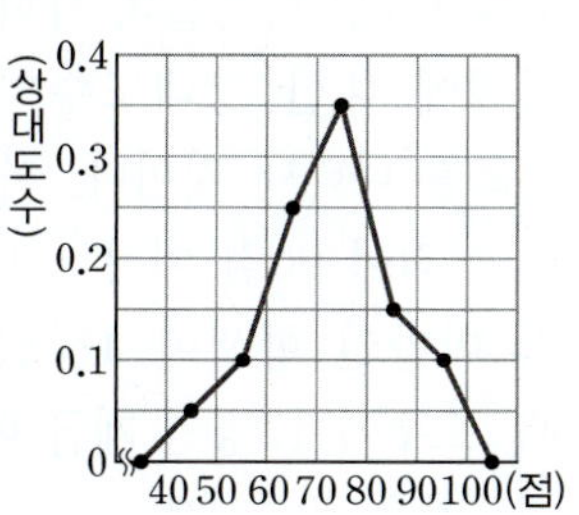

777 중

오른쪽 그래프는 어느 중학교 1학년 1반과 2반의 영어 시험 점수에 대한 상대도수의 분포를 함께 나타낸 것이다. 영어 시험 점수가 70점 미만인 학생의 비율이 더 높은 반과 그 반에서 70점 미만인 계급의 상대도수의 합을 차례로 나열한 것은?

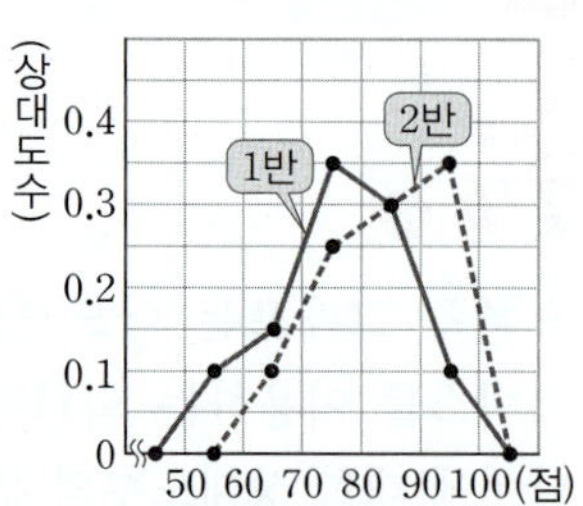

① 1반, 0.1 ② 1반, 0.25 ③ 2반, 0.1
④ 2반, 0.25 ⑤ 알 수 없다.

★빈출 778 중

오른쪽 그래프는 독서 동아리 학생들의 집에 있는 책의 수에 대한 상대도수의 분포를 나타낸 것이다. 상대도수가 가장 큰 계급의 도수가 28명일 때, 책의 수가 300권 이상 350권 미만인 학생 수를 구하시오.

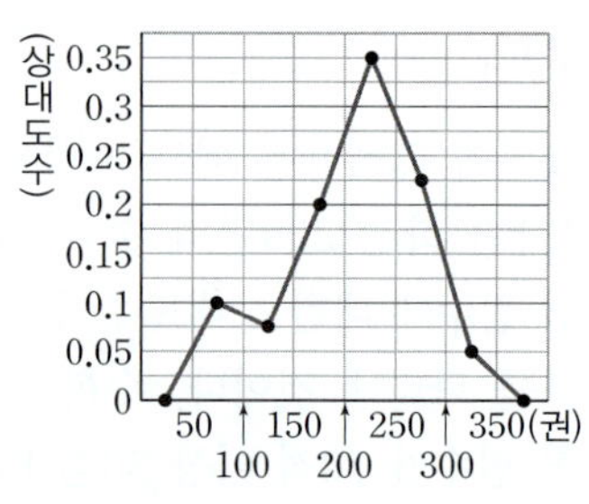

779 중

오른쪽 그래프는 어느 중학교 1학년 학생들의 사회 성적에 대한 상대도수의 분포를 나타낸 것이다. 사회 성적이 90점 이상 100점 미만인 학생이 4명일 때, 도수가 15명인 계급의 계급값을 구하시오.

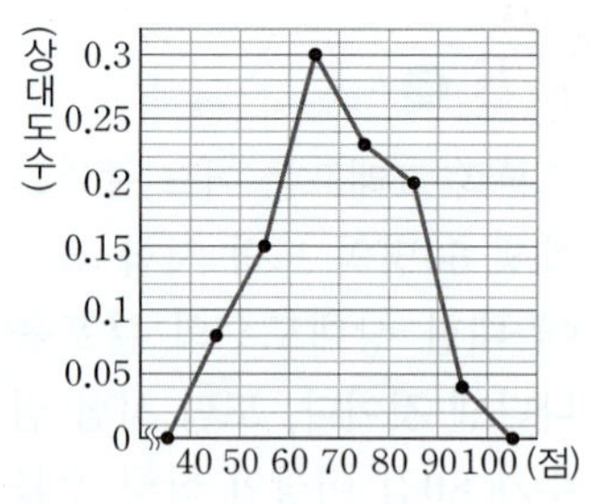

★빈출 780 중

오른쪽 그래프는 선우네 반 학생들의 일주일 동안의 TV 시청 시간에 대한 상대도수의 분포를 나타낸 것이다. TV 시청 시간이 9시간 이상 12시간 미만인 학생 수가 18일 때, 다음 중 옳지 <u>않은</u> 것은?

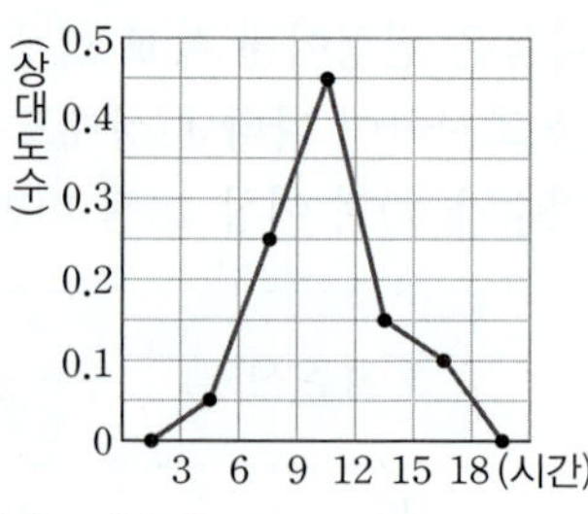

① 계급의 크기는 3시간이다.
② 도수의 총합은 40명이다.
③ TV 시청 시간이 12시간 이상인 학생은 전체의 25 %이다.
④ TV 시청 시간이 6시간 이상 9시간 미만인 학생은 10명이다.
⑤ TV 시청 시간이 5번째로 많은 학생이 속하는 계급의 도수는 8명이다.

781 중

오른쪽 그래프는 어느 중학교 1학년 여학생 50명의 1분당 맥박 수에 대한 상대도수의 분포를 나타낸 것인데 일부가 찢어져 보이지 않는다. 1분당 맥박 수가 60회 이상 70회 미만인 학생 수를 구하시오.

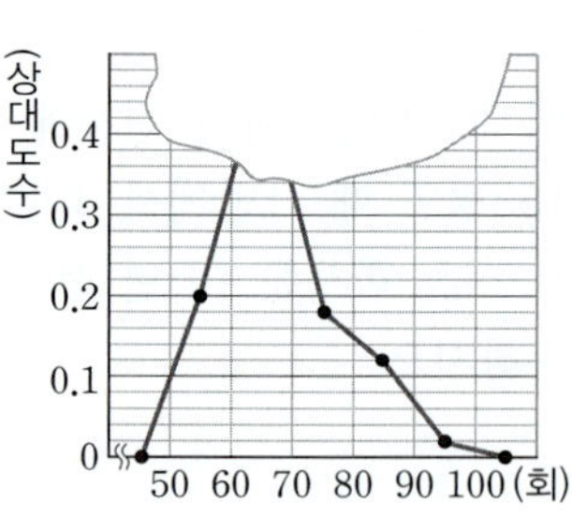

★빈출 782 ⓒ

| 서술형 |

오른쪽 그래프는 서하네 반 학생들의 하루 동안의 단소 연습 시간에 대한 상대도수의 분포를 나타낸 것인데 일부가 찢어져 보이지 않는다.
연습 시간이 10분 이상 20분 미만인 학생이 4명일 때, 30분 이상 40분 미만인 학생 수를 구하시오.

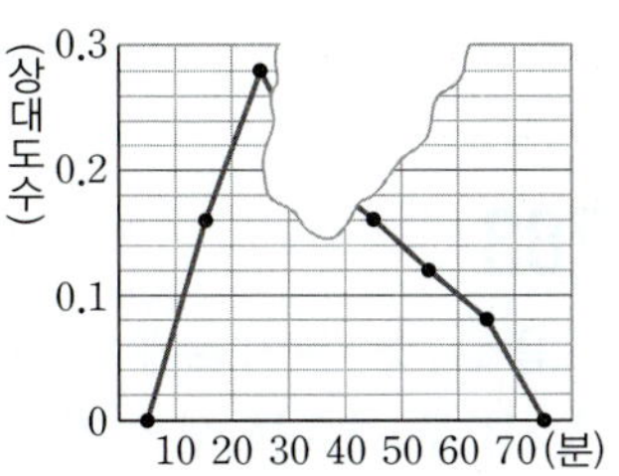

783 ⓒ

오른쪽 그래프는 어느 회사 직원 700명의 일주일 동안의 외식 지출 금액에 대한 상대도수의 분포를 나타낸 것인데 일부가 찢어져 보이지 않는다. 외식 지출 금액이 9만 원 이상 12만 원 미만인 직원 수가 12만 원 이상 15만 원 미만인 직원 수의 2배일 때, 12만 원 이상 지출한 직원 수를 구하시오.

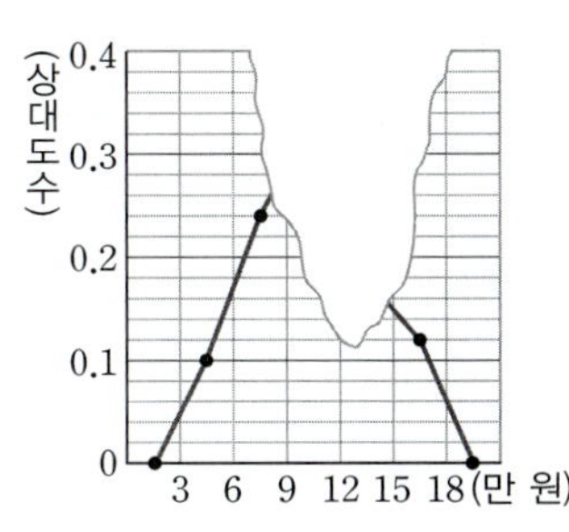

784 ⓒ

오른쪽 그래프는 어느 중학교 1학년 남학생과 여학생의 지난해 봉사 활동 시간에 대한 상대도수의 분포를 함께 나타낸 것이다. 다음 보기 중 옳은 것을 모두 고르시오.

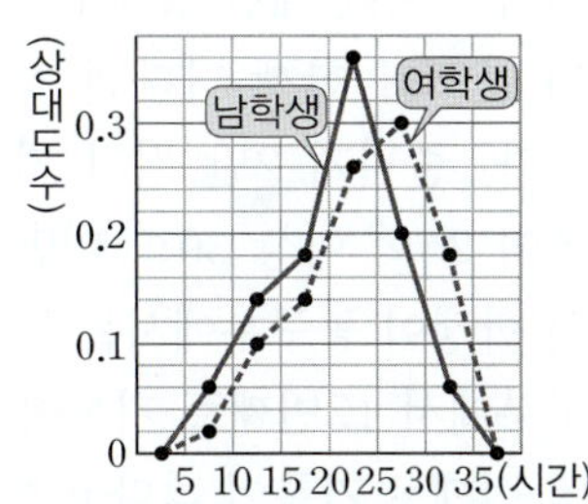

┌ 보기 ├
ㄱ. 1학년 전체 남학생 수와 여학생 수는 같다.
ㄴ. 여학생의 상대도수가 남학생의 상대도수보다 더 높은 계급은 2개이다.
ㄷ. 각 그래프와 가로축으로 둘러싸인 부분의 넓이는 남학생이 더 크다.
ㄹ. 봉사 활동을 많이 하는 학생은 여학생이 남학생보다 상대적으로 더 많은 편이다.

★빈출 785 ⓒ

아래 그래프는 어느 중학교 1학년 학생 50명과 2학년 학생 100명의 몸무게에 대한 상대도수의 분포를 함께 나타낸 것이다. 다음 중 옳지 <u>않은</u> 것은?

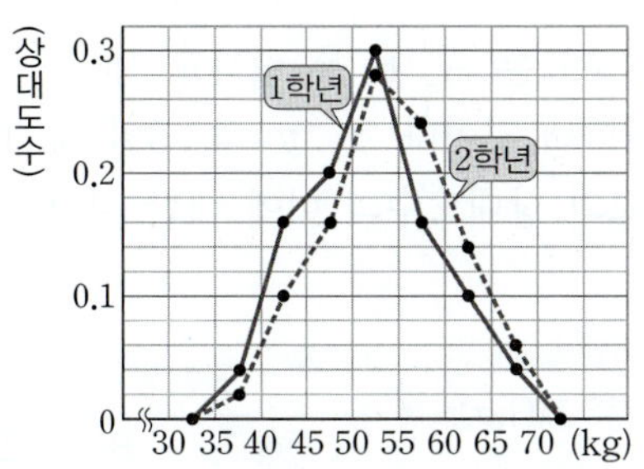

① 몸무게가 무거운 학생은 2학년이 1학년보다 상대적으로 더 많은 편이다.
② 몸무게가 50 kg 이상 55 kg 미만인 학생 수는 1학년이 더 많다.
③ 1학년과 2학년에 대한 각각의 그래프와 가로축으로 둘러싸인 부분의 넓이는 서로 같다.
④ 몸무게가 35 kg 이상 40 kg 미만인 학생은 1학년과 2학년 모두 2명씩이다.
⑤ 1학년 학생 중 몸무게가 60 kg 이상인 학생은 1학년 전체의 14 %이다.

786 ⓢ

오른쪽 그래프는 어느 중학교 학생들의 원반던지기 기록에 대한 상대도수의 분포를 나타낸 것인데 일부가 찢어져 보이지 않는다.
기록이 30 m 이상 35 m 미만인 학생이 35 m 이상 40 m 미만인 학생보다 5명 더 많다고 할 때, 전체 학생 수를 구하시오.

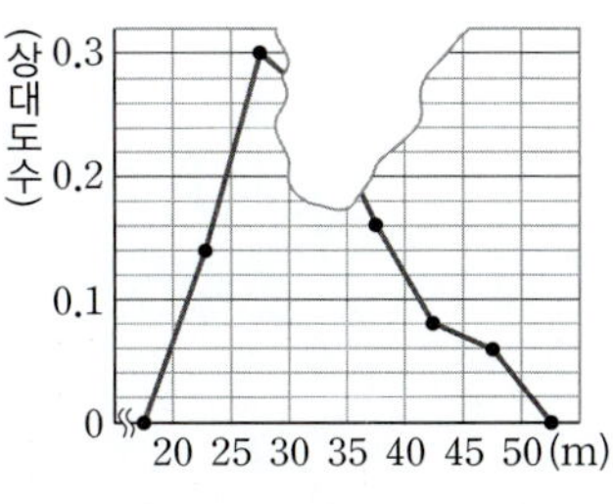

최고수준 도전 기출

787

아래 도수분포표는 A, B 두 중학교 학생들의 몸무게를 조사하여 나타낸 것이다. $x:y=4:3$일 때, 다음 중 A, B 두 중학교의 상대도수의 비에 대한 설명으로 옳은 것은?

몸무게(kg)	도수(명)	
	A 중학교	B 중학교
30이상~35미만	12	24
35 ~40		
40 ~45	42	30
45 ~50	54	
50 ~55	z	15
	x	y

① 30 kg 이상 35 kg 미만인 계급의 상대도수의 비는 2 : 3이다.

② 40 kg 이상 45 kg 미만인 계급의 상대도수의 비는 9 : 8이다.

③ 35 kg 이상 40 kg 미만인 계급의 도수의 비가 3 : 2이면 상대도수의 비는 2 : 1이다.

④ 45 kg 이상 50 kg 미만인 계급의 도수의 비가 3 : 4이면 상대도수의 비는 9 : 16이다.

⑤ 50 kg 이상 55 kg 미만인 계급의 상대도수의 비가 2 : 1이면 $z=30$이다.

788

다음 A, B 두 자료에 대하여 A 자료의 중앙값이 16이고, A, B 두 자료를 섞은 전체 자료의 중앙값이 12일 때, 자연수 a, b에 대하여 $a+b$의 값을 구하시오. (단, $a>b$)

[A 자료]	a,	6,	b,	20,	22
[B 자료]	4,	7,	a,	$b-1$,	18

789

오른쪽 그래프는 어느 중학교 농구부 학생들과 중학교 전체 학생들의 줄넘기 2단 뛰기 기록에 대한 상대도수의 분포를 함께 나타낸 것이다. 줄넘기 2단 뛰기 기록이 25회 이상 30회 미만

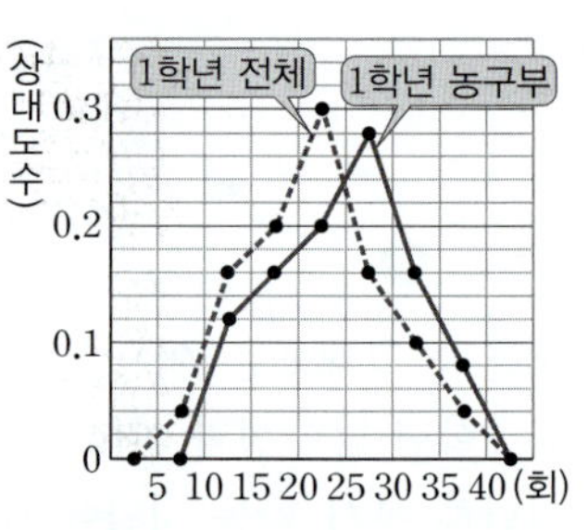

인 학생이 농구부에서는 14명, 전체에서는 56명일 때, 농구부에서 12번째로 기록이 많은 학생은 전체에서 적어도 몇 번째로 기록이 많다고 할 수 있는지 구하시오.

01   기본 도형

6~18쪽   난이도별 필수 기출

001 ④	002 ①	003 ④	004 ③	005 ②	006 ④	007 ①
008 ②	009 10	010 ④	011 1	012 3	013 ①	014 36
015 ③	016 8 cm		017 ②	018 24 cm		019 ④
020 ⑤	021 ④	022 14 cm		023 20 cm		
024 18 cm		025 ⑤	026 3 cm		027 18 cm	
028 8	029 ④	030 36 cm		031 ④	032 ③	
033 98°	034 ④	035 35	036 ②	037 22°	038 ④	039 ⑤
040 ④	041 ③	042 ③	043 59°	044 40°	045 45°	046 ②
047 ②	048 ②	049 ②	050 ②	051 140°		052 ③
053 ③	054 ③	055 24°	056 188	057 ①	058 ③	
059 115°		060 ②	061 ③	062 ②	063 70°	064 ④
065 ②	066 5 cm		067 ③	068 ③, ⑤		069 ①
070 130°		071 ④	072 19	073 ②	074 ③	075 21

19쪽   최고수준 도전 기출

076 24°	077 150°	078 6 cm	079 ④

02   위치 관계

22~38쪽   난이도별 필수 기출

080 ④	081 ④	082 ⑤	083 1	084 ④	085 5	086 ⑤
087 ③	088 6	089 ⑤	090 ④	091 4	092 ①	093 ②
094 ②	095 ⑤	096 ④	097 ⑤	098 ②	099 3	100 ④
101 ⑤	102 ⑤	103 11	104 ④	105 ④	106 5쌍	107 ④
108 ④	109 ④	110 28	111 ③	112 $\overline{FG}$, $\overline{GH}$		113 ⑤
114 ②	115 1	116 13	117 ③	118 ④	119 ③	120 ④
121 ①	122 ⑤	123 ④	124 2	125 2	126 ②	127 ㄷ
128 ④	129 ③	130 ②	131 205°		132 ⑤	133 ④
134 6쌍	135 ⑤	136 80°	137 ④	138 50	139 ①	140 ①
141 ①	142 ②	143 60°	144 ②	145 ④	146 ①	
147 2쌍	148 140°		149 ④	150 225°		
151 115°		152 ⑤	153 ④	154 ①	155 ①	
156 73°	157 ③	158 ③	159 130°		160 60°	161 ②
162 ⑤	163 ①	164 ②	165 13	166 ②	167 100°	
168 230°		169 15°	170 155°		171 ⑤	172 ④
173 ②	174 60°	175 ③	176 46°	177 90°	178 ④	
179 58°						

39쪽   최고수준 도전 기출

180 ③	181 ⑤	182 ④	183 ①

07 입체도형의 겉넓이와 부피

116~134쪽 난이도별 **필수 기출**

555 ⑤ **556** 24π cm^2 **557** ④ **558** 210 cm^2 **559** ①

560 15 cm **561** 4 cm **562** ⑤ **563** 14π cm^2

564 ① **565** ⑤ **566** ⑤ **567** 286 cm^2 **568** ③

569 320 cm^2 **570** ③ **571** ③ **572** 198 cm^2

573 20π cm^3 **574** ③ **575** ① **576** ② **577** 576π cm^3

578 6 cm **579** 7 cm **580** ② **581** ③ **582** ④

583 ② **584** 189π cm^3 **585** ③ **586** 180π cm^2

587 45π cm^3 **588** 26π cm^3 **589** ④ **590** 96 cm^2

591 ⑤ **592** 365 cm^2 **593** 6 **594** ① **595** 152π cm^2

596 ③ **597** 100π cm^2 **598** ② **599** 108° **600** ④

601 ④ **602** ⑤ **603** 224π cm^2 **604** ② **605** ②

606 100π cm^3 **607** 42 cm^3 **608** ② **609** ③

610 9 cm **611** 87π cm^3 **612** ③ **613** 10 **614** C

615 ③ **616** 4 cm **617** 36 cm^3 **618** 12 cm

619 ① **620** ⑤ **621** 39π cm^3 **622** 18π cm^3 **623** ④

624 36 cm^3 **625** ③ **626** ① **627** $\dfrac{48}{5}\pi$ cm^3 **628** ⑤

629 27π cm^2 **630** ④ **631** ② **632** 484π cm^2

633 30π cm^2 **634** 4 **635** ③ **636** ③ **637** 8 **638** ③

639 ④ **640** ② **641** 36π cm^3 **642** 12 **643** ②

644 32π cm^3 **645** 50분 **646** ① **647** ⑤

648 8 cm **649** 6 **650** 9번 **651** ② **652** ④ **653** 3

654 52분 **655** ⑤ **656** $\dfrac{5}{3}$ cm **657** ④ **658** ④

659 ⑤ **660** 72π cm^3 **661** ③ **662** 9π cm^3

663 128π cm^3 **664** 4 cm **665** ② **666** ③

135쪽 최고수준 **도전 기출**

667 154 cm^3 **668** ④ **669** 450π cm^3 **670** ⑤

08 자료의 정리와 해석

138~159쪽 난이도별 **필수 기출**

671 ② **672** ③ **673** ③ **674** 11 **675** ⑤ **676** 64 **677** ③

678 18 **679** ⑤ **680** 1 **681** 최빈값, 260 mm **682** ②

683 ① **684** ④ **685** 15 **686** 2.3 **687** ② **688** 40 **689** ④

690 21세 **691** 61점 **692** ④ **693** 12

694 32 % **695** 5 **696** ④ **697** 30 **698** ④ **699** ③

700 25 **701** 64 % **702** 26회 **703** 28편

704 ⑤ **705** ③ **706** 70 **707** ⑤ **708** ② **709** ③ **710** ③

711 5 **712** 20 % **713** 12.5회 **714** 9 **715** ④

716 ⑤ **717** 24 **718** ④ **719** ⑤ **720** ④ **721** 20 **722** ②

723 ② **724** ⑤ **725** 7배 **726** ⑤ **727** 190 **728** 50점

729 80점 **730** ④ **731** 12 **732** 8 **733** ③

734 25명 **735** ① **736** 300개 **737** 38초

738 ① **739** ③ **740** ④ **741** 20 % **742** 175 **743** ⑤

744 ② **745** 40 **746** 80점 **747** 12 **748** 55

749 11명 **750** ⑤ **751** ① **752** 40 **753** 20 %

754 8 **755** 120 **756** ⑤ **757** ② **758** 0.36 **759** ④

760 21 **761** ② **762** ⑤ **763** 0.37

764 (1) $A=12$, $B=0.36$, $C=50$ (2) 30 % **765** ④ **766** ①

767 8 **768** ④ **769** ④ **770** ③ **771** 6 **772** 28

773 54번째 **774** ③ **775** 70 **776** 15 **777** ② **778** 4

779 55점 **780** ⑤ **781** 24 **782** 5 **783** 210

784 ㄴ, ㄹ **785** ② **786** 50

160쪽 최고수준 **도전 기출**

787 ④ **788** 24 **789** 49번째

05 원과 부채꼴

78~91쪽 난이도별 **필수 기출**

359 ④　360 180°　　361 ③　362 ①　363 60

364 126°　　365 ⑤　366 ③　367 38　368 ④

369 24 cm　　370 ②　371 28 cm^2　　372 ⑤

373 60 cm^2　374 10 cm　　375 ③　376 32 cm

377 66°　378 ③　379 ④　380 50°　381 ③　382 4 cm

383 ①　384 5 cm　　385 ④　386 ⑤　387 ③　388 90°

389 4 cm　　390 ②　391 6 cm　　392 16 cm

393 ②　394 ⑤　395 ④　396 14π cm　　397 ①

398 48π cm^2　399 12π cm^2　400 ④　401 ②　402 ④

403 ③　404 30π cm　　405 ⑤　406 20바퀴　　407 65π

408 ③　409 35π cm^2　410 ③　411 18π cm^2　412 ①

413 240°　　414 ④　415 ③　416 ②　417 ①　418 ③

419 48π cm^2　420 24π cm^2　421 ③　422 ⑤　423 ①

424 ④　425 ④　426 2π cm^2　　427 ③　428 ③　429 ⑤

430 98 cm^2　431 4π cm^2　　432 π cm　　433 ⑤

434 45°　435 ②　436 360π cm^2　437 24 cm^2

438 5π cm　　439 ④　440 ⑤　441 ④　442 ②

443 56π cm^2　　444 6 cm

92~93쪽 최고수준 **도전 기출**

445 ①　446 7π cm^2　　447 ⑤　448 4π cm

449 3π cm^2　　450 ④　451 6π cm　　452 ②

06 다면체와 회전체

96~112쪽 난이도별 **필수 기출**

453 육면체　　454 ③　455 ②　456 5　457 ②　458 ⑤

459 29　460 ③　461 ⑤　462 ③　463 ⑤　464 ④　465 ①

466 2　467 ③　468 ②　469 ③　470 ②　471 ⑤　472 ③

473 6　474 ③　475 팔면체　　476 ④　477 ⑤

478 육각뿔대　　479 ④　480 ③　481 16　482 82　483 35

484 ④　485 ③　486 10　487 363　488 ⑤　489 ①　490 30

491 6　492 14　493 ⑤　494 ②　495 ④　496 ④　497 ⑤

498 ③　499 ②　500 ③　501 16　502 ⑤　503 ②　504 ④

505 정팔면체　　506 ③　507 ①　508 12　509 ⑤　510 ①

511 ②　512 ⑤　513 12　514 60°　515 ⑤　516 ②　517 ④

518 ⑤　519 ⑤　520 ②　521 ⑤　522 ①　523 ②　524 ④

525 ⑤　526 ⑤　527 ⑤　528 ⑤　529 ①　530 ⑤　531 ⑤

532 ②　533 ⑤　534 9　535 49π cm^2　　536 ④　537 ④

538 ③　539 64π cm^2　　540 ④　541 ④　542 $\dfrac{48}{5}\pi$ cm

543 ①　544 ④　545 ③　546 12 cm　　547 9π cm^2

548 12 cm　　549 ③　550 ④

113쪽 최고수준 **도전 기출**

551 ①　552 38　553 8 cm　　554 ②

완자

기출 PICK

정답과 해설

중학 수학

1·2

책 속의 가접 별책 (특허 제 0557442호)

'정답과 해설'은 본책에서 쉽게 분리할 수 있도록 제작되었으므로
유통 과정에서 분리될 수 있으나 파본이 아닌 정상제품입니다.

완자 기출 PICK

정답과 해설

중학 수학 1·2

01 기본 도형

001　답 ④

교점의 개수는 6이므로 $a=6$

교선의 개수는 10이므로 $b=10$

$\therefore a+b=6+10=16$

002　답 ①

ㄴ. 면과 면이 만나서 생기는 교선은 직선 또는 곡선이다.

ㄷ. 교점은 선과 선 또는 선과 면이 만나는 경우에 생긴다.

ㄹ. 직육면체에서 교점의 개수와 교선의 개수는 각각 8, 12이므로 같지 않다.

따라서 옳은 것은 ㄱ이다.

003　답 ④

④ 교점의 개수는 12이다.

004　답 ③

③ $\overrightarrow{AB}$와 $\overrightarrow{AD}$는 시작점과 뻗어 나가는 방향이 모두 같으므로 서로 같은 반직선이다.

005　답 ②

② 오른쪽 그림과 같이 $\overrightarrow{AB}$는 찾을 수 없다.

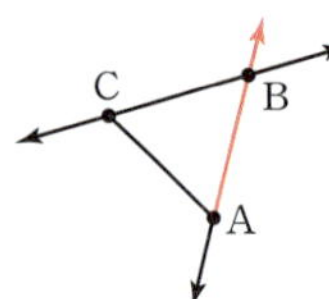

006　답 ④

④ $\overrightarrow{BC}$와 $\overrightarrow{CB}$는 시작점과 뻗어 나가는 방향이 모두 다르므로 서로 다른 반직선이다.

007　답 ①

ㄴ. $\overrightarrow{AC}$와 $\overrightarrow{BC}$는 시작점이 다르므로 서로 다른 반직선이다.

ㄹ. $\overrightarrow{DA}$와 $\overrightarrow{DC}$는 뻗어 나가는 방향이 다르므로 서로 다른 반직선이다.

따라서 서로 같은 것끼리 짝 지은 것은 ㄱ, ㄷ이다.

008　답 ②

직선은 $\overleftrightarrow{AB}$, $\overleftrightarrow{AC}$, $\overleftrightarrow{AD}$, $\overleftrightarrow{BC}$, $\overleftrightarrow{BD}$, $\overleftrightarrow{CD}$의 6개이므로

$a=6$

반직선은 $\overrightarrow{AB}$, $\overrightarrow{AC}$, $\overrightarrow{AD}$, $\overrightarrow{BA}$, $\overrightarrow{BC}$, $\overrightarrow{BD}$, $\overrightarrow{CA}$, $\overrightarrow{CB}$, $\overrightarrow{CD}$, $\overrightarrow{DA}$, $\overrightarrow{DB}$, $\overrightarrow{DC}$의 12개이므로

$b=12$

$\therefore b-a=12-6=6$

① (직선의 개수)$=\dfrac{n(n-1)}{2}$

② (반직선의 개수)$=$(직선의 개수)$\times 2=n(n-1)$

③ (선분의 개수)$=$(직선의 개수)$=\dfrac{n(n-1)}{2}$

009　답 10

직선은 $\overleftrightarrow{AB}$, $\overleftrightarrow{AC}$, $\overleftrightarrow{AD}$, $\overleftrightarrow{AE}$, $\overleftrightarrow{BC}$, $\overleftrightarrow{BD}$, $\overleftrightarrow{BE}$, $\overleftrightarrow{CD}$, $\overleftrightarrow{CE}$, $\overleftrightarrow{DE}$의 10개이다.

010　답 ④

반직선은 $\overrightarrow{AB}$, $\overrightarrow{AD}$, $\overrightarrow{AE}$, $\overrightarrow{BA}$, $\overrightarrow{BC}$, $\overrightarrow{BD}$, $\overrightarrow{BE}$, $\overrightarrow{CB}$, $\overrightarrow{CD}$, $\overrightarrow{CE}$, $\overrightarrow{DA}$, $\overrightarrow{DB}$, $\overrightarrow{DC}$, $\overrightarrow{DE}$, $\overrightarrow{EA}$, $\overrightarrow{EB}$, $\overrightarrow{EC}$, $\overrightarrow{ED}$의 18개이다.

011　답 1

직선은 직선 l의 1개이므로 $x=1$　……　ⅰ

반직선은 $\overrightarrow{AB}$, $\overrightarrow{BA}$, $\overrightarrow{BC}$, $\overrightarrow{CB}$, $\overrightarrow{CD}$, $\overrightarrow{DC}$의 6개이므로

$y=6$　……　ⅱ

선분은 $\overline{AB}$, $\overline{AC}$, $\overline{AD}$, $\overline{BC}$, $\overline{BD}$, $\overline{CD}$의 6개이므로

$z=6$　……　ⅲ

$\therefore x+y-z=1+6-6=1$　……　ⅳ

채점 기준	
ⅰ x의 값 구하기	30%
ⅱ y의 값 구하기	30%
ⅲ z의 값 구하기	30%
ⅳ $x+y-z$의 값 구하기	10%

012　답 3

$\overrightarrow{AC}$, $\overrightarrow{BE}$, $\overrightarrow{CE}$의 3개이다.

013　답 ①

① 오른쪽 그림과 같이 $\overleftrightarrow{AB}$와 $\overleftrightarrow{CD}$는 만나지 않는다.

014　답 36

세 점 A, B, C가 한 직선 위에 있으므로 세 점 A, B, C로 만들 수 있는 직선은 $\overleftrightarrow{AB}$의 1개이다.

즉, 직선은 $\overleftrightarrow{AB}$, $\overleftrightarrow{AD}$, $\overleftrightarrow{AE}$, $\overleftrightarrow{BD}$, $\overleftrightarrow{BE}$, $\overleftrightarrow{CD}$, $\overleftrightarrow{CE}$, $\overleftrightarrow{DE}$의 8개이므로

$a=8$　……　ⅰ

반직선은 $\overrightarrow{AB}$, $\overrightarrow{AD}$, $\overrightarrow{AE}$, $\overrightarrow{BA}$, $\overrightarrow{BC}$, $\overrightarrow{BD}$, $\overrightarrow{BE}$, $\overrightarrow{CB}$, $\overrightarrow{CD}$, $\overrightarrow{CE}$, $\overrightarrow{DA}$, $\overrightarrow{DB}$, $\overrightarrow{DC}$, $\overrightarrow{DE}$, $\overrightarrow{EA}$, $\overrightarrow{EB}$, $\overrightarrow{EC}$, $\overrightarrow{ED}$의 18개이므로

$b=18$　……　ⅱ

선분은 $\overline{AB}$, $\overline{AC}$, $\overline{AD}$, $\overline{AE}$, $\overline{BC}$, $\overline{BD}$, $\overline{BE}$, $\overline{CD}$, $\overline{CE}$, $\overline{DE}$의 10개이므로 $c=10$　……　ⅲ

$\therefore a+b+c=8+18+10=36$　……　ⅳ

015 답 ③

한 직선 위에 있는 세 점으로 만들 수 있는 선분의 개수는 3, 직선의 개수는 1이므로 그 개수의 차는 2이다.
따라서 주어진 그림에서 한 직선 위에 세 점이 있는 것은 가로 3줄, 세로 3줄, 대각선 2줄이므로
$x-y=2\times(3+3+2)=16$

다른 풀이

오른쪽 그림에서 주어진 점으로 만들 수 있는 서로 다른 선분은
$\overline{AB}$, $\overline{AC}$, $\overline{AD}$, $\overline{AE}$, $\overline{AF}$, $\overline{AG}$, $\overline{AH}$, $\overline{AI}$,
$\overline{BC}$, $\overline{BD}$, $\overline{BE}$, $\overline{BF}$, $\overline{BG}$, $\overline{BH}$, $\overline{BI}$, $\overline{CD}$,
$\overline{CE}$, $\overline{CF}$, $\overline{CG}$, $\overline{CH}$, $\overline{CI}$, $\overline{DE}$, $\overline{DF}$, $\overline{DG}$,
$\overline{DH}$, $\overline{DI}$, $\overline{EF}$, $\overline{EG}$, $\overline{EH}$, $\overline{EI}$, $\overline{FG}$, $\overline{FH}$,
$\overline{FI}$, $\overline{GH}$, $\overline{GI}$, $\overline{HI}$의 36개이므로
$x=36$
서로 다른 직선은
$\overleftrightarrow{AB}$, $\overleftrightarrow{AD}$, $\overleftrightarrow{AE}$, $\overleftrightarrow{AF}$, $\overleftrightarrow{AH}$, $\overleftrightarrow{BD}$, $\overleftrightarrow{BE}$, $\overleftrightarrow{BF}$, $\overleftrightarrow{BG}$, $\overleftrightarrow{BI}$, $\overleftrightarrow{CD}$, $\overleftrightarrow{CE}$,
$\overleftrightarrow{CF}$, $\overleftrightarrow{CH}$, $\overleftrightarrow{DE}$, $\overleftrightarrow{DH}$, $\overleftrightarrow{DI}$, $\overleftrightarrow{FG}$, $\overleftrightarrow{FH}$, $\overleftrightarrow{GH}$의 20개이므로
$y=20$
$\therefore x-y=36-20=16$

016 답 8 cm

$\overline{AB}=2\overline{MB}$, $\overline{BC}=2\overline{BN}$이므로
$\begin{aligned}\overline{AC}&=\overline{AB}+\overline{BC}=2\overline{MB}+2\overline{BN}\\&=2(\overline{MB}+\overline{BN})=2\overline{MN}\\&=2\times4=8\,(\mathrm{cm})\end{aligned}$

017 답 ②

$\overline{AB}=2\overline{AM}=2\times7=14\,(\mathrm{cm})$
$\overline{BN}=\overline{AN}-\overline{AB}=18-14=4\,(\mathrm{cm})$
$\overline{NC}=\overline{BN}=4\,\mathrm{cm}$이므로
$\overline{AC}=\overline{AN}+\overline{NC}=18+4=22\,(\mathrm{cm})$

다른 풀이

$\overline{AB}=2\overline{AM}$, $\overline{BN}=\overline{NC}$이므로
$\begin{aligned}\overline{AC}&=\overline{AN}+\overline{NC}=\overline{AN}+\overline{BN}\\&=\overline{AN}+(\overline{AN}-\overline{AB})=2\overline{AN}-\overline{AB}\\&=2\overline{AN}-2\overline{AM}\\&=2\times18-2\times7=22\,(\mathrm{cm})\end{aligned}$

018 답 24 cm

$\overline{BC}=2\overline{BM}=2\times4=8\,(\mathrm{cm})$이므로 정삼각형의 둘레의 길이는
$3\times8=24\,(\mathrm{cm})$

019 답 ④

$\overline{BM}=\overline{MC}$, $\overline{AB}=\dfrac{1}{2}\overline{BC}$이므로 $\overline{AB}=\overline{BM}=\overline{MC}$

ㄱ. $\overline{AC}=\overline{AB}+\overline{BM}+\overline{MC}=3\overline{MC}$
ㄴ. $\overline{AM}=\overline{AB}+\overline{BM}=\overline{MC}+\overline{BM}=\overline{BC}$
ㄷ. $\overline{BM}=\dfrac{1}{3}\overline{AC}$
ㄹ. $\overline{BC}=\overline{BM}+\overline{MC}=\dfrac{1}{3}\overline{AC}+\dfrac{1}{3}\overline{AC}=\dfrac{2}{3}\overline{AC}$이므로
  $3\overline{BC}=2\overline{AC}$

따라서 옳은 것은 ㄱ, ㄴ, ㄹ이다.

020 답 ⑤

$\overline{AM}=\overline{MB}$, $\overline{AC}=\overline{CM}=\dfrac{1}{2}\overline{AM}$, $\overline{MD}=\overline{DB}=\dfrac{1}{2}\overline{MB}$이므로
$\overline{AC}=\overline{CM}=\overline{MD}=\overline{DB}$
⑤ $\begin{aligned}\overline{AD}&=\overline{AC}+\overline{CM}+\overline{MD}\\&=\dfrac{1}{4}\overline{AB}+\dfrac{1}{4}\overline{AB}+\dfrac{1}{4}\overline{AB}=\dfrac{3}{4}\overline{AB}\end{aligned}$

021 답 ④

$\overline{AM}=\overline{MN}=\overline{NB}=\dfrac{1}{3}\overline{AB}=\dfrac{1}{3}\times18=6\,(\mathrm{cm})$이므로
$\overline{PM}=\dfrac{1}{2}\overline{AM}=\dfrac{1}{2}\times6=3\,(\mathrm{cm})$
$\overline{NQ}=\dfrac{1}{2}\overline{NB}=\dfrac{1}{2}\times6=3\,(\mathrm{cm})$
$\begin{aligned}\therefore \overline{PQ}&=\overline{PM}+\overline{MN}+\overline{NQ}\\&=3+6+3=12\,(\mathrm{cm})\end{aligned}$

022 답 14 cm

$\overline{AB}=2\overline{MB}$, $\overline{BC}=2\overline{BN}$이므로
$\begin{aligned}\overline{AC}&=\overline{AB}+\overline{BC}=2\overline{MB}+2\overline{BN}\\&=2(\overline{MB}+\overline{BN})=2\overline{MN}\\&=2\times8=16\,(\mathrm{cm})\end{aligned}$
이때 $\overline{AC}=\overline{AB}+\overline{BC}=3\overline{BC}+\overline{BC}=4\overline{BC}$이므로
$\overline{BC}=\dfrac{1}{4}\overline{AC}=\dfrac{1}{4}\times16=4\,(\mathrm{cm})$
따라서 $\overline{NC}=\dfrac{1}{2}\overline{BC}=\dfrac{1}{2}\times4=2\,(\mathrm{cm})$이므로
$\overline{AN}=\overline{AC}-\overline{NC}=16-2=14\,(\mathrm{cm})$

023 답 20 cm

$\overline{AM}=\overline{MB}$이므로
$\overline{AN}=\overline{AM}+\overline{MN}=\overline{MB}+\dfrac{3}{5}\overline{MB}=\dfrac{8}{5}\overline{MB}$
$\therefore \overline{MB}=\dfrac{5}{8}\overline{AN}=\dfrac{5}{8}\times16=10\,(\mathrm{cm})$ ······ ⅰ
$\therefore \overline{AB}=2\overline{MB}=2\times10=20\,(\mathrm{cm})$ ······ ⅱ

024 답 18 cm

$\overline{AC} : \overline{CB} = 2 : 3$이므로

$\overline{AC} = \dfrac{2}{5}\overline{AB} = \dfrac{2}{5} \times 30 = 12\,(\text{cm})$

$\overline{CB} = \dfrac{3}{5}\overline{AB} = \dfrac{3}{5} \times 30 = 18\,(\text{cm})$

$\overline{AM} = \overline{MC}$이므로

$\overline{MC} = \dfrac{1}{2}\overline{AC} = \dfrac{1}{2} \times 12 = 6\,(\text{cm})$

$\overline{CN} : \overline{NB} = 2 : 1$이므로

$\overline{CN} = \dfrac{2}{3}\overline{CB} = \dfrac{2}{3} \times 18 = 12\,(\text{cm})$

$\therefore \overline{MN} = \overline{MC} + \overline{CN}$
$= 6 + 12 = 18\,(\text{cm})$

025 답 ⑤

(가)에서 $2\overline{AB} = \overline{BC}$

(나)에서 $\overline{BD} = 2\overline{BC}$이므로

$\overline{AD} = \overline{AB} + \overline{BD} = \overline{AB} + 2\overline{BC}$
$= \overline{AB} + 2 \times 2\overline{AB} = 5\overline{AB}$
$= 5 \times 8 = 40\,(\text{cm})$

참고 네 점 A, B, C, D의 위치는 다음 그림과 같다.

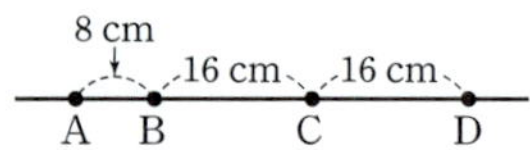

026 답 3 cm

$\overline{AB} = 2\overline{LB}$, $\overline{BC} = 2\overline{BM}$이므로

$\overline{LM} = \overline{LB} + \overline{BM} = \dfrac{1}{2}\overline{AB} + \dfrac{1}{2}\overline{BC}$
$= \dfrac{1}{2} \times 24 + \dfrac{1}{2} \times 36 = 30\,(\text{cm})$ ...... ⓘ

이때 $\overline{LM} = 2\overline{NM}$이므로

$\overline{BN} = \overline{BM} - \overline{NM} = \dfrac{1}{2}\overline{BC} - \dfrac{1}{2}\overline{LM}$
$= \dfrac{1}{2} \times 36 - \dfrac{1}{2} \times 30 = 3\,(\text{cm})$ ...... ⓙ

채점 기준	
ⓘ $\overline{LM}$의 길이 구하기	50 %
ⓙ $\overline{BN}$의 길이 구하기	50 %

027 답 18 cm

$\overline{BC} = 2\overline{MC}$, $\overline{CD} = 2\overline{CN}$이므로

$\overline{BD} = \overline{BC} + \overline{CD} = 2\overline{MC} + 2\overline{CN}$
$= 2(\overline{MC} + \overline{CN}) = 2\overline{MN}$
$= 2 \times \dfrac{3}{7}\overline{AD} = \dfrac{6}{7}\overline{AD}$

즉, $\overline{AB} : \overline{BD} = 1 : 6$이므로

$\overline{BD} = 6\overline{AB} = 6 \times 6 = 36\,(\text{cm})$

$\therefore \overline{MN} = \dfrac{1}{2}\overline{BD} = \dfrac{1}{2} \times 36 = 18\,(\text{cm})$

028 답 8

$\overline{AB} = 2\overline{AM} = 2\overline{MB}$, $\overline{MB} = 2\overline{MN}$이므로

$\overline{AN} = \overline{AM} + \overline{MN} = \dfrac{1}{2}\overline{AB} + \dfrac{1}{2}\overline{MB}$
$= \dfrac{1}{2}\overline{AB} + \dfrac{1}{2} \times \dfrac{1}{2}\overline{AB}$
$= \dfrac{1}{2}\overline{AB} + \dfrac{1}{4}\overline{AB} = \dfrac{3}{4}\overline{AB}$

이때 $\overline{AN} = 2\overline{AL}$이므로

$\overline{LM} = \overline{AM} - \overline{AL} = \dfrac{1}{2}\overline{AB} - \dfrac{1}{2}\overline{AN}$
$= \dfrac{1}{2}\overline{AB} - \dfrac{1}{2} \times \dfrac{3}{4}\overline{AB}$
$= \dfrac{1}{2}\overline{AB} - \dfrac{3}{8}\overline{AB} = \dfrac{1}{8}\overline{AB}$

따라서 $\overline{AB} = 8\overline{LM}$이므로 $k = 8$

029 답 ④

$\overline{AP} : \overline{PB} = 1 : 5$에서 $\overline{AP} = \dfrac{1}{6}\overline{AB}$

$\overline{AQ} : \overline{QB} = 5 : 2$에서 $\overline{AQ} = \dfrac{5}{7}\overline{AB}$

$\overline{PQ} = \overline{AQ} - \overline{AP} = \dfrac{5}{7}\overline{AB} - \dfrac{1}{6}\overline{AB} = \dfrac{23}{42}\overline{AB}$이므로

$\overline{AB} = \dfrac{42}{23}\overline{PQ} = \dfrac{42}{23} \times 23 = 42\,(\text{cm})$

$\therefore \overline{AP} = \dfrac{1}{6}\overline{AB} = \dfrac{1}{6} \times 42 = 7\,(\text{cm})$

030 답 36 cm

$\overline{AB} = a$ cm라 하면 (가)에서
$\overline{BC} = 2\overline{AB} = 2a\,(\text{cm})$

(나)에서 $2\overline{BD} = 5\overline{BC}$이므로

$\overline{BD} = \dfrac{5}{2}\overline{BC} = \dfrac{5}{2} \times 2a = 5a\,(\text{cm})$

$\overline{MN} = \overline{MB} + \overline{BN} = \dfrac{1}{2}\overline{AB} + \dfrac{1}{2}\overline{BC}$
$= \dfrac{1}{2} \times a + \dfrac{1}{2} \times 2a = \dfrac{3}{2}a\,(\text{cm})$

(다)에서 $\overline{MN} = 9$ cm이므로

$a = \dfrac{2}{3}\overline{MN} = \dfrac{2}{3} \times 9 = 6$

$\therefore \overline{AD} = \overline{AB} + \overline{BD} = a + 5a = 6a = 36\,(\text{cm})$

031 답 ④

ㄱ, ㅂ. 예각

ㄴ, ㄹ. 둔각

ㄷ, ㅁ. 직각

따라서 둔각인 것은 ㄴ, ㄹ이다.

032 답 ③

$x + (4x - 25) = 90$이므로

$5x = 115$ $\therefore x = 23$

033 답 98°

$\angle a + 48° + \angle b + 34° = 180°$이므로

$\angle a + \angle b = 180° - 82° = 98°$

034 답 ④

$60°+\angle a=90°$이므로 $\angle a=30°$
$60°+\angle b=180°$이므로 $\angle b=120°$
$\therefore \angle a+\angle b=30°+120°=150°$

035 답 35

$(x+15)+(3x-5)+30=180$이므로
$4x=140$ $\therefore x=35$

036 답 ②

$24°+\angle x=90°$이므로 $\angle x=66°$
$58°+90°+\angle y=180°$이므로 $\angle y=32°$
$\therefore 3\angle x-2\angle y=3\times66°-2\times32°=134°$

037 답 22°

$68°+90°+\angle POQ=180°$이므로
$\angle POQ=22°$

038 답 ④

오른쪽 그림에서
① 둔각   ② 평각   ③ 둔각
④ 예각   ⑤ 0°
따라서 예각인 것은 ④이다.

039 답 ⑤

$\angle AOC+\angle BOD=180°-90°=90°$이므로
$\angle AOC=90°\times\dfrac{3}{3+2}=90°\times\dfrac{3}{5}=54°$

040 답 ④

② $\angle a=180°\times\dfrac{4}{4+5+6}=180°\times\dfrac{4}{15}=48°$
③ $\angle b=180°\times\dfrac{5}{4+5+6}=180°\times\dfrac{1}{3}=60°$
④ $\angle c=180°\times\dfrac{6}{4+5+6}=180°\times\dfrac{2}{5}=72°$
⑤ $\angle c=72°$이므로 예각이다.
따라서 옳지 않은 것은 ④이다.

041 답 ③

$\angle AOC+\angle COE=180°$이므로
$\angle AOC+\angle COE=\angle AOB+\angle BOC+\angle COD+\angle DOE$
$\qquad\qquad=\angle BOC+\angle BOC+\angle COD+\angle COD$
$\qquad\qquad=2(\angle BOC+\angle COD)=180°$
즉, $\angle BOC+\angle COD=90°$이므로
$\angle BOD=90°$

042 답 ③

$\angle COE=\angle COD+\angle DOE$
$\qquad\quad=\angle COD+3\angle COD=4\angle COD$

$\therefore \angle BOD=\angle BOC+\angle COD=\dfrac{1}{4}\angle AOC+\dfrac{1}{4}\angle COE$
$\qquad\qquad=\dfrac{1}{4}(\angle AOC+\angle COE)=\dfrac{1}{4}\angle AOE$
$\qquad\qquad=\dfrac{1}{4}\times180°=45°$

043 답 59°

$\angle AOB+\angle BOC=90°$, $\angle BOC+\angle COD=90°$이므로
$(\angle AOB+\angle BOC)+(\angle BOC+\angle COD)=90°+90°=180°$
$\angle AOB+\angle COD+2\angle BOC=180°$
$62°+2\angle BOC=180°$
$2\angle BOC=118°$ $\therefore \angle BOC=59°$

044 답 40°

$\angle BOC=\dfrac{1}{6}\angle AOB=\dfrac{1}{6}\times90°=15°$ ····· ❶

이때 $\angle COE=90°-15°=75°$이므로

$\angle COD=\dfrac{1}{3}\angle COE=\dfrac{1}{3}\times75°=25°$ ····· ❷

$\therefore \angle BOD=\angle BOC+\angle COD$
$\qquad\qquad=15°+25°=40°$ ····· ❸

채점 기준		
❶ $\angle BOC$의 크기 구하기		30%
❷ $\angle COD$의 크기 구하기		40%
❸ $\angle BOD$의 크기 구하기		30%

045 답 45°

$\angle AEB=\angle AEB'$(접은 각)이므로
$\angle AEB : \angle AEB' : \angle B'EC=3:3:2$
$\therefore \angle B'EC=180°\times\dfrac{2}{3+3+2}=180°\times\dfrac{1}{4}=45°$

046 답 ②

$\angle a : \angle b=4:5$에서 $4\angle b=5\angle a$ $\therefore \angle b=\dfrac{5}{4}\angle a$

$\angle a : \angle c=2:3$에서 $2\angle c=3\angle a$ $\therefore \angle c=\dfrac{3}{2}\angle a$

$\angle a+\angle b+\angle c=180°$이므로 $\angle a+\dfrac{5}{4}\angle a+\dfrac{3}{2}\angle a=180°$

$\dfrac{15}{4}\angle a=180°$ $\therefore \angle a=48°$

$\therefore \angle c=\dfrac{3}{2}\angle a=\dfrac{3}{2}\times48°=72°$

047 답 ②

시침은 1시간에 30°씩 움직이므로 1분에 $\dfrac{30°}{60}=0.5°$씩 움직이고,

분침은 1시간에 360°씩 움직이므로 1분에 $\dfrac{360°}{60}=6°$씩 움직인다.

시침이 시계의 12를 가리킬 때부터 6시간 40분 동안 움직인 각도는
$30°\times6+0.5°\times40=200°$
또 분침이 시계의 12를 가리킬 때부터 40분 동안 움직인 각도는
$6°\times40=240°$
따라서 시침과 분침이 이루는 각 중 작은 쪽의 각의 크기는
(분침이 움직인 각의 크기)$-$(시침이 움직인 각의 크기)
$=240°-200°=40°$

048　답 ②

8시와 9시 사이에 시침과 분침이 서로 반대 방향을 가리키며 평각을 이루는 시각을 8시 x분이라 하자.

시침이 시계의 12를 가리킬 때부터 8시간 x분 동안 움직인 각도는

$30°×8+0.5°×x$

분침이 시계의 12를 가리킬 때부터 x분 동안 움직인 각도는

$6°×x$

$(30×8+0.5×x)-6×x=180$이므로

$5.5x=60$　　$\therefore x=\dfrac{60}{5.5}=\dfrac{120}{11}$

따라서 구하는 시각은 8시 $\dfrac{120}{11}$ 분이다.

049　답 ②

맞꼭지각의 크기는 서로 같으므로

$5x-5=4x+20$　　$\therefore x=25$

050　답 ②

맞꼭지각의 크기는 서로 같으므로

$x+32=(y+18)+144$

$\therefore x-y=162-32=130$

051　답 140°

맞꼭지각의 크기는 서로 같으므로

$\angle a+\angle b+40°+\angle c=180°$

$\therefore \angle a+\angle b+\angle c=140°$

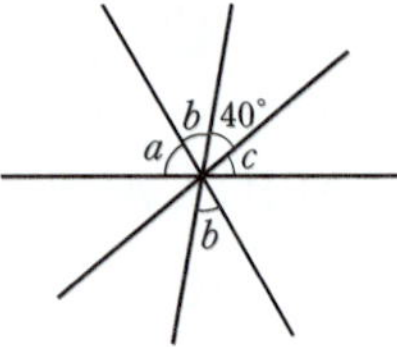

052　답 ③

맞꼭지각의 크기는 서로 같으므로

$(2x-10)+x+(x+10)+(x-20)=180$

$5x=200$　　$\therefore x=40$

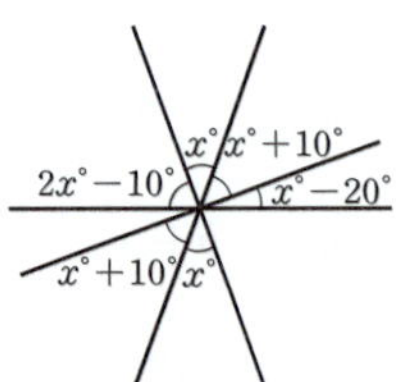

053　답 ③

오른쪽 그림에서 두 직선 a와 b, a와 c, b와 c 가 만날 때 생기는 맞꼭지각이 각각 2쌍이므로

$2×3=6$(쌍)

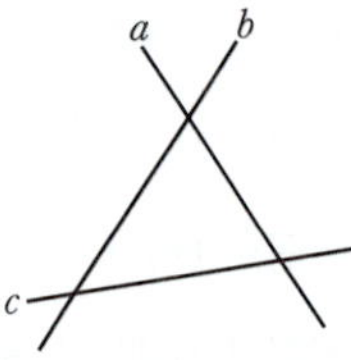

054　답 ③

맞꼭지각의 크기는 서로 같으므로

$5x+30=80+50,\ 5x=100$　　$\therefore x=20$

$80+50+(y+5)=180$이므로 $y=45$

$\therefore x+y=20+45=65$

055　답 24°

맞꼭지각의 크기는 서로 같으므로

$\angle x+48°=90°$　　$\therefore \angle x=42°$

$72°+\angle y=90°$이므로 $\angle y=18°$

$\therefore \angle x-\angle y=42°-18°=24°$

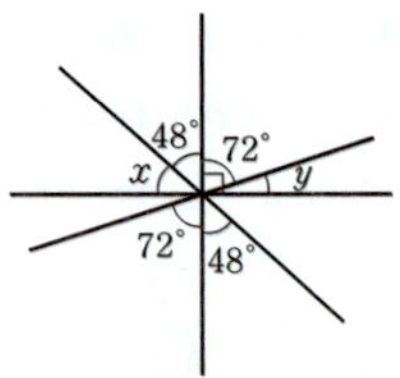

056　답 188

$(x+34)+(3x-72)=90$이므로

$4x=128$　　$\therefore x=32$

맞꼭지각의 크기는 서로 같으므로

$y=(x+34)+90=66+90=156$

$\therefore x+y=32+156=188$

057　답 ①

맞꼭지각의 크기는 서로 같으므로

$\angle a+\angle b+\angle c+\angle d+\angle e+\angle f+\angle g$
$=180°$

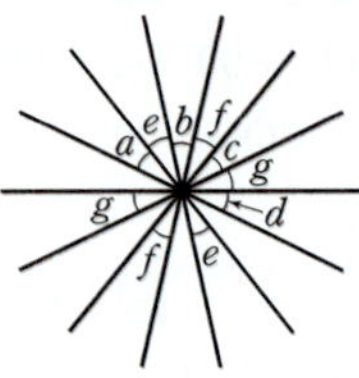

058　답 ③

두 직선 a와 b, a와 c, a와 d, b와 c, b와 d, c와 d가 만날 때 생기는 맞꼭지각이 각각 2쌍이므로

$2×6=12$(쌍)

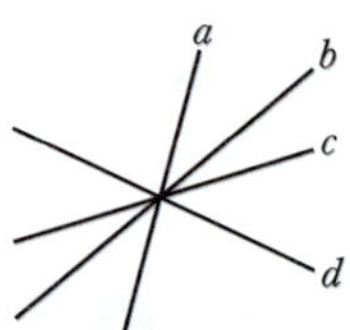

다른 풀이

서로 다른 네 직선이 한 점에서 만날 때 생기는 맞꼭지각은

$4×(4-1)=4×3=12$(쌍)

참고 서로 다른 n개의 직선이 한 점에서 만날 때 생기는 맞꼭지각은
　　➡ $n(n-1)$쌍

059　답 115°

$\angle AOD=180°-63°=117°$이고, $\angle AOF:\angle FOD=5:4$이므로

$\angle FOD=117°×\dfrac{4}{5+4}=117°×\dfrac{4}{9}=52°$　　……　ⅰ

맞꼭지각의 크기는 서로 같으므로

$\angle COE=\angle FOD=52°$　　……　ⅱ

$\therefore \angle AOE=\angle AOC+\angle COE$
$\qquad\qquad=63°+52°=115°$　　……　ⅲ

채점 기준

ⅰ $\angle FOD$의 크기 구하기		60%
ⅱ $\angle COE$의 크기 구하기		20%
ⅲ $\angle AOE$의 크기 구하기		20%

060　답 ②

5개의 직선을 각각 a, b, c, d, e라 하면 두 직선 a와 b, a와 c, a와 d, a와 e, b와 c, b와 d, b와 e, c와 d, c와 e, d와 e가 만날 때 생기는 맞꼭지각이 각각 2쌍이므로

$2×10=20$(쌍)

서로 다른 5개의 직선이 한 점에서 만날 때 생기는 맞꼭지각은
$5 \times (5-1) = 5 \times 4 = 20$(쌍)

061 답 ③

$\angle BOD = \angle AOC$(맞꼭지각)이므로 $\angle BOD : \angle DOF = 1:2$에서
$\angle BOD = 90° \times \dfrac{1}{1+2} = 90° \times \dfrac{1}{3} = 30°$

따라서 $\angle GOF = \angle BOD = 30°$이므로
$\angle AOG = \angle AOF - \angle GOF = 90° - 30° = 60°$

062 답 ②

$\angle AOC = \angle a$, $\angle BOE = \angle b$, $\angle DOF = \angle c$라 하면
$4\angle a = 6\angle b = 3\angle c$에서
$\angle a = \dfrac{3}{2}\angle b$, $\angle c = 2\angle b$

$\angle AOF = \angle b$(맞꼭지각)이므로
$\angle a + \angle b + \angle c = 180°$

$\dfrac{3}{2}\angle b + \angle b + 2\angle b = 180°$

$\dfrac{9}{2}\angle b = 180°$ $\therefore \angle b = 40°$

$\therefore \angle a = 60°$, $\angle c = 80°$

따라서 $\angle COE = \angle c$(맞꼭지각)이므로
$\angle AOE = \angle a + \angle c = 60° + 80° = 140°$

063 답 70°

$\angle BOD = \angle AOE$(맞꼭지각)이므로
$\angle COD = 90° - \angle AOE$

즉, $\angle COD$의 크기는 $\angle AOE$의 크기가 클수록 작아진다.
$\angle AOE = 45°$일 때 $\angle COD$의 크기가 가장 크므로
$\angle COD = 90° - 45° = 45°$
$\angle AOE = 65°$일 때 $\angle COD$의 크기가 가장 작으므로
$\angle COD = 90° - 65° = 25°$
따라서 구하는 합은 $45° + 25° = 70°$

064 답 ④

점과 직선 사이의 거리는 점에서 직선에 내린 수선의 발까지의 거리이므로 점 P와 직선 l 사이의 거리를 나타내는 것은 $\overline{PH}$이다.

065 답 ②

x축과의 거리가 먼 순서대로 나열하면
점 B, 점 A 또는 C, 점 D
y축과의 거리가 가까운 순서대로 나열하면
점 A, 점 B, 점 D, 점 C
따라서 구하는 점을 차례로 나열하면 점 B, 점 A이다.

066 답 5 cm

$\overline{BM} = \dfrac{1}{2}\overline{AB} = \dfrac{1}{2} \times 10 = 5$(cm)

점 B에서 직선 l까지의 거리는 $\overline{BM}$의 길이와 같으므로 5 cm이다.

067 답 ③

③ 직선 CD가 선분 AB의 수직이등분선이므로 $\overline{AH} = \overline{BH}$이지만 $\overline{CH} = \overline{DH}$인지는 알 수 없다.

068 답 ③, ⑤

① $\overline{AB}$와 $\overline{DC}$는 만나지 않는다.
② $\overline{AD}$의 수선은 $\overline{AB}$, $\overline{DC}$이다.
④ 점 A와 $\overline{BC}$ 사이의 거리는 $\overline{AB}$의 길이와 같으므로 2 cm이다.
따라서 옳은 것은 ③, ⑤이다.

069 답 ①

ㄴ. $\overleftrightarrow{BC}$와 $\overleftrightarrow{DC}$는 직교하지 않는다.
ㄹ. 점 A와 $\overleftrightarrow{BC}$ 사이의 거리는 $\overline{AB}$의 길이와 같으므로 6 cm이다.
따라서 옳은 것은 ㄱ, ㄷ이다.

070 답 130°

$\overline{EO} \perp \overline{AB}$, $\overline{FO} \perp \overline{CD}$이므로
$\angle AOE = 90°$, $\angle COF = 90°$ ...... ❶
$\angle AOC + \angle AOE + \angle DOE = 180°$이므로
$\angle AOC + 90° + 50° = 180°$
$\therefore \angle AOC = 40°$ ...... ❷
$\therefore \angle AOF = \angle AOC + \angle COF = 40° + 90° = 130°$ ...... ❸

채점 기준		
❶ $\angle COF$의 크기 구하기		30%
❷ $\angle AOC$의 크기 구하기		40%
❸ $\angle AOF$의 크기 구하기		30%

071 답 ④

④ 점 B와 $\overline{AD}$ 사이의 거리는 $\overline{BD}$의 길이와 같으므로 16 cm이다.

072 답 19

점 A와 직선 BC 사이의 거리는 $\overline{AF}$의 길이와 같으므로 8 cm이다.
$\therefore x = 8$ ...... ❶
점 B와 직선 CD 사이의 거리는 점 E와 직선 CD 사이의 거리와 같고, 이는 $\overline{DE}$의 길이와 같으므로 11 cm이다.
$\therefore y = 11$ ...... ❷
$\therefore x + y = 8 + 11 = 19$ ...... ❸

채점 기준		
❶ x의 값 구하기		40%
❷ y의 값 구하기		50%
❸ $x+y$의 값 구하기		10%

073 답 ②

점 A와 $\overline{BC}$ 사이의 거리는 $\overline{AB}$의 길이와 같으므로 3 cm이다.
$\therefore x = 3$
점 C와 $\overline{AB}$ 사이의 거리는 $\overline{BC}$의 길이와 같으므로 8 cm이다.
$\therefore y = 8$

점 D와 $\overleftrightarrow{\mathrm{AB}}$ 사이의 거리는 점 C와 $\overleftrightarrow{\mathrm{AB}}$ 사이의 거리와 같고, 이는 $\overline{\mathrm{BC}}$의 길이와 같으므로 8 cm이다.

$\therefore z=8$

$\therefore x+y+z=3+8+8=19$

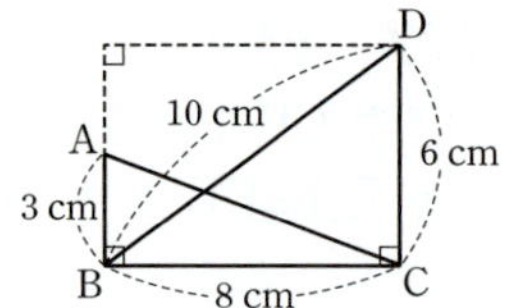

074　답 ③

삼각형 ABC의 넓이는

$$\frac{1}{2}\times15\times8=60(\mathrm{cm}^2)$$

오른쪽 그림과 같이 점 D에서 직선 EF에 내린 수선의 발을 H라 하면 삼각형 DEF의 넓이가 60 cm²이므로

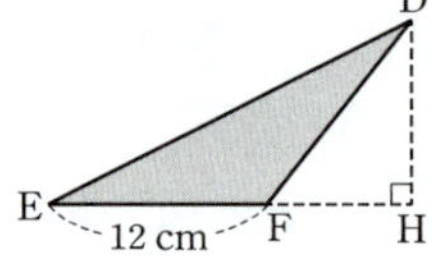

$$\frac{1}{2}\times12\times\overline{\mathrm{DH}}=60$$

$$\therefore \overline{\mathrm{DH}}=10(\mathrm{cm})$$

따라서 점 D와 직선 EF 사이의 거리는 $\overline{\mathrm{DH}}$의 길이와 같으므로 10 cm이다.

075　답 21

두 점 P, Q와 네 점 A, B, C, D를 좌표평면 위에 나타내면 오른쪽 그림과 같다. 따라서 사각형 ABCD의 넓이는 삼각형 ABC의 넓이와 삼각형 ACD의 넓이의 합과 같으므로

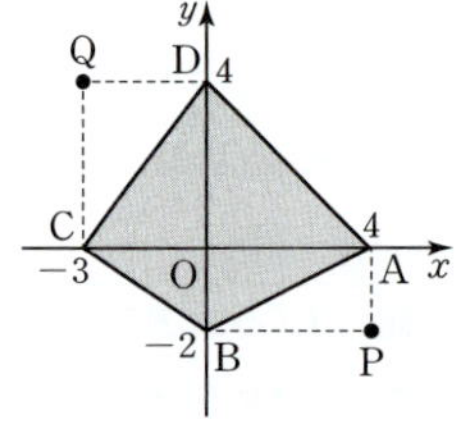

$$\frac{1}{2}\times7\times2+\frac{1}{2}\times7\times4=21$$

최고수준 도전 기출　　　19쪽

076　답 24°

전략　주어진 비례식을 이용하여 $\angle y$, $\angle z$, $\angle w$의 크기를 $\angle x$에 대한 식으로 나타낸 후 네 각의 크기의 합이 평각임을 이용하여 $\angle x$의 크기를 먼저 구한다.

$\angle x:\angle y=1:2$에서 $\angle y=2\angle x$

$\angle y:\angle w=3:7$에서

$$\angle w=\frac{7}{3}\angle y=\frac{7}{3}\times2\angle x=\frac{14}{3}\angle x$$

$\angle z:\angle w=1:2$에서

$$\angle z=\frac{1}{2}\angle w=\frac{1}{2}\times\frac{14}{3}\angle x=\frac{7}{3}\angle x$$

이때 $\angle x+\angle y+\angle z+\angle w=180°$이므로

$$\angle x+2\angle x+\frac{7}{3}\angle x+\frac{14}{3}\angle x=180°$$

$10\angle x=180°$　　$\therefore \angle x=18°$

$$\therefore \angle x-\angle y-\angle z+\angle w=\angle x-2\angle x-\frac{7}{3}\angle x+\frac{14}{3}\angle x$$

$$=\frac{4}{3}\angle x=\frac{4}{3}\times18°=24°$$

077　답 150°

전략　주어진 조건을 이용하여 $\angle \mathrm{AOC}+\angle \mathrm{FOD}$의 크기를 구한 후 맞꼭지각의 성질을 이용한다.

$\angle \mathrm{AOC}=\dfrac{1}{5}\angle \mathrm{AOG}$에서 $\angle \mathrm{AOG}=5\angle \mathrm{AOC}$

$\angle \mathrm{GOD}=6\angle \mathrm{FOD}$에서 $\angle \mathrm{GOF}+\angle \mathrm{FOD}=6\angle \mathrm{FOD}$이므로

$\angle \mathrm{GOF}=5\angle \mathrm{FOD}$

$\angle \mathrm{AOC}+\angle \mathrm{AOG}+\angle \mathrm{GOF}+\angle \mathrm{FOD}=180°$이므로

$\angle \mathrm{AOC}+5\angle \mathrm{AOC}+5\angle \mathrm{FOD}+\angle \mathrm{FOD}=180°$

$6(\angle \mathrm{AOC}+\angle \mathrm{FOD})=180°$

$\therefore \angle \mathrm{AOC}+\angle \mathrm{FOD}=30°$

따라서 맞꼭지각의 크기는 서로 같으므로

$\angle \mathrm{BOE}=\angle \mathrm{AOF}=180°-(\angle \mathrm{AOC}+\angle \mathrm{FOD})$

$\qquad\qquad\quad=180°-30°=150°$

078　답 6 cm

전략　점 사이의 간격이 모두 일정하므로 주어진 조건에서 선분의 길이 사이의 관계를 이용하여 점의 위치를 파악한다.

(가)에서 $\overline{\mathrm{AC}}=\overline{\mathrm{CB}}=\overline{\mathrm{BD}}$이므로 두 점 C, D의 위치는 다음과 같다.

(나)에서 $\overline{\mathrm{BC}}=2\overline{\mathrm{BG}}$이므로 점 G의 위치는 다음 그림에서 G′ 또는 G″이다.

(다)에서 $\overline{\mathrm{CE}}=\dfrac{1}{3}\overline{\mathrm{AF}}$이므로 세 점 G, E, F의 위치는 다음과 같다.

$\overline{\mathrm{AB}}:\overline{\mathrm{CG}}=4:3$이므로 $4\overline{\mathrm{CG}}=3\overline{\mathrm{AB}}$

$$\therefore \overline{\mathrm{CG}}=\frac{3}{4}\overline{\mathrm{AB}}=\frac{3}{4}\times8=6(\mathrm{cm})$$

참고　점 G의 위치가 G′이면 나머지 두 점 E, F의 위치가 오른쪽과 같으므로 (다)를 만족시킬 수 없다. 따라서 점 G의 위치는 G″이다.

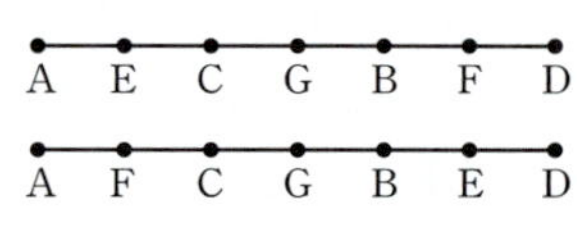

079　답 ④

전략　구하는 시각을 7시 x분이라 할 때, 12를 기준으로 시침과 분침이 움직인 각도를 각각 구한 후 두 각도가 같아지는 x의 값을 구한다.

7시와 8시 사이에 시침과 분침이 완전히 포개어질 때의 시각을 7시 x분이라 하자.

시침이 시계의 12를 가리킬 때부터 7시간 x분 동안 움직인 각도는

$30°\times7+0.5°\times x$

분침이 시계의 12를 가리킬 때부터 x분 동안 움직인 각도는

$6°\times x$

시침과 분침이 완전히 포개어지므로

$30\times7+0.5\times x=6\times x$, $5.5x=210$

$$\therefore x=\frac{210}{5.5}=\frac{420}{11}$$

따라서 구하는 시각은 7시 $\dfrac{420}{11}$분이므로 7시 38분에서 7시 39분 사이이다.

02 위치 관계

채점 기준

ⅰ a의 값 구하기	40%
ⅱ b의 값 구하기	40%
ⅲ $a+b$의 값 구하기	20%

080 답 ④

④ 꼬인 위치에 있는 두 직선은 한 평면 위에 있지 않다.

081 답 ④

④ 점 E는 직선 l 위에 있다.

082 답 ⑤

⑤ $\overleftrightarrow{BC}$에 수직인 두 직선 AB와 CD는 만나지 않는다.

083 답 1

한 직선과 그 직선 위에 있지 않은 한 점이 주어지면 하나의 평면이 정해진다.
따라서 주어진 그림에서 정해지는 서로 다른 평면은 1개이다.

084 답 ④

④ $\overrightarrow{AC}$와 $\overrightarrow{CD}$는 점 C에서 만난다.

085 답 5

오른쪽 그림과 같은 정팔각형에서 $\overleftrightarrow{AB}$
와 한 점에서 만나는 직선은 $\overleftrightarrow{BC}$, $\overleftrightarrow{CD}$,
$\overleftrightarrow{DE}$, $\overleftrightarrow{GF}$, $\overleftrightarrow{HG}$, $\overleftrightarrow{AH}$의 6개이므로
$a=6$
$\overleftrightarrow{AB}$와 평행한 직선은 $\overleftrightarrow{EF}$의 1개이므로
$b=1$
$\therefore a-b=6-1=5$

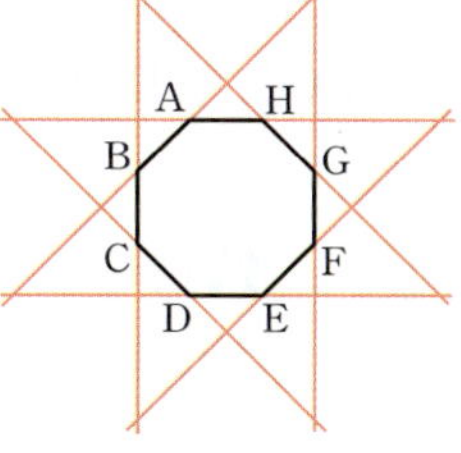

086 답 ⑤

ㄱ. 평면 P 위에 있는 점은 점 A, 점 B, 점 C의 3개이다.
따라서 옳은 것은 ㄴ, ㄷ이다.

087 답 ③

①, ②, ④, ⑤ 한 점에서 만난다.
③ 평행하다.
따라서 위치 관계가 나머지 넷과 다른 하나는 ③이다.

088 답 6

모서리 DE 위에 있지 않은 꼭짓점은 점 A, 점 B, 점 C의 3개이므로
$a=3$ …… ⅰ
면 ACD 위에 있는 꼭짓점은 점 A, 점 C, 점 D의 3개이므로
$b=3$ …… ⅱ
$\therefore a+b=3+3=6$ …… ⅲ

089 답 ⑤

⑤ 꼬인 위치에 있는 두 직선은 한 평면 위에 있지 않으므로 평면이 정해지지 않는다.

090 답 ④

ㄱ, ㄴ. $l /\!/ m$, $l /\!/ n$이면 오른쪽 그림에서 $m /\!/ n$
이다.

ㄷ. $l \perp m$, $l \perp n$이면 오른쪽 그림에서 $m /\!/ n$이
다.

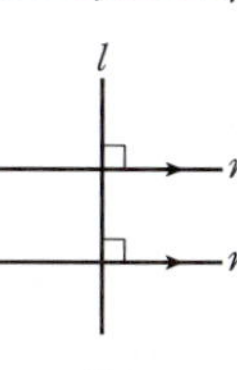

ㄹ. $l /\!/ m$, $l \perp n$이면 오른쪽 그림에서 $m \perp n$이
다.

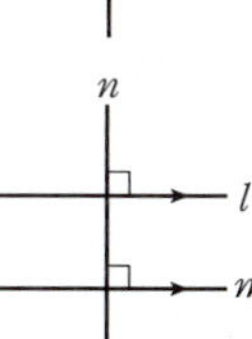

따라서 옳은 것은 ㄱ, ㄷ이다.

091 답 4

한 직선 위에 있지 않은 서로 다른 세 점이 주어지면 하나의 평면이 정해진다.
따라서 정해지는 서로 다른 평면은 평면 ABC, 평면 ABD, 평면 ACD, 평면 BCD의 4개이다.

092 답 ①

ㄷ. 공간에서 서로 만나지 않는 두 직선은 평행하거나 꼬인 위치에 있다.
ㄹ. 서로 다른 두 직선이 만나면 교점은 1개이다.
따라서 옳은 것은 ㄱ, ㄴ이다.

093 답 ②

② 꼬인 위치는 공간에서 두 직선의 위치 관계에서만 존재한다.
따라서 직선과 평면의 위치 관계가 될 수 없는 것은 ②이다.

094 답 ②

② 한 평면 위에서 평행한 두 직선은 서로 만나지 않는다.

095 답 ⑤

①, ②, ③ 한 점에서 만난다.
④ 평행하다.
⑤ 꼬인 위치에 있다.
따라서 $\overline{AB}$와 꼬인 위치에 있는 모서리는 ⑤이다.

096 답 ④

①, ②, ③ 한 점에서 만난다.

④ 꼬인 위치에 있다.

⑤ 평행하다.

따라서 모서리 CD와 만나지도 않고 평행하지도 않은 모서리는 ④이다.

097 답 ⑤

⑤ $\overline{AB}$와 $\overline{GH}$는 평행하다.

098 답 ②

점 B와 면 ADFC 사이의 거리는 $\overline{AB}$와 같고 $\overline{AB}$와 길이가 같은 모서리는 $\overline{DE}$이다.

따라서 구하는 모서리는 ㄱ, ㄷ이다.

099 답 3

면 ABCD와 만나지 않는 면은 면 EFGH의 1개이므로

$a=1$

면 ABCD와 수직인 면은 면 ABFE, 면 BFGC, 면 CGHD, 면 AEHD의 4개이므로

$b=4$

$\therefore b-a=4-1=3$

100 답 ④

① 면 ABFE와 수직이다.

② 면 AEHD와 평행하다.

③ 면 BFGC에 포함된다.

⑤ 면 EFGH와 평행하다.

따라서 옳은 것은 ④이다.

101 답 ⑤

①, ②, ③, ④ 한 점에서 만난다.

⑤ 평행하다.

따라서 위치 관계가 나머지 넷과 다른 하나는 ⑤이다.

102 답 ⑤

①, ②, ③, ④ 한 점에서 만난다.

⑤ 꼬인 위치에 있다.

따라서 위치 관계가 나머지 넷과 다른 하나는 ⑤이다.

103 답 11

직선 AB와 꼬인 위치에 있는 직선은 $\overleftrightarrow{CH}$, $\overleftrightarrow{DI}$, $\overleftrightarrow{EJ}$, $\overleftrightarrow{GH}$, $\overleftrightarrow{HI}$, $\overleftrightarrow{IJ}$, $\overleftrightarrow{JF}$의 7개이므로

$a=7$ ⋯⋯ ⓘ

직선 BG와 평행한 직선은 $\overleftrightarrow{AF}$, $\overleftrightarrow{CH}$, $\overleftrightarrow{DI}$, $\overleftrightarrow{EJ}$의 4개이므로

$b=4$ ⋯⋯ ⓙ

$\therefore a+b=7+4=11$ ⋯⋯ ⓚ

채점 기준	
ⓘ a의 값 구하기	40 %
ⓙ b의 값 구하기	40 %
ⓚ $a+b$의 값 구하기	20 %

104 답 ④

면 ABCDEF에 포함되는 모서리는 $\overline{AB}$, $\overline{BC}$, $\overline{CD}$, $\overline{DE}$, $\overline{EF}$, $\overline{AF}$의 6개이므로

$a=6$

모서리 BH와 한 점에서 만나는 면은 면 ABCDEF, 면 GHIJKL의 2개이므로

$b=2$

$\therefore a-b=6-2=4$

105 답 ④

직선 AB와 꼬인 위치에 있는 직선은 $\overleftrightarrow{CI}$, $\overleftrightarrow{DJ}$, $\overleftrightarrow{EK}$, $\overleftrightarrow{FL}$, $\overleftrightarrow{GL}$, $\overleftrightarrow{HI}$, $\overleftrightarrow{IJ}$, $\overleftrightarrow{KL}$이다.

직선 IJ와 평행한 직선은 $\overleftrightarrow{CD}$, $\overleftrightarrow{GL}$, $\overleftrightarrow{AF}$이다.

따라서 직선 AB와 꼬인 위치에 있는 동시에 직선 IJ와 평행한 직선은 $\overleftrightarrow{GL}$이다.

106 답 5쌍

서로 평행한 두 면은 면 ABCDEFGH와 면 IJKLMNOP, 면 ABJI와 면 FEMN, 면 BJKC와 면 GONF, 면 CKLD와 면 HPOG, 면 DLME와 면 AIPH의 5쌍이다.

107 답 ④

④ 모서리 CD와 모서리 EH는 꼬인 위치에 있다.

108 답 ④

ㄱ. 면 ABCDE와 평행한 면은 면 FGHIJ의 1개이다.

ㄷ. 면 BGHC와 면 ABGF는 한 직선에서 만난다.

ㄹ. 면 FGHIJ와 수직인 면은 면 ABGF, 면 BGHC, 면 CHID, 면 DIJE, 면 AFJE의 5개이다.

따라서 옳은 것은 ㄱ, ㄴ, ㄹ이다.

109 답 ④

④ 두 직선 m, n은 한 점에서 만나지만 수직인지는 알 수 없다.

110 답 28

점 B와 면 AEHD 사이의 거리는 $\overline{AB}$의 길이와 같으므로 12 cm이다.

$\therefore a=12$ ⋯⋯ ⓘ

점 C와 면 ABFE 사이의 거리는 $\overline{BC}$의 길이와 같고

$\overline{BC}=\overline{FG}=10$ cm이므로

$b=10$ ⋯⋯ ⓙ

점 D와 면 EFGH 사이의 거리는 $\overline{DH}$의 길이와 같고
$\overline{DH}=\overline{BF}=6\ cm$이므로
$c=6$ $\qquad\qquad$ ...... ⅲ
$\therefore a+b+c=12+10+6=28$ $\qquad$ ...... ⅳ

ⅰ a의 값 구하기	30 %	
ⅱ b의 값 구하기	30 %	
ⅲ c의 값 구하기	30 %	
ⅳ $a+b+c$의 값 구하기	10 %	

111 답 ③

① 면 ABFE와 면 BFGC는 한 직선에서 만난다.
② 모서리 AB는 면 ABCD에 포함된다.
④ 모서리 BC와 모서리 EF는 꼬인 위치에 있다.
⑤ 모서리 AD와 모서리 EH는 평행하다.
따라서 옳은 것은 ③이다.

112 답 $\overline{FG},\ \overline{GH}$

$\overline{AE}$와 꼬인 위치에 있는 선분은 $\overline{BC},\ \overline{CD},\ \overline{BD},\ \overline{BG},\ \overline{DG},\ \overline{FG},\ \overline{GH}$
이다. $\qquad\qquad$ ...... ⅰ
$\overline{BD}$와 꼬인 위치에 있는 선분은 $\overline{AE},\ \overline{CG},\ \overline{EF},\ \overline{FG},\ \overline{GH},\ \overline{EH}$이
다. $\qquad\qquad$ ...... ⅱ
따라서 $\overline{AE},\ \overline{BD}$와 동시에 꼬인 위치에 있는 선분은 $\overline{FG},\ \overline{GH}$이다.
$\qquad\qquad$ ...... ⅲ

ⅰ $\overline{AE}$와 꼬인 위치에 있는 선분 구하기	40 %	
ⅱ $\overline{BD}$와 꼬인 위치에 있는 선분 구하기	40 %	
ⅲ $\overline{AE},\ \overline{BD}$와 동시에 꼬인 위치에 있는 선분 구하기	20 %	

113 답 ⑤

① $\overline{AB}$와 $\overline{GH}$는 평행하다.
② $\overline{BD}$와 꼬인 위치에 있는 모서리는 $\overline{AE},\ \overline{CG},\ \overline{EF},\ \overline{FG},\ \overline{GH},$
$\overline{EH}$의 6개이다.
③ $\overline{BD}$와 면 BFGC는 한 점에서 만난다.
④ 면 ABCD와 면 EFGH는 평행하다.
따라서 옳은 것은 ⑤이다.

114 답 ②

모서리 BF와 꼬인 위치에 있는 모서리는 $\overline{AD},\ \overline{CD},\ \overline{EH},\ \overline{GH},\ \overline{OA},$
$\overline{OC},\ \overline{OD}$의 7개이다.

115 답 1

모서리 AB와 만나지 않는 모서리는 $\overline{CD},\ \overline{DE},\ \overline{CF},\ \overline{DF},\ \overline{EF}$의 5개
이므로
$a=5$ $\qquad\qquad$ ...... ⅰ

모서리 BC와 한 점에서 만나는 모서리는 $\overline{AB},\ \overline{AC},\ \overline{BE},\ \overline{CD},\ \overline{BF},$
$\overline{CF}$의 6개이므로
$b=6$ $\qquad\qquad$ ...... ⅱ
$\therefore b-a=6-5=1$ $\qquad$ ...... ⅲ

ⅰ a의 값 구하기	40 %	
ⅱ b의 값 구하기	40 %	
ⅲ $b-a$의 값 구하기	20 %	

116 답 13

면 GHIJ와 평행한 직선은 $\overleftrightarrow{AB},\ \overleftrightarrow{BC},\ \overleftrightarrow{CD},\ \overleftrightarrow{DE},\ \overleftrightarrow{AE}$의 5개이므로
$a=5$
직선 CD와 꼬인 위치에 있는 직선은 $\overleftrightarrow{AG},\ \overleftrightarrow{BH},\ \overleftrightarrow{FI},\ \overleftrightarrow{EJ},\ \overleftrightarrow{GH},\ \overleftrightarrow{HI},$
$\overleftrightarrow{IJ},\ \overleftrightarrow{GJ}$의 8개이므로
$b=8$
$\therefore a+b=5+8=13$

117 답 ④

①, ③, ⑤ 평행하다.
② 한 점에서 만나지만 수직은 아니다.
④ 수직이다.
따라서 면 BFGC와 수직인 직선은 ④이다.

118 답 ④

④ 면 BFGC는 모서리 AD와 평행하다.
⑤ 모서리 BE와 꼬인 위치에 있는 모서리는 $\overline{AC},\ \overline{AD},\ \overline{CG},\ \overline{DG},$
$\overline{FG}$의 5개이다.
따라서 옳지 않은 것은 ④이다.

119 답 ③

주어진 전개도로 만든 삼각뿔은 오른쪽 그림과
같다.
①, ④, ⑤ 한 점에서 만난다.
② 일치한다.
③ 꼬인 위치에 있다.
따라서 모서리 EF와 꼬인 위치에 있는 모서리는 ③이다.

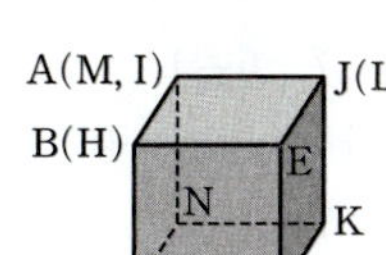

120 답 ④

주어진 전개도로 만든 정육면체는 오른쪽
그림과 같다.
①, ②, ⑤ 평행하다.
③ 일치한다.
④ 꼬인 위치에 있다.
따라서 모서리 CD와 꼬인 위치에 있는 모서리는 ④이다.

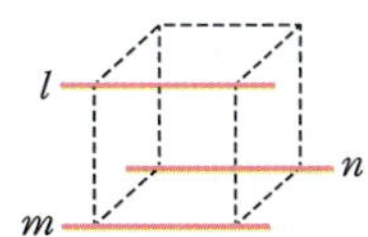

121 답 ①

① $l\,/\!/\,m,\ l\,/\!/\,n$이면 오른쪽 그림과 같이
$m\,/\!/\,n$이다.

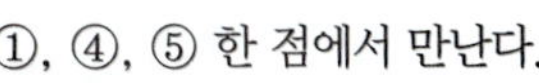

②, ③ $l \parallel m$, $l \perp n$이면 두 직선 m, n은 다음 그림과 같이 수직으로 만나거나 꼬인 위치에 있다.

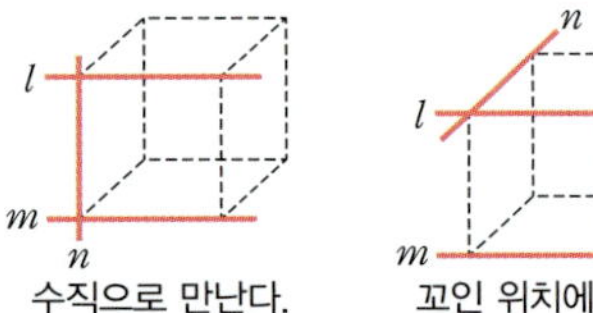

④, ⑤ $l \perp m$, $l \perp n$이면 두 직선 m, n은 다음 그림과 같이 평행하거나 수직으로 만나거나 꼬인 위치에 있다.

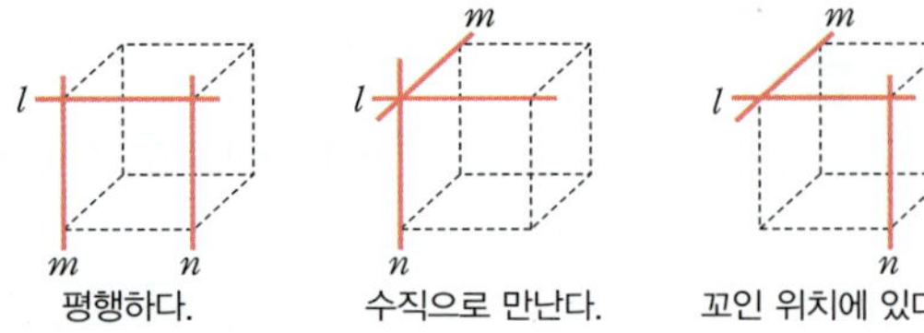

따라서 옳은 것은 ①이다.

122 답 ⑤

① 직선 AC와 평행한 직선은 $\overleftrightarrow{DH}$, $\overleftrightarrow{EF}$의 2개이다.

② 직선 BC와 한 점에서 만나는 직선은 $\overleftrightarrow{AB}$, $\overleftrightarrow{AC}$, $\overleftrightarrow{BE}$, $\overleftrightarrow{BF}$, $\overleftrightarrow{CG}$, $\overleftrightarrow{CH}$의 6개이다.

③ 직선 CH와 수직으로 만나는 직선은 $\overleftrightarrow{AC}$, $\overleftrightarrow{BC}$, $\overleftrightarrow{DH}$, $\overleftrightarrow{GH}$의 4개이다.

④ 직선 BF와 꼬인 위치에 있는 직선은 $\overleftrightarrow{AC}$, $\overleftrightarrow{AD}$, $\overleftrightarrow{CH}$, $\overleftrightarrow{DH}$, $\overleftrightarrow{DE}$, $\overleftrightarrow{GH}$의 6개이다.

⑤ 직선 FG와 꼬인 위치에 있는 직선은 $\overleftrightarrow{AB}$, $\overleftrightarrow{AC}$, $\overleftrightarrow{AD}$, $\overleftrightarrow{BE}$, $\overleftrightarrow{CH}$의 5개이다.

따라서 옳지 않은 것은 ⑤이다.

123 답 ④

주어진 전개도로 만든 삼각기둥은 오른쪽 그림과 같다.

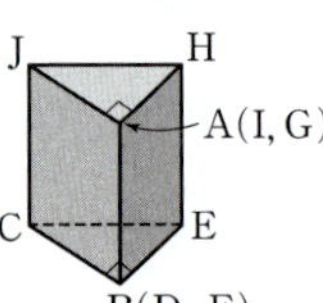

④ 모서리 BC와 모서리 HE는 꼬인 위치에 있다.

124 답 2

주어진 전개도로 만든 정육면체 모양의 주사위는 오른쪽 그림과 같다.

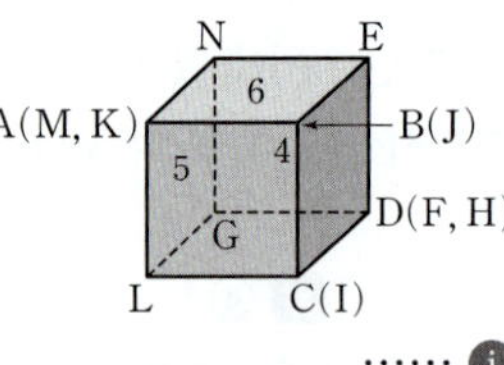

a가 적힌 면과 평행한 면은 6이 적힌 면 ABEN이므로

$$a = 7 - 6 = 1 \qquad \cdots\cdots \text{ⓘ}$$

b가 적힌 면과 평행한 면은 5가 적힌 면 MLGN이므로

$$b = 7 - 5 = 2 \qquad \cdots\cdots \text{ⓘⓘ}$$

c가 적힌 면과 평행한 면은 4가 적힌 면 NGFE이므로

$$c = 7 - 4 = 3 \qquad \cdots\cdots \text{ⓘⓘⓘ}$$

$$\therefore a - b + c = 1 - 2 + 3 = 2 \qquad \cdots\cdots \text{ⓘⓥ}$$

채점 기준

ⓘ a의 값 구하기	30%
ⓘⓘ b의 값 구하기	30%
ⓘⓘⓘ c의 값 구하기	30%
ⓘⓥ $a-b+c$의 값 구하기	10%

125 답 2

ㄱ. 한 평면에 평행한 서로 다른 두 평면은 오른쪽 그림과 같이 항상 평행하다.

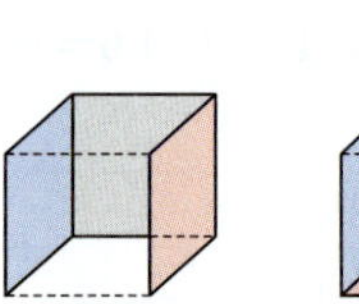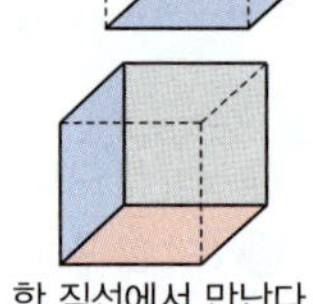

ㄴ. 한 평면에 수직인 서로 다른 두 평면은 오른쪽 그림과 같이 평행하거나 한 직선에서 만난다.

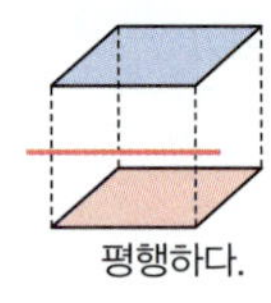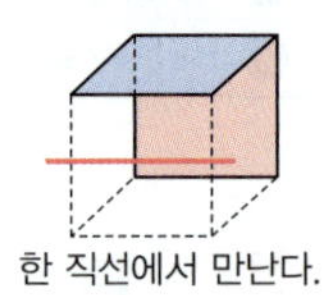

ㄷ. 한 직선에 평행한 서로 다른 두 평면은 오른쪽 그림과 같이 평행하거나 한 직선에서 만난다.

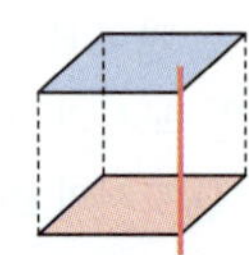

ㄹ. 한 직선에 수직인 서로 다른 두 평면은 오른쪽 그림과 같이 항상 평행하다.

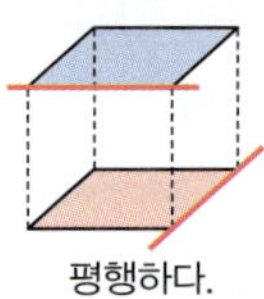

ㅁ. 꼬인 위치에 있는 두 직선을 각각 포함하는 서로 다른 두 평면은 오른쪽 그림과 같이 평행하거나 한 직선에서 만난다.

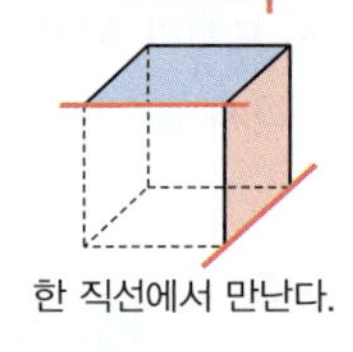

따라서 공간에서 항상 평행한 것은 ㄱ, ㄹ의 2개이다.

> **참고** 항상 평행한 위치 관계
> ① 한 직선에 평행한 서로 다른 두 직선
> ② 한 평면에 수직인 서로 다른 두 직선
> ③ 한 평면에 평행한 서로 다른 두 평면
> ④ 한 직선에 수직인 서로 다른 두 평면

126 답 ②

① $P \perp Q$, $P \perp R$이면 두 평면 Q, R는 오른쪽 그림과 같이 평행하거나 한 직선에서 만난다.

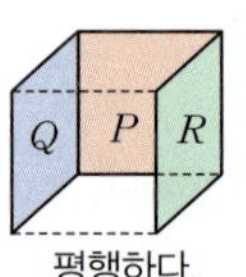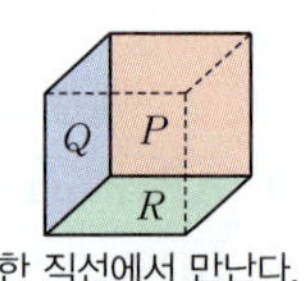

② $P \perp Q$, $P \parallel R$이면 오른쪽 그림과 같이 $Q \perp R$이다.

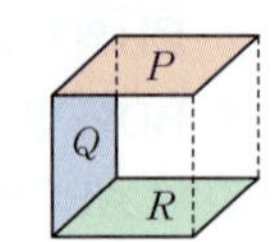

③ $l \parallel P$, $m \parallel P$이면 두 직선 l, m은 다음 그림과 같이 평행하거나 한 점에서 만나거나 꼬인 위치에 있다.

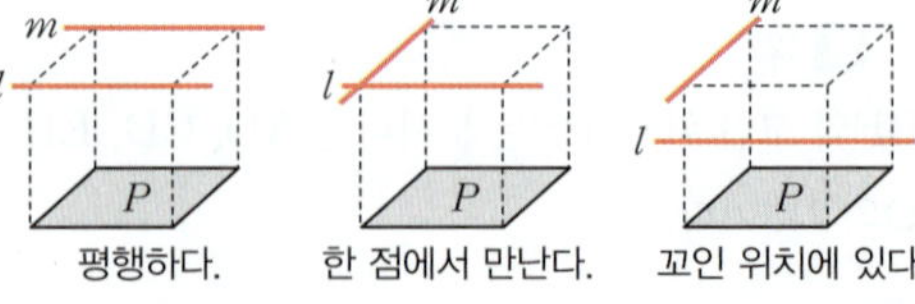

④, ⑤ $l \parallel P$, $m \perp P$이면 두 직선 l, m은 오른쪽 그림과 같이 수직으로 만나거나 꼬인 위치에 있다.

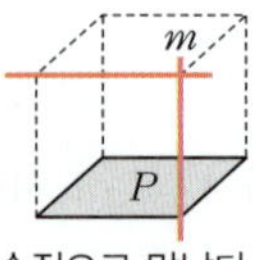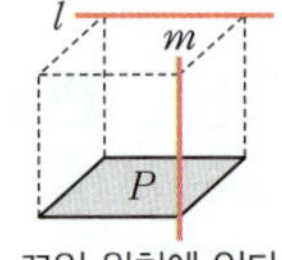

따라서 옳은 것은 ②이다.

127 답 ㄷ

ㄱ. 평각의 크기는 $180°$이다.

ㄴ, ㄹ. 동위각과 엇각의 크기는 두 직선이 평행할 때만 같다.

따라서 옳은 것은 ㄷ이다.

128 답 ④

④ $\angle c$와 $\angle e$는 엇각이다.

129 답 ③

두 직선 l, n이 직선 m과 만나서 생기는 $\angle a$의 동위각은 $\angle b$이다.

두 직선 m, n이 직선 l과 만나서 생기는 $\angle a$의 동위각은 $\angle g$, 엇각은 $\angle f$이다.

참고 세 직선이 세 점에서 만나는 경우에는 다음 그림과 같이 두 부분으로 나누어 한 부분을 가린 후 동위각과 엇각을 찾는다.

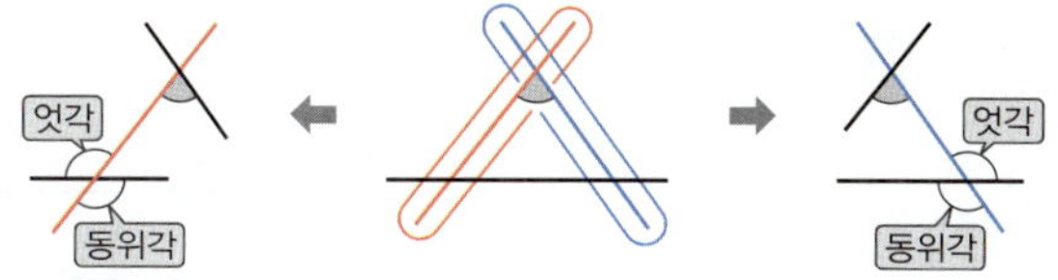

130 답 ②

① $\angle BPQ$의 엇각은 $\angle PQC$이므로

　　$\angle PQC = 180° - \angle PQD = 180° - 50° = 130°$

② $\angle APQ$의 엇각은 $\angle PQD$이므로

　　$\angle PQD = 50°$

③ $\angle EPB$의 동위각은 $\angle PQD$이므로

　　$\angle PQD = 50°$

④ $\angle BPQ$의 동위각은 $\angle DQF$이므로

　　$\angle DQF = 180° - \angle PQD = 180° - 50° = 130°$

⑤ $\angle EPA$의 동위각은 $\angle PQC$이므로

　　$\angle PQC = 130°$

따라서 옳지 않은 것은 ②이다.

131 답 $205°$

오른쪽 그림에서 $\angle a$의 동위각은 $\angle x$이고

$\angle x + 60° = 180°$이므로

$\angle x = 180° - 60° = 120°$　　　　…… ⓘ

$\angle b$의 엇각은 $\angle y$이고 $\angle y + 95° = 180°$이므로

$\angle y = 180° - 95° = 85°$　　　　…… ⓘⓘ

따라서 구하는 각의 크기의 합은

$\angle x + \angle y = 120° + 85° = 205°$　　　　…… ⓘⓘⓘ

채점 기준	
ⓘ $\angle a$의 동위각의 크기 구하기	40 %
ⓘⓘ $\angle b$의 엇각의 크기 구하기	40 %
ⓘⓘⓘ $\angle a$의 동위각과 $\angle b$의 엇각의 크기의 합 구하기	20 %

132 답 ⑤

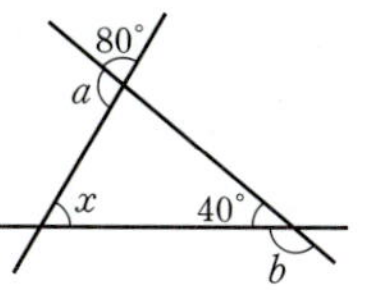

오른쪽 그림에서 $\angle x$의 엇각은 $\angle a$, $\angle b$이고

$\angle a + 80° = 180°$, $\angle b + 40° = 180°$이므로

$\angle a = 180° - 80° = 100°$

$\angle b = 180° - 40° = 140°$

따라서 구하는 각의 크기의 합은

$\angle a + \angle b = 100° + 140° = 240°$

133 답 ④

① $\angle a$의 동위각은 $\angle e$, $\angle i$이고 크기를 알 수 없다.

② $\angle b$의 엇각은 $\angle d$, $\angle h$이고 크기를 알 수 없다.

③ $\angle f$의 엇각은 $\angle h$이고 크기를 알 수 없다.

④ $\angle g$의 엇각은 $\angle a$이고 $\angle a + 110° = 180°$이므로

　　$\angle a = 180° - 110° = 70°$

⑤ $\angle j$의 동위각은 $\angle b$, $\angle f$이고

　　$\angle b = 110°$(맞꼭지각), $\angle f$의 크기는 알 수 없다.

따라서 옳은 것은 ④이다.

134 답 6쌍

엇각은 $\angle b$와 $\angle h$, $\angle c$와 $\angle e$, $\angle c$와 $\angle l$, $\angle d$와 $\angle i$, $\angle h$와 $\angle j$, $\angle g$와 $\angle i$의 6쌍이다.

135 답 ⑤

ㄱ. $\angle a$의 동위각은 $\angle h$, $\angle i$, $\angle t$이다.

ㄴ. $\angle d$와 $\angle q$는 엇각이고 엇각의 크기는 두 직선이 평행할 때만 같다.

따라서 옳은 것은 ㄷ, ㄹ이다.

136 답 $80°$

$l \, /\!/ \, m$이므로

$\angle a = 50°$(엇각)

$\angle b = 180° - \angle a = 180° - 50° = 130°$

$\therefore \angle b - \angle a = 130° - 50° = 80°$

137 답 ④

$\angle b = \angle d$(맞꼭지각)

$l \, /\!/ \, m$이므로 $\angle b = \angle f$(동위각), $\angle d = \angle h$(동위각)

따라서 각의 크기가 나머지 넷과 다른 하나는 ④이다.

138 답 50

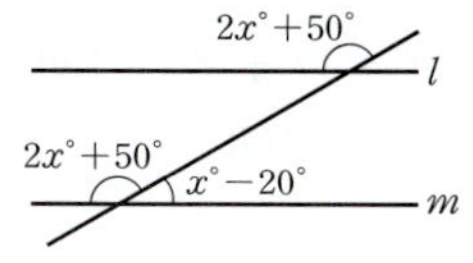

오른쪽 그림에서 $l \, /\!/ \, m$이므로

$(2x + 50) + (x - 20) = 180$

$3x = 150$　　　$\therefore x = 50$

139 답 ①

오른쪽 그림에서 $l /\!/ m$이므로

$\angle x=180°-93°=87°$

$\angle y=75°$(엇각)

$\therefore \angle x-\angle y=87°-75°=12°$

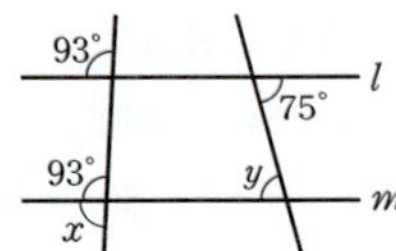

140 답 ①

① 오른쪽 그림에서

$\angle a=180°-59°=121°$

즉, 동위각의 크기가 다르므로 두 직선 l, m은 서로 평행하지 않다.

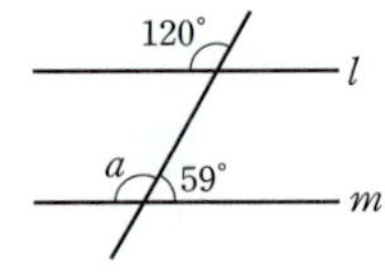

② 엇각의 크기가 서로 같으므로 $l /\!/ m$이다.

③ 오른쪽 그림에서

$\angle b=180°-59°=121°$

즉, 엇각의 크기가 서로 같으므로 $l /\!/ m$이다.

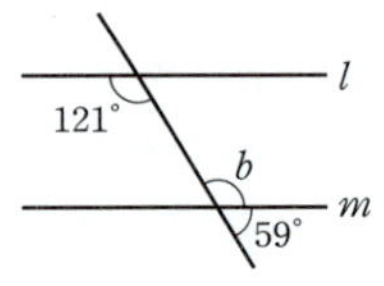

④ 오른쪽 그림에서

$\angle c=180°-80°=100°$

즉, 동위각의 크기가 서로 같으므로 $l /\!/ m$이다.

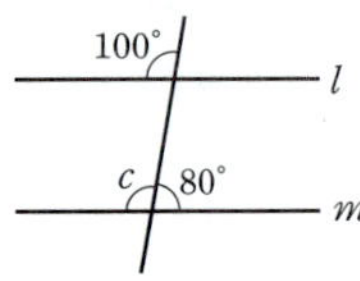

⑤ 오른쪽 그림에서

$\angle d=122°$(맞꼭지각)

즉, 동위각의 크기가 서로 같으므로 $l /\!/ m$이다.

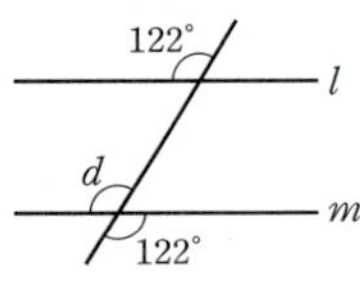

따라서 두 직선 l, m이 서로 평행하지 않은 것은 ①이다.

141 답 ①

오른쪽 그림에서 맞꼭지각의 크기는 서로 같고 $l /\!/ m$이므로

$(x+16)+80+x=180$

$2x=84$　　$\therefore x=42$

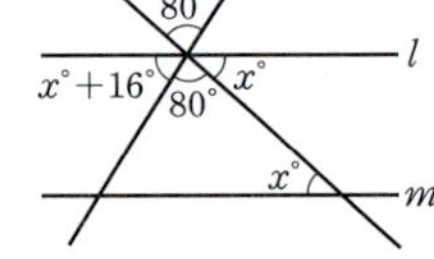

142 답 ③

오른쪽 그림에서

$\angle a=180°-80°=100°$

따라서 두 직선 p, s가 직선 l과 만날 때, 동위각의 크기가 $100°$로 서로 같으므로 $p /\!/ s$이다.

또 두 직선 q, r가 직선 l과 만날 때, 엇각의 크기가 $83°$로 서로 같으므로 $q /\!/ r$이다.

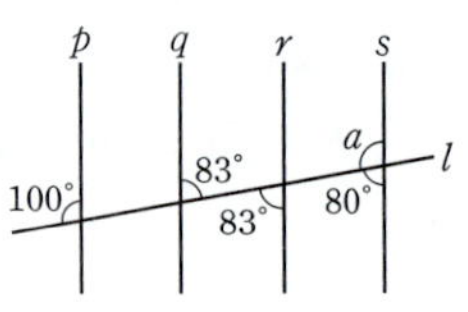

143 답 60°

오른쪽 그림에서 삼각형의 세 각의 크기의 합은 $180°$이므로

$40°+80°+\angle x=180°$

$\therefore \angle x=60°$

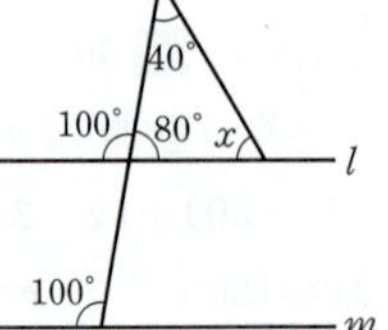

144 답 ②

① 두 직선 l, m이 평행하지 않아도 맞꼭지각의 크기는 서로 같다.

② 엇각의 크기가 서로 같으므로 $l /\!/ m$이다.

③ $\angle d=180°-\angle c=180°-115°=65°$

　즉, 동위각의 크기가 다르므로 두 직선 l, m은 평행하지 않다.

④ 두 직선 l, m이 평행하지 않아도 $\angle e=180°-75°=105°$이다.

⑤ 두 직선 l, m이 평행하지 않아도 $\angle a+\angle b=180°$이다.

따라서 두 직선 l, m이 평행할 조건은 ②이다.

145 답 ④

④ 두 직선 l, m이 평행하지 않아도 $\angle f=\angle h$(맞꼭지각)이다.

⑤ $l /\!/ m$이면 $\angle c=\angle g$(동위각)

　이때 $\angle f+\angle g=180°$이므로 $\angle f+\angle c=180°$

따라서 옳지 않은 것은 ④이다.

146 답 ①

오른쪽 그림에서 삼각형의 세 각의 크기의 합은 $180°$이므로

$\angle x+39°+110°=180°$

$\therefore \angle x=31°$

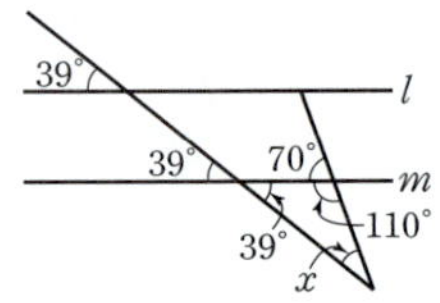

147 답 2쌍

두 직선 l, n이 직선 p와 만날 때, 동위각의 크기가 $93°$로 서로 같으므로 $l /\!/ n$이다.

두 직선 p, q가 직선 n과 만날 때, 엇각의 크기가 $87°$로 서로 같으므로 $p /\!/ q$이다.

따라서 평행한 직선은 2쌍이다.

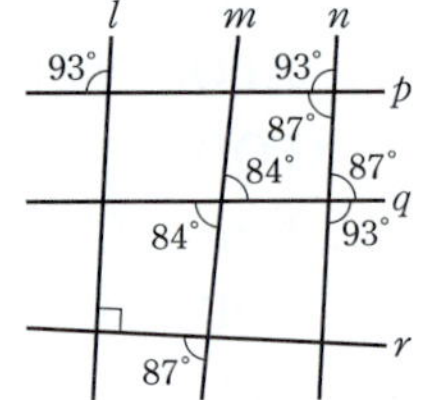

참고　① 두 직선 l, m이 직선 r와 만날 때, 엇각의 크기가 다르므로 두 직선 l, m은 평행하지 않다.

　　② 두 직선 m, n이 직선 q와 만날 때, 동위각의 크기가 다르므로 두 직선 m, n은 평행하지 않다.

　　③ 두 직선 p, r가 직선 l과 만날 때, 동위각의 크기가 다르므로 두 직선 p, r는 평행하지 않다.

　　④ 두 직선 q, r가 직선 m과 만날 때, 동위각의 크기가 다르므로 두 직선 q, r는 평행하지 않다.

148 답 140°

오른쪽 그림에서 $l /\!/ m$이므로

$\angle x+85°=130°$(동위각)

$\therefore \angle x=45°$　　　 …… ❶

$\angle y=180°-85°=95°$이므로　…… ❷

$\angle x+\angle y=45°+95°=140°$　 …… ❸

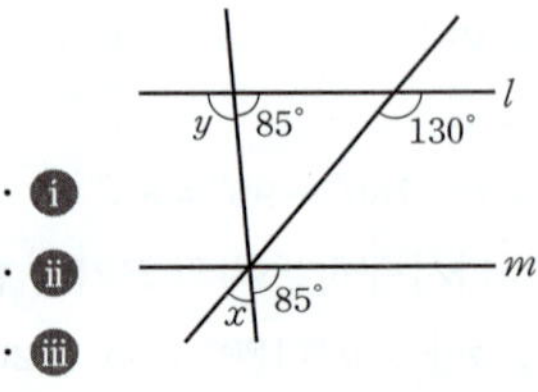

채점 기준	
❶ $\angle x$의 크기 구하기	40 %
❷ $\angle y$의 크기 구하기	40 %
❸ $\angle x+\angle y$의 크기 구하기	20 %

149 답 ④

오른쪽 그림에서 $\overline{AD} \# \overline{BC}$이므로

$\angle x = 105°$(동위각)

$\overline{EH} \# \overline{FG}$이므로

$\angle y = 180° - 105° = 75°$

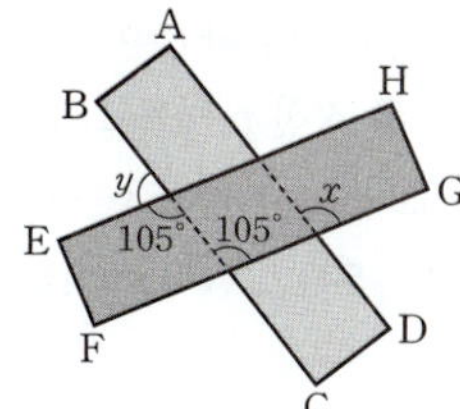

150 답 225°

$\angle a = \angle b$(맞꼭지각)이므로 $\angle a + 90° + \angle b = 180°$에서

$2\angle a = 90°$

$\therefore \angle a = \angle b = 45°$

$l \# m$이므로

$\angle c = 90° + \angle a$(동위각)

$\quad = 90° + 45° = 135°$

$\therefore \angle a + \angle b + \angle c = 45° + 45° + 135° = 225°$

151 답 115°

$\overline{BC} \# \overline{DE}$이므로

$\angle DBC = \angle ADE = 80°$(동위각)

$\angle ECB = \angle AED = 50°$(동위각)

$\therefore \angle PBC = \dfrac{1}{2}\angle DBC = \dfrac{1}{2} \times 80° = 40°,$

$\quad \angle PCB = \dfrac{1}{2}\angle ECB = \dfrac{1}{2} \times 50° = 25°$

따라서 삼각형의 세 각의 크기의 합은 180°이므로 삼각형 PBC에서

$\angle x + 40° + 25° = 180°$

$\therefore \angle x = 115°$

152 답 ⑤

오른쪽 그림에서 삼각형의 세 각의 크기의 합은 180°이므로

$(180° - \angle x) + (180° - \angle y) + 70°$

$= 180°$

$\therefore \angle x + \angle y = 250°$

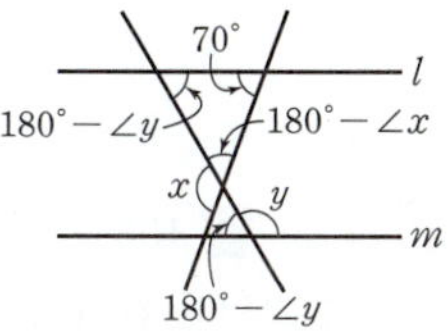

153 답 ④

오른쪽 그림에서 삼각형의 세 각의 크기의 합은 180°이므로

$(25° + 35°) + (\angle x + \angle z) + \angle y$

$= 180°$

$\therefore \angle x + \angle y + \angle z = 120°$

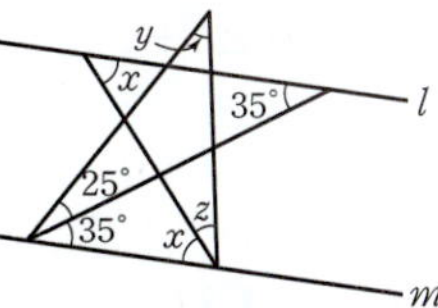

154 답 ①

오른쪽 그림과 같이 두 직선 l, m에 평행한 직선 n을 그으면

$\angle x + 52° = 100°$

$\therefore \angle x = 48°$

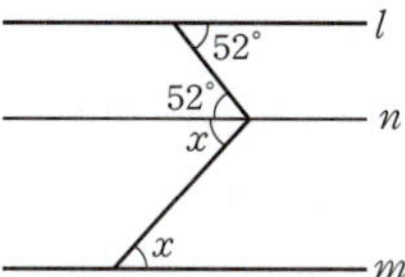

155 답 ①

오른쪽 그림과 같이 두 직선 l, m에 평행한 직선 n을 그으면

$(3x + 5) + 25 = 120$

$3x = 90 \qquad \therefore x = 30$

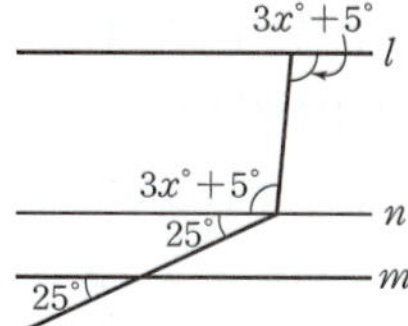

156 답 73°

오른쪽 그림과 같이 두 직선 l, m에 평행한 직선 n을 그으면

$52° + \angle x + 55° = 180° \qquad \cdots\cdots$ ❶

$\therefore \angle x = 73° \qquad\qquad\quad \cdots\cdots$ ❷

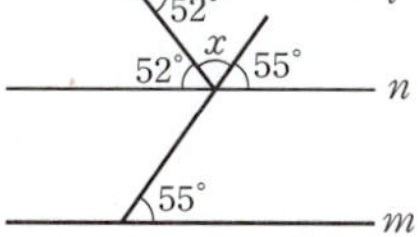

채점 기준

❶ 두 직선 l, m에 평행한 직선을 그어 $\angle x$에 대한 식 세우기	70%
❷ $\angle x$의 크기 구하기	30%

157 답 ③

오른쪽 그림과 같이 두 직선 l, m에 평행한 두 직선 p, q를 그으면

$\angle x = 20°$(엇각)

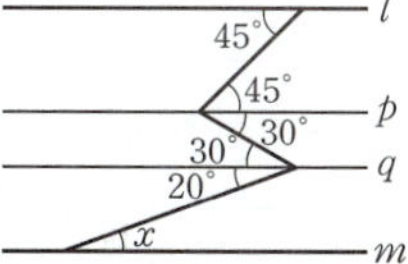

158 답 ③

오른쪽 그림과 같이 두 직선 l, m에 평행한 두 직선 p, q를 그으면

$(50° - \angle x) + 25° = \angle y$

$\therefore \angle x + \angle y = 75°$

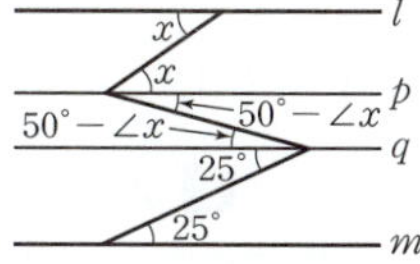

159 답 130°

오른쪽 그림과 같이 두 직선 l, m에 평행한 두 직선 p, q를 그으면

$(\angle x - 40°) + 90° = 180°$

$\therefore \angle x = 130°$

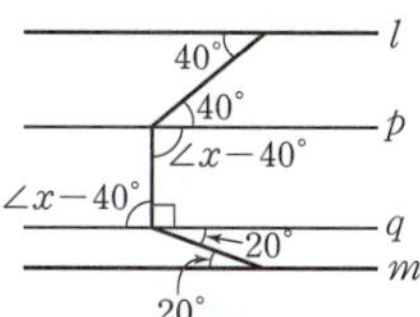

160 답 60°

오른쪽 그림과 같이 두 직선 l, m에 평행한 직선 n을 긋자.

삼각형의 세 각의 크기의 합이 180°이므로

$50° + 70° + \angle x = 180°$

$\therefore \angle x = 60°$

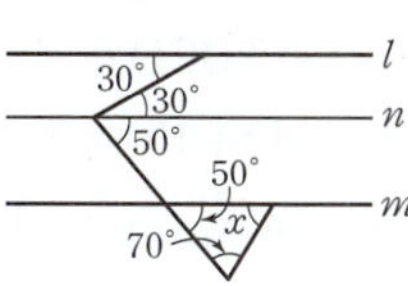

161 답 ②

오른쪽 그림과 같이 점 B를 지나고 두 직선 l, m에 평행한 직선 n을 긋자.

삼각형 ABC가 정삼각형이므로

$(2x + 12) + x = 60$

$3x = 48 \qquad \therefore x = 16$

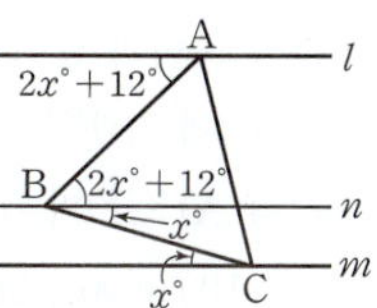

오른쪽 그림에서 $l /\!/ m$이고 삼각형 ABC
가 정삼각형이므로

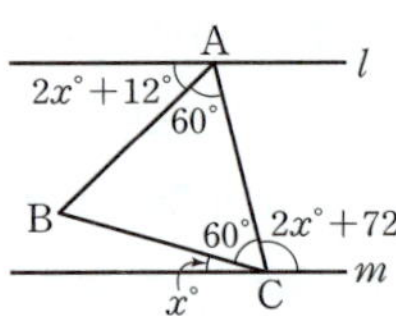

$x+60+(2x+72)=180$

$3x=48$ $\qquad$ $\therefore x=16$

162 답 ⑤

오른쪽 그림과 같이 두 직선 l, m에 평
행한 직선 n을 그으면

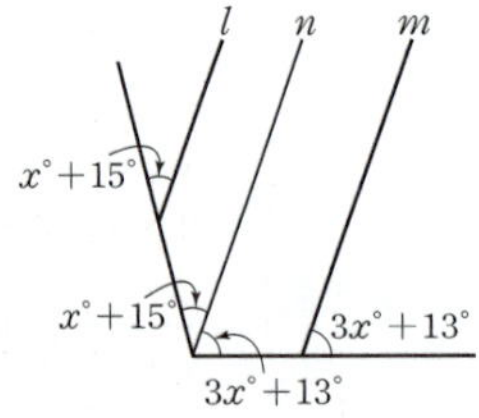

$(x+15)+(3x+13)=104$

$4x=76$ $\qquad$ $\therefore x=19$

163 답 ①

오른쪽 그림과 같이 두 직선 l, m에 평행
한 두 직선 p, q를 그으면

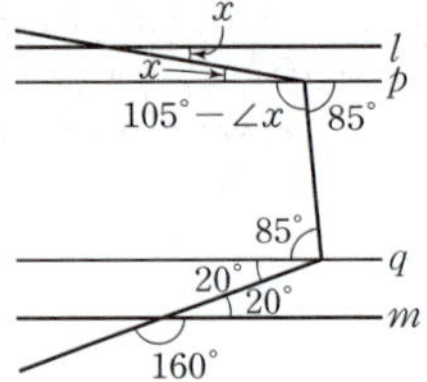

$(105°-\angle x)+85°=180°$

$\therefore \angle x=10°$

164 답 ②

오른쪽 그림과 같이 두 직선 l, m에 평행
한 두 직선 p, q를 그으면

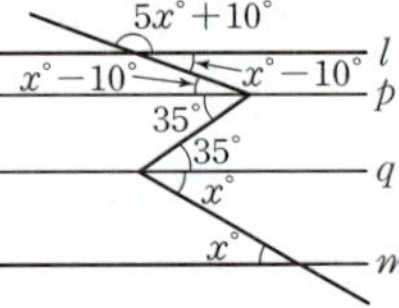

$(5x+10)+(x-10)=180$

$6x=180$ $\qquad$ $\therefore x=30$

165 답 13

오른쪽 그림과 같이 점 B를 지나고 두
직선 l, m에 평행한 직선 n을 긋자.
사각형 ABCD가 정사각형이므로

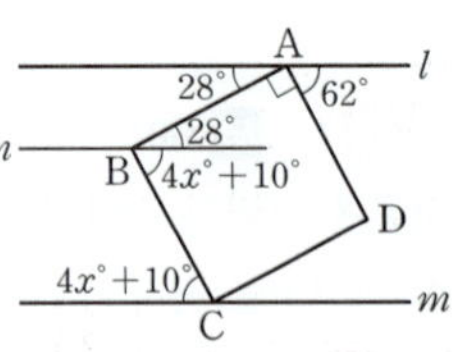

$28+(4x+10)=90$ $\qquad$ ······ ❶

$4x=52$ $\qquad$ $\therefore x=13$ $\qquad$ ······ ❷

❶ 두 직선 l, m에 평행한 직선을 그어 x에 대한 식 세우기		70 %
❷ x의 값 구하기		30 %

오른쪽 그림과 같이 점 D를 지나고 두 직
선 l, m에 평행한 직선 n을 긋자.
사각형 ABCD가 정사각형이므로

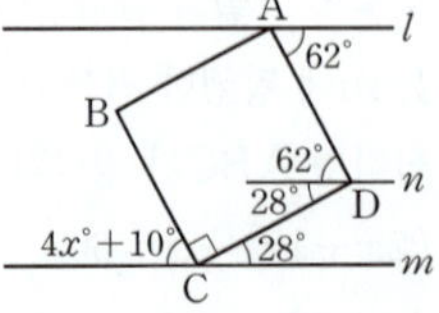

$(4x+10)+90+28=180$

$4x=52$ $\qquad$ $\therefore x=13$

166 답 ②

오른쪽 그림과 같이 두 직선 l, m에 평행
한 두 직선 p, q를 그으면

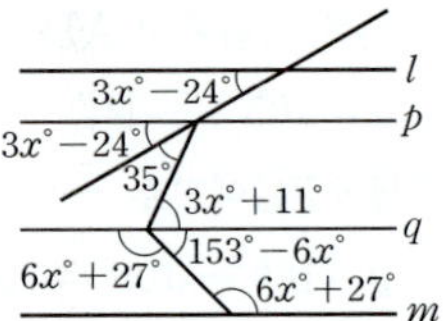

$(3x+11)+(153-6x)=110$

$3x=54$ $\qquad$ $\therefore x=18$

167 답 100°

오른쪽 그림과 같이 두 점 C, D를 각각 지
나고 $\overrightarrow{BA}$, $\overrightarrow{EF}$에 평행한 두 직선 l, m을
그으면

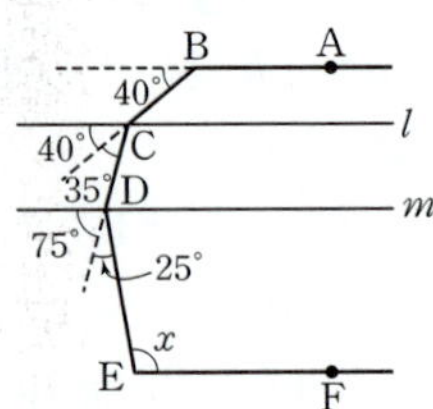

$\angle x=75°+25°=100°$(엇각)

168 답 230°

오른쪽 그림과 같이 두 직선 l, m에 평행
한 세 직선 p, q, r를 그으면

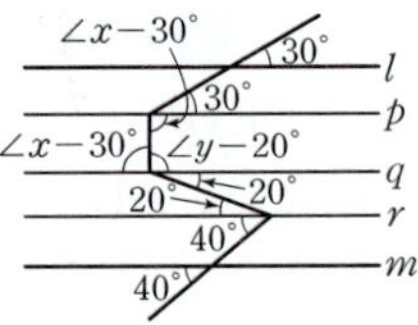

$(\angle x-30°)+(\angle y-20°)=180°$

$\therefore \angle x+\angle y=230°$

169 답 15°

오른쪽 그림과 같이 점 Q를 지나고 두 직
선 l, m에 평행한 직선 n을 긋자.

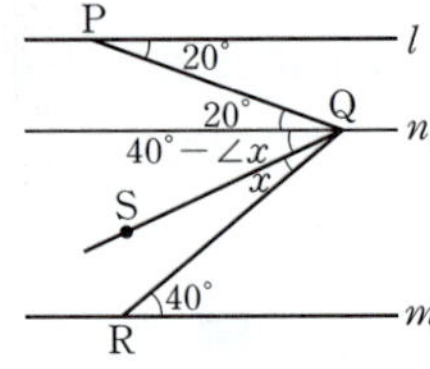

$\angle PQS=3\angle SQR$이므로

$20°+(40°-\angle x)=3\angle x$

$4\angle x=60°$ $\qquad$ $\therefore \angle x=15°$

170 답 155°

오른쪽 그림과 같이 두 직선 l, m에
평행한 세 직선 p, q, r를 그으면

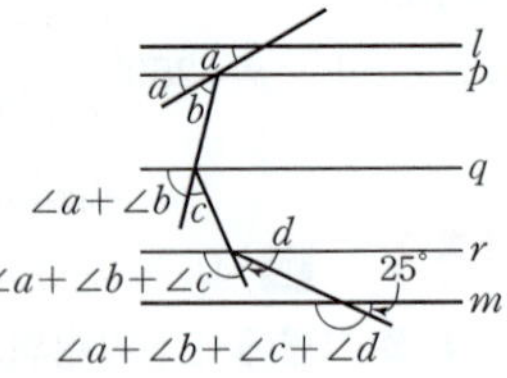

$(\angle a+\angle b+\angle c+\angle d)+25°$
$=180°$

$\therefore \angle a+\angle b+\angle c+\angle d=155°$

171 답 ⑤

오른쪽 그림과 같이 점 Q를 지나고
$\overrightarrow{AB}$, $\overrightarrow{CD}$에 평행한 직선 l을 긋자.

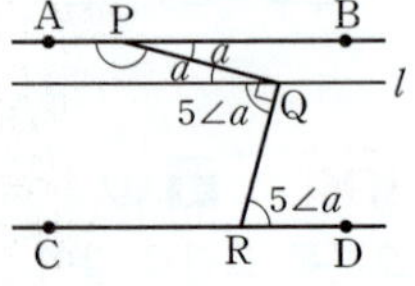

$\angle BPQ=\angle a$라 하면 $\angle QRD=5\angle a$이
므로

$\angle a+5\angle a=90°$

$6\angle a=90°$ $\qquad$ $\therefore \angle a=15°$

$\therefore \angle APQ=180°-\angle a=180°-15°=165°$

172 답 ④

오른쪽 그림에서

$\angle x + 134° = 180°$

$\therefore \angle x = 46°$

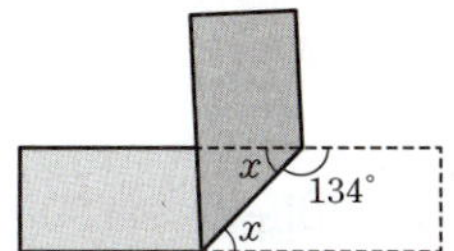

173 답 ②

오른쪽 그림에서 $\overline{AD} /\!/ \overline{BC}$이므로

$\angle RQC = \angle PRQ = 36°$(엇각)

$\angle PQR = \angle RQC = 36°$(접은 각)

$\therefore \angle x = 180° - (36° + 36°) = 108°$

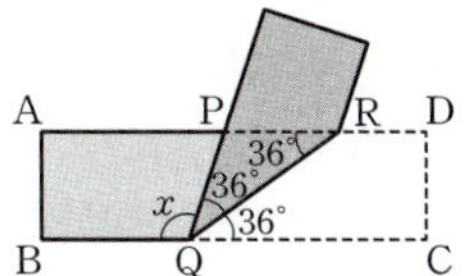

174 답 60°

오른쪽 그림과 같이 점 C를 지나고
$\overleftrightarrow{AD}$, $\overleftrightarrow{BE}$에 평행한 직선 l을 긋자.

$\angle CAD = \angle a$, $\angle CBE = \angle b$라 하면

$\angle BAC = 2\angle a$, $\angle ABC = 2\angle b$

삼각형의 세 각의 크기의 합은 180°이므로
삼각형 ABC에서

$2\angle a + 2\angle b + (\angle a + \angle b) = 180°$

$3(\angle a + \angle b) = 180°$

$\therefore \angle a + \angle b = 60°$

$\therefore \angle ACB = \angle a + \angle b = 60°$

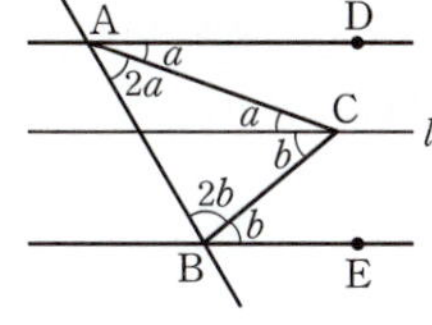

175 답 ③

오른쪽 그림에서

$\angle EHF = 180° - 115° = 65°$

$\overline{AD} /\!/ \overline{BC}$이므로

$\angle x = 65°$(엇각)

$\angle FEH = \angle x = 65°$(접은 각)이고 삼
각형의 세 각의 크기의 합은 180°이므로 삼각형 EFH에서

$\angle y + 65° + 65° = 180°$

$\therefore \angle y = 50°$

$\therefore \angle x - \angle y = 65° - 50° = 15°$

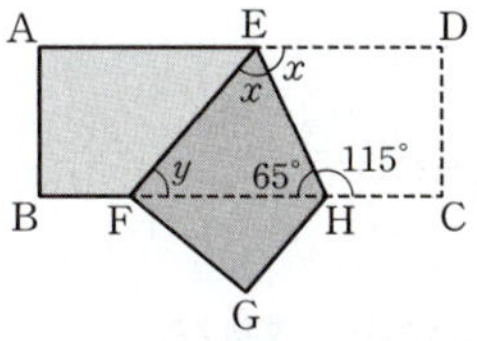

176 답 46°

오른쪽 그림에서

$\angle FCE = \angle DCE = 34°$(접은 각)이므로

$\angle x = 90° - (34° + 34°) = 22°$

삼각형 CDE에서

$\angle DEC = 180° - (90° + 34°) = 56°$

$\angle FEC = \angle DEC = 56°$(접은 각)이므로

$\angle y = 180° - (56° + 56°) = 68°$

$\therefore \angle y - \angle x = 68° - 22° = 46°$

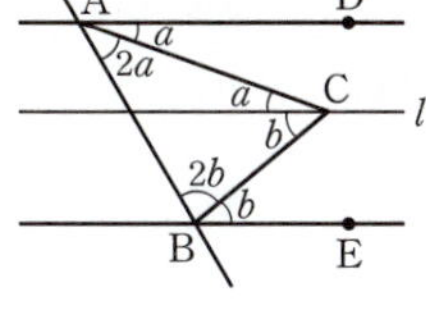

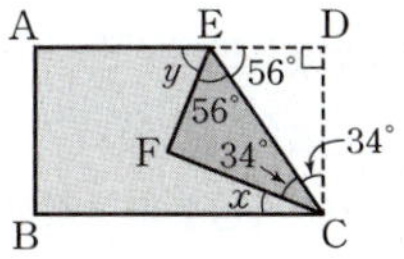

177 답 90°

오른쪽 그림과 같이 $\overleftrightarrow{AB}$, $\overleftrightarrow{CD}$에 평행한
직선 l을 긋자.

$\angle ABC = \angle CBD = \angle a$,

$\angle ADB = \angle ADC = \angle b$라 하면 삼각형
의 세 각의 크기의 합이 180°이므로 삼각형 BED에서

$\angle a + (\angle a + \angle b) + \angle b = 180°$

$2(\angle a + \angle b) = 180°$ $\therefore \angle a + \angle b = 90°$

$\therefore \angle x = \angle a + \angle b$(맞꼭지각)

$\qquad = 90°$

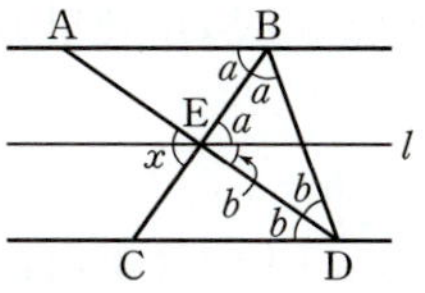

178 답 ④

오른쪽 그림에서 $\overline{AD} /\!/ \overline{EG}$이므로

$\angle DFG = \angle y$(엇각)

$\angle CFD = \angle DFG = \angle y$(접은 각)
이므로

$2\angle y = 68°$(엇각) $\therefore \angle y = 34°$

$\angle ABE = \angle EBF = 60°$(접은 각)이므로

$\angle CBF = 180° - (60° + 60°) = 60°$

삼각형의 세 각의 크기의 합이 180°이므로 삼각형 BFC에서

$\angle x + 60° + 68° = 180°$ $\therefore \angle x = 52°$

$\therefore \angle x + \angle y = 52° + 34° = 86°$

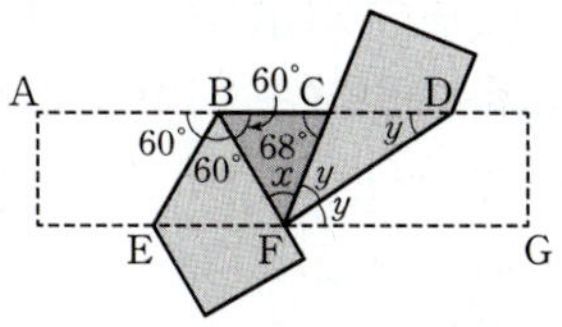

179 답 58°

오른쪽 그림과 같이 $\overleftrightarrow{AE}$, $\overleftrightarrow{CF}$에 평행하면
서 각각 두 점 D, B를 지나는 두 직선 l,
m을 긋자.

$\angle BAD = \angle BAE = \angle a$라 하면
$\overleftrightarrow{AE} /\!/ l$이므로

$\angle ADP = \angle DAE = 2\angle a$(엇각)

$\angle BCD = \angle BCF = \angle b$라 하면 $\overleftrightarrow{CF} /\!/ l$이므로

$\angle PDC = \angle DCF = 2\angle b$(엇각)

$\angle ADC = 116°$이므로 $\angle ADP + \angle PDC = 116°$

$2\angle a + 2\angle b = 116°$ $\therefore \angle a + \angle b = 58°$

$\overleftrightarrow{AE} /\!/ m$, $\overleftrightarrow{CF} /\!/ m$이므로

$\angle ABQ = \angle BAE = \angle a$(엇각), $\angle CBQ = \angle BCF = \angle b$(엇각)

$\therefore \angle ABC = \angle ABQ + \angle CBQ = \angle a + \angle b = 58°$

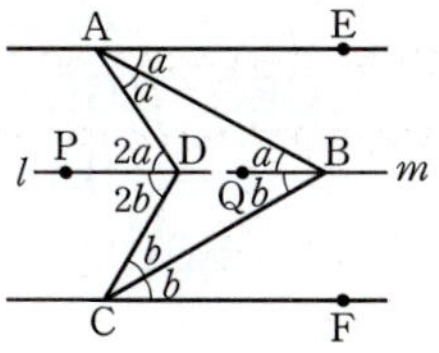

180 답 ③

전략 주어진 입체도형의 모서리를 직선으로, 면을 평면으로 생각하
여 자르기 전 직육면체와 잘라 낸 후 생긴 입체도형의 면과 모서리의 위
치 관계를 파악한다.

평면 BLMIHC와 평행한 직선은 $\overline{AK}$, $\overline{KN}$, $\overline{NF}$, $\overline{AF}$, $\overline{DG}$, $\overline{GJ}$,
$\overline{JE}$, $\overline{DE}$의 8개이므로

$a = 8$

평면 CHGD와 수직인 평면은 평면 ABCDEF, 평면 BLMIHC, 평면 KLMN, 평면 AKNF, 평면 DGJE, 평면 GHIJ의 6개이므로

$b=6$

$\therefore a+b=8+6=14$

181 답 ⑤

전략 전개도로 만들어지는 정육면체를 그린 후 위치 관계를 파악한다. 이때 겹쳐지는 꼭짓점을 모두 표시한다.

주어진 전개도로 만든 정육면체는 오른쪽 그림과 같다.

따라서 $\overline{CE}$와 $\overline{JH}$는 만나지도 않고 평행하지도 않으므로 꼬인 위치에 있다.

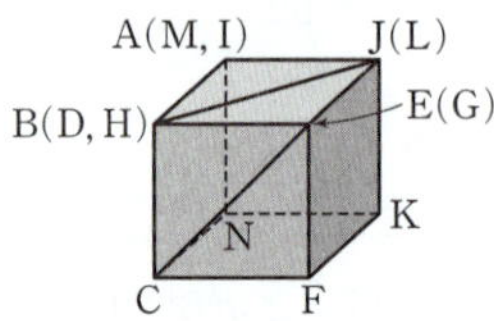

182 답 ④

전략 점 E를 지나고 $\overleftrightarrow{AB}$, $\overleftrightarrow{CD}$에 평행한 직선을 그어 크기가 같은 각을 찾는다.

오른쪽 그림과 같이 점 E를 지나고 $\overleftrightarrow{AB}$, $\overleftrightarrow{CD}$에 평행한 직선 GE를 그으면

$\angle BAE = \angle AEG$(엇각)

$\therefore \angle GEF = \angle AEF - \angle AEG$

$\qquad = 2\angle BAE - \angle BAE$

$\qquad = \angle BAE$

$\therefore \angle GEC = \angle GEF + \angle CEF$

$\qquad = \angle BAE + \angle CEF = 50°$

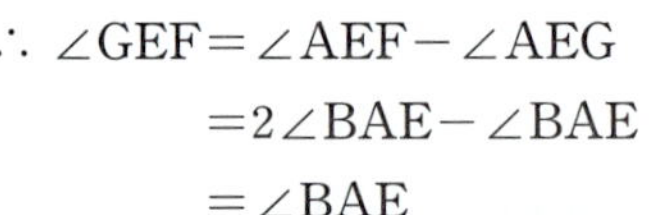

따라서 $\angle ECD = \angle GEC = 50°$(엇각)이고 $5\angle CEF = 4\angle ECD$이므로

$\angle CEF = \dfrac{4}{5}\angle ECD$

$\qquad = \dfrac{4}{5} \times 50° = 40°$

183 답 ①

전략 평행사변형의 마주 보는 두 변은 서로 평행하므로 평행선의 성질에 의하여 서로 크기가 같은 각을 찾고, 접은 각의 크기가 같음을 이용한다.

오른쪽 그림과 같은 평행사변형 ABCD에서 $\overline{AD} /\!/ \overline{BC}$이므로 점 E를 지나고 $\overline{AD}$, $\overline{BC}$에 평행한 직선 EG를 그으면

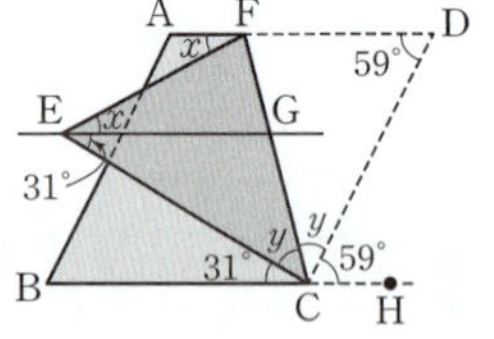

$\angle FEG = \angle x$(엇각)

$\angle x + 31° = 59°$이므로

$\angle x = 28°$

$\angle FDC = \angle FEC = 59°$(접은 각)이므로

$\angle DCH = \angle FDC = 59°$(엇각)

$\angle FCD = \angle y$(접은 각)이므로

$31° + \angle y + \angle y + 59° = 180°$

$2\angle y = 90°$

$\therefore \angle y = 45°$

난이도별 필수 기출 42~56쪽

184 답 ②

① 선분을 연장할 때는 눈금 없는 자를 사용한다.

③ 선분의 길이를 다른 직선 위로 옮길 때는 컴퍼스를 사용한다.

④ 눈금 없는 자와 컴퍼스만을 사용하여 도형을 그리는 것을 작도라 한다.

⑤ 주어진 점으로부터 일정한 거리에 있는 점들을 그릴 때는 컴퍼스를 사용한다.

따라서 옳은 것은 ②이다.

185 답 ㄴ, ㄹ

186 답 ①

$\overline{AB}$의 길이를 재어 옮길 때는 컴퍼스를 사용한다.

187 답 ④

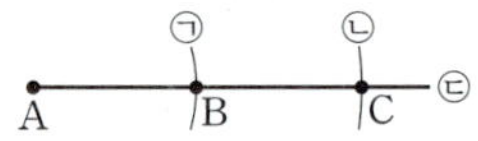

188 답 ③

㉠ 점 O를 중심으로 하는 적당한 원을 그려 $\overrightarrow{OX}$, $\overrightarrow{OY}$와의 교점을 각각 A, B라 한다.

㉢ 점 P를 중심으로 하고 반지름의 길이가 $\overline{OA}$인 원을 그려 $\overrightarrow{PQ}$와의 교점을 D라 한다.

㉡ 컴퍼스를 사용하여 $\overline{AB}$의 길이를 잰다.

㉣ 점 D를 중심으로 하고 반지름의 길이가 $\overline{AB}$인 원을 그려 ㉢의 원과의 교점을 C라 한다.

㉤ $\overrightarrow{PC}$를 그리면 $\angle CPQ = \angle XOY$이다.

따라서 작도 순서는 ㉠ → ㉢ → ㉡ → ㉣ → ㉤이다.

189 답 ①

① ㉮ 컴퍼스

190 답 ③

① 두 점 A, B는 점 O를 중심으로 하는 같은 원 위에 있으므로 $\overline{OA} = \overline{OB}$

② 점 C는 점 D를 중심으로 하고 반지름의 길이가 $\overline{AB}$인 원 위에 있으므로 $\overline{AB} = \overline{CD}$

④ 점 D는 점 P를 중심으로 하고 반지름의 길이가 $\overline{OB}$인 원 위에 있으므로 $\overline{OB} = \overline{PD}$

⑤ $\angle XOY$와 크기가 같은 각을 작도한 것이 $\angle CPD$이므로 $\angle XOY = \angle CPD$

따라서 옳지 않은 것은 ③이다.

191 답 ②

① 두 점 C, D는 점 P를 중심으로 하고 반지름의 길이가 $\overline{OA}$인 원 위에 있으므로 $\overline{OA} = \overline{PC} = \overline{PD}$

③ 점 D는 점 C를 중심으로 하고 반지름의 길이가 $\overline{AB}$인 원 위에
있으므로 $\overline{AB}=\overline{CD}$

④ $l /\!/ m$이므로 $\overrightarrow{OB} /\!/ \overrightarrow{PD}$

⑤ 크기가 같은 각을 작도하였으므로
$\angle AOB = \angle CPD$

따라서 옳지 않은 것은 ②이다.

192 답 ②, ③

각의 이등분선의 작도 순서는 다음과 같다.

❶ 점 O를 중심으로 하는 적당한 원을 그려
$\overrightarrow{OX}$, $\overrightarrow{OY}$와의 교점을 각각 A, B라 한다.

❷ 점 A를 중심으로 하는 적당한 원을 그리
고 이 원과 반지름의 길이가 같은 원을 점
B를 중심으로 하여 그린 후 두 원의 교점을 P라 한다.

❸ $\overrightarrow{OP}$를 그으면 $\angle XOY$의 이등분선이 작도된다.

① 두 점 A, B는 점 O를 중심으로 하는 같은 원 위에 있으므로
$\overline{OA}=\overline{OB}$

④ 두 점 A, B를 중심으로 하고 반지름의 길이가 같은 원을 각각
그리므로 $\overline{PA}=\overline{PB}$

⑤ $\angle XOY$를 이등분한 각을 작도한 것이 $\angle BOP$이므로
$\angle AOB = 2\angle BOP$

따라서 옳지 않은 것은 ②, ③이다.

193 답 ②

② 점 R는 점 P를 중심으로 하고 반지름의 길이가 $\overline{AB}$인 원 위에
있으므로 $\overline{AB}=\overline{PR}$

④ $\angle CAB = \angle QPR$이지만 $\angle CAB = \angle PQR$인지는 알 수 없다.

⑤ 작도 순서는 ㉫ → ㉭ → ㉢ → ㉣ → ㉡ → ㉠이다.

따라서 옳은 것은 ②이다.

[참고] 평행선의 작도 순서
㉫ 점 P를 지나는 직선을 그어 직선 l과의 교점을 A라 한다.
㉭ 점 A를 중심으로 하는 적당한 원을 그려 직선 l, 직선 PA와
의 교점을 각각 B, C라 한다.
㉢ 점 P를 중심으로 하고 반지름의 길이가 $\overline{AB}$인 원을 그려 직
선 PA와의 교점을 Q라 한다.
㉣ 컴퍼스로 $\overline{BC}$의 길이를 잰다.
㉡ 점 Q를 중심으로 하고 반지름의 길이가 $\overline{BC}$인 원을 그려 ㉢
에서 그린 원과의 교점을 R라 한다.
㉠ 직선 PR를 그으면 직선 l과 평행한 직선 PR가 작도된다.

194 답 ②

② 동위각인 $\angle AOB$, $\angle CPD$의 크기가 같으므로 두 직선 l과 m
은 평행하다.

195 답 ③

ㄱ. ㉡ 점 O를 중심으로 하는 적당한 원을 그려 $\overrightarrow{OX}$, $\overrightarrow{OY}$와의 교점
을 각각 A, B라 한다.
㉣ 점 P를 중심으로 하고 반지름의 길이가 $\overline{OA}$인 원을 그려 $\overrightarrow{PQ}$
와의 교점을 E라 한다.

㉠ 컴퍼스를 사용하여 $\overline{AB}$의 길이를 잰다.
㉢ 점 E를 중심으로 하고 반지름의 길이가 $\overline{AB}$인 원을 그려 ㉣
의 원과의 교점을 D라 한다.
㉤ 점 D를 중심으로 하고 반지름의 길이가 $\overline{AB}$인 원을 그려 ㉣
의 원과의 교점을 C라 한다.
㉥ $\overrightarrow{PC}$를 그리면 $\angle CPQ = 2\angle XOY$이다.
따라서 작도 순서는 ㉡ → ㉣ → ㉠ → ㉢ → ㉤ → ㉥이다.
ㄷ. 점 C는 점 P를 중심으로 하고 반지름의 길이가 $\overline{OB}$인 원 위에
있으므로 $\overline{PC}=\overline{OB}$
ㄹ. 점 C는 점 D를 중심으로 하고 반지름의 길이가 $\overline{AB}$인 원 위에
있으므로 $\overline{AB}=\overline{CD}$

따라서 옳은 것은 ㄱ, ㄹ이다.

196 답 ⑤

① 두 점 P, Q는 점 O를 중심으로 하는 같은 원 위에 있으므로
$\overline{OP}=\overline{OQ}$

② 네 점 A, B, P, Q는 점 O를 중심으로 하는 같은 원 위에 있고
$\overrightarrow{OP}$, $\overrightarrow{OQ}$는 $\angle XOY$의 삼등분선이므로
$\overline{AP}=\overline{PQ}=\overline{BQ}$

③ 점 P는 점 B를 중심으로 하고 반지름의 길이가 $\overline{OA}$인 원 위에
있으므로 $\overline{OB}=\overline{OP}=\overline{BP}$
따라서 $\triangle POB$는 정삼각형이다.

④ $\angle XOY$를 삼등분한 각이 $\angle POQ$이므로
$\angle POQ = \dfrac{1}{3}\angle XOY = \dfrac{1}{3} \times 90° = 30°$

⑤ ㉡ 점 O를 중심으로 하는 적당한 원을 그려 $\overrightarrow{OX}$, $\overrightarrow{OY}$의 교점
을 각각 A, B라 한다.
㉢ 점 A와 점 B를 각각 중심으로 하고 반지름의 길이가 $\overline{OA}$인
원을 그려 ㉡의 원과의 교점을 각각 Q, P라 한다.
㉠ $\overrightarrow{OP}$, $\overrightarrow{OQ}$를 그으면 $\angle XOY$의 삼등분선 $\overrightarrow{OP}$, $\overrightarrow{OQ}$가 작도된
다.
따라서 작도 순서는 ㉡ → ㉢ → ㉠이다.

따라서 옳지 않은 것은 ⑤이다.

197 답 ③

평행선의 작도 순서는 다음과 같다.

❶ 직선 l 위에 점 A를 잡고, 점 A를 중
심으로 하고 반지름의 길이가 $\overline{PA}$인
원을 그려 직선 l과의 교점을 B라 한
다.

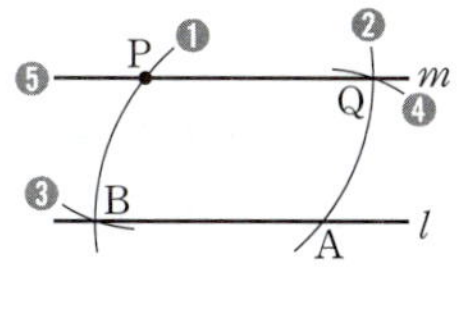

❷ 점 P를 중심으로 하고 반지름의 길이가 $\overline{PA}$인 원을 그린다.

❸ 컴퍼스로 $\overline{PB}$의 길이를 잰다.

❹ 점 A를 중심으로 하고 반지름의 길이가 $\overline{PB}$인 원을 그려 ❷에서
그린 원과의 교점을 Q라 한다.

❺ 두 점 P, Q를 지나는 직선 m을 그으면 이 직선이 직선 l과 평행
한 직선이다.

① $l /\!/ m$이므로 ∠PAB=∠QPA(엇각)

②, ④ 점 P는 점 A를 중심으로 하고 반지름의 길이가 $\overline{AB}$인 원 위에 있으므로

$$\overline{AB}=\overline{AP}$$

또 점 Q는 점 P를 중심으로 하고 반지름의 길이가 $\overline{AP}$인 원 위에 있으므로

$$\overline{PQ}=\overline{AP}$$

$$\therefore \ \overline{AB}=\overline{PQ}=\overline{AP}$$

⑤ 점 Q는 점 A를 중심으로 하고 반지름의 길이가 $\overline{PB}$인 원 위에 있으므로

$$\overline{PB}=\overline{QA}$$

따라서 옳지 않은 것은 ③이다.

198 답 ③

삼각형이 되려면 (가장 긴 변의 길이)<(다른 두 변의 길이의 합)이어야 한다.

① $10<5+7$ ② $10<6+8$ ③ $17=8+9$
④ $12<12+12$ ⑤ $45<20+26$

따라서 삼각형의 세 변의 길이가 될 수 없는 것은 ③이다.

199 답 ④

(개) c (내) b (대) $\overline{AB}$

200 답 ④

ㄱ. 두 변의 길이와 그 끼인각의 크기가 주어졌으므로 △ABC가 하나로 정해진다.

ㄴ. ∠A=$180°-(45°+50°)=85°$

　　즉, 한 변의 길이와 그 양 끝 각의 크기가 주어진 것과 같으므로 △ABC가 하나로 정해진다.

ㄷ. ∠A+∠B=$180°$이고 삼각형의 세 각의 크기의 합은 $180°$이므로 △ABC가 만들어지지 않는다.

따라서 △ABC가 하나로 정해지는 것은 ㄱ, ㄴ이다.

201 답 ②, ④

① 세 변의 길이가 주어졌지만 $12>5+5$이므로 △ABC가 만들어지지 않는다.

② 두 변의 길이와 그 끼인각의 크기가 주어졌으므로 △ABC가 하나로 정해진다.

③ 세 각의 크기가 주어졌을 때 △ABC는 하나로 정해지지 않는다.

④ ∠B=$180°-(40°+50°)=90°$

　　즉, 한 변의 길이와 그 양 끝 각의 크기가 주어진 것과 같으므로 △ABC가 하나로 정해진다.

⑤ ∠A는 $\overline{AB}$와 $\overline{BC}$의 끼인각이 아니므로 △ABC가 하나로 정해지지 않는다.

따라서 △ABC가 하나로 정해지는 것은 ②, ④이다.

202 답 ④

ㄱ. ∠A는 $\overline{AB}$와 $\overline{BC}$의 끼인각이 아니므로 △ABC가 하나로 정해지지 않는다.

ㄴ. 두 변의 길이와 그 끼인각의 크기가 주어졌으므로 △ABC가 하나로 정해진다.

ㄷ. ∠C는 $\overline{AB}$와 $\overline{BC}$의 끼인각이 아니므로 △ABC가 하나로 정해지지 않는다.

ㄹ. 세 변의 길이가 주어졌으므로 △ABC가 하나로 정해진다.

따라서 필요한 나머지 한 조건이 될 수 있는 것은 ㄴ, ㄹ이다.

203 답 ④

ㄱ. 한 변의 길이와 그 양 끝 각의 크기가 주어졌으므로 △ABC가 하나로 정해진다.

ㄴ, ㄷ. ∠C=$180°-(70°+40°)=70°$

　　즉, 한 변의 길이와 그 양 끝 각의 크기가 주어진 것과 같으므로 △ABC가 하나로 정해진다.

ㄹ. 세 각의 크기가 주어졌을 때 △ABC는 하나로 정해지지 않는다.

따라서 필요한 나머지 한 조건이 될 수 있는 것은 ㄱ, ㄴ, ㄷ이다.

204 답 ③

① 두 변의 길이와 그 끼인각의 크기가 주어졌으므로 △ABC가 하나로 정해진다.

② ∠A와 ∠C의 크기가 주어졌으므로 ∠B의 크기를 알 수 있다.

　　즉, 한 변의 길이와 그 양 끝 각의 크기가 주어진 것과 같으므로 △ABC가 하나로 정해진다.

③ 세 각의 크기가 주어졌을 때 △ABC는 하나로 정해지지 않는다.

④, ⑤ ∠B와 ∠C의 크기가 주어졌으므로 ∠A의 크기를 알 수 있다. 즉, 한 변의 길이와 그 양 끝 각의 크기가 주어진 것과 같으므로 △ABC가 하나로 정해진다.

따라서 필요한 두 조건이 될 수 없는 것은 ③이다.

205 답 ③

한 변의 길이와 그 양 끝 각의 크기가 주어졌을 때, 다음의 두 가지 방법으로 삼각형을 작도할 수 있다.

(ⅰ) 선분을 먼저 작도한 후에 두 각을 작도한다. ➡ ④, ⑤

(ⅱ) 한 각을 먼저 작도한 후에 선분을 작도하고 나서 다른 각을 작도한다. ➡ ①, ②

따라서 작도 순서로 옳지 않은 것은 ③이다.

206 답 7

(ⅰ) 가장 긴 변의 길이가 x일 때, 즉 $x>7$일 때

　　$x<4+7$에서 $x<11$이므로 x의 값이 될 수 있는 자연수는

　　8, 9, 10　　　　　　…… ❶

(ⅱ) 가장 긴 변의 길이가 7일 때, 즉 $x\leq7$일 때

　　$4+x>7$이므로 x의 값이 될 수 있는 자연수는

　　4, 5, 6, 7　　　　　　…… ❷

(ⅰ), (ⅱ)에서 x의 값이 될 수 있는 자연수는 4, 5, 6, …, 10의 7개이다.　　　　　　…… ❸

채점 기준

❶ 가장 긴 변의 길이가 x일 때 x의 값 구하기		40 %
❷ 가장 긴 변의 길이가 7일 때 x의 값 구하기		40 %
❸ x의 값이 될 수 있는 자연수의 개수 구하기		20 %

207 답 ④

두 변의 길이와 그 끼인각의 크기가 주어졌을 때, 다음의 두 가지 방법으로 삼각형을 작도할 수 있다.

(i) 선분을 먼저 작도한 후에 각을 작도하고, 다른 한 선분을 작도한다. ➡ ①, ②

(ii) 한 각을 먼저 작도한 후에 두 선분을 작도한다. ➡ ③, ⑤

따라서 작도 순서로 옳지 않은 것은 ④이다.

208 답 ⑤

① 한 변의 길이와 그 양 끝 각의 크기가 주어졌으므로 $\triangle ABC$가 하나로 정해진다.

② 두 변의 길이와 그 끼인각의 크기가 주어졌으므로 $\triangle ABC$가 하나로 정해진다.

③ 세 변의 길이가 주어졌고, $4+5>6$이므로 $\triangle ABC$가 하나로 정해진다.

④ 두 변의 길이와 그 끼인각의 크기가 주어졌으므로 $\triangle ABC$가 하나로 정해진다.

⑤ $\angle B$는 $\overline{BC}$와 $\overline{AC}$의 끼인각이 아니므로 $\triangle ABC$가 하나로 정해지지 않는다.

따라서 $\triangle ABC$가 하나로 정해지지 않는 것은 ⑤이다.

209 답 ⑤

ㄷ. 길이가 a, b인 선분을 두 변으로 하고 그 끼인각이
$180°-(60°+50°)=70°=\angle A$
인 삼각형이다.

ㄹ. 길이가 a인 선분을 한 변으로 하고 그 양 끝 각이 $\angle B$와
$180°-(60°+50°)=70°=\angle A$
인 삼각형이다.

따라서 삼각형을 차례로 고르면 ㄷ, ㄹ이다.

210 답 4

세 변의 길이가 4 cm, 5 cm, 7 cm일 때, $7<4+5$이므로 만들 수 있는 삼각형은 1개이다.

$\therefore a=1$

한 변의 길이가 8 cm이고 두 각의 크기가 45°, 80°일 때 나머지 한 각의 크기는

$180°-(45°+80°)=55°$

즉, 한 변의 길이가 8 cm이고 그 양 끝 각의 크기가 45°와 80°, 45°와 55°, 55°와 80°일 때 각각 삼각형이 하나로 정해지므로 다음 그림과 같이 만들 수 있는 삼각형은 3개이다.

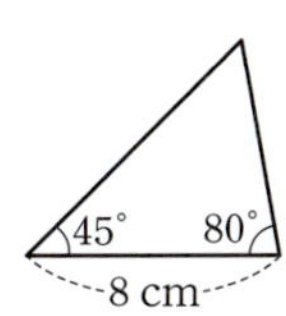
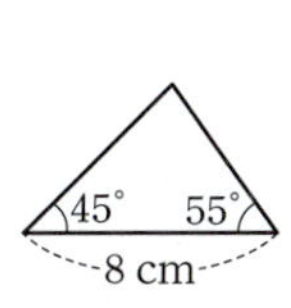
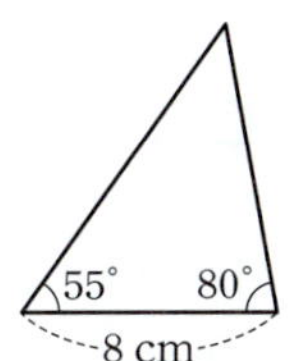

$\therefore b=3$

$\therefore a+b=1+3=4$

211 답 8

$4+5>6$, $4+5>8$, $4+6>8$, $4+8>10$, $5+6>8$, $5+6>10$, $5+8>10$, $6+8>10$이므로 만들 수 있는 삼각형의 세 변의 길이의 쌍은

$(4, 5, 6)$, $(4, 5, 8)$, $(4, 6, 8)$, $(4, 8, 10)$, $(5, 6, 8)$, $(5, 6, 10)$, $(5, 8, 10)$, $(6, 8, 10)$의 8개이다.

212 답 ②

② $\overline{AB}$의 대응변은 $\overline{DE}$이므로 $\overline{AB}=\overline{DE}$
이때 $\overline{AB}=\overline{EF}$인지는 알 수 없다.

213 답 ④

$\overline{DE}=\overline{AB}=7$ cm, $\angle B=\angle E=30°$

214 답 60°

$\angle D$의 대응각은 $\angle A$이므로
$\angle D=\angle A=70°$
$\therefore \angle F=180°-(50°+70°)=60°$

215 답 ②

② 오른쪽 그림과 같은 두 삼각형은 세 각의 크기가 같지만 합동이 아니다.

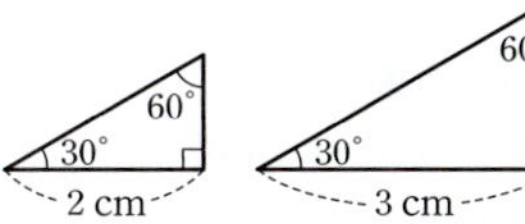

216 답 105

$\overline{AB}$의 대응변은 $\overline{EF}$이므로
$\overline{AB}=\overline{EF}=5$ cm
$\therefore x=5$ ……❶

$\angle A$, $\angle B$의 대응각은 각각 $\angle E$, $\angle F$이므로
$\angle E=\angle A=110°$, $\angle F=\angle B=70°$
$\therefore \angle G=360°-(110°+70°+80°)=100°$
$\therefore y=100$ ……❷

$\therefore x+y=5+100=105$ ……❸

채점 기준	
❶ x의 값 구하기	40%
❷ y의 값 구하기	40%
❸ $x+y$의 값 구하기	20%

217 답 ③, ⑤

① 둘레의 길이가 같은 두 원은 반지름의 길이가 같으므로 서로 합동이다.

② 둘레의 길이가 같은 두 정삼각형은 한 변의 길이가 같으므로 서로 합동이다.

③ 오른쪽 그림과 같은 두 직사각형은 넓이가 같지만 합동이 아니다.

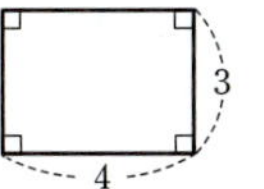
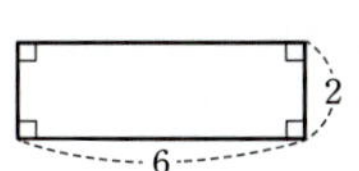

⑤ 오른쪽 그림과 같은 두 마름
모는 한 변의 길이가 같지만
합동이 아니다.

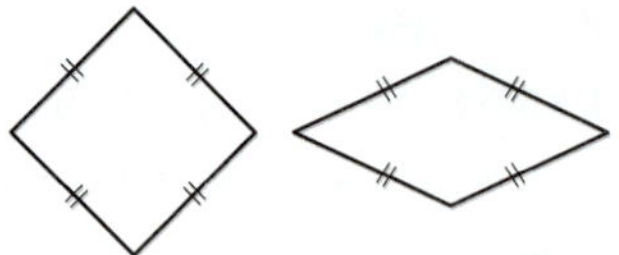

따라서 합동이라고 할 수 없는 것은 ③, ⑤이다.

참고 합동인 두 도형의 넓이는 항상 같지만 넓이가 같은 두 도형이 항
상 합동인 것은 아니다.

218 답 ③

① $\overline{CD}=\overline{EF}=5$ cm
② $\overline{FG}=\overline{DA}=4$ cm
③ $\overline{GH}=\overline{AB}$이고 그 길이는 알 수 없다.
④ $\angle D=\angle F=120°$
⑤ $\angle H=\angle B=75°$
따라서 옳지 않은 것은 ③이다.

219 답 4 cm

$\triangle ABC$의 넓이가 16 cm²이므로

$$\frac{1}{2}\times 8\times\overline{AB}=16$$

$4\overline{AB}=16$　∴ $\overline{AB}=4$(cm)　‥‥‥ ⓘ

따라서 $\triangle ABC\equiv\triangle DEF$이므로

$\overline{DE}=\overline{AB}=4$ cm　‥‥‥ ⓘⓘ

채점 기준	
ⓘ $\overline{AB}$의 길이 구하기	50 %
ⓘⓘ $\overline{DE}$의 길이 구하기	50 %

220 답 84°

(나)에서 $\triangle ABC$는 $\overline{AB}=\overline{BC}$인 이등변삼각형이므로

$\angle A=\angle C$

이때 (가)에서 $\triangle ABC\equiv\triangle DEF$이므로

$\angle A=\angle D$, $\angle C=\angle F$　∴ $\angle D=\angle F$

또 (다)에서 $\angle E=\angle B=\frac{1}{7}\angle D$이고 삼각형의 세 각의 합은

180°이므로 $\triangle DEF$에서

$\angle D+\angle E+\angle F=180°$, $\angle D+\frac{1}{7}\angle D+\angle D=180°$

$\frac{15}{7}\angle D=180°$　∴ $\angle D=84°$

221 답 ①

$\triangle ABC$와 $\triangle DEF$에서

$\overline{BC}=\overline{EF}$, $\angle B=\angle E$, $\overline{AB}=\overline{DE}$이면

$\triangle ABC\equiv\triangle DEF$ (SAS 합동)

따라서 SAS 합동이 되기 위해 필요한 나머지 한 조건은 ①이다.

222 답 ③

$\triangle ABC$와 $\triangle FED$에서

$\overline{AB}=\overline{FE}$, $\overline{BC}=\overline{ED}$, $\angle B=\angle E$

∴ $\triangle ABC\equiv\triangle FED$ (SAS 합동)

③ $\angle D$의 대응각은 $\angle C$이고 그 크기는 알 수 없다.

223 답 ④

④ $\triangle DEF$와 $\triangle RQP$에서

$\overline{EF}=\overline{QP}$, $\overline{DF}=\overline{RP}$, $\overline{DE}=\overline{RQ}$

∴ $\triangle DEF\equiv\triangle RQP$ (SSS 합동)

224 답 ④

주어진 삼각형에서 나머지 한 각의 크기는

$180°-(30°+70°)=80°$

④ 대응하는 한 변의 길이가 같고 그 양 끝 각의 크기가 각각 같으
므로 합동이다. (ASA 합동)

따라서 합동인 삼각형은 ④이다.

225 답 ⑤

$\triangle ABC$와 $\triangle LKJ$에서

$\overline{BC}=\overline{KJ}$, $\angle B=\angle K$, $\angle C=\angle J$

∴ $\triangle ABC\equiv\triangle LKJ$ (ASA 합동)

226 답 ①

점 D는 점 P를 중심으로 하고 반지름의 길이가 $\overline{OA}$인 원 위에 있으
므로

$\overline{OA}=\overline{PD}$

점 D는 점 C를 중심으로 하고 반지름의 길이가 $\overline{AB}$인 원 위에 있으
므로

$\overline{AB}=\overline{DC}$

따라서 $\triangle AOB$와 $\triangle DPC$는 세 변의 길이가 각각 같으므로 SSS
합동이다.

∴ (가) $\overline{PD}$　(나) $\overline{DC}$　(다) SSS

227 답 ④

① 대응하는 두 변의 길이가 각각 같고 그 끼인각의 크기가 같으므
로 합동이다. (SAS 합동)
② 대응하는 세 변의 길이가 각각 같으므로 합동이다. (SSS 합동)
③ 대응하는 한 변의 길이가 같고 그 양 끝 각의 크기가 각각 같으
므로 합동이다. (ASA 합동)
⑤ $\angle A=\angle D$, $\angle B=\angle E$이면 $\angle C=\angle F$이다.
　즉, 대응하는 한 변의 길이가 같고 그 양 끝 각의 크기가 각각 같
　으므로 합동이다. (ASA 합동)
따라서 합동이 되기 위해 필요한 조건이 아닌 것은 ④이다.

228 답 ②

ㄱ. $\angle A=\angle D$이면 대응하는 두 변의 길이가 각각 같고 그 끼인각
의 크기가 같으므로 합동이다. (SAS 합동)
ㄹ. $\overline{BC}=\overline{EF}$이면 대응하는 세 변의 길이가 각각 같으므로 합동이
다. (SSS 합동)
따라서 필요한 나머지 한 조건은 ㄱ, ㄹ이다.

229

답 $\overline{AB}=\overline{DF}$ 또는 $\overline{BC}=\overline{FE}$ 또는 $\overline{AC}=\overline{DE}$

$\angle B=\angle F$, $\angle C=\angle E$이면

$\angle A=180°-(\angle B+\angle C)$

$\qquad =180°-(\angle F+\angle E)=\angle D$ $\qquad$ …… ❶

따라서 △ABC와 △DFE가 ASA 합동이 되려면 한 쌍의 대응변의 길이가 같다는 조건이 필요하므로 구하는 조건은

$\overline{AB}=\overline{DF}$ 또는 $\overline{BC}=\overline{FE}$ 또는 $\overline{AC}=\overline{DE}$이다. $\qquad$ …… ❷

채점 기준	
❶ $\angle A=\angle D$임을 설명하기	30 %
❷ 필요한 나머지 한 조건 구하기	70 %

230

답 ③

(ⅰ) △ABC와 △IGH에서

$\overline{AB}=\overline{IG}$, $\angle A=\angle I$, $\angle B=\angle G$

∴ △ABC≡△IGH (ASA 합동)

(ⅱ) △ABC와 △JLK에서

$\overline{AB}=\overline{JL}$, $\overline{BC}=\overline{LK}$, $\angle B=\angle L$

∴ △ABC≡△JLK (SAS 합동)

(ⅲ) △ABC와 △NOM에서

$\overline{AB}=\overline{NO}$, $\overline{BC}=\overline{OM}$, $\overline{AC}=\overline{NM}$

∴ △ABC≡△NOM (SSS 합동)

(ⅰ), (ⅱ), (ⅲ)에서 △ABC와 합동인 삼각형은 △IGH, △JLK, △NOM의 3개이다.

231

답 ①

④에서 나머지 한 각의 크기는

$180°-(56°+62°)=62°$

②와 ③, ②와 ④는 대응하는 한 변의 길이가 같고 그 양 끝 각의 크기가 각각 같으므로 합동이다. (ASA 합동)

②와 ⑤는 대응하는 두 변의 길이가 각각 같고 그 끼인각의 크기가 같으므로 합동이다. (SAS 합동)

따라서 나머지 넷과 합동이 아닌 것은 ①이다.

232

답 ①, ③

ㄴ. △ABC와 △IGH에서

$\overline{AB}=\overline{IG}$, $\angle A=\angle I$, $\angle B=\angle G$

∴ △ABC≡△IGH (ASA 합동)

ㄹ. △ABC와 △NOM에서

$\overline{AB}=\overline{NO}$, $\overline{BC}=\overline{OM}$, $\overline{AC}=\overline{NM}$

∴ △ABC≡△NOM (SSS 합동)

ㅁ. △ABC와 △RPQ에서

$\overline{AC}=\overline{RQ}$, $\angle C=\angle Q$,

$\angle R=180°-(50°+64°)=66°=\angle A$

∴ △ABC≡△RPQ (ASA 합동)

따라서 알맞지 않은 것은 ①, ③이다.

233

답 ④

① $\angle A=\angle D$, $\angle B=\angle E$이면 $\angle C=\angle F$이다.

즉, 대응하는 한 변의 길이가 같고 그 양 끝 각의 크기가 각각 같으므로 합동이다. (ASA 합동)

②, ⑤ 대응하는 두 변의 길이가 각각 같고 그 끼인각의 크기가 같으므로 합동이다. (SAS 합동)

③ 대응하는 세 변의 길이가 각각 같으므로 합동이다. (SSS 합동)

따라서 필요한 조건이 아닌 것은 ④이다.

234

답 ②

(개) $\overline{BO}$ (내) $\angle BOD$ (대) SAS

235

답 400 m

△ABC와 △DEC에서

$\overline{BC}=\overline{EC}$, $\angle ABC=\angle DEC$, $\angle ACB=\angle DCE$(맞꼭지각)

∴ △ABC≡△DEC (ASA 합동)

따라서 두 나무 A, B 사이의 거리는

$\overline{AB}=\overline{DE}=400$ m

236

답 12 m, ASA 합동

△ABD와 △CDB에서

$\overline{BD}$는 공통, $\angle ABD=\angle CDB$(엇각), $\angle ADB=\angle CBD$(엇각)

∴ △ABD≡△CDB (ASA 합동) $\qquad$ …… ❶

따라서 점 C와 점 D 사이의 거리는

$\overline{CD}=\overline{AB}=12$ m $\qquad$ …… ❷

채점 기준	
❶ △ABD≡△CDB임을 설명하고 합동 조건 말하기	50 %
❷ 점 C와 점 D 사이의 거리 구하기	50 %

237

답 ②

△OAB와 △OCD에서

$\overline{OA}=\overline{OC}$, $\angle AOB=\angle COD$(맞꼭지각),

$\angle OAB=\angle OCD$(엇각)

∴ △OAB≡△OCD (ASA 합동)

238

답 ④

△ABC와 △CDA에서

$\overline{AB}=\overline{CD}$, $\overline{BC}=\overline{DA}$, $\overline{AC}$는 공통

∴ △ABC≡△CDA (SSS 합동)

① $\angle BAC=\angle DCA$, $\angle BCA=\angle DAC$이므로

$\angle BAD=\angle BAC+\angle DAC$

$\qquad =\angle DCA+\angle BCA=\angle BCD$

④ △ABC와 △CDA는 SSS 합동이다.

따라서 옳지 않은 것은 ④이다.

239

답 ①

② $\overline{OB}=\overline{OA}+\overline{AB}=\overline{OC}+\overline{CD}=\overline{OD}$

③, ④, ⑤ △OAD와 △OCB에서

$\overline{OA}=\overline{OC}$, $\overline{OD}=\overline{OB}$, $\angle BOD$는 공통

즉, △OAD≡△OCB (SAS 합동)이므로

$\overline{AD}=\overline{CB}$, $\angle B=\angle D$

따라서 옳지 않은 것은 ①이다.

240 답 ②

△ABM과 △DCM에서
사각형 ABCD가 직사각형이므로
$\overline{AB}=\overline{DC}$, ∠BAM=∠CDM=90°, $\overline{AM}=\overline{DM}$
즉, △ABM≡△DCM (SAS 합동)이므로
$\overline{BM}=\overline{CM}$, ∠ABM=∠DCM
따라서 옳은 것은 ㄱ, ㄹ이다.

241 답 ⑤

⑤ (마) SAS

242 답 ④

④ (라) ∠BPO

243 답 ②

(가) $\overline{EC}$ (나) ∠CEF (다) ∠AED

244 답 ②

① $\overline{AC}$∥$\overline{DF}$이므로 ∠ACB=∠DFE(엇각)
③ $\overline{BC}=\overline{BF}+\overline{FC}=\overline{CE}+\overline{FC}=\overline{EF}$
④, ⑤ △ABC와 △DEF에서
　　$\overline{BC}=\overline{EF}$, $\overline{AC}=\overline{DF}$, ∠ACB=∠DFE
　　즉, △ABC≡△DEF (SAS 합동)이므로
　　$\overline{AB}=\overline{DE}$, ∠ABC=∠DEF
　　이때 엇각의 크기가 같으므로 $\overline{AB}$∥$\overline{DE}$
따라서 옳지 않은 것은 ②이다.

245 답 90°

△OAM과 △OBM에서
$\overline{OM}$은 공통, $\overline{AM}=\overline{BM}$, $\overline{OA}=\overline{OB}$(반지름)
∴ △OAM≡△OBM (SSS 합동)　　……ⓘ
∴ ∠OMB=∠OMA=$\frac{1}{2}$×180°=90°　　……ⓘⓘ

채점 기준

ⓘ △OAM≡△OBM임을 설명하기	50%
ⓘⓘ ∠OMB의 크기 구하기	50%

246 답 ⑤

△BMD와 △CME에서
$\overline{BM}=\overline{CM}$, ∠BMD=∠CME(맞꼭지각)
∠DBM=90°−∠BMD
　　　=90°−∠CME=∠ECM
∴ △BMD≡△CME (ASA 합동)

247 답 △ABP≡△PCQ, ASA 합동

△ABP에서
∠PAB+∠APB=180°−90°=90°　　……㉠
이때 ∠APQ=90°이므로
∠APB+∠QPC=180°−90°=90°　　……㉡
㉠, ㉡에서 ∠PAB=∠QPC
같은 방법으로 하면 ∠APB=∠PQC　　……ⓘ
즉, △ABP와 △PCQ에서
$\overline{AP}=\overline{PQ}$, ∠PAB=∠QPC, ∠APB=∠PQC
∴ △ABP≡△PCQ (ASA 합동)　　……ⓘⓘ

채점 기준

ⓘ ∠PAB=∠QPC, ∠APB=∠PQC임을 설명하기	60%
ⓘⓘ △ABP≡△PCQ임을 설명하고 합동 조건 말하기	40%

248 답 ③

① △OBC에서 $\overline{BO}=\overline{CO}$이므로
　　∠OCB=∠OBC
　　△ABC와 △DCB에서
　　$\overline{BC}$는 공통, ∠ACB=∠DBC,
　　$\overline{AC}=\overline{AO}+\overline{CO}=\overline{DO}+\overline{BO}=\overline{DB}$
　　∴ △ABC≡△DCB (SAS 합동)
② △AOD에서 $\overline{AO}=\overline{DO}$이므로
　　∠ODA=∠OAD
　　△ABD와 △DCA에서
　　$\overline{AD}$는 공통, $\overline{DB}=\overline{AC}$, ∠BDA=∠CAD
　　∴ △ABD≡△DCA (SAS 합동)
④ △ABO와 △DCO에서
　　$\overline{AO}=\overline{DO}$, $\overline{BO}=\overline{CO}$, ∠AOB=∠DOC(맞꼭지각)
　　∴ △ABO≡△DCO (SAS 합동)
⑤ 합동인 삼각형은 △ABC와 △DCB, △ABD와 △DCA,
　　△ABO와 △DCO의 3쌍이다.
따라서 옳지 않은 것은 ③이다.

249 답 20 cm

△BCE와 △DCF에서
사각형 ABCD와 사각형 ECFG가 정사각형이므로
$\overline{BC}=\overline{DC}$, $\overline{CE}=\overline{CF}$, ∠BCE=∠DCF=90°
따라서 △BCE≡△DCF (SAS 합동)이므로
$\overline{DF}=\overline{BE}=20$ cm

250 답 100°

△ABE와 △ACD에서
$\overline{AB}=\overline{AC}$, $\overline{AE}=\overline{AD}$, ∠BAC는 공통
∴ △ABE≡△ACD (SAS 합동)　　……ⓘ
따라서 △ACD에서 ∠ACD=∠ABE=35°이므로
∠x=180°−(45°+35°)=100°　　……ⓘⓘ

채점 기준

ⓘ △ABE≡△ACD임을 설명하기	50%
ⓘⓘ ∠x의 크기 구하기	50%

251 답 ②

△ADF, △BED, △CFE에서

$\overline{AD}=\overline{BE}=\overline{CF}$

△ABC가 정삼각형이므로

$\overline{AF}=\overline{BD}=\overline{CE}$(③), $\angle A=\angle B=\angle C=60°$

∴ △ADF≡△BED≡△CFE (SAS 합동)(⑤)

따라서 $\overline{DF}=\overline{ED}=\overline{FE}$이므로 △DEF는 정삼각형이다.(④)

∴ $\angle DEF=\angle EFD=\angle FDE=60°$(①)

따라서 옳지 않은 것은 ②이다.

참고 주어진 조건에서 ∠DEB의 크기를 알 수 없다.

252 답 ④

△ABG와 △ADC에서

사각형 ACFG와 사각형 ADEB가 정사각형이므로

$\overline{AB}=\overline{AD}$, $\overline{AG}=\overline{AC}$,

$\angle BAG=\angle CAG+\angle BAC=90°+\angle BAC$

$\qquad=\angle DAB+\angle BAC=\angle DAC$

∴ △ABG≡△ADC (SAS 합동)

따라서 알맞은 것은 ④이다.

253 답 ⑤

△ADC와 △ABE에서

△ADB와 △ACE가 정삼각형이므로

$\overline{AD}=\overline{AB}$, $\overline{AC}=\overline{AE}$,

$\angle DAC=\angle DAB+\angle BAC=60°+\angle BAC$

$\qquad=\angle CAE+\angle BAC=\angle BAE$

∴ △ADC≡△ABE (SAS 합동)

따라서 옳은 것은 ⑤이다.

254 답 120°

△ABD와 △BCE에서

$\overline{BD}=\overline{CE}$

△ABC가 정삼각형이므로

$\overline{AB}=\overline{BC}$, $\angle ABD=\angle BCE=60°$

∴ △ABD≡△BCE (SAS 합동)

따라서 $\angle BAD=\angle CBE$이므로

$\angle PBD+\angle PDB=\angle BAD+\angle ADB$

$\qquad\qquad=180°-\angle ABD$

$\qquad\qquad=180°-60°=120°$

255 답 ③

① △ABD와 △ACE에서

$\overline{AB}=\overline{AC}$, $\angle BAC$는 공통,

$\angle ABD=180°-(90°+\angle BAD)$

$\qquad\quad=180°-(90°+\angle CAE)=\angle ACE$

∴ △ABD≡△ACE (ASA 합동)

② △EBC와 △DCB에서

$\overline{BC}$는 공통, $\angle EBC=\angle DCB$

$\angle BEC=\angle CDB=90°$이므로

$\angle ECB=180°-(90°+\angle EBC)$

$\qquad\quad=180°-(90°+\angle DCB)=\angle DBC$

∴ △EBC≡△DCB (ASA 합동)

④, ⑤ △ABD≡△ACE이므로 $\overline{AE}=\overline{AD}$, $\overline{BD}=\overline{CE}$

따라서 옳지 않은 것은 ③이다.

256 답 48°

△PAD는 $\overline{PA}=\overline{PD}$인 이등변삼각형이므로

$\angle PAD=\angle PDA$

△PAB와 △PDC에서

$\overline{PA}=\overline{PD}$, $\overline{AB}=\overline{DC}$,

$\angle PAB=\angle PAD+90°=\angle PDA+90°=\angle PDC$

따라서 △PAB≡△PDC (SAS 합동)이므로 $\overline{PB}=\overline{PC}$

즉, △PBC는 $\overline{PB}=\overline{PC}$인 이등변삼각형이다.

이때 $\angle PBC=90°-24°=66°$이고 $\angle PCB=\angle PBC=66°$이므로

$\angle BPC=180°-2\times66°=48°$

257 답 60°

△ACD와 △BCE에서

△ABC와 △ECD가 정삼각형이므로

$\overline{AC}=\overline{BC}$, $\overline{CD}=\overline{CE}$,

$\angle ACD=\angle ACE+\angle ECD=\angle ACE+60°$

$\qquad\quad=\angle ACE+\angle BCA=\angle BCE$

∴ △ACD≡△BCE (SAS 합동)　　　　……ⓘ

따라서 $\angle CAD=\angle CBE$이므로 △ABP에서

$\angle APB=180°-(\angle ABP+\angle BAP)$

$\qquad\quad=180°-\{(60°-\angle CBE)+(60°+\angle CAD)\}$

$\qquad\quad=180°-(60°+60°)=60°$　　　　……ⓘⓘ

채점 기준	
ⓘ △ACD≡△BCE임을 설명하기	50%
ⓘⓘ ∠APB의 크기 구하기	50%

258 답 150°

△ABE와 △DCE에서

사각형 ABCD는 정사각형이고 삼각형 EBC는 정삼각형이므로

$\overline{AB}=\overline{DC}$, $\overline{BE}=\overline{CE}$

$\angle ABE=\angle ABC-\angle EBC=90°-60°=30°$,

$\angle DCE=\angle DCB-\angle ECB=90°-60°=30°$이므로

$\angle ABE=\angle DCE=30°$

∴ △ABE≡△DCE (SAS 합동)

한편 △ABE는 $\overline{AB}=\overline{EB}$인 이등변삼각형이므로

$\angle EAB=\angle AEB$

이때 $\angle ABE=30°$이므로 △ABE에서

$30°+2\angle AEB=180°$　　∴ $\angle AEB=75°$

따라서 $\angle DEC=\angle AEB=75°$이므로

$\angle AED=360°-(\angle AEB+\angle BEC+\angle DEC)$

$\qquad\quad=360°-(75°+60°+75°)=150°$

259 답 65°

△ABF에서

$\angle BAF = 180° - (25° + 90°) = 65°$

△ABE와 △CBE에서 $\overline{BE}$는 공통

사각형 ABCD가 정사각형이므로

$\overline{AB} = \overline{CB}$, $\angle ABE = \angle CBE = \dfrac{1}{2} \times 90° = 45°$

$\therefore \triangle ABE \equiv \triangle CBE$ (SAS 합동)

$\therefore \angle x = \angle BAE = 65°$

260 답 100°

△ABD와 △CBE에서

△ABC와 △BED가 정삼각형이므로

$\overline{AB} = \overline{CB}$, $\overline{BD} = \overline{BE}$, $\angle ABD = \angle CBE = 60°$

$\therefore \triangle ABD \equiv \triangle CBE$ (SAS 합동)

△CBE에서

$\angle BEC = 60° + 20° = 80°$

따라서 $\angle ADB = \angle CEB = 80°$이므로

$\angle x = 180° - \angle ADB$

$\qquad = 180° - 80° = 100°$

261 답 ②

△ABE와 △BCF에서 $\overline{BE} = \overline{CF}$

사각형 ABCD가 정사각형이므로

$\overline{AB} = \overline{BC}$, $\angle ABE = \angle BCF = 90°$

따라서 △ABE ≡ △BCF (SAS 합동)(④)이므로

$\overline{AE} = \overline{BF}$(①)

△BEP에서

$\angle BPE = 180° - (\angle PBE + \angle PEB)$

$\qquad\quad = 180° - (\angle PBE + \angle BFC) = 90°$

$\therefore \angle EPF = 180° - \angle BPE = 90°$(③)

$\angle PAD + \angle PFD = (90° - \angle BAE) + (180° - \angle BFC)$

$\qquad\qquad\qquad = 270° - (\angle BAE + \angle BFC)$

$\qquad\qquad\qquad = 270° - (\angle BAE + \angle AEB)$

$\qquad\qquad\qquad = 270° - 90° = 180°$(⑤)

따라서 옳지 않은 것은 ②이다.

262 답 ②

△ABP와 △AER에서

△ABC와 △ADE가 합동인 정삼각형이므로

$\overline{AB} = \overline{AE}$, $\angle ABP = \angle AER = 60°$,

$\angle BAP = \angle BAC - \angle PAR = 60° - \angle PAR$

$\qquad\quad = \angle EAD - \angle PAR = \angle EAR$

따라서 △ABP ≡ △AER (ASA 합동)이므로

$\overline{AP} = \overline{AR}$, $\angle APB = \angle ARE$(③)

△PQD와 △RQC에서

$\overline{PD} = \overline{AD} - \overline{AP} = \overline{AC} - \overline{AR} = \overline{RC}$(①)

$\angle PDQ = \angle RCQ = 60°$(④), $\angle PQD = \angle RQC$(맞꼭지각)이므로

$\angle DPQ = \angle CRQ$

$\therefore \triangle PQD \equiv \triangle RQC$ (ASA 합동)(⑤)

따라서 옳지 않은 것은 ②이다.

263 답 5

전략 세 변의 길이를 각각 a cm, a cm, $(21-2a)$ cm로 놓고 삼각형의 가장 긴 변의 길이는 나머지 두 변의 길이의 합보다 작아야 함을 이용하여 a의 값을 구한다.

둘레의 길이가 21 cm인 이등변삼각형에서 길이가 같은 변의 길이를 a cm라 하면 세 변의 길이는 각각 a cm, a cm, $(21-2a)$ cm 이다.

a의 값이 다음과 같을 때, 세 변의 길이의 순서쌍은

$a=1$일 때, $(1, 1, 19)$ ➡ $19 > 1+1$

$a=2$일 때, $(2, 2, 17)$ ➡ $17 > 2+2$

$a=3$일 때, $(3, 3, 15)$ ➡ $15 > 3+3$

$a=4$일 때, $(4, 4, 13)$ ➡ $13 > 4+4$

$a=5$일 때, $(5, 5, 11)$ ➡ $11 > 5+5$

$a=6$일 때, $(6, 6, 9)$ ➡ $9 < 6+6$

$a=7$일 때, $(7, 7, 7)$ ➡ $7 < 7+7$

$a=8$일 때, $(8, 8, 5)$ ➡ $8 < 8+5$

$a=9$일 때, $(9, 9, 3)$ ➡ $9 < 9+3$

$a=10$일 때, $(10, 10, 1)$ ➡ $10 < 10+1$

따라서 a의 값이 6, 7, 8, 9, 10일 때 삼각형의 세 변의 길이가 될 수 있으므로 둘레의 길이가 21 cm인 이등변삼각형은 5개이다.

264 답 10 cm

전략 합동인 두 삼각형을 찾은 후 합동인 두 도형의 대응변의 길이가 같음을 이용하여 $\overline{DE}$의 길이를 구한다.

△ABD와 △CAE에서

$\overline{AB} = \overline{CA}$,

$\angle BAD = 180° - (90° + \angle CAE)$

$\qquad\quad = 90° - \angle CAE = \angle ACE$

$\angle BDA = \angle AEC = 90°$이므로

$\angle ABD = \angle CAE$

따라서 △ABD ≡ △CAE (ASA 합동)이므로

$\overline{DE} = \overline{DA} + \overline{AE} = \overline{EC} + \overline{BD}$

$\qquad = 4 + 6 = 10$(cm)

265 답 $45°$

전략 $\overline{AB}=5a$, $\overline{BC}=8a$라 하고 각 변의 길이를 a에 대하여 나타낸 후 보조선을 그어 합동인 두 삼각형을 찾는다.

$\overline{AB}:\overline{BC}=5:8$에서 $\overline{AB}=5a$, $\overline{BC}=8a$라 하면

$\overline{BE}:\overline{EC}=3:5$이므로

$\overline{BE}=8a\times\dfrac{3}{3+5}=3a$, $\overline{EC}=8a\times\dfrac{5}{3+5}=5a$

또 $\overline{CF}:\overline{FD}=3:2$이므로

$\overline{CF}=5a\times\dfrac{3}{3+2}=3a$, $\overline{FD}=5a\times\dfrac{2}{3+2}=2a$

오른쪽 그림과 같이 $\overline{EF}$를 그으면

$\triangle ABE$와 $\triangle ECF$에서

$\overline{AB}=\overline{EC}$, $\overline{BE}=\overline{CF}$,

$\angle ABE=\angle ECF=90°$

따라서 $\triangle ABE\equiv\triangle ECF$ (SAS 합동)

이므로

$\overline{AE}=\overline{EF}$, $\angle EAB=\angle FEC$

$\therefore \angle AEF=180°-(\angle AEB+\angle FEC)$

$\qquad\qquad =180°-(\angle AEB+\angle EAB)$

$\qquad\qquad =\angle ABE=90°$

즉, $\triangle AEF$는 직각이등변삼각형이므로

$\angle EAF=\dfrac{1}{2}\times(180°-90°)$

$\qquad\quad =45°$

266 답 ③

전략 정사각형의 성질을 이용하여 합동인 두 삼각형을 찾은 후 합동 인 두 삼각형의 넓이가 같음을 이용하여 사각형 OPCQ의 넓이를 구한 다.

$\triangle OBP$와 $\triangle OCQ$에서

사각형 ABCD와 사각형 OEFG가 정사각형이므로

$\overline{OB}=\overline{OC}$, $\angle OBP=\angle OCQ=\dfrac{1}{2}\times90°=45°$,

$\angle BOP=\angle BOC-\angle POC=90°-\angle POC$

$\qquad\quad =\angle POQ-\angle POC=\angle COQ$

$\therefore \triangle OBP\equiv\triangle OCQ$ (ASA 합동)

따라서 사각형 OPCQ의 넓이는

(삼각형 OPC의 넓이)+(삼각형 OCQ의 넓이)

=(삼각형 OPC의 넓이)+(삼각형 OBP의 넓이)

=(삼각형 OBC의 넓이)

$=\dfrac{1}{4}\times$(정사각형 ABCD의 넓이)

$=\dfrac{1}{4}\times(8\times8)$

$=16\,(\text{cm}^2)$

참고 정사각형의 두 대각선은 길이가 서로 같고 두 대각선의 교점은 서로를 이등분하므로 $\overline{OA}=\overline{OB}=\overline{OC}=\overline{OD}$가 성립한다.
또한 정사각형의 두 대각선은 서로 수직으로 만나므로 $\angle AOB=\angle BOC=\angle COD=\angle DOA=90°$이다.

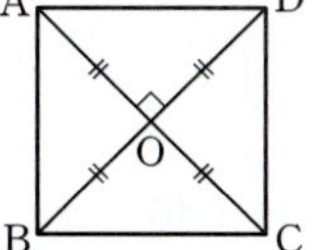

04 다각형

267 답 ⑤

① 선분으로 둘러싸여 있지 않으므로 다각형이 아니다.

② 선분과 곡선으로 이루어져 있으므로 다각형이 아니다.

③ 평면도형이 아닌 입체도형이므로 다각형이 아니다.

④ 곡선으로 둘러싸여 있으므로 다각형이 아니다.

따라서 다각형인 것은 ⑤이다.

268 답 ③

③ 평면도형이 아닌 입체도형이므로 다각형이 아니다.

269 답 ③

③ 마름모는 네 변의 길이가 모두 같지만 정사각형은 아니다.

270 답 ②

(개)에서 6개의 선분으로 둘러싸여 있으므로 육각형이고 (내)에서 모든 변의 길이가 같고 모든 내각의 크기가 같으므로 정다각형이다.

따라서 구하는 다각형은 정육각형이다.

271 답 ④

주어진 다각형을 n각형이라 하면

$n-3=7$ $\therefore n=10$

따라서 구하는 다각형은 십각형이다.

272 답 ③

(개)에서 모든 변의 길이가 같고 모든 내각의 크기가 같으므로 정다각형이다.

(내)에서 주어진 다각형을 정n각형이라 하면

$n+n=24$, $2n=24$ $\therefore n=12$

따라서 구하는 다각형은 정십이각형이다.

273 답 118

십육각형의 한 꼭짓점에서 대각선을 모두 그었을 때 생기는 삼각형의 개수는 $16-2=14$이므로

$a=14$ ...... ❶

십육각형의 대각선의 개수는 $\dfrac{16\times(16-3)}{2}=104$이므로

$b=104$ ...... ❷

$\therefore a+b=14+104=118$ ...... ❸

채점 기준

❶ a의 값 구하기		40 %
❷ b의 값 구하기		40 %
❸ $a+b$의 값 구하기		20 %

274 답 1

주어진 다각형을 n각형이라 하면 한 꼭짓점에서 그을 수 있는 대각선의 개수는 $n-3$이므로

$a=n-3$

이때 생기는 삼각형의 개수는 $n-2$이므로

$b=n-2$

$\therefore b-a=(n-2)-(n-3)=1$

275 답 ④

각 다각형의 대각선의 개수를 구하면 다음과 같다.

① $\dfrac{7\times(7-3)}{2}=14$ ② $\dfrac{8\times(8-3)}{2}=20$

③ $\dfrac{10\times(10-3)}{2}=35$ ④ $\dfrac{11\times(11-3)}{2}=44$

⑤ $\dfrac{12\times(12-3)}{2}=54$

따라서 바르게 짝 지은 것은 ④이다.

276 답 ⑤

⑤ 오른쪽 그림과 같은 정육각형에서 한 꼭짓점에서 그은 대각선의 길이는 다르다.

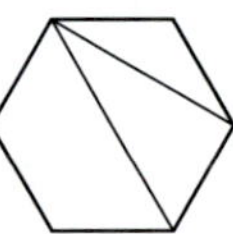

277 답 ③

십오각형의 한 꼭짓점에서 대각선을 모두 그었을 때 생기는 삼각형의 개수는 $15-2=13$이므로

$x=13$

구하는 다각형을 n각형이라 하면

$n-2=x+3,\ n-2=16$ $\therefore n=18$

따라서 구하는 다각형은 십팔각형이다.

278 답 65

주어진 다각형은 십삼각형이므로 대각선의 개수는

$\dfrac{13\times(13-3)}{2}=65$

279 답 20

오른쪽 그림과 같이 한 꼭짓점에서 한 개의 대각선을 그어 삼각형과 칠각형으로 나누어지는 다각형은 팔각형이다.

따라서 팔각형의 대각선의 개수는

$\dfrac{8\times(8-3)}{2}=20$

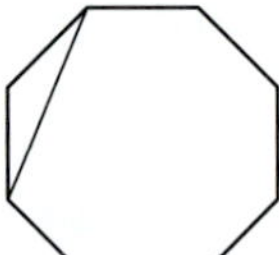

280 답 17

칠각형의 대각선의 개수는

$\dfrac{7\times(7-3)}{2}=14$

주어진 다각형을 n각형이라 하면 한 꼭짓점에서 그을 수 있는 대각선의 개수는 $n-3$이므로

$n-3=14$ $\therefore n=17$

따라서 십칠각형의 변의 개수는 17이다.

281 답 ⑤

㈏를 만족시키는 다각형은 정다각형이다.

구하는 다각형을 정n각형이라 하면 ㈎에서 대각선의 개수가 77이므로

$\dfrac{n(n-3)}{2}=77,\ n(n-3)=154$

이때 $154=14\times11$이므로 $n=14$

따라서 구하는 다각형은 정십사각형이다.

282 답 6

주어진 다각형을 n각형이라 하면 대각선의 개수가 27이므로

$\dfrac{n(n-3)}{2}=27,\ n(n-3)=54$

이때 $54=9\times6$이므로 $n=9$

따라서 구각형의 한 꼭짓점에서 그을 수 있는 대각선의 개수는

$9-3=6$

283 답 15

실내 통로의 개수는 육각형의 변의 개수와 같으므로 6이다.

보행로의 개수는 육각형의 대각선의 개수와 같으므로

$\dfrac{6\times(6-3)}{2}=9$

따라서 실내 통로와 보행로의 개수의 합은

$6+9=15$

284 답 35번

10명의 학생이 모두 서로 한 번씩 악수를 하되 자신의 왼쪽과 오른쪽에 앉은 학생과는 하지 않는 횟수는 십각형의 대각선의 개수와 같다. …… ❶

십각형의 대각선의 개수는

$\dfrac{10\times(10-3)}{2}=35$

따라서 악수를 모두 35번 하게 된다. …… ❷

채점 기준	
❶ 전체 악수의 횟수의 의미 파악하기	40 %
❷ 전체 악수의 횟수 구하기	60 %

285 답 ③

$(\angle A$의 외각의 크기$)=180°-74°=106°$

$(\angle B$의 외각의 크기$)=180°-68°=112°$

따라서 $\angle A$의 외각의 크기와 $\angle B$의 외각의 크기의 합은

$106°+112°=218°$

286 답 24

삼각형의 세 내각의 크기의 합은 $180°$이므로

$4x+46+(2x-10)=180$

$6x=144$ $\therefore x=24$

287 답 ②

$\triangle ABC$에서 $x+(x+43)=3x-6$

$\therefore x=49$

$\therefore \angle B=49°+43°=92°$

288 답 ③

오른쪽 그림에서

$\angle x=60°+70°=130°$

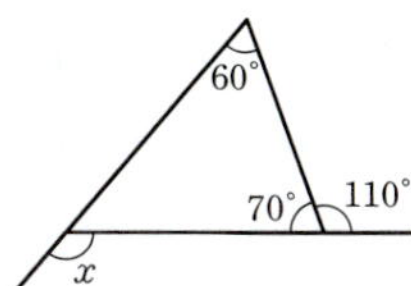

289 답 ④

$\triangle CDE$에서 $\angle CED=180°-(40°+35°)=105°$

$\therefore \angle AEB=\angle CED=105°$(맞꼭지각)

따라서 $\triangle ABE$에서

$\angle x=180°-(30°+105°)=45°$

다른 풀이

삼각형의 세 내각의 크기의 합은 180°이고

$\angle AEB=\angle CED$(맞꼭지각)이므로

$\angle x+30°=40°+35°$

$\therefore \angle x=45°$

290 답 ②

$\triangle ABD$에서 $\angle BDC=16°+61°=77°$

따라서 $\triangle CDE$에서

$\angle x=77°+35°=112°$

291 답 ③

$\triangle CDE$에서 $\angle ACB=18°+32°=50°$

따라서 $\triangle ABC$에서

$\angle x=24°+50°=74°$

292 답 ②

$\triangle ABC$에서 $\angle BAC=180°-(45°+95°)=40°$

이때 $\overline{AD}$가 $\angle A$의 이등분선이므로

$\angle BAD=\dfrac{1}{2}\angle BAC=\dfrac{1}{2}\times 40°=20°$

따라서 $\triangle ABD$에서

$\angle x=180°-(45°+20°)=115°$

293 답 ②

$\triangle DCE$에서 $\angle EDC+15°=120°$

$\therefore \angle EDC=105°$

따라서 $\triangle ABD$에서

$\angle x+\angle y=105°$

294 답 ②

삼각형의 세 내각의 크기의 합은 180°이므로

$(\text{가장 작은 내각의 크기})=180°\times\dfrac{3}{3+5+7}$

$=180°\times\dfrac{1}{5}=36°$

295 답 ④

$\angle B=\angle A-10°$, $\angle A=2\angle C$에서

$\angle B=2\angle C-10°$

이때 $\angle A+\angle B+\angle C=180°$이므로

$2\angle C+(2\angle C-10°)+\angle C=180°$

$5\angle C=190°$　　$\therefore \angle C=38°$

$\therefore \angle B=2\angle C-10°=2\times 38°-10°=66°$

296 답 ③

$\triangle BCD$에서 $\angle BDC=\angle C=66°$

$\triangle ABD$에서 $\angle ABD=\angle A=\angle x$이므로

$\angle x+\angle x=66°$, $2\angle x=66°$

$\therefore \angle x=33°$

297 답 15°

$\triangle ABC$에서 $\angle ABC=\angle C$이므로

$\angle C=\dfrac{1}{2}\times(180°-50°)=65°$

$\triangle BCD$에서 $\angle BDC=\angle C=65°$

따라서 $\triangle ABD$에서

$\angle x+50°=65°$　　$\therefore \angle x=15°$

298 답 40°

$\triangle DBC$에서

$\angle DBC+\angle DCB=180°-110°=70°$ ······ ❶

$\therefore \angle ABC+\angle ACB=2(\angle DBC+\angle DCB)$

$=2\times 70°=140°$ ······ ❷

따라서 $\triangle ABC$에서

$\angle x=180°-(\angle ABC+\angle ACB)$

$=180°-140°=40°$ ······ ❸

채점 기준

❶ $\angle DBC+\angle DCB$의 크기 구하기		30%
❷ $\angle ABC+\angle ACB$의 크기 구하기		30%
❸ $\angle x$의 크기 구하기		40%

299 답 ②

오른쪽 그림의 $\triangle BCD$에서

$\angle ABE=30°+70°=100°$

따라서 $\triangle ABE$에서

$\angle x=180°-(100°+25°)=55°$

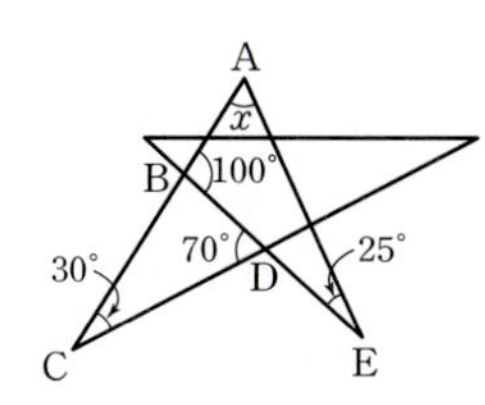

300 답 ③

오른쪽 그림과 같이 $\overline{BC}$를 그으면

$\triangle ABC$에서

$\angle DBC + \angle DCB$

$= 180° - (75° + 20° + 25°)$

$= 60°$

따라서 $\triangle DBC$에서

$\angle x = 180° - (\angle DBC + \angle DCB)$

$\quad\quad = 180° - 60°$

$\quad\quad = 120°$

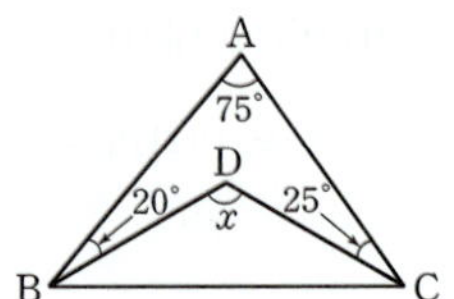

301 답 31°

$\angle ABD = \angle x$, $\angle ACD = \angle y$라 하면

$\triangle ABC$에서

$2\angle y + 62° = 2\angle x$

$\therefore \ \angle x = \angle y + 31° \quad \cdots\cdots \ \bigcirc$

$\triangle BCD$에서

$\angle x = \angle y + \angle D \quad \cdots\cdots \ \bigcirc$

$\bigcirc$, $\bigcirc$에서

$\angle D = 31°$

302 답 ⑤

① 오른쪽 그림의 $\triangle CFI$에서

$\quad \angle a = 30° + 40° = 70°$

② $\angle HIG = \angle a = 70°$(맞꼭지각)이

므로 $\triangle HIG$에서

$\quad \angle b = 40° + 70° = 110°$

③ $\triangle ABI$에서

$\quad \angle c = 180° - (20° + \angle a)$

$\quad\quad = 180° - (20° + 70°) = 90°$

④ $\triangle ADF$에서

$\quad \angle d = 180° - (20° + 40°) = 120°$

⑤ $\triangle BEH$에서

$\quad \angle c = 40° + \angle e$

$\quad 90° = 40° + \angle e$

$\quad \therefore \ \angle e = 50°$

따라서 옳지 않은 것은 ⑤이다.

303 답 100°

$\triangle ABC$에서 $\angle ACB = \angle B = 25°$

$\therefore \ \angle CAE = 25° + 25° = 50°$

$\triangle ACE$에서 $\angle CEA = \angle CAE = 50°$

$\triangle BCE$에서 $\angle ECD = 25° + 50° = 75°$

$\triangle ECD$에서 $\angle EDC = \angle ECD = 75°$

따라서 $\triangle BDE$에서

$\angle x = 25° + 75° = 100°$

304 답 ①

오른쪽 그림의 $\triangle CEF$에서

$\angle a = \angle d + \angle e$

$\triangle BDG$에서

$\angle b = \angle c + \angle f$

$\triangle AFG$에서

$60° + \angle a + \angle b = 180°$

$\therefore \ \angle a + \angle b = 120°$

$\therefore \ \angle a + \angle b + \angle c + \angle d + \angle e + \angle f$

$\quad = \angle a + \angle b + (\angle d + \angle e) + (\angle c + \angle f)$

$\quad = \angle a + \angle b + \angle a + \angle b = 2(\angle a + \angle b)$

$\quad = 2 \times 120° = 240°$

305 답 104°

$\angle ABD = \angle DBE = \angle EBC = \angle a$,

$\angle ACD = \angle DCE = \angle ECF = \angle b$라 하면 $\triangle DBC$에서

$2\angle b = 2\angle a + 52°$

$\therefore \ \angle b - \angle a = 26°$

$\triangle ABC$에서 $3\angle b = 3\angle a + \angle x$

$\therefore \ \angle x = 3(\angle b - \angle a) = 3 \times 26° = 78°$

$\triangle EBC$에서 $\angle b = \angle a + \angle y$

$\therefore \ \angle y = \angle b - \angle a = 26°$

$\therefore \ \angle x + \angle y = 78° + 26° = 104°$

306 답 ⑤

① $\angle x = 180° - 98° = 82°$

② $\angle x = 180° - 72° = 108°$

③ $\angle x = 180° - 80° = 100°$

④ $\angle x = 180° - 104° = 76°$

⑤ $\angle x = 180° - 43° = 137°$

따라서 $\angle x$의 크기가 가장 큰 것은 ⑤이다.

307 답 ④

① 다각형의 한 꼭짓점에서 내각의 크기와 외각의 크기의 합은 $180°$이다.

② 직사각형은 내각의 크기가 모두 $90°$로 같지만 정다각형은 아니다.

③ 정n각형의 한 외각의 크기는 $\dfrac{360°}{n}$이고 정다각형이 아닌 n각형의 한 외각의 크기는 $\dfrac{360°}{n}$가 아닐 수도 있다.

⑤ 다각형에서 한 내각에 대한 외각은 2개이다.

따라서 옳은 것은 ④이다.

308 답 35

$3x + (x + 40) = 180$이므로

$4x = 140 \quad \therefore \ x = 35$

309 답 ①

사각형의 내각의 크기의 합은 $360°$이므로

$90°+\angle x+140°+90°=360°$

$\therefore \angle x=40°$

310 답 $90°$

오각형의 외각의 크기의 합은 $360°$이므로

$55°+70°+(180°-\angle x)+50°+95°=360°$

$\therefore \angle x=90°$

311 답 $100°$

육각형의 내각의 크기의 합은 $180°\times(6-2)=720°$이므로

$110°+146°+\angle x+116°+134°+114°=720°$

$\therefore \angle x=100°$

312 답 $125°$

$(\angle \text{ABC의 외각의 크기})=180°-130°=50°$

$(\angle \text{CDE의 외각의 크기})=180°-100°=80°$

$(\angle \text{DEF의 외각의 크기})=180°-120°=60°$ $\quad\cdots\cdots$ ❶

따라서 가장 큰 외각의 크기는 $80°$, 가장 작은 외각의 크기는 $45°$이므로 그 합은

$80°+45°=125°$ $\quad\cdots\cdots$ ❷

채점 기준	
❶ $\angle$ABC, $\angle$CDE, $\angle$DEF의 외각의 크기 구하기	50 %
❷ 가장 큰 외각의 크기와 가장 작은 외각의 크기의 합 구하기	50 %

313 답 ⑤

㉠ 정팔각형의 내각의 크기의 합은

$\quad 180°\times(8-2)=1080°$

㉡ 정십각형의 내각의 크기의 합은

$\quad 180°\times(10-2)=1440°$

㉢ 정십오각형의 내각의 크기의 합은

$\quad 180°\times(15-2)=2340°$

㉣ ㉠에서 정팔각형의 내각의 크기의 합이 $1080°$이므로 한 내각의 크기는

$\quad \dfrac{1080°}{8}=135°$

㉤ ㉢에서 정십오각형의 내각의 크기의 합이 $2340°$이므로 한 내각의 크기는

$\quad \dfrac{2340°}{15}=156°$

따라서 바르게 짝 지은 것은 ⑤이다.

314 답 ②

① 정십이각형의 내각의 크기의 합은 $180°\times(12-2)=1800°$

② 정십이각형의 한 내각의 크기는

$\quad \dfrac{1800°}{12}=150°$

③ 정십이각형의 외각의 크기의 합은 $360°$이다.

④ 정십이각형의 한 외각의 크기는

$\quad \dfrac{360°}{12}=30°$

⑤ 정십이각형의 한 꼭짓점에서 그을 수 있는 대각선의 개수는

$\quad 12-3=9$

따라서 옳은 것은 ②이다.

315 답 ③

ㄱ. 정사각형의 한 내각의 크기와 한 외각의 크기는 각각 $90°$로 서로 같다.

ㄴ. 정삼각형의 한 외각의 크기는

$\quad \dfrac{360°}{3}=120°$

정육각형의 한 내각의 크기는

$\quad \dfrac{180°\times(6-2)}{6}=120°$

즉, 정삼각형의 한 외각의 크기는 정육각형의 한 내각의 크기와 같다.

ㄷ. 정구각형의 한 내각의 크기는

$\quad \dfrac{180°\times(9-2)}{9}=140°$

정팔각형의 한 내각의 크기는

$\quad \dfrac{180°\times(8-2)}{8}=135°$

즉, 정구각형의 한 내각의 크기는 정팔각형의 한 내각의 크기보다 크다.

ㄹ. 정n각형의 한 외각의 크기는 $\dfrac{360°}{n}$이므로 n의 값이 클수록 한 외각의 크기는 작아진다.

즉, 정다각형의 꼭짓점의 개수가 많을수록 한 외각의 크기는 작아진다.

따라서 옳은 것은 ㄴ, ㄷ이다.

316 답 ②

육각형의 외각의 크기의 합은 $360°$이므로

$(180-100)+x+(180-90)+40+45+(x+35)=360$

$2x=70$ $\quad \therefore x=35$

317 답 65

칠각형의 내각의 크기의 합은

$180°\times(7-2)=900°$ $\quad\cdots\cdots$ ❶

주어진 그림에서

$(2x-30)+(2x+10)+130+160+110+125+135=900$

$4x=260$ $\quad \therefore x=65$ $\quad\cdots\cdots$ ❷

채점 기준	
❶ 칠각형의 내각의 크기의 합 구하기	40 %
❷ x의 값 구하기	60 %

318 답 ④

오각형의 내각의 크기의 합은 $180°\times(5-2)=540°$이므로

$110°+(180°-\angle x)+65°+(180°-60°)+\angle y=540°$

$\therefore \angle y-\angle x=65°$

319 답 16

사각형의 외각의 크기의 합은 $360°$이므로
$$(180-128)+(180-3x)+4x+7x=360$$
$$8x=128 \qquad \therefore x=16$$

320 답 ④

구하는 다각형을 n각형이라 하면
$$180°\times(n-2)=1620°$$
$$n-2=9 \qquad \therefore n=11$$
따라서 구하는 다각형은 십일각형이다.

321 답 ②

ㄴ. 표시된 각 중 육각형의 내각에 포함되지 않는 각은 6개이다.

ㄷ. 표시된 각 중 육각형의 내각에 포함되지 않는 각의 크기의 합은
  내부의 한 점에 모인 각의 크기의 합과 같으므로 $360°$이다.

ㄹ. 육각형의 내각의 크기의 합은
$$180°\times6-360°=720°$$
따라서 옳은 것은 ㄱ, ㄷ이다.

322 답 ④

① 변의 개수가 6인 다각형은 육각형이므로 꼭짓점의 개수는 6이다.

② 주어진 다각형을 n각형이라 하면 대각선의 개수는
$$\frac{n\times(n-3)}{2}=20,\ n(n-3)=40$$
이때 $40=8\times5$이므로 $n=8$
즉, 팔각형의 꼭짓점의 개수는 8이다.

③ 주어진 다각형을 n각형이라 하면 내각의 크기의 합은
$$180°\times(n-2)=900°$$
$$n-2=5 \qquad \therefore n=7$$
즉, 칠각형의 꼭짓점의 개수는 7이다.

④ 모든 다각형의 외각의 크기의 합은 $360°$이므로 몇 각형인지 알
  수 없다.
  즉, 다각형의 꼭짓점의 개수를 알 수 없다.

⑤ 주어진 다각형을 n각형이라 하면 한 꼭짓점에서 그을 수 있는
  대각선의 개수는
$$n-3=5 \qquad \therefore n=8$$
즉, 팔각형의 꼭짓점의 개수는 8이다.

따라서 꼭짓점의 개수를 알 수 없는 것은 ④이다.

323 답 $360°$

지은이가 각 꼭짓점에서 회전한 각의 크기의 합은 칠각형의 외각의
크기의 합과 같으므로 $360°$이다.

324 답 ③

구하는 정다각형을 정n각형이라 하면 정n각형의 한 내각의 크기가
$140°$이므로
$$\frac{180°\times(n-2)}{n}=140°$$
$$180°\times n-360°=140°\times n$$
$$40°\times n=360° \qquad \therefore n=9$$
따라서 이 색종이의 원래 모양은 정구각형이다.

325 답 35

주어진 정다각형을 정n각형이라 하면
$$\frac{360°}{n}=36° \qquad \therefore n=10$$
즉, 주어진 정다각형은 정십각형이다. $\qquad\cdots\cdots$ ⓘ
따라서 정십각형의 대각선의 개수는
$$\frac{10\times(10-3)}{2}=35 \qquad\cdots\cdots$$ ⓘⓘ

채점 기준	
ⓘ 한 외각의 크기를 이용하여 정다각형 파악하기	50%
ⓘⓘ 정십각형의 대각선의 개수 구하기	50%

326 답 ③

① 구각형의 변의 개수는 9이다.

② 십일각형의 한 꼭짓점에서 대각선을 모두 그었을 때 생기는 삼
  각형의 개수는 $11-2=9$

③ 주어진 정다각형을 정n각형이라 하면 한 내각의 크기는
$$\frac{180°\times(n-2)}{n}=160°$$
$$180°\times n-360°=160°\times n$$
$$20°\times n=360° \qquad \therefore n=18$$
따라서 정십팔각형의 꼭짓점의 개수는 18이다.

④ 주어진 정다각형을 정n각형이라 하면 한 외각의 크기는
$$\frac{360°}{n}=40° \qquad \therefore n=9$$
따라서 정구각형의 변의 개수는 9이다.

⑤ 육각형의 대각선의 개수는
$$\frac{6\times(6-3)}{2}=9$$

따라서 그 값이 나머지 넷과 다른 하나는 ③이다.

327 답 ③

주어진 정다각형을 정n각형이라 하면 내각의 크기의 합은
$$180°\times(n-2)=1080°,\ n-2=6 \qquad \therefore n=8$$
따라서 정팔각형의 한 외각의 크기는
$$\frac{360°}{8}=45°$$

328 답 ⑤

㈎를 만족시키는 다각형은 정다각형이다.

한 내각의 크기와 한 외각의 크기의 합은 $180°$이므로 ㈏에서 한 외
각의 크기는
$$180°\times\frac{1}{9+1}=180°\times\frac{1}{10}=18°$$
구하는 다각형을 정n각형이라 하면
$$\frac{360°}{n}=18° \qquad \therefore n=20$$
따라서 구하는 다각형은 정이십각형이다.

참고 정다각형에서 한 내각의 크기와 한 외각의 크기의 비가 $a:b$이면
$$\Rightarrow (한\ 내각의\ 크기)=180°\times\frac{a}{a+b},$$
$$(한\ 외각의\ 크기)=180°\times\frac{b}{a+b}$$

329 답 ③

㈎, ㈏를 만족시키는 다각형은 정다각형이다.

주어진 다각형을 정n각형이라 하면 ㈐에서

$180° \times (n-2) + 360° = 1620°$

$180° \times n = 1620°$ ∴ $n = 9$

따라서 주어진 다각형은 정구각형이다.

① 정구각형의 한 외각의 크기는

$$\frac{360°}{9} = 40°$$

③ 정구각형의 대각선의 개수는

$$\frac{9 \times (9-3)}{2} = 27$$

⑤ 오른쪽 그림과 같이 정구각형의 한 꼭짓점에
서 한 개의 대각선을 그으면 오각형과 육각형
으로 나누어진다.

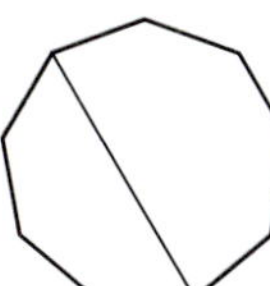

따라서 옳지 않은 것은 ③이다.

330 답 ④

주어진 다각형을 n각형이라 하면 n각형의 한 꼭짓점에서 그을 수
있는 대각선의 개수가 $n-3$이므로

$a = n-3$

이때 생기는 삼각형의 개수는 $n-2$이므로

$b = n-2$

$a + b = 21$에서

$(n-3) + (n-2) = 21$, $2n = 26$ ∴ $n = 13$

따라서 십삼각형의 내각의 크기의 합은

$180° \times (13-2) = 1980°$

331 답 ②

정n각형의 한 외각의 크기는 $\dfrac{360°}{n}$이므로

$$x = \frac{360}{n}$$

따라서 x가 자연수가 되려면 n은 360의 약수이어야 한다.

$360 = 2^3 \times 3^2 \times 5$이므로 360의 약수의 개수는

$(3+1) \times (2+1) \times (1+1) = 24$

이때 n은 3 이상인 자연수이므로 조건을 만족시키는 n의 개수는

$24 - 2 = 22$ ← 1, 2의 2개

따라서 구하는 정다각형의 개수는 22이다.

332 답 62°

오각형의 내각의 크기의 합은 $180° \times (5-2) = 540°$ ······ ❶

오각형 ABCDE에서

$115° + 75° + 65° + \angle FCD + \angle FDC + 82° + 85° = 540°$

∴ $\angle FCD + \angle FDC = 118°$ ······ ❷

따라서 △FCD에서

$\angle x = 180° - (\angle FCD + \angle FDC)$

$= 180° - 118° = 62°$ ······ ❸

채점 기준	
❶ 오각형의 내각의 크기의 합 구하기	30%
❷ $\angle FCD + \angle FDC$의 크기 구하기	40%
❸ $\angle x$의 크기 구하기	30%

333 답 ③

△AHE에서 $\angle CHI = 45° + 40° = 85°$

△BIF에서 $\angle DIH = 30° + 35° = 65°$

사각형의 내각의 크기의 합은 360°이므로 사각형 CDIH에서

$\angle x + \angle y + 65° + 85° = 360°$

∴ $\angle x + \angle y = 210°$

334 답 ③

$\angle x$의 크기는 정육각형의 한 외각의 크기와 정팔각형의 한 외각의
크기의 합이므로

$$\angle x = \frac{360°}{6} + \frac{360°}{8} = 60° + 45° = 105°$$

다른 풀이

정육각형의 한 내각의 크기는

$$\frac{180° \times (6-2)}{6} = 120°$$

정팔각형의 한 내각의 크기는

$$\frac{180° \times (8-2)}{8} = 135°$$

∴ $\angle x = 360° - (120° + 135°) = 105°$

335 답 ①

$\angle DEF$와 $\angle EDF$는 각각 정오각형의 한 외각이므로

$$\angle DEF = \angle EDF = \frac{360°}{5} = 72°$$

따라서 △DFE에서

$\angle x = 180° - (72° + 72°) = 36°$

336 답 ⑤

정오각형의 한 내각의 크기는

$$\frac{180° \times (5-2)}{5} = 108°$$

△ABC는 $\overline{BA} = \overline{BC}$인 이등변삼각형이고 $\angle ABC = 108°$이므로

$$\angle BAC = \frac{1}{2} \times (180° - 108°) = 36°$$

같은 방법으로 하면 △ADE에서 $\angle EAD = 36°$

∴ $\angle x = \angle BAE - (\angle BAC + \angle EAD)$

$= 108° - (36° + 36°) = 36°$

337 답 75°

$\angle BAE = \angle BAD - \angle EAD$

$= 90° - 60° = 30°$

△ABE는 $\overline{AB} = \overline{AE}$인 이등변삼각형이므로

$$\angle x = \frac{1}{2} \times (180° - 30°) = 75°$$

338 답 $15°$

사각형의 내각의 크기의 합은 360°이므로
오른쪽 그림에서
$\angle x+40°+\angle a+75°=360°$

$\therefore \angle a=245°-\angle x$

또 오각형의 내각의 크기의 합은
$180°\times(5-2)=540°$이므로

$\angle a+60°+\angle y+85°+135°=540°$

$(245°-\angle x)+\angle y+280°=540°$

$\therefore \angle y-\angle x=15°$

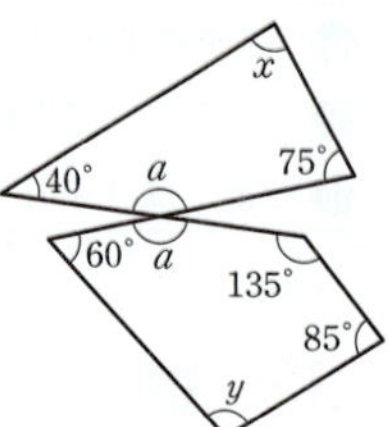

339 답 $117°$

사각형의 내각의 크기의 합은 360°이므로 사각형 ABCD에서
$124°+\angle ABC+\angle BCD+110°=360°$

$\therefore \angle ABC+\angle BCD=126°$

$\therefore \angle EBC+\angle ECB=\dfrac{1}{2}(\angle ABC+\angle BCD)$

$\qquad\qquad\qquad\quad =\dfrac{1}{2}\times126°=63°$

따라서 △EBC에서
$\angle x=180°-(\angle EBC+\angle ECB)$

$\qquad =180°-63°=117°$

340 답 $72°$

정오각형의 한 내각의 크기는
$\dfrac{180°\times(5-2)}{5}=108°$

△ABC는 $\overline{BA}=\overline{BC}$인 이등변삼각형이고 $\angle ABC=108°$이므로
$\angle BAC=\dfrac{1}{2}\times(180°-108°)=36°$

같은 방법으로 하면 △ABE에서 $\angle ABE=36°$
따라서 △ABF에서
$\angle x=\angle BAF+\angle ABF=36°+36°=72°$

341 답 ②

오른쪽 그림과 같이 보조선을 그으면
$\angle a+\angle b=15°+55°=70°$

육각형의 내각의 크기의 합은
$180°\times(6-2)=720°$이므로

$130°+110°+80°+\angle a+\angle b+\angle x+145°+125°=720°$

$590°+70°+\angle x=720°$

$\therefore \angle x=60°$

342 답 $210°$

정육각형의 한 내각의 크기는
$\dfrac{180°\times(6-2)}{6}=120°$

△ABC는 $\overline{BA}=\overline{BC}$인 이등변삼각형이고 $\angle ABC=120°$이므로
$\angle BAC=\dfrac{1}{2}\times(180°-120°)=30°$

같은 방법으로 하면 △ABF에서 $\angle ABF=30°$

$\therefore \angle x=120°-30°=90°$

또 △ABG에서
$\angle y=\angle AGB$(맞꼭지각)

$\qquad =180°-(30°+30°)=120°$

$\therefore \angle x+\angle y=90°+120°=210°$

343 답 ④

오른쪽 그림과 같이 보조선을 그으면
$\angle x+\angle y=\angle f+\angle g$

$\therefore \angle a+\angle b+\angle c+\angle d+\angle e+\angle f+\angle g$

$\quad =\angle a+\angle b+\angle c+\angle d+\angle e+\angle x+\angle y$

$\quad =$(오각형의 내각의 크기의 합)

$\quad =180°\times(5-2)=540°$

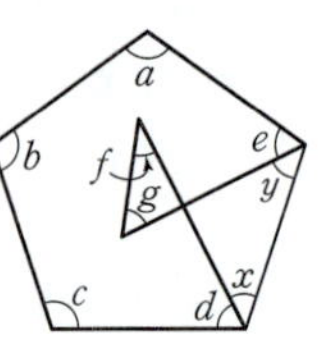

344 답 $72°$

정삼각형의 한 내각의 크기는 60°
정오각형의 한 내각의 크기는
$\dfrac{180°\times(5-2)}{5}=108°$

정육각형의 한 내각의 크기는
$\dfrac{180°\times(6-2)}{6}=120°$

$\therefore \angle x=360°-(60°+108°+120°)=72°$

345 답 $360°$

오른쪽 그림과 같이 보조선을 그으면
$\angle i+\angle j=\angle g+\angle h$

$\angle k+\angle l=\angle c+\angle d$

$\therefore \angle a+\angle b+\angle c+\angle d+\angle e+\angle f$

$\qquad +\angle g+\angle h$

$\quad =\angle a+\angle b+\angle k+\angle l+\angle e+\angle f+\angle i+\angle j$

$\quad =$(사각형의 내각의 크기의 합)

$\quad =360°$

346 답 $14°$

정오각형의 한 내각의 크기는
$\dfrac{180°\times(5-2)}{5}=108°$ ······ ❶

오른쪽 그림과 같이 꼭짓점 B를 지나고
$\overrightarrow{PA}$, $\overrightarrow{QC}$에 평행한 직선 BR를 그으면
$\angle ABR=\angle BAP=50°$(엇각)

$\therefore \angle BCQ=\angle CBR$(엇각)

$\qquad\qquad =108°-50°=58°$ ······ ❷

$\therefore \angle x=180°-(58°+108°)=14°$ ······ ❸

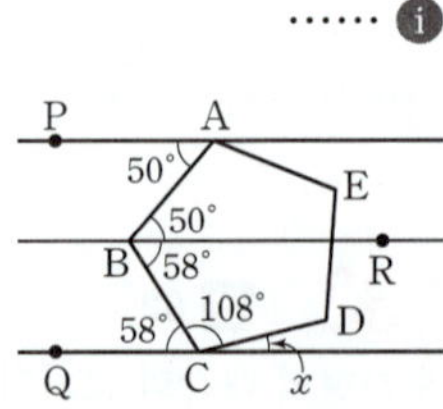

채점 기준	
❶ 정오각형의 한 내각의 크기 구하기	30%
❷ ∠BCQ의 크기 구하기	40%
❸ ∠x의 크기 구하기	30%

347 답 ④

$\triangle$ABN에서

$\angle$EBN$=60°+63°=123°$

오각형의 내각의 크기의 합은

$180°\times(5-2)=540°$이므로 오각형

BEHKN에서

$123°+\angle b+\angle c+\angle d+\angle a=540°$

$\therefore \angle a+\angle b+\angle c+\angle d=417°$

사각형의 내각의 크기의 합은 $360°$이므로 사각형 CFIM에서

$39°+(180°-23°)+81°+\angle e=360°$

$\therefore \angle e=83°$

$\therefore \angle a+\angle b+\angle c+\angle d+\angle e=417°+83°$

$\qquad\qquad\qquad\qquad\qquad =500°$

348 답 ③

정삼각형의 한 내각의 크기는 $60°$, 정사각형의 한 내각의 크기는 $90°$이므로

$\angle$EDC$=60°+90°=150°$

$\triangle$CDE는 $\overline{DC}=\overline{DE}$인 이등변삼각형이므로

$\angle$DEF$=\dfrac{1}{2}\times(180°-150°)=15°$

따라서 $\triangle$DEF에서

$\angle x=180°-(15°+60°)=105°$

349 답 ③

$\triangle$ABP와 $\triangle$BCQ에서

$\overline{AB}=\overline{BC}$, $\overline{BP}=\overline{CQ}$, $\angle$ABP$=\angle$BCQ

즉, $\triangle$ABP$\equiv\triangle$BCQ (SAS 합동)이므로

$\angle$BAP$=\angle$CBQ

오른쪽 그림과 같이 $\overline{AP}$와 $\overline{BQ}$의 교점을 R라

하면 $\triangle$ABR에서

$\angle x=\angle$BAR$+\angle$ABR

$\quad\ =\angle$CBQ$+\angle$ABR

$\quad\ =\angle$ABC

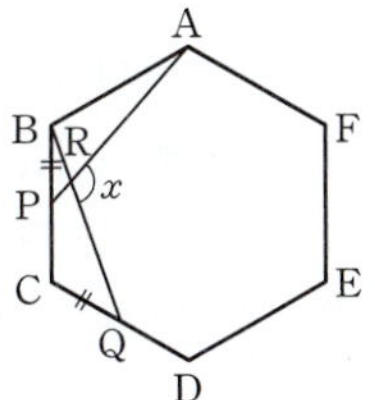

따라서 $\angle x$의 크기는 정육각형의 한 내각의

크기와 같으므로

$\angle x=\dfrac{180°\times(6-2)}{6}=120°$

350 답 540°

$\angle a+\angle b+\angle c+\angle d+\angle e+\angle f+\angle g$

$=$(7개의 삼각형의 내각의 크기의 합)

$\quad-$(칠각형의 외각의 크기의 합)$\times2$

$=180°\times7-360°\times2$

$=540°$

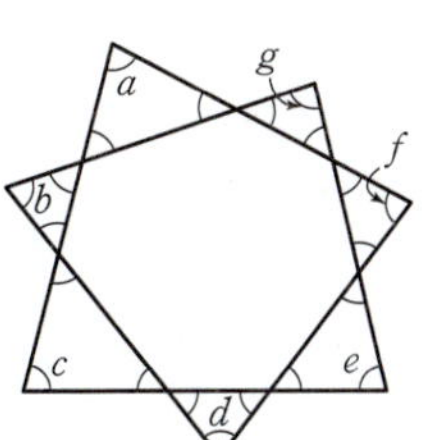

351 답 360°

오른쪽 그림에서 구하는 각의 크기는 오각형의 외각의 크기의 합과 같으므로

$\angle a+\angle b+\angle c+\angle d+\angle e+\angle f$

$+\angle g+\angle h+\angle i+\angle j$

$=360°$

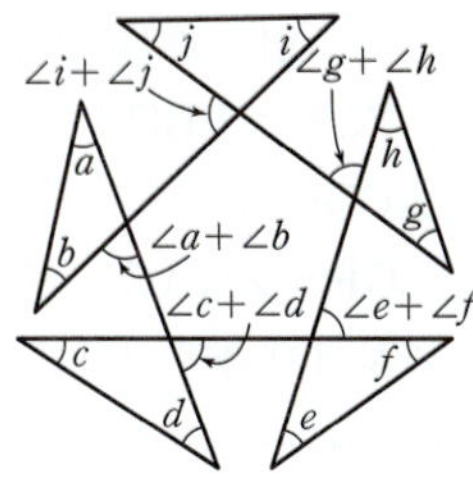

352 답 360°

$\triangle$CDH에서

$\angle$BHI$=\angle b+\angle c$

$\triangle$BFG에서

$\angle$ABH$=\angle d+\angle e$

사각형의 내각의 크기의 합은 $360°$이므로 사각형 ABHI에서

$\angle a+(\angle d+\angle e)+(\angle b+\angle c)+\angle f=360°$

$\therefore \angle a+\angle b+\angle c+\angle d+\angle e+\angle f=360°$

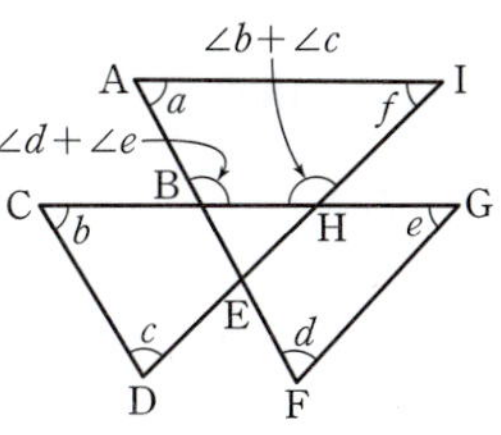

353 답 144°

$\angle$ABC$=3\angle a$, $\angle$CBF$=2\angle a$,

$\angle$EDC$=3\angle b$, $\angle$CDF$=2\angle b$라 하자.

오각형의 내각의 크기의 합은

$180°\times(5-2)=540°$이므로 오각형

ABFDE에서

$110°+5\angle a+40°+5\angle b+130°=540°$

$5(\angle a+\angle b)=260°$

$\therefore \angle a+\angle b=52°$

오각형 ABCDE에서

$110°+3\angle a+\angle x+3\angle b+130°=540°$

$240°+3(\angle a+\angle b)+\angle x=540°$

$240°+3\times52°+\angle x=540°$

$\therefore \angle x=144°$

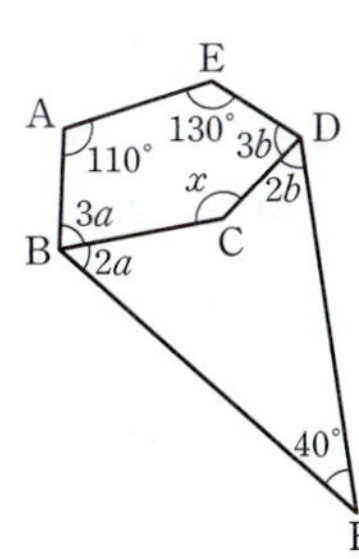

354 답 360°

오른쪽 그림에서

$\angle x=\angle a+\angle b$

$\angle y=\angle c+\angle d$

$\angle z=\angle e+\angle f$

$\angle v=\angle g+\angle h$

$\angle w=\angle i+\angle j$

오각형의 외각의 크기의 합은 $360°$이므로

$\angle x+\angle y+\angle z+\angle v+\angle w=360°$

$\therefore \angle a+\angle b+\angle c+\angle d+\angle e+\angle f+\angle g+\angle h+\angle i+\angle j$

$\quad =\angle x+\angle y+\angle z+\angle v+\angle w$

$\quad =360°$

오른쪽 그림의 $\triangle BDF$에서

$\angle EFG = \angle FBD + \angle BDF$

$\triangle ACG$에서

$\angle EGF = \angle GAC + \angle ACG$

오각형의 내각의 크기의 합은

$180° \times (5-2) = 540°$이므로

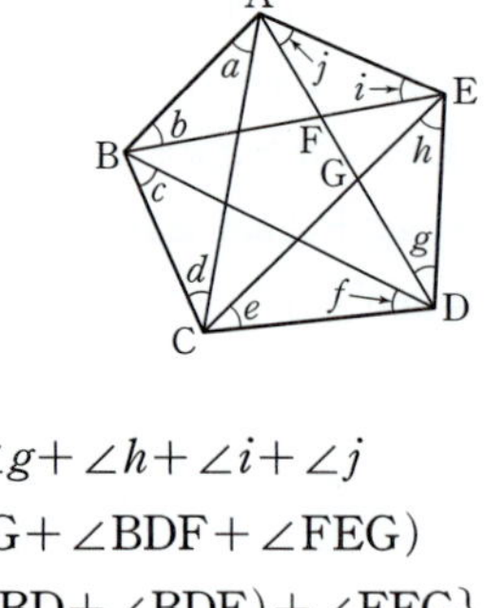

$\angle a + \angle b + \angle c + \angle d + \angle e + \angle f + \angle g + \angle h + \angle i + \angle j$
$= 540° - (\angle GAC + \angle FBD + \angle ACG + \angle BDF + \angle FEG)$
$= 540° - \{(\angle GAC + \angle ACG) + (\angle FBD + \angle BDF) + \angle FEG\}$
$= 540° - (\angle EGF + \angle EFG + \angle FEG)$
$= 540° - 180°$
$= 360°$

최고수준 도전 기출
75쪽

355 답 $120°$

 정삼각형, 정사각형, 정육각형의 한 내각의 크기를 이용하여 주어진 각의 크기를 구한다.

정삼각형의 한 내각의 크기는 $60°$,
정사각형의 한 내각의 크기는 $90°$,
정육각형의 한 내각의 크기는

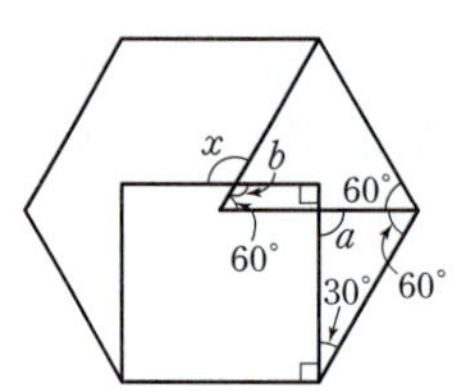

$\dfrac{180° \times (6-2)}{6} = 120°$이므로

$\angle a = 180° - (30° + 60°) = 90°$

$\angle b = 360° - (90° + 60° + 90°) = 120°$

$\therefore \angle x = \angle b = 120°$(맞꼭지각)

356 답 $65°$

 $\angle CBP = \angle DBP = \angle a$, $\angle BCP = \angle ECP = \angle b$라 하고 $\angle ABC$, $\angle ACB$를 각각 $\angle a$, $\angle b$에 대하여 나타낸다.

$\angle CBP = \angle DBP = \angle a$,

$\angle BCP = \angle ECP = \angle b$라 하면

$\angle ABC = 180° - 2\angle a$,

$\angle ACB = 180° - 2\angle b$

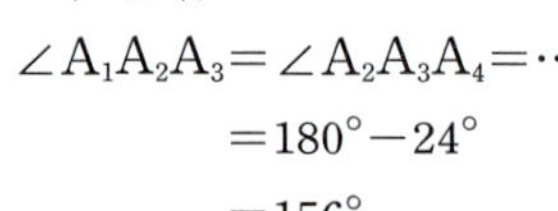

삼각형의 세 내각의 크기의 합은 $180°$
이므로 $\triangle ABC$에서

$50° + (180° - 2\angle a) + (180° - 2\angle b) = 180°$

$2(\angle a + \angle b) = 230°$

$\therefore \angle a + \angle b = 115°$

$\triangle BPC$에서

$\angle x = 180° - (\angle a + \angle b)$
$\quad\quad = 180° - 115° = 65°$

357 답 9

 정n각형의 한 외각의 크기를 n에 대한 식으로 나타낸 후 사각형의 내각의 크기의 합을 이용하여 n의 값을 구한다.

오른쪽 그림에서 $\angle x$의 크기는 정오각형의 한
외각의 크기이므로

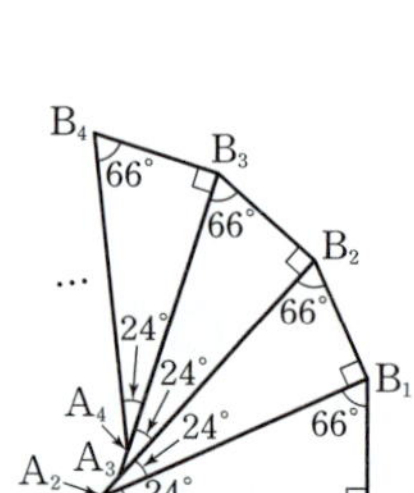

$\angle x = \dfrac{360°}{5} = 72°$

$\angle z$의 크기는 정n각형의 한 외각의 크기이므로

$\angle z = \dfrac{360°}{n}$

$\angle y$의 크기는 정오각형의 한 외각의 크기와 정n각형의 한 외각의 크기의 합이므로

$\angle y = 72° + \dfrac{360°}{n}$

사각형의 내각의 크기의 합은 $360°$이므로

$\angle x + 136° + \angle y + \angle z = 360°$

$72° + 136° + 72° + \dfrac{360°}{n} + \dfrac{360°}{n} = 360°$

$2 \times \dfrac{360°}{n} = 80°$

$\therefore n = 9$

358 답 90

 만들어지는 다각형이 한 외각의 크기가 $24°$인 정다각형임을 이용한다.

오른쪽 그림에서 $\overline{A_1B_1} = a$, $\overline{A_2B_1} = b$라 하면

$\overline{A_1A_2} = \overline{A_2A_3} = \overline{A_3A_4} = \cdots = a - b$

이므로 만들어지는 다각형의 변의 길이는
모두 같다. 또

$\angle A_1A_2A_3 = \angle A_2A_3A_4 = \cdots$
$\quad\quad\quad\quad = 180° - 24°$
$\quad\quad\quad\quad = 156°$

이므로 만들어지는 다각형의 내각의 크기는 모두 같다.

따라서 만들어지는 다각형은 정다각형이다.

즉, 만들어지는 다각형은 한 외각의 크기가 $24°$인 정다각형이므로 만들어지는 다각형을 정n각형이라 하면

$\dfrac{360°}{n} = 24°$

$\therefore n = 15$

따라서 만들어지는 다각형은 정십오각형이므로 대각선의 개수는

$\dfrac{15 \times (15-3)}{2} = 90$

05 원과 부채꼴

359　답 ④

④ 원에서 현과 호로 이루어진 도형을 활꼴이라 한다.

360　답 $180°$

한 원에서 부채꼴과 활꼴이 같은 경우는 반원일 때이고 중심각의 크기는 $180°$이다.

361　답 ③

② $\overline{BC}$와 $\overarc{BC}$로 이루어진 도형은 반원으로 활꼴이자 부채꼴이다.
③ $\overline{OA}=\overline{OB}=\overline{OC}$이지만 $\overline{AB}$의 길이와 같은지는 알 수 없다.
따라서 옳지 않은 것은 ③이다.

362　답 ①

부채꼴의 호의 길이는 중심각의 크기에 정비례하므로
$x:24=35:140,\ x:24=1:4$
$4x=24$　　$\therefore x=6$

363　답 60

부채꼴의 넓이는 중심각의 크기에 정비례하므로
$14:21=x:90,\ 2:3=x:90$
$3x=180$　　$\therefore x=60$

364　답 $126°$

$\overline{AB}=\overline{CD}=\overline{DE}=\overline{EF}$이므로
$\angle AOB=\angle COD=\angle DOE=\angle EOF$
$\therefore \angle COF=\angle COD+\angle DOE+\angle EOF$
　　　　　$=3\angle AOB$
　　　　　$=3\times42°=126°$

365　답 ⑤

⑤ 현의 길이는 중심각의 크기에 정비례하지 않는다.

366　답 ③

① 부채꼴의 호의 길이는 중심각의 크기에 정비례하므로
　$18:9=80:x,\ 2:1=80:x$
　$2x=80$　　$\therefore x=40$
② 길이가 같은 현에 대한 중심각의 크기는 같으므로
　$x=46$
③ 부채꼴의 넓이는 중심각의 크기에 정비례하므로
　$36:16=108:x,\ 9:4=108:x$
　$9x=432$　　$\therefore x=48$

④ 부채꼴의 넓이는 중심각의 크기에 정비례하므로
　$x:15=150:50,\ x:15=3:1$
　$\therefore x=45$
⑤ 부채꼴의 호의 길이는 중심각의 크기에 정비례하므로
　$20:x=35:56,\ 20:x=5:8$
　$5x=160$　　$\therefore x=32$
따라서 x의 값이 가장 큰 것은 ③이다.

367　답 38

부채꼴의 호의 길이는 중심각의 크기에 정비례하므로
$6:15=x:(3x-19),\ 2:5=x:(3x-19)$
$5x=2(3x-19),\ 5x=6x-38$　　$\therefore x=38$

368　답 ④

부채꼴의 넓이는 중심각의 크기에 정비례하므로
$27:72=(2x+14):(7x+4)$
$3:8=(2x+14):(7x+4)$
$8(2x+14)=3(7x+4),\ 16x+112=21x+12$
$5x=100$　　$\therefore x=20$

369　답 24 cm

원 O의 둘레의 길이를 x cm라 하면 부채꼴의 호의 길이는 중심각의 크기에 정비례하므로
$4:x=60:360$　　　　　$\cdots\cdots$ ❶
$4:x=1:6$　　$\therefore x=24$
따라서 원 O의 둘레의 길이는 24 cm이다.　　$\cdots\cdots$ ❷

채점 기준	
❶ 부채꼴의 호의 길이가 중심각의 크기에 정비례함을 이용하여 비례식 세우기	60%
❷ 원 O의 둘레의 길이 구하기	40%

370　답 ②

부채꼴의 호의 길이는 중심각의 크기에 정비례하므로
$\angle AOB:\angle COD=\overarc{AB}:\overarc{CD}=7:3$
부채꼴 COD의 넓이를 x cm²라 하면 부채꼴의 넓이는 중심각의 크기에 정비례하므로
$42:x=7:3$
$7x=126$　　$\therefore x=18$
따라서 부채꼴 COD의 넓이는 18 cm²이다.

371　답 28 cm²

$\angle AOB+\angle COD=25°+20°=45°$이므로 두 부채꼴 AOB, COD의 넓이의 합은 중심각의 크기가 $45°$인 부채꼴의 넓이와 같다.
반원 O의 넓이를 x cm²라 하면 부채꼴의 넓이는 중심각의 크기에 정비례하므로
$7:x=45:180$
$7:x=1:4$　　$\therefore x=28$
따라서 반원 O의 넓이는 28 cm²이다.

372 답 ⑤

ㄱ. 부채꼴의 호의 길이는 중심각의 크기에 정비례하므로

$\quad \overparen{AB}:\overparen{CD}=110:55,\ \overparen{AB}:\overparen{CD}=2:1$

$\quad \therefore \overparen{AB}=2\overparen{CD}$

ㄷ. 현의 길이는 중심각의 크기에 정비례하지 않으므로

$\quad \overline{AB}\neq 2\overline{CD}$

ㄹ. 부채꼴의 넓이는 중심각의 크기에 정비례하므로

$\quad$(부채꼴 AOB의 넓이)$=2\times$(부채꼴 COD의 넓이)

따라서 옳은 것은 ㄱ, ㄴ, ㄹ이다.

373 답 **60 cm²**

부채꼴의 넓이는 중심각의 크기에 정비례하므로 세 부채꼴 AOB, BOC, AOC의 넓이의 비는 $6:5:4$이다.

따라서 부채꼴 AOC의 넓이는

$$225\times\frac{4}{6+5+4}=225\times\frac{4}{15}=60(\text{cm}^2)$$

374 답 **10 cm**

$3\angle AOC=2\angle BOC$에서 $\angle AOC:\angle BOC=2:3$

부채꼴의 호의 길이는 중심각의 크기에 정비례하므로

$\overparen{AC}:15=2:3$

$3\overparen{AC}=30 \qquad \therefore \overparen{AC}=10(\text{cm})$

375 답 ③

$\angle AOB:\angle BOC:\angle COA=\overparen{AB}:\overparen{BC}:\overparen{CA}=2:3:4$이므로

$$\angle BOC=360°\times\frac{3}{2+3+4}=360°\times\frac{1}{3}=120°$$

376 답 **32 cm**

$\overparen{AB}=\overparen{BC}$이므로 $\angle AOB=\angle BOC$

크기가 같은 중심각에 대한 현의 길이는 같으므로

$\overline{BC}=\overline{AB}=9\ \text{cm}$

한 원에서 반지름의 길이는 같으므로

$\overline{OC}=\overline{OA}=7\ \text{cm}$

따라서 사각형 OABC의 둘레의 길이는

$\overline{AB}+\overline{BC}+\overline{OA}+\overline{OC}=9+9+7+7=32(\text{cm})$

377 답 **66°**

$\angle AOC+\angle BOD=180°-26°=154°$이고

$\angle AOC:\angle BOD=\overparen{AC}:\overparen{BD}=3:4$이므로

$$\angle AOC=154°\times\frac{3}{3+4}=154°\times\frac{3}{7}=66°$$

378 답 ③

$\overparen{BC}$의 길이는 원의 둘레의 길이의 $\dfrac{1}{10}$이고 부채꼴의 호의 길이는 중심각의 크기에 정비례하므로

$$\angle BOC=360°\times\frac{1}{10}=36°$$

$\therefore \angle AOC=180°-36°=144°$

부채꼴 AOC의 넓이를 $x\ \text{cm}^2$라 하면 부채꼴의 넓이는 중심각의 크기에 정비례하므로

$20\pi:x=180:144,\ 20\pi:x=5:4$

$5x=80\pi \qquad \therefore x=16\pi$

따라서 부채꼴 AOC의 넓이는 $16\pi\ \text{cm}^2$이다.

379 답 ④

① $\overparen{AE}=2\overparen{AB}$인지는 알 수 없다.

② $\angle AOC=2\angle AOB$이므로

$\quad \angle AOC:\angle DOE=2\angle AOB:3\angle AOB=2:3$

부채꼴의 호의 길이는 중심각의 크기에 정비례하므로

$\quad \overparen{AC}:\overparen{DE}=2:3$

$\quad 3\overparen{AC}=2\overparen{DE} \qquad \therefore \overparen{AC}=\dfrac{2}{3}\overparen{DE}$

③ 현의 길이는 중심각의 크기에 정비례하지 않으므로 $\overline{DE}\neq 3\overline{AB}$

이고 $\overline{DE}<3\overline{AB}$이다.

④ $\overline{OA}=\overline{OB}=\overline{OC}$이고 $\angle AOB=\angle BOC$이므로

$\quad \triangle OAB\equiv\triangle OBC$ (SAS 합동)

⑤ 삼각형의 넓이는 중심각의 크기에 정비례하지 않으므로

$\quad$(삼각형 AOC의 넓이)$\neq 2\times$(삼각형 AOB의 넓이)이고

$\quad$(삼각형 AOC의 넓이)$<2\times$(삼각형 AOB의 넓이)이다.

따라서 옳은 것은 ④이다.

380 답 **50°**

$\angle AOC:\angle BOC=\overparen{AC}:\overparen{BC}=5:4$이므로

$$\angle BOC=180°\times\frac{4}{5+4}=180°\times\frac{4}{9}=80° \qquad\cdots\cdots \text{❶}$$

따라서 $\triangle OBC$에서 $\overline{OB}=\overline{OC}$이므로

$$\angle OBC=\frac{1}{2}\times(180°-80°)=50° \qquad\cdots\cdots \text{❷}$$

채점 기준

❶	$\angle BOC$의 크기 구하기	60%
❷	$\angle OBC$의 크기 구하기	40%

381 답 ③

부채꼴의 넓이는 중심각의 크기에 정비례하므로

$8:32=\angle AOB:360°,\ 1:4=\angle AOB:360°$

$4\angle AOB=360° \qquad \therefore \angle AOB=90°$

따라서 $\triangle OPQ$에서

$\angle x+\angle y=180°-90°=90°$

382 답 **4 cm**

$\triangle AOB$에서 $\overline{OA}=\overline{OB}$이므로

$$\angle OAB=\frac{1}{2}\times(180°-108°)=36°$$

$\overline{AB}/\!/\overline{CD}$이므로 $\angle AOC=\angle OAB=36°$(엇각)

따라서 $\overparen{AB}:\overparen{AC}=\angle AOB:\angle AOC$에서

$12:\overparen{AC}=108:36,\ 12:\overparen{AC}=3:1$

$3\overparen{AC}=12 \qquad \therefore \overparen{AC}=4(\text{cm})$

383 답 ①

$\triangle ABC$에서 $\angle ACB = 180° - (80° + 60°) = 40°$

$\angle OEC = \angle OFC = 90°$이므로 사각형 OECF에서

$\angle EOF = 360° - (90° + 40° + 90°) = 140°$

부채꼴 EOF의 넓이를 $x \, cm^2$라 하면 부채꼴의 넓이는 중심각의 크기에 정비례하므로

$x : 90 = 140 : 360$, $x : 90 = 7 : 18$

$18x = 630$ $\therefore x = 35$

따라서 부채꼴 EOF의 넓이는 $35 \, cm^2$이다.

384 답 5 cm

$\triangle OBC$에서 $\overline{OB} = \overline{OC}$이므로

$\angle OCB = \dfrac{1}{2} \times (180° - 80°) = 50°$

$\overline{BC} /\!/ \overline{OD}$이므로 $\angle COD = \angle OCB = 50°$(엇각)

$\therefore \angle AOD = 180° - (50° + 80°) = 50°$

따라서 $\overparen{AD} : \overparen{BC} = \angle AOD : \angle BOC$에서

$\overparen{AD} : 8 = 50 : 80$, $\overparen{AD} : 8 = 5 : 8$

$\therefore \overparen{AD} = 5(cm)$

385 답 ④

오른쪽 그림과 같이 $\overline{OC}$를 그으면

$\triangle AOC$에서 $\overline{OA} = \overline{OC}$이므로

$\angle ACO = \angle OAC = 20°$

$\therefore \angle AOC = 180° - (20° + 20°) = 140°$

$\therefore \angle BOC = 180° - 140° = 40°$

따라서 $\overparen{AC} : \overparen{BC} = \angle AOC : \angle BOC$에서

$\overparen{AC} : 6 = 140 : 40$, $\overparen{AC} : 6 = 7 : 2$

$2\overparen{AC} = 42$ $\therefore \overparen{AC} = 21(cm)$

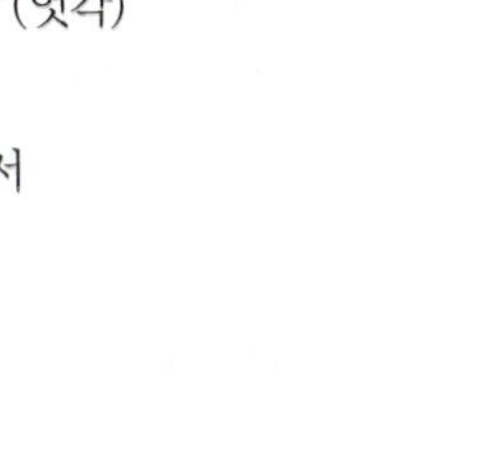

386 답 ⑤

오른쪽 그림과 같이 $\overline{OC}$, $\overline{OD}$를 그으면

$\triangle OBC$, $\triangle ODB$에서 $\overline{OC} = \overline{OB} = \overline{OD}$이다.

$\triangle OBC$에서 $\angle OCB = \angle OBC = 36°$이므로

$\angle AOC = \angle OBC + \angle OCB$
$\qquad = 36° + 36° = 72°$

$\triangle ODB$에서 $\angle ODB = \angle OBD = 50°$이므로

$\angle BOD = 180° - (50° + 50°) = 80°$

$\therefore \overparen{AC} : \overparen{BD} = \angle AOC : \angle BOD = 72 : 80 = 9 : 10$

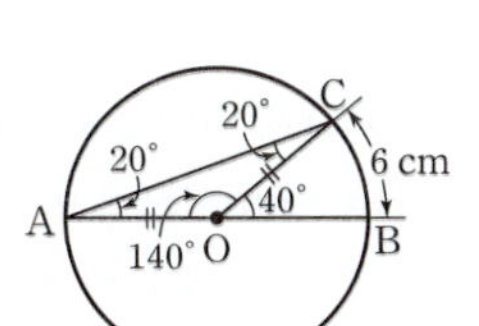

참고 삼각형의 한 외각의 크기는 그와 이웃하지 않는 두 내각의 크기의 합과 같다.

387 답 ③

$\overline{AC} /\!/ \overline{OD}$이므로

$\angle OAC = \angle BOD = 30°$(동위각)

오른쪽 그림과 같이 $\overline{OC}$를 그으면

$\triangle AOC$에서 $\overline{OA} = \overline{OC}$이므로

$\angle OCA = \angle OAC = 30°$

$\therefore \angle AOC = 180° - (30° + 30°) = 120°$

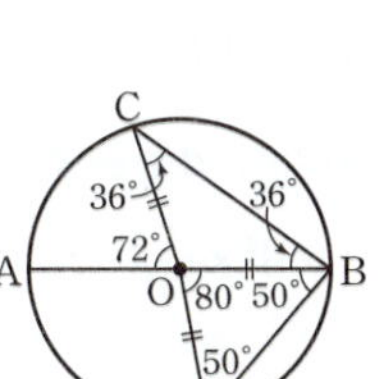

따라서 $\overparen{AC} : \overparen{BD} = \angle AOC : \angle BOD$에서

$\overparen{AC} : 3 = 120 : 30$, $\overparen{AC} : 3 = 4 : 1$

$\therefore \overparen{AC} = 12(cm)$

388 답 90°

$\angle BOC = \angle a$라 하면 $\overline{OC} /\!/ \overline{AB}$이므로

$\angle OBA = \angle BOC = \angle a$(엇각)

$\triangle OAB$에서 $\overline{OA} = \overline{OB}$이므로

$\angle OAB = \angle OBA = \angle a$

$\angle AOB : \angle BOC = \overparen{AB} : \overparen{BC} = 2 : 1$이므로

$\angle AOB = 2 \angle BOC = 2 \angle a$

$\triangle OAB$에서 $2 \angle a + \angle a + \angle a = 180°$

$4 \angle a = 180°$ $\therefore \angle a = 45°$

$\therefore \angle AOB = 2 \angle a = 2 \times 45° = 90°$

389 답 4 cm

$\triangle OPC$에서 $\overline{CO} = \overline{CP}$이므로

$\angle COP = \angle P = 20°$

$\therefore \angle OCD = \angle COP + \angle CPO = 20° + 20° = 40°$

$\triangle OCD$에서 $\overline{OC} = \overline{OD}$이므로

$\angle ODC = \angle OCD = 40°$

$\triangle OPD$에서 $\angle BOD = \angle OPD + \angle ODP = 20° + 40° = 60°$

따라서 $\overparen{AC} : \overparen{BD} = \angle AOC : \angle BOD$에서

$\overparen{AC} : 12 = 20 : 60$, $\overparen{AC} : 12 = 1 : 3$

$3\overparen{AC} = 12$ $\therefore \overparen{AC} = 4(cm)$

390 답 ②

$\overline{AE} /\!/ \overline{CD}$이므로

$\angle OAE = \angle AOC = 24°$(엇각)

오른쪽 그림과 같이 $\overline{OE}$를 그으면

$\triangle AOE$에서 $\overline{OA} = \overline{OE}$이므로

$\angle OEA = \angle OAE = 24°$

$\therefore \angle AOE = 180° - (24° + 24°) = 132°$

$\overline{AE} /\!/ \overline{CD}$이므로

$\angle BOD = \angle OAE = 24°$(동위각)

$\angle EOD = \angle OEA = 24°$(엇각)

$\therefore \overparen{AE} : \overparen{ED} : \overparen{DB} = \angle AOE : \angle EOD : \angle BOD$
$\qquad\qquad = 132 : 24 : 24 = 11 : 2 : 2$

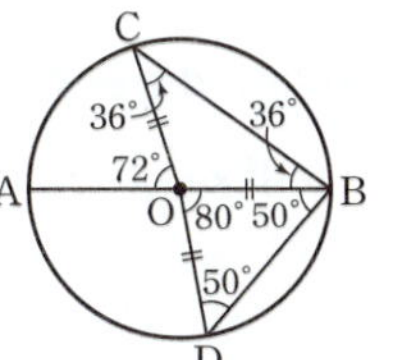

391 답 6 cm

$\overline{AC} /\!/ \overline{OD}$이므로

$\angle OAC = \angle BOD$(동위각) $\cdots\cdots$ ㉠

오른쪽 그림과 같이 $\overline{OC}$를 그으면 $\triangle AOC$에서 $\overline{OA} = \overline{OC}$이므로

$\angle OCA = \angle OAC$ $\cdots\cdots$ ㉡

$\overline{AC} /\!/ \overline{OD}$이므로

$\angle COD = \angle OCA$(엇각) $\cdots\cdots$ ㉢

㉠, ㉡, ㉢에서

∠COD=∠BOD   ⋯⋯ ❶

크기가 같은 중심각에 대한 현의 길이는 같으므로

$\overline{BD}=\overline{CD}=6\,cm$ ⋯⋯ ❷

❶ ∠COD=∠BOD임을 설명하기		70 %
❷ $\overline{BD}$의 길이 구하기		30 %

392   답 16 cm

$∠AOD=∠a$라 하면 $\overline{AB}/\!/\overline{DO}$이므로

$∠OAB=∠AOD=∠a$(엇각)

오른쪽 그림과 같이 $\overline{OB}$를 그으면 △OAB에서

$\overline{OA}=\overline{OB}$이므로

$∠OBA=∠OAB=∠a$

$∴ ∠BOC=∠OAB+∠OBA$

$\quad\quad\quad = ∠a+∠a=2∠a$

따라서 $\overarc{AD}:\overarc{BC}=∠AOD:∠BOC$에서

$8:\overarc{BC}=∠a:2∠a$

$8:\overarc{BC}=1:2 \quad ∴ \overarc{BC}=16(cm)$

393   답 ②

$∠P=∠a$라 하면 △CPO에서 $\overline{CO}=\overline{CP}$이므로

$∠COP=∠P=∠a$

$∴ ∠OCD=∠CPO+∠COP=∠a+∠a=2∠a$

오른쪽 그림과 같이 $\overline{OD}$를 그으면

△COD에서 $\overline{OC}=\overline{OD}$이므로

$∠ODC=∠OCD=2∠a$

△POD에서

$∠BOD=∠OPD+∠ODP=∠a+2∠a=3∠a$

따라서 $\overarc{AC}:\overarc{BD}=∠AOC:∠BOD$에서

$5:\overarc{BD}=∠a:3∠a, \; 5:\overarc{BD}=1:3$

$∴ \overarc{BD}=15(cm)$

394   답 ⑤

$∠P=∠a$라 하면 △DOP에서 $\overline{DO}=\overline{DP}$이므로

$∠DOP=∠P=∠a$

$∴ ∠ODC=∠DOP+∠DPO=∠a+∠a=2∠a$

△COD에서 $\overline{OC}=\overline{OD}$이므로

$∠OCD=∠ODC=2∠a$

△COP에서

$∠AOC=∠OCP+∠OPC=2∠a+∠a=3∠a$

즉, $3∠a=36°$이므로 $∠a=12°$

따라서 $∠COD=180°-(36°+12°)=132°$이므로

$\overarc{AC}:\overarc{CD}=∠AOC:∠COD$에서

$6:\overarc{CD}=36:132, \; 6:\overarc{CD}=3:11$

$3\overarc{CD}=66 \quad ∴ \overarc{CD}=22(cm)$

395   답 ④

원의 반지름의 길이가 $\dfrac{1}{2}\times18=9(cm)$이므로

(원의 둘레의 길이)$=2π\times9=18π(cm)$

(원의 넓이)$=π\times9^2=81π(cm^2)$

396   답 14π cm

원의 반지름의 길이를 $r\,cm$라 하면

$π\times r^2=49π$

$r^2=49 \quad ∴ r=7$

따라서 원의 반지름의 길이는 7 cm이므로 원의 둘레의 길이는

$2π\times7=14π(cm)$

397   답 ①

(어두운 부분의 넓이)$=π\times4^2-π\times3^2-π\times1^2$

$\quad\quad\quad\quad\quad\quad\quad = 16π-9π-π=6π(cm^2)$

398   답 48π cm²

$\overline{OA}=r\,cm$라 하면

$2πr=8π \quad ∴ r=4$

즉, $\overline{OA}$의 길이는 4 cm이다.   ⋯⋯ ❶

$\overline{OB}=8\,cm$이므로 어두운 부분의 넓이는

$π\times8^2-π\times4^2=64π-16π=48π(cm^2)$ ⋯⋯ ❷

❶ $\overline{OA}$의 길이 구하기		60 %
❷ 어두운 부분의 넓이 구하기		40 %

399   답 12π cm²

$\overline{AB}=\overline{BC}=\overline{CD}=\dfrac{1}{3}\times12=4(cm)$

따라서 어두운 부분의 넓이는

$π\times6^2\times\dfrac{1}{2}-π\times4^2\times\dfrac{1}{2}+π\times2^2\times\dfrac{1}{2}=18π-8π+2π$

$\quad\quad\quad\quad\quad\quad\quad\quad\quad\quad\quad\quad\quad\quad = 12π(cm^2)$

400   답 ④

(어두운 부분의 둘레의 길이)$=\left(2π\times10\times\dfrac{1}{2}\right)\times2+20\times2$

$\quad\quad\quad\quad\quad\quad\quad\quad\quad\quad = 20π+40(cm)$

401   답 ②

(어두운 부분의 둘레의 길이)

$=2π\times5\times\dfrac{1}{2}+2π\times3\times\dfrac{1}{2}+2π\times2\times\dfrac{1}{2}$

$=5π+3π+2π=10π(cm)$

(어두운 부분의 넓이)$=π\times5^2\times\dfrac{1}{2}+π\times3^2\times\dfrac{1}{2}-π\times2^2\times\dfrac{1}{2}$

$\quad\quad\quad\quad\quad\quad\quad\quad = \dfrac{25}{2}π+\dfrac{9}{2}π-2π=15π(cm^2)$

402 답 ④

(트랙의 넓이)

$=$(지름의 길이가 24 m인 원의 넓이)

$\quad-$(지름의 길이가 16 m인 원의 넓이)

$\quad+$(가로, 세로의 길이가 각각 32 m, 4 m인 직사각형의 넓이)$\times 2$

$=\pi \times 12^2 - \pi \times 8^2 + (32 \times 4) \times 2$

$=144\pi - 64\pi + 256$

$=80\pi + 256\,(\mathrm{m}^2)$

403 답 ③

$\overline{AB} = \overline{BC} = \overline{CD} = \dfrac{1}{3} \times 24 = 8\,(\mathrm{cm})$

따라서 어두운 부분의 둘레의 길이는

$(\overparen{AB} + \overparen{CD}) + (\overparen{AC} + \overparen{BD}) = 2\pi \times 4 + 2\pi \times 8$

$\qquad\qquad\qquad\qquad\quad = 8\pi + 16\pi$

$\qquad\qquad\qquad\qquad\quad = 24\pi\,(\mathrm{cm})$

404 답 30π cm

작은 원의 반지름의 길이를 r cm라 하면

$2\pi r = 10\pi \qquad \therefore r = 5$

즉, 작은 원의 반지름의 길이는 5 cm이므로 큰 원의 반지름의 길이는 $3 \times 5 = 15\,(\mathrm{cm})$

따라서 큰 원의 둘레의 길이는

$2\pi \times 15 = 30\pi\,(\mathrm{cm})$

405 답 ⑤

원 O''의 반지름의 길이를 r라 하면 원 O'과 원 O의 반지름의 길이는 각각 $2r$, $4r$이므로

$S_1 : S_2 : S_3 = \{\pi \times (4r)^2\} : \{\pi \times (2r)^2\} : (\pi \times r^2)$

$\qquad\qquad = 16\pi r^2 : 4\pi r^2 : \pi r^2$

$\qquad\qquad = 16 : 4 : 1$

406 답 20바퀴

원 모양의 바퀴의 둘레의 길이는

$2\pi \times 30 = 60\pi\,(\mathrm{cm})$

따라서 원 모양의 바퀴가 한 바퀴 회전할 때 움직인 거리는 60π cm이므로 이 바퀴는 $1200\pi \div 60\pi = 20$, 즉 20바퀴를 회전하였다.

407 답 65π

두 원 O, O'이 겹쳐 있는 부분의 넓이를 C cm^{2}라 하면

$A = \pi \times 4^2 - C = 16\pi - C$

$B = \pi \times 9^2 - C = 81\pi - C$

$\therefore B - A = (81\pi - C) - (16\pi - C)$

$\qquad\qquad = 81\pi - C - 16\pi + C$

$\qquad\qquad = 65\pi$

408 답 ③

(부채꼴의 넓이)$= \pi \times 12^2 \times \dfrac{150}{360} = 60\pi\,(\mathrm{cm}^2)$

409 답 35π cm^2

(부채꼴의 넓이)$= \dfrac{1}{2} \times 7 \times 10\pi = 35\pi\,(\mathrm{cm}^2)$

410 답 ③

(어두운 부분의 둘레의 길이)

$= 2\pi \times 9 \times \dfrac{60}{360} + 2\pi \times 6 \times \dfrac{60}{360} + 3 \times 2$

$= 3\pi + 2\pi + 6$

$= 5\pi + 6\,(\mathrm{cm})$

411 답 18π cm^2

(어두운 부분의 넓이)$= \pi \times 8^2 \times \dfrac{135}{360} - \pi \times 4^2 \times \dfrac{135}{360}$

$\qquad\qquad\qquad\quad = 24\pi - 6\pi$

$\qquad\qquad\qquad\quad = 18\pi\,(\mathrm{cm}^2)$

412 답 ①

(어두운 부분의 넓이)$= \dfrac{1}{2} \times 6 \times 3\pi + \dfrac{1}{2} \times 6 \times 5\pi$

$\qquad\qquad\qquad\quad = 9\pi + 15\pi$

$\qquad\qquad\qquad\quad = 24\pi\,(\mathrm{cm}^2)$

다른 풀이

호의 길이가 3π cm인 부채꼴의 중심각의 크기를 $x°$라 하면

$2\pi \times 6 \times \dfrac{x}{360} = 3\pi$

$\dfrac{x}{30} = 3 \qquad \therefore x = 90$

호의 길이가 5π cm인 부채꼴의 중심각의 크기를 $y°$라 하면

$2\pi \times 6 \times \dfrac{y}{360} = 5\pi$

$\dfrac{y}{30} = 5 \qquad \therefore y = 150$

따라서 두 부채꼴의 넓이의 합은

$\pi \times 6^2 \times \dfrac{90}{360} + \pi \times 6^2 \times \dfrac{150}{360} = 9\pi + 15\pi = 24\pi\,(\mathrm{cm}^2)$

413 답 $240°$

부채꼴의 중심각의 크기를 $x°$라 하면

$2\pi \times 3 \times \dfrac{x}{360} = 4\pi$

$\dfrac{x}{60} = 4 \qquad \therefore x = 240$

따라서 부채꼴의 중심각의 크기는 $240°$이다.

414 답 ④

(어두운 부분의 둘레의 길이)$= \left(2\pi \times 10 \times \dfrac{90}{360}\right) \times 2 + 10 \times 4$

$\qquad\qquad\qquad\qquad\quad = 10\pi + 40\,(\mathrm{cm})$

415 답 ③

(두 부채꼴의 넓이의 합)$= \dfrac{1}{2} \times 3 \times \dfrac{8}{3}\pi + \dfrac{1}{2} \times 6 \times \dfrac{20}{3}\pi$

$\qquad\qquad\qquad\qquad = 4\pi + 20\pi = 24\pi\,(\mathrm{cm}^2)$

416 답 ②

$$(\text{어두운 부분의 넓이}) = \pi \times 12^2 \times \frac{90}{360} - \pi \times 6^2 \times \frac{1}{2}$$
$$= 36\pi - 18\pi$$
$$= 18\pi \, (\text{cm}^2)$$

417 답 ①

부채꼴의 반지름의 길이를 r cm라 하면

$$\frac{1}{2} r \times 4\pi = 18\pi$$

$$2r = 18 \qquad \therefore r = 9$$

즉, 부채꼴의 반지름의 길이는 9 cm이다.

부채꼴의 중심각의 크기를 $x°$라 하면

$$2\pi \times 9 \times \frac{x}{360} = 4\pi$$

$$\frac{x}{20} = 4 \qquad \therefore x = 80$$

따라서 부채꼴의 중심각의 크기는 $80°$이다.

418 답 ③

$$(\text{어두운 부분의 둘레의 길이}) = 2\pi \times 3 \times \frac{1}{2} + 2\pi \times 6 \times \frac{30}{360} + 6$$
$$= 3\pi + \pi + 6$$
$$= 4\pi + 6 \, (\text{cm})$$

419 답 48π cm²

$\overline{AC} /\!/ \overline{OD}$이므로

$\angle OAC = \angle BOD = 30°$(동위각)

$\triangle AOC$에서 $\overline{OA} = \overline{OC}$이므로

$\angle OCA = \angle OAC = 30°$

$\therefore \angle AOC = 180° - (30° + 30°) = 120°$ ······ ❶

$\overline{AC} /\!/ \overline{OD}$이므로

$\angle COD = \angle OCA = 30°$(엇각)

반원 O의 반지름의 길이를 r cm라 하면

$$2\pi r \times \frac{30}{360} = 2\pi$$

$$\frac{1}{6} r = 2 \qquad \therefore r = 12$$

즉, 반원 O의 반지름의 길이는 12 cm이다. ······ ❷

따라서 부채꼴 AOC의 넓이는

$$\pi \times 12^2 \times \frac{120}{360} = 48\pi \, (\text{cm}^2)$$ ······ ❸

채점 기준	
❶ $\angle$AOC의 크기 구하기	30 %
❷ 반원 O의 반지름의 길이 구하기	40 %
❸ 부채꼴 AOC의 넓이 구하기	30 %

420 답 24π cm²

정팔각형의 한 내각의 크기는

$$\frac{180° \times (8-2)}{8} = 135°$$ ······ ❶

따라서 어두운 부분의 넓이는

$$\pi \times 8^2 \times \frac{135}{360} = 24\pi \, (\text{cm}^2)$$ ······ ❷

채점 기준	
❶ 정팔각형의 한 내각의 크기 구하기	50 %
❷ 어두운 부분의 넓이 구하기	50 %

참고 정n각형의 한 내각의 크기 ➡ $\dfrac{180° \times (n-2)}{n}$

421 답 ③

구하는 넓이는 오른쪽 그림의 어두운 부분의
넓이의 8배와 같으므로

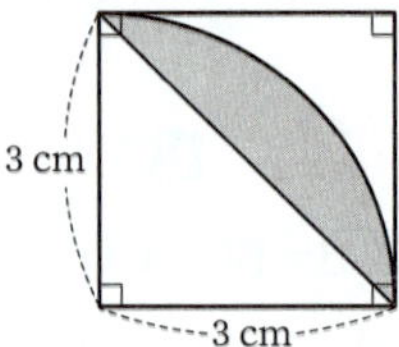

$$\left(\pi \times 3^2 \times \frac{90}{360} - \frac{1}{2} \times 3 \times 3 \right) \times 8$$
$$= \left(\frac{9}{4}\pi - \frac{9}{2} \right) \times 8$$
$$= 18\pi - 36 \, (\text{cm}^2)$$

422 답 ⑤

오른쪽 그림에서 어두운 부분의 넓이는

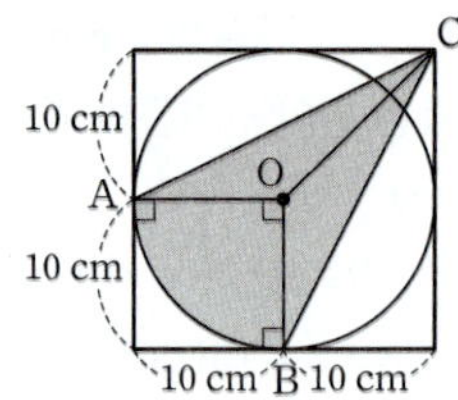

(부채꼴 AOB의 넓이)
$+$(삼각형 AOC의 넓이)
$+$(삼각형 BCO의 넓이)

$$= \pi \times 10^2 \times \frac{90}{360} + \frac{1}{2} \times 10 \times 10$$
$$\quad + \frac{1}{2} \times 10 \times 10$$
$$= 25\pi + 50 + 50$$
$$= 25\pi + 100 \, (\text{cm}^2)$$

423 답 ①

오른쪽 그림에서 어두운 부분의 넓이는

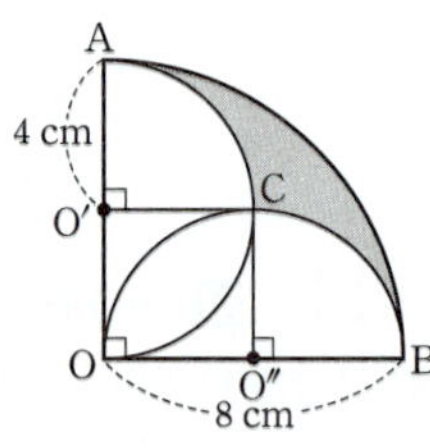

(부채꼴 AOB의 넓이)
$-$(부채꼴 AO'C의 넓이)$\times 2$
$-$(정사각형 O'OO''C의 넓이)

$$= \pi \times 8^2 \times \frac{90}{360} - \left(\pi \times 4^2 \times \frac{90}{360} \right) \times 2$$
$$\quad - 4 \times 4$$
$$= 16\pi - 8\pi - 16$$
$$= 8\pi - 16 \, (\text{cm}^2)$$

424 답 ④

오른쪽 그림에서 $\overline{EB} = \overline{EC} = \overline{BC} = 12$ cm이
므로 $\triangle EBC$는 정삼각형이다.

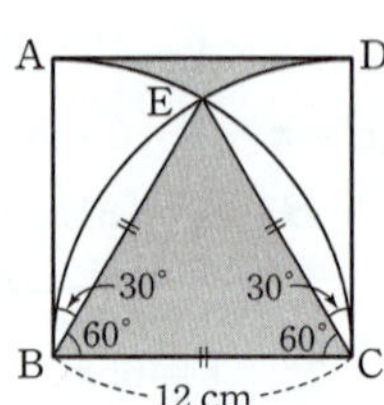

$\therefore \angle ABE = \angle DCE = 90° - 60° = 30°$

따라서 어두운 부분의 넓이는

(정사각형 ABCD의 넓이)
$-$(부채꼴 ABE의 넓이)$\times 2$

$$= 12 \times 12 - \left(\pi \times 12^2 \times \frac{30}{360} \right) \times 2$$
$$= 144 - 24\pi \, (\text{cm}^2)$$

425 답 ④

오른쪽 그림과 같이 두 원 O, O′의 교점을
각각 A, B라 하고 $\overline{OA}$, $\overline{OB}$, $\overline{O'A}$, $\overline{O'B}$
를 그으면 두 원의 반지름의 길이가
21 cm이므로

$\overline{OA}=\overline{OB}=\overline{O'A}=\overline{O'B}=\overline{OO'}=21$ cm

즉, △AOO′, △BOO′은 정삼각형이므로

$\angle AOO'=\angle AO'O=\angle BOO'=\angle BO'O=60°$

$\therefore \angle AOB=\angle AO'B=60°+60°=120°$

따라서 어두운 부분의 둘레의 길이는 부채꼴 AOB의 호의 길이의
2배와 같으므로

$\left(2\pi\times21\times\dfrac{120}{360}\right)\times2=28\pi$ (cm)

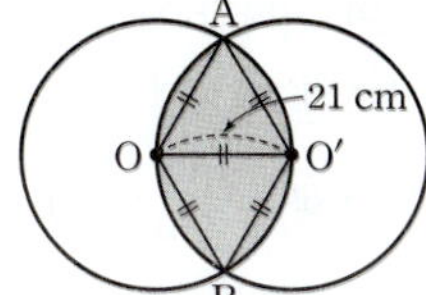

426 답 2π cm²

오른쪽 그림과 같이 이동시키면 구하는 넓이는

$\left(\pi\times2^2\times\dfrac{90}{360}\right)\times2=2\pi$ (cm²)

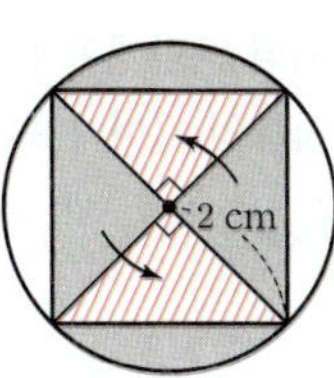

427 답 ③

오른쪽 그림과 같이 이동시키면 구하는 넓이는

$\left(\pi\times3^2\times\dfrac{90}{360}\right)\times2=\dfrac{9}{2}\pi$ (cm²)

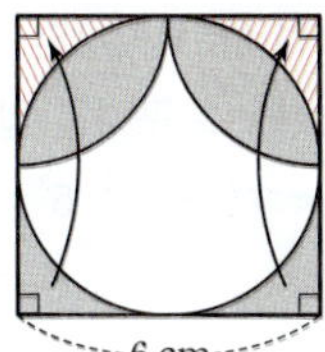

428 답 ③

오른쪽 그림과 같이 이동시키면 구하는 넓
이는

$\pi\times10^2\times\dfrac{90}{360}-\dfrac{1}{2}\times10\times10$

$=25\pi-50$ (cm²)

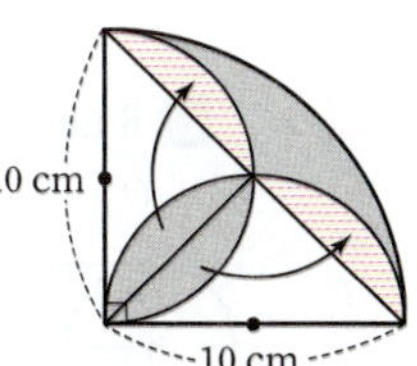

429 답 ⑤

오른쪽 그림과 같이 이동시키면 구하는
넓이는 가로, 세로의 길이가 각각 9 cm,
18 cm인 직사각형의 넓이와 같으므로

$9\times18=162$ (cm²)

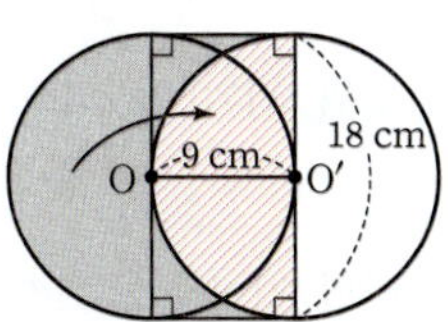

430 답 98 cm²

오른쪽 그림과 같이 이동시키면 구하는 넓이는 한
변의 길이가 7 cm인 정사각형 2개의 넓이와 같
으므로

$(7\times7)\times2=98$ (cm²)

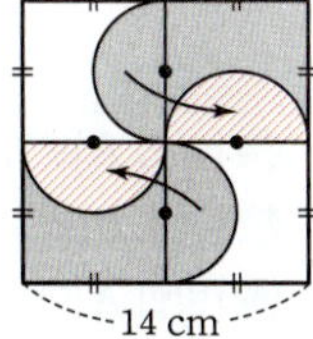

431 답 4π cm²

(어두운 부분의 넓이)

=(정사각형 ABCD의 넓이)+(부채꼴 DCE의 넓이)

$\quad$ −(삼각형 ABE의 넓이)

$=4\times4+\pi\times4^2\times\dfrac{90}{360}-\dfrac{1}{2}\times8\times4$

$=16+4\pi-16=4\pi$ (cm²)

다른 풀이

오른쪽 그림과 같이 이동시키면 구하는
넓이는 부채꼴 DCE의 넓이와 같으므로

$\pi\times4^2\times\dfrac{90}{360}=4\pi$ (cm²)

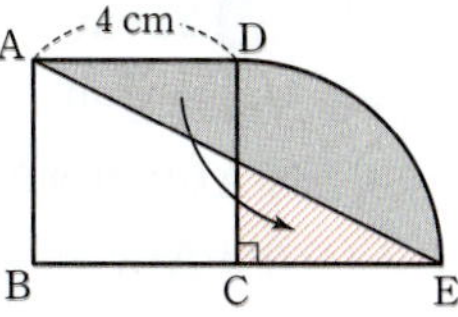

432 답 π cm

어두운 두 부분의 넓이가 같으므로 직사각형 ABCD의 넓이와 부채
꼴 ABE의 넓이가 같다.

따라서 $\overline{BC}\times4=\pi\times4^2\times\dfrac{90}{360}$ 이므로

$4\overline{BC}=4\pi \qquad \therefore \overline{BC}=\pi$ (cm)

433 답 ⑤

(어두운 부분의 넓이)

=(지름이 $\overline{AB}$인 반원의 넓이)+(부채꼴 AB′B의 넓이)

$\quad$ −(지름이 $\overline{AB'}$인 반원의 넓이) 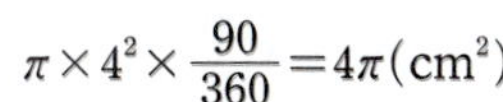 두 넓이가 같다.

=(부채꼴 AB′B의 넓이)

$=\pi\times16^2\times\dfrac{45}{360}$

$=32\pi$ (cm²)

434 답 45°

어두운 두 부분의 넓이가 같으므로 반원 O의 넓이와 부채꼴 ABC
의 넓이가 같다.

$\angle ABC=x°$라 하면

$\pi\times5^2\times\dfrac{1}{2}=\pi\times10^2\times\dfrac{x}{360}$

$\dfrac{25}{2}=\dfrac{5}{18}x \qquad \therefore x=45$

따라서 $\angle ABC$의 크기는 45°이다.

435 답 ②

어두운 부분을 적당히 이동시키면 오른쪽
그림과 같으므로 구하는 넓이는

$\pi\times6^2\times\dfrac{45}{360}+\dfrac{1}{2}\times6\times6$

$=\dfrac{9}{2}\pi+18$ (cm²)

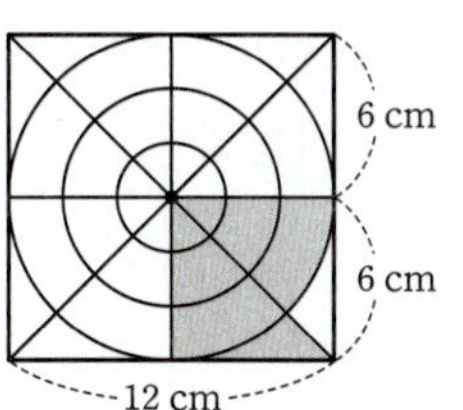

436 답 360π cm²

오른쪽 그림과 같이 어두운 부분의 넓이는 중심각의 크기가 300°이고 반지름의 길이가 12 cm인 부채꼴 3개의 넓이와 같으므로

$$\left(\pi\times12^2\times\frac{300}{360}\right)\times3=360\pi\,(\text{cm}^2)$$

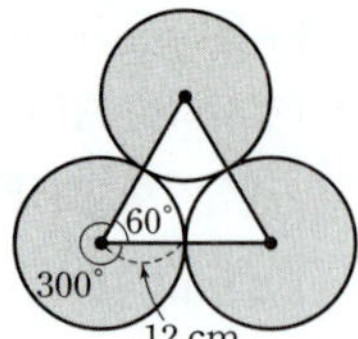

437 답 24 cm²

(어두운 부분의 넓이)

$=$(지름이 $\overline{\text{AB}}$인 반원의 넓이)$+$(지름이 $\overline{\text{AC}}$인 반원의 넓이)

$\quad+$(삼각형 ABC의 넓이)$-$(지름이 $\overline{\text{BC}}$인 반원의 넓이)

$=\pi\times3^2\times\dfrac{1}{2}+\pi\times4^2\times\dfrac{1}{2}+\dfrac{1}{2}\times6\times8-\pi\times5^2\times\dfrac{1}{2}$

$=\dfrac{9}{2}\pi+8\pi+24-\dfrac{25}{2}\pi$

$=24\,(\text{cm}^2)$

438 답 5π cm

어두운 두 부분의 넓이가 같으므로 반원 O'의 넓이와 부채꼴 BOC의 넓이가 같다. ······ ⓘ

$\angle\text{BOC}=x°$라 하면

$$\pi\times6^2\times\frac{1}{2}=\pi\times9^2\times\frac{x}{360}$$

$18=\dfrac{9}{40}x$ $\qquad\therefore x=80$

즉, $\angle\text{BOC}$의 크기가 80°이므로

$\angle\text{AOB}=180°-80°=100°$ ······ ⓘ

$\therefore \overparen{\text{AB}}=2\pi\times9\times\dfrac{100}{360}=5\pi\,(\text{cm})$ ······ ⓘⓘ

채점 기준	
ⓘ 반원 O'의 넓이와 부채꼴 BOC의 넓이가 같음을 파악하기	30 %
ⓘ $\angle\text{AOB}$의 크기 구하기	50 %
ⓘⓘ $\overparen{\text{AB}}$의 길이 구하기	20 %

439 답 ④

오른쪽 그림에서 끈의 최소 길이는

$$\left(2\pi\times8\times\frac{90}{360}\right)\times4+16\times4$$

$=16\pi+64\,(\text{cm})$

440 답 ⑤

원이 지나간 자리는 오른쪽 그림과 같으므로 구하는 넓이는

$$\left(\pi\times4^2\times\frac{120}{360}\right)\times3+(9\times4)\times3$$

$=16\pi+108\,(\text{cm}^2)$

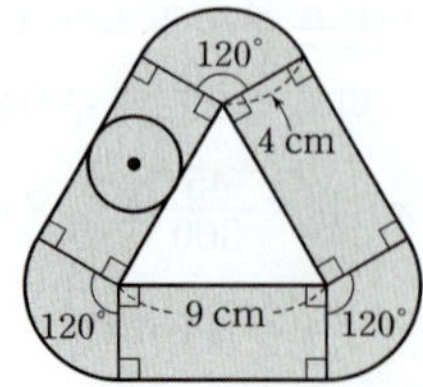

441 답 ④

원이 지나간 자리는 오른쪽 그림과 같으므로 구하는 넓이는

$$\left(\pi\times6^2\times\frac{90}{360}\right)\times4+(14\times6)\times2$$

$\quad+(20\times6)\times2$

$=36\pi+168+240$

$=36\pi+408\,(\text{cm}^2)$

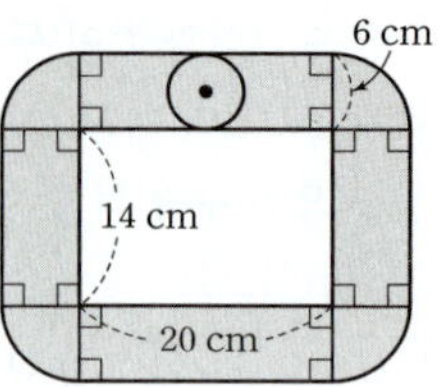

442 답 ②

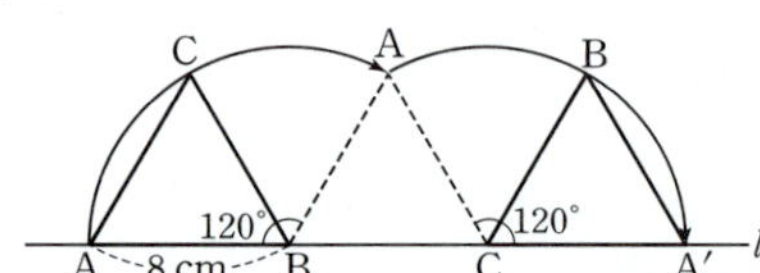

위의 그림에서 점 A가 움직인 거리는 중심각의 크기가 120°이고 반지름의 길이가 8 cm인 부채꼴의 호의 길이의 2배와 같으므로

$$\left(2\pi\times8\times\frac{120}{360}\right)\times2=\frac{32}{3}\pi\,(\text{cm})$$

443 답 56π cm²

원 O가 지나간 자리는 오른쪽 그림과 같으므로 구하는 넓이는

$\pi\times9^2-\pi\times5^2=81\pi-25\pi$

$\qquad\qquad\qquad\quad=56\pi\,(\text{cm}^2)$

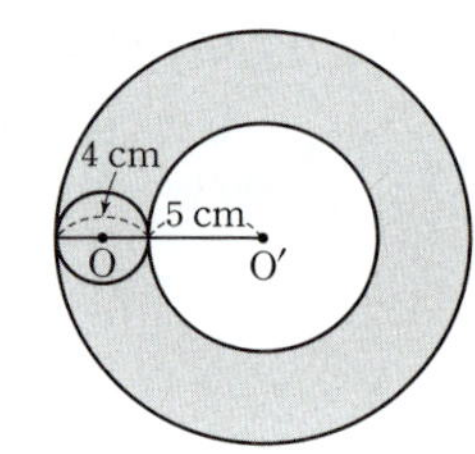

444 답 6 cm

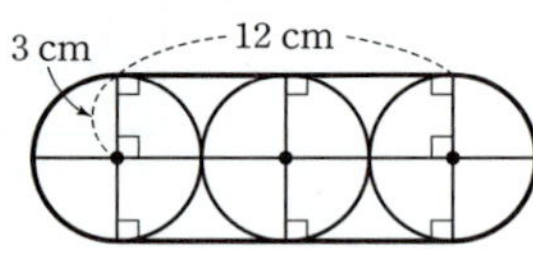
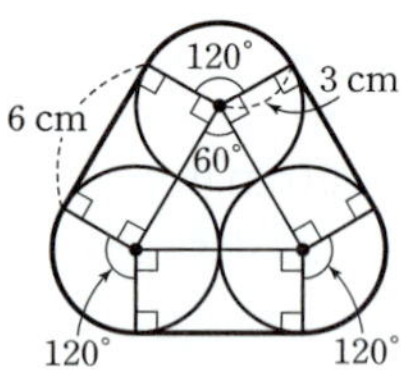

([방법 A]의 끈의 최소 길이)$=\left(2\pi\times3\times\dfrac{1}{2}\right)\times2+12\times2$

$\qquad\qquad\qquad\qquad\qquad=6\pi+24\,(\text{cm})$ ······ ⓘ

([방법 B]의 끈의 최소 길이)$=\left(2\pi\times3\times\dfrac{120}{360}\right)\times3+6\times3$

$\qquad\qquad\qquad\qquad\qquad=6\pi+18\,(\text{cm})$ ······ ⓘⓘ

따라서 [방법 A]와 [방법 B]의 끈의 길이의 차는

$(6\pi+24)-(6\pi+18)=6\,(\text{cm})$ ······ ⓘⓘⓘ

채점 기준	
ⓘ [방법 A]로 묶었을 때의 끈의 길이 구하기	40 %
ⓘⓘ [방법 B]로 묶었을 때의 끈의 길이 구하기	40 %
ⓘⓘⓘ [방법 A]와 [방법 B]의 끈의 길이의 차 구하기	20 %

445 답 ①

전략 네 부채꼴 ABD, DCE, EAF, FBG의 중심각의 크기와 반지름의 길이를 구한 후 호의 길이를 구한다.

정삼각형의 한 외각의 크기는 120°이고 부채꼴 ABD의 반지름의 길이는 1 cm이므로

$$(\text{부채꼴 ABD의 호의 길이}) = 2\pi \times 1 \times \frac{120}{360}$$
$$= \frac{2}{3}\pi \, (\text{cm})$$

부채꼴 DCE의 반지름의 길이는 $1+1=2$(cm)이므로

$$(\text{부채꼴 DCE의 호의 길이}) = 2\pi \times 2 \times \frac{120}{360}$$
$$= \frac{4}{3}\pi \, (\text{cm})$$

부채꼴 EAF의 반지름의 길이는 $1+2=3$(cm)이므로

$$(\text{부채꼴 EAF의 호의 길이}) = 2\pi \times 3 \times \frac{120}{360}$$
$$= 2\pi \, (\text{cm})$$

부채꼴 FBG의 반지름의 길이는 $1+3=4$(cm)이므로

$$(\text{부채꼴 FBG의 호의 길이}) = 2\pi \times 4 \times \frac{120}{360}$$
$$= \frac{8}{3}\pi \, (\text{cm})$$

따라서 네 부채꼴의 호의 길이의 합은

$$\frac{2}{3}\pi + \frac{4}{3}\pi + 2\pi + \frac{8}{3}\pi = \frac{20}{3}\pi \, (\text{cm})$$

446 답 $7\pi \text{ cm}^2$

전략 도형을 몇 개로 나누어 어두운 부분의 넓이에 대한 식을 세운 후 두 삼각형 ABC, EBD의 넓이가 같음을 이용하여 넓이를 구한다.

$\angle EBD = \angle ABC = 60°$이므로

$\angle CBF = 180° - (60° + 60°) = 60°$

따라서 어두운 부분의 넓이는

(부채꼴 ABE의 넓이) + (삼각형 EBD의 넓이)

− (삼각형 ABC의 넓이) − (부채꼴 CBD의 넓이) ← 두 넓이가 같다.

= (부채꼴 ABE의 넓이) − (부채꼴 CBD의 넓이)

$$= \pi \times 5^2 \times \frac{120}{360} - \pi \times 2^2 \times \frac{120}{360}$$

$$= \frac{25}{3}\pi - \frac{4}{3}\pi$$

$$= 7\pi \, (\text{cm}^2)$$

447 답 ⑤

전략 부채꼴 COD의 반지름의 길이를 r cm, 중심각의 크기를 $x°$라 하고 어두운 부분의 넓이를 r와 x에 대한 식으로 나타낸 후 부채꼴 COD의 넓이가 50 cm²임을 이용하여 넓이를 구한다.

부채꼴 COD의 반지름의 길이를 r cm, 중심각의 크기를 $x°$라 하면 부채꼴 COD의 넓이가 50 cm²이므로

$$\pi r^2 \times \frac{x}{360} = 50 \qquad \cdots\cdots \, \text{㉠}$$

따라서 어두운 부분의 넓이는

(반지름의 길이가 $4r$ cm인 부채꼴의 넓이)

− (반지름의 길이가 $3r$ cm인 부채꼴의 넓이) ← 부채꼴 AOB의 넓이

+ (반지름의 길이가 $2r$ cm인 부채꼴의 넓이)

− (부채꼴 COD의 넓이)

$$= \pi \times (4r)^2 \times \frac{x}{360} - \pi \times (3r)^2 \times \frac{x}{360} + \pi \times (2r)^2 \times \frac{x}{360} - 50$$

$$= 16\pi r^2 \times \frac{x}{360} - 9\pi r^2 \times \frac{x}{360} + 4\pi r^2 \times \frac{x}{360} - 50$$

$$= 11\pi r^2 \times \frac{x}{360} - 50$$

$$= 11 \times 50 - 50 \, (\because \text{㉠})$$

$$= 550 - 50 = 500 \, (\text{cm}^2)$$

448 답 $4\pi \text{ cm}$

전략 보조선을 그어 어두운 부분의 둘레의 길이는 길이가 같은 호 4개의 길이의 합과 같음을 이용한다.

오른쪽 그림과 같이 $\overline{AF}$, $\overline{BF}$, $\overline{BE}$, $\overline{CE}$를 그으면

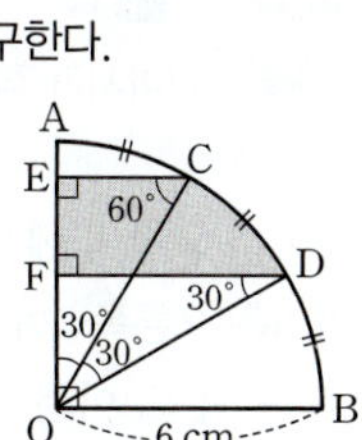

$\overline{AF} = \overline{BF} = \overline{AB} = 6 \text{ cm}$,

$\overline{BE} = \overline{CE} = \overline{BC} = 6 \text{ cm}$

즉, 삼각형 ABF, BCE는 모두 정삼각형이므로

$\angle ABE = \angle CBF = 90° - 60° = 30°$

$\therefore \angle EBF = 90° - (30° + 30°) = 30°$

같은 방법으로 하면 어두운 부분을 둘러싸고 있는 4개의 호의 중심각의 크기는 모두 30°이다.

따라서 어두운 부분의 둘레의 길이는 부채꼴 EBF의 호의 길이의 4배와 같으므로

$$\left(2\pi \times 6 \times \frac{30}{360}\right) \times 4 = 4\pi \, (\text{cm})$$

449 답 $3\pi \text{ cm}^2$

전략 $\overline{OC}$, $\overline{OD}$를 그어 합동인 두 삼각형을 찾은 후 합동인 두 도형의 넓이가 같음을 이용하여 어두운 부분의 넓이를 구한다.

오른쪽 그림과 같이 $\overline{OC}$, $\overline{OD}$를 그으면 $\overparen{AC} = \overparen{CD} = \overparen{DB}$이므로

$$\angle AOC = \angle COD = \frac{1}{3} \times 90° = 30°$$

△EOC에서

$\angle ECO = 180° - (90° + 30°) = 60°$

△FDO에서 $\angle FDO = 180° - (90° + 60°) = 30°$

△EOC와 △FDO에서

$\overline{OC} = \overline{DO}$, $\angle EOC = \angle FDO = 30°$,

$\angle ECO = \angle FOD = 60°$이므로

△EOC ≡ △FDO (ASA 합동)

따라서 어두운 부분의 넓이는
(부채꼴 COD의 넓이)+(삼각형 EOC의 넓이)
　—(삼각형 FDO의 넓이)　→ 두 넓이가 같다.
=(부채꼴 COD의 넓이)

$=\pi \times 6^2 \times \dfrac{30}{360}$

$=3\pi \, (\text{cm}^2)$

450　답 ④

전략　원이 지나간 자리를 그린 후 넓이를 구한다.

원이 지나간 자리는 오른쪽 그림과 같
으므로 구하는 넓이는

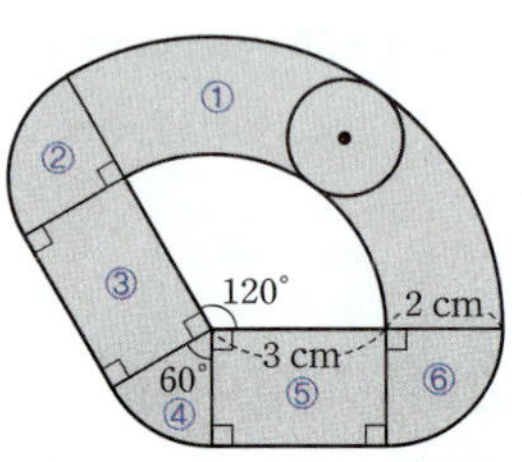

$\left(\pi \times 5^2 \times \dfrac{120}{360} - \pi \times 3^2 \times \dfrac{120}{360}\right)$ ··①

$+\left(\pi \times 2^2 \times \dfrac{90}{360}\right) \times 2$ ··②+⑥

$+\pi \times 2^2 \times \dfrac{60}{360} + (3 \times 2) \times 2$
　　　　··④　　　··③+⑤

$=\dfrac{16}{3}\pi + 2\pi + \dfrac{2}{3}\pi + 12$

$=8\pi + 12 \, (\text{cm}^2)$

451　답 6π cm

전략　점 A가 움직인 거리를 부채꼴 3개로 나누어 생각한다.

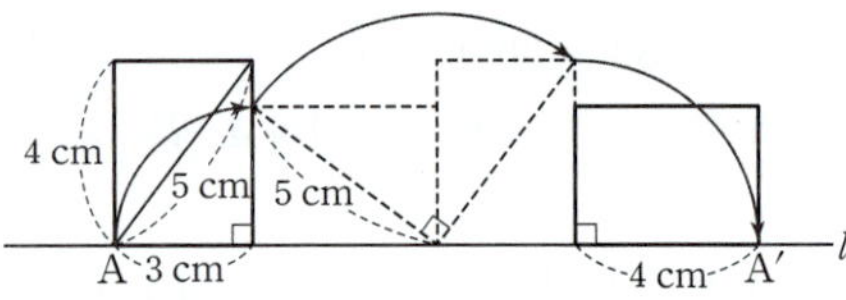

위의 그림에서 점 A가 움직인 거리는

$2\pi \times 3 \times \dfrac{90}{360} + 2\pi \times 5 \times \dfrac{90}{360} + 2\pi \times 4 \times \dfrac{90}{360}$

$=\dfrac{3}{2}\pi + \dfrac{5}{2}\pi + 2\pi$

$=6\pi \, (\text{cm})$

452　답 ②

전략　강아지가 집 밖에서 움직일 수 있는 영역을 그린 후 넓이를 구한다.

강아지가 집 밖에서 최대한 움직일 수 있는
영역은 오른쪽 그림의 어두운 부분과 같으므
로 구하는 넓이는

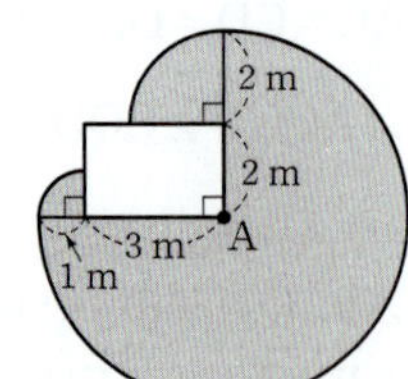

$\pi \times 4^2 \times \dfrac{270}{360} + \pi \times 1^2 \times \dfrac{90}{360}$

$\quad + \pi \times 2^2 \times \dfrac{90}{360}$

$=12\pi + \dfrac{\pi}{4} + \pi$

$=\dfrac{53}{4}\pi \, (\text{m}^2)$

난이도별 필수 기출　　96~112쪽

453　답 육면체

주어진 다면체는 면의 개수가 6이므로 육면체이다.

454　답 ③

다각형인 면으로만 둘러싸인 입체도형은 다면체이다.
① 원과 곡면으로 둘러싸여 있으므로 다면체가 아니다.
②, ⑤ 곡면으로 둘러싸여 있으므로 다면체가 아니다.
④ 사각형은 평면도형이므로 다면체가 아니다.
따라서 다각형인 면으로만 둘러싸인 입체도형은 ③이다.

455　답 ②

각 다면체의 옆면의 모양은 다음과 같다.
① 직사각형　　　② 삼각형　　　③ 사다리꼴
④ 사다리꼴　　　⑤ 직사각형
따라서 옆면의 모양이 사각형이 아닌 것은 ②이다.

456　답 5

ㄱ, ㄴ, ㅅ, ㅈ. 원 또는 곡면으로 둘러싸여 있으므로 다면체가 아니
다.
따라서 다면체는 ㄷ, ㄹ, ㅁ, ㅂ, ㅇ의 5개이다.

457　답 ②

① 삼각기둥 – 직사각형　　　③ 오각뿔대 – 사다리꼴
④ 육각뿔 – 삼각형　　　⑤ 오각기둥 – 직사각형
따라서 다면체와 그 다면체의 옆면의 모양을 바르게 짝 지은 것은
②이다.

458　답 ⑤

다면체는 ㄴ, ㄷ, ㄹ, ㅂ, ㅅ, ㅇ이고 각 다면체의 옆면의 모양은 다
음과 같다.
ㄴ, ㅇ. 직사각형　　　　　　ㄷ. 사다리꼴
ㄹ, ㅂ, ㅅ. 삼각형
따라서 옆면의 모양이 삼각형인 다면체는 ㄹ, ㅂ, ㅅ이다.

459　답 29

십일각뿔의 면의 개수는
$11+1=12$ ······ ⓘ
오각기둥의 면의 개수는
$5+2=7$ ······ ⓙ
팔각뿔대의 면의 개수는
$8+2=10$ ······ ⓚ
따라서 구하는 면의 개수의 합은
$12+7+10=29$ ······ ⓛ

460 답 ③

육각뿔대의 꼭짓점의 개수는 $6 \times 2 = 12$

461 답 ⑤

각 다면체의 면의 개수는

① $7 + 1 = 8$　　② $9 + 2 = 11$　　③ $10 + 2 = 12$

④ $7 + 2 = 9$　　⑤ $9 + 1 = 10$

따라서 십면체인 것은 ⑤이다.

462 답 ②

주어진 다면체의 면의 개수는 7이다.

각 다면체의 면의 개수는

① $4 + 2 = 6$　　② $5 + 2 = 7$　　③ $5 + 1 = 6$

④ $6 + 2 = 8$　　⑤ $7 + 1 = 8$

따라서 주어진 다면체와 면의 개수가 같은 것은 ②이다.

463 답 ⑤

⑤ 꼭짓점의 개수는 $3 \times 2 = 6$이다.

464 답 ⑤

각 다면체의 모서리의 개수는

① $4 \times 2 = 8$　　② $4 \times 3 = 12$　　③ $5 \times 3 = 15$

④ $8 \times 2 = 16$　　⑤ $12 \times 3 = 36$

따라서 다면체와 그 다면체의 모서리의 개수를 짝 지은 것으로 옳지 않은 것은 ⑤이다.

465 답 ①

각 다면체의 꼭짓점의 개수는

① $10 + 1 = 11$　　② $6 \times 2 = 12$　　③ $8 + 1 = 9$

④ $5 \times 2 = 10$　　⑤ $4 \times 2 = 8$

따라서 꼭짓점의 개수가 두 번째로 많은 것은 ①이다.

466 답 2

구각뿔대의 면의 개수는 $9 + 2 = 11$이므로 $a = 11$　　…… ⅰ

구각뿔대의 꼭짓점의 개수는 $9 \times 2 = 18$이므로 $b = 18$　　…… ⅱ

구각뿔대의 모서리의 개수는 $9 \times 3 = 27$이므로 $c = 27$　　…… ⅲ

$\therefore a + b - c = 11 + 18 - 27 = 2$　　…… ⅳ

467 답 ③

주어진 전개도로 만든 입체도형은 오른쪽 그림과 같이 오각뿔이므로 이 입체도형의 모서리의 개수는

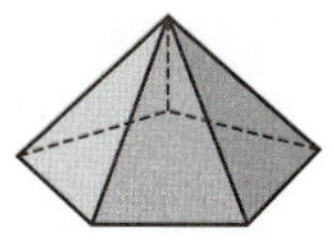

$5 \times 2 = 10$

468 답 ②

① $5 + 1 = 6$　　② 5　　③ $3 \times 2 = 6$

④ 6　　⑤ $3 \times 2 = 6$

따라서 그 값이 나머지 넷과 다른 것은 ②이다.

469 답 ②

① 다면체인 것은 사각뿔대, 구각기둥, 십각뿔, 삼각뿔, 팔각뿔대의 5개이다.

② 평행한 면이 있는 다면체는 사각뿔대, 구각기둥, 팔각뿔대의 3개이다. → 원뿔대와 원기둥은 다면체가 아니다.

③ 옆면의 모양이 삼각형인 다면체는 십각뿔, 삼각뿔의 2개이다.

④ 옆면의 모양이 사각형인 다면체는 사각뿔대, 구각기둥, 팔각뿔대의 3개이다.

⑤ 모든 면의 모양이 삼각형인 다면체는 삼각뿔의 1개이다.

따라서 옳지 않은 것은 ②이다.

470 답 ②

ㄴ. n각뿔의 꼭짓점의 개수는 $n + 1$이다.

ㄹ. 면의 개수가 가장 적은 각뿔은 삼각뿔이다.

따라서 옳은 것은 ㄱ, ㄷ이다.

471 답 ⑤

⑤ 두 밑면은 평행하지만 서로 합동은 아니다.

472 답 ③

① 삼각기둥의 면의 개수는 $3 + 2 = 5$이므로 오면체이다.

② 오각뿔의 밑면의 모양은 오각형이고 옆면의 모양은 삼각형이다.

④ 원기둥과 각뿔대의 밑면의 개수는 2로 같다.

⑤ 삼각뿔대의 옆면의 모양은 사다리꼴이다.

따라서 옳은 것은 ③이다.

473 답 6

칠각뿔을 밑면에 평행한 면으로 자를 때 생기는 두 입체도형은 칠각뿔과 칠각뿔대이다.　　…… ⅰ

칠각뿔의 꼭짓점의 개수는

$7 + 1 = 8$

칠각뿔대의 꼭짓점의 개수는

$7 \times 2 = 14$　　…… ⅱ

따라서 두 입체도형의 꼭짓점의 개수의 차는

$14 - 8 = 6$　　…… ⅲ

ⓘ 칠각뿔을 자를 때 생기는 두 입체도형 파악하기	30 %	
ⓘⓘ 두 입체도형의 꼭짓점의 개수 구하기	50 %	
ⓘⓘⓘ 두 입체도형의 꼭짓점의 개수의 차 구하기	20 %	

474 답 ③

밑면의 개수가 1이고 옆면의 모양이 삼각형이므로 구하는 다면체는
각뿔이다.
구하는 다면체를 n각뿔이라 하면 면의 개수가 13이므로
$n+1=13$ ∴ $n=12$
따라서 구하는 다면체는 십이각뿔이다.

475 답 팔면체

주어진 각뿔대를 n각뿔대라 하면
$2n=12$ ∴ $n=6$
따라서 주어진 각뿔대는 육각뿔대이고 면의 개수는 $6+2=8$이므로
팔면체이다.

476 답 ④

(나), (다)를 만족시키는 다면체는 각기둥이다.
구하는 다면체를 n각기둥이라 하면 (가)에서
$n+2=9$ ∴ $n=7$
따라서 구하는 다면체는 칠각기둥이다.

477 답 ⑤

육각기둥의 모서리의 개수는 $6\times3=18$
주어진 각뿔을 n각뿔이라 하면
$2n=18$ ∴ $n=9$
따라서 주어진 각뿔은 구각뿔이므로 밑면의 모양은 구각형이다.

478 답 육각뿔대

(나), (다)를 만족시키는 다면체는 각뿔대이다.
구하는 다면체를 n각뿔대라 하면 (가)에서
$2n=12$ ∴ $n=6$
따라서 구하는 다면체는 육각뿔대이다.

479 답 ④

주어진 각뿔을 n각뿔이라 하면 n각뿔의 모서리의 개수는 $2n$, 면의
개수는 $n+1$이므로
$2n+(n+1)=31$
$3n=30$ ∴ $n=10$
따라서 주어진 각뿔은 십각뿔이므로 꼭짓점의 개수는
$10+1=11$

480 답 ③

구하는 각기둥을 n각기둥이라 하면 $x=n+2$, $y=2n$, $z=3n$이므
로 $(n+2)+2n+3n=50$
$6n=48$ ∴ $n=8$
따라서 구하는 각기둥은 팔각기둥이다.

481 답 16

주어진 각뿔을 n각뿔이라 하면 밑면은 n각형이므로
$$\frac{n(n-3)}{2}=14,\ n(n-3)=28$$
이때 $7\times4=28$이므로 $n=7$
즉, 주어진 각뿔은 칠각뿔이다.
칠각뿔의 꼭짓점의 개수는 $7+1=8$이므로
$a=8$
칠각뿔의 면의 개수는 $7+1=8$이므로
$b=8$
∴ $a+b=8+8=16$

참고 n각형의 대각선의 개수 ➡ $\dfrac{n(n-3)}{2}$

482 답 82

십이면체인 각기둥을 a각기둥이라 하면
$a+2=12$ ∴ $a=10$
즉, 십각기둥의 모서리의 개수는
$10\times3=30$ ⋯⋯ ⓘ
십이면체인 각뿔을 b각뿔이라 하면
$b+1=12$ ∴ $b=11$
즉, 십일각뿔의 모서리의 개수는
$11\times2=22$ ⋯⋯ ⓘⓘ
십이면체인 각뿔대를 c각뿔대라 하면
$c+2=12$ ∴ $c=10$
즉, 십각뿔대의 모서리의 개수는
$10\times3=30$ ⋯⋯ ⓘⓘⓘ
따라서 모서리의 개수의 합은
$30+22+30=82$ ⋯⋯ ⓘⓥ

채점 기준

ⓘ 십이면체인 각기둥의 모서리의 개수 구하기	30 %	
ⓘⓘ 십이면체인 각뿔의 모서리의 개수 구하기	30 %	
ⓘⓘⓘ 십이면체인 각뿔대의 모서리의 개수 구하기	30 %	
ⓘⓥ 모서리의 개수의 합 구하기	10 %	

483 답 35

(가), (나)를 만족시키는 다면체는 각기둥이다.
주어진 다면체를 n각기둥이라 하면 면의 개수는 $n+2$, 모서리의 개
수는 $3n$이므로 (다)에서
$(n+2)+3n=46$
$4n=44$ ∴ $n=11$
즉, 주어진 다면체는 십일각기둥이다.
십일각기둥의 면의 개수는 $11+2=13$이므로
$a=13$
십일각기둥의 꼭짓점의 개수는 $11\times2=22$이므로
$b=22$
∴ $a+b=13+22=35$

484 답 ④

구하는 각기둥을 a각기둥이라 하면 꼭짓점의 개수가 $6n$이므로
$2a=6n$ ∴ $a=3n$ ⋯⋯ ㉠

면의 개수가 $4n$이므로

$a+2=4n$

이 식에 ㉠을 대입하면

$3n+2=4n$ $\therefore n=2$

이를 ㉠에 대입하면

$a=6$

따라서 구하는 각기둥은 육각기둥이다.

다른 풀이

주어진 각기둥의 꼭짓점의 개수를 v, 모서리의 개수를 e, 면의 개수를 f라 하면

$v-e+f=2$ → 모든 다면체에 대하여 성립한다.

$v=6n$, $e=9n$, $f=4n$을 위의 식에 대입하면

$6n-9n+4n=2$ $\therefore n=2$

따라서 꼭짓점의 개수가 $12=6\times2$인 각기둥은 육각기둥이다.

485   답 ③

옆면의 모양이 삼각형이므로 주어진 입체도형은 각뿔이다.

이 입체도형을 n각뿔이라 하면

$180^\circ\times(n-2)=900^\circ$

$n-2=5$ $\therefore n=7$

즉, 주어진 입체도형은 칠각뿔이므로 모서리의 개수는

$7\times2=14$

참고 n각형의 내각의 크기의 합 ➡ $180^\circ\times(n-2)$

486   답 10

m각뿔대와 n각뿔의 꼭짓점의 개수는 각각 $2m$, $n+1$이므로

$2m+(n+1)=14$ $\therefore 2m+n=13$ ······ ㉠

이때 m, n은 3 이상인 자연수이므로 ㉠을 만족시키는 m, n의 값은

$m=3$, $n=7$ 또는 $m=4$, $n=5$ 또는 $m=5$, $n=3$

$\therefore m+n=10$ 또는 $m+n=9$ 또는 $m+n=8$

따라서 $m+n$의 값 중 가장 큰 값은 10이다.

487   답 363

$a=3$, $b=360$이므로

$a+b=3+360=363$

488   답 ⑤

ㄷ. 면의 모양은 정삼각형, 정사각형, 정오각형뿐이다.

따라서 옳은 것은 ㄱ, ㄴ, ㄹ이다.

489   답 ①

정사면체, 정육면체, 정팔면체, 정십이면체, 정이십면체의 한 꼭짓점에 모인 면의 개수는 각각 3, 3, 4, 3, 5이다.

따라서 한 꼭짓점에 모인 면의 개수가 같은 정다면체끼리 짝 지은 것은 ①이다.

490   답 30

주어진 전개도로 만든 정다면체는 정이십면체이므로 모서리의 개수는 30이다.

491   답 6

면의 모양이 정삼각형인 다면체는 정사면체, 정팔면체, 정이십면체의 3가지이므로

$a=3$

한 꼭짓점에 모인 면의 개수가 3인 정다면체는 정사면체, 정육면체, 정십이면체의 3가지이므로

$b=3$

$\therefore a+b=3+3=6$

492   답 14

주어진 정다면체는 정육면체이다.

정육면체의 꼭짓점의 개수는 8이므로 $a=8$

정육면체의 면의 개수는 6이므로 $b=6$

$\therefore a+b=8+6=14$

493   답 ⑤

주어진 전개도로 만든 정다면체는 정팔면체이다.

⑤ 한 꼭짓점에 모인 모서리의 개수는 4이다.

494   답 ②

(가)를 만족시키는 정다면체는 정사면체, 정육면체, 정십이면체이고 이 중 (나)를 만족시키는 정다면체는 정육면체이다.

495   답 ④

주어진 전개도로 만든 정사면체는 오른쪽 그림과 같으므로 $\overline{AB}$와 겹치는 모서리는 $\overline{ED}$이다.

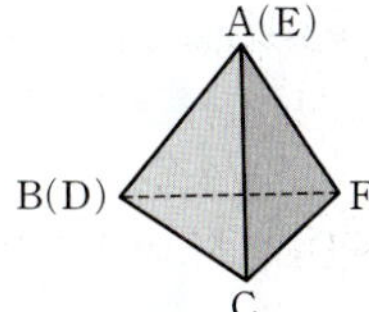

496   답 ④

① 4   ② 6   ③ 8   ④ 30   ⑤ 12

따라서 그 값이 가장 큰 것은 ④이다.

497   답 ⑤

⑤ 오른쪽 그림에서 두 면 A, B가 겹치므로 정육면체가 될 수 없다.

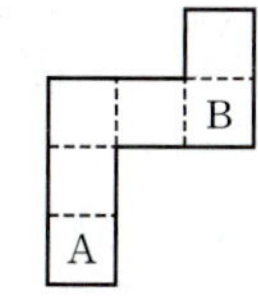

498   답 ③

① 정사면체와 정이십면체의 면의 모양은 삼각형으로 같다.

③ 정사면체의 면의 개수는 4, 모서리의 개수는 6이다.

④ 정육면체의 면의 개수와 정팔면체의 꼭짓점의 개수는 6으로 같다.

⑤ 정십이면체의 면의 개수와 정이십면체의 꼭짓점의 개수는 12로 같다.

따라서 옳지 않은 것은 ③이다.

499 답 ②
주어진 전개도로 만든 정다면체는 정십이면체이다.
② 꼭짓점의 개수는 20이다.
⑤ 정다면체 중에서 꼭짓점의 개수는 정십이면체가 20으로 가장 많다.
따라서 옳지 않은 것은 ②이다.

500 답 ③
주어진 전개도로 만든 정다면체는 오른쪽
그림과 같은 정육면체이다
③ $\overline{KJ}$와 겹치는 모서리는 $\overline{MN}$이다.

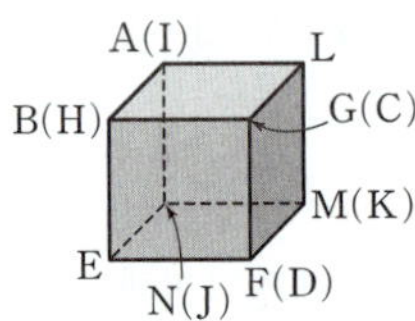

501 답 16
모서리의 개수가 가장 적은 정다면체는 정사면체이고 정사면체의
면의 개수는 4이므로
$a=4$ ⋯⋯ ⓘ
꼭짓점의 개수가 두 번째로 적은 정다면체는 정팔면체이고 정팔면
체의 모서리의 개수는 12이므로
$b=12$ ⋯⋯ ⓘⓘ
$\therefore a+b=4+12=16$ ⋯⋯ ⓘⓘⓘ

채점 기준	
ⓘ a의 값 구하기	40 %
ⓘⓘ b의 값 구하기	40 %
ⓘⓘⓘ $a+b$의 값 구하기	20 %

502 답 ⑤

503 답 ②
(가), (나)를 만족시키는 다면체는 정팔면체이다.
정팔면체의 면의 개수는 8이므로
$a=8$
정팔면체의 모서리의 개수는 12이므로
$b=12$
$\therefore b-a=12-8=4$

504 답 ③
주어진 전개도로 만든 정팔면체는 오른쪽
그림과 같다.
③ $\overline{BC}$와 $\overline{DI}$는 평면 ABCD 위에 있으
므로 꼬인 위치에 있지 않다.

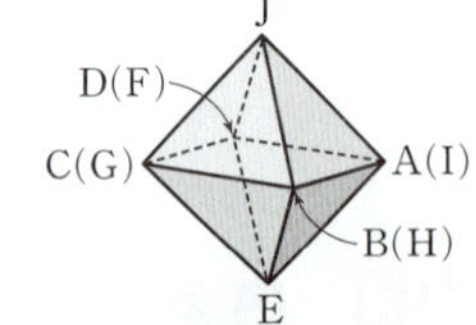

참고 꼬인 위치에 있는 두 직선은 한 평면 위에 있지 않으므로 두 모서
리가 꼬인 위치에 있는지 파악하려면 두 모서리가 한 평면 위에
있는지 확인한다.

505 답 정팔면체
정육면체의 면의 개수는 6이므로 각 면의 한가운데 점을 연결하여
만든 정다면체는 꼭짓점의 개수가 6인 정다면체, 즉 정팔면체이다.

506 답 ③
오른쪽 그림과 같이 세 꼭짓점 B, D, H를 지나
는 평면으로 자를 때 생기는 단면의 모양은 직
사각형이다.

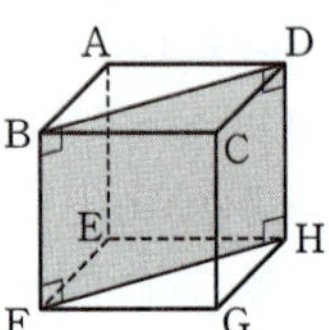

507 답 ①
구하는 정다면체는 면의 개수와 꼭짓점의 개수가 같아야 하므로 정
사면체이다.

508 답 12
정팔면체의 면의 개수는 8이므로 각 면의 한가운데 점을 연결하여
만든 다면체는 꼭짓점의 개수가 8인 정다면체, 즉 정육면체이다.
⋯⋯ ⓘ
따라서 정육면체의 모서리의 개수는 12이다. ⋯⋯ ⓘⓘ

채점 기준	
ⓘ 새로 만든 입체도형 구하기	50 %
ⓘⓘ 모서리의 개수 구하기	50 %

509 답 ⑤
각 면의 한가운데 점을 꼭짓점으로 하여 만든 다면체는 꼭짓점의 개
수가 20인 정다면체이므로 정십이면체이다.
② 정십이면체와 십각기둥의 면의 개수는 12로 같다.
③ 정십이면체와 정이십면체의 모서리의 개수는 30으로 같다.
⑤ 모든 면이 합동인 정오각형으로 이루어져 있다.
따라서 옳지 않은 것은 ⑤이다.

510 답 ①
정사면체의 모든 면은 합동인 정삼각형이므로
$\overline{CE}=\overline{CF}$
따라서 세 꼭짓점 C, E, F를 지나는 평면으
로 자를 때 생기는 단면의 모양은 이등변삼각
형이다.

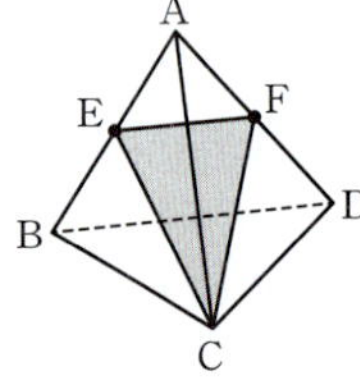

511 답 ②

① 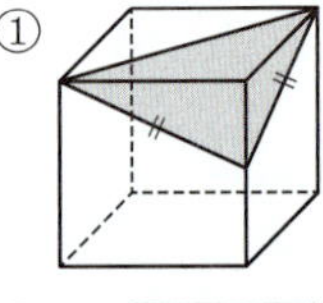 ③ 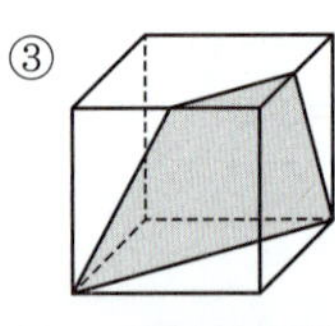
④ 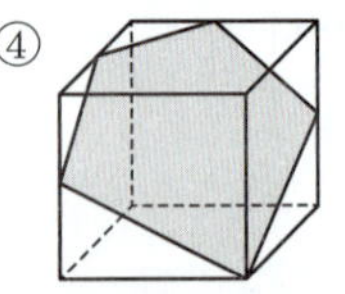 ⑤ 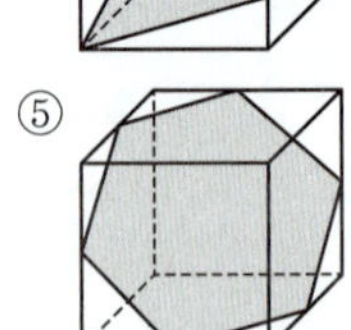

따라서 정육면체를 한 평면으로 자를 때 생기는 단면의 모양이 될
수 없는 것은 ②이다.

512 답 ③
오른쪽 그림과 같이 세 점 B, M, H를 지나는
평면은 $\overline{FG}$의 중점을 지난다.
이 점을 점 N이라 하면 △ABM, △FBN,
△GHN, △DHM이 모두 합동이다.

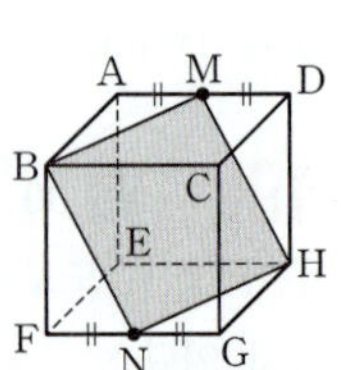

$$\therefore \overline{BM}=\overline{BN}=\overline{HN}=\overline{HM}$$

따라서 사각형 MBNH는 네 변의 길이가 같으므로 마름모이다.

참고 $\overline{MN}=\overline{AF}$이므로 $\overline{MN}\neq\overline{BH}$이다.

따라서 사각형 MBNH는 정사각형이 아니다.

513 답 12

정사면체의 각 모서리의 중점을 연결하여 만든 다면체는 오른쪽 그림과 같이 모든 면이 합동인 정삼각형이고 각 꼭짓점에 모인 면의 개수가 4 로 같으므로 정팔면체이다.

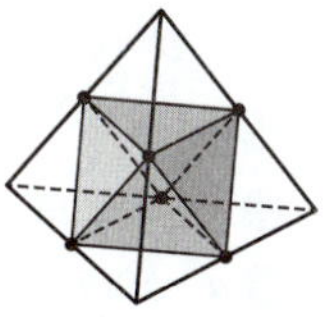

따라서 정팔면체의 모서리의 개수는 12이다.

514 답 60°

주어진 전개도로 만든 정육면체는 오른쪽 그림 과 같으므로 단면은 삼각형이다.

이때 정육면체의 모든 면은 합동인 정사각형이 고 각 면의 대각선의 길이는 같으므로

$$\overline{AB}=\overline{BC}=\overline{CA}$$

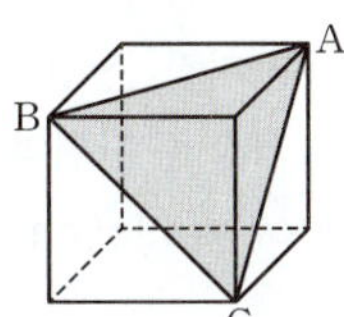

따라서 △ABC는 정삼각형이므로

$$\angle ACB=60°$$

515 답 ③

ㄱ, ㅁ. 다면체

516 답 ②

회전축을 갖는 입체도형은 회전체이다.

② 다면체

517 답 ④

④ 원뿔대의 두 밑면은 서로 평행한 원이지만 합동은 아니다.

518 답 ⑤

⑤
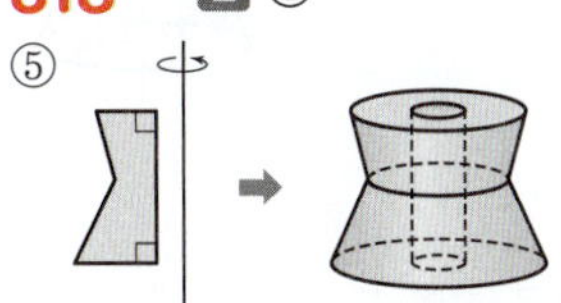

519 답 ⑤

① 원 모양의 면이 있는 입체도형은 ㄴ, ㅁ, ㅇ이다.

② 꼭짓점의 개수가 6인 입체도형은 ㅅ, ㅈ이다.

③ 회전축이 있는 입체도형은 ㄴ, ㅁ, ㅂ, ㅇ이다.

④ 정삼각형인 면으로만 이루어진 입체도형은 ㄱ이다.

따라서 옳은 것은 ⑤이다.

520 답 ②

②
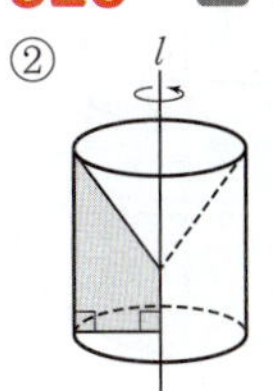

521 답 ②

②
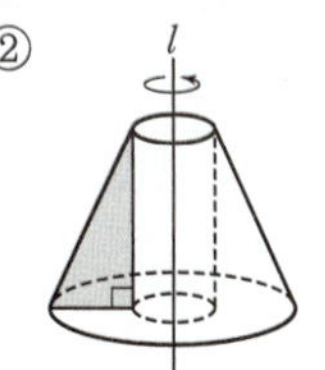

522 답 ①

각각을 회전축으로 하는 회전체를 그리면

ㄱ. 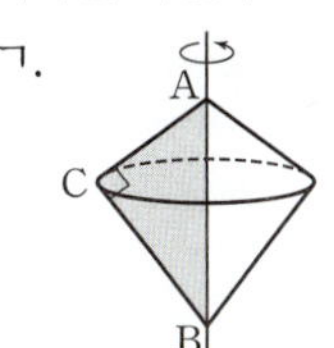 ㄴ. 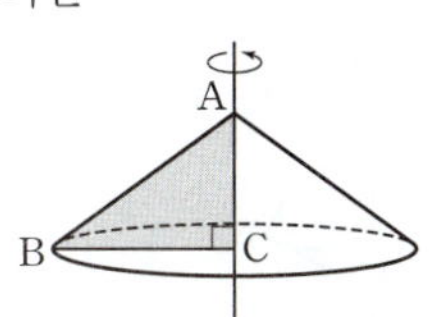

ㄷ. 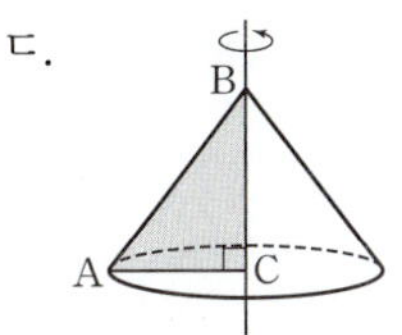 ㄹ. 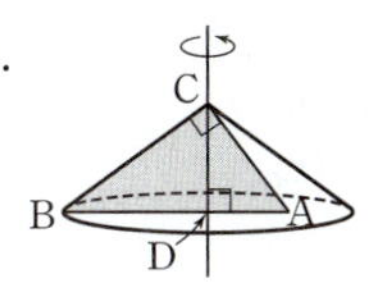

따라서 원뿔의 회전축이 될 수 없는 것은 ㄱ이다.

523 답 ②

각각을 회전축으로 하는 회전체를 그리면

① 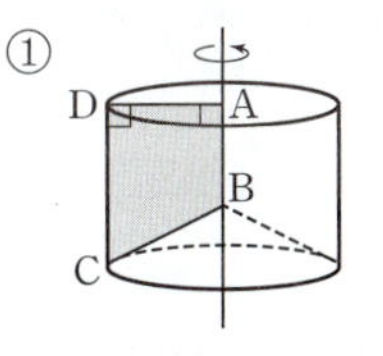 ② 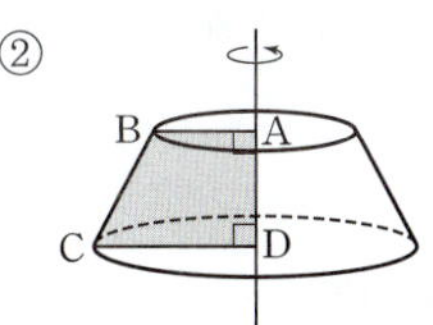

③ 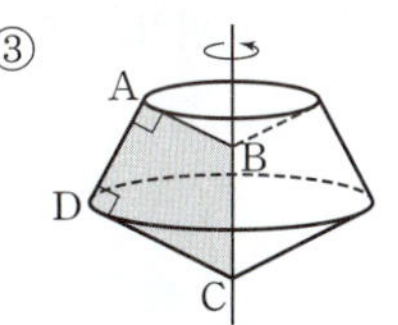 ④ 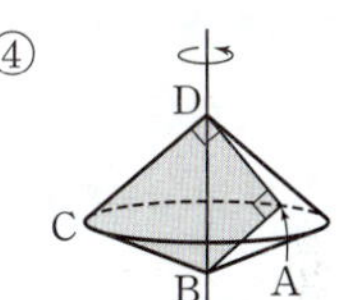

⑤ 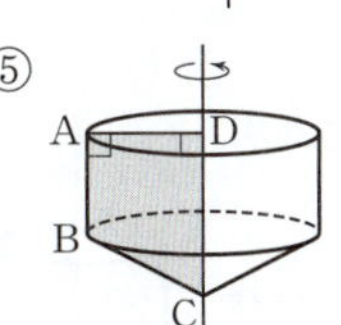

따라서 원뿔대의 회전축이 될 수 있는 것은 ②이다.

524 답 ④

① 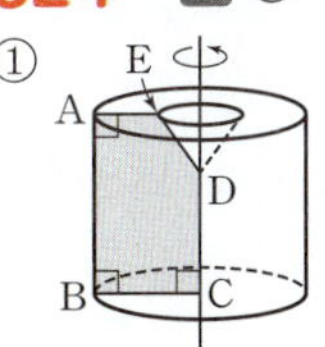 ② 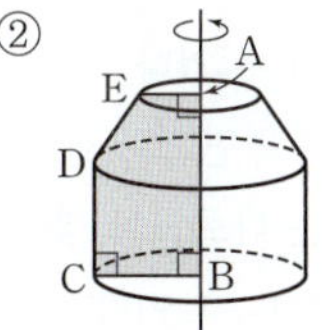

③ 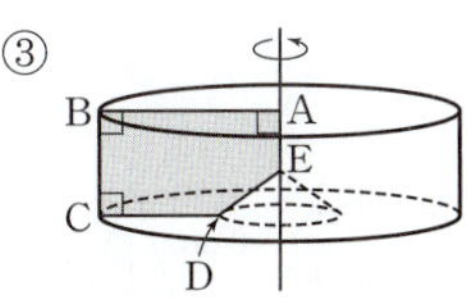 ⑤ 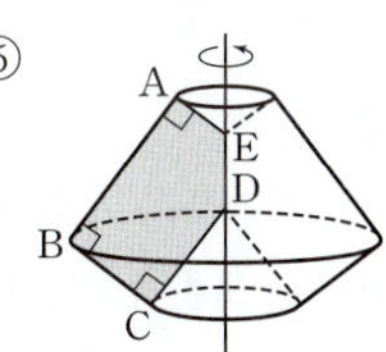

따라서 주어진 오각형 ABCDE의 한 변을 회전축으로 하여 1회전 시킬 때 생기는 입체도형이 아닌 것은 ④이다.

525 답 ⑤

⑤
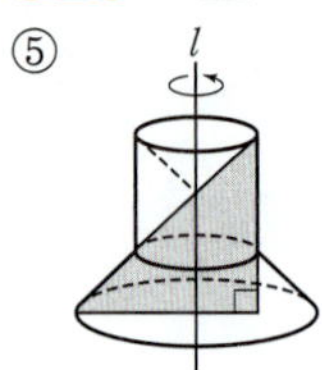

526 답 ⑤

⑤
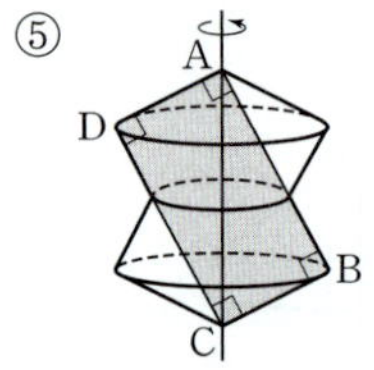

527 답 ⑤

⑤ 원뿔대 - 사다리꼴

528 답 ②

② 구는 어떤 평면으로 잘라도 그 단면이 항상 원이다.

529 답 ①

① 원기둥을 회전축에 수직인 평면으로 자른 단면은 항상 합동인
원이다.

530 답 ⑤

ㄴ. 원뿔을 회전축에 수직인 평면으로 자른 단면은 그 위치에 따라
크기가 다르므로 합동이 아니다.
따라서 옳은 것은 ㄱ, ㄷ, ㄹ이다.

531 답 ③

주어진 평면도형을 직선 l을 회전축으로 하여 1회전
시킬 때 생기는 회전체는 오른쪽 그림과 같다.
따라서 회전체를 회전축을 포함하는 평면으로 잘랐을
때 생기는 단면의 모양은 ③이다.

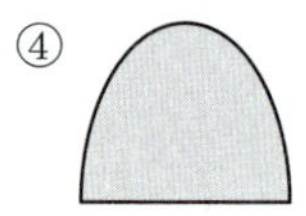

532 답 ③

ㄱ. 전개도를 그릴 수 없다.
ㄷ, ㄹ. 구를 어떤 평면으로 잘라도 그 단면은 항상 원이지만 위치에
따라 그 크기는 다르므로 항상 합동인 것은 아니다.
따라서 옳은 것은 ㄴ, ㄷ이다.

533 답 ⑤

주어진 원뿔을 회전축을 포함하는 평면으로 자를
때 생기는 단면은 오른쪽 그림과 같은 이등변삼각
형이므로 단면의 넓이는
$\dfrac{1}{2} \times 6 \times 8 = 24(\text{cm}^2)$

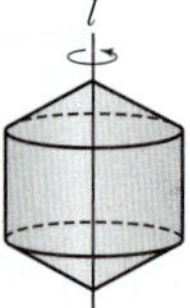

534 답 9

주어진 회전체는 오른쪽 그림과 같은 원기둥
이다. ...... ⓘ
원기둥의 밑면의 반지름의 길이는 4 cm, 높
이는 5 cm이므로
$a=4$, $b=5$
$\therefore a+b=4+5=9$ ...... ⓘ

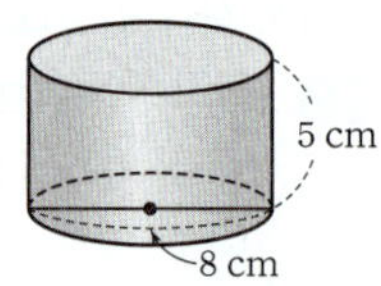

채점 기준

ⓘ 회전체의 모양 파악하기		50 %
ⓘ $a+b$의 값 구하기		50 %

535 답 $49\pi \text{ cm}^2$

구는 어떤 평면으로 잘라도 그 단면이 항상 원이다.
이때 가장 큰 단면은 구의 중심을 지나는 평면으로 자를 때 생기므
로 가장 큰 단면의 넓이는
$\pi \times 7^2 = 49\pi(\text{cm}^2)$

536 답 ④

④
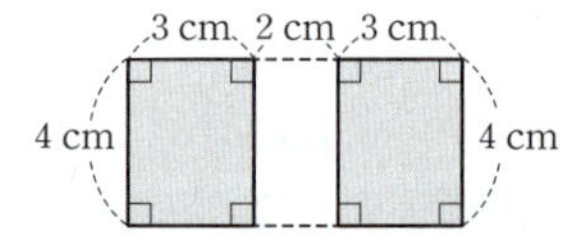

537 답 ④

회전축을 포함하는 평면으로 자를
때 생기는 단면은 오른쪽 그림과 같
으므로 단면의 넓이는
$(3 \times 4) \times 2 = 24(\text{cm}^2)$

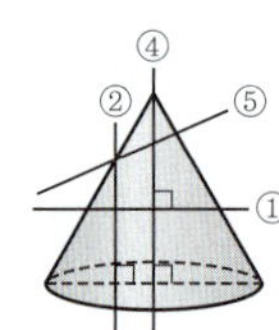

538 답 ③

①, ②, ④, ⑤는 원뿔을 오른쪽 그림과 같이 각각
자를 때 생기는 단면의 모양이다.

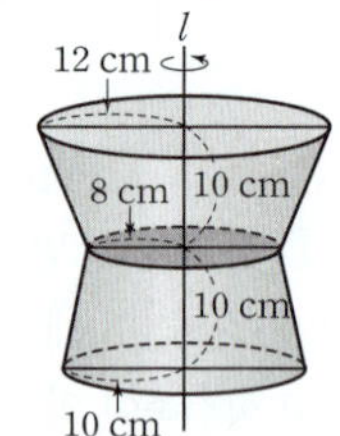

539 답 $64\pi \text{ cm}^2$

주어진 평면도형을 직선 l을 회전축으로 하여 1
회전 시킬 때 생기는 회전체는 오른쪽 그림과 같
고 회전축에 수직인 평면으로 자를 때 생기는 단
면은 모두 원이다.
이때 가장 작은 단면은 반지름의 길이가 8 cm인
원이므로 가장 작은 단면의 넓이는
$\pi \times 8^2 = 64\pi(\text{cm}^2)$

540 답 ④

주어진 평면도형을 직선 l을 회전축으로 하
여 1회전 시킬 때 생기는 회전체는 오른쪽 그
림과 같으므로 구하는 단면의 둘레의 길이는
$\left(2\pi \times 9 \times \dfrac{90}{360} + 4 + 4 + 5\right) \times 2$
$= 9\pi + 26(\text{cm})$

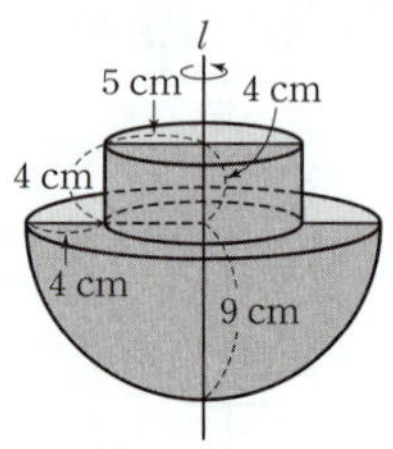

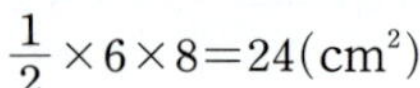
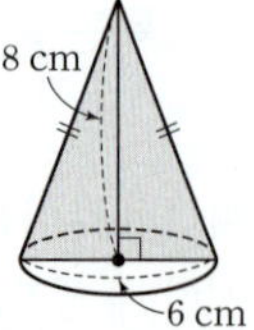
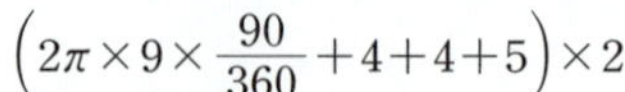

541　답 ④

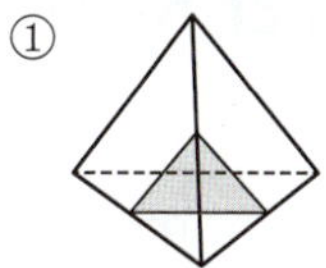 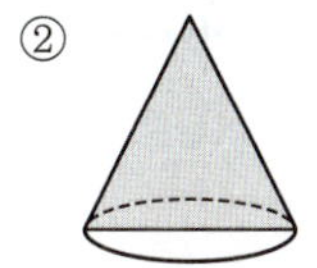

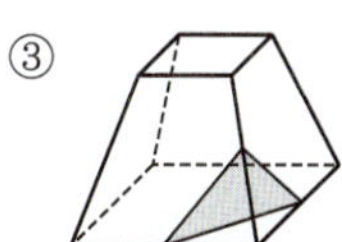 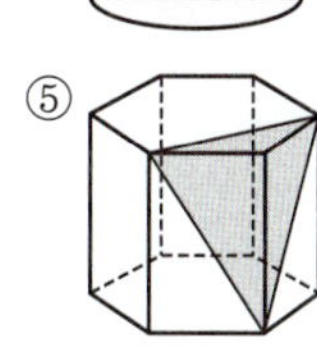

따라서 한 평면으로 자를 때 생기는 단면의 모양이 삼각형이 될 수 없는 것은 ④이다.

542　답 $\dfrac{48}{5}\pi$ cm

주어진 직각삼각형을 직선 l을 회전축으로 하여 1회전 시킬 때 생기는 회전체는 오른쪽 그림과 같고 회전축에 수직인 평면으로 자를 때 생기는 단면은 모두 원이다. …… ❶

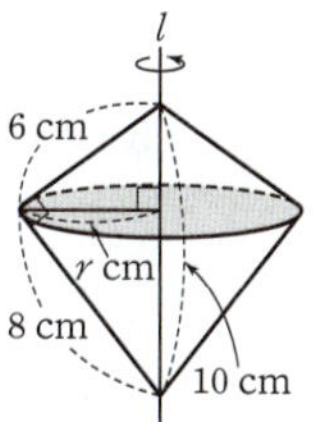

이때 가장 큰 단면의 반지름의 길이를 r cm라 하면

$$\dfrac{1}{2}\times6\times8=\dfrac{1}{2}\times10\times r \qquad \therefore r=\dfrac{24}{5}$$

즉, 가장 큰 단면의 반지름의 길이는 $\dfrac{24}{5}$ cm이다. …… ❷

따라서 가장 큰 단면의 둘레의 길이는

$$2\pi\times\dfrac{24}{5}=\dfrac{48}{5}\pi(\text{cm})$$ …… ❸

채점 기준	
❶ 단면의 모양이 모두 원임을 파악하기	30 %
❷ 가장 큰 단면의 반지름의 길이 구하기	40 %
❸ 가장 큰 단면의 둘레의 길이 구하기	30 %

543　답 ①

직각삼각형 ABC를 직선 AB를 회전축으로 하여 1회전 시킬 때 생기는 회전체는 오른쪽 그림과 같다.

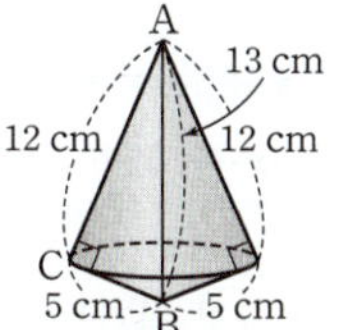

이때 단면의 넓이는 합동인 두 개의 직각삼각형의 넓이와 같으므로

$$\left(\dfrac{1}{2}\times12\times5\right)\times2=60(\text{cm}^2)$$

직각삼각형 ABC를 직선 BC를 회전축으로 하여 1회전 시킬 때 생기는 회전체는 오른쪽 그림과 같으므로 단면의 넓이는

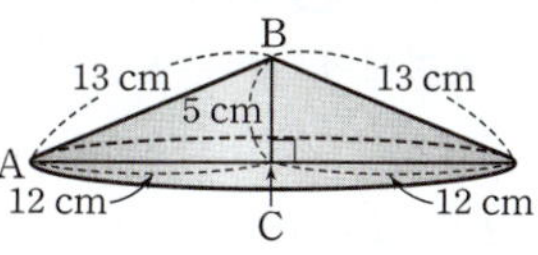

$$\dfrac{1}{2}\times24\times5=60(\text{cm}^2)$$

따라서 두 단면의 넓이의 비는

$$60:60=1:1$$

544　답 ④

주어진 평면도형을 직선 l을 회전축으로 하여 1회전 시킬 때 생기는 입체도형은 원뿔대이고 원뿔대의 전개도는 ④이다.

545　답 ③

주어진 직사각형을 직선 l을 회전축으로 하여 1회전 시킬 때 생기는 회전체는 밑면의 반지름의 길이가 6 cm, 높이가 11 cm인 원기둥이므로 $a=6$, $c=11$

전개도에서 직사각형의 가로의 길이는 원의 둘레의 길이와 같으므로

$$b=2\pi\times6=12\pi$$

546　답 12 cm

주어진 전개도로 만들어지는 입체도형은 원뿔이다.

밑면인 원의 반지름의 길이를 r cm라 하면

$$2\pi\times18\times\dfrac{240}{360}=2\pi r \qquad \therefore r=12$$

따라서 구하는 반지름의 길이는 12 cm이다.

547　답 9π cm^2

원뿔대의 두 밑면 중 큰 원의 반지름의 길이를 r cm라 하면

$$2\pi\times9\times\dfrac{120}{360}=2\pi r \qquad \therefore r=3$$

즉, 두 밑면 중 큰 원의 반지름의 길이는 3 cm이다. …… ❶

따라서 구하는 밑면의 넓이는

$$\pi\times3^2=9\pi(\text{cm}^2)$$ …… ❷

채점 기준	
❶ 원뿔대의 두 밑면 중 큰 원의 반지름의 길이 구하기	50 %
❷ 원뿔대의 두 밑면 중 큰 원의 넓이 구하기	50 %

548　답 12 cm

원뿔의 모선의 길이는 전개도에서 부채꼴의 반지름의 길이와 같다.

원뿔의 모선의 길이를 r cm라 하면

$$2\pi r\times\dfrac{90}{360}=2\pi\times3 \qquad \therefore r=12$$

따라서 구하는 모선의 길이는 12 cm이다.

549　답 ③

실의 길이가 가장 짧게 되는 경로는 주어진 원뿔의 전개도에서 점 A와 점 A를 잇는 선분과 같다.

550　답 ④

실의 길이가 가장 짧게 되는 경로는 주어진 원기둥의 전개도에서 옆면인 직사각형의 대각선과 같다.

551　답 ①

전략　회전체의 모양을 파악하고 단면의 모양을 그려서 넓이를 구한다.

주어진 원을 직선 l을 회전축으로 하여 1회전 시킬 때 생기는 회전체는 도넛 모양이고 이 회전체를 원의 중심 O를 지나면서 회전축에 수직인 평면으로 자른 단면은 오른쪽 그림과 같다.

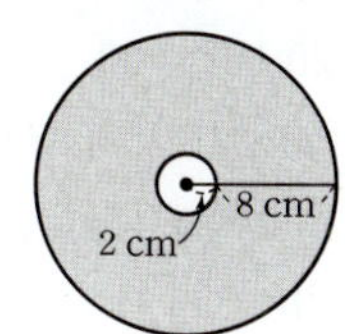

따라서 구하는 단면의 넓이는

$$\pi\times10^2-\pi\times2^2=100\pi-4\pi=96\pi(\text{cm}^2)$$

552 <답> 38

 주어진 전개도로 만든 정팔면체를 그려서 a, b, c, d가 적힌 면과 각각 마주 보는 면을 찾는다.

주어진 전개도로 만든 정팔면체는 오른쪽 그림과 같다.

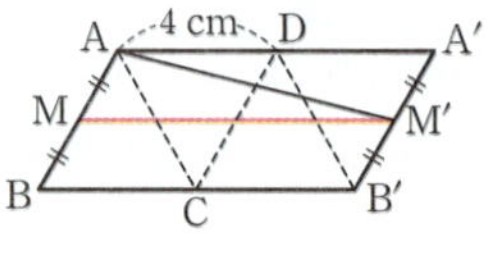

a가 적힌 면과 마주 보는 면은 7이 적힌 면이므로
$a+7=9$ $\therefore a=2$
b가 적힌 면과 마주 보는 면은 6이 적힌 면이므로
$b+6=9$ $\therefore b=3$
c가 적힌 면과 마주 보는 면은 5가 적힌 면이므로
$c+5=9$ $\therefore c=4$
d가 적힌 면과 마주 보는 면은 1이 적힌 면이므로
$d+1=9$ $\therefore d=8$
$\therefore ab+cd=2\times3+4\times8=38$

553 <답> 8 cm

 점 M에서 시작하여 세 모서리를 모두 지나가기 위해 지나가는 면이 일렬로 이어지도록 정사면체의 전개도를 그려서 이동 경로를 나타낸다.

오른쪽 그림과 같이 정사면체의 전개도에서 두 점 A, B와 겹치는 점을 각각 A′, B′이라 하면 최단 거리로 이동한 거리는 $\overline{MM'}$의 길이와 같다.
$\triangle AMM'$과 $\triangle M'A'A$에서
$\overline{AM'}$은 공통, $\overline{AM}=\overline{M'A'}$, $\angle MAM'=\angle A'M'A$(엇각)
$\therefore \triangle AMM'\equiv\triangle M'A'A$ (SAS 합동)
$\therefore \overline{MM'}=\overline{A'A}=2\times4=8(cm)$
따라서 구하는 이동 거리는 8 cm이다.

 사각형 ABB′A′은 평행사변형이므로 $\overline{AB}/\!/\overline{A'B'}$이다.

554 <답> ②

 정이십면체의 각 꼭짓점에서 각 모서리를 삼등분하는 점을 지나도록 잘라 내었을 때 생기는 도형을 파악하고 이를 이용하여 잘라 내고 남은 다면체의 꼭짓점, 면, 모서리의 개수를 구한다.

정이십면체의 각 꼭짓점에서 각 모서리를 삼등분하는 점을 지나도록 자르면 자른 부분마다 정오각형이 생긴다.
즉, 정이십면체의 꼭짓점마다 정오각형이 생기고 정이십면체의 꼭짓점의 개수는 12이므로 잘라 내고 남은 다면체의 꼭짓점의 개수는
$12\times5=60$ $\therefore a=60$
정이십면체의 면의 개수는 20, 꼭짓점의 개수는 12이고 자른 부분마다 면이 1개씩 생기므로 잘라 내고 남은 다면체의 면의 개수는
$20+12=32$ $\therefore b=32$
정이십면체의 모서리의 개수는 30, 꼭짓점의 개수는 12이고 자른 부분마다 모서리가 5개씩 생기므로 잘라 내고 남은 다면체의 모서리의 개수는
$30+12\times5=90$ $\therefore c=90$
$\therefore a+b+c=60+32+90=182$

---

555 <답> ⑤

$\left(\dfrac{1}{2}\times6\times8\right)\times2+(6+10+8)\times10=48+240=288(cm^2)$

556 <답> 24π cm²

$(\pi\times2^2)\times2+2\pi\times2\times4=8\pi+16\pi=24\pi(cm^2)$

557 <답> ④

$\left\{\dfrac{1}{2}\times(5+15)\times12\right\}\times2+(5+13+15+13)\times6=240+276$
$=516(cm^2)$

558 <답> 210 cm²

$\left\{\dfrac{1}{2}\times(3+7)\times3\right\}\times2+(3+5+7+3)\times10=30+180$
$=210(cm^2)$

559 <답> ①

주어진 직사각형을 직선 l을 회전축으로 하여 1회전 시킬 때 생기는 회전체는 오른쪽 그림과 같은 원기둥이므로 겉넓이는

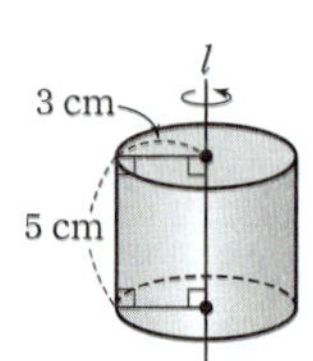

$(\pi\times3^2)\times2+2\pi\times3\times5=18\pi+30\pi$
$=48\pi(cm^2)$

560 <답> 15 cm

원기둥의 높이를 h cm라 하면
$(\pi\times5^2)\times2+2\pi\times5\times h=200\pi$
$50\pi+10\pi h=200\pi$, $10\pi h=150\pi$
$\therefore h=15$
따라서 원기둥의 높이는 15 cm이다.

561 <답> 4 cm

직육면체의 높이를 h cm라 하면
$(6\times6)\times2+(6+6+6+6)\times h=168$
$72+24h=168$
$24h=96$ $\therefore h=4$
따라서 직육면체의 높이는 4 cm이다.

562 <답> ⑤

원기둥의 밑면의 반지름의 길이를 r cm라 하면
$2\pi r=6\pi$ $\therefore r=3$
따라서 원기둥의 밑면의 반지름의 길이는 3 cm이므로 겉넓이는
$(\pi\times3^2)\times2+6\pi\times9=18\pi+54\pi=72\pi(cm^2)$

563 답 $14\pi\ \mathrm{cm^2}$

변 AB를 회전축으로 하여 1회전 시킬 때 생기는 회전체는 오른쪽 그림과 같은 원기둥이므로 겉넓이는

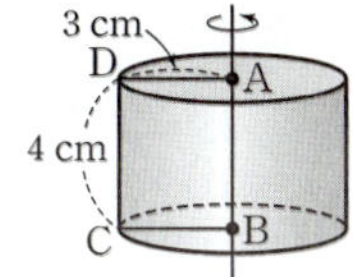

$(\pi\times3^2)\times2+2\pi\times3\times4=18\pi+24\pi$
$\hspace{5.2cm}=42\pi(\mathrm{cm^2})$ ······ ❶

변 BC를 회전축으로 하여 1회전 시킬 때 생기는 회전체는 오른쪽 그림과 같은 원기둥이므로 겉넓이는

$(\pi\times4^2)\times2+2\pi\times4\times3=32\pi+24\pi$
$\hspace{5.2cm}=56\pi(\mathrm{cm^2})$ ······ ❷

따라서 구하는 겉넓이의 차는
$56\pi-42\pi=14\pi(\mathrm{cm^2})$ ······ ❸

채점 기준	
❶ 변 AB가 회전축인 원기둥의 겉넓이 구하기	40 %
❷ 변 BC가 회전축인 원기둥의 겉넓이 구하기	40 %
❸ 두 회전체의 겉넓이의 차 구하기	20 %

564 답 ①

롤러를 세 바퀴 굴릴 때, 페인트가 칠해지는 부분의 넓이는 원기둥 모양의 롤러의 옆넓이의 3배와 같다.

이때 롤러의 옆넓이는
$2\pi\times4\times25=200\pi(\mathrm{cm^2})$

따라서 페인트가 칠해지는 부분의 넓이는
$3\times200\pi=600\pi(\mathrm{cm^2})$

565 답 ⑤

케이크 한 조각은 오른쪽 그림과 같이 밑면이 부채꼴인 기둥 모양이다.

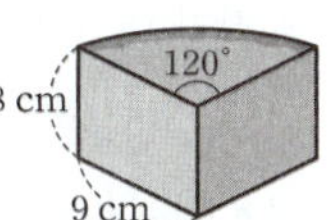

이때 밑면의 중심각의 크기는 $\dfrac{360°}{3}=120°$이므로

$(\text{밑넓이})=\pi\times9^2\times\dfrac{120}{360}=27\pi(\mathrm{cm^2})$

$(\text{옆넓이})=\left(2\pi\times9\times\dfrac{120}{360}+9\times2\right)\times8$
$\hspace{2.1cm}=48\pi+144(\mathrm{cm^2})$

$\therefore\ (\text{겉넓이})=27\pi\times2+48\pi+144$
$\hspace{2.3cm}=102\pi+144(\mathrm{cm^2})$

566 답 ⑤

$(\text{밑넓이})=\pi\times3^2\times\dfrac{1}{2}+6\times4=\dfrac{9}{2}\pi+24(\mathrm{cm^2})$

$(\text{옆넓이})=\left\{2\pi\times3\times\dfrac{1}{2}+(4+6+4)\right\}\times10$
$\hspace{2.1cm}=30\pi+140(\mathrm{cm^2})$

$\therefore\ (\text{겉넓이})=\left(\dfrac{9}{2}\pi+24\right)\times2+30\pi+140$
$\hspace{2.3cm}=39\pi+188(\mathrm{cm^2})$

567 답 $286\ \mathrm{cm^2}$

$(\text{밑넓이})=7\times5-2\times2=35-4=31(\mathrm{cm^2})$

$(\text{옆넓이})=(7+5+7+5)\times7+(2+2+2+2)\times7$
$\hspace{2.1cm}=168+56=224(\mathrm{cm^2})$

$\therefore\ (\text{겉넓이})=31\times2+224=286(\mathrm{cm^2})$

568 답 ③

$(\text{밑넓이})=\pi\times6^2-\pi\times3^2=36\pi-9\pi=27\pi(\mathrm{cm^2})$

$(\text{옆넓이})=2\pi\times6\times9+2\pi\times3\times9$
$\hspace{2.1cm}=108\pi+54\pi=162\pi(\mathrm{cm^2})$

$\therefore\ (\text{겉넓이})=27\pi\times2+162\pi=216\pi(\mathrm{cm^2})$

569 답 $320\ \mathrm{cm^2}$

오른쪽 그림과 같이 잘린 부분의 면을 이동하여 생각하면 주어진 입체도형의 겉넓이는 가로, 세로의 길이가 각각 8 cm이고 높이가 6 cm인 직육면체의 겉넓이와 같으므로

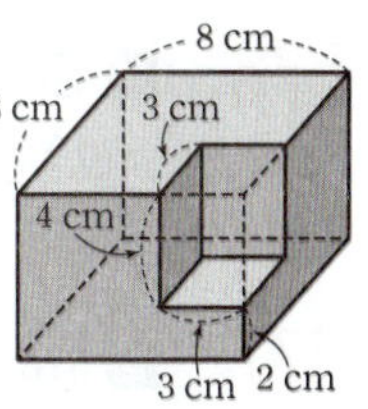

$(8\times8)\times2+(8+8+8+8)\times6$
$=128+192=320(\mathrm{cm^2})$

570 답 ③

주어진 직사각형을 직선 l을 회전축으로 하여 240°만큼 회전시킬 때 생기는 회전체는 오른쪽 그림과 같이 밑면이 부채꼴인 기둥이므로

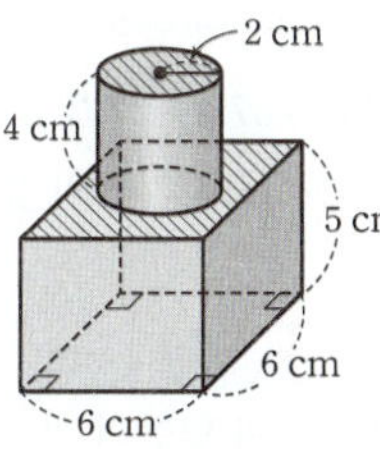

$(\text{밑넓이})=\pi\times3^2\times\dfrac{240}{360}=6\pi(\mathrm{cm^2})$

$(\text{옆넓이})=\left(2\pi\times3\times\dfrac{240}{360}+3\times2\right)\times10$
$\hspace{2.1cm}=40\pi+60(\mathrm{cm^2})$

$\therefore\ (\text{겉넓이})=6\pi\times2+40\pi+60=52\pi+60(\mathrm{cm^2})$

571 답 ③

오른쪽 그림에서 빗금 친 두 부분의 넓이의 합은 가로, 세로의 길이가 각각 6 cm인 사각형의 넓이와 같으므로 입체도형의 겉넓이는

$(6\times6)\times2+2\pi\times2\times4$
$+(6+6+6+6)\times5$
$=72+16\pi+120$
$=16\pi+192(\mathrm{cm^2})$

572 답 $198\ \mathrm{cm^2}$

주어진 입체도형의 겉넓이는 한 변의 길이가 3 cm인 정사각형 22개의 넓이의 합과 같으므로
$(3\times3)\times22=198(\mathrm{cm^2})$

다른 풀이

한 모서리의 길이가 3 cm인 정육면체의 겉넓이는
$(3\times3)\times6=54(\mathrm{cm^2})$

주어진 입체도형에서 맞닿아 있는 면이 4쌍, 즉 8개이므로
$54\times5-(3\times3)\times8=270-72=198(\mathrm{cm^2})$

573　답 20π cm³

$(\pi\times 2^2)\times 5=20\pi\,(\text{cm}^3)$

574　답 ③

$\left\{\dfrac{1}{2}\times(9+5)\times 6\right\}\times 8=336\,(\text{cm}^3)$

575　답 ①

주어진 전개도로 만든 삼각기둥은 오른쪽 그림과 같으므로 부피는

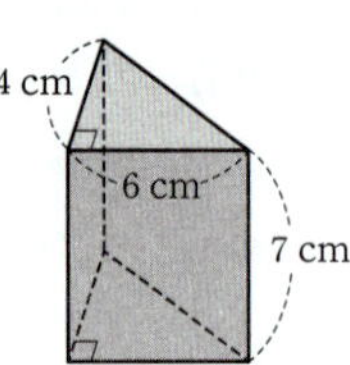

$\left(\dfrac{1}{2}\times 6\times 4\right)\times 7=84\,(\text{cm}^3)$

576　답 ②

$\left(\pi\times 3^2\times\dfrac{150}{360}\right)\times 4=15\pi\,(\text{cm}^3)$

577　답 576π cm³

원기둥의 밑면의 반지름의 길이를 r cm라 하면

$2\pi r=12\pi$　∴ $r=6$

즉, 원기둥의 밑면의 반지름의 길이는 6 cm이다. …… ⓘ

따라서 원기둥의 부피는

$(\pi\times 6^2)\times 16=576\pi\,(\text{cm}^3)$ …… ⓘⓘ

채점 기준	
ⓘ 원기둥의 밑면의 반지름의 길이 구하기	50 %
ⓘⓘ 원기둥의 부피 구하기	50 %

578　답 6 cm

주어진 오각기둥의 밑넓이는

$\dfrac{1}{2}\times 12\times 5+\dfrac{1}{2}\times(13+9)\times 3=30+33=63\,(\text{cm}^2)$

오각기둥의 높이를 h cm라 하면

$63h=378$　∴ $h=6$

따라서 오각기둥의 높이는 6 cm이다.

579　답 7 cm

원기둥의 밑면의 반지름의 길이를 r cm라 하면

$\pi r^2\times 6=294\pi$

$r^2=49$　∴ $r=7$

따라서 원기둥의 밑면의 반지름의 길이는 7 cm이다.

580　답 ②

삼각기둥의 높이를 h cm라 하면

$\left(\dfrac{1}{2}\times 8\times 15\right)\times 2+(8+17+15)\times h=440$

$120+40h=440$

$40h=320$　∴ $h=8$

따라서 삼각기둥의 높이는 8 cm이므로 부피는

$\left(\dfrac{1}{2}\times 8\times 15\right)\times 8=480\,(\text{cm}^3)$

581　답 ③

회전체는 오른쪽 그림과 같은 원기둥이므로 부피는

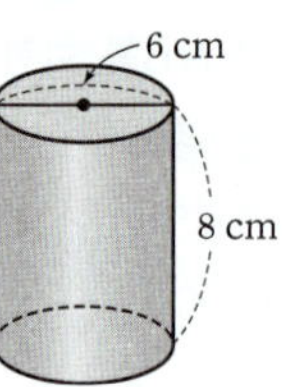

$(\pi\times 3^2)\times 8=72\pi\,(\text{cm}^3)$

582　답 ④

(부피)＝(작은 원기둥의 부피)＋(큰 원기둥의 부피)

$=(\pi\times 2^2)\times 2+(\pi\times 5^2)\times 5$

$=8\pi+125\pi=133\pi\,(\text{cm}^3)$

583　답 ②

(부피)＝(사각기둥의 부피)－(원기둥의 부피)

$=(7\times 6)\times 6-(\pi\times 2^2)\times 6$

$=252-24\pi\,(\text{cm}^3)$

584　답 189π cm³

주어진 직사각형을 직선 l을 회전축으로 하여 1회전 시킬 때 생기는 회전체는 오른쪽 그림과 같으므로 부피는

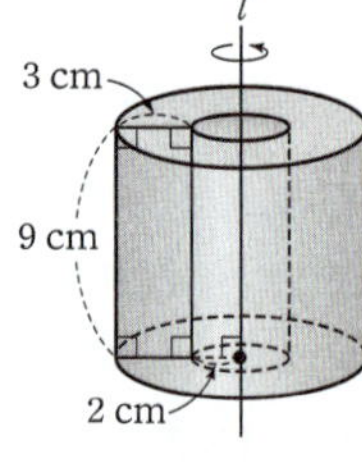

(큰 원기둥의 부피)－(작은 원기둥의 부피)

$=(\pi\times 5^2)\times 9-(\pi\times 2^2)\times 9$

$=225\pi-36\pi=189\pi\,(\text{cm}^3)$

585　답 ③

오른쪽 그림과 같이 주어진 입체도형은 가로, 세로의 길이가 각각 8 cm, 6 cm인 직육면체에서 밑면이 직각삼각형인 삼각기둥을 잘라 낸 모양이다.

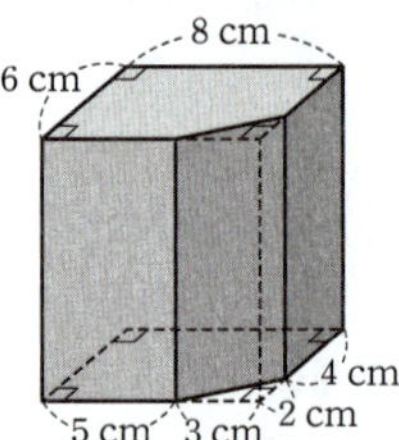

입체도형의 높이를 h cm라 하면

$(8\times 6)\times h-\left(\dfrac{1}{2}\times 3\times 2\right)\times h=450$

$48h-3h=450,\ 45h=450$　∴ $h=10$

따라서 입체도형의 높이는 10 cm이다.

다른 풀이

주어진 입체도형은 밑면이 오각형인 오각기둥이므로 입체도형의 높이를 h cm라 하면

$\left(8\times 6-\dfrac{1}{2}\times 3\times 2\right)\times h=450$

$45h=450$　∴ $h=10$

따라서 입체도형의 높이는 10 cm이다.

586　답 180π cm²

원기둥 B의 부피는

$(\pi\times 9^2)\times 4=324\pi\,(\text{cm}^3)$ …… ⓘ

원기둥 A의 높이를 h cm라 하면

$(\pi\times 6^2)\times h=324\pi$

$36\pi h=324\pi$　∴ $h=9$

즉, 원기둥 A의 높이는 9 cm이다. …… ⓘⓘ

따라서 원기둥 A의 겉넓이는
$$(\pi \times 6^2) \times 2 + 2\pi \times 6 \times 9 = 72\pi + 108\pi = 180\pi \,(\text{cm}^2) \quad \cdots\cdots \text{iii}$$

i 원기둥 B의 부피 구하기		30 %
ii 원기둥 A의 높이 구하기		30 %
iii 원기둥 A의 겉넓이 구하기		40 %

587 답 $45\pi \ \text{cm}^3$

주어진 입체도형은 큰 부채꼴을 밑면으로 하는 기둥에서 작은 부채꼴을 밑면으로 하는 기둥을 잘라 낸 모양이다.
따라서 입체도형의 부피는
$$\left(\pi \times 6^2 \times \frac{100}{360}\right) \times 6 - \left(\pi \times 3^2 \times \frac{100}{360}\right) \times 6$$
$$= 60\pi - 15\pi = 45\pi \,(\text{cm}^3)$$

588 답 $26\pi \ \text{cm}^3$

오른쪽 그림과 같이 잘라 낸 부분은 밑면의 반지름의 길이가 2 cm, 높이가 3 cm인 원기둥의 절반이므로 입체도형의 부피는

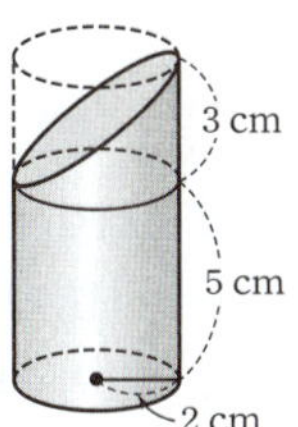

$$(\pi \times 2^2) \times 8 - \left\{(\pi \times 2^2) \times 3\right\} \times \frac{1}{2}$$
$$= 32\pi - 6\pi = 26\pi \,(\text{cm}^3)$$

주어진 입체도형의 부피를 두 부분으로 나누어 구하면
(윗부분의 부피)+(아랫부분의 부피)
$$= \left\{(\pi \times 2^2) \times 3\right\} \times \frac{1}{2} + (\pi \times 2^2) \times 5$$
$$= 6\pi + 20\pi = 26\pi \,(\text{cm}^3)$$

589 답 ④

$$\pi \times 5^2 + \frac{1}{2} \times 10 \times (2\pi \times 5) = 25\pi + 50\pi = 75\pi \,(\text{cm}^2)$$

590 답 $96 \ \text{cm}^2$

$$6 \times 6 + \left(\frac{1}{2} \times 6 \times 5\right) \times 4 = 36 + 60 = 96 \,(\text{cm}^2)$$

591 답 ⑤

원뿔의 밑면의 반지름의 길이를 r cm라 하면
$$\frac{1}{2} \times 5 \times 2\pi r = 15\pi, \ 5\pi r = 15\pi$$
$$\therefore r = 3$$
따라서 원뿔의 밑면의 반지름의 길이는 3 cm이다.

592 답 $365 \ \text{cm}^2$

$$\begin{aligned}(\text{두 밑면의 넓이의 합}) &= 5 \times 5 + 10 \times 10 \\ &= 25 + 100 = 125 \,(\text{cm}^2)\end{aligned}$$
$$(\text{옆넓이}) = \left\{\frac{1}{2} \times (5+10) \times 8\right\} \times 4 = 240 \,(\text{cm}^2)$$
$$\therefore (\text{겉넓이}) = 125 + 240 = 365 \,(\text{cm}^2)$$

593 답 6

$$4 \times 4 + \left(\frac{1}{2} \times 4 \times x\right) \times 4 = 64 \text{이므로}$$
$$16 + 8x = 64, \ 8x = 48 \quad \therefore x = 6$$

594 답 ①

원뿔의 모선의 길이를 l cm라 하면
$$\pi \times 4^2 + \frac{1}{2} \times l \times (2\pi \times 4) = 44\pi, \ 16\pi + 4\pi l = 44\pi$$
$$4\pi l = 28\pi \quad \therefore l = 7$$
따라서 원뿔의 모선의 길이는 7 cm이다.

595 답 $152\pi \ \text{cm}^2$

주어진 사다리꼴을 직선 l을 회전축으로 하여 1회전 시킬 때 생기는 회전체는 오른쪽 그림과 같은 원뿔대이므로

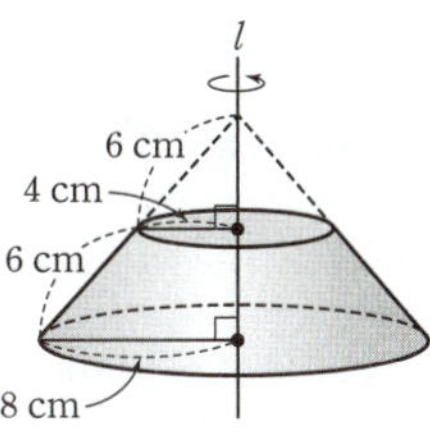

(두 밑면의 넓이의 합)$= \pi \times 4^2 + \pi \times 8^2$
$$= 16\pi + 64\pi$$
$$= 80\pi \,(\text{cm}^2)$$
$$(\text{옆넓이}) = \frac{1}{2} \times 12 \times (2\pi \times 8) - \frac{1}{2} \times 6 \times (2\pi \times 4)$$
$$= 96\pi - 24\pi = 72\pi \,(\text{cm}^2)$$
$$\therefore (\text{겉넓이}) = 80\pi + 72\pi = 152\pi \,(\text{cm}^2)$$

596 답 ③

$$\frac{1}{2} \times 12 \times 2\pi x - \frac{1}{2} \times 4 \times (2\pi \times 2) = 64\pi \text{이므로}$$
$$12\pi x - 8\pi = 64\pi$$
$$12\pi x = 72\pi \quad \therefore x = 6$$

597 답 $100\pi \ \text{cm}^2$

원뿔의 밑면의 반지름의 길이를 r cm라 하면
$$2\pi \times 15 \times \frac{120}{360} = 2\pi r$$
$$10\pi = 2\pi r \quad \therefore r = 5$$
따라서 원뿔의 밑면의 반지름의 길이는 5 cm이므로 겉넓이는
$$\pi \times 5^2 + \frac{1}{2} \times 15 \times (2\pi \times 5) = 25\pi + 75\pi = 100\pi \,(\text{cm}^2)$$

598 답 ②

원뿔의 밑면의 반지름의 길이를 r cm라 하면
$$\frac{1}{2} \times 8 \times 2\pi r = 32\pi$$
$$8\pi r = 32\pi \quad \therefore r = 4$$
따라서 원뿔의 밑면의 반지름의 길이는 4 cm이므로 겉넓이는
$$\pi \times 4^2 + 32\pi = 16\pi + 32\pi = 48\pi \,(\text{cm}^2)$$

599 답 $108°$

원뿔의 모선의 길이를 l cm라 하면
$$\pi \times 9^2 + \frac{1}{2} \times l \times (2\pi \times 9) = 351\pi, \ 81\pi + 9\pi l = 351\pi$$
$$9\pi l = 270\pi \quad \therefore l = 30$$
즉, 원뿔의 모선의 길이는 30 cm이다. $\quad \cdots\cdots \text{i}$

이때 원뿔의 전개도에서 부채꼴의 중심각의 크기를 $x°$라 하면

$$2\pi \times 30 \times \frac{x}{360} = 2\pi \times 9$$

$$\frac{1}{6}\pi x = 18\pi \qquad \therefore x = 108$$

따라서 부채꼴의 중심각의 크기는 $108°$이다. $\quad\cdots\cdots$ ⅱ

채점 기준		
ⅰ 원뿔의 모선의 길이 구하기	50 %
ⅱ 부채꼴의 중심각의 크기 구하기	50 %

600 답 ④

주어진 삼각형을 직선 l을 회전축으로 하여 1회전 시킬 때 생기는 회전체는 오른쪽 그림과 같으므로 겉넓이는

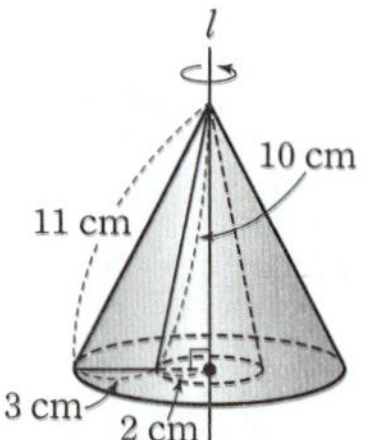

$$(\pi \times 5^2 - \pi \times 2^2) + \frac{1}{2} \times 11 \times (2\pi \times 5)$$

$$+ \frac{1}{2} \times 10 \times (2\pi \times 2)$$

$$= 21\pi + 55\pi + 20\pi = 96\pi \,(\text{cm}^2)$$

601 답 ④

$$(\text{두 밑면의 넓이의 합}) = \pi \times 4^2 + \pi \times 8^2$$

$$= 16\pi + 64\pi = 80\pi \,(\text{cm}^2)$$

$$(\text{옆넓이}) = \left\{ \frac{1}{2} \times 10 \times (2\pi \times 8) - \frac{1}{2} \times 5 \times (2\pi \times 4) \right\} + 2\pi \times 8 \times 10$$

$$= 60\pi + 160\pi = 220\pi \,(\text{cm}^2)$$

$$\therefore (\text{겉넓이}) = 80\pi + 220\pi = 300\pi \,(\text{cm}^2)$$

602 답 ⑤

원뿔의 밑면의 반지름의 길이를 r cm라 하면 모선의 길이는 $3r$ cm 이므로

$$\pi r^2 + \frac{1}{2} \times 3r \times 2\pi r = 36\pi, \ 4\pi r^2 = 36\pi$$

$$r^2 = 9 \qquad \therefore r = 3$$

따라서 원뿔의 밑면의 반지름의 길이는 3 cm, 모선의 길이는 9 cm 이므로 옆넓이는

$$\frac{1}{2} \times 9 \times (2\pi \times 3) = 27\pi \,(\text{cm}^2)$$

603 답 224π cm²

오른쪽 그림과 같이 작은 부채꼴의 반지름의 길이를 x cm라 하면

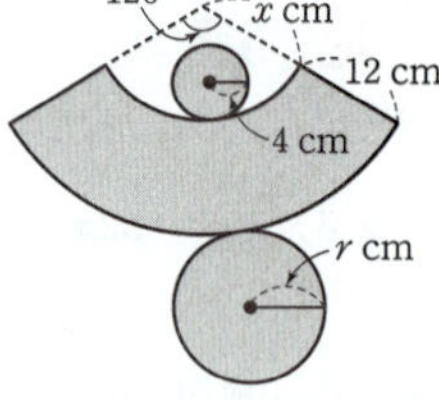

$$2\pi x \times \frac{120}{360} = 2\pi \times 4$$

$$\frac{2}{3}\pi x = 8\pi \qquad \therefore x = 12$$

즉, 작은 부채꼴의 반지름의 길이는 12 cm이다. $\quad\cdots\cdots$ ⅰ

원뿔대의 전개도에서 두 밑면 중 큰 원의 반지름의 길이를 r cm라 하면

$$2\pi \times 24 \times \frac{120}{360} = 2\pi r$$

$$16\pi = 2\pi r \qquad \therefore r = 8$$

즉, 전개도에서 두 밑면 중 큰 원의 반지름의 길이는 8 cm이다.

$\quad\cdots\cdots$ ⅱ

따라서 원뿔대의 겉넓이는

$$\pi \times 4^2 + \pi \times 8^2 + \left\{ \frac{1}{2} \times 24 \times (2\pi \times 8) - \frac{1}{2} \times 12 \times (2\pi \times 4) \right\}$$

$$= 16\pi + 64\pi + 144\pi$$

$$= 224\pi \,(\text{cm}^2) \qquad\qquad\qquad\cdots\cdots$ ⅲ

채점 기준		
ⅰ 작은 부채꼴의 반지름의 길이 구하기	30 %
ⅱ 두 밑면 중 큰 원의 반지름의 길이 구하기	30 %
ⅲ 원뿔대의 겉넓이 구하기	40 %

604 답 ②

$$\frac{1}{3} \times (\pi \times 3^2) \times 7 = 21\pi \,(\text{cm}^3)$$

605 답 ②

$$\frac{1}{3} \times (6 \times 6) \times 8 = 96 \,(\text{cm}^3)$$

606 답 100π cm³

주어진 직각삼각형을 직선 l을 회전축으로 하여 1회전 시킬 때 생기는 회전체는 오른쪽 그림과 같은 원뿔이므로 부피는

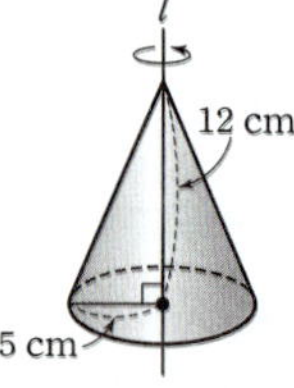

$$\frac{1}{3} \times (\pi \times 5^2) \times 12 = 100\pi \,(\text{cm}^3)$$

607 답 42 cm³

$$(\text{부피}) = (\text{큰 사각뿔의 부피}) - (\text{작은 사각뿔의 부피})$$

$$= \frac{1}{3} \times (6 \times 4) \times 6 - \frac{1}{3} \times (3 \times 2) \times 3$$

$$= 48 - 6 = 42 \,(\text{cm}^3)$$

608 답 ②

$$(\text{부피}) = (\text{큰 원뿔의 부피}) - (\text{작은 원뿔의 부피})$$

$$= \frac{1}{3} \times (\pi \times 9^2) \times 12 - \frac{1}{3} \times (\pi \times 3^2) \times 4$$

$$= 324\pi - 12\pi = 312\pi \,(\text{cm}^3)$$

609 답 ③

삼각뿔의 높이를 h cm라 하면

$$\frac{1}{3} \times \left(\frac{1}{2} \times 7 \times 6 \right) \times h = 70$$

$$7h = 70 \qquad \therefore h = 10$$

따라서 삼각뿔의 높이는 10 cm이다.

610 답 9 cm

원뿔의 높이를 h cm라 하면

$$\frac{1}{3} \times (\pi \times 4^2) \times h = 48\pi$$

$$\frac{16}{3}\pi h = 48\pi \qquad \therefore h = 9$$

따라서 원뿔의 높이는 9 cm이다.

611 답 87π cm^3

(부피) = (원기둥의 부피) + (원뿔의 부피)

$$= (\pi \times 3^2) \times 8 + \frac{1}{3} \times (\pi \times 3^2) \times 5$$
$$= 72\pi + 15\pi = 87\pi \,(\text{cm}^3)$$

612 답 ③

원뿔의 밑면의 반지름의 길이를 r cm라 하면

$2\pi r = 16\pi$ ∴ $r = 8$

따라서 원뿔의 밑면의 반지름의 길이가 8 cm이므로 부피는

$$\frac{1}{3} \times (\pi \times 8^2) \times 12 = 256\pi \,(\text{cm}^3)$$

613 답 10

$\left(\frac{1}{2} \times 8 \times 9\right) \times h = \frac{1}{3} \times (10 \times 9) \times 12$이므로

$36h = 360$ ∴ $h = 10$

614 답 C

(A의 부피) $= \frac{1}{3} \times (\pi \times 7^2) \times 12 = 196\pi \,(\text{cm}^3)$

(B의 부피) $= (\pi \times 5^2) \times 9 = 225\pi \,(\text{cm}^3)$

(C의 부피) $= \frac{1}{3} \times (\pi \times 9^2) \times 9 - \frac{1}{3} \times (\pi \times 3^2) \times 3$
$$= 243\pi - 9\pi = 234\pi \,(\text{cm}^3)$$

따라서 부피가 가장 큰 것은 C이다.

615 답 ③

(위쪽 사각뿔의 부피) $= \frac{1}{3} \times (5 \times 5) \times 6 = 50 \,(\text{cm}^3)$

(아래쪽 사각뿔대의 부피) $= \frac{1}{3} \times (10 \times 10) \times 12 - 50$
$$= 400 - 50 = 350 \,(\text{cm}^3)$$

따라서 위쪽 사각뿔과 아래쪽 사각뿔대의 부피의 비는

$50 : 350 = 1 : 7$

616 답 4 cm

원뿔의 밑면의 반지름의 길이를 r cm라 하면

$$2\pi \times 5 \times \frac{216}{360} = 2\pi r$$

$6\pi = 2\pi r$ ∴ $r = 3$

즉, 원뿔의 밑면의 반지름의 길이는 3 cm이다. ⋯⋯ ❶

이때 원뿔의 높이를 h cm라 하면

$$\frac{1}{3} \times (\pi \times 3^2) \times h = 12\pi$$

$3\pi h = 12\pi$ ∴ $h = 4$

따라서 원뿔의 높이는 4 cm이다. ⋯⋯ ❷

채점 기준	
❶ 원뿔의 밑면의 반지름의 길이 구하기	50 %
❷ 원뿔의 높이 구하기	50 %

617 답 36 cm^3

△BCD를 삼각뿔의 밑면으로 생각하면 높이는 $\overline{CG}$의 길이이므로 삼각뿔 C−BGD의 부피는

$$\frac{1}{3} \times \left(\frac{1}{2} \times 6 \times 6\right) \times 6 = 36 \,(\text{cm}^3)$$

618 답 12 cm

$\overline{AD} = x$ cm라 하면 $\overline{BC} = x$ cm

△BCP를 삼각뿔의 밑면으로 생각하면 높이는 $\overline{CQ}$의 길이이므로

$$\frac{1}{3} \times \left(\frac{1}{2} \times x \times 3\right) \times 5 = 30$$

$\frac{5}{2}x = 30$ ∴ $x = 12$

따라서 $\overline{AD}$의 길이는 12 cm이다.

619 답 ①

주어진 평면도형을 직선 l을 회전축으로 하여 1회전 시킬 때 생기는 회전체는 오른쪽 그림과 같으므로 부피는

(원뿔의 부피) − (원기둥의 부피)

$$= \frac{1}{3} \times (\pi \times 6^2) \times 7 - (\pi \times 2^2) \times 3$$
$$= 84\pi - 12\pi = 72\pi \,(\text{cm}^3)$$

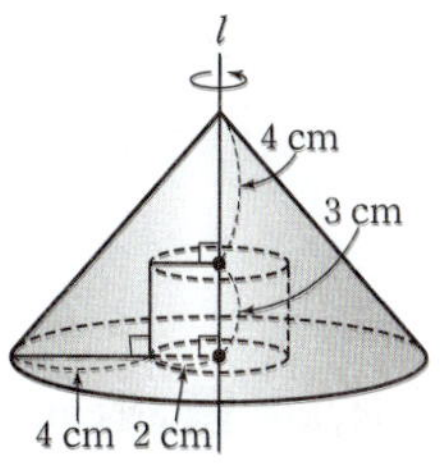

620 답 ⑤

오른쪽 그림과 같이 주어진 입체도형은 정육면체에서 삼각뿔을 잘라 낸 모양이므로 부피는

(정육면체의 부피) − (잘라 낸 삼각뿔의 부피)

$$= (8 \times 8) \times 8 - \frac{1}{3} \times \left(\frac{1}{2} \times 3 \times 5\right) \times 4$$
$$= 512 - 10 = 502 \,(\text{cm}^3)$$

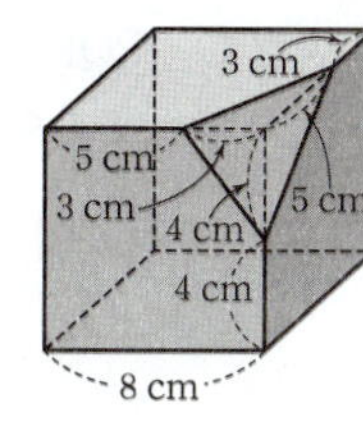

621 답 39π cm^3

주어진 사다리꼴 ABCD를 $\overline{AB}$를 회전축으로 하여 1회전 시킬 때 생기는 회전체는 오른쪽 그림과 같으므로 부피는

(원기둥의 부피) − (원뿔의 부피)

$$= (\pi \times 3^2) \times 5 - \frac{1}{3} \times (\pi \times 3^2) \times 2$$
$$= 45\pi - 6\pi = 39\pi \,(\text{cm}^3)$$

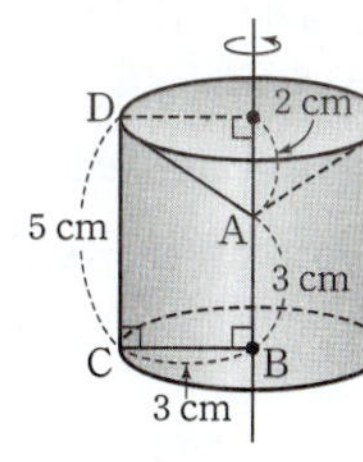

622 답 18π cm^3

처음 원뿔의 밑면의 반지름의 길이를 r cm, 높이를 h cm, 부피를 V cm^{3}라 하면

$$V = \frac{1}{3}\pi r^2 h$$

원뿔 A의 부피는

$$\frac{1}{3} \times \pi \times (2r)^2 \times h = \frac{4}{3}\pi r^2 h = 4V \,(\text{cm}^3)$$

원뿔 B의 부피는
$$\frac{1}{3}\times\pi\times r^2\times 2h=\frac{2}{3}\pi r^2 h=2V\,(\mathrm{cm}^3)$$
이때 두 원뿔 A, B의 부피의 차가 $36\pi\ \mathrm{cm}^3$이므로
$$4V-2V=36\pi$$
$$2V=36\pi \qquad \therefore\ V=18\pi$$
따라서 처음 원뿔의 부피는 $18\pi\ \mathrm{cm}^3$이다.

623 답 ④

주어진 평행사변형을 직선 l을 회전축으
로 하여 1회전 시킬 때 생기는 회전체는
오른쪽 그림과 같이 모양과 크기가 같은
두 원뿔대를 붙여 놓은 입체도형과 같다.
따라서 구하는 부피는

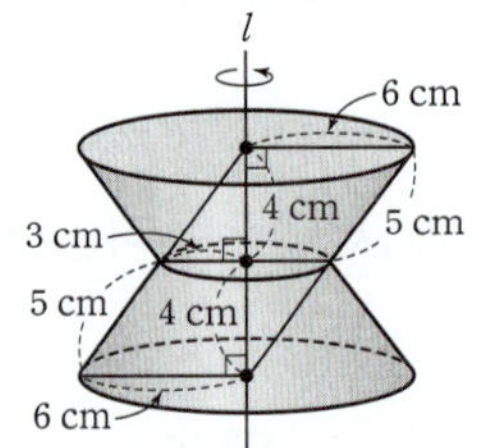

(원뿔대의 부피)$\times 2$
$$=\left\{\frac{1}{3}\times(\pi\times 6^2)\times 8-\frac{1}{3}\times(\pi\times 3^2)\times 4\right\}\times 2$$
$$=84\pi\times 2=168\pi\,(\mathrm{cm}^3)$$

624 답 36 cm³

정육면체의 밑면 EFGH가 오른쪽 그림과 같으
므로 사각형 PQRS의 넓이는 사각형 EFGH
의 넓이의 $\frac{1}{2}$이다.

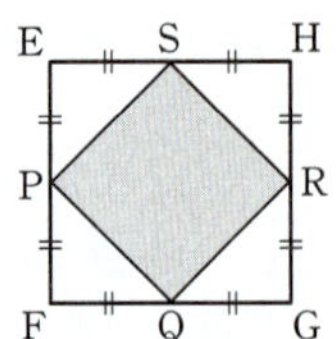

사각뿔 O−PQRS의 높이는 정육면체의 한 모
서리의 길이와 같으므로 구하는 부피는
$$\frac{1}{3}\times\left(\frac{1}{2}\times 6\times 6\right)\times 6=36\,(\mathrm{cm}^3)$$

625 답 ③

주어진 입체도형은 정육면체에서 크기가 같
은 4개의 삼각뿔을 잘라 낸 것과 같으므로
부피는

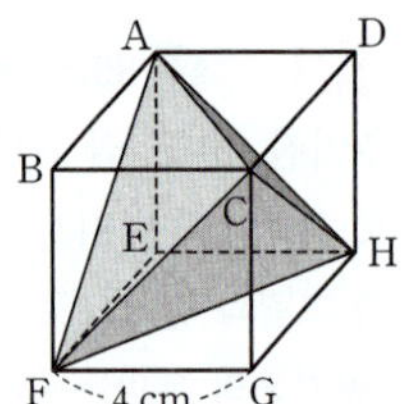

(정육면체의 부피)
$\ -$(삼각뿔 C−ABF의 부피)$\times 4$
$$=(4\times 4)\times 4-\left\{\frac{1}{3}\times\left(\frac{1}{2}\times 4\times 4\right)\times 4\right\}\times 4$$
$$=64-\frac{128}{3}=\frac{64}{3}\,(\mathrm{cm}^3)$$

626 답 ①

주어진 정사각형 ABCD로 만들어지는 입
체도형은 오른쪽 그림과 같은 삼각뿔이므로
구하는 부피는
$$\frac{1}{3}\times\left(\frac{1}{2}\times 3\times 3\right)\times 6=9\,(\mathrm{cm}^3)$$

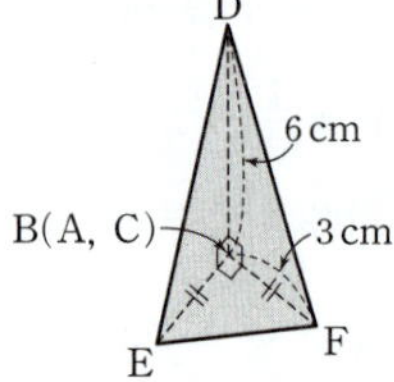

627 답 $\dfrac{48}{5}\pi\ \mathrm{cm}^3$

주어진 직각삼각형 ABC를 $\overline{AB}$를 회전축으
로 하여 1회전 시킬 때 생기는 회전체는 오른
쪽 그림과 같다.

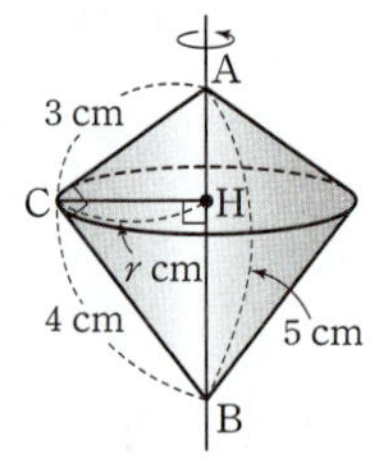

점 C에서 $\overline{AB}$에 내린 수선의 발을 H라 하고
$\overline{CH}$의 길이를 r cm라 하면 삼각형 ABC에서
$$\frac{1}{2}\times 3\times 4=\frac{1}{2}\times 5\times r \qquad \therefore\ r=\frac{12}{5}$$
즉, $\overline{CH}$의 길이는 $\dfrac{12}{5}$ cm이다. ······ ❶

따라서 구하는 부피는
(높이가 $\overline{AH}$인 원뿔의 부피)$+$(높이가 $\overline{BH}$인 원뿔의 부피)
$$=\frac{1}{3}\times\pi\times\left(\frac{12}{5}\right)^2\times\overline{AH}+\frac{1}{3}\times\pi\times\left(\frac{12}{5}\right)^2\times\overline{BH}$$
$$=\frac{1}{3}\pi\times\left(\frac{12}{5}\right)^2\times(\overline{AH}+\overline{BH})=\frac{1}{3}\pi\times\left(\frac{12}{5}\right)^2\times\overline{AB}$$
$$=\frac{1}{3}\pi\times\left(\frac{12}{5}\right)^2\times 5=\frac{48}{5}\pi\,(\mathrm{cm}^3)$$ ······ ❷

채점 기준	
❶ 점 C와 $\overline{AB}$ 사이의 거리 구하기	40%
❷ 회전체의 부피 구하기	60%

628 답 ⑤

$$4\pi\times 4^2=64\pi\,(\mathrm{cm}^2)$$

629 답 27π cm²

$$(4\pi\times 3^2)\times\frac{1}{2}+\pi\times 3^2=18\pi+9\pi=27\pi\,(\mathrm{cm}^2)$$

630 답 ④

(가죽 한 조각의 넓이)$=$(야구공의 겉넓이)$\times\dfrac{1}{2}$
$$=\left\{4\pi\times\left(\frac{5}{2}\right)^2\right\}\times\frac{1}{2}=\frac{25}{2}\pi\,(\mathrm{cm}^2)$$

631 답 ②

(구 A의 겉넓이)$=4\pi\times 2^2=16\pi\,(\mathrm{cm}^2)$
(구 B의 겉넓이)$=4\pi\times 6^2=144\pi\,(\mathrm{cm}^2)$
따라서 두 구 A, B의 겉넓이의 비는
$$16\pi:144\pi=1:9$$

632 답 484π cm²

구의 반지름의 길이를 r cm라 하면 구의 중심을 지나는 평면으로
자른 단면은 반지름의 길이가 r cm인 원이므로
$$2\pi r=22\pi \qquad \therefore\ r=11$$
즉, 구의 반지름의 길이는 11 cm이다. ······ ❶
따라서 구의 겉넓이는
$$4\pi\times 11^2=484\pi\,(\mathrm{cm}^2)$$ ······ ❷

채점 기준	
❶ 구의 반지름의 길이 구하기	50%
❷ 구의 겉넓이 구하기	50%

633 답 30π cm^2

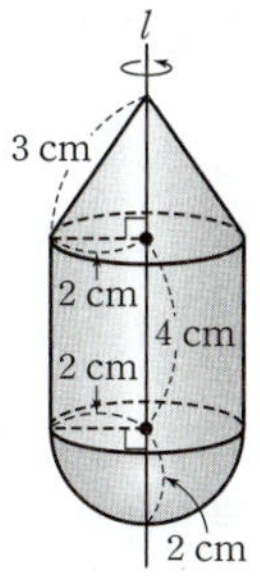

주어진 평면도형을 직선 l을 회전축으로 하여 1회전 시킬 때 생기는 회전체는 오른쪽 그림과 같이 원뿔, 원기둥, 반구를 붙여 놓은 입체도형과 같으므로 겉넓이는

(원뿔의 옆넓이)+(원기둥의 옆넓이)

$+$(구의 겉넓이)$\times\dfrac{1}{2}$

$=\dfrac{1}{2}\times3\times(2\pi\times2)+2\pi\times2\times4+(4\pi\times2^2)\times\dfrac{1}{2}$

$=6\pi+16\pi+8\pi$

$=30\pi(\mathrm{cm}^2)$

634 답 4

(A의 겉넓이)=(구의 겉넓이)$\times\dfrac{1}{2}$+(원뿔의 옆넓이)

$\qquad=(4\pi\times3^2)\times\dfrac{1}{2}+\dfrac{1}{2}\times10\times(2\pi\times3)$

$\qquad=18\pi+30\pi=48\pi(\mathrm{cm}^2)$

(B의 겉넓이)=(구의 겉넓이)$\times\dfrac{1}{2}$+(반구의 단면의 넓이)

$\qquad=4\pi x^2\times\dfrac{1}{2}+\pi x^2=3\pi x^2(\mathrm{cm}^2)$

이때 입체도형 A의 겉넓이와 반구 B의 겉넓이가 서로 같으므로

$3\pi x^2=48\pi$, $x^2=16$ $\quad\therefore x=4$

635 답 ③

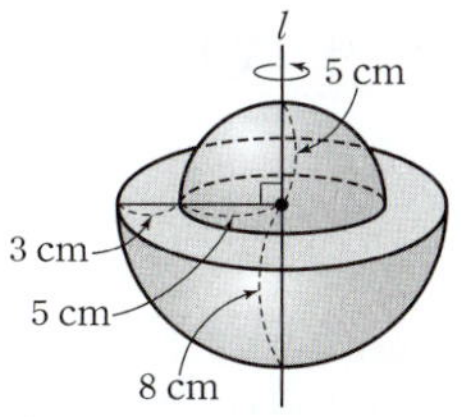

주어진 평면도형을 직선 l을 회전축으로 하여 1회전 시킬 때 생기는 회전체는 오른쪽 그림과 같으므로 겉넓이는

(작은 구의 겉넓이)$\times\dfrac{1}{2}$

$+$(큰 구의 겉넓이)$\times\dfrac{1}{2}$

$+$(큰 원의 넓이)$-$(작은 원의 넓이)

$=(4\pi\times5^2)\times\dfrac{1}{2}+(4\pi\times8^2)\times\dfrac{1}{2}+\pi\times8^2-\pi\times5^2$

$=50\pi+128\pi+64\pi-25\pi$

$=217\pi(\mathrm{cm}^2)$

636 답 ③

잘라 낸 단면의 넓이의 합은 반지름의 길이가 2 cm이고 중심각이 $90°$인 부채꼴 3개의 넓이의 합과 같으므로 구하는 겉넓이는

(구의 겉넓이)$\times\dfrac{7}{8}$+(부채꼴의 넓이)$\times3$

$=(4\pi\times2^2)\times\dfrac{7}{8}+\left(\pi\times2^2\times\dfrac{90}{360}\right)\times3$

$=14\pi+3\pi=17\pi(\mathrm{cm}^2)$

637 답 8

$V_1=\dfrac{4}{3}\pi\times2^3=\dfrac{32}{3}\pi$

$V_2=\dfrac{4}{3}\pi\times4^3=\dfrac{256}{3}\pi$

$\therefore \dfrac{V_2}{V_1}=\dfrac{\dfrac{256}{3}\pi}{\dfrac{32}{3}\pi}=8$

638 답 ③

구하는 부피는

(구의 부피)$\times\dfrac{3}{4}=\left(\dfrac{4}{3}\pi\times6^3\right)\times\dfrac{3}{4}=216\pi(\mathrm{cm}^3)$

639 답 ④

반구의 반지름의 길이를 r cm라 하면

$\dfrac{4}{3}\pi r^3\times\dfrac{1}{2}=486\pi$, $\dfrac{2}{3}\pi r^3=486\pi$

$r^3=729=9^3$ $\quad\therefore r=9$

따라서 반구의 반지름의 길이는 9 cm이다.

640 답 ②

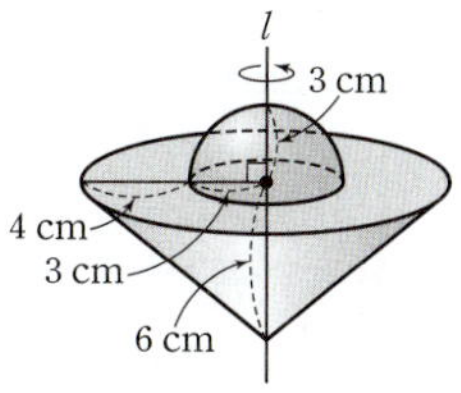

주어진 평면도형을 직선 l을 회전축으로 하여 1회전 시킬 때 생기는 회전체는 오른쪽 그림과 같으므로 부피는

(반구의 부피)+(원뿔의 부피)

$=\left(\dfrac{4}{3}\pi\times3^3\right)\times\dfrac{1}{2}+\dfrac{1}{3}\times(\pi\times7^2)\times6$

$=18\pi+98\pi=116\pi(\mathrm{cm}^3)$

641 답 36π cm^3

구의 반지름의 길이를 r cm라 하면

$4\pi r^2=36\pi$, $r^2=9$ $\quad\therefore r=3$

즉, 구의 반지름의 길이는 3 cm이다. ...... ⓘ

따라서 구의 부피는

$\dfrac{4}{3}\pi\times3^3=36\pi(\mathrm{cm}^3)$ ...... ⓖ

채점 기준	
ⓘ 구의 반지름의 길이 구하기	50 %
ⓖ 구의 부피 구하기	50 %

642 답 12

(구의 부피)$=\dfrac{4}{3}\pi\times6^3=288\pi(\mathrm{cm}^3)$

(원뿔의 부피)$=\dfrac{1}{3}\times(\pi\times6^2)\times x=12\pi x(\mathrm{cm}^3)$

이때 구의 부피는 원뿔의 부피의 2배이므로

$12\pi x\times2=288\pi$

$24\pi x=288\pi$ $\quad\therefore x=12$

643 답 ②

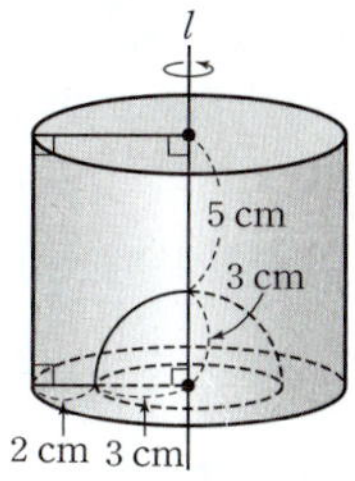

주어진 평면도형을 직선 l을 회전축으로 하여 1회전 시킬 때 생기는 회전체는 오른쪽 그림과 같으므로 부피는

(원기둥의 부피)$-$(반구의 부피)

$=(\pi\times5^2)\times8-\left(\dfrac{4}{3}\pi\times3^3\right)\times\dfrac{1}{2}$

$=200\pi-18\pi=182\pi(\mathrm{cm}^3)$

644 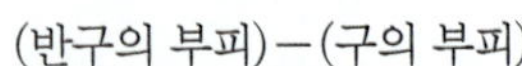 답 32π cm^3

주어진 평면도형을 직선 l을 회전축으로 하
여 1회전 시킬 때 생기는 회전체는 오른쪽
그림과 같으므로 부피는

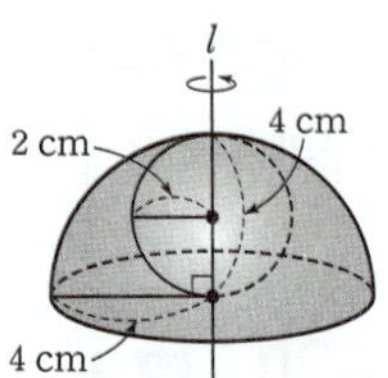

(반구의 부피)$-$(구의 부피)

$=\left(\dfrac{4}{3}\pi\times4^3\right)\times\dfrac{1}{2}-\dfrac{4}{3}\pi\times2^3$

$=\dfrac{128}{3}\pi-\dfrac{32}{3}\pi=32\pi(\text{cm}^3)$

645 답 50분

원뿔 모양의 그릇의 부피는

$\dfrac{1}{3}\times(\pi\times5^2)\times18=150\pi(\text{cm}^3)$

이때 1분에 3π cm^{3}씩 물을 넣으므로 빈 그릇을 가득 채우려면
$150\pi\div3\pi=50$(분) 동안 물을 넣어야 한다.

646 답 ①

$\dfrac{1}{3}\times\left(\dfrac{1}{2}\times12\times8\right)\times5=80(\text{cm}^3)$

647 답 ⑤

반지름의 길이가 9 cm인 구 모양의 쇠구슬 1개의 부피는

$\dfrac{4}{3}\pi\times9^3=972\pi(\text{cm}^3)$

반지름의 길이가 3 cm인 구 모양의 쇠구슬 1개의 부피는

$\dfrac{4}{3}\pi\times3^3=36\pi(\text{cm}^3)$

따라서 $972\pi\div36\pi=27$이므로 만들 수 있는 쇠구슬은 최대 27개
이다.

648 답 8 cm

밑면인 정사각형의 한 변의 길이를 x cm라 하면 그릇 A의 부피는

$\dfrac{1}{3}\times x^2\times24=8x^2(\text{cm}^3)$

그릇 B에 담긴 물의 높이를 h cm라 하면 그릇 B에 담긴 물의 부피
는 그릇 A의 부피와 같으므로

$x^2h=8x^2$　　$\therefore h=8$

따라서 그릇 B에 담긴 물의 높이는 8 cm이다.

다른 풀이

사각뿔의 부피는 사각기둥의 부피의 $\dfrac{1}{3}$이므로 그릇 B에 담긴 물의

높이는 $24\times\dfrac{1}{3}=8(\text{cm})$

649 답 6

1분에 4π cm^{3}씩 36분 동안 받은 물의 부피는

$4\pi\times36=144\pi(\text{cm}^3)$

이 물의 부피와 반구 모양의 그릇의 부피가 같으므로

$\dfrac{4}{3}\pi r^3\times\dfrac{1}{2}=144\pi,\ \dfrac{2}{3}\pi r^3=144\pi$

$r^3=216=6^3$　　$\therefore r=6$

650 답 9번

그릇 A의 부피는

$\dfrac{1}{3}\times(\pi\times3^2)\times4=12\pi(\text{cm}^3)$　　⋯⋯ ❶

그릇 B의 부피는

$\dfrac{1}{3}\times(\pi\times6^2)\times9=108\pi(\text{cm}^3)$　　⋯⋯ ❷

이때 $108\pi\div12\pi=9$이므로 그릇 B에 물을 가득 채우려면 그릇 A
로 9번 부어야 한다.　　⋯⋯ ❸

채점 기준	
❶ 그릇 A의 부피 구하기	40%
❷ 그릇 B의 부피 구하기	40%
❸ 그릇 B에 물을 가득 채우려면 그릇 A로 몇 번 부어야 하는지 구하기	20%

651 답 ②

그릇 A의 부피는

$\dfrac{1}{3}\times(\pi\times6^2)\times10=120\pi(\text{cm}^3)$

그릇 B에 담긴 물의 높이를 h cm라 하면 그릇 B에 담긴 물의 부피
는 그릇 A의 부피와 같으므로

$(\pi\times4^2)\times h=120\pi$

$16\pi h=120\pi$　　$\therefore h=\dfrac{15}{2}$

따라서 그릇 B에 담긴 물의 높이는 $\dfrac{15}{2}$ cm이다.

652 답 ④

밑면인 정사각형의 한 변의 길이를 x cm라 하면 세 물통에 들어 있
는 물의 부피는 각각 ax^2 cm^3, bx^2 cm^3, cx^2 cm^{3}이다.
즉, $ax^2=64$, $bx^2=192$, $cx^2=384$이므로

$a=\dfrac{64}{x^2},\ b=\dfrac{192}{x^2},\ c=\dfrac{384}{x^2}$

$\therefore a:b:c=\dfrac{64}{x^2}:\dfrac{192}{x^2}:\dfrac{384}{x^2}=1:3:6$

다른 풀이

세 물통의 밑넓이가 모두 같으므로 물의 부피의 비는 물의 높이의
비와 같다.

$\therefore a:b:c=64:192:384=1:3:6$

653 답 3

그릇 A에 담긴 물의 부피는

$\dfrac{1}{3}\times\left(\dfrac{1}{2}\times6\times3\right)\times3=9(\text{cm}^3)$

그릇 B에 담긴 물의 부피는

$\left(\dfrac{1}{2}\times3\times x\right)\times2=3x(\text{cm}^3)$

이때 두 그릇에 담긴 물의 부피는 같으므로

$3x=9$　　$\therefore x=3$

654 답 52분

그릇에 담긴 물의 부피는

$$\frac{1}{3} \times (\pi \times 2^2) \times 4 = \frac{16}{3}\pi \, (\text{cm}^3)$$

$\frac{16}{3}\pi \, \text{cm}^3$의 물을 채우는 데 2분이 걸렸으므로 1분 동안 채워지는

물의 부피는 $\frac{8}{3}\pi \, \text{cm}^3$이다. $\cdots\cdots$ ❶

그릇의 부피는

$$\frac{1}{3} \times (\pi \times 6^2) \times 12 = 144\pi \, (\text{cm}^3) \qquad \cdots\cdots ❷$$

따라서 그릇을 가득 채우는 데 걸리는 시간은

$$144\pi \div \frac{8}{3}\pi = 144\pi \times \frac{3}{8\pi} = 54(\text{분})$$

이므로 앞으로 $54-2=52$(분) 동안 물을 더 넣어야 한다. $\cdots\cdots$ ❸

채점 기준	
❶ 1분 동안 채워지는 물의 부피 구하기	40%
❷ 그릇의 부피 구하기	30%
❸ 물을 더 넣어야 하는 시간 구하기	30%

655 답 ⑤

$$(\text{물의 부피}) = (3 \times 6) \times 5 + (5 \times 6) \times 1$$
$$= 90 + 30 = 120 \, (\text{cm}^3)$$

칸막이를 제거하였을 때의 물의 높이를 $h \, \text{cm}$라 하면

$$(8 \times 6) \times h = 120$$

$$48h = 120 \qquad \therefore h = \frac{5}{2}$$

따라서 구하는 물의 높이는 $\frac{5}{2} \, \text{cm}$이다.

656 답 $\frac{5}{3}$ cm

구의 부피는

$$\frac{4}{3}\pi \times 5^3 = \frac{500}{3}\pi \, (\text{cm}^3)$$

더 올라간 물의 높이를 $x \, \text{cm}$라 하면

$$(\pi \times 10^2) \times x = \frac{500}{3}\pi \qquad \therefore x = \frac{5}{3}$$

따라서 더 올라간 물의 높이는 $\frac{5}{3} \, \text{cm}$이다.

657 답 ④

그릇 B의 반지름의 길이를 r라 하면 그릇 A의 밑면의 반지름의 길이는 $2r$이다.

그릇 A의 높이를 h라 하면

$$(\text{그릇 A의 부피}) = (\text{그릇 B의 부피}) \times 6$$이므로

$$\frac{1}{3} \times \{\pi \times (2r)^2\} \times h = \left(\frac{4}{3}\pi r^3 \times \frac{1}{2}\right) \times 6$$

$$\frac{4}{3}\pi r^2 h = 4\pi r^3 \qquad \therefore h = 3r$$

따라서 그릇 A의 높이는 그릇 B의 반지름의 길이의 3배이다.

658 답 ④

그릇 A의 부피는

$$(14 \times 9) \times 6 = 756 \, (\text{cm}^3)$$

그릇 A에 남아 있는 물의 부피는

$$\frac{1}{3} \times \left(\frac{1}{2} \times 14 \times 9\right) \times 6 = 126 \, (\text{cm}^3)$$

따라서 그릇 B에 담긴 물의 부피는

$$756 - 126 = 630 \, (\text{cm}^3)$$

이때 그릇 B에 담긴 물의 높이를 $h \, \text{cm}$라 하면

$$(10 \times 9) \times h = 630 \qquad \therefore h = 7$$

따라서 구하는 물의 높이는 7 cm이다.

659 답 ⑤

원기둥과 원뿔의 밑면의 반지름의 길이는 r이고 높이는 $2r$이다.

① $(\text{원기둥의 겉넓이}) = \pi r^2 \times 2 + 2\pi r \times 2r = 6\pi r^2$

② 구의 겉넓이는 $4\pi r^2$이다.

③ $(\text{원기둥의 부피}) = \pi r^2 \times 2r = 2\pi r^3$

④ $(\text{원뿔의 부피}) = \frac{1}{3} \times \pi r^2 \times 2r = \frac{2}{3}\pi r^3$

⑤ 원기둥, 구, 원뿔의 부피의 비는

$$2\pi r^3 : \frac{4}{3}\pi r^3 : \frac{2}{3}\pi r^3 = 2 : \frac{4}{3} : \frac{2}{3} = 3 : 2 : 1$$

따라서 옳은 것은 ⑤이다.

660 답 72π cm³

원기둥의 높이는 6 cm이므로 원기둥의 부피는

$$(\pi \times 6^2) \times 6 = 216\pi \, (\text{cm}^3)$$

반구의 부피는

$$\left(\frac{4}{3}\pi \times 6^3\right) \times \frac{1}{2} = 144\pi \, (\text{cm}^3)$$

따라서 구하는 부피는

$$216\pi - 144\pi = 72\pi \, (\text{cm}^3)$$

661 답 ③

$$(\text{정육면체의 부피}) = (10 \times 10) \times 10 = 1000 \, (\text{cm}^3)$$

$$(\text{구의 부피}) = \frac{4}{3}\pi \times 5^3 = \frac{500}{3}\pi \, (\text{cm}^3)$$

$$(\text{사각뿔의 부피}) = \frac{1}{3} \times (10 \times 10) \times 10 = \frac{1000}{3} \, (\text{cm}^3)$$

따라서 구하는 부피의 비는

$$1000 : \frac{500}{3}\pi : \frac{1000}{3} = 6 : \pi : 2$$

662 답 9π cm³

구의 반지름의 길이를 $r \, \text{cm}$라 하면

$$\frac{4}{3}\pi r^3 = 36\pi, \ r^3 = 27 = 3^3 \qquad \therefore r = 3$$

즉, 구의 반지름의 길이는 3 cm이므로 원뿔의 밑면의 반지름의 길이와 높이는 각각 3 cm이다. $\cdots\cdots$ ❶

따라서 원뿔의 부피는

$$\frac{1}{3} \times (\pi \times 3^2) \times 3 = 9\pi \, (\text{cm}^3) \qquad \cdots\cdots ❷$$

채점 기준	
❶ 원뿔의 밑면의 반지름의 길이와 높이 구하기	50%
❷ 원뿔의 부피 구하기	50%

663 답 128π cm³

구의 반지름의 길이를 r cm라 하면 원기둥 모양의 통의 높이는
$6r$ cm이므로
$$\pi r^2 \times 6r = 384\pi$$
$$r^3 = 64 = 4^3 \qquad \therefore r = 4$$
즉, 구의 반지름의 길이는 4 cm이므로 구 1개의 부피는
$$\frac{4}{3}\pi \times 4^3 = \frac{256}{3}\pi\,(\text{cm}^3)$$
따라서 빈 공간의 부피는
$$384\pi - \frac{256}{3}\pi \times 3 = 384\pi - 256\pi = 128\pi\,(\text{cm}^3)$$

664 답 4 cm

구 모양의 공의 반지름의 길이는 $12 \div 2 = 6$(cm)이므로
(남아 있는 물의 부피)
$=$(원기둥 모양의 그릇의 부피)$-$(공의 부피)
$= (\pi \times 6^2) \times 12 - \dfrac{4}{3}\pi \times 6^3$
$= 432\pi - 288\pi = 144\pi\,(\text{cm}^3)$
이때 남아 있는 물의 높이를 h cm라 하면
$(\pi \times 6^2) \times h = 144\pi \qquad \therefore h = 4$
따라서 원기둥 모양의 그릇에 남아 있는 물의 높이는 4 cm이다.

다른 풀이

(구의 부피) : (원기둥의 부피)$= 2 : 3$이므로 공의 부피는 원기둥 모양의 그릇의 부피의 $\dfrac{2}{3}$이다.

따라서 남아 있는 물의 부피는 원기둥 모양의 그릇의 부피의 $\dfrac{1}{3}$이므로 남아 있는 물의 높이는

(원기둥 모양의 그릇의 높이)$\times \dfrac{1}{3} = 12 \times \dfrac{1}{3} = 4$(cm)

665 답 ②

정육면체의 각 면의 대각선의 교점을 연결하여 만든 입체도형은 정팔면체이다.
정팔면체의 부피는 밑면인 정사각형의 대각선의 길이가 6 cm이고 높이가 3 cm인 사각뿔의 부피의 2배와 같으므로
$$\left\{ \frac{1}{3} \times \left(\frac{1}{2} \times 6 \times 6 \right) \times 3 \right\} \times 2 = 36\,(\text{cm}^3)$$

666 답 ③

구의 반지름의 길이를 r라 하면
$$V_1 = \frac{4}{3}\pi r^3$$

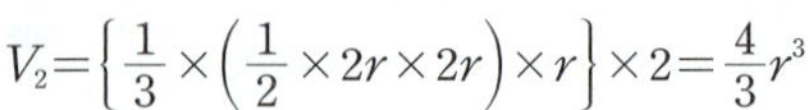

정팔면체의 부피는 밑면인 정사각형의 대각선의 길이가 $2r$이고 높이가 r인 사각뿔의 부피의 2배와 같으므로
$$V_2 = \left\{ \frac{1}{3} \times \left(\frac{1}{2} \times 2r \times 2r \right) \times r \right\} \times 2 = \frac{4}{3}r^3$$
$$\therefore \frac{V_1}{V_2} = \frac{\frac{4}{3}\pi r^3}{\frac{4}{3}r^3} = \pi$$

667 답 154 cm³

전략 직육면체에서 잘라 낸 삼각뿔 1개의 부피를 구한 후 직육면체의 부피에서 8개의 삼각뿔의 부피를 빼서 주어진 입체도형의 부피를 구한다.

주어진 입체도형은 직육면체에서 오른쪽 그림과 같은 삼각뿔 8개를 잘라 내고 남은 것이다.

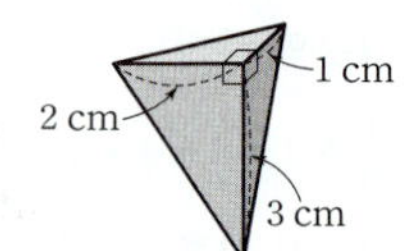

잘라 낸 삼각뿔 1개의 부피는
$$\frac{1}{3} \times \left(\frac{1}{2} \times 2 \times 1 \right) \times 3 = 1\,(\text{cm}^3)$$
따라서 구하는 부피는
$$(6 \times 3) \times 9 - 1 \times 8 = 162 - 8 = 154\,(\text{cm}^3)$$

668 답 ④

전략 그릇의 빈 공간의 부피와 쇠구슬 1개의 부피를 구한 후 필요한 쇠구슬의 개수를 구한다.

(빈 공간의 부피)$=$(원기둥 모양의 그릇의 부피)$-$(물의 부피)
$\qquad\qquad = (\pi \times 6^2) \times 8 - 180\pi$
$\qquad\qquad = 288\pi - 180\pi = 108\pi\,(\text{cm}^3)$

(쇠구슬 1개의 부피)$= \dfrac{4}{3}\pi \times 2^3 = \dfrac{32}{3}\pi\,(\text{cm}^3)$

따라서 $108\pi \div \dfrac{32}{3}\pi = 108\pi \times \dfrac{3}{32\pi} = \dfrac{81}{8} = 10.125$이므로 최소 11개의 쇠구슬이 필요하다.

669 답 450π cm³

전략 병 전체의 부피는 높이가 10 cm가 되도록 넣은 주스의 부피와 거꾸로 한 병의 빈 공간의 부피의 합과 같음을 이용한다.

높이가 10 cm가 되도록 넣은 주스의 부피는
$(\pi \times 5^2) \times 10 = 250\pi\,(\text{cm}^3)$
거꾸로 한 병의 빈 공간의 부피는
$(\pi \times 5^2) \times 8 = 200\pi\,(\text{cm}^3)$
따라서 병의 부피는 높이가 10 cm가 되도록 넣은 주스의 부피와 거꾸로 한 병의 빈 공간의 부피의 합과 같으므로
$250\pi + 200\pi = 450\pi\,(\text{cm}^3)$

670 답 ⑤

전략 원뿔의 모선을 반지름으로 하는 원의 둘레의 길이는 원뿔의 밑면의 둘레의 길이의 4배임을 이용한다.

원뿔의 밑면의 둘레의 길이는
$2\pi \times 3 = 6\pi\,(\text{cm})$
원뿔의 모선의 길이를 l cm라 하면 원뿔을 4바퀴 굴리면 처음의 자리로 되돌아오므로
$2\pi l = 6\pi \times 4 \qquad \therefore l = 12$
따라서 원뿔의 모선의 길이가 12 cm이므로 옆넓이는
$$\frac{1}{2} \times 12 \times 6\pi = 36\pi\,(\text{cm}^2)$$

08 자료의 정리와 해석

671　답 ②

② 변량의 개수가 짝수이면 한가운데 있는 두 값의 평균이 중앙값이므로 중앙값은 주어진 자료의 변량 중에 존재하지 않을 수도 있다.

672　답 ③

$$(평균) = \frac{10 \times 2 + 20 \times 4 + 30 \times 3 + 40 \times 1}{10}$$
$$= \frac{230}{10} = 23(분)$$

673　답 ③

전체 학생이 20명이므로
$2+a+7+4+1=20$　∴ $a=6$
따라서 2회가 7명으로 가장 많이 나타나므로 최빈값은 2회이다.

674　답 **11**

변량을 작은 값부터 크기순으로 나열하면
2, 3, 5, 5, 5, 7, 8, 8, 9, 11이므로
$$(중앙값) = \frac{5+7}{2} = 6(시간)$$
∴ $a=6$
5시간이 3명으로 가장 많이 나타나므로 최빈값은 5시간이다.
∴ $b=5$
∴ $a+b=6+5=11$

675　답 ⑤

⑤ 100이 다른 변량에 비해 매우 큰 값이므로 대푯값으로 평균을 사용하기에 적절하지 않다.

참고 ① 평균: 대푯값으로 가장 많이 쓰이며, 자료에 매우 크거나 매우 작은 값이 있으면 그 값에 영향을 받는다.
　② 중앙값: 자료에 매우 크거나 매우 작은 값이 있으면 중앙값이 평균보다 대푯값으로 더 적절하다.
　③ 최빈값: 선호도를 조사할 때 주로 쓰이며, 변량이 중복되어 나타나는 자료나 수량으로 나타낼 수 없는 자료의 대푯값으로 적절하다.

676　답 **64**

주어진 자료의 중앙값은 변량을 작은 값부터 크기순으로 나열했을 때 12번째와 13번째 변량의 평균과 같다.
이때 12번째와 13번째 변량이 모두 128 GB이므로 중앙값은 128 GB이다.
∴ $a=128$
64 GB가 9대로 가장 많이 나타나므로 최빈값은 64 GB이다.
∴ $b=64$
∴ $a-b=128-64=64$

677　답 ③

① 중앙값: 0, 최빈값: -1
② 중앙값: 2, 최빈값: 4
③ 중앙값: -1, 최빈값: -1
④ 중앙값: $\frac{1+1}{2}=1$, 최빈값: 0
⑤ 중앙값: $\frac{0+1}{2}=\frac{1}{2}$, 최빈값: -1, 2
따라서 중앙값과 최빈값이 서로 같은 것은 ③이다.

678　답 **18**

전체 학생이 20명이므로
$2+a+4+5+b=20$　∴ $b=9-a$
평균이 3.5시간이므로
$$\frac{1 \times 2 + 2 \times a + 3 \times 4 + 4 \times 5 + 5 \times b}{20} = 3.5$$
$2a+5b+34=20 \times 3.5=70$
이때 $b=9-a$이므로
$2a+5(9-a)+34=70, \ -3a=-9$
∴ $a=3, \ b=9-a=6$
∴ $ab=3 \times 6=18$

679　답 ⑤

$$(평균) = \frac{3+5+7+3+9+2+7+4+5+3}{10} = \frac{48}{10} = 4.8$$
∴ $a=4.8$
변량을 작은 값부터 크기순으로 나열하면
2, 3, 3, 3, 4, 5, 5, 7, 7, 9
이므로 중앙값은 $\frac{4+5}{2}=4.5$
∴ $b=4.5$
3이 세 번으로 가장 많이 나타나므로 최빈값은 3이다.
∴ $c=3$
∴ $c<b<a$

680　답 **1**

A 모둠의 변량을 작은 값부터 크기순으로 나열하면
2, 3, 4, 4, 6, 7, 8, 9, 10
이므로 중앙값은 6시간이다.
∴ $a=6$
B 모둠의 변량을 작은 값부터 크기순으로 나열하면
2, 3, 4, 5, 6, 8, 8, 9, 11, 12
이므로 중앙값은 $\frac{6+8}{2}=7(시간)$
∴ $b=7$
∴ $b-a=7-6=1$

681　답 **최빈값, 260 mm**

가게에서 가장 많이 판매된 운동화의 치수를 가장 많이 준비해야 하므로 대푯값으로 가장 적절한 것은 최빈값이다.　……❶
이때 260 mm가 5개로 가장 많이 나타나므로 최빈값은 260 mm이다.　……❷

682 답 ②

x, y를 제외한 변량을 작은 값부터 크기순으로 나열하면

3, 3, 3, 4, 5, 9, 10

이때 $5 < x < y$이므로 모든 변량을 작은 값부터 크기순으로 나열할 때 5번째로 오는 값은 5이다.

즉, 중앙값은 5이다.

x, y는 서로 다른 값이므로 최빈값은 3이다.

따라서 중앙값과 최빈값의 합은 $5+3=8$

683 답 ①

ㄱ. A 자료에 대하여

$$(평균) = \frac{3+4+5+5+5+6+7}{7} = \frac{35}{7} = 5$$

$(중앙값)=5$, $(최빈값)=5$

따라서 평균, 중앙값, 최빈값이 모두 같다.

ㄴ. B 자료는 512와 같이 다른 변량에 비해 매우 큰 값이 있으므로 평균보다 중앙값이 대푯값으로 적절하다.

ㄷ. C 자료의 최빈값은 8이므로 1개이다.

따라서 옳은 것은 ㄱ이다.

684 답 ④

한 학생이 전학 오기 전 학생 30명의 몸무게의 총합은

$30 \times 51 = 1530\,(\text{kg})$

전학 온 학생의 몸무게를 x kg이라 하면

$$\frac{1530+x}{31} = 51.5, \quad 1530+x = 1596.5$$

$\therefore x = 66.5$

따라서 전학 온 학생의 몸무게는 66.5 kg이다.

685 답 15

1, 5, 10, a, b의 중앙값이 7이고 $a < b$이므로

$a = 7$

10, 14, 7, b의 중앙값이 9이므로 $7 < b < 10$

따라서 $\dfrac{b+10}{2} = 9$이므로

$b+10 = 18 \qquad \therefore b = 8$

$\therefore a+b = 7+8 = 15$

686 답 2.3

$$(평균) = \frac{1 \times 1 + 2 \times 9 + 3 \times 6 + 4 \times 1 + 5 \times 3}{20} = \frac{56}{20} = 2.8\,(권)$$

$\therefore a = 2.8$ ⋯⋯ ❶

중앙값은 자료의 변량을 작은 값부터 크기순으로 나열했을 때, 10번째와 11번째 변량의 평균이므로

$\dfrac{2+3}{2} = 2.5\,(권) \qquad \therefore b = 2.5$ ⋯⋯ ❷

2권이 9명으로 가장 많이 나타나므로 최빈값은 2권이다.

$\therefore c = 2$ ⋯⋯ ❸

$\therefore a-b+c = 2.8-2.5+2 = 2.3$ ⋯⋯ ❹

687 답 ②

x를 제외한 변량이 모두 다르므로 x점은 이 자료의 최빈값이다.

4개의 변량의 평균은 $\dfrac{75+81+x+78}{4} = \dfrac{x+234}{4}$ (점)

이때 평균과 최빈값이 서로 같으므로

$$\frac{x+234}{4} = x$$

$x+234 = 4x, \quad 3x = 234$

$\therefore x = 78$

688 답 40

a, b, c를 제외한 자료에서 18점이 두 번 나타나고 12점이 한 번 나타나므로 최빈값이 12점이 되려면 a, b, c 중 적어도 2개는 12점이어야 한다.

즉, a, b, c의 값을 12, 12, x라 하고 x를 제외한 변량을 작은 값부터 크기순으로 나열하면

10, 12, 12, 12, 18, 18, 20

이때 중앙값이 14점이므로 $12 < x < 18$

따라서 $\dfrac{12+x}{2} = 14$이므로

$12+x = 28 \qquad \therefore x = 16$

$\therefore a+b+c = 12+12+16 = 40$

689 답 ④

ㄱ. 기존 자료의 평균은

$$\frac{5+6+8+8+8+8+9+12}{8} = \frac{64}{8} = 8$$

추가한 한 개의 변량이 8이면 평균은 변하지 않지만 8이 아니면 평균은 변한다.

ㄴ. 기존 자료의 중앙값은 8이고 한 개의 변량을 추가하면 중앙값은 9개의 변량을 작은 값부터 크기순으로 나열했을 때 5번째 변량이다.

이때 추가한 한 개의 변량의 값에 관계없이 5번째 변량은 항상 8이므로 중앙값은 변하지 않는다.

ㄷ. 기존 자료의 최빈값은 8이고 한 개의 변량을 추가하여도 8이 가장 많이 나타나므로 최빈값은 변하지 않는다.

따라서 옳은 것은 ㄴ, ㄷ이다.

690 답 21세

(대), (라)에서 회원 중 두 명의 나이는 19세, 20세이고 (개)에서 회원 중 적어도 두 명의 나이가 22세이다.

즉, 회원 5명의 나이를 19세, 20세, 22세, 22세, x세라 하면 (나)에서 평균이 20.8세이므로

$$\frac{19+20+22+22+x}{5}=20.8$$

$83+x=104$ ∴ $x=21$ …… ❶

변량을 작은 값부터 크기순으로 나열하면

19, 20, 21, 22, 22

따라서 중앙값은 21세이다.   …… ❷

채점 기준	
❶ 회원 5명의 나이 구하기	50 %
❷ 중앙값 구하기	50 %

691　답 61점

81점을 받은 학생을 제외한 9명의 수학 성적의 총점을 A점이라 하고, 81점을 x점으로 잘못 보았다고 하면

$$\frac{A+81}{10}-2=\frac{A+x}{10}$$

$A+81-20=A+x$ ∴ $x=61$

따라서 81점을 받은 학생의 점수를 61점으로 잘못 보았다.

692　답 ④

④ 줄기와 잎 그림은 잎을 일일이 나열해야 하므로 변량이 많은 자료를 나타낼 때는 적합하지 않다.

693　답 12

70점대 학생이 5명, 80점대 학생이 7명이므로 구하는 학생 수는

$5+7=12$

694　답 32 %

전체 학생은 $6+11+7+1=25$(명)

줄넘기 횟수가 30회 이상인 학생은 $7+1=8$(명)

따라서 줄넘기 횟수가 30회 이상인 학생은 전체의

$\dfrac{8}{25}\times100=32(\%)$이다.

695　답 5

전체 학생은 $3+5+4=12$(명)

중앙값은 변량을 작은 값부터 크기순으로 나열했을 때 6번째와 7번째 변량의 평균과 같으므로

$\dfrac{15+17}{2}=16$(시간)   ∴ $a=16$

21시간이 세 번으로 가장 많이 나타나므로 최빈값은 21시간이다.

∴ $b=21$

∴ $b-a=21-16=5$

696　답 ④

제기차기 횟수가 12회 이상 24회 미만인 학생은

A 모둠이 12회, 13회, 14회의 3명이고

B 모둠이 15회, 19회, 22회, 23회의 4명이므로

B 모둠이 1명 더 많다.

697　답 30

전체 학생을 x명이라 하면 주워 온 밤의 개수가 50 이상인 학생은 $2+1=3$(명)이므로

$x\times\dfrac{10}{100}=3$ ∴ $x=30$

따라서 전체 학생 수는 30이다.

698　답 ④

② 전체 학생은 $2+7+10+6+5=30$(명)

③ 통학 시간이 31분 이상인 학생은 $6+5=11$(명)

④ 통학 시간이 20분 미만인 학생은 $2+7=9$(명)

⑤ 통학 시간이 가장 짧은 학생은 7분, 가장 긴 학생은 46분이므로 통학 시간의 차이는 $46-7=39$(분)

따라서 옳지 않은 것은 ④이다.

699　답 ③

주어진 자료를 줄기와 잎 그림으로 나타내면 오른쪽과 같다.

③ 십의 자리의 숫자를 줄기로 나타내면 잎이 가장 많은 줄기는 8이다.

⑤ 과학 성적이 70점 미만인 학생은 4명이므로 전체의 $\dfrac{4}{16}\times100=25(\%)$이다.

따라서 옳지 않은 것은 ③이다.

과학 성적　(6|0은 60점)

줄기	잎
6	0　0　4　8
7	2　6　6
8	0　0　4　4　8　8
9	2　6　6

700　답 25

줄기가 각각 1, 2, 5인 잎의 개수는 $3+5+7=15$

줄기가 각각 3, 4인 잎의 개수의 합이 잎의 총개수의 40 %이므로 줄기가 각각 1, 2, 5인 잎의 개수의 합은 잎의 총개수의 60 %이다.

잎의 총개수를 x라 하면

$x\times\dfrac{60}{100}=15$ ∴ $x=25$

따라서 잎의 총개수가 25이므로 전체 학생 수는 25이다.

701　답 64 %

줄기가 4인 잎의 개수를 x라 하면 줄기가 1인 잎의 개수가 줄기가 4인 잎의 개수의 $\dfrac{3}{5}$이므로

$x\times\dfrac{3}{5}=3$ ∴ $x=5$

즉, 전체 학생은 $3+6+8+5+3=25$(명)

딸기를 30개 이상 딴 학생은 $8+5+3=16$(명)이므로 전체의

$\dfrac{16}{25}\times100=64(\%)$이다.

702　답 26회

전체 학생은 $2+4+5+3+1=15$(명)

기록이 상위 40 % 이내에 속하는 학생은 $15\times\dfrac{40}{100}=6$(명)

팔 굽혀 펴기 횟수가 많은 순서대로 나열했을 때 6번째는 26회이다.

따라서 상위 40 % 이내에 속하려면 기록이 최소 26회이어야 한다.

703 답 28편

전체 학생은 $4+5+3+2+5+6=25$(명)

이때 영화를 많이 본 상위 20 %의 학생은

$$25 \times \frac{20}{100} = 5(명) \qquad \cdots\cdots \text{ⓘ}$$

반 전체에서 상위 5명의 학생들이 본 영화는 29편, 29편, 28편, 27편, 26편이므로 상품을 받는 여학생은 2명이다. $\qquad \cdots\cdots$ ⓘⓘ

따라서 여학생 2명이 일 년 동안 본 영화의 수의 평균은

$$\frac{29+27}{2} = 28(편) \qquad \cdots\cdots \text{ⓘⓘⓘ}$$

채점 기준

ⓘ 영화를 많이 본 상위 20 %의 학생 수 구하기	30 %
ⓘⓘ 상품을 받는 여학생 수 구하기	40 %
ⓘⓘⓘ 상품을 받는 여학생들이 일 년 동안 본 영화의 수의 평균 구하기	30 %

704 답 ⑤

① A반의 학생 수는 $4+7+5+4+3+2=25$
  B반의 학생 수는 $3+4+4+6+4+3=24$
  따라서 A반의 학생 수가 B반의 학생 수보다 더 많다.

② 전체 학생 중 책을 가장 많이 읽은 학생이 읽은 책의 수는 줄기가 5, 잎이 5이므로 55권이다.

③ 10권 이상 20권 미만의 책을 읽은 학생은 A반이 7명이고 B반이 4명이므로 A반이 B반보다 더 많다.

④ 30권 이상 40권 미만의 책을 읽은 학생의 비율은
  A반이 $\frac{4}{25} \times 100 = 16(\%)$, B반이 $\frac{6}{24} \times 100 = 25(\%)$
  따라서 B반이 A반보다 더 높다.

⑤ 전체 학생을 책을 많이 읽은 순서대로 나열할 때 9번째 학생은 44권을 읽은 학생이므로 A반에 있다.

따라서 옳은 것은 ⑤이다.

705 답 ③

③ 자료를 수량으로 나타낸 것을 변량이라 한다.

706 답 70

종사 기간이 40년 이상인 상인은 1명,

30년 이상인 상인은 $2+1=3$(명)

따라서 종사 기간이 3번째로 긴 상인이 속하는 계급은 30년 이상 40년 미만이므로 $a=30$, $b=40$

$\therefore a+b=70$

707 답 ⑤

① 도수의 총합은 $4+7+9+2+3=25$(명)

② 계급의 크기는 $4-0=4$(회)

④ 편의점을 이용한 횟수가 9회인 학생이 속하는 계급은 8회 이상 12회 미만이므로 도수는 9명이다.

⑤ 편의점을 가장 많이 이용한 학생이 속하는 계급은 16회 이상 20회 미만이지만 정확한 횟수는 알 수 없다.

따라서 옳지 않은 것은 ⑤이다.

708 답 ②

$A = 100 - (21+30+34+4) = 11$

나이가 60세 이상인 주민은 $11+4=15$(명)이므로 전체의

$$\frac{15}{100} \times 100 = 15(\%)\text{이다.}$$

709 답 ③

① $A = 25 - (2+5+9+3) = 6$

② 계급의 크기는 $150-145=5$(cm), 계급의 개수는 5이다.

③ $A=6$이므로 도수가 가장 큰 계급은 155 cm 이상 160 cm 미만이다.

④ 키가 155 cm 미만인 학생은 $2+5=7$(명)이므로 전체의

$$\frac{7}{25} \times 100 = 28(\%)\text{이다.}$$

⑤ 키가 165 cm 이상인 학생이 3명, 160 cm 이상인 학생이 $6+3=9$(명)이므로 키가 5번째로 큰 학생이 속하는 계급은 160 cm 이상 165 cm 미만이고, 이 계급의 도수는 6명이다.

따라서 옳지 않은 것은 ③이다.

710 답 ③

② $A=5$, $B=8$, $C=28$이므로 $A-B+C=25$

③ 도수가 가장 큰 계급은 30개 이상 45개 미만, 45개 이상 60개 미만이므로 도수는 8이다.

④ 저장된 번호가 45개 이상인 학생은 $8+4=12$(명)

⑤ 저장된 번호가 60개 이상인 학생이 4명, 45개 이상인 학생이 $8+4=12$(명)이므로 저장된 번호가 많은 쪽에서 10번째인 학생이 속하는 계급은 45개 이상 60개 미만이다.

따라서 옳지 않은 것은 ③이다.

711 답 5

저축 총액이 3만 원 미만인 학생이 전체의 40 %이므로

$$5+A = 30 \times \frac{40}{100}, \ 5+A = 12 \qquad \therefore A=7$$

$\therefore B = 30 - (5+7+4+2) = 12$

$\therefore B-A = 12-7 = 5$

712 답 20 %

진료 대기 시간이 20분 이상 25분 미만인 환자는

$$30 \times \frac{30}{100} = 9(명)$$

이때 진료 대기 시간이 15분 이상 20분 미만인 환자는

$$30 - (2+3+7+9+3) = 6(명)$$

따라서 진료 대기 시간이 15분 이상 20분 미만인 환자는 전체의

$$\frac{6}{30} \times 100 = 20(\%)\text{이다.}$$

713 답 12.5회

15회 이상 20회 미만인 계급의 도수를 x명이라 하면 10회 이상 15회 미만인 계급의 도수는 $3x$명이므로

$8+12+3x+x+4+2 = 38$

$4x = 12 \qquad \therefore x=3$

따라서 10회 이상 15회 미만, 15회 이상 20회 미만인 계급의 도수
는 각각 9명, 3명이다.　　　　　　　　　　　　　　…… ⓘ
이용 횟수가 15회 이상인 학생은 $3+4+2=9$(명), 10회 이상인 학
생은 $9+3+4+2=18$(명)이므로 이용 횟수가 10번째로 많은 학생
이 속하는 계급은 10회 이상 15회 미만이다.
따라서 구하는 계급값은 $\dfrac{10+15}{2}=12.5$(회)　　　　…… ⓘⓘ

채점 기준	
ⓘ 10회 이상 15회 미만, 15회 이상 20회 미만인 계급의 도수 구하기	60 %
ⓘⓘ 이용 횟수가 10번째로 많은 학생이 속하는 계급의 계급값 구하기	40 %

714　답 9

주어진 왼쪽 표를 [표 1], 오른쪽 표를 [표 2]라 하면 [표 1]에서
$a=31-(3+8+9+7+1)=3$
판매량이 60송이 미만인 날수는 [표 1]에서 $3+8+9=20$(일)이
고, [표 2]에서 $(5+b)$일이므로
$5+b=20$　　$\therefore b=15$
[표 2]에서 $c=31-(5+15+2)=9$
$\therefore a+b-c=3+15-9=9$

(참고) 같은 자료로 나타낸 두 도수분포표를 비교하는 문제에서는 계급
의 끝 값이 같은 계급을 경계로 도수의 합을 비교한다.
위의 문제에서 [표 1]의 60송이 미만인 계급의 도수의 합과
[표 2]에서 60송이 미만인 계급의 도수의 합이 같으므로
$3+8+9=5+b$가 성립한다.
마찬가지로 [표 1]의 60송이 이상인 계급의 도수의 합과 [표 2]
에서 60송이 이상인 계급의 도수의 합이 같으므로
$7+a+1=c+2$가 성립한다.

715　답 ④

800원 이상인 제품의 판매량은
(전체 판매량)$-$(800원 미만인 제품의 판매량)$=50-20$
　　　　　　　　　　　　　　　　　　　　　$=30$(만 개)
1200원 이상 1600원 미만인 계급의 도수는
$30\times\dfrac{1}{5}=6$(만 개)
2000원 이상 2400원 미만인 계급의 도수는
$50-(20+15+6+1)=8$(만 개)
따라서 1600원 이상인 제품의 판매량은
$1+8=9$(만 개)

716　답 ⑤

ㄱ. 지호의 도수분포표에서 계급의 크기는 8초이고 다솔이의 도수
분포표에서 계급의 크기는 12초이므로 계급의 크기는 다르다.
ㄴ. 지호의 도수분포표에서 $A=30-(2+3+7+8+3)=7$
기록이 24초 미만인 학생 수 지호의 도수분포표에서
$2+3+7=12$(명)이고, 다솔이의 도수분포표에서 $(3+B)$명이
므로
$12=3+B$　　$\therefore B=9$
다솔이의 도수분포표에서 $C=30-(3+9+5)=13$

ㄷ. 지호의 도수분포표에서 기록이 24초 이상 32초 미만인 학생은
8명이고 다솔이의 도수분포표에서 기록이 24초 이상 36초 미만
인 학생은 13명이므로 기록이 32초 이상 36초 미만인 학생은
$13-8=5$(명)
따라서 옳은 것은 ㄴ, ㄷ이다.

717　답 24

통학 거리가 3 km 미만인 학생 수와 3 km 이상인 학생 수의 비가
3 : 1이므로
통학 거리가 3 km 미만인 학생 수는 $36\times\dfrac{3}{4}=27$
즉, $12+a+7=27$이므로 $a=8$　　　　　　　…… ⓘ
통학 거리가 3 km 이상인 학생 수는 $36\times\dfrac{1}{4}=9$
즉, $6+b=9$이므로 $b=3$　　　　　　　　　…… ⓘⓘ
$\therefore ab=8\times3=24$　　　　　　　　　　…… ⓘⓘⓘ

채점 기준	
ⓘ a의 값 구하기	40 %
ⓘⓘ b의 값 구하기	40 %
ⓘⓘⓘ ab의 값 구하기	20 %

718　답 ④

데이터를 12 GB 이상 사용한 학생이 전체의 25 %이므로
$2x+30=(125+x+3x+x+2x+30)\times\dfrac{25}{100}$
$4(2x+30)=7x+155$
$8x+120=7x+155$　　　$\therefore x=35$
ㄱ. 전체 학생은
　　$7x+155=7\times35+155=400$(명)
ㄴ. 6 GB 이상 9 GB 미만인 계급의 도수는 $3x=3\times35=105$(명)
이므로 0 GB 이상 3 GB 미만 사용한 학생 수가 가장 많다.
ㄷ. 데이터를 6 GB 미만 사용한 학생은
　　$125+x=125+35=160$(명)이므로 전체의
　　$\dfrac{160}{400}\times100=40$(%)이다.
ㄹ. 데이터를 9 GB 이상 사용한 학생은
　　$3x+30=3\times35+30=135$(명)이므로 절반, 즉 200명을 넘지
　　않는다.
ㅁ. 데이터를 15 GB 이상 18 GB 미만 사용한 학생 수가 가장 적다.
따라서 옳은 것은 ㄷ, ㅁ이다.

719　답 ⑤

⑤ 직사각형의 넓이가 가장 큰 것의 계급의 도수가 가장 크고 각 계
급의 크기는 일정하다.

720　답 ④

④ 몸무게가 가장 적게 나가는 학생의 몸무게가 35 kg 이상 40 kg
미만인 것은 알 수 있지만 정확한 몸무게는 알 수 없다.

721 답 20

계급의 크기는 2시간이므로 $a=2$
계급의 개수는 8이므로 $b=8$
도수가 가장 큰 계급은 10시간 이상 12시간 미만이고 이 계급의 도수는 10명이므로 $c=10$
$\therefore a+b+c=2+8+10=20$

722 답 ②

히스토그램에서 각 직사각형의 넓이는 각 계급의 도수에 정비례한다.
70 m 이상 80 m 미만인 계급의 도수는 6명이고 50 m 이상 60 m 미만인 계급의 도수는 2명이므로 70 m 이상 80 m 미만인 계급의 직사각형의 넓이는 50 m 이상 60 m 미만인 계급의 직사각형의 넓이의 $\dfrac{6}{2}=3$(배)이다.

다른 풀이

70 m 이상 80 m 미만인 계급의 직사각형의 넓이와 50 m 이상 60 m 미만인 계급의 직사각형의 넓이는 각각 $10\times6=60$,
$10\times2=20$이므로 $\dfrac{60}{20}=3$(배)이다.

723 답 ②

전체 학생은 $7+9+11+7+4+2=40$(명)
도수가 가장 작은 계급은 10시간 이상 12시간 미만이고 이 계급의 도수는 2명이다.
따라서 도수가 가장 작은 계급의 학생은 전체의
$\dfrac{2}{40}\times100=5$(%)이다.

724 답 ⑤

전체 청취자는 $2+5+11+13+6+3=40$(명)
나이가 60세 이상인 청취자는 $6+3=9$(명)이므로 전체의
$\dfrac{9}{40}\times100=22.5$(%)이다.

725 답 7배

가족끼리 대화한 시간이 100분 이상인 학생은 $5+2=7$(명), 80분 이상인 학생은 $14+5+2=21$(명)이므로 가족끼리 대화한 시간이 8번째로 많은 학생이 속하는 계급은 80분 이상 100분 미만이고, 2번째로 많은 학생이 속하는 계급은 120분 이상 140분 미만이다.
히스토그램에서 각 직사각형의 넓이는 각 계급의 도수에 정비례하므로 가족끼리 대화한 시간이 8번째로 많은 학생이 속하는 계급의 직사각형의 넓이는 가족끼리 대화한 시간이 2번째로 많은 학생이 속하는 계급의 직사각형의 넓이의 $\dfrac{14}{2}=7$(배)이다.

726 답 ⑤

① 계급의 개수는 6이다.
② 전체 학생은 $2+9+10+7+5+2=35$(명)
③ 도수가 가장 큰 계급은 15분 이상 20분 미만이다.
④ 통학 시간이 25분 이상인 학생은 $5+2=7$(명)이므로 전체의
$\dfrac{7}{35}\times100=20$(%)이다.

⑤ 통학 시간이 10분 미만인 학생은 2명, 15분 미만인 학생은 $2+9=11$(명)이므로 통학 시간이 5번째로 짧은 학생이 속하는 계급은 10분 이상 15분 미만이고 이 계급의 도수는 9명이다.
따라서 옳은 것은 ⑤이다.

727 답 190

계급의 크기는 $10-5=5$(분)
도수가 가장 큰 계급은 20분 이상 25분 미만이고 이 계급의 도수는 8명이므로
$A=5\times8=40$
$B=$(계급의 크기)$\times$(도수의 총합)
$\quad=5\times(3+5+7+8+6+1)=5\times30=150$
$\therefore A+B=40+150=190$

728 답 50점

전체 학생은 $2+5+9+13+8+3=40$(명)
성적이 하위 5 % 이내에 속하는 학생은 $40\times\dfrac{5}{100}=2$(명)
이때 성적이 50점 미만인 학생 수가 2명이므로 방과 후에 보충 학습을 받지 않으려면 적어도 50점 이상을 받아야 한다.

729 답 80점

전체 학생은 $4+6+8+4+2=24$(명) $\cdots\cdots$ ❶
점수가 상위 25 % 이내에 드는 학생은
$24\times\dfrac{25}{100}=6$(명) $\cdots\cdots$ ❷
이때 점수가 80점 이상인 학생이 $4+2=6$(명)이므로 점수가 상위 25 % 이내에 들려면 80점 이상이어야 한다. $\cdots\cdots$ ❸

채점 기준

❶ 전체 학생 수 구하기	30%
❷ 상위 25 % 이내에 드는 학생 수 구하기	30%
❸ 상위 25 % 이내에 들려면 몇 점 이상이어야 하는지 구하기	40%

730 답 ④

① 계급의 크기는 $10-6=4$(Brix)
② 조사한 전체 귤은 $6+14+10+7+3=40$(개)
③ 14 Brix 이상 18 Brix 미만인 계급의 도수가 10개이므로 등급이 중상인 귤은 전체의 $\dfrac{10}{40}\times100=25$(%)이다.
④ 당도가 가장 낮은 귤의 당도가 6 Brix 이상 10 Brix 미만인 것은 알 수 있지만 정확한 당도는 알 수 없다.
⑤ 22 Brix 이상 26 Brix 미만인 계급의 도수가 가장 작으므로 등급이 최상인 귤의 개수가 가장 적다.
따라서 옳지 않은 것은 ④이다.

731 답 12

기록이 50 m 이상인 학생은 $6+2=8$(명)이므로 전체 학생을 x명이라 하면
$x\times\dfrac{16}{100}=8$ $\therefore x=50$
전체 학생은 50명이므로 구하는 학생 수는
$50-(1+7+10+12+6+2)=12$

732　답 8

키가 160 cm 이상 165 cm 미만인 학생은

$$35 \times \frac{20}{100} = 7(명)$$

따라서 키가 145 cm 이상 150 cm 미만인 학생 수는

$$35 - (5+6+5+4+7) = 8$$

733　답 ③

TV 시청 시간이 8시간 이상 10시간 미만인 학생은

$$30 \times \frac{40}{100} = 12(명)$$

TV 시청 시간이 10시간 이상 12시간 미만인 학생은

$$30 - (1+3+5+12+2) = 7(명)$$

따라서 TV 시청 시간이 10시간 이상인 학생 수는

$$7+2 = 9$$

734　답 25명

12초 이상 16초 미만인 계급의 도수와 20초 이상 24초 미만인 계급의 도수의 합은

$$100 - (10+15+40) = 35(명)$$

기록이 12초 이상 16초 미만인 학생 수와 20초 이상 24초 미만인 학생 수의 비가 5 : 2이므로 12초 이상 16초 미만인 계급의 도수는

$$35 \times \frac{5}{7} = 25(명)$$

735　답 ①

전체 학생을 a명이라 하면 12회 이상 이용한 학생 수가 2이므로

$$a \times \frac{10}{100} = 2 \qquad \therefore a = 20$$

즉, 전체 학생은 20명이고, 10회 이상 12회 미만인 계급의 도수를 b명이라 하면 8회 이상 10회 미만인 계급의 도수는 $2b$명이므로

$$1+3+5+2b+b+2 = 20$$
$$3b = 9 \qquad \therefore b = 3$$

따라서 이용 횟수가 10회 이상 12회 미만인 학생은 3명이므로 전체의

$$\frac{3}{20} \times 100 = 15(\%)이다.$$

736　답 300개

최대 사용 시간이 32시간 이상인 배터리가 전체의 80 %이므로 32시간 미만인 배터리는 전체의 20 %이다.

주어진 히스토그램에서 최대 사용 시간이 32시간 미만인 배터리는 $25+25+150 = 200$(개)이므로 조사한 전체 배터리를 a개라 하면

$$a \times \frac{20}{100} = 200 \qquad \therefore a = 1000$$

즉, 전체 배터리는 1000개이다.　　　……ⓘ

34시간 이상 36시간 미만인 계급의 도수를 b개라 하면 32시간 이상 34시간 미만인 계급의 도수는 $(b-25)$개이고 32시간 이상인 배터리는 $1000 \times \frac{80}{100} = 800$(개)이므로

$$(b-25) + b + 225 = 800$$

$$2b = 600 \qquad \therefore b = 300$$

따라서 34시간 이상 36시간 미만인 계급의 도수는 300개이다.

　　　……ⓘⓘ

737　답 38초

기록이 34초 이상 38초 미만인 학생이 4명이므로 전체 학생을 x명이라 하면

$$x \times \frac{10}{100} = 4 \qquad \therefore x = 40$$

즉, 전체 학생은 40명이므로 30초 이상 34초 미만인 계급의 도수는

$$40 - (4+6+8+10+8) = 4(명)$$

기록이 상위 20 % 이내에 드는 학생은

$$40 \times \frac{20}{100} = 8(명)$$

이때 기록이 38초 미만인 학생은 $4+4 = 8$(명)

따라서 상위 20 % 이내에 드는 학생의 기록은 38초 미만이어야 한다.

738　답 ①

① (점의 개수)=(계급의 개수)+2

739　답 ③

TV 시청 시간이 80분 이상인 학생은 5명, 70분 이상인 학생은 $8+5 = 13$(명)이므로 TV 시청 시간이 긴 쪽에서 10번째인 학생이 속하는 계급은 70분 이상 80분 미만이다.

따라서 구하는 도수는 8명이다.

740　답 ④

삼각형 B와 C는 밑변의 길이와 높이가 각각 같은 직각삼각형이므로 넓이도 같다.

741　답 20 %

전체 학생은 $6+7+11+4+2 = 30$(명)

기록이 50 m 이상인 학생은 $4+2 = 6$(명)이므로 전체의

$$\frac{6}{30} \times 100 = 20(\%)이다.$$

742　답 175

(도수분포다각형과 가로축으로 둘러싸인 부분의 넓이)

=(계급의 크기)×(도수의 총합)

$$= 5 \times (2+5+10+12+6)$$
$$= 5 \times 35 = 175$$

743 답 ⑤

① 전체 회원은 $5+8+10+7+3+1=34$(명)

③ 계급의 크기는 $5-3=2$(시간)

④ 운동 시간이 11시간 이상인 회원은 $3+1=4$(명), 9시간 이상인 회원은 $7+3+1=11$(명)이므로 운동 시간이 6번째로 많은 회원이 속하는 계급은 9시간 이상 11시간 미만이고, 이 계급의 계급값은 $\dfrac{9+11}{2}=10$(시간)이다.

⑤ (도수분포다각형과 가로축으로 둘러싸인 부분의 넓이)
   $=$ (계급의 크기) $\times$ (도수의 총합)
   $=2\times34=68$

따라서 옳지 않은 것은 ⑤이다.

744 답 ②

ㄱ. 히스토그램에서 각 직사각형의 넓이는 각 계급의 도수에 정비례하므로 두 직사각형 A, B의 넓이의 비는
$10:6=5:3$

ㄷ. (도수분포다각형과 가로축으로 둘러싸인 부분의 넓이)
   $=$ (계급의 크기) $\times$ (도수의 총합)
   $=2\times(3+4+6+10+6+1)$
   $=2\times30=60$

따라서 옳은 것은 ㄱ, ㄴ이다.

745 답 40

(도수분포다각형과 가로축으로 둘러싸인 부분의 넓이)
$=$ (계급의 크기) $\times$ (도수의 총합)
이므로
$5\times(a+b+c+d+e+f)=200$
$\therefore a+b+c+d+e+f=40$

746 답 80점

영어 동아리 전체 학생은 $12+11+12+10+3+2=50$(명)

영어 성적이 상위 10 % 이내에 드는 학생은
$50\times\dfrac{10}{100}=5$(명)

영어 성적이 80점 이상인 학생은 $3+2=5$(명)이므로 경시대회에 참가하려면 영어 성적은 80점 이상이어야 한다.

747 답 12

80점 이상 90점 미만인 계급의 도수가 8명이므로 전체 학생을 x명이라 하면
$x\times\dfrac{20}{100}=8$ $\therefore x=40$

즉, 전체 학생은 40명이다. ⋯⋯ ❶

따라서 성적이 70점 이상 80점 미만인 학생 수는
$40-(5+10+8+5)=12$ ⋯⋯ ❷

채점 기준	
❶ 전체 학생 수 구하기	50 %
❷ 성적이 70점 이상 80점 미만인 학생 수 구하기	50 %

748 답 55

10 m 이상 12 m 미만인 계급의 도수를 x명이라 하면 8 m 이상 10 m 미만인 계급의 도수는 $(x+5)$명이므로
$5+5+30+(x+5)+x+45=200$
$2x=110$ $\therefore x=55$

따라서 물 로켓이 날아간 거리가 10 m 이상 12 m 미만인 학생 수는 55이다.

749 답 11명

25개 이상 30개 미만인 계급의 도수를 x명이라 하면 기록이 30개 미만인 학생 수는
$7+12+10+x=x+29$

기록이 30개 이상인 학생 수는 $60-(x+29)=31-x$이고, 기록이 30개 미만인 학생 수가 30개 이상인 학생 수의 2배이므로
$x+29=2(31-x)$
$3x=33$ $\therefore x=11$

따라서 25개 이상 30개 미만인 계급의 도수는 11명이다.

750 답 ⑤

① 1반 학생은 $1+3+6+10+3+2=25$(명)
  2반 학생은 $1+3+6+11+3+1=25$(명)
  따라서 1반 학생 수와 2반 학생 수는 서로 같다.

② 1반에서 기록이 17초 이상인 학생은 2명, 2반에서 기록이 17초 이상인 학생은 $3+1=4$(명)이므로 기록이 17초 이상인 전체 학생은 $2+4=6$(명)

③ 1반의 도수분포다각형이 2반의 도수분포다각형보다 왼쪽으로 치우쳐 있으므로 기록이 더 빠른 편이다.

⑤ 1반에서 기록이 14초 미만인 학생은 $1+3=4$(명), 15초 미만인 학생은 $1+3+6=10$(명)이므로 5번째로 빠르게 달린 학생이 속하는 계급은 14초 이상 15초 미만이고 이 계급의 도수는 6명이다.

따라서 옳지 않은 것은 ⑤이다.

751 답 ①

ㄱ. 여학생은 $1+2+7+9+3+1=23$(명)
  남학생은 $2+2+5+8+6+4=27$(명)
  따라서 남학생 수가 여학생 수보다 많다.

ㄴ. TV 시청 시간이 18시간 이상인 학생은 여학생이 1명, 남학생이 $6+4=10$(명)이므로 전체의
$\dfrac{10+1}{27+23}\times100=\dfrac{11}{50}\times100=22$ (%)이다.

ㄷ. 도수분포다각형과 가로축으로 둘러싸인 부분의 넓이는
   (계급의 크기) $\times$ (도수의 총합)이다.
   이때 여학생과 남학생의 계급의 크기는 각각 3시간으로 같지만 도수의 총합은 각각 23명, 27명으로 다르므로 도수분포다각형과 가로축으로 둘러싸인 부분의 넓이는 서로 같지 않다.

따라서 옳은 것은 ㄱ이다.

752 탭 40

활쏘기 점수가 8점 이상인 학생이 전체의 30 %이므로 8점 미만인 학생은 전체의 70 %이다.

활쏘기 점수가 8점 미만인 학생은 $3+4+7=14$(명)이므로 전체 학생을 x명이라 하면

$$x \times \frac{70}{100}=14 \qquad \therefore x=20$$

즉, 전체 학생은 20명이다. $\quad\cdots\cdots$ ❶

따라서 도수분포다각형과 가로축으로 둘러싸인 부분의 넓이는

(계급의 크기)×(도수의 총합)$=2 \times 20=40$ $\quad\cdots\cdots$ ❷

채점 기준	
❶ 전체 학생 수 구하기	60 %
❷ 도수분포다각형과 가로축으로 둘러싸인 부분의 넓이 구하기	40 %

753 탭 20 %

1반 전체 학생은 $15+7+5+2+1=30$(명)

1반에서 상위 10 % 이내에 드는 학생은 $30 \times \frac{10}{100}=3$(명)

1반에서 80점 이상인 학생이 $2+1=3$(명)이므로 대현이와 채영이의 점수는 적어도 80점 이상이다.

2반 전체 학생은 $3+10+11+4+2=30$(명)이고, 2반에서 80점 이상인 학생은 $4+2=6$(명)이므로 채영이는 2반에서 적어도 상위

$$\frac{6}{30} \times 100=20(\%)$$ 이내에 든다.

754 탭 8

2회 이상 4회 미만인 계급의 도수가 3명이므로 ㈎에서 4회 이상 6회 미만인 계급의 도수는 $3 \times 2=6$(명)

영화 관람 횟수가 6회 미만인 학생은 $3+6=9$(명)이므로 ㈏에서 영화 관람 횟수가 6회 이상인 학생은

$9 \times 4=36$(명)

따라서 전체 학생은 $9+36=45$(명)

㈐에서 영화 관람 횟수가 12회 이상인 학생은

$$45 \times \frac{20}{100}=9$$(명)

따라서 영화 관람 횟수가 6회 이상 8회 미만인 학생 수는

$45-(3+6+11+8+9)=8$

755 탭 120

시간당 전력 소비량이 110 kWh 이상 120 kWh 미만인 가구 수는

$400 \times 0.3=120$

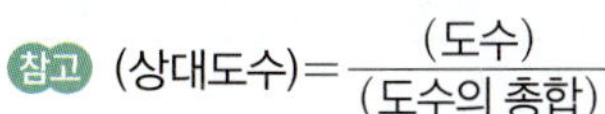 (상대도수)$=\dfrac{(도수)}{(도수의 총합)}$

➡ (도수)$=$(도수의 총합)$\times$(상대도수)

➡ (도수의 총합)$=\dfrac{(도수)}{(상대도수)}$

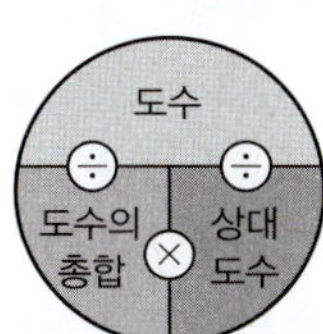

756 탭 ⑤

⑤ 각 계급의 도수를 상대도수로 나눈 값이 도수의 총합과 같다.

757 탭 ②

도수가 40인 계급의 상대도수가 0.25이므로 도수의 총합은

$$\frac{40}{0.25}=160$$

따라서 상대도수가 0.4인 계급의 도수는

$160 \times 0.4=64$

758 탭 0.36

도수의 총합은 $1+5+6+9+4=25$(명)

도수가 가장 큰 계급은 14개 이상 18개 미만이고 이 계급의 도수는 9명이므로 구하는 상대도수는

$$\frac{9}{25}=0.36$$

759 탭 ④

도수의 총합은 $3+4+8+5+3+2=25$(명)

이때 몸무게가 50 kg 이상인 학생이 $3+2=5$(명), 45 kg 이상인 학생이 $5+3+2=10$(명)이므로 몸무게가 무거운 쪽에서 6번째인 학생이 속하는 계급은 45 kg 이상 50 kg 미만이다.

이 계급의 도수가 5명이므로 상대도수는 $\dfrac{5}{25}=0.2$

760 탭 21

100분 이상 120분 미만인 계급의 도수는

$75 \times 0.16=12$(명)

따라서 청취 시간이 80분 이상 100분 미만인 회원의 수는

$75-(9+27+12+6)=21$

761 탭 ②

220 mm 이상 230 mm 미만인 계급의 도수는 6명, 상대도수는 0.15이므로

$$B=\frac{6}{0.15}=40$$

$$A=40-(6+10+12+4)=8$$

230 mm 이상 240 mm 미만인 계급의 상대도수는

$$C=\frac{8}{40}=0.2$$

상대도수의 총합은 1이므로 $D=1$

$$\therefore A+B+C+D=8+40+0.2+1$$
$$=49.2$$

762 탭 ⑤

① $a=24+28+20+8=80$

② $b=100-(31+37+10)=22$

③ $c=\dfrac{20}{80}=0.25$

④ $d=\dfrac{8}{80}=0.1$

⑤ 1학년이 2학년보다 상대도수가 더 큰 혈액형은 B형이므로 상대적으로 더 많은 혈액형은 B형이다.

따라서 옳지 않은 것은 ⑤이다.

763 답 0.37

도수의 총합이 200명이므로

$24+A+67+46+B=200$, $A+B=63$

$A:B=5:4$이므로

$B=63\times\dfrac{4}{9}=28$ ······ ⓘ

따라서 구하는 상대도수의 합은

$\dfrac{46+28}{200}=\dfrac{74}{200}=0.37$ ······ ⓘⓘ

<table>
<tr><td colspan="2">채점 기준</td><td></td></tr>
<tr><td>ⓘ</td><td>B의 값 구하기</td><td>70%</td></tr>
<tr><td>ⓘⓘ</td><td>전자 우편의 수가 60통 이상 100통 미만인 계급의 상대도수
의 합 구하기</td><td>30%</td></tr>
</table>

764 답 (1) $A=12$, $B=0.36$, $C=50$ (2) 30 %

(1) $C=\dfrac{5}{0.1}=50$

$A=50\times0.24=12$

$B=\dfrac{18}{50}=0.36$ ······ ⓘ

(2) 16회 이상 20회 미만인 계급의 도수는

$50\times0.08=4$(명)

따라서 물을 마시는 횟수가 12회 이상인 학생은

$11+4=15$(명)이므로 전체의 $\dfrac{15}{50}\times100=30$(%)이다.

······ ⓘⓘ

<table>
<tr><td colspan="2">채점 기준</td><td></td></tr>
<tr><td>ⓘ</td><td>A, B, C의 값 구하기</td><td>60%</td></tr>
<tr><td>ⓘⓘ</td><td>물을 마시는 횟수가 12회 이상인 학생이 전체의 몇 %인지
구하기</td><td>40%</td></tr>
</table>

765 답 ④

전체 남학생과 여학생은 각각 300명, 250명이므로 키가 140 cm 이상 150 cm 미만인 남학생과 여학생을 각각 a명이라 하면 구하는 상대도수의 비는

$\dfrac{a}{300}:\dfrac{a}{250}=\dfrac{1}{300}:\dfrac{1}{250}=5:6$

766 답 ①

도수의 총합의 비가 $3:2$이므로 두 모둠의 도수의 총합을 각각 $3a$, $2a$라 하고, 어떤 계급의 도수의 비가 $3:5$이므로 이 계급의 도수를 각각 $3b$, $5b$라 하면 구하는 상대도수의 비는

$\dfrac{3b}{3a}:\dfrac{5b}{2a}=1:\dfrac{5}{2}=2:5$

767 답 8

점수가 90점 이상인 학생이 7명이므로 도수의 총합은

$\dfrac{7}{0.14}=50$(명)

점수가 70점 미만인 학생이 전체의 26 %이므로 60점 이상 70점 미만인 계급의 상대도수는

$0.26-0.1=0.16$

따라서 점수가 60점 이상 70점 미만인 학생 수는

$50\times0.16=8$

768 답 ④

① 계급의 크기는 $20-10=10$(세)

② 30세 이상 40세 미만인 계급에서 도수의 총합은

$\dfrac{12}{0.3}=40$(명)

③ 60세 이상 70세 미만인 계급의 도수는

$40\times0.05=2$(명)

따라서 50세 이상인 구매자는 $4+2=6$(명)이고 전체의

$\dfrac{6}{40}\times100=15$(%)이다.

④ 20세 이상 30세 미만인 계급의 도수는 $40\times0.25=10$(명)

40세 이상 50세 미만인 계급의 도수는

$40-(4+10+12+4+2)=8$(명)

따라서 도수가 가장 작은 계급은 60세 이상 70세 미만이다.

⑤ 나이가 가장 적은 구매자가 10세 이상 20세 미만인 것은 알 수 있지만 구매자의 정확한 나이는 알 수 없다.

따라서 옳은 것은 ④이다.

769 답 ④

7점 미만인 계급의 상대도수는 0.3, 7점 이상 9점 미만인 계급의 상대도수는 0.55이므로 9점 이상인 계급의 상대도수는

$1-(0.3+0.55)=0.15$

9점 이상인 학생이 3명이므로 도수의 총합은

$\dfrac{3}{0.15}=20$(명)

따라서 점수가 7점 이상 9점 미만인 학생 수는

$20\times0.55=11$

770 답 ③

각 계급의 상대도수를 구하면 오른쪽 표와 같다.

<table>
<tr><td rowspan="2">시간(분)</td><td colspan="2">상대도수</td></tr>
<tr><td>남학생</td><td>여학생</td></tr>
<tr><td>0^{이상}~ 30^{미만}</td><td>0.16</td><td>0.1</td></tr>
<tr><td>30 ~ 60</td><td>0.2</td><td>0.25</td></tr>
<tr><td>60 ~ 90</td><td>0.24</td><td>0.2</td></tr>
<tr><td>90 ~120</td><td>0.3</td><td>0.3</td></tr>
<tr><td>120 ~150</td><td>0.1</td><td>0.15</td></tr>
<tr><td>합계</td><td>1</td><td>1</td></tr>
</table>

① 상대도수의 총합은 1로 같다.

② 운동 시간이 90분 이상인 남학생의 상대도수의 합은

$0.3+0.1=0.4$

운동 시간이 90분 이상인 여학생의 상대도수의 합은

$0.3+0.15=0.45$

따라서 운동 시간이 90분 이상인 학생의 비율은 여학생이 남학생보다 더 높다.

④ 남학생 중 상대도수가 0.16인 계급은 0분 이상 30분 미만이다.

⑤ 여학생 중 운동 시간이 30분 미만인 학생은 여학생 전체의

$\dfrac{4}{40}\times100=10$(%)이다.

따라서 옳은 것은 ③이다.

771 답 6

50점 이상 60점 미만인 계급에서 도수의 총합은

$$\frac{8}{0.2}=40(명)$$

성적이 70점 이상인 학생이 전체의 65 %이므로 70점 이상인 계급의 상대도수의 합은 0.65이고 70점 미만인 계급의 상대도수의 합은

$1-0.65=0.35$

60점 이상 70점 미만인 계급의 상대도수를 x라 하면

$0.2+x=0.35$　　$\therefore x=0.15$

따라서 성적이 60점 이상 70점 미만인 계급의 상대도수는 0.15이므로 구하는 학생 수는

$40\times0.15=6$

772 답 28

점수가 40점 이상 45점 미만인 학생은 $300\times0.12=36(명)$

전체 학생 중 남학생을 x명이라 하면 여학생은 $(300-x)$명이므로

$0.2\times x+0.05\times(300-x)=36$

$0.15x=21$　　$\therefore x=140$

따라서 남학생은 140명이므로 점수가 40점 이상 45점 미만인 남학생 수는

$140\times0.2=28$

773 답 54번째

1반에서 기록이 7초 이상 8초 미만인 학생이 12명이고 이 계급의 상대도수가 0.4이므로 도수의 총합은

$$\frac{12}{0.4}=30(명) \qquad\qquad \cdots\cdots ❶$$

1반에서 5초 이상 6초 미만인 계급의 도수는

$30\times0.1=3(명)$

즉, 1반에서 3번째로 빠른 학생이 속하는 계급은 5초 이상 6초 미만이다. $\qquad\qquad \cdots\cdots ❷$

1학년 전체에서 기록이 7초 이상 8초 미만인 학생이 153명이고, 이 계급의 상대도수가 0.51이므로 도수의 총합은

$$\frac{153}{0.51}=300(명) \qquad\qquad \cdots\cdots ❸$$

1학년 전체에서 5초 이상 6초 미만인 계급의 도수는

$300\times0.18=54(명)$

따라서 1반에서 3번째로 빠른 학생은 1학년 전체에서 적어도 54번째로 빠르다. $\qquad\qquad \cdots\cdots ❹$

채점 기준	
❶ 1학년 1반의 학생 수 구하기	20 %
❷ 1학년 1반에서 3번째로 빠른 학생이 속하는 계급 구하기	30 %
❸ 1학년 전체 학생 수 구하기	20 %
❹ 1반에서 3번째로 빠른 학생은 1학년 전체에서 적어도 몇 번째로 빠른지 구하기	30 %

774 답 ③

40세 이상인 계급의 상대도수의 합은 $0.1+0.05=0.15$이므로 전체의 $0.15\times100=15(\%)$이다.

775 답 70

70점 이상 80점 미만인 계급의 상대도수가 0.45이므로

$a=200\times0.45=90$

90점 이상 100점 미만인 계급의 상대도수가 0.1이므로

$b=200\times0.1=20$

$\therefore a-b=90-20=70$

776 답 15

80점 이상인 계급의 상대도수의 합은

$0.15+0.1=0.25$

따라서 시험 점수가 80점 이상인 학생 수는

$60\times0.25=15$

777 답 ②

1반에서 70점 미만인 계급의 상대도수의 합은

$0.1+0.15=0.25$이므로 비율은

$0.25\times100=25(\%)$

2반에서 70점 미만인 계급의 상대도수의 합은 0.1이므로 비율은

$0.1\times100=10(\%)$

따라서 점수가 70점 미만인 학생의 비율은 1반이 더 높고, 1반에서 70점 미만인 계급의 상대도수의 합은 0.25이다.

778 답 4

상대도수가 가장 큰 계급은 200권 이상 250권 미만이고 이 계급의 상대도수는 0.35이므로 도수의 총합은

$$\frac{28}{0.35}=80(명)$$

300권 이상 350권 미만인 계급의 상대도수는 0.05이므로 구하는 학생 수는

$80\times0.05=4$

779 답 55점

90점 이상 100점 미만인 계급의 도수는 4명, 상대도수는 0.04이므로 도수의 총합은

$$\frac{4}{0.04}=100(명)$$

도수가 15명인 계급의 상대도수는 $\frac{15}{100}=0.15$이므로 도수가 15명인 계급은 50점 이상 60점 미만이다.

따라서 계급값은 $\dfrac{50+60}{2}=55(점)$

780 답 ⑤

② 9시간 이상 12시간 미만인 계급의 상대도수가 0.45, 도수가 18명이므로 도수의 총합은

$$\frac{18}{0.45}=40(명)$$

③ 12시간 이상인 계급의 상대도수의 합은 $0.15+0.1=0.25$이므로 전체의 $0.25\times100=25(\%)$이다.

④ 6시간 이상 9시간 미만인 계급의 상대도수는 0.25이므로 도수는

$40\times0.25=10(명)$

⑤ 15시간 이상 18시간 미만인 계급의 상대도수가 0.1이므로 도수
　는 40×0.1=4(명)

　12시간 이상 15시간 미만인 계급의 상대도수가 0.15이므로 도수
　는 40×0.15=6(명)

　따라서 TV 시청 시간이 5번째로 많은 학생이 속하는 계급은 12
　시간 이상 15시간 미만이고 이 계급의 도수는 6명이다.

따라서 옳지 않은 것은 ⑤이다.

781　답 24

60회 이상 70회 미만인 계급의 상대도수는

$1-(0.2+0.18+0.12+0.02)=0.48$

따라서 1분당 맥박 수가 60회 이상 70회 미만인 학생 수는

$50×0.48=24$

782　답 5

10분 이상 20분 미만인 계급의 상대도수가 0.16이므로 도수의 총합

은 $\dfrac{4}{0.16}=25$(명)　　　　　…… ❶

30분 이상 40분 미만인 계급의 상대도수는

$1-(0.16+0.28+0.16+0.12+0.08)=0.2$　　…… ❷

따라서 연습 시간이 30분 이상 40분 미만인 학생 수는

$25×0.2=5$　　　　　…… ❸

채점 기준

❶ 전체 학생 수 구하기	30 %
❷ 30분 이상 40분 미만인 계급의 상대도수 구하기	40 %
❸ 연습 시간이 30분 이상 40분 미만인 학생 수 구하기	30 %

783　답 210

9만 원 이상 15만 원 미만인 계급의 상대도수의 합은

$1-(0.1+0.24+0.12)=0.54$

9만 원 이상 12만 원 미만인 계급의 도수와 12만 원 이상 15만 원
미만인 계급의 도수의 비가 2 : 1이고 상대도수는 도수에 비례하므
로 12만 원 이상 15만 원 미만인 계급의 상대도수는

$0.54×\dfrac{1}{3}=0.18$

12만 원 이상인 계급의 상대도수의 합이 $0.18+0.12=0.3$이므로
12만 원 이상 지출한 직원 수는

$700×0.3=210$

784　답 ㄴ, ㄹ

ㄱ. 주어진 그래프에서 전체 남학생 수와 전체 여학생 수는 알 수 없
　다.

ㄴ. 여학생의 상대도수가 남학생의 상대도수보다 더 높은 계급은 25
　시간 이상 30시간 미만, 30시간 이상 35시간 미만의 2개이다.

ㄷ. 그래프와 가로축으로 둘러싸인 부분의 넓이는
　(계급의 크기)×(상대도수의 총합)이다.

　이때 남학생과 여학생 모두 계급의 크기는 5시간, 상대도수의
　총합은 1로 같으므로 각 그래프와 가로축으로 둘러싸인 부분의
　넓이는 서로 같다.

ㄹ. 여학생의 그래프가 남학생의 그래프보다 오른쪽으로 더 치우쳐
　있으므로 봉사 활동을 많이 하는 학생은 여학생이 남학생보다
　상대적으로 더 많은 편이라 할 수 있다.

따라서 옳은 것은 ㄴ, ㄹ이다.

785　답 ②

① 2학년의 그래프가 1학년의 그래프보다 오른쪽으로 더 치우쳐 있
　으므로 몸무게가 무거운 학생은 2학년이 1학년보다 상대적으로
　더 많은 편이라 할 수 있다.

② 50 kg 이상 55 kg 미만인 계급의 상대도수는 1학년이 0.3, 2학
　년이 0.28이므로 학생 수는 각각
　$50×0.3=15$, $100×0.28=28$
　따라서 2학년이 더 많다.

③ 1학년과 2학년 모두 계급의 크기는 5 kg, 상대도수의 총합은 1
　로 같으므로 각각의 그래프와 가로축으로 둘러싸인 부분의 넓이
　는 서로 같다.

④ 35 kg 이상 40 kg 미만인 계급의 상대도수는 1학년이 0.04, 2
　학년이 0.02이므로 학생 수는 각각
　$50×0.04=2$, $100×0.02=2$
　따라서 1학년과 2학년 모두 2명씩이다.

⑤ 1학년 학생 중 몸무게가 60 kg 이상인 학생은 전체의
　$(0.1+0.04)×100=14(\%)$이다.

따라서 옳지 않은 것은 ②이다.

786　답 50

30 m 이상 35 m 미만인 계급의 상대도수는

$1-(0.14+0.3+0.16+0.08+0.06)=0.26$

전체 학생을 x명이라 하면 30 m 이상 35 m 미만인 계급의 도수는
$(0.26×x)$명

35 m 이상 40 m 미만인 계급의 도수는 $(0.16×x)$명

$0.26×x=0.16×x+5$이므로

$0.1x=5$　　∴ $x=50$

따라서 전체 학생 수는 50이다.

787　답 ④

전략 $x=4k$, $y=3k$로 놓고 상대도수의 비를 비교한다. 이때 계급
의 도수의 비가 주어지면 도수를 각각 미지수로 놓고 상대도수의 비를
비교한다.

$x=4k$, $y=3k\,(k≠0$인 상수$)$라 하자.

① 30 kg 이상 35 kg 미만인 계급의 상대도수의 비는

$\dfrac{12}{x}:\dfrac{24}{y}=\dfrac{12}{4k}:\dfrac{24}{3k}=3:8$

② 40 kg 이상 45 kg 미만인 계급의 상대도수의 비는

$$\frac{42}{x} : \frac{30}{y} = \frac{42}{4k} : \frac{30}{3k} = \frac{21}{2} : 10 = 21 : 20$$

③ A, B 두 중학교의 35 kg 이상 40 kg 미만인 계급의 도수를 각각 $3a$명, $2a$명 ($a \neq 0$인 상수)이라 하면 상대도수의 비는

$$\frac{3a}{x} : \frac{2a}{y} = \frac{3a}{4k} : \frac{2a}{3k} = \frac{3}{4} : \frac{2}{3} = 9 : 8$$

④ B 중학교의 45 kg 이상 50 kg 미만인 계급의 도수를 b명이라 하면

$$54 : b = 3 : 4, \ 3b = 216 \qquad \therefore b = 72$$

따라서 상대도수의 비는

$$\frac{54}{x} : \frac{72}{y} = \frac{54}{4k} : \frac{72}{3k} = \frac{27}{2} : 24 = 9 : 16$$

⑤ 50 kg 이상 55 kg 미만인 계급의 상대도수의 비가 $2 : 1$이면

$$\frac{z}{x} : \frac{15}{y} = 2 : 1, \ 즉 \ \frac{z}{4k} : \frac{15}{3k} = 2 : 1이므로 \ \frac{10}{k} = \frac{z}{4k}$$

$$\therefore z = 40$$

따라서 옳은 것은 ④이다.

788 답 24

전략 변량의 개수가 홀수인 자료의 중앙값은 주어진 변량 중 하나임을 이용하여 a 또는 b가 중앙값과 같음을 파악한다.

변량이 5개인 A 자료의 중앙값이 16이므로 a, b 중 하나는 16이어야 한다.

이때 $a > b$이므로 $a = 16$

A, B 두 자료를 섞은 전체 자료는 다음과 같다.

4, 6, 7, 16, 16, 18, 20, 22, $b-1$, b

전체 자료의 중앙값이 12이므로 위의 자료를 작은 값부터 크기순으로 나열했을 때, 5번째와 6번째 변량의 평균이 12이어야 한다.

즉, b는 7과 16 사이에 있어야 하므로 변량을 작은 값부터 크기순으로 나열하면

4, 6, 7, $b-1$, b, 16, 16, 18, 20, 22

$$\frac{b+16}{2} = 12에서 \ b+16 = 24 \qquad \therefore b = 8$$

$$\therefore a + b = 16 + 8 = 24$$

789 답 49번째

전략 농구부에서 기록이 많은 쪽에서 12번째까지의 학생들이 차지하는 비율을 이용하여 12번째인 학생의 기록을 구한 후 1학년 전체에서 몇 번째인지 구한다.

농구부에서 25회 이상 30회 미만인 학생이 14명이고 이 계급의 상대도수가 0.28이므로 도수의 총합은

$$\frac{14}{0.28} = 50(명)$$

농구부에서 35회 이상 40회 미만인 계급의 도수는

$$50 \times 0.08 = 4(명)$$

농구부에서 30회 이상 35회 미만인 계급의 도수는

$$50 \times 0.16 = 8(명)$$

따라서 농구부에서 12번째로 기록이 많은 학생의 기록은 최소 30회 이상이다.

전체에서 25회 이상 30회 미만인 학생이 56명이고 이 계급의 상대도수가 0.16이므로 도수의 총합은

$$\frac{56}{0.16} = 350(명)$$

전체에서 35회 이상 40회 미만인 계급의 도수는

$$350 \times 0.04 = 14(명)$$

전체에서 30회 이상 35회 미만인 계급의 도수는

$$350 \times 0.1 = 35(명)$$

기록이 30회 이상인 전체 학생은

$$14 + 35 = 49(명)$$

따라서 농구부에서 12번째로 기록이 많은 학생은 전체에서 적어도 49번째로 기록이 많다고 할 수 있다.

MEMO

MEMO

visang
ON1Y
META

900만*의 압도적 선택
10명 중 8명 내신 최상위권*
비상교육 온리원 중등

특목고 합격생
2년 만에 167% 달성*

성적 장학생
1년 만에 2배 증가*

독점강의
오투, 한끝,
개념+유형
강의 독점 제공

7일간 최신 강의
0원 무제한 학습

* 2000년 이후 수박씨닷컴, 와이즈캠프, 온리원 키즈/초등/중등 누적 회원가입 수 기준
* 2023년 2학기 기말고사 기준 전체 성적장학생 중 모범, 으뜸, 우수상 수상자(평균 93점 이상) 비율 81.23%
* 온리원 정회원 대상 특목고 합격생 수 22학년도 대비 24학년도 167.4%
* 온리원 정회원 수 비교
  22-1학기: 21년도 1학기 중간~22년도 1학기 중간 누적
  23-1학기: 21년도 1학기 중간~23년도 1학기 중간 누적

문의 1588-6563 | www.only1.co.kr

완자가 pick한 내신 기출의 모든 것, 내신 필수템!

대표전화 1544-0554
주소 경기도 과천시 과천대로2길 54(갈현동, 그라운드브이)
협의 없는 무단 복제는 법으로 금지되어 있습니다.